城市轨道交通岗位技能培训教材

机电设备检修工
消防自控系统检修

JIDIAN SHEBEI JIANXIUGONG XIAOFANG ZIKONG XITONG JIANXIU

人力资源和社会保障部教材办公室
广州市地下铁道总公司　组织编写

中国劳动社会保障出版社

图书在版编目(CIP)数据

机电设备检修工. 消防自控系统检修／人力资源和社会保障部教材办公室，广州市地下铁道总公司组织编写. ─北京：中国劳动社会保障出版社，2012

城市轨道交通岗位技能培训教材

ISBN 978-7-5045-9373-3

Ⅰ.①机⋯ Ⅱ.①人⋯②广⋯ Ⅲ.①机电设备-检修-技术培训-教材②城市铁路-消防设备-控制系统-检修-技术培训-教材 Ⅳ.①TM07②U231

中国版本图书馆 CIP 数据核字(2012)第 017349 号

中国劳动社会保障出版社出版发行
(北京市惠新东街1号 邮政编码：100029)
出版人：张梦欣

*

北京市艺辉印刷有限公司印刷装订 新华书店经销
787毫米×1092毫米 16开本 28印张 643千字
2012年3月第1版 2020年5月第4次印刷

定价：54.00元

读者服务部电话：(010) 64929211/84209101/64921644
营销中心电话：(010) 64962347
出版社网址：http://www.class.com.cn

版权专有 侵权必究

如有印装差错，请与本社联系调换：(010) 81211666
我社将与版权执法机关配合，大力打击盗印、销售和使用盗版图书活动，敬请广大读者协助举报，经查实将给予举报者奖励。
举报电话：(010) 64954652

城市轨道交通岗位技能培训教材编委会

主　任　何　霖

副主任　张桂海　蔡昌俊　周大林　刘　靖
　　　　　朱士友　张海燕

委　员　肖　明　胡铁军　刘利芝　周小南
　　　　　俞军燕　黄　平　李　晋　王　海
　　　　　潘丽莎　刘菊美　何江海　宋利明
　　　　　陈通武　詹坤生

城市轨道交通岗位技能培训教材
——机电检修工系列教材
编审人员

主　编　俞军燕

副主编　王晓夏　谭　林

主　审　胡铁军

参　审　袁　健　桓素娟

机电设备检修工
——消防自控系统检修
编审人员

主　编　刘晓群

编　者　方云笙　罗红萍

主　审　俞军燕

序

我国城市轨道交通自 1965 年北京地铁一期工程建设开始，经过 40 余年的建设和发展，取得了显著成就，截至 2007 年底全国已有 11 个城市开通了城市轨道交通，总运营里程达 761 千米。当前城市轨道交通正处于大规模高速发展时期，其中以北京、上海、广州为代表的特大城市已进入网络化建设阶段，尚有沈阳、哈尔滨、杭州、西安、成都等 33 个城市正在建设或规划中。实践证明，发展城市轨道交通是解决大城市交通问题的必由之路，对拉动城市经济的持续发展也起到了重要的作用。

城市轨道交通作用的发挥，依靠系统的安全和高效运营。然而，城市轨道交通系统设备先进、结构复杂，高新技术应用越来越普及，要保障这样庞大系统的安全和高效，必须依靠与之相协调的高素质的人员。轨道交通行业职工队伍中一半以上是技术工人，他们是企业的主体，他们的素质高低直接关系到企业的生存和发展。因此，企业必须拥有一支高素质的技术工人队伍，培养一批技术过硬、技艺精湛的能工巧匠，才能确保安全生产，提高工作效率，提升非正常情况下的应急应变能力。

岗位技能培训是人才培养的重要途径，是提高企业核心竞争力的重要手段，而岗位技能培训的过程和结果需要适合的培训教材作为技术支撑，广州市地下铁道总公司在多年的实践中对这方面有深切的感受。教材的缺乏使我们下定决心依靠自己的力量编写教材，于是从 1997 年至 2007 年我们陆续编印了 51 种岗位技能培训内部教材，对广州市地下铁道总公司的职工技术培训、职业技能鉴定提供了强有力的技术支持。

2006 年底原国家劳动和社会保障部张小建副部长在看到我们的自编教材后积极肯定，并鼓励我们充分发挥企业的优势把教材推向全国以飨国内同行，为我国城市轨道交通事业的发展作出贡献。为了落实部领导的指示，我们与人力资源和社会保障部教材办公室合作，在对国内城市轨道交通行业进行广泛调研的基础上,按照相关国家职业标准的要求,调整、规范了岗位名称,推出了系列"城市轨道交通岗位技能培训教材",涉及站务员、列车司机、车辆检修工、机电设备检修工、变电设备检修工、接触网检修工、通信检修工、信号检修工、自动售检票系统检修工等岗位,同时配备《城市轨道交通概论》《城市轨道交通运营安全》等通用教材。

"城市轨道交通岗位技能培训教材"由广州市地下铁道总公司组织从事城市轨道交通建设和运营管理的专家编写。在教材内容方面,力求技术和操作的全面完整,在注重操作的基础上,尽可能将理论问题讲解清楚,并在表达上能够深入浅出。该系列教材既可以作为各技能鉴定单位开展城市轨道交通行业工种鉴定的依据,又可作为城市轨道交通管理部门运营和设备检修人员的岗位技能培训教材,还可作为大、中专院校相应专业师生用书。

在全国普遍缺乏轨道交通行业岗位技能培训教材的情况下,广州市地下铁道总公司带着时代赋予的使命感和高度的责任感,填补了这一空白,祝愿每位立志于轨道交通事业的同仁都能学有所获、握有所长,在自己的岗位上创出优异的业绩。

城市轨道交通岗位技能培训教材 编委会

前言

城市轨道交通系统设备先进、结构复杂、高新技术应用日益广泛，整个城市轨道交通运营线路的正常运作，依靠各专业系统包括车辆、车站机电设备、变电设备、接触网、通信、信号、自动售检票系统等的正常运作及良好协同。其中，车站机电设备肩负着为乘客提供安全、舒适、便利的车站乘车环境，在灾害发生情况下及时报警并协助救灾等重任，分别由环控系统、给排水系统、低压电气、屏蔽门、电梯、车站设备监控系统、消防自控系统、综合监控系统等部分组成。

由于城市轨道交通车站机电设备种类繁多，各城市轨道交通运营企业的管理思路和要求有所不同，因此在车站机电设备检修组织方面存在单一工种负责车站机电设备中多个系统的检修工作，或部分工种负责车站机电设备中多个系统低等级检修工作、部分工种负责较为专项的中高等级检修工作等多种组合情况。为有效响应各城市轨道交通运营企业在车站机电设备检修管理组织方面的不同需求，我们在总结轨道交通车站机电设备检修管理经验的基础上，将机电设备检修工岗位技能培训教材按各专业系统分册编写，分别为《机电设备检修工（环控系统检修）》、《机电设备检修工（给排水系统检修）》、《机电设备检修工（低压电气检修）》、《机电设备检修工（屏蔽门检修）》、《机电设备检修工（电梯检修）》、《机电设备检修工（消防自控系统检修）》、《机电设备检修工（车站设备监控系统检修）》、《机电设备检修工（综合监控系统检修）》。其中，各分册均包括初级、中级、高级、技师四个级别，分别安排了本级别需要掌握的知识及技能，高一级别检修工须掌握低级别检修工所有的知识及技能。另外，为每一级别准备了理论与技能操作模拟试题及参考答案，供使用者自行检查学习效果。

由于编者水平有限,书中存在不足在所难免,敬请广大使用单位和个人不吝赐教,提出宝贵意见和建议。

广州市地下铁道总公司

目录

第一部分　初级检修工

第一章　电工电子基础知识 ∥ 1
第一节　电路基础知识 ∥ 1
第二节　模拟电子技术 ∥ 8
第三节　数字电子技术 ∥ 15

第二章　火灾基础知识 ∥ 25
第一节　燃烧、火灾、烟气 ∥ 25
第二节　阻燃与火灾探测 ∥ 29

第三章　消防自控系统运行与维修管理 ∥ 31
第一节　消防自控系统的组成及功能 ∥ 31
第二节　消防自控系统运行管理 ∥ 42
第三节　消防自控系统维修管理 ∥ 44

第四章　火灾自动报警系统检修 ∥ 63
第一节　火灾自动报警系统设备 ∥ 63
第二节　火灾自动报警系统控制盘的基本操作 ∥ 70
第三节　火灾自动报警系统图形操作中心的基本操作 ∥ 84
第四节　火灾自动报警系统维护与故障处理 ∥ 126
第五节　仪器仪表的使用 ∥ 132

第五章　气体灭火系统检修 ∥ 136
第一节　气体灭火系统设备 ∥ 136

· I ·

第二节 气体灭火系统控制盘的基本操作 //140
第三节 气体灭火系统维护与故障处理 //143

初级检修工理论知识考核模拟试题 //146
初级检修工技能操作考核模拟试题 //149
初级检修工理论知识考核模拟试题参考答案 //150
初级检修工技能操作考核模拟试题参考答案 //152

第二部分　中级检修工

第六章　计算机基础 //153

第一节　硬件知识 //153
第二节　软件知识 //159

第七章　火灾自动报警系统检修 //165

第一节　火灾自动报警系统现场设备 //165
第二节　火灾自动报警系统验收标准 //193
第三节　火灾自动报警系统维护与故障处理 //199

第八章　气体灭火系统检修 //207

第一节　气体灭火系统主要设备 //207
第二节　气体灭火系统验收标准 //215
第三节　气体灭火系统维护及故障处理 //220

中级检修工理论知识考核模拟试题 //225
中级检修工技能操作考核模拟试题 //228
中级检修工理论知识考核模拟试题参考答案 //229
中级检修工技能操作考核模拟试题参考答案 //231

第三部分　高级检修工

第九章　网络基础知识 //236

第一节　网络标准及模型 //236
第二节　网络结构与组成 //246
第三节　网络操作系统及网络连接 //251
第四节　网络测试仪的使用 //256

第十章 火灾自动报警系统检修 //270

第一节 火灾自动报警系统网络 //270
第二节 火灾自动报警系统联动 //274
第三节 火灾自动报警系统设备 //278
第四节 火灾自动报警系统图形工作站 //301
第五节 火灾自动报警系统编程软件的使用 //312
第六节 火灾自动报警系统设备维护与故障处理 //316
第七节 火灾自动报警系统验收 //323

第十一章 气体灭火系统检修 //329

第一节 气体灭火系统设备安装调试 //329
第二节 气体灭火系统设备维护与故障处理 //342
第三节 气体灭火系统验收 //346

高级检修工理论知识考核模拟试题 //352
高级检修工技能操作考核模拟试题 //355
高级检修工理论知识考核模拟试题参考答案 //356
高级检修工技能操作考核模拟试题参考答案 //358

第四部分 技师

第十二章 可编程控制器 //360

第一节 可编程控制器基本知识 //360
第二节 梯形图及其基本应用 //366

第十三章 计算机原理 //380

第一节 微处理器 //380
第二节 指令系统 //382
第三节 汇编语言程序设计 //392

第十四章 火灾自动报警系统检修 //401

第一节 示波器的使用 //401
第二节 火灾自动报警系统故障分析 //408
第三节 火灾自动报警系统抢修组织 //411
第四节 火灾自动报警系统中修、大修 //412

第五节　火灾自动报警系统发展方向及新技术应用 ∥413

第十五章　气体灭火系统检修 ∥416

第一节　气体灭火系统故障分析 ∥416
第二节　气体灭火系统抢修组织 ∥418
第三节　气体灭火系统大修 ∥420
第四节　自动灭火系统新技术应用 ∥421

第十六章　消防自控系统设备维修管理 ∥423

第一节　检修技术文件的编制 ∥423
第二节　消防自控系统联调方案的编制 ∥424

技师理论知识考核模拟试题 ∥427
技师技能操作考核模拟试题 ∥430
技师理论知识考核模拟试题参考答案 ∥431
技师技能操作考核模拟试题参考答案 ∥434

第一部分　初级检修工

第一章

电工电子基础知识

第一节　电路基础知识

一、电路

电气设备包括电工设备、连接设备两个部分，电工设备通过连接设备相互连接，形成一个电流通路，便构成电路。

电路种类繁多，形式和结构也各不相同，按电路的基本功能分为两大类：一类为信号的变换、传输和处理电路；另一类为能量的转换和传输电路。信号源、传递处理电路、负载是信号处理电路的基本组成部分。典型电路如日常生活中的照明电路：发电厂发电机工作产生电能，经变压器升压传输到各变电站，经变电站变压器降压后送到各用户，从而点亮电灯。在照明电路中，有三个关键设备：产生电能的发电机（电源）、变压传输线路、消耗电能的电灯（负载）。电源、传输电路、负载是能量转换和传输电路的基本组成部分。

在电路理论中，信号源（或电源）提供的电压或电流称为激励，由于激励在电路各部分产生的电压和电流称为响应。电路分析就是在已知电路的结构和元件参数的条件下，分析电路的激励与响应之间的关系。

1. 电路模型

电路是电流的通路。实际的电路是由实际电子设备与电子连接设备组成的。这些设备电磁性质复杂，分析起来较难理解。如果将实际元件理想化，在一定条件下突出其主要电磁性质，忽略其次要性质，这样的元件所组成的电路称为实际电路的电路模型（简称电路）。在本书中若不加特别说明，电路均指电路模型。

电路中的主要理想元件有：电阻元件、电容元件、电感元件和电源元件，这些元件可用相应参数和规定的图形符号来表示，由此所得到的由理想元件构成的实际电路的连接模型便是实际电路的电路模型。每种理想元件均有其精确的数学定义形式，这就使得用数学方法分析电路成为可能。在本书中，若不加特别说明，电路元件均指理想元件。常见电路元件图形符号见表1—1。

表 1—1　　　　　　　　　　常见元件图形符号

名称	符号	名称	符号	名称	符号
开关	─/─	电阻器	─▭─	理想电压源	⊖
导线	────	电感器	─⌒⌒⌒─	理想电流源	⊖
连接的导线	──●──	电容器	─┤├─	电池	─┤├─

2. 电压和电流

（1）电压和电流的实际方向。带电粒子的规则运动形成电流。电流是客观存在的物理现象，人们虽然无法看见它，但可以通过热效应、光效应等来感受它。电流的方向是客观存在的，这种客观存在的电流方向便是电流的实际方向。

对于电流的实际方向，习惯上规定：正电荷运动的方向或负电荷运动的相反方向为电流的实际方向。若电压实际方向与图中标示方向一致，那么，正电荷运动的方向为从"＋"端经过电阻 R_L 流向"－"端，即电流 I 的方向为从"＋"端经过电阻 R 流向"－"端。

电压又称"电位差"，和电流一样，电压也具有方向。对于电压的方向，应区分端电压、电动势两种情况。

端电压的方向规定为高电位端（即"＋"极）指向低电位端（即"－"极），即为电位降低的方向。电源电动势的方向规定为在电源内部由低电位端（"－"极）指向高电位端（"＋"极），即为电位升高的方向。

（2）电压、电流的参考方向。电压、电流的方向是客观存在的，在实际分析计算某些电路时，有时难以直接判断其方向，因此，常可任意选定某一方向作为其参考方向。

选定电压、电流的参考方向是电路分析的第一步，只有参考方向选定以后，电压、电流之值才有正负。当实际方向与参考方向一致时为正，反之为负。

根据电流实际方向的含义，可判断出端电压的实际方向（端电压为电位降低方向，即电流流向方向)为 U 方向。电压 U 的参考方向与实际方向一致,所以 U 为正值;电压 U' 的参考方向与实际方向不一致,U' 为负值。同理可判断电动势 E 的实际方向为 E 方向,电动势 E 为正值。

(3) 电压和电流的单位。在国际单位制中,电压的单位是伏特(V),微小电压计量以毫伏(mV)或微伏(μV)为单位。电流的单位是安培(A),微小电流计量以毫安(mA)或微安(μA)为单位。

3. 欧姆定律

流过电阻的电流与电阻两端的电压成正比,这便是欧姆定律。欧姆定律用公式表示为

$$R = U/I$$

电阻是构成电路最基本的元件之一。由欧姆定律可知,U 一定时,电阻 R 越大,则电流越小,因此,电阻 R 具有对电流阻碍作用的物理性质。

在国际单位制中,电阻的单位是欧姆(Ω),计量高电阻时以千欧(kΩ)或兆欧(MΩ)为单位。

4. 基尔霍夫电流定律

在任一瞬时,流向某一节点的电流之和应该等于由该节点流出的电流之和,即在任一瞬时,一个节点上电流的代数和恒等于零,这便是基尔霍夫电流定律。

基尔霍夫电流定律是用来确定连接在同一节点上的各支路电流关系的理论,可从以下几个方面理解基尔霍夫电流定律:

(1) 支路。电路中的每一分支称为支路,一条支路流过同一个电流,称为支路电流。每一条支路只有一个电流,这是判别支路的基本方法。

(2) 节点。电路中三条或三条以上的支路相连接的点称为节点。

(3) 基尔霍夫电流定律的含义。$\Sigma I = 0$(假定流入电流为正),可见,任一瞬时,一个节点上电流的代数和恒等于零。

(4) 基尔霍夫电流定律的推广。基尔霍夫电流定律通常应用于节点,但也可以应用于包围部分电路的任一假设的闭合面。具体表述如下:在任一瞬时,通过任一闭合面的电流的代数和恒等于零,或者说在任一瞬时,流向某一闭合面的电流之和应该等于由闭合面流出的电流之和。

5. 基尔霍夫电压定律

在任一瞬时,沿任一回路循行方向(顺时针方向或逆时针方向),回路中各段电压的代数和恒等于零,这便是基尔霍夫电压定律。

基尔霍夫电压定律是用来确定回路中各段电压间关系的理论,可从以下几个方面理解基尔霍夫电压定律:

(1) 回路。回路是一个闭合的电路。

(2) 回路电压关系。在任一时刻,某一点电位是不会变化的,因此,从回路任一点出发,沿回路循行一周(回到原出发点),则在这个方向上的电位降之和等于电位升之和,即

$$\Sigma U = 0$$

二、电源

电源是电路的基本部件之一，它负责给电路提供能量，是电路工作的原动力。一个电源可以用两种不同的电路模型来表示：用电压形式来表示的模型为电压源模型；用电流形式来表示的模型为电流源模型。

1. 电压源

电压源是用电动势 E 和内阻 R_0 串联来表示电源的电路模型。电压源是使用非常广泛的一种电源模型，如电池便可用电压源来表示。理想电压源的电源产生功率完全被负载取用，其输出功率等于电源产生功率。另外，它允许流过任意大小的电流，这意味着它可以提供无穷大的功率，而任何一个实际电源均不可能提供无穷大的功率，因此，理想的电压源是不存在的。

当实际电压源的内阻远小于负载电阻时，电压源内阻可以忽略不计，这时，实际电压源可视作理想电压源。

（1）开路。电源开路是指电源开关断开、电源的端电压等于电源电动势、电路电流为零、电源输出功率为零的电路状态。电源开路用表达式表示为

$$I = 0$$
$$U = U_0 = E$$
$$P = 0$$

（2）短路。电源短路是指电源两端由于某种原因而直接被导线连接的电路状态。电源短路时电路的负载电阻为零、电源的端电压为零，电源内部将流过很大的短路电流。电源短路用表达式表示为

$$I = I_S = E/R_0$$
$$U = 0$$
$$P = 0$$
$$P_E = \Delta P = R_0 I^2$$

电源短路是一种非常危险的电路状态，巨大的短路电流将烧坏电源，甚至引起火灾等事故。

电源开路时开路电压等于电源电动势，电源短路时短路电流为电源可输出的最大电流。因此，电源的开路电压、短路电流是实际电源的基本参数之一。

（3）额定值与实际值。理想的电压源是不存在的，但当一个实际电压源内阻远小于负载电阻时，可以把这个实际电压源当成理想的电压源。一般情况下，实际电压源的内阻都远小于负载电阻，因此，在绝大多数情况下，负载两端的电压基本保持不变。随着负载数目的增加，负载所取用的总电流和总功率也在增加，也就是说，电源输出的功率和电流决定于负载的大小。

额定值是电子设备在给定的工作条件下正常运行而对电压、电流、功率及其他正常运行必须保证的参数规定的正常允许值。

额定值是电子设备的重要参数，电子设备在使用时必须遵循电子设备使用时的额定电压、额定电流、额定功率及其他正常运行必须保证的参数，这是电子设备的基本使用规则。

例如，一个额定值为 220 V/60 W 的灯泡，若将它直接用于 380 V 的电源上，那么灯泡的灯丝将通过比它额定值大得多的电流，由于灯丝所使用的材料不能承受如此大的电流，灯丝将迅速被烧断。若将它用于 110 V 的电源上，灯泡的灯丝将通过比它的额定值小得多的电流，当然灯丝不会存在着安全问题，但灯丝消耗的功率明显减小以后，其照明效果也就会明显降低，甚至达不到照明的目的。

当然，实际电子设备受实际线路、其他负载等各种实际因素的影响，电压、电流、功率等实际值不一定等于其额定值，但为了保证设备的正常运行及使用效率，它们的实际值必须与其额定值相差不多且一般不可超过其额定值。

2. 电流源

一个实际电源除可以用电压源的模型来表示外，还可以用电流源的模型来表示。电压源是用电动势 E 和内阻 R_0 串联来表示，电流源是用短路电流 I_S 和内阻 R_0 两条支路的并联来表示。电压源、电流源是实际电源的两种不同表示模型，电流源的模型可直接从电压源模型中导出，即

$$I_S = \frac{U}{R_0} + I$$

这便是电流源的数学模型，式中，I_S 为电源的短路电流，R_0 为电源内阻，I 为负载电流。其斜率与内阻 R_0 有关，电源内阻 R_0 越大，直线越陡。通过它可进一步分析并总结出电流源的基本特征。

（1）电流源开路。当电流源开路时，其电流为

$$I = 0$$
$$U = U_0 = I_S R_0$$

（2）电流源短路。当电流源短路时，其电流为

$$I = I_S$$
$$U = 0$$

3. 电压源与电流源比较

电压源与电流源是电源的两种电路模型，关于这两种模型在电路分析中的应用，将在第二节介绍，此处仅对这两种模型作一简单比较：

（1）电压源与电流源是电源的两种不同的表示方法：电压源是用电动势 E 和内阻 R_0 串联来表示（$U = E - R_0 I$）；电流源是用电源的短路电流 I_S 和内阻 R_0 并联来表示（$I_S = U/R_0 + I$）。

（2）理想电压源电压恒定，内阻 R_0 无穷小；理想电流源电流恒定，内阻 R_0 无穷大。

（3）对负载电阻 R_L 而言，无论是用电压源表示的电源还是用电流源表示的电源，其负载特性是相同的，其负载电流 I 和负载电压 U 并不会发生变化。

三、电位

电路中某一点的电位是指该点与电路参考电位点（一般情况下，假定电路参考电位点的电位为零）间的电压值。

在电路理论中，电位是重要概念；在分析电子电路时，也常常用到电位。电压指两点间

的电压，两点间的电压是指两点间的电位差，某点的电位是指该点与电路参考电位点的电压值。它们是两个不同的概念，但计算结果与直接应用欧姆定律计算结果一致。

经过上面的分析，可得出关于电位的两点结论：

第一，电路中某一点的电位是指该点与电路参考电位点（电位为零）间的电压值。

第二，电路中各点电位随着参考点不同而改变，但任意两点间的电压是不会变化的。

四、直流电阻电路的分析方法

这里以电阻电路为例，简单讨论电路连接的几种方法，并在此基础上进一步介绍电路分析的常用方法，如等效变换法、支路电流法、节点电压法、叠加原理、戴维南定理与诺顿定理等。

1. 电阻元件的串/并联连接

前面已经讲过，电阻元件是构成电路的基本元件之一，采用不同的连接方法，电路的结构便不一样，其分析方法也就可能不同。在实际使用中，电阻元件的连接方式主要有：串联连接、并联连接、三角形连接、星形连接、桥式连接等。

（1）电阻元件串联连接。如果电路中有两个或更多个电阻一个接一个地顺序相连，并且在这些电阻上通过同一电流，则这样的连接方法称为电阻串联。串联是电阻元件连接的基本方式之一，也是其他类型电路元件连接的基本方式之一。两个电阻 R1、R2 串联可用一个电阻 R 来等效代替，这个等效电阻 R 的阻值为 $(R_1 + R_2)$。

（2）电阻元件并联连接。如果电路中有两个或更多个电阻连接在两个公共的节点之间，则这样的连接方法称为电阻并联。两个电阻 R1、R2 并联可用一个电阻 R 来等效代替，这个等效电阻 R 的阻值的倒数为 $(1/R_1 + 1/R_2)$。

（3）电阻元件的三角形与星形连接。在实际电路中，电阻元件除采用串联、并联连接方式以外，还存在许多既非串联又非并联的连接方法。如三个电阻首尾连接，构成一个闭合的三角形状，则称这种连接为三角形（△形）连接。三个电阻一端连接在一起，则称这种连接为星形（Y形）连接，如图1—1所示。

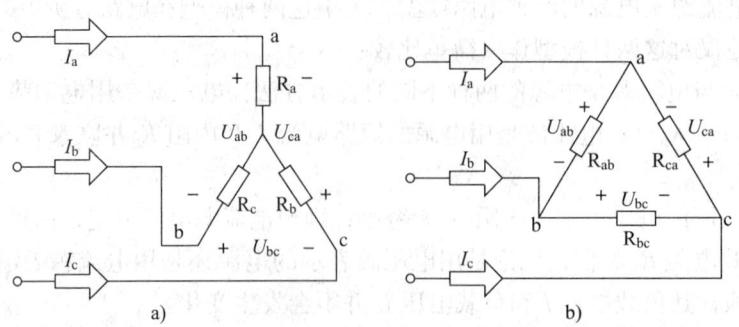

图1—1 电阻元件的△形、Y形连接
a) Y形 b) △形

对外部电路而言，三角形连接的电阻网络可用星形连接的电阻网络取代，反之亦然。可通过上图来理解△形、Y形连接间的相互等效变换关系。

对外部电路而言，Y形电阻网络可用△形电阻网络等效替换。其等效变换公式为

$$R_{ab} = \frac{R_a R_b + R_b R_c + R_c R_a}{R_c}$$

$$R_{bc} = \frac{R_a R_b + R_b R_c + R_c R_a}{R_a}$$

$$R_{ca} = \frac{R_a R_b + R_b R_c + R_c R_a}{R_b}$$

同理，对外部电路而言，△形电阻网络也可用Y形电阻网络等效替换。其等效变换公式为

$$R_a = \frac{R_{ab} R_{ca}}{R_{ab} + R_{bc} + R_{ca}}$$

$$R_b = \frac{R_{ab} R_{bc}}{R_{ab} + R_{bc} + R_{ca}}$$

$$R_c = \frac{R_{bc} R_{ca}}{R_{ab} + R_{bc} + R_{ca}}$$

2. 电源元件的串并联连接

如果一个二端元件对外输出的端电压或电流能保持为一个恒定值或一个确定的时间函数，就把这个二端元件称为电源。如果一个二端元件对外输出的端电压能保持为一个恒定值或一个确定的时间函数，则该元件为电压源。如果一个二端元件对外输出的电流能保持为一个恒定值或一个确定的时间函数，则该元件为电流源。

（1）电压源连接

1）两个电压源 E_1、E_2 串联连接时，引入一个等效电压源 E，其电动势 E 为 $E_2 + E_1$，内阻 R_0 为 $R_2 + R_1$，用它取代电压源 E_1、E_2，可得出电压源串联连接的结论：对负载而言，多个电压源串联可用一个电压源等效，其电动势为多个电压源电动势的代数和，内阻为多个电压源各自内阻的和。可通过串接电压源提高负载的工作电压。

2）两个电压源 E_1、E_2 并联连接，高电动势的电压源将产生很大的输出电流，低电动势的电压源将流入很大的电流。一般情况下，它将超过电源本身的承受能力，从而毁坏电源。因此，一般情况下，不同电压源不能相互并联，但当两个电压源电动势、内阻相同时，可以相互并联，以提高负载能力。

（2）电流源连接。对负载而言，多个电流源并联可用一个电流源等效，其短路电流为多个电流源短路电流的代数和、内阻为多个电流源内阻的并联电阻。可通过并联电流源提高负载的工作电压。一般情况下，不同电流源不能相互串联。

（3）受控电源。电压源的输出电压和电流源的输出电流受电路中其他部分的控制，这种电源称为受控电源。当控制的电压或电流消失以后，受控电源的输出也就变为零。

受控电源可分为控制端（输入端）和受控端（输出端）两种情况。如果控制端不消耗功率，受控端满足理想电压源（或电流源）特性，这样的受控电源称为理想受控电源。

五、电路分析基本方法

在电路分析中的许多场合下，对复杂电路，通过合并串/并联电阻、电源等效变换等手

段，依旧不能有效简化电路，因此，必须寻求其他求解电路的方法。

1. 支路电流法

支路电流法是一种以支路电流作为电路的变量，在给定电路结构、参数条件下，应用基尔霍夫电流定律和电压定律分别对节点和回路建立求解电路所需要的方程组，通过求解方程组求出各支路电流并最终求出电路其他参数的分析方法。

对 n 个节点、m 条支路的电路，可列出 $(n-1)$ 个独立的节点电流方程和 $(m-n+1)$ 个独立的回路电压方程。

支路电流法是求解电路的基本方法，但随着支路、节点数目的增多，将使求解极为复杂。

2. 节点电压法

节点电压法是一种通过计算节点间的电压来求解电路及其他参数的方法。例如，以两个节点求解多个支路的复杂电路。这种方法特别适合于节点较少、支路较多的电路。

3. 叠加原理

对于线性电路，任何一条支路的电流（或电压），都可看成是由电路中各个电源（电压源或电流源）分别作用时，在此支路中所产生的电流（或电压）的代数和，这便是叠加原理。

4. 戴维南定理

任何一个有源二端线性网络都可以用一个电动势为 E 的理想电源和内阻 R_0 串联来表示，且电动势 E 的值为负载开路电压 U_0，内阻 R_0 为除去有源二端线性网络中所有电源（电流源开路，电压源短路）后得到的无源网络 a、b 两端之间的等效电阻。这就是戴维南定理。

5. 诺顿定理

电源既可以用电压源模型表示，也可以用电流源模型表示。用电流源模型表示等效电源的定理便是诺顿定理。诺顿定理表述如下：

任何一个有源二端线性网络都可以用一个电流为 I_S 的理想电源和内阻 R_0 并联来表示。等效电源的电流 I_S 为有源二端线性网络的短路电流，内阻 R_0 为除去有源二端线性网络中所有电源（电流源开路，电压源短路）后得到的无源网络 a、b 两端之间的等效电阻。

第二节　模拟电子技术

一、半导体二极管

1. 半导体基础知识

物质根据导电性能可分为导体、绝缘体和半导体。物质的导电特性取决于原子结构，而半导体材料最外层电子既不像导体那样极易摆脱原子核的束缚，成为自由电子，也不像绝缘体那样被原子核束缚得那么紧，因此，半导体的导电特性介于二者之间。

（1）本征半导体。纯净晶体结构的半导体称为本征半导体。常用的半导体材料是硅和锗，故晶体中每个原子都和周围的 4 个原子用共价键的形式互相紧密地联系起来。共价键中的价电子由于热运动而获得一定的能量，其中少数能够摆脱共价键的束缚而成为自由电子，同时必然在共价键中留下空位，称为空穴。

半导体中存在着两种载流子：带负电的自由电子和带正电的空穴。在本征半导体中，自由电子与空穴是同时成对产生的，因此，它们的浓度是相等的。用 n 和 p 分别表示电子和空穴的浓度，即 $n_i = p_i$，下标 i 表示为本征半导体。

价电子在热运动中获得能量产生了电子—空穴对，同时自由电子在运动过程中失去能量，与空穴相遇，使电子—空穴对消失，这种现象称为复合。

（2）杂质半导体

1) N 型半导体。在本征半导体中，掺入微量 5 价元素，如磷、锑、砷等，则原来晶格中的某些硅（锗）原子被杂质原子代替。这种杂质半导体中的电子浓度远远大于空穴的浓度，即 $n_n \gg p_n$（下标 n 表示是 N 型半导体），主要靠电子导电，所以称为 N 型半导体。在 N 型半导体中，自由电子称为多数载流子，空穴称为少数载流子。

2) P 型半导体。在本征半导体中，掺入微量 3 价元素，如硼、镓、铟等，则原来晶格中的某些硅（锗）原子被杂质原子代替。P 型半导体中空穴是多数载流子，主要由掺杂形成，电子是少数载流子。

2. PN 结

（1）PN 结的形成。一块本征半导体两侧通过扩散不同的杂质，分别形成 N 型半导体和 P 型半导体。

最后，多子的扩散和少子的漂移达到动态平衡。对于 P 型半导体和 N 型半导体结合面，离子薄层形成的空间电荷区称为 PN 结。在空间电荷区，由于缺少多子，所以也称耗尽层。

（2）PN 结的单向导电性。PN 结具有单向导电性，若外加电压使电流从 P 区流到 N 区，PN 结呈低阻性，所以电流大；反之呈高阻性，电流小。

如果外加电压，使 PN 结产生下述两种情况：

1) PN 结加正向电压时的导电情况。P 区的电位高于 N 区的电位，称为加正向电压，简称正偏；外加的正向电压有一部分降落在 PN 结区，方向与 PN 结内电场方向相反，削弱了内电场。于是，内电场对多子扩散运动的阻碍减弱，扩散电流加大。扩散电流远大于漂移电流，可忽略漂移电流的影响，PN 结呈现低阻性。

2) PN 结加反向电压时的导电情况。P 区的电位低于 N 区的电位，称为加反向电压，简称反偏。外加的反向电压有一部分降落在 PN 结区，方向与 PN 结内电场方向相同，加强了内电场。内电场对多子扩散运动的阻碍增强，扩散电流大大减小。此时 PN 结区的少子在内电场的作用下形成的漂移电流远大于扩散电流，可忽略扩散电流的影响，PN 结呈高阻性。

PN 结加正向电压时，呈低阻性，具有较大的正向扩散电流；PN 结加反向电压时，呈高阻性，具有很小的反向漂移电流。由此可以得出结论：PN 结具有单向导电性。

3. 半导体二极管的特性及主要参数

（1）二极管的伏安特性。二极管的伏安特性曲线如图 1—2 所示。

1) 正向特性。当 $U > 0$ 时即处于正向特性区域。正向区又分为两段：当 $0 < U < U_{th}$ 时，正向电流为零，U_{th} 称为死区电压或开启电压；当 $U > U_{th}$ 时，开始出现正向电流，并按指数规律增长。

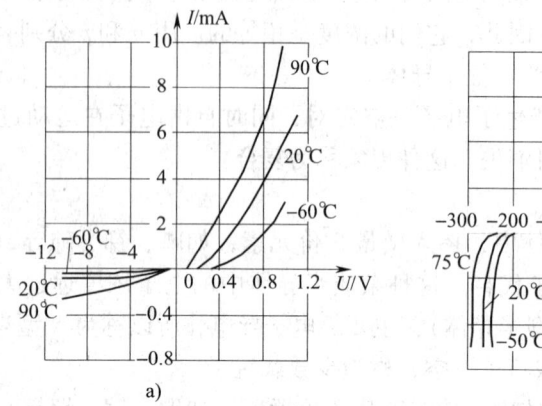

图 1—2 二极管的伏安特性曲线
a) 2AP22（锗管）的伏安特性曲线 b) 2CP10~20（锗管）的伏安特性曲线

硅二极管的死区电压 U_{th} 为 0.5 V 左右，锗二极管的死区电压 U_{th} 为 0.1 V 左右。

实际电路中二极管导通时的正向压降，硅的 U_{on} 为 0.6~0.8 V，锗管的 U_{on} 为 0.1~0.3 V。通常取硅管 U_{on} 为 0.7 V，锗管 U_{on} 为 0.2 V。

2）反向特性。二极管加反向电压，反向电流数值很小，且基本不变，称为反向饱和电流。硅管反向饱和电流为纳安（nA）数量级，锗管的反向饱和电流为微安（μA）数量级。当反向电压加到一定值时，反向电流急剧增加，产生击穿。普通二极管反向击穿电压一般在几十伏以上（高反压管可达几千伏）。

(2) 二极管的温度特性。二极管的特性对温度很敏感，温度升高，正向特性曲线向左移，反向特性曲线向下移。其规律是：在室温附近，在同一电流下，温度每升高 1℃，正向压降减小 2~2.5 mV；温度每升高 10℃，反向电流约增大 1 倍。

(3) 二极管的击穿特性。当反向电压超过反向击穿电压 U_B 时，反向电流将急剧增大，而 PN 结的反向电压值却变化不大，此现象称为 PN 结的反向击穿。有如下两种解释：

1）雪崩击穿。当反向电压足够高时（$U > 6$ V），PN 结中的内电场较强，使参加漂移的载流子加速，与中性原子相碰，使价电子受激发产生新的电子—空穴对，又被加速，从而形成连锁反应，使载流子剧增，反向电流骤增。

2）齐纳击穿。对掺杂浓度高的半导体，PN 结的耗尽层很薄，只要加入不大的反向电压（$U < 4$ V），耗尽层可获得很大的场强，足以将价电子从共价键中拉出来，而获得更多的电子—空穴对，使反向电流骤增。

(4) 二极管的主要参数

1）最大整流电流 I_F。它是二极管允许通过的最大正向平均电流。工作时应使平均工作电流小于 I_F，如超过 I_F，二极管将因过热而烧毁。此值取决于 PN 结的面积、材料和散热情况。

2）最大反向工作电压 U_R。这是二极管允许的最大工作电压，当反向电压超过此值时，二极管可能被击穿。为了留有余地，通常取击穿电压的一半作为 U_R。

3）反向电流 I_R。它是指二极管未击穿时的反向电流值。此值越小，二极管的单向导电性越好。由于反向电流是由少数载流子形成的,所以 I_R 值受温度的影响很大。

4)最高工作频率 f_M。f_M 的值主要取决于 PN 结结电容的大小,结电容越大,则二极管允许的最高工作频率越低。

4. 二极管电路的分析方法

通常用线性电路的方法来处理,即将非线性器件用恰当的元件进行等效,建立相应的模型。

(1)理想二极管模型。它相当于一个理想开关,正偏时二极管导通,管压降为零;反偏时电阻无穷大,电流为零。

(2)理想二极管串联恒压降模型。二极管导通后,其管压降认为是恒定的,且不随电流而变,典型值为 0.7 V。该模型提供了合理的近似,用途广泛。注意:二极管电流近似等于 1 mA 才正确。

(3)折线模型。这是修正恒压降模型,认为二极管的管压降不是恒定的,而随二极管的电流增加而增加,模型中用一个电池和电阻 r_D 来做进一步的近似,此电池的电压选定为二极管的门槛电压 U_{th},约为 0.5 V,r_D 的值为 200 Ω。由于二极管的分散性,U_{th}、r_D 的值不是固定的。

(4)小信号模型。如果二极管在它的 $U—I$ 特性的某一小范围内工作,例如在静态工作点 Q(此时有 $u_D = U_D$、$i_D = I_D$)附近工作,则可把 $U—I$ 特性看成一条直线,其斜率的倒数就是所求的小信号模型的微变电阻 r_D。

二、半导体三极管

1. 半导体三极管的工作原理

无论是 NPN 型还是 PNP 型的三极管,它们均包含三个区:发射区、基区和集电区,并相应地引出三个电极:发射极(E)、基极(B)和集电极(C)。同时,在三个区的两两交界处,形成两个 PN 结,分别称为发射结和集电结。常用的半导体材料有硅和锗,因此,共有四种三极管类型。它们对应的型号分别为 3A(锗 PNP)、3B(锗 NPN)、3C(硅 PNP)、3D(硅 NPN)四种系列。

(1)三极管的三种连接方式。分别为共基极、共发射极、共集电极,如图 1—3 所示。

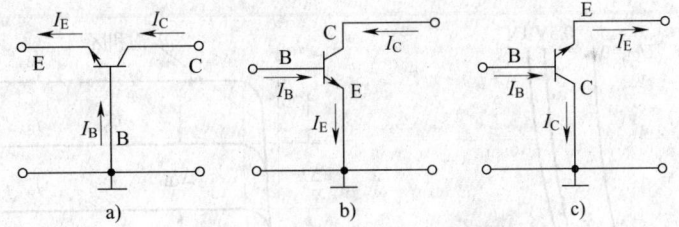

图 1—3 三极管的三种连接方式
a)共基极 b)共发射极 c)共集电极

(2)三极管的放大作用。表现为载流子的传输过程:发射、扩散和复合、收集。

2. 电流分配

集电极电流 I_C 由两部分组成:I_{Cn} 和 I_{CBO},前者是由发射区发射的电子被集电极收集后形成的,后者是由集电区和基区的少数载流子漂移运动形成的,称为反向饱和电流。于是有

$$I_C = I_{Cn} + I_{CBO}$$

发射极电流 I_E 也由两部分组成：I_{En} 和 I_{Ep}。I_{En} 为发射区发射的电子所形成的电流，I_{Ep} 是由基区向发射区扩散的空穴所形成的电流。因为发射区是重掺杂，所以 I_{Ep} 忽略不计，即 $I_E \approx I_{En}$。I_{En} 又分成两部分，主要部分是 I_{Cn}，极少部分是 I_{Bn}。I_{Bn} 是电子在基区与空穴复合时所形成的电流，基区空穴是由电源 U_{BB} 提供的，故它是基极电流的一部分。

令 $\bar{\beta}$ 为共发射极直流电流放大系数。当 $I_C \gg I_{CBO}$ 时，则有

$$\bar{\beta} = \frac{I_C}{I_B}$$

一般三极管的 β 约为几十至几百。β 太小，管子的放大能力太差；而 β 过大，则三极管性能不够稳定。

相应地，将集电极电流与发射极电流的变化量之比，定义为共基极交流电流放大系数，即

$$\alpha = \frac{\Delta I_C}{\Delta I_E} \bigg|_{U_{CB} = 常数}$$

通常在 I_{CBO} 很小时，$\bar{\beta}$ 和 β、$\bar{\alpha}$ 和 α 相差很小，实际中经常混用而不加区别。

3. 三极管的特性曲线

三极管的特性曲线是描述三极管各个电极之间电压与电流关系的曲线，是三极管内部载流子运动规律在管子外部的表现。以 NPN 型三极管为例，三极管共发射极特性曲线测试电路及输入、输出特性曲线，如图 1—4 所示。

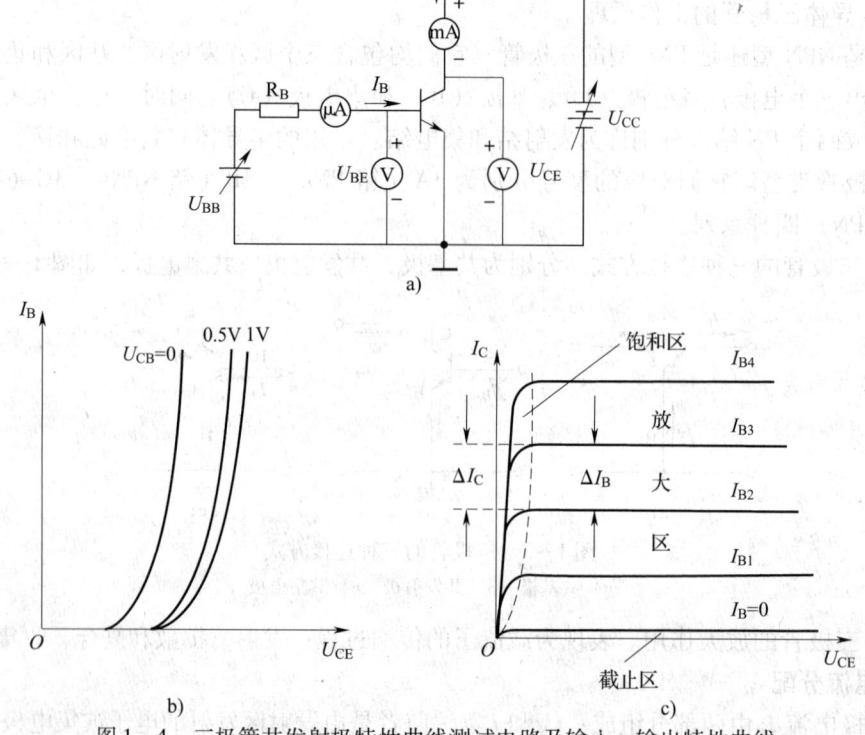

图 1—4 三极管共发射极特性曲线测试电路及输入、输出特性曲线
a) 测试电路 b) 输入特性曲线 c) 输出特性曲线

(1) 输入特性曲线。当 U_{CE} 不变时，输入回路中的电流 I_B 与电压 U_{BE} 之间的关系曲线称为输入特性，即

$$I_B = f(U_{BE})|_{U_{CE}} = 常数$$

共射极输入特性曲线的特点是：U_{BE} 虽已大于零，但 I_B 几乎仍为零，只有当 U_{BE} 的值大于开启电压后，I_B 的值随 U_{BE} 的增加按指数规律增大，如图1—4b所示。

(2) 输出特性曲线。当 I_B 不变时，输出回路中的电流 I_C 与电压 U_{CE} 之间的关系曲线称为输出特性，即

$$I_C = f(U_{CE})|_{I_B} = 常数$$

当 I_B 改变时，I_C 和 U_{CE} 的关系是一组平行的曲线段，并有截止、放大、饱和三个工作区，如图1—4c所示。

1) 截止区。一般将 $I_B \leq 0$ 的区域称为截止区，在图中为 $I_B = 0$ 的一条曲线的以下部分。此时 I_C 也近似为零。由于各极电流都基本上等于零，因而此时三极管没有放大作用。

其实 $I_B = 0$ 时，I_C 并不等于零，而是等于穿透电流 I_{CEO}。

一般硅三极管的穿透电流小于 $1\mu A$，在特性曲线上无法表示出来。锗三极管的穿透电流约几十至几百微安。

当发射结反向偏置时，发射区不再向基区注入电子，则三极管处于截止状态。所以在截止区三极管的两个结均处于反向偏置状态。对于 NPN 型三极管，$U_{BE} < 0$，$U_{BC} < 0$。

2) 放大区。在曲线上是比较平坦的部分，表示当 I_B 一定时，I_C 的值基本上不随 U_{CE} 而变化。此时发射结正向偏置，集电结反向偏置。在这个区域内，当基极电流发生微小的变化量 ΔI_B 时，相应的集电极电流将产生较大的变化量 ΔI_C，此时二者的关系为

$$\Delta I_C = \beta \Delta I_B$$

该式体现了三极管的电流放大作用。对于 NPN 型三极管，工作在放大区时 $U_{BE} \geq 0.7\,V$，而 $U_{BC} < 0$。

3) 饱和区。曲线靠近纵轴附近，各条输出特性曲线的上升部分属于饱和区。在这个区域，不同 I_B 值的各条特性曲线几乎重叠在一起，即当 U_{CE} 较小时，三极管的集电极电流 I_C 基本上不随基极电流 I_B 而变化，这种现象称为饱和。此时三极管失去了放大作用，$I_C = \beta I_B$ 或 $\Delta I_C = \beta \Delta I_B$ 关系不成立。

一般认为 $U_{CE} = U_{BE}$，即 $U_{CB} = 0$ 时，三极管处于临界饱和状态，当 $U_{CE} < U_{BE}$ 时称为过饱和。三极管饱和时的管压降用 U_{CES} 表示。在深度饱和时，小功率管管压降通常小于 $0.3\,V$。

三极管工作在饱和区时，发射结和集电结都处于正向偏置状态。对于 NPN 型三极管，$U_{BE} > 0$，$U_{BC} > 0$。

(3) 三极管的主要参数

1) 共发射极交流电流放大系数 β。β 体现共射极接法之下的电流放大作用。

2) 共发射极直流电流放大系数 $\bar{\beta}$。当 $I_C \gg I_{CEO}$ 时，$\bar{\beta} \approx I_C/I_B$。

3) 共基极交流电流放大系数 α。α 体现共基极接法下的电流放大作用。

4) 共基极直流电流放大系数 $\bar{\alpha}$。在忽略反向饱和电流 I_{CBO} 时，则有 $\bar{\alpha} \approx \dfrac{I_C}{I_E}$。

4. 极限参数

(1) 集电极最大允许电流 I_{CM}。集电极最大允许功率损耗 P_{CM}。当三极管工作时，管子两端电压为 U_{CE}，集电极电流为 I_C，因此，集电极损耗的功率为

$$P_C = I_C U_{CE}$$

(2) 反向击穿电压

BU_{CBO}：发射极开路时，集电极—基极间的反向击穿电压。

BU_{CEO}：基极开路时，集电极—发射极间的反向击穿电压。

BU_{CER}：基射极间接有电阻 R 时，集电极—发射极间的反向击穿电压。

BU_{CES}：基射极间短路时，集电极—发射极间的反向击穿电压。

BU_{EBO}：集电极开路时，发射极—基极间的反向击穿电压，此电压一般较小，仅有几伏左右。

上述电压一般存在如下关系

$$BU_{CBO} > BU_{CES} > BU_{CEO} > BU_{EBO}$$

三、放大电路基础

1. 基本放大电路

基本放大电路一般是指由一个三极管与相应元件组成的三种基本组态放大电路。

放大电路主要用于放大微弱信号，输出电压或电流在幅度上得到了放大，输出信号的能量得到了加强。输出信号的能量实际上是由直流电源提供的，只是经过三极管的控制，使之转换成信号能量，提供给负载。

2. 放大电路的主要性能指标

(1) 放大倍数。输出信号的电压和电流幅度得到了放大，所以输出功率也会有所放大。对放大电路而言有电压放大倍数、电流放大倍数和功率放大倍数，通常它们都是按正弦量定义的。

(2) 输入电阻 R_i。输入电阻是表明放大电路从信号源吸取电流大小的参数，R_i 大，放大电路从信号源吸取的电流小，反之则大。

(3) 输出电阻 R_o。输出电阻是表明放大电路带负载的能力，R_o 大，表明放大电路带负载的能力差，反之则强。

3. 三种基本组态放大电路

放大电路在放大信号时，总有两个电极作为信号的输入端，同时也应有两个电极作为输出端。根据半导体三极管三个电极与输入、输出端子的连接方式，可归纳为三种：共发射极电路、共基极电路以及共集电极电路。

这三种电路的共同特点是：它们各有两个回路，其中一个是输入回路，另一个是输出回路，并且这两个回路有一个公共端，而公共端是对交流信号而言的。它们的区别在于：共发射极电路三极管的发射极是公共端，信号从基极与发射极之间输入，而从集电极和发射极之间输出；共基极电路则以基极作为输入、输出端的公共端；共集电极电路则以集电极作为输入、输出的公共接地端，因为它的输出信号是从发射极引出的，所以又把共集电极放大电路称为射极输出器。

下面从几个方面对这三个电路的特性进行比较：

(1) 电流放大倍数

1) 共发射极电路的输入电流是基极电流 I_B，输出电流是集电极电流 I_C，电流放大倍数 $\beta = \Delta I_C / \Delta I_B$，通常 β 值是较大的。

2) 共基极电路的输入电流是发射极电流 I_E，输出电流是集电极电流 I_C，电流放大倍数 $\alpha = \Delta I_C / \Delta I_E$。由于 ΔI_C 小于 ΔI_E，所以 α 总是小于 1 的。

3) 共集电极的输入电流是基极电流 I_B，输出电流是发射极电流 I_E，电流放大倍数 $K = \Delta I_E / \Delta I_B = (\Delta I_B + \Delta I_C) / \Delta I_B = 1 + \beta$，其电流放大倍数也是较大的。

（2）电压放大倍数

1) 共发射极电路的输入端实际上是三极管的发射结，由于三极管处于正向电压工作状态，所以它的输入阻抗是很低的，而输出端的集电结是处于反向电压工作状态，它的输出阻抗是很大的。由于共发射极电路的电流放大倍数较大，输出电流就会在输出端产生较大的输出电压，因而共发射极电路的电压放大倍数较大。

2) 共基极电路的电流放大倍数虽然小于 1，但可以选择较大的集电极负载电阻 R_L 和合适的集电极电源 E_C，使 R_L 的阻值增大后 I_C 不变，那么在 R_L 上仍可以得到较大的输出电压，使电压放大倍数远大于 1。

3) 共集电极电路的输入端是集电极，它处于反向电压工作状态，所以有较高的输入阻抗而输出阻抗很低，使得共集电极的电压放大倍数总小于 1。

（3）功率放大倍数。这三种电路都有功率放大的能力，对于共基极电路来说，虽然它的电流放大倍数 $\alpha < 1$，但电压放大倍数较大，所以仍有功率放大倍数。在这三种电路中，共发射极电路的功率放大倍数最高。

（4）频率特性。放大电路的频率特性是指放大电路在工作频率范围内其放大倍数随频率变化的特性。在共发射极的电路中，由于电流放大倍数 $\beta = \Delta I_C / \Delta I_B$，当频率升高时，$\Delta I_B$ 增加而 ΔI_C 却减少，所以使 β 下降。当 β 值下降到低频时的 0.707 倍时所对应的频率，叫做共发射极电路的截止频率 f_β。

在共基极的电路中，由于电流放大倍数 $\alpha = \Delta I_C / \Delta I_E$，当频率升高时，$\Delta I_E$ 不变而 ΔI_C 却减少，所以使 α 下降。但与共发射极电路相比，α 下降的速度比 β 下降的速度要慢多了。同样，当 α 值下降到低频时的 0.707 倍时所对应的频率，叫做共基极电路的截止频率 f_α。

通过以上几个方面的比较可以看出：共发射极电路的电流、电压和功率放大倍数最高，因而是一种使用最广泛的电路；共基极电路的频率特性最好，因而它在高频电路中使用得最多；共集电极电路有着输入阻抗高、输出阻抗低的特点，常用来作为阻抗变换器使用。

第三节　数字电子技术

一、数制与编码

1. 数制

数制即计数的方法。在人们的日常生活中，最常用的是十进制与二进制、十六进制等。

（1）十进制。十进制是最常用的数制。在十进制数中有 0～9 这 10 个数码，任何一个十进制数均用这 10 个数码来表示。计数时以 10 为基数，逢十进一，同一数码在不同位置上表示的数值不同。对于任意一个十进制整数 M，可用下式来表示

$$M = \pm(a_n \times 10^{n-1} + a_{n-1} \times 10^{n-2} + \cdots + a_2 \times 10^1 + a_1 \times 10^0)$$

式中 a_1、a_2、$\cdots$、a_{n-1}、a_n 为各位的十进制数码。

（2）二进制。在数字电路中广泛应用的是二进制。在二进制数中，只有"0"和"1"两个数码，计数时以 2 为基数，逢二进一，即 $1+1=10$，同一数码在不同位置所表示的数值是不同的。对于任何一个二进制整数 N，可用下式表示：

$$N = \pm(K_n \times 2^{n-1} + K_{n-1} \times 2^{n-2} + \cdots + K_2 \times 2^1 + K_1 \times 2^0)$$

式中 K_1、K_2、$\cdots$、K_{n-1}、K_n 为各位的二进制数码。

（3）十六进制。十六进制数有 16 个数码 0、1、2、3、4、5、6、7、8、9、A、B、C、D、E、F，其中，A~F 分别代表十进制的 10~15，计数时，逢十六进一。

为了与十进制区别，规定十六进制数通常在末尾加字母 H，例如 28H、5678H 等。三种数制的数值比较见表 1—2。

表 1—2　　　　　　　　　三种数制的数值比较

二进制	十进制	十六进制	二进制	十进制	十六进制
0000	0	0	1000	8	8
0001	1	1	1001	9	9
0010	2	2	1010	10	A
0011	3	3	1011	11	B
0100	4	4	1100	12	C
0101	5	5	1101	13	D
0110	6	6	1110	14	E
0111	7	7	1111	15	F

（4）二进制数与十进制数之间的转换。数字电路采用二进制比较方便，但人们习惯用十进制，因此，经常需在两者间进行转换。

二进制数转换为十进制数——按权相加法。

十进制数转换为二进制数——除二取余法。

2. 编码

用数字或某种文字符号来表示某一对象和信号的过程叫编码。在数字电路中，十进制编码或某种文字符号难以实现，一般采用四位二进制数码来表示一位十进制数码，这种方法称为二—十进制编码，即 BCD 码。BCD 码也叫 8421 码，其对应关系见表 1—3。

表 1—3　　　　　　　　BCD 码与十进制的对应关系

BCD 码（8421 码）	十进制	BCD 码（8421 码）	十进制
0000	0	0101	5
0001	1	0110	6
0010	2	0111	7
0011	3	1000	8
0100	4	1001	9

二、基本逻辑门电路

逻辑是指条件与结果之间的关系。输入信号与输出信号之间存在一定逻辑关系的电路称为逻辑电路。门电路是一种具有多个输入端和一个输出端的开关电路。由于它的输出信号与输入信号之间存在着一定的逻辑关系,所以称为逻辑门电路。

1. 与逻辑及与门电路

(1) 与逻辑。与逻辑是指当决定事件发生的所有条件 A、B 均具备时,事件 F 才发生。完整地表示输入、输出之间逻辑关系的表格称为真值表。与逻辑通常用逻辑函数表达式表示为 $F = A \cdot B$,其真值表见表 1—4。

表 1—4　　　　　　　　　　　　与逻辑真值表

A	B	F	A	B	F
0	0	0	1	0	0
0	1	0	1	1	1

(2) 与门电路。实现与逻辑运算的电路叫与门电路,二极管与门电路如图 1—5a 所示,符号如图 1—5b 所示,输入端 A、B 代表条件,输出端 F 代表结果。

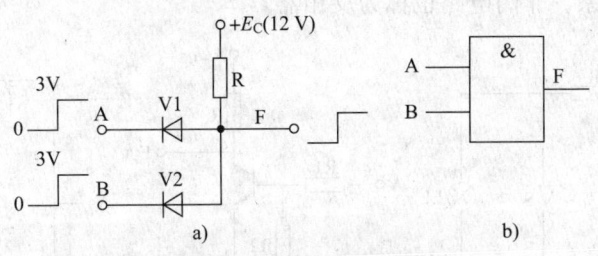

图 1—5　与门电路和符号

a) 二极管与门电路　b) 与门逻辑符号

2. 或逻辑及或门电路

(1) 或逻辑。或逻辑是指当决定事件发生的各种条件 A、B 中只要具备一个或一个以上时,事件 F 就发生。例如,把两个开关并联后与一盏灯串联接到电源上,当两只开关中有一个或一个以上闭合时灯均能亮,只有两个开关全断开时灯才不亮,如图 1—6a 所示。真值表见表 1—5,其逻辑函数表达式为 $F = A + B$。

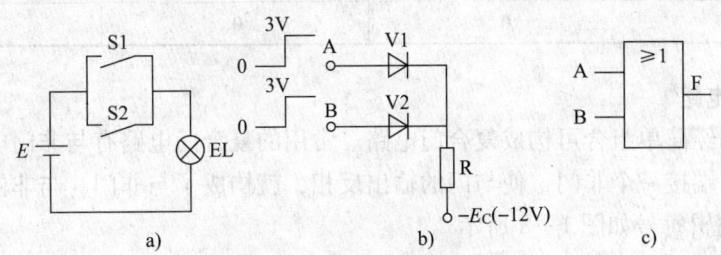

图 1—6　或门电路和符号

a) 或逻辑电路　b) 二极管或门电路　c) 或门逻辑符号

表 1—5　　　　　　　　　　　　　或逻辑真值表

A	B	F	A	B	F
0	0	0	1	0	1
0	1	1	1	1	1

（2）或门电路。用二极管实现或逻辑的电路如图 1—6b 所示，或门的逻辑符号如图 1—6c 所示。或逻辑又称为逻辑加，逻辑加的基本运算规则如下

$$0+0=0,\ 0+1=1,\ 1+0=1,\ 1+1=1$$

3. 非逻辑及非门电路

（1）非逻辑。非逻辑是指某事件的发生取决于某个条件的否定，即某条件成立，这个事件不发生；某条件不成立，这个事件反而会发生。如图 1—7a 所示，开关 S 接通，灯 EL 灭；开关 S 断开，灯 EL 亮，灯亮与开关断合满足非逻辑关系。其真值表见表 1—6，其逻辑表达式为 $F = \overline{A}$。

（2）非门电路。用三极管连接的非门电路如图 1—7b 所示，图 1—7c 所示是非门的逻辑符号。在实际电路中，若电路参数选择合适，当输入为低电平时，三极管因发射结反偏而截止，则输出为高电平；当输入为高电平时，三极管饱和导通，则输出为低电平。所以输入与输出符合非逻辑关系，非门电路也称为反相器。

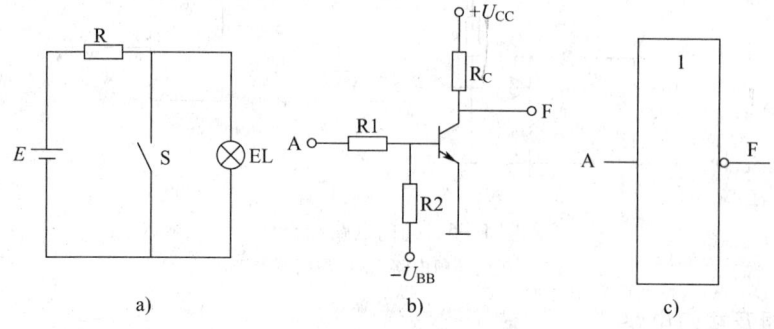

图 1—7　非门电路和符号

a) 非逻辑电路　b) 三极管非门电路　c) 非门逻辑符号

表 1—6　　　　　　　　　　　　　非逻辑真值表

A	F	A	F
1	0	0	1

4. 复合门电路

基本逻辑门经简单组合可构成复合门电路。常用的复合门电路有与非门电路和或非门电路。与门的输出端接一个非门，使与门的输出反相，就构成了与非门。与非门的逻辑表达式为 $F = \overline{A \cdot B}$，逻辑符号如图 1—8 所示。

或门输出端接一个非门，使输入与输出反相，构成了或非门。或非门的逻辑表达式为 $F = \overline{A + B}$，逻辑符号如图 1—9 所示。

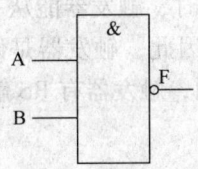 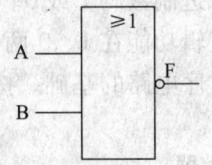

图1—8 与非门逻辑符号　　　　图1—9 或非门逻辑符号

三、基本逻辑及应用

逻辑代数也称为布尔代数，是分析和设计逻辑电路的一种数学工具，可用来描述数字电路、数字的结构和特性。逻辑代数由逻辑变量、逻辑常数和运算符组成。逻辑代数有"0"和"1"两种逻辑值，它们并不表示数量的大小，而表示逻辑"假"与"真"两种状态，如开关的开与关等。所以，逻辑"1"与逻辑"0"与自然数1和0有着本质的区别。

1. 基本逻辑关系

根据逻辑门电路的逻辑关系，则有：

与逻辑：　$F = A \cdot B$

或逻辑：　$F = A + B$

非逻辑：　$F = \overline{A}$

2. 运算法则的基本规律

$0 \cdot A = 0$

$1 \cdot A = A$

$\overline{A} \cdot A = 0$

$A \cdot A = A$

$0 + A = A$

$1 + A = 1$

$A + \overline{A} = 1$

$A + A = A$

$\overline{\overline{A}} = A$

3. 逻辑代数的基本定律

交换律：$A \cdot B = B \cdot A$

　　　　$A + B = B + A$

结合律：$ABC = (AB)C = A(BC)$

　　　　$A + B + C = (A + B) + C = A + (B + C)$

分配律：$A(B + C) = AB + AC$

　　　　$A + BC = (A + B)(A + C)$

反演律：$\overline{A \cdot B} = \overline{A} + \overline{B}$

　　　　$\overline{A + B} = \overline{A} \cdot \overline{B}$

四、集成触发器

利用集成门电路可以组成具有记忆功能的触发器。触发器是一种具有两种稳定状态的电路，可以分别代表二进制数码1或0。当外加触发信号时，触发器能从一种状态翻转到另一种状态，即它能按逻辑功能在1、0两数码之间变化，因此，触发器是储存数字信号的基本单元电路，是各种时序电路的基础。按逻辑功能的不同，触发器有RS触发器、JK触发器和D触发器等。

1. 基本RS触发器

图1—10所示是基本RS触发器的逻辑图和逻辑符号。它由两个与非门（A、B）交叉连接而成。R、S是输入端，Q、$\overline{Q}$是输出端。

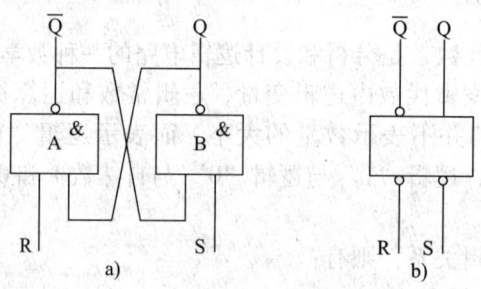

图1—10　基本RS触发器的逻辑图和逻辑符号
a）逻辑图　b）逻辑符号

在正常条件下，若Q=1，则$\overline{Q}$=0，称触发器处于"1"态；若Q=0，则$\overline{Q}$=1，称触发器处于"0"态；输入端R称为置"0"端，S称为置"1"端。基本RS触发器的逻辑状态见表1—7。

表1—7　　　　　　　　　基本RS触发器的逻辑状态表

S	R	Q	$\overline{Q}$	逻辑功能
0	1	1	0	置1
1	0	0	1	置0
1	1	不变	不变	保持
0	0	不定	不定	不允许

2. 同步RS触发器

图1—11a所示是同步RS触发器的逻辑电路图，图1—11b所示是其逻辑符号图。其中，与非门A和B构成基本RS触发器，与非门C、D构成导引电路，通过它把输入信号引导到基本触发器上。R_D、S_D是直接复位、直接置位端。只要在R_D或S_D上直接加上一个低电平信号，就可以使触发器处于预先规定的"0"状态或"1"状态。另外，R_D、S_D在不使用时应置高电平。CP是时钟脉冲输入端，时钟脉冲来到之前，即CP=0时，无论R和S端的电平如何变化，C门、D门的输出均为1，基本触发器保持原状态不变。在时钟脉冲来到之后，即CP=1时，触发器才按R、S端的输入状态决定其输出状态。时钟脉冲过去之后，输出状态保持时钟脉冲为高电平时的状态不变。同步RS触发器的逻辑真值表见表1—8。

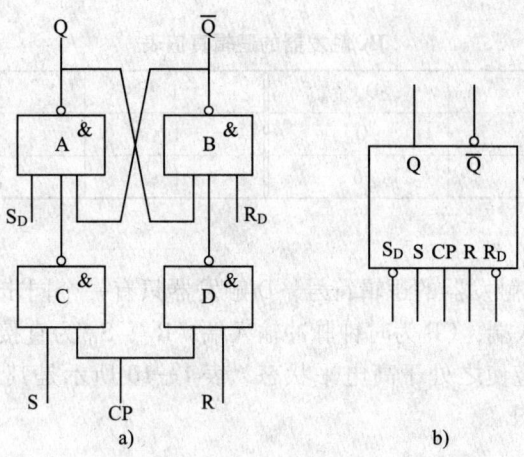

图 1—11 同步 RS 触发器的逻辑电路图
a）逻辑电路图 b）逻辑符号图

表 1—8　　　　　　　　同步 RS 触发器逻辑真值表

S	R	Q_{n+1}	S	R	Q_{n+1}
0	0	$Q_{n+1} = Q_n$	1	0	0
0	1	1	1	1	不定

3. JK 触发器

主从 JK 触发器是一种无空翻的触发器。图 1—12a 所示是 JK 触发器的逻辑电路图，图 1—12b 所示是其逻辑符号。它由两个同步 RS 触发器组成，前级为主触发器，后级为从触发器，$\overline{S}_D$、$\overline{R}_D$ 是直接置位、复位端（平时应处于高电平），J、K 为控制输入端，时钟脉冲经过反相器加到从触发器上，从而形成两个互补的时钟控制信号。

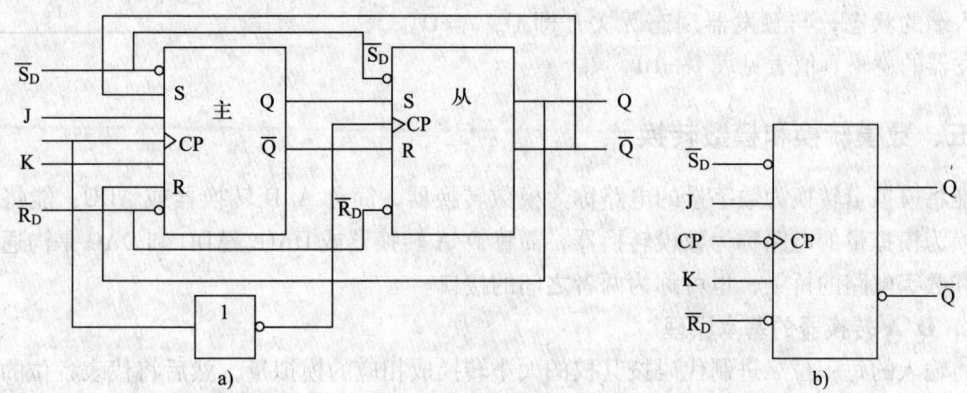

图 1—12　JK 触发器
a）逻辑电路图 b）逻辑符号

时钟脉冲作用期间，CP＝1，$\overline{Q}=0$，从触发器被封锁，保持原状态，Q 在脉冲作用期间不变；主触发器的状态取决于时钟脉冲为低电平的状态和 J、K 输入端的状态。JK 触发器的逻辑真值表见表 1—9。

表1—9　　　　　　　　　　JK触发器的逻辑真值表

J	K	Q_{n+1}	J	K	Q_{n+1}
0	0	Q_n	1	0	1
0	1	0	1	1	$\overline{Q}_n$

4. D触发器

图1—13a所示是D触发器的逻辑符号。D触发器只有一个同步输入端,其应用十分广泛。其中,D是数据输入端,CP为时钟脉冲输入端,$\overline{R}_D$、$\overline{S}_D$为直接复位、置位端,它们均为低电平有效,不用时应使之处于高电平状态,表1—10所示是其逻辑真值表。图1—13b所示是其工作波形时序图。

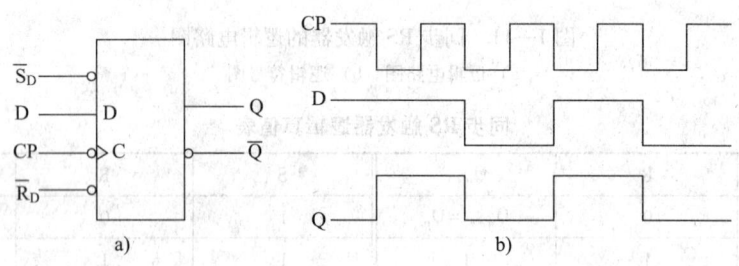

图1—13　D触发器
a) 逻辑符号　b) 工作波形时序图

D触发器的逻辑功能是当D=0时,在时钟脉冲下降沿到来后,输出状态将变成$Q_{n+1}=0$;而当D=1时,在CP下降沿到来后,输出状态将变成$Q_{n+1}=1$。综上所述,D触发器的输出状态只取决于CP到达前D输入端的状态,与触发器现态无关,即$Q_{n+1}=D$。D触发器的逻辑真值表见表1—10。

表1—10　D触发器的逻辑真值表

D	Q
0	0
1	1

五、数模转换和模数转换

能将模拟量转换为数字量的电路称为模数转换器,简称A/D转换器或ADC;能将数字量转换为模拟量的电路称为数模转换器,简称D/A转换器或DAC。ADC和DAC是沟通模拟电路和数字电路的桥梁,也可称为两者之间的接口。

1. D/A转换器的基本原理

将输入的每一位二进制代码按其权的大小转换成相应的模拟量,然后将代表各位的模拟量相加,所得的总模拟量就与数字量成正比,这样便实现了从数字量到模拟量的转换。

D/A转换器的转换特性是指其输出模拟量和输入数字量之间的转换关系。理想的D/A转换器的转换特性应是输出模拟量与输入数字量成正比,即输出模拟电压$u_o = K_u \times D$或输出模拟电流$i_o = K_i \times D$,其中K_u或K_i为电压或电流转换比例系数,D为输入二进制数所代表的十进制数。如果输入为n位二进制数$d_{n-1}d_{n-2}\cdots d_1 d_0$,则输出模拟电压为

$$u_o = K_u(d_{n-1} \cdot 2^{n-1} + d_{n-2} \cdot 2^{n-2} + \cdots + d_1 \cdot 2^1 + d_0 \cdot 2^0)$$

2. D/A 转换器的主要技术指标

（1）分辨率。分辨率用输入二进制数的有效位数表示。在分辨率为 n 位的 D/A 转换器中，输出电压能区分 $2n$ 个不同的输入二进制代码状态，能给出 $2n$ 个不同等级的输出模拟电压。

分辨率也可以用 D/A 转换器的最小输出电压与最大输出电压的比值来表示。

（2）转换精度。D/A 转换器的转换精度是指输出模拟电压的实际值与理想值之差，即最大静态转换误差。

（3）输出建立时间。从输入数字信号起，到输出电压（或电流）到达稳定值时所需要的时间，称为输出建立时间。

3. A/D 转换器的基本原理

如图 1—14 所示为 A/D 转换器的基本原理。模拟电子开关 S 在采样脉冲 CP_S 的控制下重复接通、断开。开关 S 接通时，$u_i(t)$ 对电容器 C 充电，为采样过程；开关 S 断开时，电容器 C 上的电压保持不变，为保持过程。在保持过程中，采样的模拟电压经数字化编码电路转换成一组 n 位的二进制数输出。

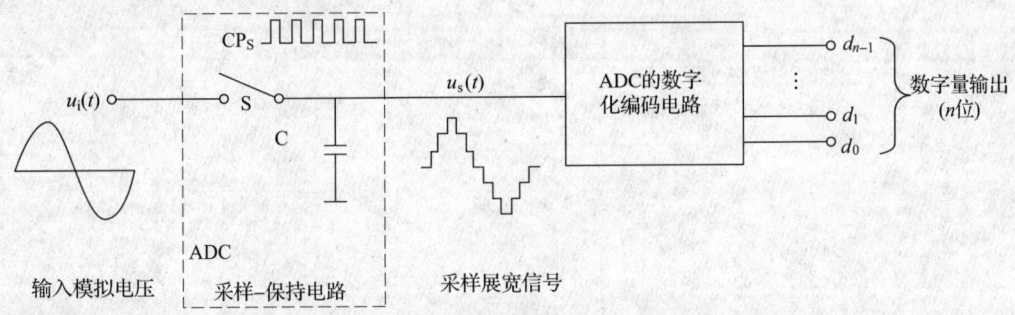

图 1—14　A/D 转换器的基本原理

如图 1—15 所示为采样－保持电路及波形图。t_0 时刻开关 S 闭合，C_H 被迅速充电，电路处于采样阶段。由于两个放大器 A1、A2 的增益都为 1，因此，这一阶段 u_o 跟随 u_i 变化，即 $u_o = u_i$。t_1 时刻采样阶段结束，开关 S 断开，电路处于保持阶段。若 A2 的输入阻抗为无穷大，S 为理想开关，则 C_H 没有放电回路，两端保持充电时的最终电压值不变，从而保证电路输出端的电压 u_o 维持不变。

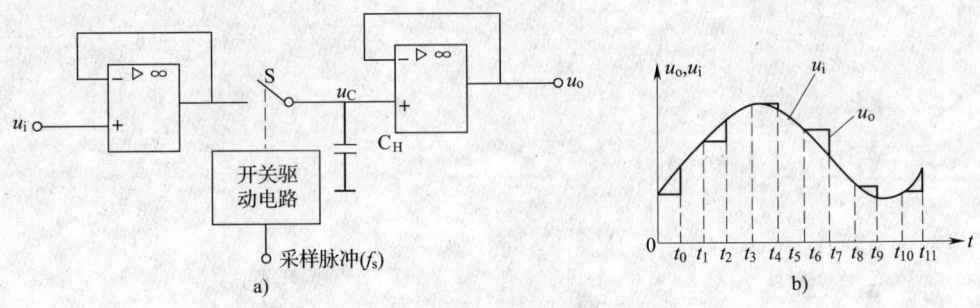

图 1—15　采样－保持电路及波形图
a）电路图　b）波形图

4. A/D 转换器的主要技术指标

（1）分辨率。A/D 转换器的分辨率用输出二进制数的位数表示，位数越多，误差越小，转换精度越高。例如，输入模拟电压的变化范围为 0～5 V，输出 8 位二进制数可以分辨的最小模拟电压为 $5\text{ V} \times 2^{-8} = 0.019\ 5\text{ V} \approx 20\text{ mV}$；而输出 12 位二进制数可以分辨的最小模拟电压为 $5\text{ V} \times 2^{-12} = 0.001\ 218\text{ V} \approx 1.22\text{ mV}$。

（2）相对精度。在理想情况下，所有的转换点应当在一条直线上。相对精度是指实际的各个转换点偏离理想特性的误差。

（3）转换速度。转换速度是指完成一次转换所需的时间。转换时间是指从接到转换控制信号开始，到输出端得到稳定的数字输出信号所经过的这段时间。

第二章

火灾基础知识

第一节 燃烧、火灾、烟气

一、燃烧与火灾

1. 定义

（1）燃烧。燃烧是一种发光发热的剧烈的化学反应。它具有发光、发热、生成新物质三个特性，最常见、最普遍的燃烧现象是可燃物在空气或氧气中的燃烧。

（2）火灾。火灾是在时间和空间上失去控制的燃烧所造成的灾害。

（3）燃烧和火灾发生的必要条件。同时具备助燃剂、可燃物、引火源，也叫火灾三要素，简称火三角，如图2—1所示。这三个要素缺少任何一个，燃烧就不能发生和维持。在火灾防治中，如果能够阻断火三角中的任何一个要素，就可以扑灭火灾。

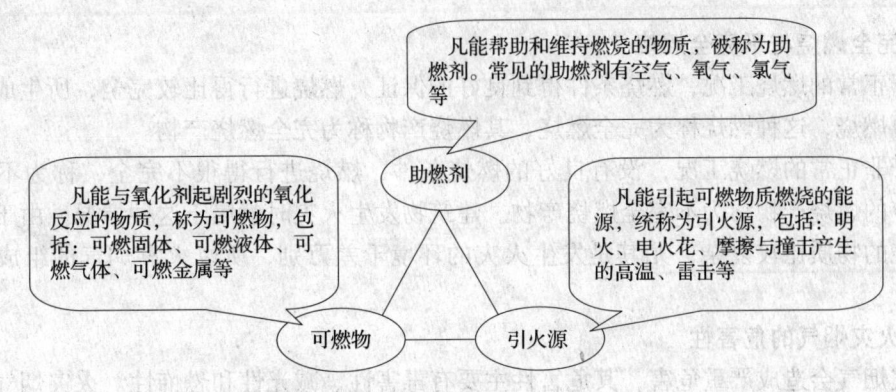

图2—1 物质燃烧的三要素

2. 火灾的分类

根据燃料性质，火灾可分为 A 类、B 类、C 类和 D 类 4 种。

A 类火灾：固体物质火灾，如木材、棉、毛、麻、纸张火灾等。

B 类火灾：液体火灾和可熔化的固体火灾，如汽油、煤油、原油、甲醇、石蜡、沥青火灾等。

C 类火灾：气体火灾，如煤气、天然气、甲烷、乙烷、氢气火灾等。

D 类火灾：金属火灾，如钾、钠、镁、钛、铝镁合金火灾等。

3. 火灾发展过程

一般固体物质火灾的发展可分为四个阶段：

（1）预燃阶段：热量较少，几乎没有烟。

（2）可见烟雾阶段：产生大量的烟和少量的热，很少或没有火焰。

（3）出现火焰阶段：产生大量的热、烟和火焰辐射。

（4）剧烈燃烧阶段：有强烈的火焰辐射和少量的烟。

但某些物质（例如，易燃气体、易燃液体）的燃烧，没有预燃阶段，直接就出现火焰剧烈燃烧。

4. 常用灭火的方法

常用灭火的方法有四种：窒息法、冷却法、隔离法、化学抑制法。

（1）窒息法。隔绝空气，使助燃气体（如氧气）与燃烧物分开，就可停止燃烧。

（2）冷却法。降低燃烧物质的温度，当降到燃点以下，就可停止燃烧。

（3）隔离法。将燃烧物质与未燃烧物质分开，使火势孤立，不致蔓延。

（4）化学抑制法。采用含氟、氯、溴等化学剂，使链式反应中断，燃烧即停止。

二、烟气的基础知识

烟气是物质燃烧和热解的产物。火灾过程中所产生的气体、剩余空气和悬浮在气体中的微粒的总和称为烟气。

烟气的成分和性质首先取决于发生热解和燃烧的物质本身的化学组成，其次还与燃烧条件有关。

1. 完全燃烧与不完全燃烧

对于正常的燃烧工况，燃烧条件得到良好的保证，燃烧进行得比较完全，所生成的气体都不能再燃烧，这种燃烧称为完全燃烧，其燃烧产物称为完全燃烧产物。

对于非正常的燃烧工况，没有良好的燃烧条件，燃烧进行得很不完全，称为不完全燃烧，相应的燃烧产物称为不完全燃烧产物。建筑物发生火灾时就属于这种情况。由于火灾时参与燃烧的物质比较复杂，尤其是发生火灾的环境千差万别，所以火灾烟气的组成相当复杂。

2. 火灾烟气的危害性

火灾烟气会造成严重危害，其危害性主要有毒害性、减光性和恐怖性。火灾烟气的危害性可概括为对人们生理上的危害和心理上的危害两方面，烟气的毒害性和减光性是生理上的危害，而恐怖性则是心理上的危害。

(1) 火灾烟气的毒害性

1) 缺氧。烟气中的含氧量往往低于人的生理正常所需要的数值，当空气中的含氧量降低到15%（体积分数）时，人的肌肉活动能力下降；降到10%~14%（体积分数）时，人就四肢无力，智力混乱，辨不清方向；降到6%~10%（体积分数）时，人就会晕倒。所以，对处在着火房间内的人来说，氧的短缺致死浓度为6%（体积分数），而实际的着火房间中氧的最低浓度可达到3%，可见在发生火灾时人要是不及时逃离火场，是很危险的。

2) 毒害。烟气中含有各种有毒气体，而且这些气体的含量已超过人的生理正常所允许的最高浓度，造成人们中毒死亡。

3) 尘害。烟气中的悬浮颗粒也是有害的。危害最大的颗粒是直径小于10 μm 的飘尘，肉眼看不见它们，但它们能长期漂浮在大气中，短则数小时，长则数年。颗粒直径小于5μm 的飘尘，由于气体扩散作用，能进入人体肺部黏附并聚集在肺泡壁上，引起呼吸道疾病和增加心脏病死亡率，对人造成直接危害。

4) 高温。火灾烟气具有较高的温度，这对人也是一个很大的危害，在着火房间内，烟气温度可高达数百摄氏度，在地下建筑中，火灾烟气温度可高达1 000℃以上。人对高温烟气的忍耐性是有限的。在65℃时，可短时忍受；在120℃时，15 min 内将产生不可恢复的损伤。

(2) 火灾烟气的减光性。可见光波的波长为0.4~0.7 μm，一般火灾烟气中烟尘颗粒直径为几微米到几十微米，即烟尘颗粒的直径大于可见光的波长，这些烟尘颗粒对可见光是不透明的，即对可见光有完全的遮蔽作用，当烟尘颗粒弥漫时，可见光因受到烟尘颗粒的遮蔽而大大减弱，能见度大大降低，这就是烟气的减光性。

(3) 火灾烟气的恐怖性。发生火灾时，特别是发生爆燃时，火焰和烟气冲出门窗空洞，浓烟滚滚，烈火熊熊，使人产生恐怖感，常常给疏散造成混乱局面，使有的人失去活动能力，有的人甚至失去理智，惊慌失措，所以恐怖性具有很大的危害性。

三、防烟的方式

防烟方式归纳起来有非燃化防烟、密闭防烟、阻碍防烟和加压送风防烟四种方式。

1. 非燃化防烟方式

防烟的基本做法首先是非燃化。非燃化防烟是从根本上杜绝烟源的一种防烟方式。关于非燃化的问题，各国都制定了专门的法规或规范，对包括建筑材料、室内家具材料以及各种管道及其保温绝热材料在内的各种材料的燃化都作了明确的规定，特别是对那些特殊建筑、大型建筑、地下建筑等许多场所，要求是非常严格的。非燃烧材料的特点是不容易发烟，即不燃烧且发烟量很小，所以非燃烧材料可使火灾时产生的烟气量大大减少，烟气光学浓度大大降低。

2. 密闭防烟方式

对发生火灾的房间实行密闭防烟也是防烟的一种基本方式，其原理是采用密封性能很好的墙壁等将房间封闭起来，并对进出房间的气流加以控制。房间一旦起火，一般可杜绝新鲜的空气流入，使着火房间内的燃烧因缺氧而自行熄灭，从而达到防烟灭火的目的。这种方式一般适用于防火分区容易分得很细的住宅、公寓、旅馆等，并优先采用容易发生火灾的房间，如灶房等。这种方式的优点是不需要动力，而且效果很好。缺点是门窗等经常处于关闭状态使用不方便，而且发生火灾时，如果房间内有人需要疏散，仍将引起漏烟。

3. 阻碍防烟方式

在烟气扩散流动的路线上设置各种阻碍，以防止烟气继续扩散的方式称为阻碍防烟方式。这种方式常常用在烟气控制区域的交界处，有时在同一区域内也采用。防烟卷帘、防火门、防火阀、防烟垂壁等都是这种阻碍结构。

4. 加压送风防烟方式

在建筑物发生火灾时，对着火区以外的区域进行加压送风，使其保持一定的正压，以防止烟气侵入的防烟方式称为加压送风防烟。因为加压区域和非加压区域之间有若干常规的挡烟物，如墙壁、楼板及门窗等，挡烟物两侧的压力差可有效防止烟气通过门窗周围的缝隙和围护结构缝隙渗漏过来。发生火灾时，由于疏散和扑救的需要，加压区域之间的门总是需要打开的，或者是在疏散期间打开，或者是在整个火灾期间打开。如果敞开门洞处的气流速度方向与烟气流向相反，且达到一定速度时，仍能有效阻止烟气，即阻止烟气向非加压的着火区流动。加压送风防烟方式的优点是能有效地防止烟气侵入所控制的区域，而且由于送入大量的新鲜空气，特别适合于作为疏散通道的楼梯间、电梯间及前室的防烟。

四、排烟的方式

1. 自然排烟方式

自然排烟方式是利用火灾产生的烟气流的浮力和外部风力作用，通过建筑物的对外开口把烟气排至室外的排烟方式，其实质是热烟气和冷空气的对流运动。在自然排烟中，必须有冷空气的进口和热烟气的排出口。烟气排出口可以是建筑物的外窗，也可以是专门设置在侧墙上部的排烟口。高层的建筑曾采用专用的通风排烟竖井，在平常，由于建筑物内空气温度一般比室外高，产生浮力，使气流上升，便于房间排气。发生火灾时，由于室内温度较大幅度上升，室内外温差较大，形成烟囱效应，成为排烟的一种动力，国外常称为烟塔排烟方式。这种方式由于利用了竖井的"烟囱效应"，产生抽风力，所以排烟效果好，它不受室外条件的影响，而且设备简单，不需要动力，如果考虑了竖井的耐热问题，可排除较高温度的烟气，因此得到了一定的应用。这种方式的主要缺点是占地面积大。

2. 机械排烟方式

机械排烟方式分为全面通风排烟方式和负压机械排烟方式两种。

（1）全面通风排烟方式。在对房间利用排烟机进行机械排烟的同时，利用送风机进行机械送风，这种方式称为全面通风排烟方式。由于这种机械排烟方式给控制区送入了大量的新鲜空气，为避免产生助燃影响，它不适于应用在着火区，可用于非着火的有烟区，系统运行时可使系统的送风量稍大于排烟量，使控制区保持正压。这种方式的优点是防烟排烟效果好，而且稳定，不受任何气象条件的影响，从而确保控制区域的安全；缺点是需要送、排风两套机械设备，投资较高，耗电量也较大。

（2）负压机械排烟方式。利用排烟机把着火房间中产生的烟气通过排烟口排到室外的排烟方式称为负压机械排烟方式。在火灾发展初期，这种排烟方式的优点是能使着火房间内压力下降，造成负压，烟气不会向其他区域扩散；缺点是在火灾猛烈发展阶段，由于烟气大量产生，排烟机如来不及把其完全排除，烟气就可能扩散到其他区域中去。另外，排烟机要求能承受高温烟气，而且还需要设置防火阀，在超温时自动关闭停止排烟。所以，不仅初期投资费用高，而且日常维护管理费用也高。

第二节　阻燃与火灾探测

一、阻燃技术

高分子材料已被广泛应用到各个领域，但由于这些材料大部分是由碳氢元素组成且易燃，具有潜在的火灾危险性。高分子材料阻燃化技术主要通过阻燃剂使聚合物不容易着火或着火后其燃烧速度变慢。阻燃剂按其使用方法分为添加型和反应型两种。

添加型阻燃剂可分为有机阻燃剂和无机阻燃剂，它们和树脂进行机械混合后赋予树脂一定的阻燃性能，主要用于聚烯烃、聚氯乙烯、聚苯乙烯等树脂中。它的优点是使用方便、适应面广，但对聚合物的使用性能有较大的影响。

反应型阻燃剂是作为一种反应单体参加反应，使聚合物本身含有阻燃成分。多用于缩聚反应，如聚氨酯、不饱和聚酯、环氧树脂、聚碳酸酯等。反应型阻燃剂具有赋予组成物或聚合物永久阻燃性的优点。

阻燃剂大多数是元素周期表中第ⅤA、ⅦA 和ⅢA 族元素的化合物。例如，第ⅤA 族的氮、磷、砷、锑和铋的化合物，第ⅦA 族的氯和溴的化合物以及第ⅢA 族的硼、铝的化合物。此外，硅、镁和钼的化合物也可作阻燃剂使用，其中最常用和最重要的是磷、氯、溴、锑和铝的化合物。

二、火灾探测原理与方法

火灾探测报警系统本身并不能影响火灾的自然发展进程，其主要作用是及时将火灾迹象通报有关人员，以便他们准备疏散或组织灭火，延长建筑物可供疏散的时间，并通过联动系统启动其他消防设施。在火灾的早期阶段，准确地探测到火情并迅速报警，对于及时组织有序快速疏散、积极有效地控制火灾的蔓延、快速灭火和减少火灾损失都具有重要的意义。

在火灾的孕育阶段，建筑物内会出现不少特殊现象或征兆，如发热、发光、发声以及散发出烟尘、可燃气体、特殊气味等。火灾探测的基本原理就是深入分析火灾早期现象的特征，从中提取出可用于火灾探测的信息。按照探测元件与探测对象的关系，火灾探测分为接触式和非接触式两种。

1. 接触式探测

在火灾的初期阶段，烟气是反映火灾特征的主要方面。接触式探测就是利用某种装置直接接触烟气来实现火灾探测的，只有当烟气到达该装置所安装的位置时，探测元件方可发生响应。烟气的浓度、温度、特殊产物的含量等都是探测火灾的常用参数。在普通建筑物中使用最多的是点式探测器，它们有一个直径约 100 mm 的探测腔，其内部安装了某种感受烟气浓度、温度或代表燃烧产物（如 CO）的元件，当进入探测腔的烟气所具有的浓度或温度达到所用元件的设定危险阈值时便发出报警。在某些特殊场合下，接触式探测器也可做成线形，如适宜在电缆沟内使用的缆线式感温探测器，它们是根据缆线所在空间环境的温度变化来判断火灾的。

2. 非接触式探测

非接触式火灾探测主要是根据火焰或烟气的光学效果进行探测的。由于探测元件不必触及烟气，可以在离起火点较远的位置进行探测，所以探测速度较快，适宜探测那些发展较快的火灾。这类探测器主要有光束对射式探测器、感光（火焰）式探测器和图像式探测器等。

第三章

消防自控系统运行与维修管理

第一节 消防自控系统的组成及功能

一、城市轨道交通消防系统概述

城市轨道交通具有投资成本巨大、客流集中、人员流动性大、地下空间狭小、各种设备相对集中密度大等特点,一旦发生火灾,极易造成巨大的财产损失和人员伤亡。为保护人民群众的生命和国家财产安全,城市轨道交通中一般均设置完善的消防系统,包括水消防系统、消防灭火器材、消防自控系统以及消防联动相关系统。其中,水消防系统只指消防供水系统;消防灭火器材包括消火栓、消防灭火器、防烟面具等;消防自控系统包括火灾自动报警系统、气体灭火系统;消防联动相关系统包括机电设备监控系统、防排烟系统、应急照明系统、导向系统、消防广播等。本教材主要介绍消防自控系统。

城市轨道交通消防自控系统的设计应贯彻"预防为主、防消结合"的方针。城市轨道交通消防自控系统包括火灾自动报警系统和自动气体灭火系统,火灾自动报警系统应具有可靠性高、布线简单、便于维护和扩展等特点,同时各控制盘之间可通过光纤组成对等式(Peer – to – Peer)环形网络,便于对全线消防自控设备进行集中或分散监控。自动气体灭火系统设置于车站重要设备房,例如,通信设备房、信号设备房、环控设备控制室、变电所等,以有效保护贵重以及重要的运营设备。

二、火灾自动报警系统

火灾自动报警系统(Fire Alarm System,FAS)通过设在保护现场的火灾探测器,感知火灾发生初始阶段所呈现出的特性,如产生烟雾、热量和火焰等,火灾探测器通过通信线路与控制中心进行连接,及时将火灾信息传递至设置于消防控制中心的控制盘及工作站,并通过控制中心的系统控制盘联动相关的系统进行救灾以及疏散,同时通过通信网络将火灾信息传送至本线路的集中控制中心，由中心调度根据火灾情况进行应急指挥。由于火灾自动报警系统具有及早发现火灾和通报火灾的特点，可以使火灾危害减小到最小，同时也有效地保护了城市轨道交通场所内的人员生命和财产安全。

1. 火灾自动报警系统的主要功能

FAS 的主要功能是通过设置在保护现场的火灾探测器（例如，感烟探测器、感温电缆、对射式探头、火焰式探测器等），感知火灾发生时燃烧所产生的火焰、热量和烟雾等特性，实现火灾早期预警和通报，使火灾危害减小到最小，可以有效地保护城市轨道交通场所内的人员生命和财产安全，具体包括：

（1）探测火灾灾情。通过设置在现场的各种探测器，例如，感烟探测器、感温探测器、火焰式探测器等，探测火灾的灾情，把现场探测模拟数据传送回火灾自动报警控制盘。

（2）自动判断。对现场传送回来的探测器数据进行分析判断，以确定是否发生火灾。

（3）火灾早期报警与人员疏散。当判定为火灾情况时，火灾自动报警控制盘发出声、光报警，通知在场值班人员，并且通过设置在现场的警铃、警笛、消防广播等警报设备通知人员疏散。

（4）监控消防设备设施。对消防设备，例如防火阀、消防水泵、防火卷帘门、排烟风机、水流指示开关等，进行状态监视以及紧急控制。在城市轨道交通中，FAS 还可能对其他消防系统进行监控，例如气体自动灭火系统和水喷淋系统。

（5）发送火灾模式命令。在城市轨道交通 FAS 应用中，当 FAS 判定有火灾发生后，将向机电设备监控系统（EMCS 或 BAS）或者是主控系统（MCS）发送火灾模式命令，由机电设备监控系统控制有关机电及环控设备执行相关的救灾模式。

2. FAS 的具体组成与功能

城市轨道交通的 FAS 一般都属于控制中心报警系统。它一般由中央级设备、车站级设备及系统网络设备三部分组成，如图 3—1 所示。中央级与车站级设备通过网络设备进行连接以及信息交换，各系统主机之间可通过光纤组成对等式令牌环网进行通信。系统网络设备具有较高的安全性，当通信线路发生单点断路时，仍可保证系统网络内各点的数据通信正常运作。

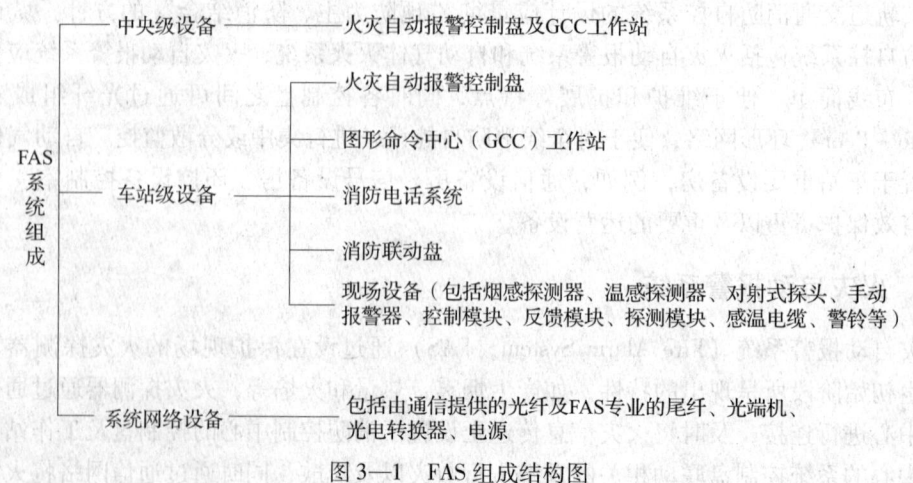

图 3—1 FAS 组成结构图

（1）中央级设备。中央级设备是设在控制中心的控制盘及图形命令中心（GCC），它们通过光纤与全线的车站级设备连接起来，组成令牌环网，统一监视及控制所有站点的各种消防设备。其主要功能与车站级相似，所不同的是它具有较高的权限、更广泛的监控范围，同时负责与城市轨道交通主时钟接口并实现系统时钟同步功能。

FAS中央级设备一般设置在中央调度大厅（OCC）以及维修车间的维修调度室内，其主要使用者是环控调度员或维修调度员。

1）主要功能

①监视和控制全线火灾自动报警设备的主要运行状态，接收全线各车站、车辆段、主变电站及集中冷站的火灾报警并显示报警部位，包括火灾报警、监视报警、设备离线及设备故障报警、网络故障报警。

②中央环控调度人员能通过中央级设备对全线的火灾报警进行管理，并确认火灾灾情，向车站级发出消防救灾指令，指挥救灾工作的开展。

③中央维修调度人员能通过中央级设备对全线的故障报警进行管理，并确认设备故障情况，向维修部门发出维修指令，指挥维修工作的开展。

④能实现火灾报警，较其他类型报警具有最高优先级。能实现火灾报警自动弹出显示火灾报警区域的平面图。

⑤能进行历史报警事件存储及操作人员的操作记录存储，各项记录可在系统管理工作站输出至打印机或磁盘。

⑥能进行历史档案管理，实现各种分类报表的打印。

⑦能实现系统网络的自诊断，并通过自诊断程序判定网络故障的位置及原因。

⑧能接收通信系统主时钟的时间信息，具有使全线FAS系统时钟与主时钟同步的功能。

2）构成。FAS中央级设备根据中央系统集成情况可分为三类：

第一类，由一台中央级火灾报警控制盘以及一台中央级图形操作中心（GCC）组成。这台中央级FAS控制盘仅作为系统网络上的一个节点，与系统网络的其他FAS控制盘进行通信，同时将通信信息通过RS485接口卡传送给中央级GCC。因此，这台中央级FAS控制盘仅具有基本的操作显示及接口通信功能。中央级GCC一般是服务器级计算机或者工业级计算机（即工控机），具有较车站级GCC更强的处理能力和存储能力。中央级GCC一般配有音箱、打印机、光盘刻录机和UPS等外部设备。

第二类，由一主一备两台中央级图形操作中心组成。这两台中央级GCC也是服务器级计算机或者工业级计算机，但在计算机内集成了系统网络专用的通信卡，使得这台计算机可以作为系统网络上的一个节点，与网络上的其他FAS控制盘进行信息交换。

第三类，由主控系统（MCS）集成，这是一种较新型的方式。车站级FAS控制盘将报警信息通过MCS系统的前端处理设备（FEP）传送给MCS服务器，由MCS服务器集中处理后，再通过MCS的光纤网络传送到中央操作员工作站上显示。

（2）车站级设备。火灾自动报警系统每个站点都是一套完整的子系统，具有独立的火灾监测及消防设备监控功能，主要分布于各轨道交通车站、主变电站及车辆段等功能性建筑。这些具有独立监控功能的站点设备定义为车站级设备。车站级设备主要包括：系统主机控制盘、电源模块及蓄电池、中央处理模块、显示操作面板、回路卡、音频卡及消防电话主机、图形监控终端（GCC）以及各种外围设备（指布置在现场的各种火灾探测设备、状态反馈模块、控制模块、通信模块等）。

现场外围设备分布在车站级节点各建筑及走廊、大厅等，其主要设备一般设置在消防控制室。城市轨道交通系统的车站控制室兼做消防控制室，而车控室的站务值班人员兼职消防值班员。城市轨道交通系统的其他功能建筑内的值班员或保卫保安员均兼职消防值班员，如主变电所的供电值班员、车辆段的保卫人员等。

1）主要功能。各操作人员通过车站级操作显示设备，监视火灾报警、确认火灾灾情、报告 OCC、接收 OCC 发出的消防救灾指令。

①监视车站及所辖区间（包括区间内的隧道风机房和区间跟随式降压变电所）部分火灾报警设备（包括电话）的运行状态。

②监视和控制车站及所辖区间火灾报警，并显示报警部位。火灾时，图形监视计算机能弹出火灾报警信息框并能显示火灾报警区域的平面图。

③接收中央级图形操作中心发出的控制指令。

④通过车站级 FACP 的 RS485 接口向 EMCS 系统发出火灾模式指令，使 EMCS 系统启动消防联动控制设备。

⑤FAS 在车站将 FAS 系统信息发送给主控系统。

⑥能自动和手动控制消防联动设备并监视它们的反馈状态。

⑦设置消防联动盘，实现手动硬线控制消防设备。

⑧设置消防电话系统，保障火灾情况下的现场人员与控制室指挥人员的应急通话。

⑨设置消防警铃、消防广播系统，在火灾情况下，紧急疏散现场乘客及工作人员。

各车站级站点（即车站、冷站、主变电站等）的火灾报警控制盘及图形操作中心不允许监视和控制其他站点的设备，保证本站点信息相对独立，不受其他站点信息的干扰。

2）构成。车站级设备的类型会根据监控点数的数量而不同，如冷站、主变电所、区间隧道风机房和区间跟随式降压变电所等站点的监控点数数量较少，一般会采用区域控制盘，其监控点数为 200～500 点。而城市轨道交通的车站，一般会采用较大型的控制盘，其监控点数为 1 000～3 000 点。

车站级设备除了火灾报警控制盘外，还包括 GCC 工作站、消防电话系统、消防联动盘以及若干现场设备。

3. 系统接口

火灾自动报警系统除了系统本身设备外，还与其他系统有着不同的接口关系，下面对火灾自动报警系统与其他系统的接口关系简单说明。

（1）与主控系统（MCS）的接口

1）接口位置。在各车站、主变电站、OCC 的主控系统的交换机或前端处理机（FEP）接线端子上。

2）接口说明

①采用软线接口的方式。

②由 FAS 在工业控制计算机上提供两个独立 10～100 Mb/s 自适应以太网接口，与主控系统的交换机前端处理机（FEP）连接。

③FAS 负责将分类信息打包后传给主控系统，主控系统负责解包。FAS 提供打包信息的格式和协议，并具备由主控系统对打包信息直接进行软件解码的条件。

(2) 与机电设备监控系统（EMCS）的接口

1) 接口位置。在车站和集中供冷站的控制室的 FACP 盘的 RS485 接口上。

2) 接口说明

①由 FAS 提供 RS485 软线接口，FAS 通过此接口向 EMCS 发出火灾模式指令，EMCS 按接收到的模式指令将所监控的设备转换成预定的火灾运行模式状态。FAS 发出的指令具有最高优先权。

②与 EMCS 的通信协议和格式由 FAS 提供，协议和格式是标准的和开放的。

③FAS 具有与 EMCS 的数据传输通道的检测功能。

④FAS 控制盘预留将火灾模式信号传给 EMCS 的硬线接口的软件容量。

(3) 与通信系统的接口

1) 接口位置。FAS 的主时钟与通信系统的主时钟的接口位置在 OCC 通信设备室的通信配线架 MDF 的外线侧。

由通信专业提供各车站、OCC、车辆段控制中心之间的通信光纤，与 FAS 的接口在各通信设备室的光纤接线支架上。通信专业提供 4 芯单模光纤。

2) 接口说明

①FAS 的主时钟与通信系统的主时钟采用 RS422 接口、点对点的方式通信，通信速率为 9.6 kb/s。由通信系统提供通信协议和数据格式。

②由 FAS 自身提供车站与相邻区间跟随变电所的联网光纤、车辆段内各主要建筑物间的联网光纤。

(4) 与气体灭火系统的接口

1) 接口位置。预报警、报警确认和故障信号、手动/自动状态信号在气体灭火系统控制盘的输出端子排上；气体释放信号在气瓶间的压力开关上。

2) 接口说明

①FAS 接收气体灭火系统的火灾预报警、报警确认、系统故障信号、气体释放信号、手动/自动状态信号。

②气体灭火为 FAS 提供接收 FAS 信号的独立不带电、不接地的动断触点。

③FAS 与气体灭火系统的接口为硬线接口。

(5) 与自动售检票系统的接口

1) 接口位置。FAS 与自动售检票系统的接口在车控室 AFC 闸机手动开关的接线端子上。

2) 接口说明

①FAS 与自动售检票系统的接口为硬线接口。

②FAS 通过输出模块提供 DC24V、触点容量为 1 A 的动断无源触点控制自动售检票系统的开启。

③自动售检票系统提供接收 FAS 信号的独立的不带电、不接地的动断触点。

(6) 与防火卷帘的接口

1）接口位置。FAS与防火卷帘的接口在防火卷帘控制箱的接线端子上。

2）接口说明

①FAS与防火卷帘的接口为硬线接口。

②FAS通过输出模块提供DC24 V、触点容量为1 A的动断无源触点控制防火卷帘的下降，通过输入模块提供DC24 V、触点容量为1 A的动断无源触点来监视防火卷帘的下降状态。

③防火卷帘提供接收FAS系统信号的独立不带电、不接地的动断触点。

（7）与防火阀的接口

1）接口位置。FAS与防火阀的接口在防火阀的执行器上。

2）接口说明

①FAS系统与防火阀的接口为硬线接口。

②FAS通过输入模块提供DC24 V、触点容量为1 A的动断无源触点监视防火阀的开关状态。

③防火阀提供接收FAS信号的独立不带电、不接地的动断触点。

（8）与消火栓泵的接口

1）接口位置。FAS与消火栓泵的接口在消火栓泵控制箱的接线端子上。

2）接口说明

①FAS与消火栓泵的接口为硬线接口。

②FAS通过输出模块提供DC24 V、触点容量为1 A的动断无源触点来控制消火栓泵的启/停，通过输入模块提供DC24 V、触点容量为1 A的动断无源触点来监视消火栓泵的运行及故障状态。

③消火栓泵提供接收FAS信号的独立不带电、不接地的动断触点。

（9）与低压配电系统的接口

1）接口位置。FAS与低压配电系统的接口在车站、集中供冷站、主变电站和车辆段各建筑控制室的双电源切换箱的馈线端子上。

2）接口说明

①低压配电系统提供双回路的一级负荷给FAS，容量为5 kW，双电源切换箱的开关不带漏电保护装置。

②低压配电系统在各消防控制室提供接地端子汇流排，并满足接地电阻小于1 Ω。

（10）与防淹门系统的接口

1）接口位置。FAS与防淹门的接口在防淹门的控制箱的接线端子上。

2）接口说明

①FAS与防淹门的接口为硬线接口。

②FAS通过输入模块提供DC24 V、触点容量为1 A的动断无源触点来监视防淹门的开门到位信号和关门到位信号。

③防淹门系统提供接收FAS信号的独立不带电、不接地的动断触点。

（11）与监视过江隧道内的水位设备的接口

1）接口位置。FAS与监视过江隧道内的水位设备接口在区间隧道内的水位监视控制箱的接线端子上。

2）接口说明

①FAS 与监视过江隧道内的水位设备的接口为硬线接口。

②FAS 通过输入模块提供 DC24 V、触点容量为 1 A 的动断无源触点来监视过江隧道内的水位高、中、低三种情况。

（12）与水喷淋泵系统的接口

1）接口位置。FAS 与消火栓泵的接口在消火栓泵控制箱的接线端子上。

2）接口说明

①FAS 与水喷淋的接口为硬线接口。

②FAS 通过输出模块提供 DC24 V、触点容量为 1 A 的动断无源触点来控制水喷淋泵的启/停，通过输入模块提供 DC24 V、触点容量为 1 A 的动断无源触点来监视水喷淋泵的运行及故障状态，以及系统附属的水流指示器、湿式报警阀、检修阀的状态。

4. 火灾自动报警系统联动设备

城市轨道交通中，火灾自动报警系统在火灾时发送相应的火灾模式至机电设备监控系统，由机电设备监控系统按照设计要求联动相关的消防设备，如防排烟系统以及应急照明系统，同时部分消防设备在火灾时由系统通过输入/输出模块进行直接控制，实现防火分隔以及对防护区人员进行疏散。表 3—1 列举了城市轨道交通系统常用的消防联动设备及其控制点和状态反馈点。由于工程类型的不同和新技术的发展，会有部分设备被取消或更新，读者可按照表 3—1 的格式进行补充完善。

表 3—1　　　　　　　城市轨道交通系统常用设备监控点

受监控设备	控制点	状态反馈点				
		反馈点 1	反馈点 2	反馈点 3	反馈点 4	反馈点 5
防火阀	关闭防火阀	关闭状态	—	—	—	—
挡烟垂幕	下降垂幕	下降状态	—	—	—	—
防火卷帘门	下降卷帘门	半降状态	全降状态	—	—	—
消防水泵	启动/停止水泵	主泵运行状态	主泵故障状态	备泵运行状态	备泵故障状态	—
水喷淋泵	启动/停止水泵	主泵运行状态	主泵故障状态	备泵运行状态	备泵故障状态	—
消防水池	—	最低水位	—	—	—	—
防淹门系统	—	开门到位（动合点）	关门到位（动断点）	—	—	—
楼梯间加压送风机	启动风机	运行状态	—	—	—	—
排烟风机	启动风机	运行状态	—	—	—	—
气体灭火系统	—	预报警状态	报警确认状态	故障状态	气体释放状态	手动状态
过江隧道水位	—	低级水位报警	中级水位报警	高级水位报警	—	—
AFC 闸机	释放 AFC 闸机	闸机释放状态	手动状态	—	—	—
电梯	迫降到疏散层	迫降到位	—	—	—	—
非消防电源	切断非消防电源	—	—	—	—	—

续表

受监控设备	控制点	状态反馈点				
		反馈点1	反馈点2	反馈点3	反馈点4	反馈点5
水流指示器	—	动作				
湿式报警阀	—	报警				
邻接区域FAS（如相邻地下商场等）	向邻接系统发送火灾报警信息	接收邻接系统火灾报警信息				

三、气体灭火系统

1. 气体灭火系统分类

城市轨道交通采用的气体灭火系统主要有二氧化碳灭火系统、卤代烷灭火系统、烟烙尽气体灭火系统及七氟丙烷灭火系统等。

（1）二氧化碳灭火系统。二氧化碳灭火系统是一种至今仍在一些特定场合大量使用的气体灭火系统，包括高压二氧化碳灭火系统和低压二氧化碳灭火系统。它主要依靠高浓度的二氧化碳喷放至所保护的区域，使其中的氧气浓度急速下降（稀释）至一定程度，并产生窒息作用，使燃烧无法再继续进行下去。正因为二氧化碳有窒息作用，所以二氧化碳在扑灭火灾的同时，往往也会对停留在保护区域中的人员造成严重伤害。

（2）卤代烷灭火系统。卤代烷灭火系统主要是卤代烷1211灭火系统和卤代烷1301灭火系统两种。卤代烷灭火系统使用的灭火药剂——卤代烷药剂，是采用化学合成的方法，使甲烷（CH_4）中的氢原子（H）完全被卤素原子中的氟（F）、氯（Cl）、溴（Br）所取代而生成的卤代化合物。卤代烷1301灭火剂的化学名称为三氟一溴甲烷，分子式为CF_3Br，因其中碳原子（C）的数量为1、氟原子（F）的数量为3、氯原子（Cl）的数量为0、溴原子（Br）的数量为1，故简称为卤代烷1301。而美国空军一直将其称为"哈龙"（HALON），所以也有习惯称为"哈龙1301"。但因卤代烷破坏臭氧层，对人类的大气环境造成极大的破坏，在近年遭到世界各国一致的禁止，我国也在2010年停止生产卤代烷药剂。

（3）烟烙尽灭火系统。"烟烙尽"是英文注册商标名称INERGEN的中文译名，是由惰性（INERT）和氮气（NITROGEN）两个英文名称缩写而成的。另外，根据组成成分的比例，国内也称为IG541气体灭火系统，它是由几种特定的惰性气体经过简单的物理方式混合而成的。这些特定的惰性气体包括氮气、氩气和二氧化碳，其中氮气占52%（体积分数）、氩气占40%（体积分数），其余8%（体积分数）为二氧化碳。当组成烟烙尽气体的三种气体喷放到着火区域时，在短时间内会使着火区域内的氧气浓度降低至能够支持燃烧的12.5%（体积分数）以下，对燃烧产生窒息作用，使燃烧迅速终止，且烟烙尽气体不会对人体造成直接伤害。

（4）七氟丙烷灭火系统。七氟丙烷HFC-227ea，其灭火剂分子式为CF_3CHFCF_3。它的灭火药剂无色无味，不导电，无二次污染，对臭氧层的耗损潜能值（ODP）为零，对于扑灭电气火灾和带电的工作设备场所的火灾极为有利，如发电机房、变电所、油浸变压器间、计算机房、通信枢纽、电话总机房等；灭火后对所保护的物质无腐蚀、不污染、无损坏、灭火剂性能稳定；长期储存不变质；对人体无害，可用在有人工作的场所；灭火迅速效果好；满足环保要求。因此，七氟丙烷系统是一种现代化的灭火设备，是目前替代卤代烷1301、1211最理想的灭火系统。

2. 气体灭火系统的功能

自动气体灭火系统布置在重要的设备房间，如高低压配电室、通信设备室、环控电控室、信号设备室等，以实现对这些房间进行自动火灾监视及喷气灭火的功能。

（1）可实现火灾信息收集、自行处理、控制联动的报警器和设备，向火灾报警系统发送火警信息、控制灭火药剂喷洒扑灭火灾。

（2）可实现存储灭火药剂，并在需要喷洒药剂时按照控制器的命令准确地开启存储容器和气体输送管网上的阀门，将灭火药剂喷洒到相应区域，以扑灭火灾。

3. 气体灭火系统的构成

（1）系统结构。由于保护场所、灭火药剂和控制器功能等因素是跟实际的工程相结合，而不同情况下设计选取的产品和功能都有可能不同，所以目前城市轨道交通使用的气体自动灭火系统种类很多，其安装、维护和使用要求也有一定的差异。不过，气体自动灭火系统主要系统结构都是相似的，均由报警系统和管网系统两部分组成，如图3—2所示。报警系统由报警控制主机、火灾探测器、线路、报警按钮、声光报警器、系统喷放按钮和其他一些接口设备组成；而管网系统则由灭火药剂存储容器、药剂输送管道、喷头和相应的控制阀门组成。每个保护区以固定的封闭空间划分，且每一保护区内的管网和报警控制系统两部分自成独立系统，每个独立系统包括对该保护区需联动开口封闭装置和防火阀等设备的操作与控制。

在图3—2中，最左边红色物体为灭火药剂存储容器、红色线路代表药剂输送管道；三个房间代表气体灭火保护区域，青绿色方块代表气体灭火报警控制主机。当火灾发生时，报警控制主机将发出报警声音，并控制灭火药剂按照设计要求通过输送管道传递至火灾发生区域，进行释放灭火。

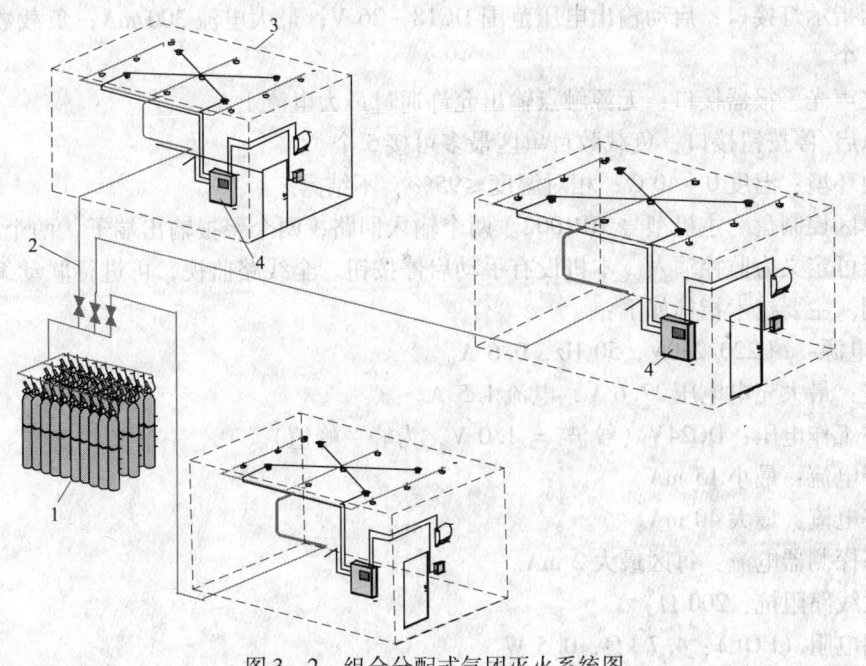

图3—2 组合分配式气团灭火系统图
1—灭火药剂存储容器（红色） 2—灭火药剂输送管道（红色）
3—气体灭火保护区域 4—气体灭火报警控制主机（青绿色）

(2) 系统设备

1) 报警控制主机。通常来说，火灾自动报警系统完全可以实现自动灭火的控制功能，做到报警和灭火两个体系合二为一，但因报警和灭火两个体系的覆盖范围有较大的差别，所以目前国内以两者独立分开的应用为主。气体自动灭火系统专用的控制主机类型很多，按照控制区域来分，可分为多区控制主机和单区控制主机两大类。多区控制主机智能化程度较高，能够同时对两个及两个以上的气体灭火保护区进行监控，在工程上应用可减少设备投资；而单区控制主机通常仅对一个气体灭火保护区进行监控，独立性很强，稳定性也很高，安装调试也更简单。国内目前在使用的气体自动灭火系统控制主机以单区为主，如广州地铁基本都采用单区独立控制主机，但有向智能化发展的趋势，如深圳地铁已经应用了多区控制主机。下面举例比较多区和单区控制主机的技术指标：

① 多区灭火控制盘。主机型号：L2420266。

容量：最大容量可控制 6 个气体灭火区（6 个控制单元）。

延时时间：0～45 s 可调，每挡 5 s。

线制：与控制器采用二总线连接（无极性信号二总线）；与气瓶电磁阀、压力开关及喷洒指示灯采用多线制二线连接；与紧急启动/停动按钮采用多线制三线连接；与火灾声光警报器采用二线连接。

电源：DC20～28 V（外供），可配接智能电源盘或智能电源箱，电源至控制盘及控制盘至电磁阀连接线的总长度不大于 100 m，截面积不小于 2.5 mm^2，监视功耗不大于 10 W。

电磁阀接口：启动输出为电平或脉冲方式，其中脉冲方式时 5 s；电压范围 DC18～26 V；最大电流 2 A。

喷洒指示灯接口：启动输出电压范围 DC18～26 V；最大电流 300 mA；负载数目单区最多可接 5 个。

火灾声光警报器接口：无源触点输出允许通过最大电流 1 A。

紧急启/停按钮接口：负载数目单区最多可接 5 个。

使用环境：温度 0～40℃；相对湿度≤95%，不结露。

② 单区控制盘。主机型号 RP1002。两个输入回路，两个警报输出端子，两个释放回路，其中一个可定义为监控输入。本机设有手动启停按钮。全线路监视，可进行联动编程，延时功能可调。主要技术指标如下：

AC 电源：AC220/240V，50 Hz，0.6 A。

备电：最大充电电压 27.6 V，电流 1.5 A。

正常工作电压：DC24V（纹波 = 1.0 V，为峰－峰值）。

报警电流：最小 15 mA。

短路电流：最大 40 mA。

静态探测器电流：每区最大 2 mA。

最大线路阻抗：200 Ω。

终端电阻（EOL）：4.7 kΩ，0.5 W。

监视电流：5 mA（包括 EOL）。

最大允许线路压降：DC2 V。

所有外部设备供给电流：2.25 A。

2）电源。国内使用的报警控制主机外部电源的额定电压为AC220 V，允许波动范围为-15%~10%，个别品牌甚至达到±15%，频率为50 Hz，而主机一般都自带变压整流部件，将市电整流为DC24 V的系统内部工作电压。除了使用交流电外，控制主机还按照国家标准要求配备了DC24 V的蓄电池作为备用电源。

3）探测器。气体灭火系统的探测器类型也很多，提供探测器产品的生产厂家也很多，著名的国际品牌有爱德华、西门子、日探、盛赛尔等，国内品牌有南京消防、首安消防和胜捷消防等。根据不同的火灾特性，可有针对性地选用合适的探测器，如选用感烟点型探测器、定温式点型探测器、差定温式点型探测器、红外线对射式探测器、可燃气体探测器。选定探测器种类后，还要考虑使用不同探测器之间的组合关系，力求做到既可迅速探测到火灾信号，也要考虑外界因素的干扰，防止系统误动作。

4）声音报警器。气体灭火系统的声音报警器主要以警铃、警笛和蜂鸣器为主，也可接入广播系统，播放系统产生的不同报警信息。一般来说，声音报警至少需要两种不同等级的声音信号，区分预报警和报警确认两个不同的阶段。

5）光报警器。气体灭火系统的光报警器一般都采用闪烁的红色警示灯光，警示系统进入报警确认的阶段。

6）气体释放警示标志。气体灭火系统的警示标志安装在气体喷洒保护区出入口的上方，用文字和灯光警示人员不要进入火灾区域。气体释放指示灯通常在气体喷洒前发出声光指示，用于提醒现场人员不要进入保护区内。

7）手动/自动状态转换开关。气体灭火系统的手动/自动状态转换开关是安装在灭火保护区外面门口旁边，可将气体灭火系统从自动报警启动喷放状态切换到人工干预才能启动喷放的状态。一般要求进入气体灭火保护区内的工作人员通过手动/自动状态转换开关将系统切换到人工干预才能启动喷放的状态，方可进入里面，既可在一定程度上保障进入灭火保护区的人员免受误启动喷洒之苦，也可防止因灭火保护区内作业对气体灭火系统带来的干扰。

8）紧急启动开关。气体灭火系统的紧急启动开关实际上是一个电气控制干预环节设备，当发生了火灾无法扑灭而报警系统仍未自动启动系统喷气时，可以通过该开关立刻启动系统喷气。

9）紧急启/停按钮。紧急启/停按钮通常安装在气体喷洒区的出入口旁，与气体灭火控制主机一起组成气体灭火控制系统。其主要用于现场人为操作进行紧急启动或紧急停止，按钮上设有启/停状态指示。

10）防火阀辅助电源。国内的气体灭火系统所保护的区域通常都设有送/排风口，为了防止烟火蔓延和灭火药剂泄漏，均设置有防火阀，在气体灭火药剂喷洒同时或之前，由气体灭火控制主机控制防火阀关闭。由于防火阀关闭所需要的驱动功率较大，一般来说都会有独立的驱动电源，其控制信号则由气体灭火控制主机输出。

11）喷放压力开关。气体灭火系统的喷放压力开关是安装在气体输送管道上的，它串联在控制主机的检测线路上，灭火药剂喷放出来的压力将开关闭合，使得控制主机采集到电信号，从而判断气体灭火系统喷放情况，同时也控制保护区现场的气体释放警示标志进入警示工作状态。

4. 气体灭火系统常用接口

(1) 与低压配电系统的接口

1) 接口位置。低压配电系统提供 AC220 V/50 Hz（一级负荷）的电源，接口位置设在气瓶间内电源切换箱的出线开关处。

2) 接口说明

①电源切换箱应为每个防护区提供 2 对接线端子（一对提供给灭火控制盘，另一对提供给 DC24 V 辅助联动电源），各个控制盘及辅助联动电源由本系统自行从电源切换箱引出。

②低压配电系统在气瓶间内为本系统提供接地端子排，接口位置在气瓶间的接地母排端子处，系统接地由本系统完成。

(2) 与 FAS 的接口

1) 接口位置。接口位置在气体灭火控制盘的接线端子处。

2) 接口说明

①每个防护区向车站 FAS 发送火灾预报警信号（一路报警）、火灾确认信号（二路报警）、系统故障信号、气体释放信号、自动/手动状态信号。

②上述所有接口均为无源动断触点。

(3) 与通风和空调系统的接口

1) 接口位置。无特殊说明，每个防护区内的防火阀按 4 个设计，接口位置在防火阀接线端子处。

2) 接口说明

①当火灾被两个探测回路确认后，控制盘向防护区内的防火阀输出 DC24 V 有源节点信号，将防护区内的防火阀关闭。

②防火阀应提供有源动断触点，每个防火阀的额定电流不大于 0.5 A。

(4) 与土建的接口

1) 接口位置。气体灭火系统与土建专业的接口位置主要是气体灭火防护区的门、窗处。

2) 接口说明

①防护区应该是一个封闭性良好的防火空间，门应朝外开启并能自行关闭。

②防护区隔楼板的耐火极限不小于 3 h，楼板的耐火极限不小于 2 h，构件（门、窗）的耐火极限不小于 0.5 h，吊顶的耐火极限不小于 0.25 h。

③防护区围护结构承受内压的允许压强不低于 1.2 kPa。

④气瓶间隔墙的耐火极限不小于 3 h；楼板不小于 2 h；隔墙上的门采用甲级防火门，门向外开启，耐火极限为 1.2 h，并应直接通向室外或疏散走道。

⑤气瓶应有避免阳光直接照射的措施。

第二节 消防自控系统运行管理

城市轨道交通消防自控系统的运行管理是针对城市轨道交通运行管理体制的特点而进行的，主要体现在：城市轨道交通运营管理分为中央级和车站级管理；每个车站设车控室，对整个车站的设备进行操作和管理;在控制中心大楼设中央调度对全线设备进行集中监控,同时可通过调度电话向各车站下达命令。

一、运行管理的任务

消防自控系统运行管理的任务就是确保人员正确使用消防自控系统,确保消防自控系统得到有效的监控,确保消防自控系统得到有效的保养与维护。其目的是为了保证消防自控设备良好地运转,其功能得到充分发挥,真正使消防自控系统成为防灾的中心。

消防自控系统运行管理的内容有:

(1) 系统操作管理。
(2) 系统日常运行管理。
(3) 突发事件应急处理。
(4) 维护维修管理。

二、运行管理组织及有关人员的职责

消防自控系统的运行管理组织与城市轨道交通运营组织架构相对应,主要包括中央级管理、车站级管理两部分。

1. 中央级管理

消防自控系统中央级设在 OCC 控制中心,由环控调度人员兼任系统中央管理员。其使用的消防自控设备包括一主一备两台图形命令中心(GCC)。其主要职责是:

(1) 负责管理全线的消防自控设备,监视全线的火灾报警。
(2) 通过闭路电视系统确认火灾灾情,或者通过有线或无线调度电话,通知车站值班人员现场确认火灾灾情。
(3) 根据火灾发生的实际情况选择预定的应急处理方案,向车站控制室发出消防救灾指令和安全疏散命令,指挥救灾工作的开展。同时应立即直拨 119 向消防局通报火灾灾情。

2. 车站级管理

消防自控系统车站级的范围包括轨道交通车站、主变电所、集中冷站、车辆段等功能建筑。

(1) 车站消防自控系统管理。每个车站均设有车站控制室,车站控制室同时也是消防控制室,对本站所有消防设备进行监视和控制。

(2) 其他功能建筑消防自控系统管理。其他功能建筑包括主变电所、冷站、车辆段通号楼、材料总库、运用库、办公楼、维修楼等。这些功能建筑一般设一到两名消防值班员,主要的消防职责是日常对消防设备设施的监护和巡视,确保消防设备设施不被挪用、破坏;利用消防设备监视本建筑的火灾报警,确认火灾灾情,组织本建筑内的工作人员进行救灾以及人员疏散;同时向控制中心及有关领导报告火灾灾情,并执行其下达的救灾指令。

三、运行管理的有关规程和制度

为确保消防自控系统正常运行,城市轨道交通运营企业应根据《消防法》和有关消防规定,并结合消防设备安装的地理环境、气候条件、设备性能等,制定系统运行管理的有关规程和制度。

1. 系统操作管理规程和制度

系统操作管理规程和制度主要包括：《FAS系统操作员守则》及《气体灭火系统操作员守则》。

2. 系统日常运行管理规程和制度

系统日常运行管理规程和制度主要是《消防控制室值班人员守则》。

3. 突发事件应急处理规程和制度

突发事件应急处理规程和制度主要是指在火灾情况下的处理流程。

四、记录与技术资料

1. 系统运行应具备的资料

（1）有关消防设备的施工图纸和技术资料。
（2）变更设计部分的实际施工图。
（3）安装技术记录（包括隐蔽工程检验记录）。
（4）检验记录（包括绝缘电阻、接地电阻的测试记录）。
（5）安装竣工报告。
（6）调试开通报告。
（7）竣工验收情况表。
（8）系统操作手册。
（9）系统功能规格书。
（10）系统维修手册。
（11）故障手册。

2. 消防自控系统的运行记录

（1）系统日常运行记录。
（2）系统日常巡视记录。
（3）系统报警及处理记录。
（4）系统故障及处理记录。
（5）系统维护维修记录。
（6）消防设备定期测试记录。

第三节　消防自控系统维修管理

城市轨道交通运营企业均设有维修部门，该部门主要负责对城市轨道交通系统内使用的各种设备、设施进行维护、维修。维修部门下设各专业设备维护工班，其中消防自控工班主要负责对轨道交通使用的火灾自动报警系统及气体灭火系统的设备进行维护维修。该工班按照相关的规范、检修规程以及标准定期对全线范围内的火灾自动报警系统及气体灭火系统的设备进行维护，处理系统故障，确保消防设备、设施正常良好地运行。

一、系统相关规范及标准

消防自控系统是消防行业必不可少的系统,国家以及相关专业机构制定了各种标准和规范对系统的设计、性能等作出相应的规定,而系统的维修管理就是在行业的标准和规范下根据系统应用的具体情况进行的。消防自控系统的管理及维修人员必须熟悉行业的相关规范,一些常用的行业规范如下:

1. 火灾自动报警系统

火灾自动报警系统设备的制造、试验和验收以及维护保养应符合如下标准和规范,如出现两个标准不相符合时,按最高标准执行。

(1)《地铁设计规范》(GB 50157—2003)。
(2)《火灾自动报警系统设计规范》(GB 50116—2008)(报审稿)。
(3)《火灾自动报警系统施工及验收规范》(GB 50166—2007)。
(4)《建筑设计防火规范》(GB 50016—2006)。
(5)《人民防空工程设计防火规范》(GB 50098—2009)。
(6)《高层民用建筑设计防火规范》(GB 50045—95)(2005年版)。
(7)《点型感烟火灾探测器技术要求及试验方法》(GB 4715—2005)。
(8)《点型感温火灾探测器技术要求及试验方法》(GB 4716—2005)。
(9)《火灾报警控制器通用技术条件》(GB 4717—2005)。
(10) 中国国家电磁兼容相关标准及 IEC 61000—4—3。
(11) 其他相关规范。

2. 气体灭火系统

气体灭火系统设备的制造、试验和验收以及维护保养应符合如下标准和规范,如出现两个标准不相符合时,按最高标准执行。

(1)《地铁设计规范》(GB 50157—2003)。
(2)《洁净药剂灭火系统标准》(美国防火学会 NFPA2001 标准 2004 年版)。
(3)《火灾自动报警系统设计规范》(GB 50116—2008)。
(4)《惰性气体 IG—541 灭火系统技术规程》(DG/TJ 108—306—2001)。
(5)《气体灭火系统施工及验收规范》(GB 50263—2007)。
(6)《工业金属管道工程施工及验收规范》(GB 50235—2010)。
(7)《气体灭火系统及零部件性能要求和试验方法》(GA 400—2002)。
(8)《火灾自动报警系统施工及验收规范》(GB 50166—2007)。
(9)《电气装置安装工程电缆线路施工及验收规范》(GB 50168—2006)。
(10)《电气装置安装工程接地装置施工及验收规范》(GB 50169—2006)。
(11)《点型感烟火灾探测器技术要求及试验方法》(GB 4715—2005)。
(12)《点型感温火灾探测器技术要求及试验方法》(GB 4716—2005)。
(13)《火灾报警报警控制器通用技术条件》(GB 4717—2005)。
(14) 电磁兼容技术—抗干扰(EMC)标准。
(15)《静电放电抗扰度试验》(EN 61000—4—2—95)。

(16)《射频电磁场辐射抗扰度试验》(EN 61000—4—3—97)。
(17)《电快速瞬变脉冲群抗扰度试验》(EN 61000—4—4—95)。
(18)《浪涌(冲击)抗扰度试验》(EN 61000—4—5—95)。
(19)《射频场感应的传导骚扰的抗扰度试验》(EN 61000—4—6—96)。
(20)《工频磁场抗扰度试验》(EN 61000—4—8—93)。
(21)《脉冲磁场抗扰度试验》(EN 61000—4—9—93)。
(22)输入电压瞬度标准:VDE 0160/1990.12。
(23)其他相关的规范。

二、维护维修管理

根据行业标准规范以及系统在轨道交通中应用的实际情况,对消防自控系统的维护维修及故障处理都制定了相关的规程和制度。主要有:火灾自动报警系统维修手册、FAS维修周期与工作内容、气体灭火系统维修周期与工作内容等。根据设备维修的规程的建立以及应用,维修人员按照规程的内容对设备进行维护保养以保障城市轨道交通消防自控系统设备的正常运行,根据维修保养的程度以及内容的不同可以分为巡视、检修以及故障处理,本节先对巡视内容以及检修周期及内容进行简单的介绍,具体的工作内容以及故障处理内容将会在后续章节进行详细介绍。

1. 消防自控系统巡视

设备定期巡视是确保系统正常运行的重要手段。通过定期巡视可及时发现系统中存在的问题,及时发现及时处理,确保系统安全、正常运行。在巡视过程中,要求巡视人员认真、仔细、全面,要有高度的敏感性和责任感,及时发现问题所在。同时要求巡视人员每次巡视后都应进行详细的记录。

(1) FAS巡视内容。系统的巡视包括:系统主机及工作站巡视;系统外围设备(包括烟感探测器、温感探测器、功能模块等)巡视。

1) 系统主机及工作站巡视

①系统主机运行情况

系统主机电源是否正常;

系统主机显示是否正常;

系统主机消防电话情况;

系统主机火警报警情况;

系统主机监视报警情况;

系统主机故障报警情况;

系统主机历史记录检查。

②系统工作站运行情况

GCC工作是否正常;

GCC的键盘、鼠标、打印机、UPS工作是否正常;

GCC的火灾报警实时软件运行是否正常。

③系统网络运行情况

通过 GCC 查看该工作站是否与本站的系统主机连接正常。
通过 GCC 查看系统网络各节点是否连接正常。
2）系统外围设备巡视
①点型烟感探测器、点型温感探测器巡视
观察探测器外观是否良好、完整；
观察探测器状态指示灯是否处于正常状态。
②手动报警器巡视
观察手动报警器外观是否良好、完整；
观察手动报警器状态是否处于正常状态。
3）功能模块巡视
观察模块箱或模块盒外观是否良好、完整；
观察各种功能模块外观是否良好、完整；
观察各种功能模块状态指示灯是否处于正常状态。
4）消防电话巡视
观察电话插孔、挂箱电话的外观是否良好、完整；
观察电话插孔、挂箱电话状态是否处于正常状态。
(2) 气体灭火系统巡视内容
1）气体灭火系统报警系统巡视
①警示标志巡视
观察防护区的警示标志牌是否良好、牢固并能阅读；
观察防护区的疏散指示灯是否良好、完整。
②控制盘及附属设备巡视
检查控制盘的电源是否正常；
检查控制盘是否正常工作；
检查紧急启动开关、紧急停止开关、手动/自动转换开关是否在原位并处于正常工作状态；
观察保护区范围内的警铃、警笛是否良好、完整。
③保护区内探测器巡视
观察保护区内烟感探测器、温感探测器是否正常工作；
观察保护区内的消防管线是否良好。
2）气体灭火系统管网系统巡视
观察保护区内的管道及喷嘴是否良好、畅通；
观察气体管道是否良好，无凹凸或损伤；
检查气瓶是否良好，气瓶上的压力指示表的指针是否在绿色区域；
检查气瓶头阀、高压软管、集流管、电磁阀、选择阀等设备是否良好；
检查气瓶间的各种铭牌、指示标志是否在原位，并且完整。

2. 检修周期与工作内容

检修周期与工作内容是系统维护中最重要的技术规程，检修人员必须严格按照检修周期及内容的规定对系统进行维护及保养,以使系统正常稳定的运行。

初级检修人员应能独立完成日常巡检内容,并可以在中级工的带领下完成二级保养检修内容。

(1) FAS 设备检修周期与工作内容。其工作内容见表 3—2。

表 3—2　　　　　　　　　　FAS 设备检修周期与工作内容

序号	设备(数量)	修程		检修工作内容	周期
1	手动报警器	二级保养	手动报警器	1. 同 FAS 日常保养全部内容 2. 检查手动报警器报警外观,试验报警器报警功能	每季
			破玻报警器	1. 检查、清洁破玻报警器外表,检查安装地点环境是否良好 2. 打开破玻报警器盖门,试验报警器报警功能 3. 使用破玻试验钥匙进行功能测试 4. 检查报警器接线及安装底盒是否牢固、良好	每季
2	消防电话	二级保养	消防电话主机	1. 检查消防电话主机电源是否正常 2. 检查消防电话主机的指示灯、蜂鸣器及听筒是否正常 3. 检查消防电话主机的故障报警功能是否正常	每季
			插孔电话	1. 清洁插孔电话外表,检查插孔电话外观、插孔及安装地点环境是否良好 2. 利用便携电话,测试与消防电话主机的语音通信功能 3. 检查插孔电话安装底盒是否牢固	每季
			固定电话 (壁挂电话)	1. 清洁固定电话(壁挂电话)外表,检查固定电话(壁挂电话)外观,检查听筒连接线及安装地点环境是否良好 2. 测试与消防电话主机的语音通信功能 3. 检查固定电话(壁挂电话)安装底盒是否牢固	每季
		小修	消防电话主机	1. 同二级保养全部内容 2. 测量每条电话回路的电压值是否在正常范围内 3. 测量每条电话回路的正极对地电压值是否在允许范围之内 4. 紧固每条电话回路接线	每年

续表

序号	设备（数量）	修程		检修工作内容	周期
3	与其他系统接口模块	二级保养	消防水泵接口模块	1. 在控制盘上检查消防水泵接口工作状态	每季
				2. 检查模块箱外观、密封及封堵是否良好，检查模块箱内表面是否有潮气，清洁模块箱表面	
				3. 检查模块是否完好、工作是否正常	
				4. 检查模块接线是否牢固、可靠	
				5. 检查中间继电器状态是否良好，接线是否牢固	
				6. 启动消防水泵，试验反馈信号	
				7. 激活火警，联动消防水泵，试验控制信号	
				8. 模拟消防水泵故障信号，试验反馈信号	
		二级保养	AFC闸机接口模块	1. 在工作站上检查AFC闸机接口工作状态	每季
				2. 检查模块箱外观、密封及封堵是否良好，检查模块箱内表面是否有湿气，清洁模块箱表面	
				3. 检查模块是否完好、工作是否正常	
				4. 检查模块接线是否牢固、可靠	
				5. 拆卸控制线	
				6. 系统主机设置自动联动，并激活火警信号	
				7. 检查系统主机是否发送控制信号，控制模块是否发出控制信号	
				8. 复位并连接控制线	
				9. AFC闸机联动测试，FAS不单独做。在主控系统测试时，一并进行并补充测试记录	
		二级保养	防火卷帘门接口模块	1. 在工作站上检查防火卷帘门接口工作状态	每季
				2. 检查模块箱外观、密封及封堵是否良好，检查模块箱内表面是否有湿气，清洁模块箱表面	
				3. 检查模块是否完好、工作是否正常	

续表

序号	设备（数量）	修程	检修工作内容		周期
3	与其他系统接口模块	二级保养	防火卷帘门接口模块	4. 检查模块接线是否牢固、可靠	每季
				5. 检查中间继电器状态是否良好，接线是否牢固	
				6. 系统主机设置报警联动，并激活火警信号	
				7. 检查系统主机是否发送控制信号，控制模块是否发出控制信号，中间继电器是否动作	
				8. 到现场检查防火卷帘门是否关闭灵活	
				9. 检查系统主机是否接收到防火卷帘门的反馈信号	
				10. 复位	
		二级保养	电梯接口模块	1. 在工作站上检查电梯接口工作状态	每季度
				2. 检查模块箱外观、密封及封堵是否良好，检查模块箱内表面是否有湿气，清洁模块箱表面	
				3. 检查模块是否完好、工作是否正常	
				4. 检查模块接线是否牢固、可靠	
				5. 检查中间继电器状态是否良好，接线是否牢固	
				6. 系统主机设置报警联动，并激活火警信号	
				7. 检查系统主机是否发送控制信号，控制模块是否发出控制信号，中间继电器是否动作	
				8. 到现场检查电梯是否迫降到首层，是否收到电梯迫降到首层的反馈信号	
				9. 复位	
		二级保养	气体灭火系统接口模块	1. 在工作站上检查防火阀接口工作状态	每季度
				2. 检查模块箱外观、封堵是否良好，检查模块箱内表面是否有湿气，清洁模块箱表面	
				3. 检查模块是否完好、工作是否正常	
				4. 检查模块接线是否牢固、可靠	

续表

序号	设备（数量）	修程	检修工作内容		周期
3	与其他系统接口模块	二级保养	气体灭火系统接口模块	1. 在工作站上检查气体灭火系统接口工作状态	每半年
				2. 检查模块箱外观、密封及封堵是否良好，检查模块箱内表面是否有湿气，清洁模块箱表面	
				3. 检查模块是否完好、工作是否正常	
				4. 检查模块接线是否牢固、可靠	
				5. 模拟气体灭火系统5种状态信号，试验反馈信号	
				6. 气体灭火系统联动测试，FAS不单独做。在气体灭火系统维护时，一并进行并补充测试记录	
		二级保养	防火阀接口模块	1. 在工作站上检查防火阀接口工作状态	每季
				2. 检查模块箱外观、封堵是否良好，检查模块箱内表面是否有湿气，清洁模块箱表面	
				3. 检查模块是否完好、工作是否正常	
				4. 检查模块接线是否牢固、可靠	
				5. 在工作站上检查防火阀接口工作状态	每年
				6. 检查模块箱外观、密封及封堵是否良好，检查模块箱内表面是否有湿气，清洁模块箱表面	
				7. 检查模块是否完好、工作是否正常	
				8. 检查模块接线是否牢固、可靠	
				9. 模拟防火阀状态信号，试验反馈信号	
4	蓄电池	二级保养		1. 在EMCS/BAS工作站上查询车控室的温度及湿度	每月
				2. 检查蓄电池外观，清扫蓄电池表面	
				3. 检查蓄电池接线是否牢固、可靠	
				4. 测量单个及成组蓄电池电压，单个DC12 V（-5%~15%），成组DC24 V（-5%~15%）	
				5. 切断控制盘AC220 V配电开关，检查是否切换到蓄电池工作状态	
				6. 切断辅助电源箱AC220 V配电开关，检查是否切换到蓄电池工作状态	
				7. 合上AC220 V配电开关	

续表

序号	设备（数量）	修程	检修工作内容	周期
4	蓄电池	小修	1. 同二级保养全部内容 2. 对蓄电池进行充放电保养	每半年
		中修	更换蓄电池（电池使用期达五年或电池容量降低到额定容量的80%）	每5年
5	感温电缆	二级保养	1. 在工作站上检查感温电缆工作状态 2. 检查模块箱外观、密封及封堵是否良好，检查模块箱内表面是否有湿气，清洁模块箱表面 3. 检查模块是否完好、工作是否正常 4. 检查模块接线是否牢固、可靠 5. 检查感温电缆微机头外观并清洁，检查微机头安装环境是否良好 6. 在感温电缆微机头（或接口模块）上触发火警信号，检查报警信号是否正常 7. 在感温电缆微机头（或接口模块）上触发故障信号，检查报警信号是否正常 8. 在系统主机上进行复位，检查感温电缆是否恢复正常	每季度
		小修	1. 同二级保养全部内容 2. 检查感温电缆及其引线固定是否良好，布线情况是否良好，是否有被压、被浸情况 3. 检查感温电缆接线盒内接线是否紧固，是否受潮，检查接线盒外观是否完好，用防火泥封堵接线盒所有缝隙 4. 选取一段1 m以上的感温电缆，放于装有热水的器皿内，测试感温电缆是否报警 5. 取出感温电缆，擦干并安放好 6. 检查感温电缆末端包扎情况是否良好，是否受潮	每年
6	探测器及底座	小修	烟感探测器 1. 目测烟感探测器及其底座外观是否完好、牢固 2. 对烟感探测器及底座进行喷烟报警试验 3. 检查烟感探测器的动作及确认灯显示是否正常 4. 检查控制盘的烟感探测器及底座的报警信息 温感探测器 1. 目测温感探测器及底座外观是否完好、牢固 2. 对温感探测器及底座进行加温报警试验 3. 检查温感探测器的动作及确认灯显示是否正常 4. 检查控制盘的温感探测器及底座的报警信息	每年

续表

序号	设备（数量）	修程	检修工作内容		周期
6	探测器及底座	小修	火焰探测器	1. 目测火焰探测器及底座外观是否完好、牢固	每年
				2. 对火焰探测器及底座进行模拟报警试验	
				3. 检查火焰探测器的动作及确认灯显示是否正常	
				4. 检查控制盘的火焰探测器及底座的报警信息	
			燃气探测器	1. 目测燃气探测器及底座外观是否完好、牢固	
				2. 对燃气探测器及底座进行模拟报警试验	
				3. 检查燃气探测器的动作及确认灯显示是否正常	
				4. 检查控制盘的燃气探测器及底座的报警信息	
			对射式探测器	1. 检查对射式探测器反射端外观，清洁表面卫生	
				2. 检查对射式探测器发射端外观，清洁表面卫生	
				3. 检查对射式探测器工作指示灯是否正常显示	
				4. 校准对射式探测器发射端	
				5. 用测试纸测试探头火灾报警功能	
				6. 检查控制盘的对射式探测器的报警信息及复位	
		中修	所有探测器	委托外部专业人员拆卸、清洗探测器	第一次为投入使用后2年，以后每3年
			所有探测器底座	清洁探测器底座，检查底座周围环境	必要时
		大修	更换探测器		每10年
7	消防联动柜	二级保养	1. 检查消防联动柜外观，并对箱体内外进行清洁		每月
			2. 对应急电源进行断电测试		
			3. 测量联动柜工作电压是否正常		
			4. 检查所有指示灯及开关按钮是否正常，并设置在原位		
			5. 进行消防联动柜灯测试		
		二级保养	1. 进行消防联动柜的强制切断非消防电源功能试验		每季
			2. 进行消防联动柜的强制启动消防水泵功能试验		
			3. 进行消防联动柜的其他联动功能试验		

续表

序号	设备（数量）	修程	检修工作内容	周期
7	消防联动柜	小修	1. 检查消防联动柜外观 2. 清洁消防联动柜内外 3. 检查所有接线情况 4. 测试模式是否正确 5. 与 BAS（EMCS）系统检查模式的发送和接收是否正确，模式信息描述是否正确 6. 检查所有指示灯是否正常	每年
8	警铃	二级保养	1. 检查警铃外观并清洁表面 2. 设置联动 3. 激活火警信号 4. 检查警铃联动 5. 检查警铃动作状态以及描述信息是否正确	每季
9	车辆段消防广播	小修	1. 检查消防广播主机外观，并清洁表面 2. 检查消防广播功率放大器外观，清洁表面 3. 设置联动 4. 测试火灾事故广播的自动播放功能 5. 检查现场消防广播扬声器的播放响度，应清晰响亮 6. 测试人工事故广播功能	每年
10	主机及操作站	日常保养	1. 由值班控制室人员巡视设备运行情况和设备完好在位情况，并做记录 2. 在系统维修终端上检查全线各站的消防主机及图形操作界面工作是否正常 3. 检查所有外围设备的工作状态是否正常，记录发生故障的设备并交维修工班处理 4. 检查系统网络工作是否正常 5. 检查维修工作站及鼠标、键盘、打印机等外部设备是否正常并清洁表面 6. 检查火灾报警记录、故障报警记录、状态报警记录、系统操作记录是否有异常情况	每天在维修工作站进行巡检
		二级保养	主机盘： 1. 检查主机盘外观，并清洁表面 2. 测量主机盘供电电压，并进行断电切换测试 3. 检查主机盘电源卡及辅助电源的工作状态并测量其输入、输出电压 4. 检查回路卡状态并测量回路工作电压，回路对地电压 5. 检查 CPU 及显示面板工作状态并进行灯测试	每月

续表

序号	设备(数量)	修程		检修工作内容	周期
10	主机及操作站	二级保养	主机盘	6. 检查网络卡及附属模块状态,测量光电转换器工作电压	每月
				7. 检查并紧固回路接线	
				8. 检查并紧固内部板卡连线	
				9. 检查并紧固与EMCS接口通信线	
				10. 检查并紧固与GCC接口通信线	
			操作站	1. 检查操作站工作情况并清洁表面	
				2. 检查操作站所有监控柜外观并清洁表面	
				3. 检查操作站按钮及触摸板,检查外部设备连接口面板是否锁好	
				4. 检查系统工作及操作状况是否正常	
				5. 检查主时钟是否同步,操作站时间是否正确	
				6. 检查与主控接口网卡连接情况	
				7. 备份图形控制中心软件历史数据	
				8. 检查非法程序,升级杀毒软件病毒库及进行杀毒	
			历史记录	1. 查询故障历史记录	
				2. 查询火警历史记录	
			UPS	1. 检查UPS外观及清洁表面	
				2. 进行断电测试	
				3. 检查UPS面板上的指示灯是否正常	
				4. UPS的蓄电池按蓄电池检修规程处理	
			打印机	1. 检查打印机连接(只有OCC以及维修终端有打印机)	
				2. 检查打印纸(只有OCC以及维修终端有打印机)	
		小修	主机盘	1. 清洁主机盘内外表面	每年
				2. 清扫板卡表面积尘	
			操作站	1. 复制系统硬盘数据	每年
				2. 清洁工控机内外表面及板卡	
		中修	电路板	1. 清洁电路板	每3年
				2. 更换电路板	必要时
			操作站	1. 主机升级	每5年
				2. 更换显示器	每5年

续表

序号	设备（数量）	修程		检修工作内容	周期
11	FAS系统	日常操作管理	全部设备	1. 检查控制盘及GCC、消防联动盘的控制面板显示是否正常，控制盘及GCC、消防联动盘工作是否正常	每天
				2. 对所辖消防设备的报警和故障信息进行确认，火灾时正确及时操作救灾，及时上报系统故障和火灾信息情况	
				3. 检查破玻报警器、探测器、消防电话、模块箱体是否处于正常状态，防止无关人员操作、破坏及盗用	
				4. 检查消防设施是否在原来位置，运行是否正常，所有标志说明是否清晰完好	
				5. 应做好日常消防设备巡视记录	
		大修	全部设备	升级系统，更换设备，更换软件	每15年
12	系统网络	大修	光纤网	1. 对系统光纤网络的光纤进行光功率测量	每5年
				2. 若测量光纤功率衰减超过标准，则委托有资质的熔焊接施工单位对损坏光纤进行重新敷设及焊接	

注：表中所列的检修内容与周期仅供读者参考。不同型号设备的检修内容及要求，以该产品的说明书为准。

（2）气体灭火系统设备检修周期与工作内容。其工作内容见表3—3。

表3—3　　　　　　　气体灭火系统设备检修周期与工作内容

序号	设备（数量）	修程	检修工作内容	周期
1	报警控制系统（套）	日常操作、管理	1. 检查控制盘的控制面板显示是否正常，控制盘工作是否正常	每天
			2. 对所辖消防设备的报警和故障信息确认，火灾时正确及操作救灾，及时上报系统故障和火灾信息情况	
			3. 检查紧急喷气按钮（包括保险环）或紧急启动开关（及封条）、手动/自动开关、紧急止喷按钮、灭火禁入指示牌、警笛及闪灯、烟感温感探测器、气瓶是否完好，是否处于正常状态	
			4. 检查消防设施是否在原来位置，运行是否正常，所有标识说明是否清晰完好	
			5. 应做好日常消防设备巡视记录	
		二级保养	1. 同日常操作、管理全部内容	每月
			2. 检查系统控制盘，并清洁箱体内外	
			3. 检查系统控制盘工作是否正常，接地故障、电池故障、主板故障指示灯是否正常。如有故障，则作为故障进行处理	

表 3—3　　　　　　　　气体灭火系统设备检修周期与工作内容

序号	设备（数量）	修程	检修工作内容	周期
1	报警控制系统（套）	二级保养	4. 紧固系统控制盘所有连接线	每月
			5. 测量系统控制盘交流电源电压，并进行断电切换测试	
			6. 测量系统控制盘成组蓄电池电压，单个DC12 V（-5%～15%），成组DC24 V（-5%～15%）	
			7. 检查辅助电源箱外观，并清洁箱体内外	
			8. 检查辅助电源箱工作是否正常，交流故障、电池故障、输出故障指示灯是否正常	
			9. 测量辅助电源箱交流电源电压，并进行断电切换测试（一号线辅助电源由低压配电专业检修）	
			10. 测量辅助电源箱成组蓄电池电压，单个DC12 V（-5%～15%），成组DC24 V（-5%～15%）。（一号线辅助电源由低压配电专业检修）	
			11. 检查手动/自动开关、紧急止喷按钮、紧急启动开关外观，并清洁表面，检查紧急启动开关封条是否完好、牢固	
			12. 测试手动/自动开关、紧急止喷按钮功能	
			13. 目测灭火禁入指示牌、警铃、警笛及闪灯、烟感探测器、温感探测器、系统线管、操作说明及警示牌安装是否良好、牢固，附近环境是否良好	
			14. 同月检保养内容	每季度
			15. 控制盘用短接线模拟信号给辅助电源箱，检查防火阀是否正常动作	
		小修	1. 同二级保养内容	每半年
			2. 在做以下测试前，应先断开电磁阀与系统控制盘的连线	
			3. 检查气瓶间电源配电箱切换功能是否正常	
			4. 切断测试区域的控制盘及辅助电源箱的空气开关	
			5. 分别短接一级回路、二级回路接线端子，按系统自动灭火运行方式对系统控制盘及辅助电源箱进行测试，检查系统控制盘及辅助电源箱的显示、报警、延时30 s及设备联动情况	
			6. 按系统手动操作方式，对系统控制盘及辅助电源箱进行测试，检查系统控制盘及辅助电源箱的显示、报警及设备联动情况	
			7. 模拟二级报警，检查防火阀是否正常动作；检查控制防火阀的继电器接线和外表卫生；对防火阀机构进行检查，对生锈的进行除锈、干燥处理和润滑	
			8. 全面试验烟感、温感探测器功能；测试探测器底座功能是否正常；对有故障的元件进行修理更换	

续表

序号	设备（数量）	修程	检修工作内容	周期
1	报警控制系统（套）	小修	9. 检查系统发出气体喷放信号时，电磁阀输出端子上电压是否为DC24 V（±5%）	每半年
			10. 检查测试手动/自动开关、紧急启动开关、停止喷气按钮、灭火禁入指示牌、蜂鸣器及闪灯、警铃、防火阀、压力开关联动等设备的功能，如有故障及时进行处理	
			11. 在FAS上面查看是否可以正确接收到一级报警、二级报警、手动/自动、故障、释放这5个信号及防火阀动作状态信号	
			12. 测量控制盘及辅助电源箱单个蓄电池电压是否正常后，闭合测试区域的控制盘及辅助电源箱的空气开关，检查系统控制盘及电源箱是否正常恢复，测量控制盘、辅助电源箱蓄电池充电电压是否正常。对蓄电池进行放电。蓄电池带负载运行30 min后，检查其电压是否仍可达到DC24 V（1±5%），并按蓄电池维护保养规程进行保养	
			13. 检查控制盘、防火阀辅助电源箱接地情况以及蜂鸣器及闪灯、警铃、灭火禁入指示牌、气体输送管道等设备的卫生，清除上面的杂物和灰尘。确认设备外观无损坏	
			14. 在完成测试后应接回电磁阀与系统控制盘的连线，并检查是否正确（包括连线极性与所接端子位置）	
		小修	1. 在气瓶间内将测试区域的选择阀及气瓶上的电磁阀卸下，分别小心放好（须进行双人确认）	每年
			2. 在气瓶间内将测试区域的选择阀及气瓶上的电磁阀、机械手柄及加力器卸下，分别小心放置好（须进行双人确认）	
			3. 检查系统控制盘、辅助电源箱、电气线管的接地情况	
			4. 按报警回路分别试验所有烟感、温感探测器及探测器底座的报警功能、设置地点环境是否正常	
			5. 按系统自动灭火运行方式，对系统控制盘及辅助电源箱进行测试，检查系统控制盘及辅助电源箱的显示、报警、延时30 s及设备联动情况	
			6. 检查气瓶间对应保护区的电磁阀动作是否正确	
			7. 检查气瓶间对应保护区的电磁阀及加力器动作是否正确	
			8. 全面测试手动/自动开关、紧急启动开关、停止喷气按钮、气体释放指示牌、蜂鸣器及闪灯、警铃、防火阀联动等设备的功能，并对这些设备进行清洁	
			9. 复位系统控制盘、辅助电源箱等设备，复位气瓶间对应保护区的电磁阀（恢复时须进行双人确认）	

第三章 消防自控系统运行与维修管理

续表

序号	设备（数量）	修程	检修工作内容	周期
1	报警控制系统（套）	小修	10. 复位系统控制盘、辅助电源箱等设备，复位气瓶间对应保护区的电磁阀、机械手柄及加力器，并仔细检查所有顶针是否完全恢复，若有顶针凸出的须进行更换（恢复时须进行双人确认）	每年
			11. 在需要的设备上贴上检查封条	
		大修	1. 探头清洗。申请立项，送有相关资质单位清洗，并配合清洗和验收测试	投入使用2年，以后每3年
			2. 拆卸探测器，检查探测器底座，清洁底座并紧固；进行功能测试，确保正常	投入使用2年，以后每3年
			3. 更换蓄电池（电池使用期达五年或电池容量降低到额定容量的80%）	每5年
			4. 检查维修隐蔽工程的管线	每5年
			5. 全面更换电气部件（控制盘、辅助电源箱、探测器、手动启动器等）	12~15年
2	气体管网系统（套）	日常操作、管理	1. 检查辖区内的气体管网、喷嘴是否完好。确保气体管道及附属设施不被人为破坏、挪用	每天
			2. 检查气瓶间机械启动器是否正常，机械启动器保险销是否在原来位置，气瓶压力表指示是否正常	
			3. 检查消防设施是否在原来位置，运行是否正常，所有标志说明是否清晰完好	
			4. 做好日常消防设备巡视记录	
		日常保养	1. 检查灭火剂储存容器（气瓶）应无碰撞变形及其他机械性损伤，表面应无锈蚀，保护涂层应完好。检查灭火剂储存容器（气瓶）的压力表指示或称重装置是否正常	每半月
			2. 检查选择阀、单向阀、电磁阀、瓶头阀应无碰撞变形及其他机械性损伤，表面应无锈蚀，保护涂层应完好	
			3. 高压软管、集流管应无碰撞变形及其他机械性损伤，表面应无锈蚀，保护涂层应完好	
			4. 管网与喷嘴应无碰撞变形及其他机械性损伤，表面应无锈蚀，保护涂层应完好。检查管码及固定支架是否牢固、可靠	
			5. 铭牌应清晰，手动操作装置的保险销和操作标志应完整并在原位	
			6. 检查气瓶间的环境是否良好，是否存在漏水、受潮等情况	

续表

序号	设备（数量）	修程	检修工作内容	周期
2	气体管网系统（套）	二级保养	1. 同日常保养内容 2. 清洁气瓶间内的地板、输气管道、线管和气瓶的卫生 3. 清洁气瓶间内地板、接地箱体卫生 4. 清洁集流管道、气瓶及支架的卫生	每季度
		小修	1. 检查管网状况，确认管网的连接件和紧固件是否牢固，检查连接螺栓是否生锈，进行润滑保养 2. 检查所有气瓶支架，确认所有的气瓶牢固地安装在架子上。核查腐蚀、损坏或遗失的零件，并补充和修复 3. 检查喷嘴（及挡流罩）、减压装置的位置，核查喷嘴（及挡流罩）腐蚀、损坏情况，并确认是否畅顺 4. 检查启动金属软管是否有损坏，是否正确连接 5. 检查所有气瓶高压软管的状况。查看是否有损坏或老化等结构问题，确认所有的软管连接可靠、完好无损。抽查3%的软管的密封圈，检查是否老化或破损 6. 核查压力开关是否有损坏或腐蚀的情况，动作是否灵活，采集信号的铜管是否牢固、破损、锈坏 7. 核查所有的气瓶的状况，查看气瓶外表是否有损坏或腐蚀情况，并对腐蚀部分进行处理、涂漆。1301系统需检查气瓶上次液压试验的日期 8. 检查气瓶上的电爆管启动模块，清洁卫生 9. 使用压力测试表检查气瓶以确定气瓶压力是否在正常的范围内，抽查气瓶总数的3% 10. 1301系统检查气瓶气体压力，并对气压不正常的气瓶进行称重检查，抽检率不低于10% 11. 检查主动瓶头阀电磁阀外观是否完好，手动启动器的状况是否正常，插销是否插好，更换检查封条 12. 检查选择阀电磁阀外观是否完好，手动启动器的状况是否正常，插销是否插好，更换检查封条	每半年
		小修	1. 按照气体灭火系统规范进行管网内部进行检查、吹扫（必要时） 2. 对管道进行清洁、除锈、补漆	每年
		大修	1. 气瓶定期检验，申请立项，送有相关资质单位检测，并配合检测和验收测试	每3~5年
			2. 检查隐蔽工程的气管。若有破损，申请立项，由有消防资质的单位维修或更换，并进行试压试漏	每5年

续表

序号	设备（数量）	修程	检修工作内容	周期
2	气体管网系统（套）	大修	3. 对管网系统进行全面评估及试验，根据评估试验结果视需要对气瓶及输送气体管道进行维护、改造或全面更换。若发现气瓶及气体输送管道气密性不符要求的情况，申请立项进行改造和更换	每20年
3	气体保护区的封闭条件	日常保养	属地管理部门核查保护区位置是否相符以及其完整性是否受到破坏，保护区不能自动关闭的开口面积不能超过保护区面积的3%，且开口不能在保护区底部；若发现相关问题则采取相应措施	每天

注：表中所列的检修内容与周期仅供读者参考。不同型号设备的检修内容及要求，以该产品的说明书为准。

三、检修安全

在系统的日常维护中，安全是作业中重要的环节，也是检修质量的保障，检修人员必须了解安全相关规章制度以及注意事项，严格按照规章制度进行检修，在作业前必须做好作业防护措施，作业后必须恢复设备的运行状态，保障检修的质量以及系统的安全。

1. "三不动"

所谓三不动就是：未联系登记好不动；对设备性能、状态不清楚不动；未经授权的人员对正在使用中的设备不动。

2. "三预想"

所谓三预想就是：工作前，预想联系、登记、检查、准备、预防措施是否妥当；工作中，预想有无漏检、漏修和只检不修造成妨碍的可能；工作后，预想是否检修都彻底，复查试验、加封加锁、消点手续是否完备。

3. "三懂三会"

所谓三懂三会就是：懂设备结构，会使用；懂设备性能，会维修；懂设备原理，会排除故障。

4. 在检修作业及处理故障时的要求

在检修作业及处理故障时，严禁甩开条件线路，借用电源动作为控制设备；严禁代替相关作业人员，扳动或按压控制设备的开关与按钮；严禁在未做好离线代换措施前，对在线设备进行离线检修。

5. 在报告和处理故障时的要求

在报告和处理故障上要求了解故障三清：时间清；地点清；原因清。

6. 在检修作业及处理故障后的要求

在检修作业及处理故障后要求三不离：检修完，不检查试验好不离开；影响正常使用的设备未修好前不能离开（对一时修复不了的，应停用后修复）；发现设备有异常声音，不查明原因不离开。

7. 了解事故调查的"四不放过"原则

事故调查的四不放过原则是：事故原因分析不清不放过；没有防范措施不放过；事故责任者和群众没有受到教育不放过；事故责任者没有受到相关处罚不放过。

8. 熟记 FAS 作业安全措施

作业前，应将 AFC 闸机置在"空"位；将 IBP 盘或消防联动盘置到"手动"位，并挂上"FAS 正在作业"标志牌；隔离 FAS 控制盘上的控制设备；隔离与邻接线路系统的联动接口。涉及邻接线路系统的作业，应要求邻接线路维修人员配合作业，采取必要的安全措施。

作业中，若需要测试消防联动接口设备，必须有对应接口系统的维修人员配合，并对接口系统采取必要的安全防护措施。

作业后，应先复位控制盘，待复位成功后，恢复所有隔离设备。并将 AFC 闸机及 IBP 盘置回"自动"位。通知邻接线路维修人员恢复系统。

9. 熟记气体灭火系统作业安全措施

作业前，应对接口系统采取安全保护措施，防止误报警。将气体电动释放装置连接线路、回路拆卸后进行包扎或隔离。若测试气体电动释放装置时，应从气瓶上拆卸装置，安放好并做好标记。

作业中，严禁用万用表的电阻挡测量气体电动释放装置。

作业后，应先复位控制盘，待复位成功后，恢复所有拆卸或隔离设备，确认设备恢复正常状态后，恢复接口系统状态。

第四章

火灾自动报警系统检修

第一节 火灾自动报警系统设备

火灾自动报警系统主要由控制盘、工作站以及外围设备组成。控制盘与工作站一般放置于消防控制中心，消防值班员通过控制盘以及工作站控制和监视系统运行状态。外围设备包括烟感探测器、温感探测器、模块箱、输入模块、输出模块、手拉报警器、破玻报警器、警铃、感温电缆等。外围设备主要监视所保护区域的环境状态，探测火灾的灾情并将火灾灾情传递至消防控制中心，同时通过控制盘发送信息至相关消防联动系统，联动相关消防设备进行疏散及救灾。

火灾自动报警系统主要设备有：

一、火灾报警控制盘

1. 电源模块及蓄电池

电源模块主要有三种功能。一是将市电 AC220 V 电源转换成直流低压电源，为控制盘内各功能模块卡提供工作电源，同时为消防联动控制系统提供控制电源；二是当市电失电时，由蓄电池提供 30 min 以上的工作电源，保证系统在紧急情况下继续运行；三是对市电电压、工作电压、蓄电池电压进行监测，并对蓄电池进行充/放电管理。

2. 中央处理模块

中央处理模块也叫 CPU 模块，它是控制盘的"心脏"。它的主要功能是运算、处理、控制和存储。它与内部各功能模块卡之间相互通信，接收它们的信息，进行运算处理，并把结果或控制指令下达到各功能模块卡，同时存储历史记录数据。

3. 显示操作面板

显示操作面板是系统控制盘操作和显示的"窗口"，其主要功能是：发出声、光报警并显示报警信息；利用菜单功能对系统数据进行查询；利用菜单功能对系统设备进行操作控制。由于多数系统的显示面板都是采用液晶显示的，因此也被称做液晶显示操作面板或LCD显示操作面板。

4. 回路卡

回路卡的主要作用是接收现场探测器或控制器的数据，进行处理，并把处理结果上传给中央处理模块。接收中央处理模块的指令，并下达至现场的探测器或控制器。同时它对所连接的线路进行监测，如开路监测、短路监测、接地监测等。

5. 继电器卡

继电器卡也叫辅助控制卡，其主要功能是对重要消防联动设备进行联动控制并接收其状态反馈信息。也有某些系统采用输出模块及输入模块代替其功能。

6. 消防电话系统

消防电话系统的主要功能是保证在火灾等灾害情况下现场人员与消防控制室人员能紧急通话。某些产品的消防电话系统是集成在控制盘中，而部分则是独立设置。

（1）控制盘集成消防电话系统。包含音频卡和消防电话主机。音频卡的功能是响应现场消防电话的通话要求，并通过消防电话主机与其通话，同时对消防电话线路进行监测。消防电话主机的功能是选择通道并进行通话。某些系统这部分功能是独立设置的。

（2）独立设置的消防电话系统。该系统一般由消防电话主机和现场分机设备两部分组成。

1）消防电话主机。一般设有多条电话线路，如某品牌的消防电话主机设有24条电话线路。主机与现场分机之间可进行全双工通话。受到分机呼叫时，主机发出声光呼叫信号，可选择一路或多路分机进行通话。主机还能检测电话线路的短路、断路及接地故障情况。

2）现场分机设备。包括消防壁挂电话、消防电话插孔及便携式消防插孔电话等，用于与消防电话主机进行通话。

7. 通信卡

通信卡是与系统内的其他控制器（如其他火灾报警控制盘、图形操作中心）或其他系统（如EMCS系统、BAS系统）进行信息交换的功能卡。它采用的接口有RS232、RS485、RJ45等。

8. 蓄电池

蓄电池是系统的后备电源，其在正常情况下处于充电状态，当控制盘正常供电电源断开时，系统自动切换至蓄电池供电模式，由蓄电池进行供电。蓄电池为普通的免维护电池，电压为24 V，可以为系统提供正常状态下24 h的电源，在系统最大负载下可以为系统提供至少30 min以上的电源。

二、GCC 工作站

1. 计算机主机

计算机主机可以是工业型计算机，也可以是服务器级的计算机，主机内部主要包括CPU、主板、内存、开关电源、硬盘、光驱、软驱、显卡、声卡、网卡等。它是GCC工作站的核心，主要功能包括运算、处理、控制、存储、通信及软件运行。

第四章 火灾自动报警系统检修

2. 显示器

显示器属于计算机的输入/输出设备,某些显示器还带有触摸屏,可作为显示操作的界面。

3. 外围设备

外围设备主要包括键盘、鼠标、打印机、外置刻录机、音箱、UPS 等,主要用于辅助计算机操作及提供其他辅助功能。

4. 系统专用网卡

某些系统设有专用的网卡,专用于工作站与系统控制盘之间的数据通信。

三、消防联动盘

消防联动盘是以硬线连接的方式,连接到重要消防联动设备(例如消防水泵、水喷淋泵、非消防电源切断装置、排烟风机)的现场控制箱内,实现紧急情况下消防联动设备的可靠控制及状态反馈。消防联动盘作为 FAS 控制盘自动控制的后备方式。

消防联动盘一般由开关电源、继电器、状态显示灯、操作按钮和转换按钮组成。

四、系统网络设备

FAS 系统网络是网络内各节点(FAS 控制盘和 GCC 工作站)之间信息交换的通道,由连接各车站、GCC、车辆段控制中心之间的通信光纤、通信室到消防控制室之间的尾纤及光端机、光电转换器和电源组成。

五、现场设备

现场设备主要包括火灾探测器、输入模块、输出模块、手拉报警器、破玻报警器、警铃等。

1. 火灾探测器

火灾探测器顾名思义就是探测火灾的设备。火灾探测器的设计是根据火灾的特点及其产生物(例如烟、热、火焰等)的特性而设计的,并用于监测这些产生物的特点或特性。一般火灾探测器可分为感烟探测器、感温探测器及火焰探测器三类。

火灾探测器是利用传感元件来检测火灾产生物或火灾发生时的特性值,并通过变送电路转变为电流或电压模拟量,再经过 A/D 转换变为数字量;或是经过运算比较器或 CPU 进行处理后变为脉冲或开关量,最后通过通信接口传到火灾自动报警控制器中。火灾自动报警控制器对接收到的信号加以计算分析,并判定是否有火灾正在发生;如果是,则发出火灾报警信号。目前有一部分系统为了减轻火灾自动报警控制器的负担,在火灾探测器内安装了 CPU,用以计算和分析探测数据,承担了火灾自动报警控制器大部分的计算、处理工作。其工作原理如图 4—1 所示。

(1) 感烟探测器。感烟探测器一般分为光电式感烟探测器与离子式感烟探测器。

1) 光电式感烟探测器。光电式感烟探测器设有一个迷宫式的烟雾探测室,里面有一个光源和一个感光元件,如图 4—2 所示。由于其采用迷宫式设计,光源的光线一般不能照射到感光元件上。但是当有烟雾进入后,光线在烟雾中产生散射,从而有部分光线照射到感光元件上。烟雾越浓,散射到感光元件上的光线就越多。感光元件再把光信号转换为电流信号进行输出。

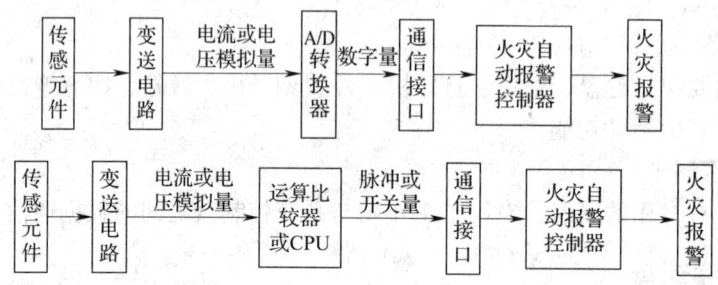

图 4—1 火灾探测器的基本工作原理

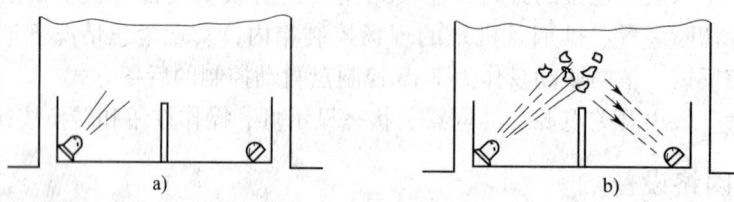

图 4—2 光电式感烟探测器的工作原理
a) 光线照射不到感光元件上 b) 光线散射到感光元件上

2) 离子式感烟探测器。离子式感烟探测器由放射源(如 Am241)、外置的采样室和内置的离子参考样本室组成,当放射源照射空气中的物质时,一部分物质变成带正电的离子,另一部分物质变成带负电的离子。带正电的离子和带负电的离子在电场的作用下形成了一个电压。当烟雾进入采样室后,与带电的离子结合,减少了带电离子的数量而使电压产生了变化。烟雾越多越浓,电压变化就越大。如图 4—3 所示为离子探测器的基本原理图,如图 4—4 所示为离子探测器的工作原理。

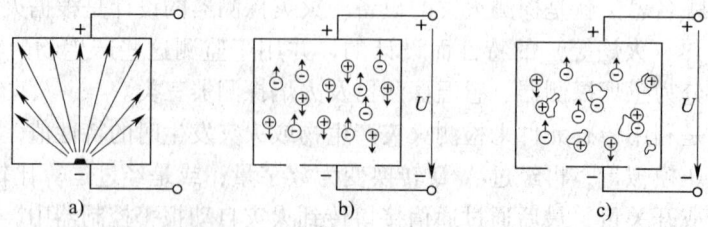

图 4—3 离子探测器的基本原理
a) 放射源 b) 形成电压 U c) 烟雾使电压 U 产生变化

(2) 感温探测器。感温探测器一般分为定温式温度探测器、变温式温度探测器、感温电缆等。

1) 定温式温度探测器与变温式温度探测器。温度探测器是利用感温元件把温度值传给控制器或利用双金属片产生一个开关量并传给控制器。定温式感温探测器就是检测温度的高低,当温度达到某一设定温度时就发出报警信号。而变温式感温探测器是检测温度上升的斜率的陡峭程度而产生报警的。如图 4—5 所示。

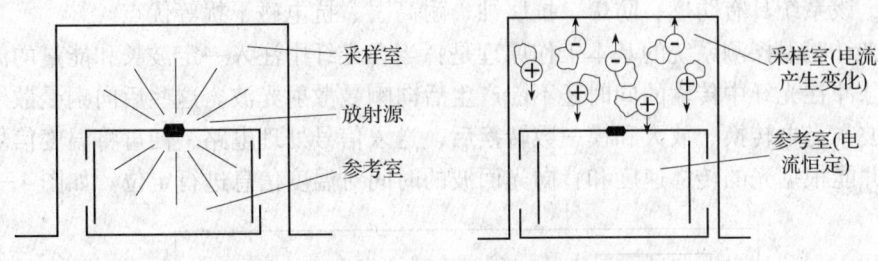

图 4—4　离子探测器的工作原理

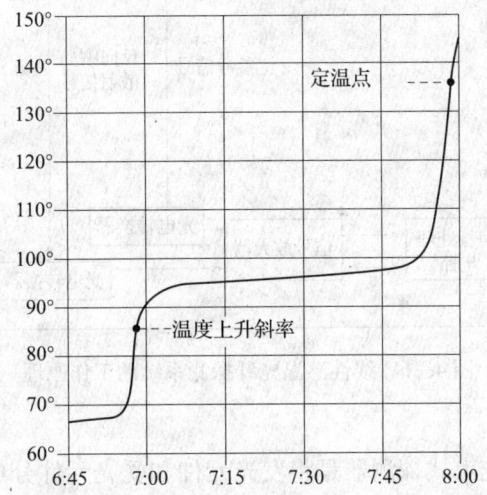

图 4—5　火灾发生时的温度变化曲线图

2）感温电缆。感温电缆和感温光纤是指线性感温探测器。

①感温电缆。按其工作原理区分，可分为开关式感温电缆和模拟式感温电缆。

开关式感温电缆由两条并行的铜芯线以及涂在两条铜芯线之间的感温绝缘材料组成。在正常情况下，两条铜芯线被绝缘材料包裹，两条铜芯线之间的电阻值较大或趋向无穷大。在发生火灾产生高温的情况下（一般在 55~75℃），铜芯线之间的感温绝缘材料就会熔化，两条铜芯线就会碰在一起，电阻值变小或为 0Ω。监测感温电缆信号的输入模块探测到感温电缆的短接信号后，就向 FAS 控制盘发出火灾报警信号。

模拟式感温电缆一般由控制器（或微机头）和模拟式感温电缆组成。感温电缆由四条导线、负温度系数材料、PVC 绝缘材料等组成。其中两条导线之间的绝缘使用负温度系数材料，另两条导线使用普通的 PVC 绝缘材料，导线之间两两相绞接。

四芯模拟式感温电缆具有高阻抗特性，其中两根的绝缘层是由负温度系数材料制成，控制器可通过监测材料电阻的变化来反映出现场的温度变化。现场温度的变化引起感温电缆之间的绝缘电阻变化（即温度升高，绝缘电阻下降）。这种变化通过控制器来监测，当达到预先设定的报警温度时，输出报警信号。

②感温光纤。线性光纤感温探测系统是利用激光在光纤中传输时产生的背向喇曼散射信号和光时域反射原理来获取空间温度分布信息的探测系统。由于该系统的探测线路由光纤组

成，因此，该系统具有防燃、防爆、抗腐蚀、耐高温、抗电磁干扰等优点。

线性光纤感温探测系统的基本工作原理是：当在光纤中注入一定波长和能量的激光脉冲时，激光脉冲在光纤中传输的同时还不断产生后向喇曼散射光波。这些后向喇曼散射光波经过光学滤波、光电转换、放大和模—数转换后，送入信号处理电路，便可将温度信号实时显示出来，并能根据光的传播速度和背向光回波的时间对温度信息进行定位。如图4—6所示。

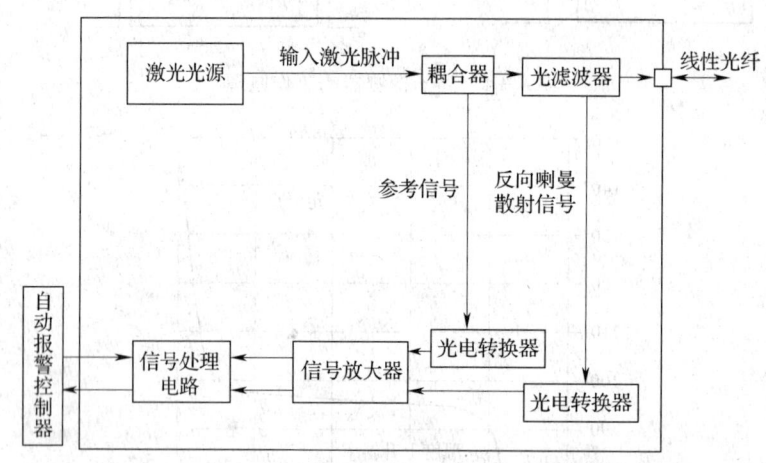

图4—6　线性感温光纤探测系统的工作原理

(3) 其他火灾探测器

1) 光束式探测器。光束式探测器是将发光元件和受光元件分成两个部件，分别安装在建筑空间的两个位置。当有烟气从两者之间通过时，烟气浓度致使光路之间的减光量达到报警阈值时，便可发出火灾报警信号。

2) 火焰式探测器。火焰式探测器利用光电效应探测火灾，主要探测火焰发出的紫外光或红外光，而不用可见光波段，因为可见光波段不易有效地把火焰的辐射与周围环境的背景辐射区别开来。

3) 图像式探测器。图像式探测器是利用摄像原理来发现火灾，目前主要采取红外摄像与日光盲热释电预警器件进行复合。一旦发生火灾，火源及相关区域必然发出一定的红外辐射。在远处的摄像机发现这种信号后，便输入到计算机中进行综合分析。若判定确实是火灾信号，则立即发出报警。由于它所给出的是图像信号，因此具有很强的可视和火源空间定位功能，有助于减少误报警和缩短火灾确认时间，增加人员疏散时间和实现早期灭火。

4) 空气采样分析系统。空气采样分析系统是主动式的侦测系统。系统内置的抽气泵通过所铺设的管路不停地从保护区域抽取空气样品并送到侦测室进行检测。为了防止空气中的灰尘或其他颗粒对检测造成的干扰，所采集到的空气样品要经过一道过滤网进行过滤。在侦测室中，激光发射装置发射出平行的激光光束，烟雾粒子造成激光光线小角度散射，散射光线经凹面反光镜反射到高灵敏度激光接收器。通过变送电路把接收器接收到的光信号转变为电脉冲信号，经过控制器的处理计算后，确定烟雾浓度是否达到警报级别，如果是则发出报警信号。其他杂乱光线则透过中心光栏后的平面反光镜反射出侦测室，以防止造成干扰。除了滤网对灰尘进行过滤以外，系统还具有激光筛选的功能，可以通过判断激光对于烟雾粒子

第四章 火灾自动报警系统检修

和灰尘粒子的不同脉冲,去除灰尘粒子的干扰。

一方面,由于空气采样分析系统探测器的采样由 PVC 管道和 PVC 管取样孔组成,无须采用电缆,所有电子元件都在探测器的机壳之内,不易受外界电磁场的干扰。另一方面,由于空气采样分析系统的探测器是采用主动抽取空气样本的方式工作,所以高气流环境对系统影响不大。

2. 手动报警器

手动报警器一般分为手拉报警器及破玻报警器两种,如图 4—7 所示。

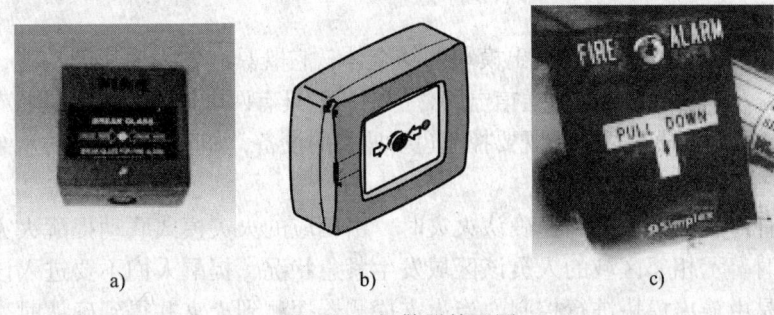

图 4—7 报警器外观图
a) 不带地址编码的破玻报警器 b) 带地址编码的破玻报警器 c) 带地址编码的手拉报警器

手动报警器是用于现场人员发现火灾灾情时,触发火灾报警装置报警,通告消防室值班人员的装置。手拉报警器利用机械手柄按压动作开关,并产生报警信号。

破玻报警器平时由易碎玻璃把动作开关顶在正常位置,设备正常工作。当现场人员发现火灾灾情时,用手或物件敲碎报警器上的易碎玻璃,使其行程开关弹出,并产生报警信号。

无论是破玻报警器还是手拉报警器,都可以分为带地址编码式或者不带地址编码式两种。不带地址编码的设备输出的仅仅是一个开关信号,需要连接到输入模块才能被系统识别。而带地址编码的设备输出的信号则可以直接被系统识别,它是开关信号输出系统和输入模块的结合体。

3. 输入/输出模块

(1) 输入模块。输入模块是用于监测消防设备状态反馈信号的设备,如消防水泵运行状态、防火阀关闭状态等。一般输入模块连接受监视设备状态反馈点为无源控制干节点,否则应在输入模块与设备反馈点之间增加中间继电器。

输入模块一般是由通信电路和监测电路两部分组成。通信电路的主要作用是与系统的回路卡进行通信,应答回路卡的问询,并在监测电路状态改变时向回路卡发出报警或故障信息。由于通信电路一般带有地址码等身份识别信息,因此,回路卡及 FAS 控制盘能够识别该设备的地址。监测电路的主要作用是监测受监测设备的状态反馈节点的变化,而这个变化通常是开关量,即通和断。同时监控电路还对连接设备节点的线路进行断路或短路监测,因而受监视设备的节点必须是无源控制干节点。

(2) 输出模块。输出模块是用于控制消防联动设备动作的设备,如消防水泵启动、防火卷帘门下降等。一般输出模块连接受控制设备的启动节点。根据输出模块的类型不同,输出模块所提供的节点容量也有所不同，例如，AC 240 V/4 A、DC30 V/1 A等。使用者应根据输出模块的节点容量而选定不同型号的输出模块，或者在输出模块与设备启动节点之间增加中间继电器。

输出模块一般由通信电路和控制电路两部分组成。通信电路的主要作用是与系统的回路卡进行通信，应答回路卡的问询，并将控制电路的状态反馈给回路卡。由于通信电路一般带有地址码等身份识别信息，因此，回路卡及FAS控制盘能够识别该设备的地址。控制电路的主要作用是接收控制盘或回路卡的控制指令，控制模块上的继电器触点吸合或断开，为消防联动设备提供无源控制干节点。

输入/输出模块是输入模块和输出模块的结合体，它既具有输入模块的功能，也具有输出模块的功能。输入、输出仅有一套通信电路，但它一般具有两个地址，一个是状态点地址，一个是控制点地址。这种模块适合于既要控制也要监视的设备，如防火阀、消防水泵等。

4. 警铃

警铃是一种声音报警设备，在确认火灾时，由相应的火灾模式联动提醒火灾区域的人员进行逃生，同时警示相邻区域的人员该区域发生紧急状况，提醒人们不要进入该区域。

一般警铃是由输出模块进行控制，当火灾探测器探测到火灾并得到确认时，启动火灾模式，输出模块控制警铃动作，发出警报声。

第二节　火灾自动报警系统控制盘的基本操作

火灾自动报警系统控制盘是系统最重要的组成部分，它负责系统所有信息的收集、存储、处理及控制，不同的厂家对于控制盘的功能设置以及操作有所不同，下面以不同公司的产品为例进行介绍。

一、新普利斯4120控制盘的基本操作

1. 4120控制盘的操作面板

4120控制盘的操作面板是系统操作显示的界面，如图4—8所示。

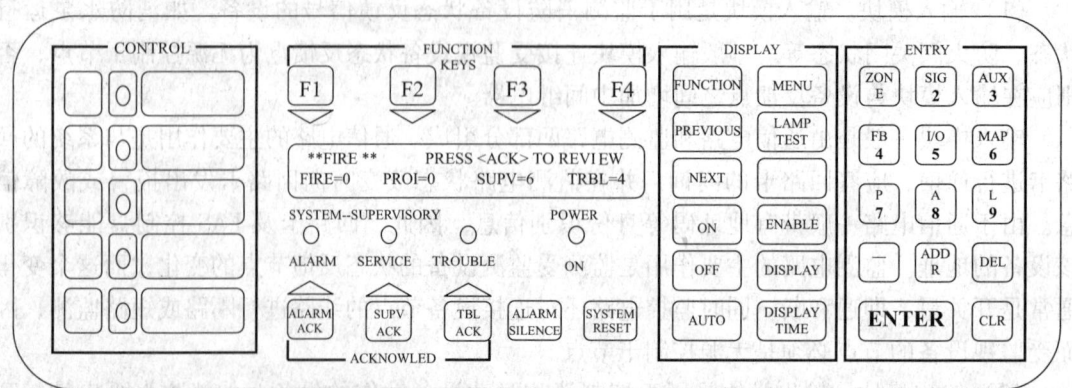

图4—8　4120控制盘操作面板

SYSTEM ALARM（火警报警）表示当一个设备探测到火警状态（热、烟、人工启动等）时，火警报警灯 LED 闪亮并发出蜂鸣声响。

SUPERVISORY SERVICE（监视报警）表示当一个设备探测到一监视服务不正常状态时，操作面板上的监视报警灯 LED 闪亮并发出蜂鸣声响。

TROUBLE（故障报警）表示当一个设备检测到系统内有故障（断电、硬件故障等）时，操作面板上故障报警灯 LED 闪亮，并发出蜂鸣声响。

当系统发生报警时，相应的报警灯就会闪烁：火灾报警则火灾报警灯闪烁；监视报警则监视报警灯闪烁；故障报警则故障报警灯闪烁。

2. 报警与确认

当系统报警时，按下相应的火灾、监视或故障报警确认键，查看报警内容，屏幕显示如下：

```
STATION CONTROL ROOM
M1 -1
SMOKE DECTER
FIRE ALARM
```

"STATION CONTROL ROOM"表示报警设备位置（此例中是车站控制室）。

"M1－1"表示报警设备地址码。所有外部设备的地址码都以"M"开头，第一个"1"表示该设备是第几回路，第二个"1"表示该设备是本回路的第几个设备。此例中地址码表示该设备是第1回路第1个设备。

"SMOKE DECTER"表示报警设备类型（此例中是智能烟感）。

"FIRE ALARM"表示该设备状态（此例中表示智能烟感处于火警状态）。

在报警确认后，设备状态栏会根据不同的报警显示不同的表示：火警显示"FIRE A-LARM"即"火警"状态；监视报警显示"ABNORMAL"即"不正常"状态，但对不同的监视设备"ABNORMAL"即"不正常"表示被监视设备状态的改变。常见的设备故障报警信息列表见表4—1；某些故障报警属于 FAS 系统严重故障，见表4—2。系统严重故障报警后，应立即报告相关的维修调度。

表4—1   常见的设备故障报警信息列表

设备故障信息	故障含义	产生故障设备
EXCESSIVELY DIRTY	极脏	智能探头
NO ANSWER	无应答	地址码外围设备
BAD ANSWER	错误应答	地址码外围设备
OPEN CKT TROUBLE	开路故障	模块

3. 4120 控制盘的基本操作

（1）报警确认

1)【ALARM ACK】火警确认键,位于系统火警灯正下方。按下【ALARM ACK】键将会使系统火警灯 LED 从闪亮转为常亮,关闭报警声响并显示火警信息。

表 4—2　　　　　　　　　4120 控制盘严重故障报警信息列表

故障报警信息	故障含义	备注
CARD2,POWER SUPPLY/CHARGER AC Voltage Status ABNORMAL	交流电不正常	电源电压太低或断开,电源灯熄灭
CARD2,POWER SUPPLY/CHARGER Card Switched to Battery ABNORMAL	系统由蓄电池供电	
CARDn,MAPNET CARD MAPNET COMMUNICATION FAIL ABNORMAL	回路卡 n 通信失败	报警信息中的 n 是指从 1~20 的数字

2)【SUPV ACK】监视确认键,位于系统监视灯正下方。按下【SUPV ACK】键将会使系统监视灯 LED 从闪亮变为常亮,关闭报警声响并且显示监视信息。

3)【TBL ACK】故障确认键,位于系统故障灯正下方。按下【TBL ACK】键将会使系统故障灯 LED 从闪亮变为常亮,关闭报警声响并且显示相关故障信息。

4)【SYSTEM RESET】系统复位键,位于电源灯正下方。当报警状态被清除后,使用系统复位键会使火警或监视状态消失(故障状态会随故障消失自动清除)。

(2) 查看现存的报警信息

1) 系统火警灯常亮(其中"FIRE = n")表示系统现存火警状态,数目 n 个。按下【ALARM ACK】键 n 次,显示屏按报警次序显示 n 个现存火警信息。

2) 系统监视灯常亮(其中"SUPV = n")表示系统现存监视状态,数目 n 个。按下【SUPV ACK】键 n 次,显示屏按报警次序显示 n 个现存监视信息。

3) 系统故障灯常亮(其中"TRBL = n")表示系统现存故障状态,数目 n 个。按下【TBL ACK】键 n 次,显示屏按报警次序显示 n 个现存火警信息。

4) 每按下【CLR】键一次,显示屏会退回到上一级。

(3) 查看火警历史记录

1) 按下 DISPLAY/ACTION 小键盘的【MENU】键。

2) 按下 DISPLAY/ACTION 小键盘的【NEXT】键 3 次,显示屏出现"display trouble history log(显示火警历史记录)?"。

3) 按下 ENTRY 小键盘的【ENTER】键,显示屏出现第 1 个(300 个历史记录中最前的)火警历史记录。

4) 利用 DISPLAY/ACTION 小键盘的【NEXT】(向后)键、【PREVIOUS】(向前)键搜索火警历史记录。

5) 要结束时,按下 ENTRY 小键盘上的【CLR】键,从主菜单退出。

(4) 查看故障(包括监视)历史记录

1) 按下 DISPLAY/ACTION 小键盘的【MENU】键。

2) 按下 DISPLAY/ACTION 小键盘的【NEXT】键 4 次,显示屏出现"display trouble his-

tory log（显示故障历史记录）?"。

3）按下 ENTRY 小键盘的【ENTER】键，显示屏出现第 1 个（300 个历史记录中最前的）故障历史记录。

4）利用 DISPLAY/ACTION 小键盘的【NEXT】（向后）键、【PREVIOUS】（向前）键搜索故障历史记录。

5）要结束时，按下 ENTRY 小键盘上的【CLR】键，从主菜单退出。

二、XLS1000 控制盘的基本操作

XLS1000 控制盘是由美国霍尼韦尔公司制造的火灾报警设备，它采用模块化结构，使用 16 位精简指令微处理器，可以自动检测、自动诊断主机和线路设备发生的异常和故障情况。XLS1000 系统从结构上看可分为火灾报警消防控制系统和音响系统两部分。

XLS1000 控制盘产生的事件可分为："火警""监视""故障"和"反馈"。"故障"和"反馈"事件可以自动恢复，并且事件消息会自动从消息队列中除去。"报警"和"监视"事件不能自动恢复，它们会停留在相应的队列里，直到系统被人为复位。

1. 操作面板信息

液晶显示操作面板是系统的主要操作界面及系统状态显示界面，如图 4—9 所示。

(1) 电源状态 LED。当有交流电源时，绿色 LED 常亮。当交流电源失压时，绿色 LED 熄灭。

(2) 试验状态 LED。当系统的任一部分在试验模式时，黄灯点亮。

(3) CPU 失效状态 LED。当 CPU 中央处理单元的监控程序检测到 CPU 故障时，黄灯点亮。

(4) 接地故障状态 LED。当主机检测到系统线路设备接地时，黄灯点亮。

(5) 屏蔽状态 LED。当任一点或区被屏蔽时，黄灯点亮。

(6) 手动开关及 LED。切换系统手动或自动功能。黄灯点亮时，指示系统设在手动状态。

(7) 盘静音开关及 LED。当控制盘处于异常状态时，内部蜂鸣器鸣响。按盘静音开关可以将蜂鸣器禁鸣。当控制盘蜂鸣器禁鸣时，黄灯点亮。应注意：当同时按下盘静音开关和报警静音开关时，会激活灯试验功能。

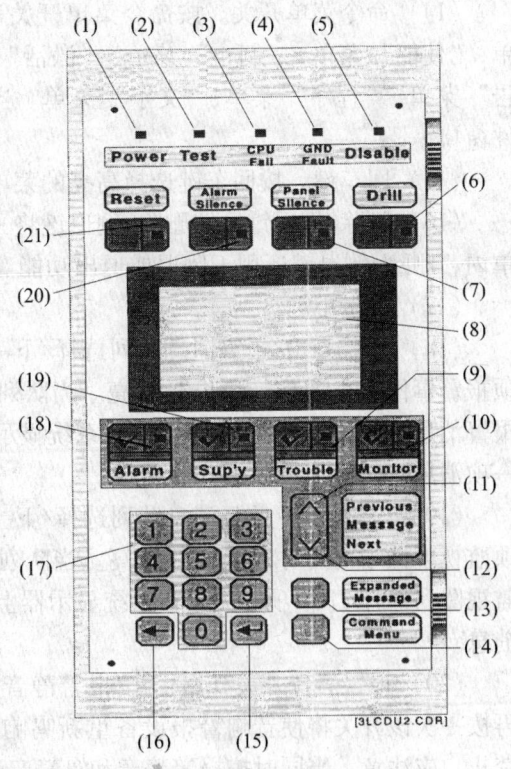

图 4—9 液晶显示操作面板

(8) 显示器屏幕。可以显示系统报警信息、设备信息、功能菜单等。

第 1 行　　　显示报警及事故发生时间和状态，称为系统状态窗口。

第 2～7 行　　　显示当前发生的最高级事件，称为事件窗口。

第 8 行　　　　显示以队列方式列出的 4 种类型事件的总数量，称为类型窗口。窗口中的 A 表示报警，S 表示监视，T 表示故障，M 表示反馈。

（9）故障 LED/故障队列选择/下一项开关。黄色 LED 是故障指示灯。当有一个故障事件未被查阅时，该 LED 闪亮。当队列中全部消息都已查阅时，则该 LED 稳定常亮。按故障队列选择/下一项开关，将全部系统故障消息显示在显示器上，再按该开关查阅下一项消息。

（10）反馈 LED/监测器队列选择/下一项开关。黄色 LED 是反馈事件指示灯。当有一个反馈事件未被查阅时，该 LED 闪亮。当队列中全部消息都已查阅时，则该 LED 稳定常亮。按监测器队列选择/下一项开关，将全部系统监测器消息显示在系统显示器上，再按该开关查阅下一项消息。

（11）前一项消息开关。按前一项消息开关翻阅显示，以调出选定信息队列中的前一项消息。任何时候都可以循环阅读事件消息。

（12）下一项消息开关。按下一项消息开关翻阅显示，以调出选定信息队列中的后一项消息。任何时候都可以循环阅读事件消息。

（13）详细消息开关。按详细消息开关显示事件的详细信息。

（14）命令菜单开关。按命令菜单开关显示系统命令菜单，菜单内容包括："状态"菜单、"使能"菜单、"制止"菜单、"激活"菜单、"恢复"菜单、"控制输出"菜单、"报告"菜单、"程序"菜单、"文字"菜单。当第二次按命令菜单开关时，系统将回到当前事件窗口。

（15）回车键。按回车键选择高亮的菜单选项或使系统开始处理显示器中显示的信息。

（16）删除/倒退键。按删除/倒退键将光标向左退，并从显示中除去该字符。在某些菜单内，删除/倒退键还用于倒退或退出功能。

（17）数字小键盘。

（18）报警 LED/报警消息队列选择/下一项开关。红色 LED 是火灾报警指示灯。当有一项报警事件未查阅时，该 LED 闪亮。当队列中全部消息都已查阅时，该 LED 稳定常亮。按报警消息队列选择/下一项开关，在系统显示器上显示系统报警消息，再按该开关则查阅下一项消息。

（19）监视 LED/监督消息队列选择/下一项开关。黄色 LED 是监视事件指示灯。当有一项监视事件未查阅时，该 LED 闪亮。当队列中全部消息都已查阅时，该 LED 稳定常亮。按监视队列选择/下一项开关，在系统显示器上显示系统监视消息，再按该开关则查阅下一项消息。

（20）报警静音开关/LED。按报警静音开关关断 EVAC 与 ALERT 疏散音响警报设备。再按一次该开关将使音响警报设备重新鸣响。当黄色 LED 点亮时，指示音响警报设备已被禁止。应注意：当同时按报警静音和盘静音开关时，会激活灯试验功能。

（21）复位开关/LED。按复位开关激活系统的复位程序，将系统恢复正常。黄色 LED 在烟感停电阶段快闪亮，在通电阶段慢闪亮，在恢复阶段稳定点亮，而在系统复位后熄灭。应注意：复位开关对被屏蔽的点和手动操作的功能不起作用。

2. 内部蜂鸣器

当系统监测到异常情况时，内部蜂鸣器会以多种形式的鸣响声警告现场值班人员。内部蜂鸣器有多达四种形式的鸣响声音，它们可以与报警、监视、故障和监测等事件结合。若存在多种事件报警时，蜂鸣器将按最高优先次序事件的形式鸣响。

3. 显示优先次序

XLS1000 系统将事件分为四个等级：

（1）火灾报警。火灾事关生命安全，如烟感探测器、水流指示器、手动报警器、气体灭火系统报警等。

（2）监视事件。相关的防火系统的异常情况，如气体灭火系统手动状态，气体灭火系统故障信号。

（3）故障事件。XLS1000 系统内部模块或外围设备故障。

（4）反馈事件。防火辅助系统设备的状态改变，如防火阀关闭、防火卷帘门关闭等。

由于上述事件可能在任何时候以任何次序发生，系统采用一个优先顺序体系，以首先显示最重要的信息。火灾事件的优先顺序最高而反馈事件的优先顺序最低，如图 4—10 所示。

图 4—10 事件优先级顺序

4. 正常状态

在系统正常的情况下，系统的液晶显示屏的右上角显示当前日期，而左上角显示当前时间。屏幕中央显示系统标题消息。屏幕最低一行显示报警历史记录总数，即系统从正常状态转变到报警状态时发生报警的次数。如图 4—11 所示。

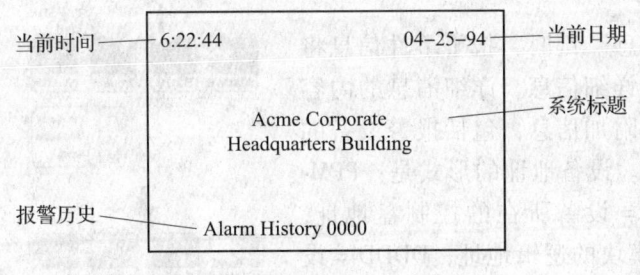

图 4—11 正常状态下的 LCD 显示

5. 非正常状态

当系统处于非正常状态时，液晶显示屏分成四个功能区显示。最上一行显示系统时间和活动点与制止点的数量。在无人照料模式中，用反色文字的区显示最先发生的最高优先次序事件。反色文字的第一行显示事件排队顺序号以及事件类型。反色文字的第二行与第三行显示事件的内容信息。在有人照料模式中，用反色文字显示操作员人为选择的事件。反色文字的第一行显示事件排队顺序号以及事件类型。反色文字的第二行与第三行显示事件的内容信息。显示信息若无人处理，将会在一个预设定的时间后回到无人照料模式。如图 4—12 所示。

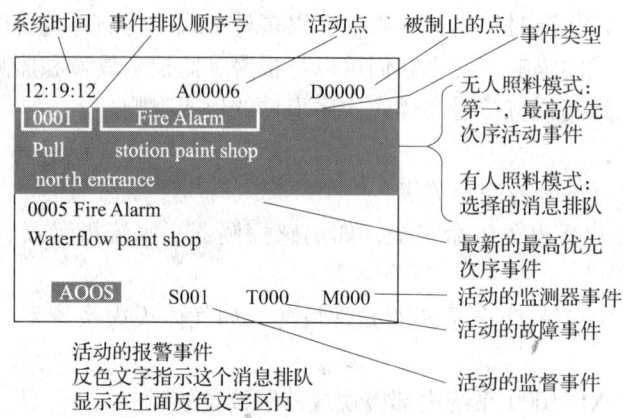

图4—12 报警状态下的LED显示

6. 消息的处理

每一事件均被划分为火警、监视、故障或反馈事件。每个事件类别都有一个独立的消息队列。当一个事件产生时，该事件的信息就加到相应的队列类型当中。每个队列可容纳最多2 000个事件。系统容纳最多2 000个事件，这些事件分配在各队列中。

7. 队列选择开关与事件 LED 指示灯

各种类型的事件队列 LED 起事件指示作用，当有新事件加入队列时 LED 闪亮。按下相应队列的选择开关，然后用前一项或下一项按键或重复按下队列选择按键，翻阅所有事件消息。如图4—13所示。

8. 详细的消息

按下"详细信息"键时，报警事件信息将会由短信息转换为详细信息。详细消息的内容包含有报警事件的附加信息，包括报警设备的类型和设备的地址。设备地址的形式是：PPM-MDDDD，其中 PP = 设备所在的控制盘地址；MM = 设备所在的模块的逻辑地址；DDDD = 设备地址。

三、西门子 CS11 控制盘的基本操作

CS11 系统控制器完全采用瑞士西伯乐斯技术，整机采用组合式结构，软件和硬件都可以根据工程需要进行组合。通过软件 EP5 对现场进行编程，液晶显示器上显示的地址即为实际地址，从而使工作人员一目了然。

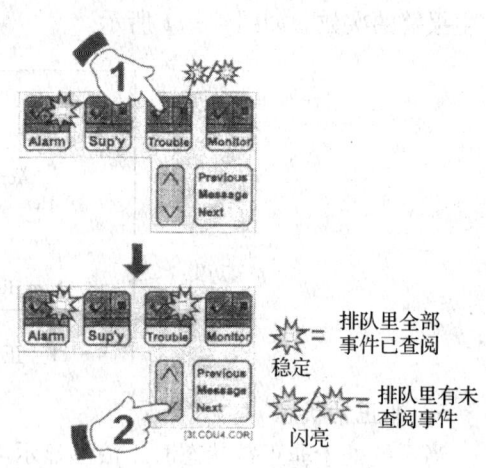

图4—13 队列选择开关及事件 LED 指示灯

CS11 系统控制器能自动诊断系统故障。故障状态下火警优先，甚至在主 CPU 故障情况下也能报应急火警。控制器操作面板采用液晶中文显示菜单操作方式，可以显示并自动存储运行的各种信息达1 000条。通过编程可满足各种复杂的联动逻辑关系。

1. 操作盘面板说明

操作盘是火灾报警联动控制系统的显示操作界面，如图4—14所示。

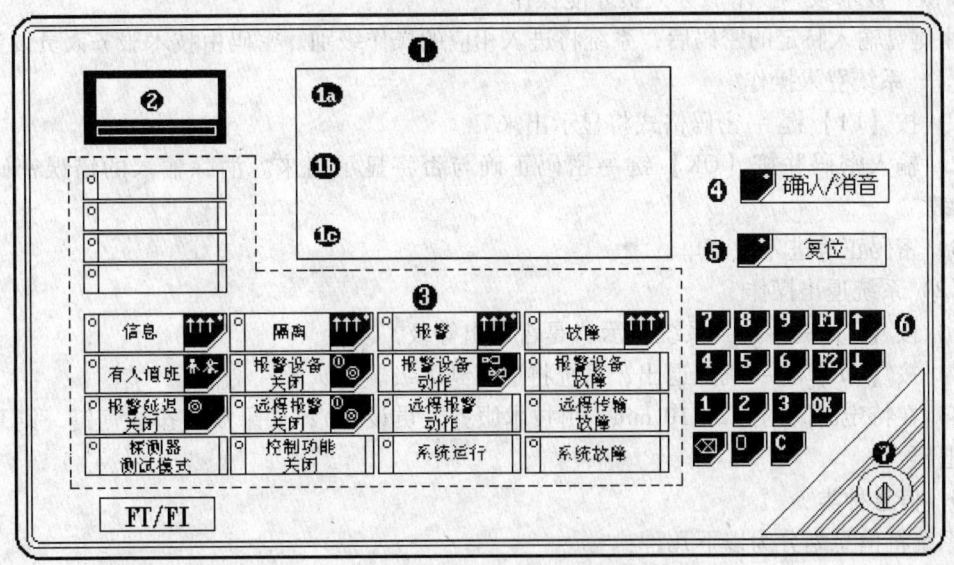

图4—14　CS11系统控制盘操作显示面板

❶是液晶显示屏，能以亮、暗两种方式显示，其中：

——"亮"代表所有信息，如"报警"；状态改变；在操作过程中（10 min 内自动关闭）。

——"暗"代表除上述三种情况之外的正常状态。

按【F1】键则显示主菜单，主菜单中顶行❶a是菜单目录，中行❶b是供选择的内容，底行❶c是操作说明。

❷是报警窗，有火警信号时亮。

❸是显示窗组合，其中一部分带操作键，用于显示并可改变运行状态。

❹是【确认/消音】键，按键表示操作员已接受了信息。

❺是【复位】键，当险情消除后用来使控制器恢复到正常运行状态。

❻是键盘，用于菜单操作和输入密码。

【F1】键，【F2】键：依选中的菜单而有不同的功能。

【OK】键：选中或执行一个指令。

【↑】键，【↓】键：上下移动游标以供选择。

【C】（清除）键：取消输入的内容。

【⌫】（删除）键：删除游标中光标左边的字符。

❼钥匙开关：如果操作盘有此开关，则必须打开才能操作。

2. 操作级别及登录操作

操作级别主要有以下几种：

1级：人人级　→【确认/消音】键和功能滚动条，每个人都能操作。

2.1 级：操作 1 级→值班人员操作。

2.2 级：操作 2 级→管理人员操作。

3 级：技术级→技术服务人员才能操作。

由键盘输入特定的密码后，系统将进入相应的操作级别。密码由技术服务人员设定。

（1）系统登入操作

1）按【F1】键→密码格式将显示出来。

2）输入密码并按【OK】键→密码正确与否将显示出来。消除输入的错误密码请按【C】键。

3）密码正确进入主菜单。

（2）系统退出操作

1）按【C】键→直到系统显示"是否退出等级？"。

2）按【OK】键→确认退出，系统将退回到 1 级。

3）在特定时间内（2～10 min，由技术服务人员设定），如果没有按任何键，则系统将自动退出。

3. 信息种类

系统将信息划分为以下几种：

- 报警 → 系统发生了需报警的危险信息　　优先级 1
- 故障 → 需立即做出反应的信息　　　　　优先级 2
- 隔离 → 系统部件退出运行状态　　　　　优先级 3
- 信息 → 不需立即做出反应的信息　　　　优先级 4

对于不同种类的信息查阅，如图 4—15 所示。通过选择相应的按键，可以从一种信息转换成另一种信息。如果选择显示级别低的信息，额定时间之后，系统会自动返回显示更高级别的信息。

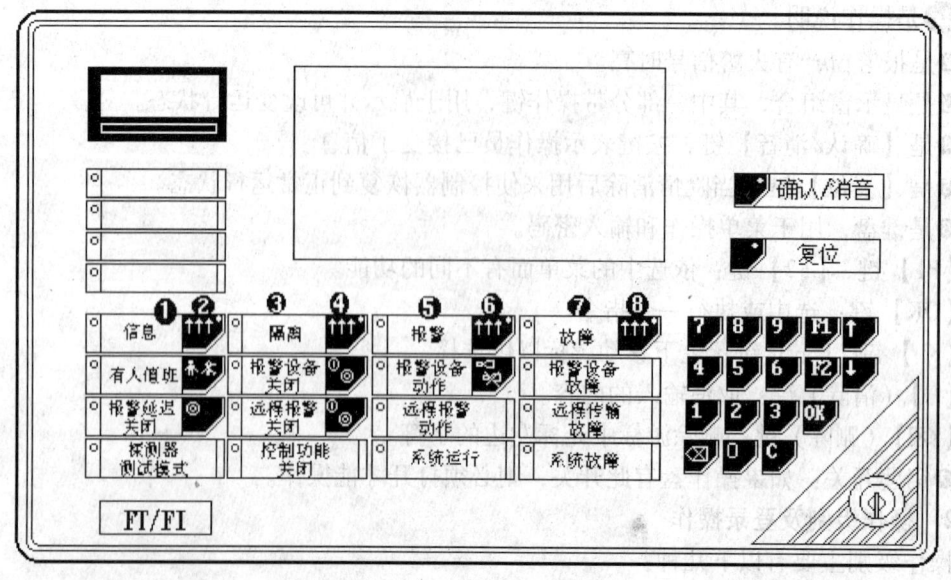

图 4—15 操作面板上的报警信息

❶是信息显示窗。

按❷则显示信息目录，如果没有高优先级信息出现，特定的信息（如预警）能自动地在显示屏上显示出来。

❸是隔离显示窗，若有节点被屏蔽，"隔离指示灯"亮。

按❹则显示被隔离部件的目录，如果没有高优先级信息出现，此种信息自动地在显示屏上显示。"隔离显示窗"不受其他信息的影响。

❺是报警显示窗。

按❻则显示报警目录，此种信息总是自动显示。

❼是故障显示窗。

按❽则显示现有故障的目录，如果没有高优先级信息出现，此种信息自动地在显示屏上显示。

4. 范围区分

（1）地区。通常是指整个建筑物或者建筑物的一部分，是对几个相邻区域组合的逻辑表达。

（2）区域。通常包括建筑物的某一层或者层中的一部分，这是对几个相邻分区组合的逻辑表达。

（3）分区。通常指建筑物的一个房间（非编址探测器→几个房间），这是对一组探测器（至少包括一只探测器）探测地理范围的逻辑表达。探测器与手动报警按钮和控制输出模块总应配置在不同的分区，因此，有探测器组成的分区、手动报警按钮组成的分区及控制输出模块组成的分区之分。

5. 状态

（1）正常运行状态。如图4—16所示指以下状态：

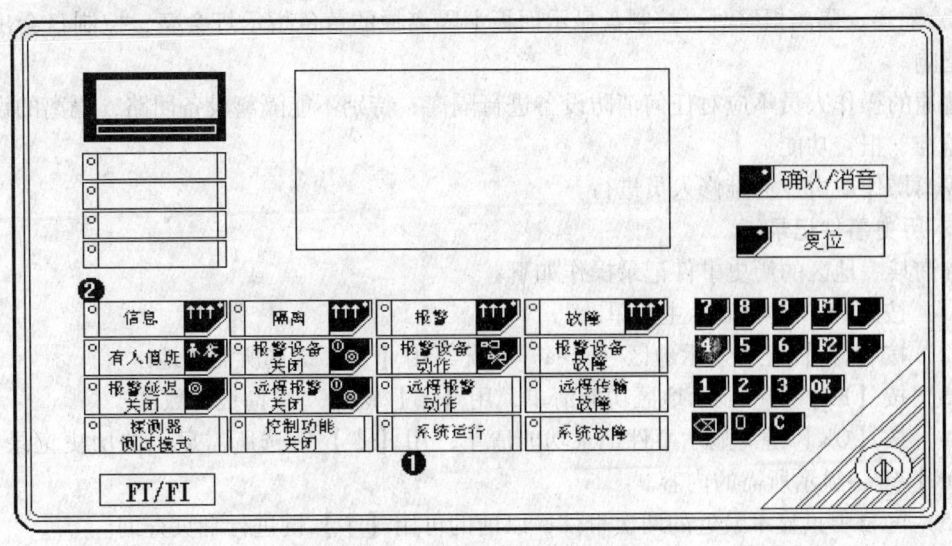

图4—16　正常运行的操作面板

1）系统已做好接收危险信息的准备"信息指示灯"亮。

2）没有危险（报警）信息和故障信息以及没有被隔离部分。

3）系统运行显示窗 ❶ 上的绿色指示灯亮。

4）系统可在"有人"或"无人"的模式下运行。"有人"或"无人"运行状态是一种信息，因此信息窗 ❷ 中的指示灯常亮。

（2）报警状态。报警信息等级分为四类：

1）火警。火警报警时，控制盘显示面板左上侧的报警指示灯会亮；LCD 上会自动弹出火警报警信息；控制盘会出现连续的报警声响，报警栏的红色指示灯会亮。

在 LCD 上确认火警报警信息，并马上到现场确认火灾灾情。

若是误报，则在控制盘上进入等级 2.1，然后按下复位键进行复位。

若真的发生火灾，应按有关规定程序上报、处理，并拨打火警电话 119。

2）故障。故障报警时，控制盘显示面板上报警栏的黄色指示灯会亮，控制盘会出现断续的鸣响。

注意：不要先按下【确认】键，而应点按故障栏，然后查看故障栏中的故障报警内容，最近的报警信息左侧会出现"＋"号，按下【确认】键后会消失。

将故障报警信息（完整信息）报维修调度，由维修人员处理。

3）信息。信息报警时，控制盘显示面板上信息栏的黄色指示灯会亮，控制盘会出现断续的鸣响。

注意：不要先按下【确认】键，而应点按信息栏，然后查看信息栏中的信息报警内容，最近的报警信息左侧会出现"＋"号，按下【确认】键后会消失。

信息栏报警的信息主要为设备状态的改变，如气体灭火系统打到手动位、防火阀关闭状态、防火卷帘门关闭状态、水泵启动状态等，操作人员只需确认即可。若信息栏出现接口设备故障信息，如感温电缆故障、气体灭火系统故障、水泵故障等，操作人员应将故障信息（完整信息）报维修调度，由维修人员处理。

4）隔离。隔离报警时，控制盘显示面板上隔离栏的黄色指示灯会亮，控制盘会出现断续的鸣响。

普通的操作人员不应对任何消防设备进行隔离，特别不能隔离设备回路，隔离的设备将失去监控、报警功能。

隔离操作应由专业维修人员进行。

6. 历史事件记录

查询某一地区的历史事件记录操作如下：

（1）按【F1】键→显示主菜单。

（2）按【OK】键→显示地区（Area）概况，用【↓】键选所需的地区。

（3）按【F1】键→显示地区功能清单，用【↓】键选"查询报警数"。

（4）按【OK】键→显示事件记录功能清单，用【↓】键选所需显示的历史记录类型，按【OK】键→显示所需的内容。

（5）屏幕中只显示最近的两次事件，以前的可用【↑】键进行翻页查询。

注意：使用【F2】键，可以选择并显示准确的日期/时间。

7. 输出模块的启动和停止

（1）当需要启动某台现场设备时，应手动启动输出模块。操作步骤如下：

按【F1】键→输入密码→显示主菜单,用【↓】键选"选择位置"功能。

按【OK】键→显示地区(Area)概况,用【↓】键选所需的地区。

按【OK】键→显示区域概况,用【↓】键选所需的区域。

按【OK】键→显示分区概况,用【↓】键选所需的分区。

按【F1】键→显示分区功能清单,用【↓】键选"分区启动"功能。

按【OK】键→显示"请输入密码",输入密码后按【OK】键→该分区的现场设备被启动,现场设备开始工作。

(2) 当需要停止某台现场设备时,应手动关闭输出模块。操作步骤如下:

按【F1】键→输入密码→显示主菜单,用【↓】键选"选择位置"功能。

按【OK】键→显示地区(Area)概况,用【↓】键选所需的地区。

按【OK】键→显示区域概况,用【↓】键选所需的区域。

按【OK】键→显示分区概况,用【↓】键选所需的分区。

按【F1】键→显示分区功能清单,用【↓】键选"解除分区启动"功能。

按【OK】键→显示"请输入密码",输入密码后按【OK】键→该分区启动的现场设备被取消,现场设备停止工作。

四、能美 R23Z 控制盘的基本操作

R23Z 火灾报警控制器是上海能美西科姆公司和日本能美防灾株式会社面向中国市场共同开发的火灾报警系统。其控制盘如图 4—17 所示。

图 4—17 能美 R23Z FAS 控制盘
a) 火灾报警控制器 b) 消防联动扩展单元

R23Z 控制盘由火灾报警控制器及消防联动扩展单元两部分组成。其中火灾报警控制器面板由液晶显示屏、系统状态显示区、紧急操作显示区、菜单操作区、面板操作锁、电话插

孔、蜂鸣器及设备联动操作显示区组成。而消防联动扩展单元则仅由系统状态显示区和设备联动操作显示区组成。

1. 液晶显示面板操作

（1）显示面板说明。液晶显示屏是控制盘显示报警信息、设备信息以及进行菜单操作的显示界面。操作人员可以配合使用菜单操作区的方向键和数字按钮来进行操作。当系统存在异常报警信息时，液晶显示屏会划分为 4 个区域来显示报警信息。这 4 个区分别是火灾报警类设备显示区、终端设备显示区、燃气泄漏显示区及合计显示区，如图 4—18 所示。

由于燃气泄漏显示区在城市轨道交通中较少使用，因此图 4—18 里没有标注。它的位置在终端设备显示区与合计显示区之间。操作人员进行报警信息查询时，只需利用操作区的上下方向键选择到相应的报警显示区，然后再利用左右键翻看报警记录。新出现的报警会在时间信息后用一个"＊"符号来表示。由于记录均是以中文显示，因此，操作员只需直接读出报警信息，然后到现场进行确认。应注意的是：在报警信息当中有一串数字，这串数字代表着设备的地址码，它的格式是：主机号－回路号－地址号－区号。操作员在报告报警信息时应把地址码信息同时上报，以方便维修人员跟踪、处理系统故障。

（2）系统状态显示区。这里主要是显示系统火灾报警、故障、联动启动等重要状态的区域。LED 指示灯后面的文字表示了该指示灯显示的信息。系统正常情况下，只有交流电源指示灯绿灯和手动指示灯红灯常亮，其余的指示灯均不亮。当有其他指示灯亮或者交流电源指示灯绿灯和手动指示灯不亮的时候，值班员就应提高警惕，及时在液晶显示屏上查询报警信息，并按规定执行相应的处理了。系统状态显示内容如图 4—19 所示。

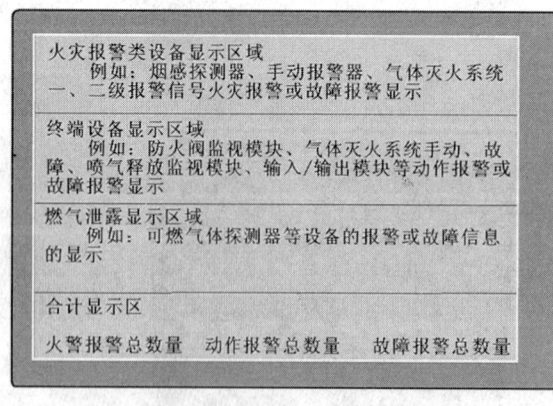

图 4—18　显示屏分区显示说明

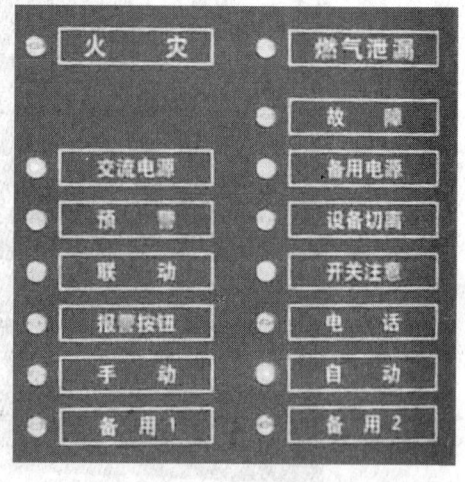

图 4—19　系统状态显示区

（3）紧急操作显示区。该区域是系统出现紧急情况（火灾报警）时，让操作人员进行快速处理的操作区域。该区域包括四个按键：

1）【火灾断定】键。当发生火灾报警的情况下，操作人员已经对现场确认真实发生了火灾,这时操作人员长按【火灾断定】键,可以将FAS的状态由手动模式转换为自动模式,系统将自动启动相应的火灾模式以及向EMCS传送火灾模式命令。当按键触发时,按键前方的LED指示灯会闪烁。

2)【地区音响停止】键。当警铃被触发鸣响后,操作人员发现是误报警时,可以按下【地区音响停止】键将警铃禁鸣。当按键触发时,按键前方的LED指示灯会闪烁。

3)【主音响停止】键。当控制盘发出人声报警提示时,操作人员可以按下【主音响停止】键将用语音提示禁止。当按键触发时,按键前方的LED指示灯会闪烁。

4)【复位】键。当系统火灾报警被确认为误报或者故障设备已经被修复后,按下【复位】键,系统将会再次检测所有在线设备是否恢复正常,若是则系统恢复正常状态。操作人员应注意:设备误报火警时,应待设备的干扰因素消除后,才能复位正常。若设备一时不能复位,操作人员可试着多复位几次。

(4) 菜单操作区。菜单操作区包括有方向键、0~9数字键以及【取消】键和【确认】键。操作员进行菜单操作时,可以用方向键选择菜单内容,然后按【确认】键进入。也可以直接按数字键进入。【取消】键是用于退出菜单或取消输入内容的。

操作实例:操作员通过菜单实现手动启动控制模块的操作。

第一步:按下【确认】键,这时液晶显示屏将显示如图4—20所示菜单内容。

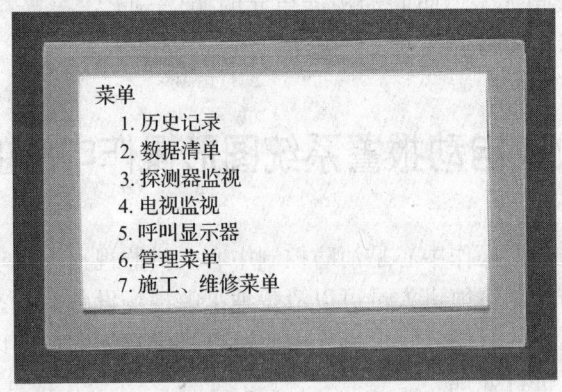

图4—20 菜单内容

第二步:按下"6"键,直接进入"管理菜单"。菜单出现以下选项:

1) 时间设定。

2) 显示屏功能测试。

3) 手动/自动切换。

4) 设备切离。

5) 探测器监视计划表。

6) 手动控制。

第三步:再按下"6"键,直接进入手动控制菜单。

第四步:利用数字按键,输入需要启动的控制模块地址编码,然后按下【确认】键,按提示要求再次按下【确认】键。

(5) 面板操作锁、电话插孔、蜂鸣器。面板操作锁用于保护按键免被误操作。电话插孔利用插孔电话与现场人员进行通话。蜂鸣器用于产生报警音响。

(6) 设备联动操作显示区。如图4—21所示。该区域的按键用于快速启动消防联动设备。按键上方的指示灯分别表示对应的输出模块已经启动、已经应答或是处于故障状态。

操作员应注意：该区域的按键，只要一按下就立即启动联动设备，因此，操作人员应避免误操作。

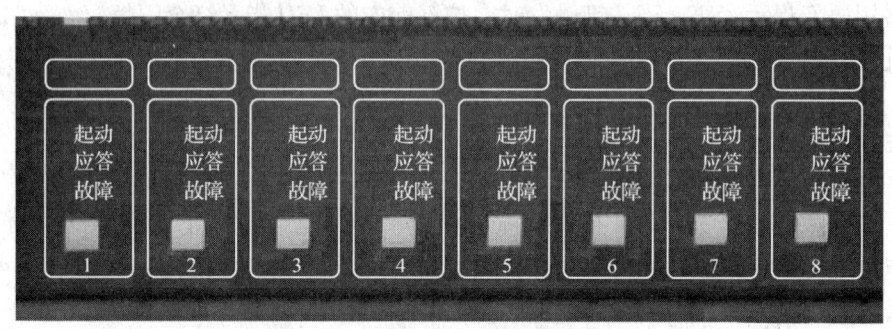

图4—21 设备联动操作显示区

(7) 消防联动扩展单元。消防联动扩展单元的操作与火灾报警控制器的系统状态显示区及设备联动操作显示区相似，操作方法基本一致。

第三节 火灾自动报警系统图形操作中心的基本操作

火灾自动报警系统图形操作中心是消防控制中心人员监视火灾自动报警的重要设备，通过图形操作中心，消防控制室值班人员可以清楚地了解现场设备的状态，当设备状态出现异常或者保护区域发生火灾的时候，图形操作中心可以提供具体的信息以及位置图，以便值班人员迅速地对异常情况进行处理。

一、新普利斯图形操作中心基本操作

GCC软件是基于Windows系统运行的。GCC的操作方式有三种：鼠标、键盘、触摸屏。

1. GCC的登录

当一启动GCC软件时，将会出现主菜单（见图4—22），主菜单上有一个【登录】按钮。

单击【登录】按钮，将会弹出登录菜单，如图4—23所示。

GCC软件最多有512个操作员记录及相应的密码，而且每个密码能进入相应的等级，最低级是1级，最高级是7级，7级是最高的维护等级。

使用者只需在空白处填入本人的姓名或对应的号码以及密码就可进入相应的等级，其所进入的等级将会在登录菜单上显示出来。

第四章 火灾自动报警系统检修

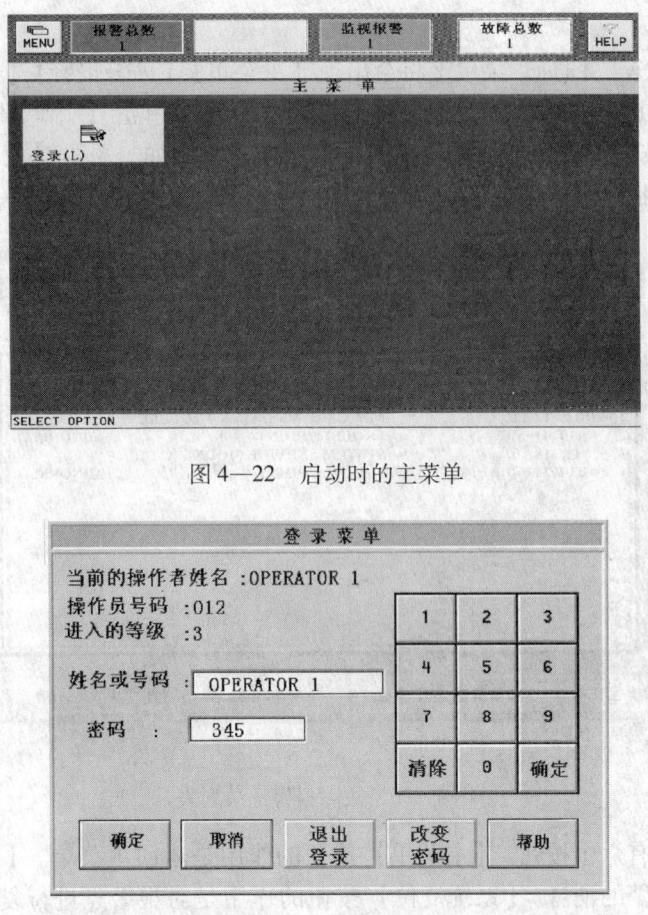

图4—22 启动时的主菜单

图4—23 登录菜单

当进入操作员等级时，主菜单如图4—24所示。操作员菜单中列出了所有的功能按钮，当操作员级别较低时，由于系统设置权限的限制，某些功能按钮将无法操作。

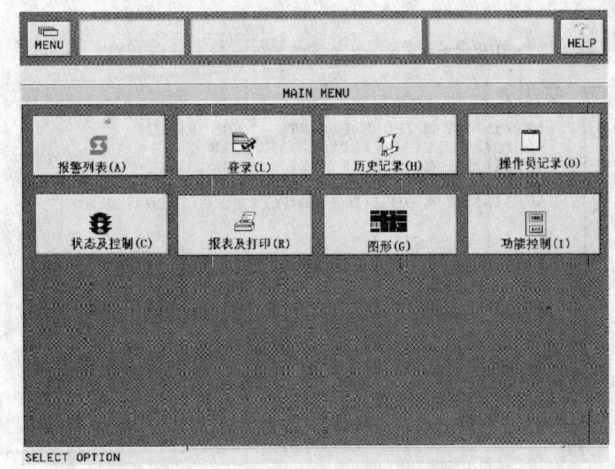

图4—24 登录后的主菜单

2. 报警列表

单击"报警列表"图标，菜单上将会出现【主菜单】【火警报警】【二级报警】【监视】【故障】按钮。单击【主菜单】按钮，将会返回主菜单。单击【火警报警】【二级报警】【监视】【故障】按钮，将列出主机现存的报警点列表。例如，单击【故障】按钮，会弹出如图 4—25 所示页面。

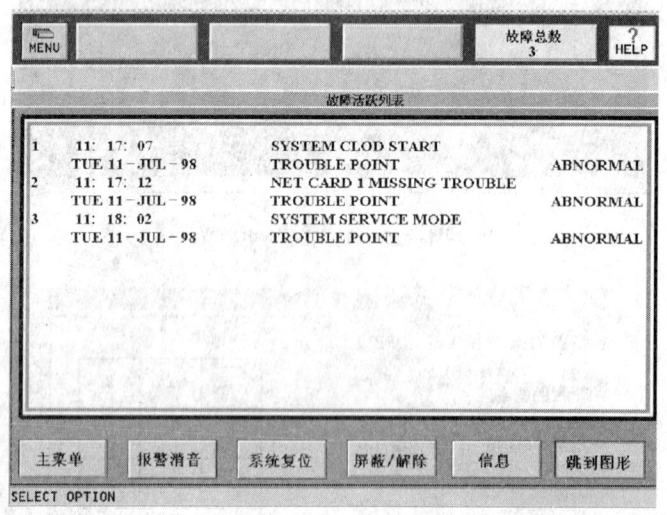

图 4—25　故障报警记录列表

在列表的下端有六个按钮。【主菜单】按钮的作用是返回主菜单。【报警消音】按钮的作用是系统声音报警的消音。【系统复位】按钮的作用是对报警点进行复位。【屏蔽/解除】按钮的作用是对个别有问题的设备进行屏蔽或解除设备屏蔽。【信息】按钮的作用是查看报警点的相应信息。【跳到图形】按钮的作用是跳到报警点相应的现场模拟图。

3. 历史记录

当单击"历史记录"图标时，系统会默认进入总记录，如图 4—26 所示。

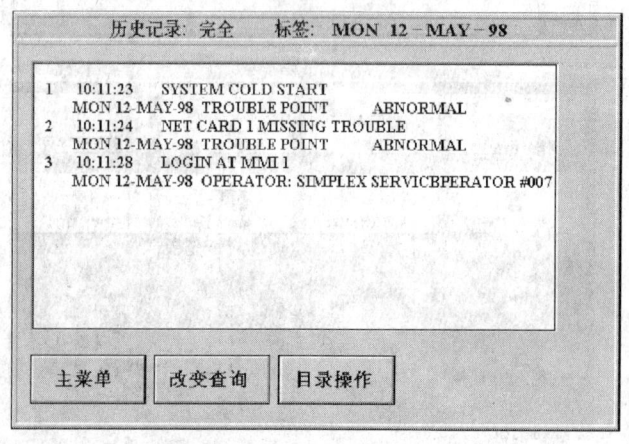

图 4—26　历史总记录

【目录操作】按钮的作用是对历史记录进行整理、备份、删除、恢复等操作。

【改变查询】按钮的作用是改变查询的内容，如图4—27所示。可查询的内容包括：总记录、火警报警历史记录、二级报警历史记录、监视报警历史记录、故障报警历史记录、控制操作记录、诊断记录、操作记录。其中二级报警历史记录没有使用。

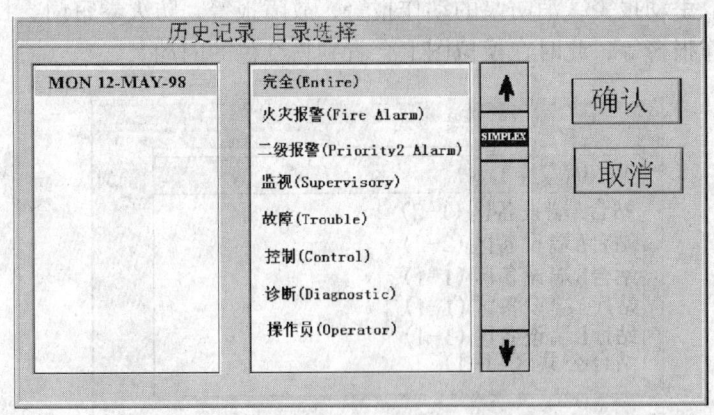

图4—27　历史记录目录

4．操作员记录

操作员记录主要是记录操作员的进入/退出GCC软件的情况，如图4—28所示。按【改变目录】按钮就可查询其他日期的操作员记录。

图4—28　操作员记录

5．图形

单击【图形】按钮后就会有一个选择界面，操作员可以在里面任选一幅图查看，一般选择标有"菜单"的图页，通过该图页可以更方便地查找设备，如图4—29所示。

进入了任一幅图后，如图4—30所示，在图中操作员可以看各种FAS设备或者FAS监控的设备以及它们的位置，而它们的状态则由不同的颜色表示。一般绿色表示设备正常；而红色表示火灾报警设备报警（例如，烟感探测器报警、气体灭火系统的报警及喷气信号），值班人员需要到达现场确认是否有火灾发生；黄色表示设备有故障，这里的设备是指FAS的各种模块及探测器、手拉报警器、破玻报警器等；粉红色对应的是监视报警，如气体灭火系统的故障报警、手动报警，消防泵的动作报警，故障报警，防火卷帘门、挡烟垂幕、防淹门、防火阀的动作报警等，此时在模拟图上会看到粉红色的闪动。

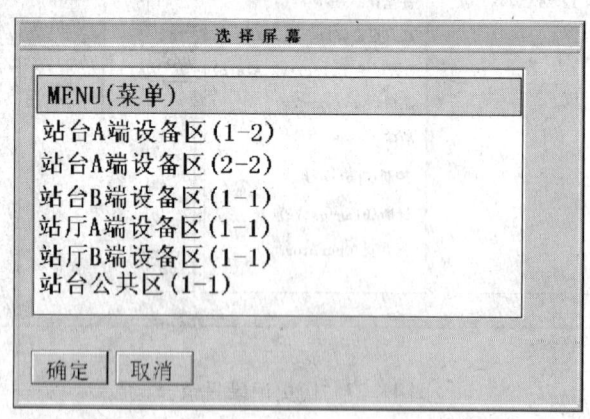

图4—29　图形选择界面

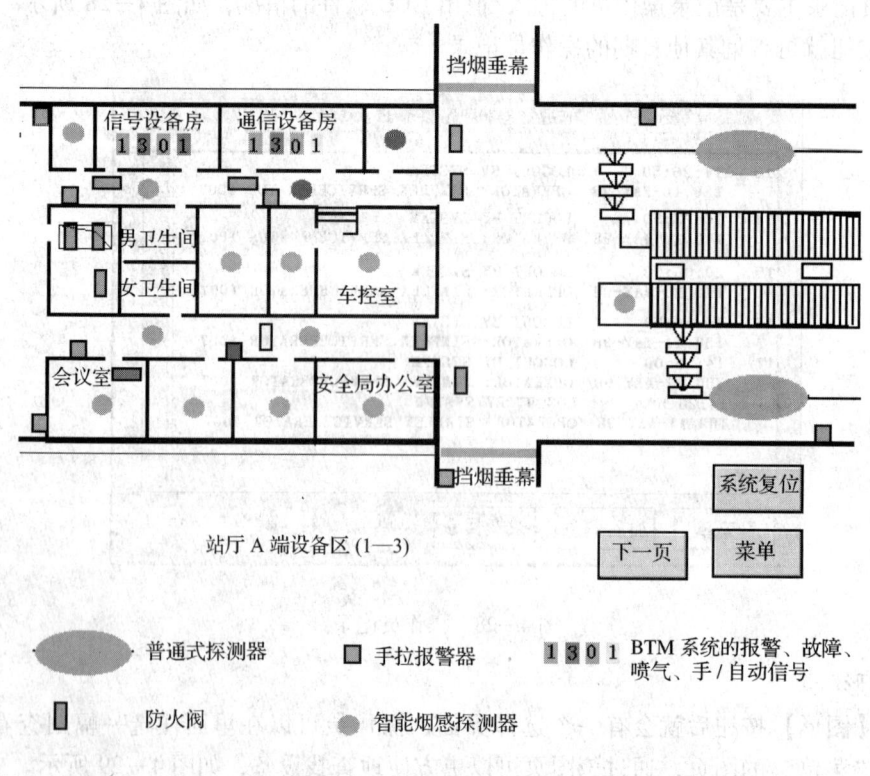

图4—30　设备平面布置图

其中普通式烟感这里设置为椭圆形，表示为该区域的所有普通式探测器，只要区域内的任一普通式探测器发生报警，在图上就可看到红色的椭圆闪动。

1301系统的四个信号用标有"1301"的四个方块表示，从左到右依次是报警信号、故障信号、喷气信号、手/自动信号。

在图的下方都标有该图的位置，其中"（1—3）"表示该区域的图共有3幅，而操作员看到的是3幅中的第一幅，可以按【下一页】、【上一页】按钮来翻图看。

【菜单】按钮的作用是跳到菜单那幅图去。

【系统复位】按钮的作用相当于按4120主机的复位键，对主机进行复位。

另外，当操作员在其他菜单中按了【跳去图形】按钮时，将会跳到对应设备的图中去。可以用鼠标单击图中的设备图形，这时候可以看到该设备的状态或者对该设备进行控制。

从状态显示菜单中可以知道该点的类型及状态是否正常以及该设备所处的位置说明，如图4—31所示。

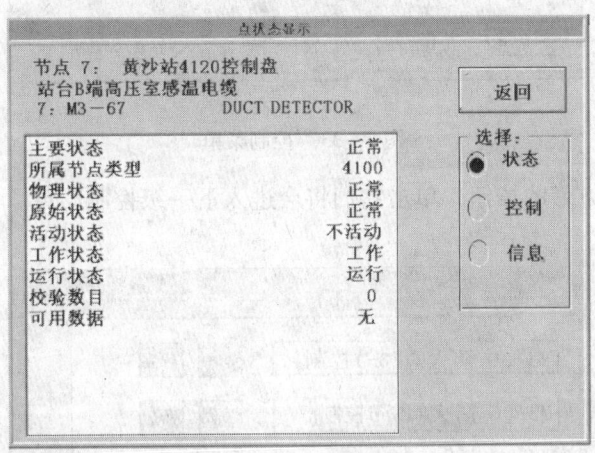

图4—31 点状态显示

菜单中【返回】按钮的作用是返回主菜单。

选择"控制"选项可以对该点的状态、信息进行控制，如图4—32所示。在这一个菜单中，可以屏蔽指定的设备或恢复设备的使用，还能对该设备进行维护控制。

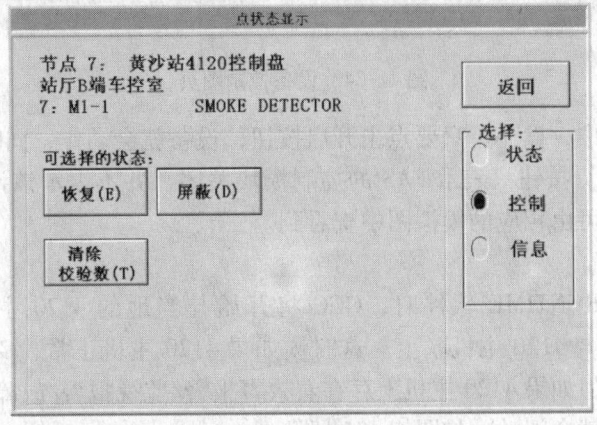

图4—32 点控制显示

6. 功能控制

功能控制主要是对 FAS 设备进行控制，使用时必须得到有关部门的许可才能进行控制。功能控制菜单如图 4—33 所示。

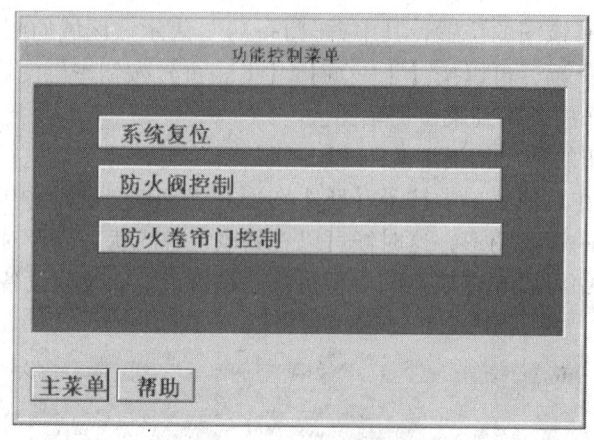

图 4—33　控制菜单

菜单中有几个长方形的按钮，单击它们将会进入下一级控制菜单。如图 4—34 所示。

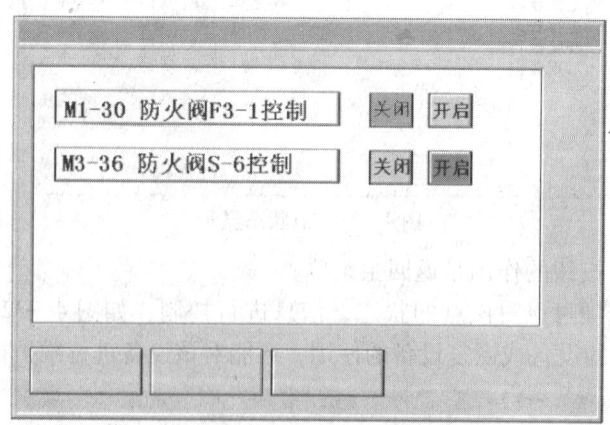

图 4—34　设备控制图页

在这一级的菜单中，操作员只要点击开启按钮，设备就会动作，同时该按钮的底色会变成红色。单击【关闭】按钮只表示 FAS 的控制模块关闭，并不表示该设备已经复位或恢复正常，该设备的情况可由相应的模拟图中查看到。

7. 关联

当启动 GCC 的 RUNTIME 软件时，GCC 将开始与当地的 4120 主机连接，一般需要 10 min 左右 GCC 才能与 4120 主机联上。这时候如果 4120 主机正常，GCC 上各功能模块的图形基本没有变化，但如果 4120 主机上存在着火警报警/监视报警/故障报警，在 GCC 的主菜单上方相应的方块就会闪动，如图 4—35 所示。

第四章　火灾自动报警系统检修

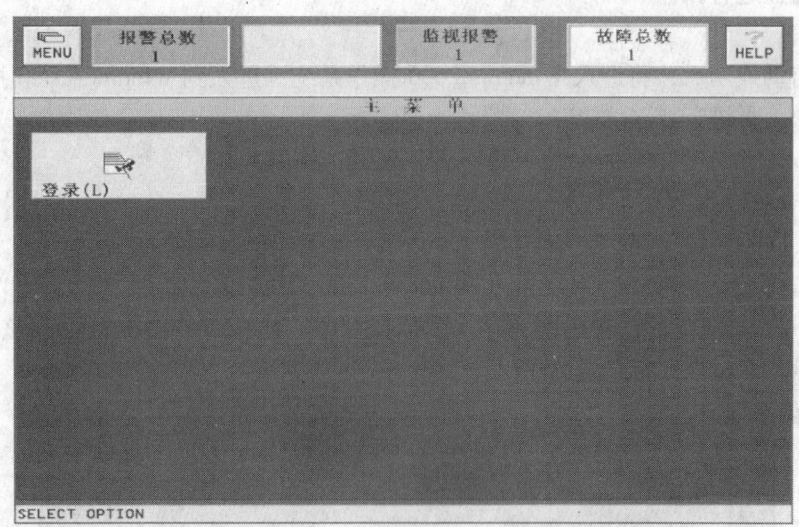

图4—35　存在报警信息的主菜单

红色闪动方块对应的是火警报警，粉红色闪动的方块对应的是监视报警，黄色闪动的方块对应的是故障报警，并且在方块中显示报警的数目。

首先操作员要登录进入相应的等级，然后才能对闪动的报警进行确认，如图4—36所示。

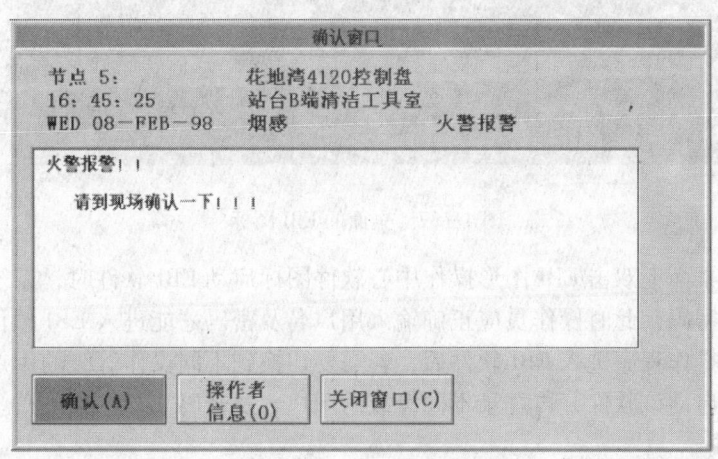

图4—36　火警报警确认窗口

确认后GCC恢复到主菜单界面。如果又有一个报警发生，那么GCC会自动跳到报警设备所在的模拟图中去。在那里可以进行确认、系统复位、查看状态等一系列的工作。

二、霍尼维尔（Honeywell）EBI软件的基本操作

GCC软件是基于Windows 2000系统操作平台的EBI（企业楼宇管理系统）应用软件，

可用鼠标或键盘进行操作。

1. 登录

计算机启动成功后，将进入 Windows 2000 操作系统。进入到 Windows 2000 操作系统后，系统要求操作人员进行登录。

在 Windows 系统登录界面中输入用户名和密码，例如，

用户名：user

密　码：fas

然后单击【确认】按钮，系统进入 Windows 2000 桌面。

进入 Windows 2000 后，在桌面上寻找图形控制中心图标，并把光标移到该图标上，如图 4—37 所示。双击该图标，进入 EBI。

图 4—37　桌面的 EBI 图标

当操作员在桌面上双击 EBI 图形操作中心软件图标启动 EBI 软件时，系统将会要求操作员输入用户名及密码，此时操作员应正确输入用户名及密码才能进入 EBI 软件。

当操作员的操作程序进入 EBI 软件后，若需要切换到不同操作等级的用户，则需先退出软件，然后重新启动该软件，再登录不同等级的用户名及密码。

2. 页面构成

进入到 EBI 软件欢迎界面，如图 4—38 所示。

可以看到欢迎界面上方有菜单栏，菜单栏下依次有：工具条栏、信息区栏、命令区栏、图形页面、报警信息栏及状态栏。

菜单栏有"工作站""编辑""查看""动作""设置""示例""帮助"菜单，可通过下拉菜单，选择所需的功能。

工具条栏提供一种快捷的操作方式，对常用的命令，可单击工具栏上的按钮进行快速访问。每个按钮的详细说明如图 4—39 所示。

图 4—38　EBI 的欢迎界面

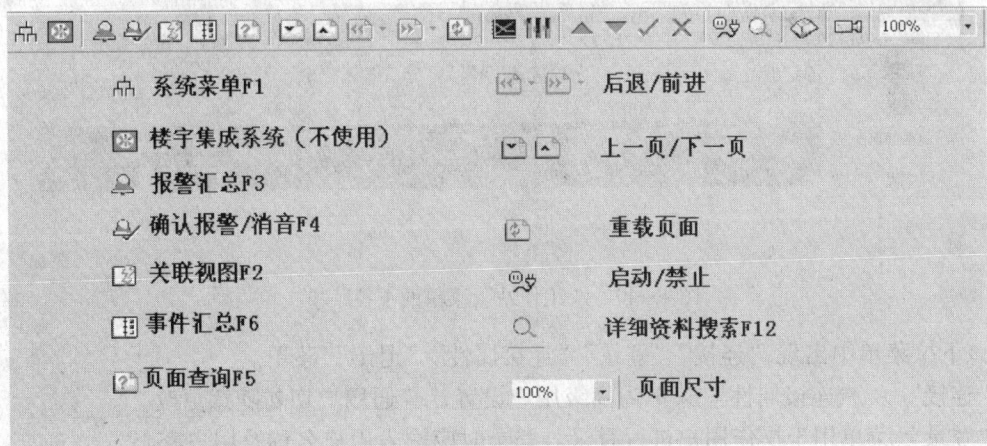

图 4—39　工具栏按钮说明

信息区栏用于显示解释性的信息。例如，如果试图调用不存在的图形，信息区就会出现类似"显示文件××××未找到"的信息。

命令区栏用于高级操作的命令输入。

图形页面用于显示用户定制的图形页面及显示监控设备的状态图形。

报警信息栏用于显示最新的一条未经确认的报警信息，当无报警信息或所有报警信息被用户确认后，该栏变为空白。

状态栏依次显示当前的日期（格式为日 - 月 - 年）、当前的时间（格式为时：分：秒）、报警、通信、报警消息、服务器名称（如：localhost）、工作站名称（如：stn01）及操作员名称。

"报警"栏：当无报警信息时该栏底色为灰色；当有新的报警产生时该栏会出现红色的闪动；当所有的报警被确认后，该栏底色变为红色。用鼠标单击该栏时，会调出"报警信息汇总窗口"。

"通信"栏：当无报警信息时该栏底色为灰色；当有新的报警产生时该栏会出现蓝色的闪动；当所有的报警被确认后，该栏底色变为蓝色。用鼠标单击该栏时，会调出"通道状态汇总窗口"。

"报警信息"栏：当无报警信息时该栏底色为灰色；当有新的报警产生时该栏会出现绿色的闪动；当所有的报警被确认后，该栏底色变为绿色。用鼠标单击该栏时，会调出"报警信息汇总窗口"。

"服务器名称"栏：用鼠标单击该栏时，会调出"服务器连接窗口"。

"操作员名称"栏：用鼠标单击该栏时，会调出"输入密码窗口"，输入不同的密码可切换至不同的操作权限。

3. 菜单操作

EBI 软件菜单栏有"工作站""编辑""查看""动作""设置""示例""帮助"菜单，可通过下拉菜单，选择所需的功能。

(1)"工作站"菜单。用鼠标单击"工作站"菜单栏，会出现如图 4—40 所示下拉菜单。

图 4—40 "工作站"菜单的下拉菜单

该下拉菜单中出现"连接""登录""连接属性""退出"菜单。

"连接"及"连接属性"菜单为高级用户设置，普通用户切勿随意更改。

"登录"菜单用于操作用户进行登录。登录时应输入用户名称及用户密码。

"退出"菜单用于退出 EBI 软件，请不要随意退出 EBI 软件。

(2)"编辑"菜单。用鼠标单击"编辑"菜单栏，会出现如图 4—41 所示下拉菜单。

图 4—41 "编辑"菜单的下拉菜单

该下拉菜单中出现"剪切""复制""粘贴"菜单,用于对有用信息进行剪切、复制或粘贴。

(3)"查看"菜单。用鼠标单击"查看"菜单栏,会出现如图4—42所示下拉菜单。

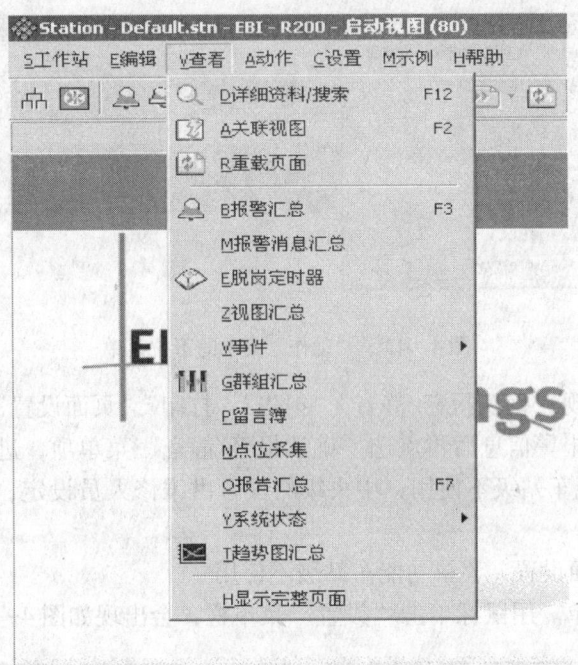

图4—42 "查看"菜单的下拉菜单

该下拉菜单中出现"详细资料/搜索""关联视图""重载页面""报警汇总""报警消息汇总""脱岗定时器""视图汇总""事件""群组汇总""留言簿""点位采集""报告汇总""系统状态""趋势图汇总""显示完整页面"菜单。

用鼠标点选设备图形后,点选"详细资料/搜索"菜单项将会调用该设备的详细资料。若没点选任何设备,将直接调用点搜索窗口。

用鼠标点选设备图形后,点选"关联视图"菜单项将会跳转图页到该设备所在的图页。

"重载页面"菜单用于刷新当前页面。

"报警汇总"菜单用于调出报警汇总窗口。

"报警消息汇总"菜单用于调出报警信息窗口。

"脱岗定时器"菜单项不使用。

"视图汇总"菜单用于调出视图汇总窗口。

"事件"菜单项不使用。

"群组汇总"菜单项不使用。

"留言簿"菜单用于同事间的重要信息留言。

"点位采集"菜单项不使用。

"报告汇总"菜单用于调出报告汇总窗口。

"系统状态"菜单用于调出系统状态窗口。

"趋势图汇总"菜单项不使用。

"显示完整页面"菜单用于以完整的页面进行显示。

（4）"动作"菜单。用鼠标单击"动作"菜单栏，会出现如图4—43所示下拉菜单。

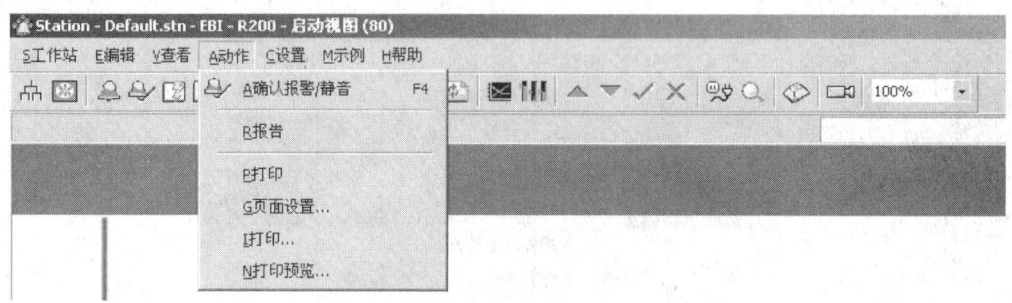

图4—43　"动作"菜单的下拉菜单

该下拉菜单中出现"确认报警/静音""报告""打印""页面设置""打印预览"菜单。用鼠标点选一条报警信息后再点选"确认报警/静音"菜单项，进行报警确认/静音。

"报告"菜单功能车站级不使用，中央级的报告由维修人员设定，普通操作人员不必进行修改。

"打印"及"页面设置"菜单功能车站级不使用。

（5）"设置"菜单。用鼠标单击"设置"菜单栏，会出现如图4—44所示下拉菜单。

图4—44　"设置"菜单的下拉菜单

（6）"示例"菜单。用鼠标单击"示例"菜单栏，会出现有关工程的示例，该项不使用。

（7）"帮助"菜单。用鼠标单击"帮助"菜单栏，会出现如图4—45所示下拉菜单。

第四章　火灾自动报警系统检修

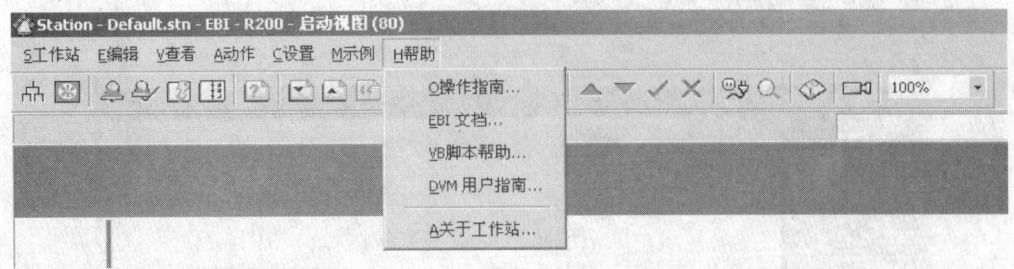

图4—45　"帮助"菜单的下拉菜单

利用该项菜单功能,可向操作人员提供更多的操作指南。各级操作人员严禁对在线的系统工作站进行越级操作或设置。

4. 图形页面

EBI软件的图形页面是以现场模拟图的形式显示设备状态的页面。

进入图形页面的方法如下:

方法一:用鼠标点选工具条栏的【系统菜单】按钮。在系统菜单上单击"视图"项,开启视图汇总窗口,如图4—46所示,用鼠标点选所需打开的图页即可。

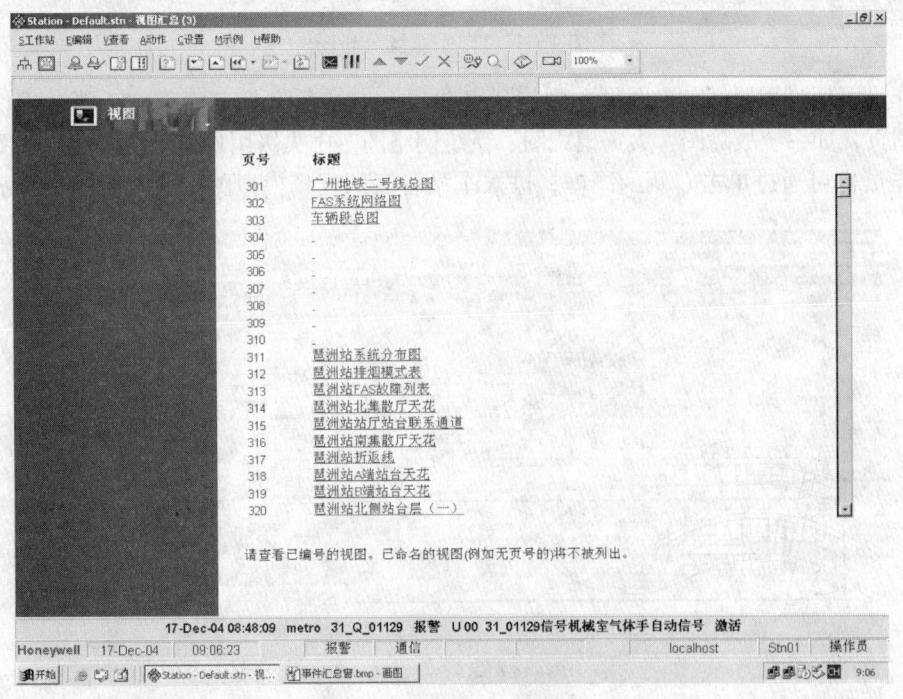

图4—46　视图汇总窗口

方法二:用鼠标点选工具条栏的【页面查询】按钮。在命令区内输入图页号,如:302,然后按【Enter】键即可进入该页面。

下面介绍一下各个不同页面的功能及操作:

(1)车站系统分布图,如图4—47所示。

· 97 ·

第一部分 初级检修工

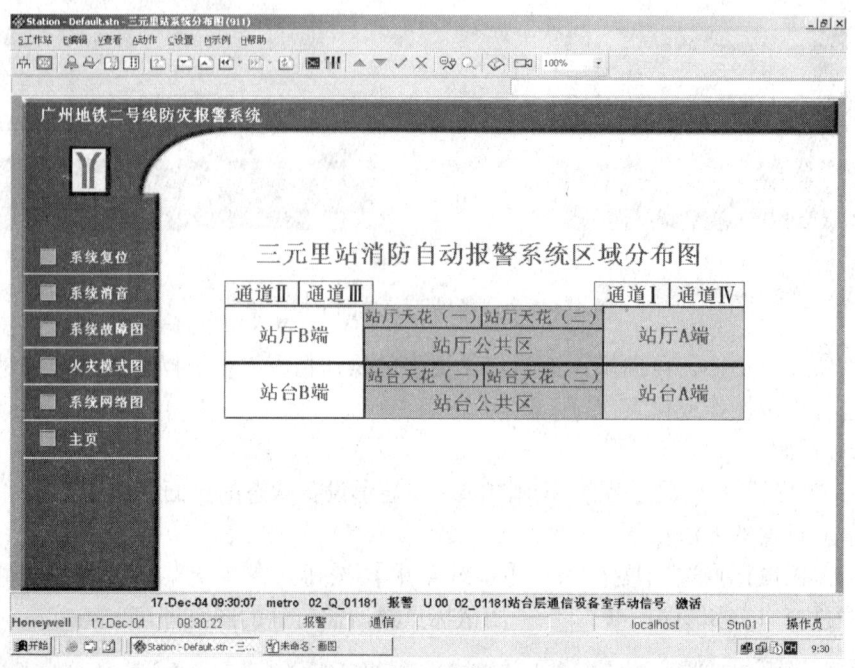

图 4—47　车站系统分布图

操作员可通过用鼠标单击图页左侧的列表项目对本站 FAS 控制盘复位、消音或切换到其他功能图页,如系统故障图、火灾模式图、系统网络图。中央级用户还可切换回主页图形。

操作员也可通过单击右侧的图框,进入车站各区的现场模拟图,如图 4—48 所示。

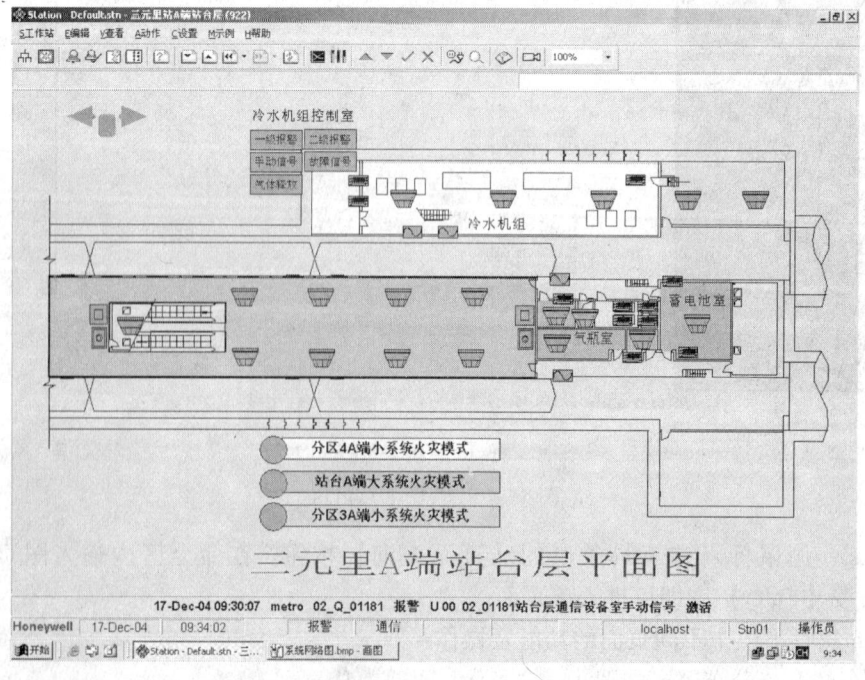

图 4—48　车站现场模拟图

操作员可通过单击上方的向左、向右箭头打开该图页的连接页，也可单击方框返回"车站系统分布图"页。

（2）设备状态图页。在图页中，以设备的形象图形来代表各种设备，以不同的颜色来表示不同的设备状态，如图4—49所示。

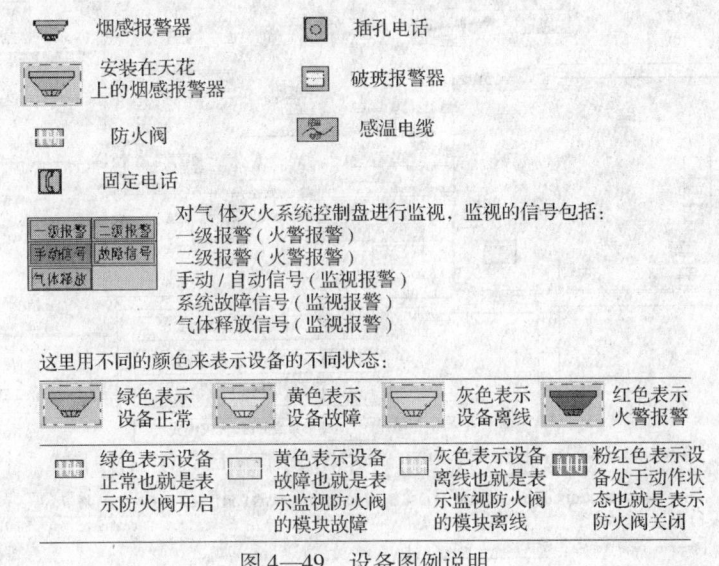

图4—49 设备图例说明

烟感探测器的图例分为天花烟感和非天花烟感两种：用带点画线框的烟感图例来表示天花下烟感，而用没有点画线框的烟感图例来表示其他烟感，也就是非天花烟感。

由于消防设备设置的要求，在某些区域需要安装两层的烟感探测器。安装在装修天花下的烟感探测器叫"天花烟感"，而安装在装修天花上方楼顶上的烟感称为"非天花烟感"。

除了利用颜色来区分设备的状态之外，还可以用鼠标单击设备图形来查看设备状态。如图4—50所示。

可以看到图页上方的信息区显示了设备的情况（正常）及其位置的中文说明（站厅层公共电话区烟感），其地址编码为（16_02040）。

"设备地址"表示FAS中的编号地址。16表示车站编号（这里表示三元里站）。M1、M5表示该设备所对应排烟模式号，这里表示该烟感对应于第一和第五号排烟模式。S是SMOKE的缩写，表示该设备是烟感探测器。02040表示第02回路的第40个设备。

若用鼠标双击设备图形，就会弹出该设备的详细资料窗口，如图4—51所示。

该详细资料中PV表示设备的状态值（0表示正常，1表示预报警，2表示报警验证，3表示报警…）；OP表示控制值（0表示控制设备处于正常状态，1表示控制设备处于动作状态）；MD表示该设备的模式（MAN表示设备处于手动状态，AUTO表示设备处于自动状态）。

若需要从详细资料窗口返回到原图页，则单击工具条栏上的【后退】按钮即可。

在车站平面图上，可以看到不同的房间是用不同的颜色块来表示的，而这些色块是表示不同的排烟模式所包括的区域。从图4—50中可以看到：环控机房是一个排烟区域，对应着一个排烟模式；降压变电所也是一个排烟区域，也对应着另外一个排烟模式；而站厅公共区又是一个排烟区域。

第一部分 初级检修工

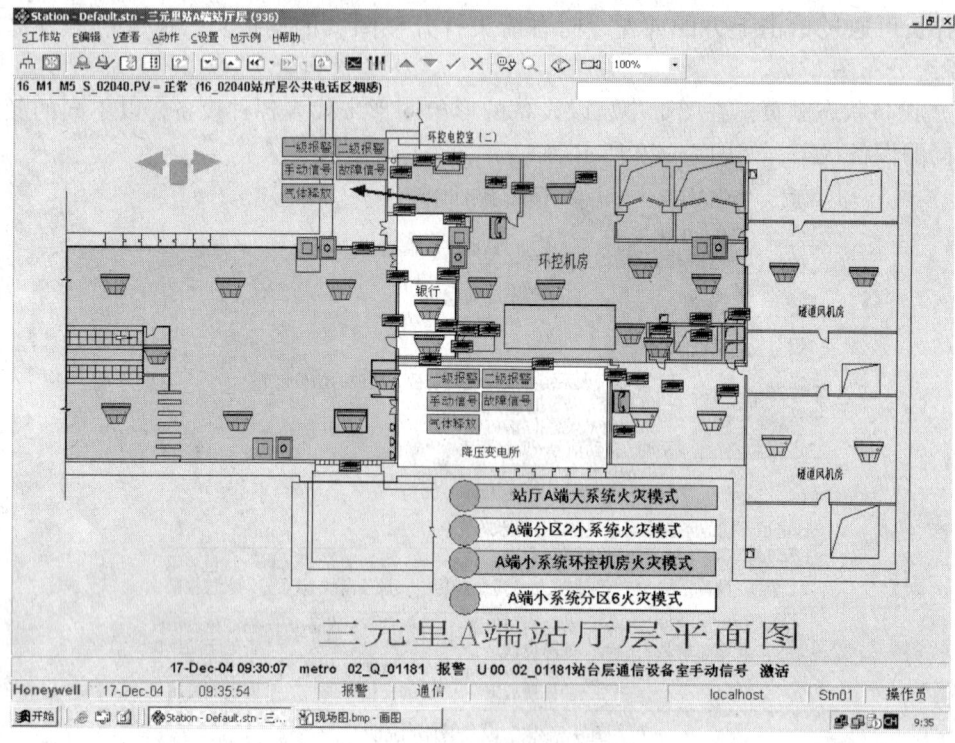

图4—50 信息显示区

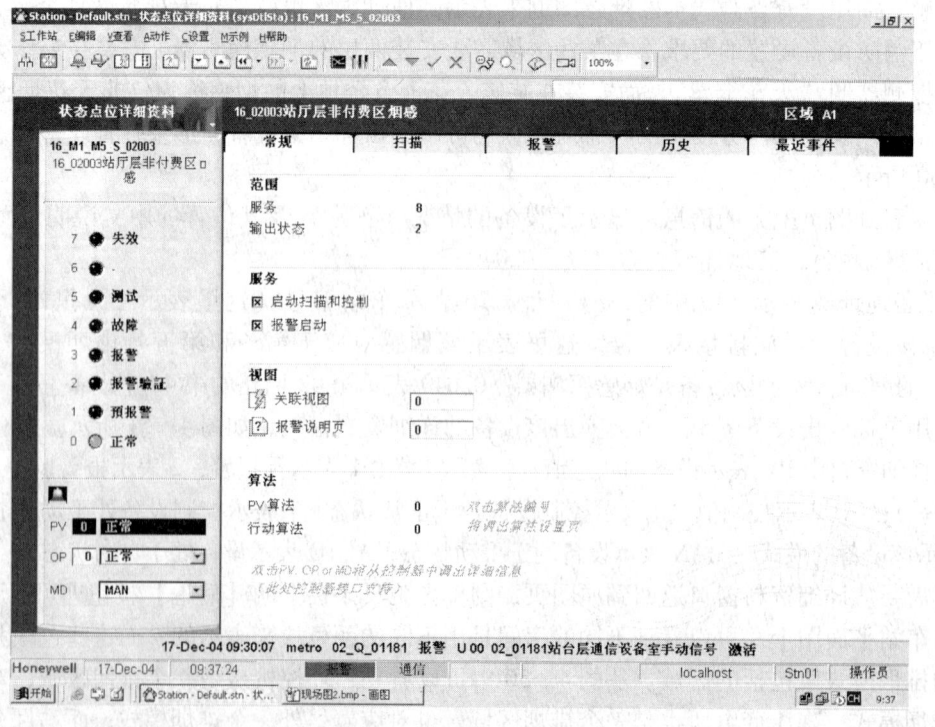

图4—51 详细资料窗口

每个排烟模式图页上都对应有一个启动点,可以双击该点进入该点的详细资料窗口中进行操作,就可启动该模式。

(3) 系统故障图,如图4—52所示。

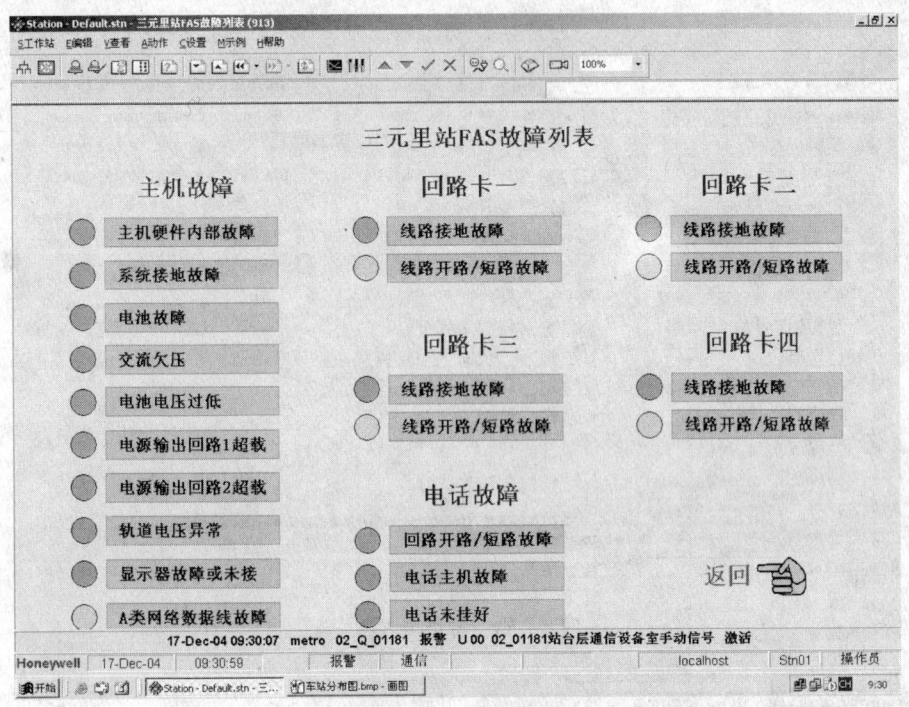

图4—52 系统故障图

图4—52列出系统的主要故障,故障说明文字前方的圆点表示了该故障的情况(绿色表示该故障没有发生,设备正常,紫红色表示该故障正在发生,而灰色则表示该点与主机不能正常通信)。

可单击【返回】按钮,返回到"车站系统分布图"。

(4) 排烟模式图,如图4—53所示。

图4—53列出了该站的所有排烟模式,排烟模式说明文字前方的圆点表示了该模式的情况(绿色表示该模式没有启动,紫红色表示该模式已启动并发送给EMCS系统,而灰色则表示该点与主机不能正常通信)。

5. 报警记录

如图4—53所示,报警信息栏正在显示一条报警信息:"17-Dec-04 09:30:07 metro 02_Q_01181 报警 U 00 02_01181站台层通信设备室手动信号 激活"。

该条信息表示报警是2004年12月17日9时30分07秒发生,地点在新港东站的站台层通信设备室,手动信号状态激活,地址编码是01181。

要确认这条信息,操作员可通过用鼠标单击该信息,然后单击工具条上的【确认报警/静音】按钮或按【F4】功能键进行确认。

(1) 报警汇总窗口操作。用鼠标单击状态栏上的"报警"栏时,就会弹出报警汇总窗口,如图4—54所示。

第一部分 初级检修工

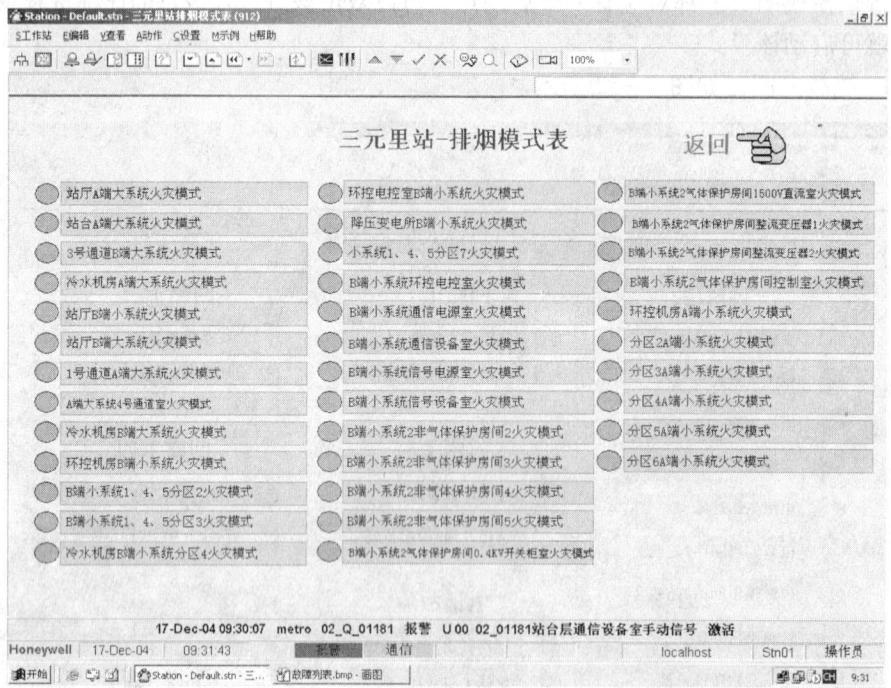

图 4—53 排烟模式图

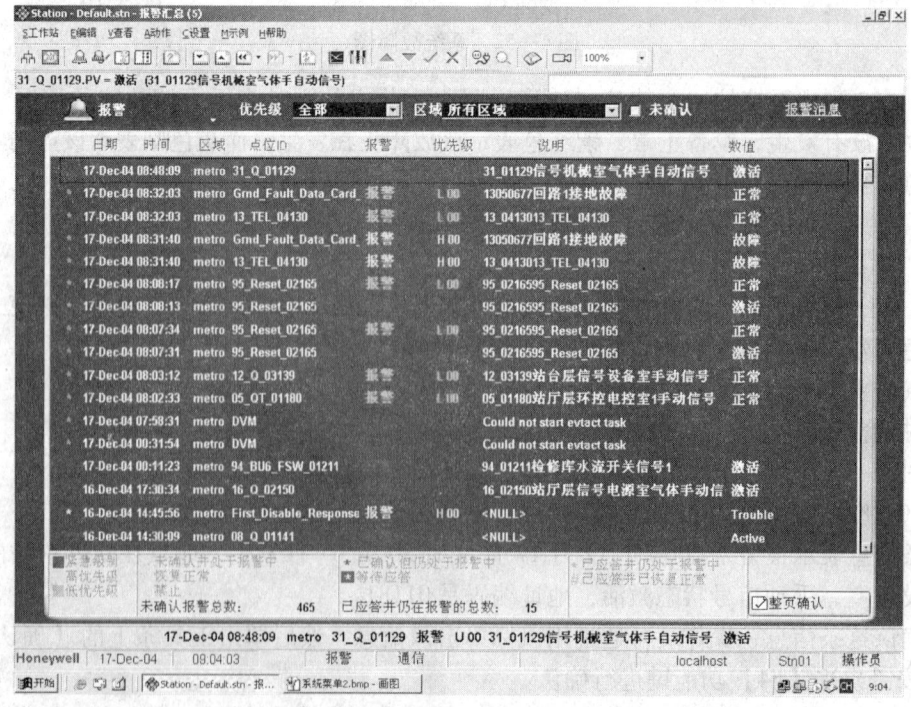

图 4—54 报警汇总窗口

第四章 火灾自动报警系统检修

在这里可以看到该站点的所有报警情况,具体说明见表4—3。

表4—3　　　　　　　　　　　报警信息说明

报警栏目	说明
*（星号）或 #（井号）	指示报警状态： • 星号（闪动）。此报警未被确认,但报警仍然存在 • 星号（不闪动）。此报警已被确认,但报警仍然存在 • 星号（灰色,用背景颜色指示报警优先级别）。产生的报警不再存在 • 井号（绿色）。报警已经被响应,但未复位 不同星号的颜色反映不同的优先级别： • 红色 = 紧急 • 黄色 = 高 • 灰色 = 低
日期 时间	报警产生的日期和时间
服务器/区域	点或设备所属的服务器或区域
点的编号	报警点的编号
报警	报警条件
优先级别	报警的优先级别。前缀字母说明报警的优先级别： • Urgent（紧急） • High（高） • Low（低） 如果字母后跟着数字,它表明在此优先级下的相应子优先级别。例如,Urgent Alarm（紧急报警）可从U15（最紧急）变化到U00（紧急）
说明	报警的说明
数值	引发报警的数值（ACTIVE/激活,表示报警；NORMAL/正常,表示恢复正常；TROUBLE/故障,表示故障报警）

（2）报警确认。每当产生新的报警时,系统工作站会发出"报警音"。使报警静音或确认报警的一些方式,见表4—4。

表4—4　　　　　　　　　　　报警操作说明表

操作	说明
单击　（确认报警）按钮 按相关的快捷键【F4】	关闭报警声音
选择报警然后单击　（确认报警）按钮	在报警汇总中确认某一报警
选中图片上的 Acknowledge Page（整页确认）按钮 注意：如果报警清单里含有更多未确认的报警,需要先显示那些报警然后再作全页确认	确认所有在报警汇总里可见的报警

· 103 ·

操作员可以单击上方的"未确认"选项来筛选未确认的报警信息。

6. 报警信息处理

当有报警发生时，EBI 图页将会弹出该报警点所在的图页，该报警设备图形将会变为红色。EBI 软件界面下方的报警信息栏会显示报警信息（包括报警时间、报警设备及所在位置），同时报警信息栏下方状态栏的报警字样会出现红色的闪动。操作员可根据其中的任一项确认报警的位置，并且立即到现场确认是否发生火灾。如果是，则按有关的规定执行灭火和汇报程序。如果是误报，则观察现场，判断产生误报的原因，然后在 GCC 上进行确认，同时做好有关记录。

三、西门子 MM8000 软件的基本操作

1. 登录

（1）按图 4—55 所示步骤进入 System Supervisor Browser；或双击桌面上的相应图标进入系统服务检测模式。

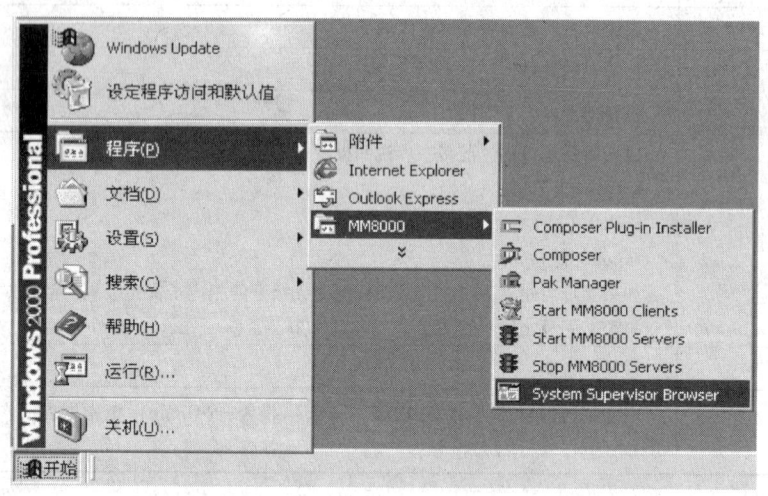

图 4—55　进入系统监视浏览器

进入后选择工作站 SIEMENS，检测所有的系统服务是否全部开通。如果有部分服务显示为黄色，则表示此服务仍未完全开通，等全部服务指示变为绿色时才可进入图形系统。如图 4—56 所示。

（2）按图 4—57 所示步骤进入 Start MM8000 Clients；或双击桌面上相应的图标进入 MM8000 图形系统。

2. 图形操作

（1）报警信息视图。进入 MM8000 图形系统后，系统报警信息展开视图，如图 4—58 所示。

用鼠标单击图形最左边的合拢箭头，报警信息合拢成为一个图标。如图 4—59 所示。

第四章 火灾自动报警系统检修

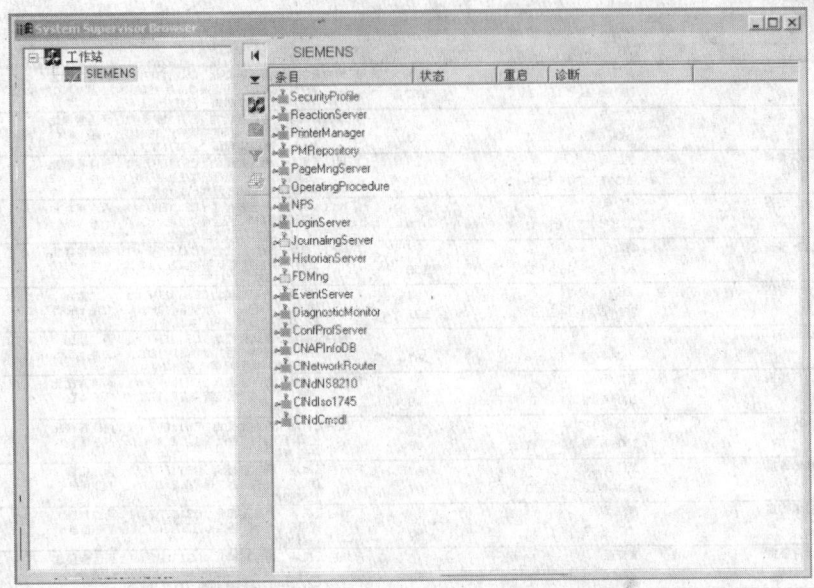

图 4—56 服务模块运行状态图

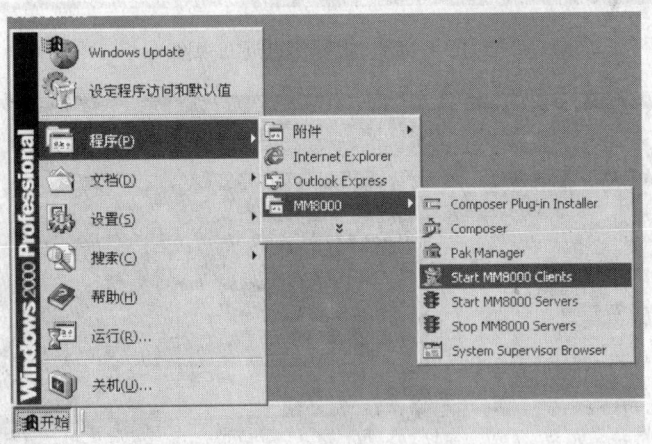

图 4—57 进入 MM8000 图形系统

在展开或合拢视图中，图页的最左边的一排垂直按钮，依次是【合拢/展开】按钮、【筛选】按钮、【取消筛选】按钮、【信息全选】按钮、【信息确认】按钮、【信息复位】按钮、【放弃全选】按钮、【消除已恢复信息】按钮、【快速上翻】按钮、【上翻】按钮、【上下移动】移动条、【下翻】按钮以及【快速下翻】按钮。在图页的左下角还有当前选定信息的数量显示。

在视图的上方，是当前存在的报警信息分类及报警信息数量。如图 4—60 所示。

（2）报警信息分类。系统的报警信息共分为 7 类：

"严重警报"是严重警报栏中的事件信息，包括探测器火警信息、设备反馈信息。

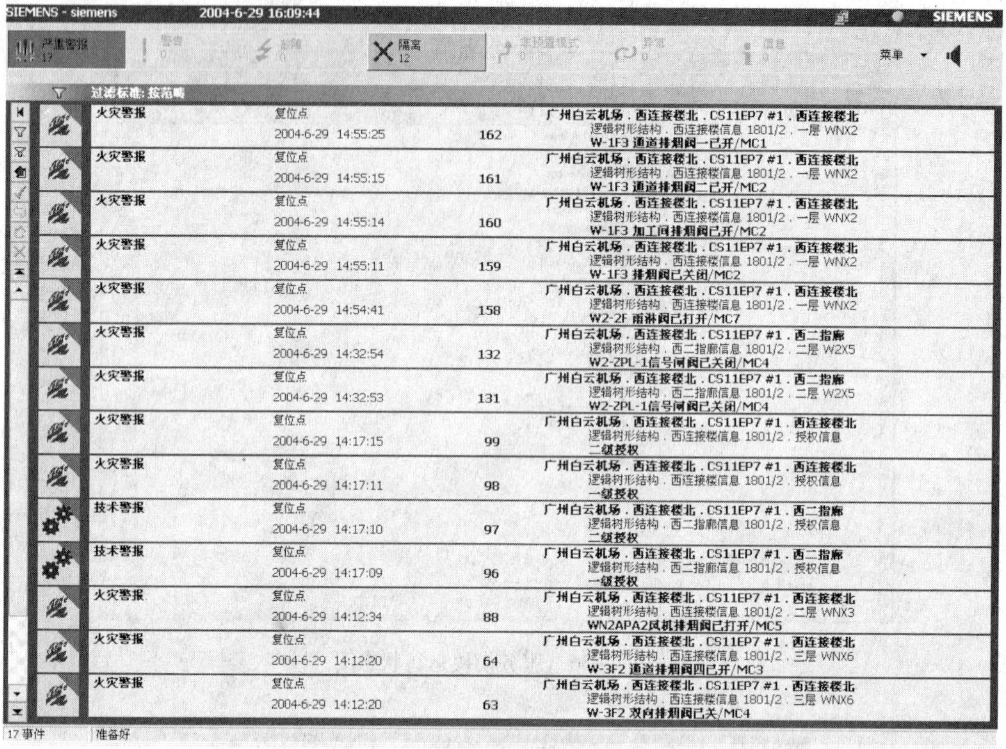

第一部分 初级检修工

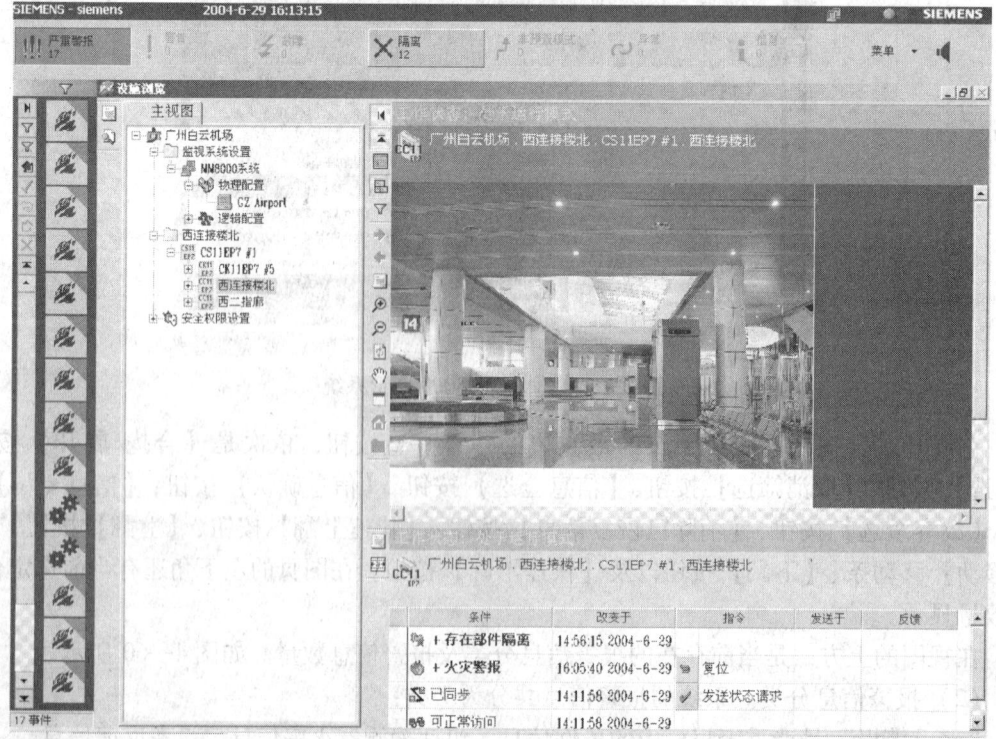

图 4—58 报警信息展开视图

图 4—59 报警信息合拢视图

第四章　火灾自动报警系统检修

图 4—60　报警信息分类及报警信息数量

"警告"是警告栏中的事件信息，包括一些特殊设备的警报信息。

"故障"是故障栏中的事件信息，包括探测器故障信息、模块故障信息、网络故障信息、主机故障信息。

"隔离"是隔离栏中的事件信息，包括探测器隔离信息、模块隔离信息。

"非预置模式"是非预置模式栏中的事件信息，包括设备未设置完成的一些信息。

"异常"是异常栏中的事件信息，包括探测器不适当信息、探测器不适配信息。

"信息"是信息栏中的事件信息，包括探测器警告信息、控制模块动作信息。

在城市轨道交通系统中，部分设备有预报警和报警确认之分，例如，烟感探测器。当烟感探测器预报警时，会在"警告"栏显示出来，而当其真实检测到火灾信息时，会在"严重报警"栏显示出来。对于消防联动设备的状态、控制信息以及火灾模式的启动信息，都会在"信息"栏显示出来。

在各种分类的报警信息栏下方都有一个数字，这个数字表示该类事件报警的信息数量。当该类的信息数量为 0 时，该栏显示为暗灰色。

(3) 报警信息处理。对于每一类的信息报警，均可以进行报警信息的处理。

1) 在合拢或展开视图中，用鼠标单击各类型报警信息的小图标，如图 4—61 所示。

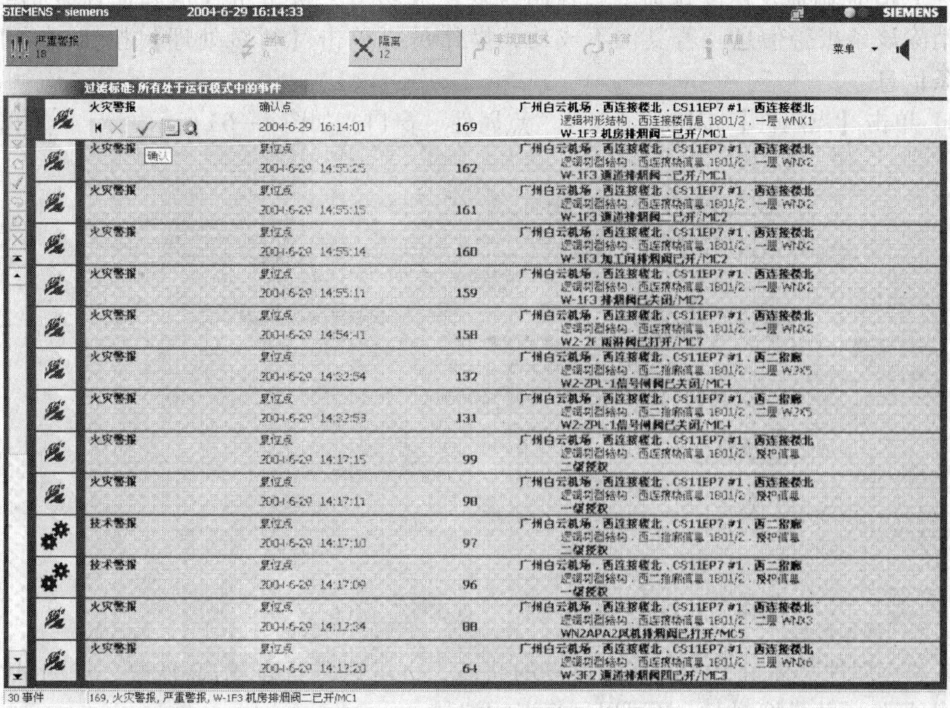

图 4—61　报警信息的处理（一）

单击小图标后,该条信息将会变为高亮色,其余则显现暗色。在报警信息的左下方出现一排小图标,如图4—62所示。从左到右依次为:【暂不处理】按钮、【清除已恢复信息】按钮、【确认事件源】按钮、【点属性】按钮、【设施浏览】按钮。

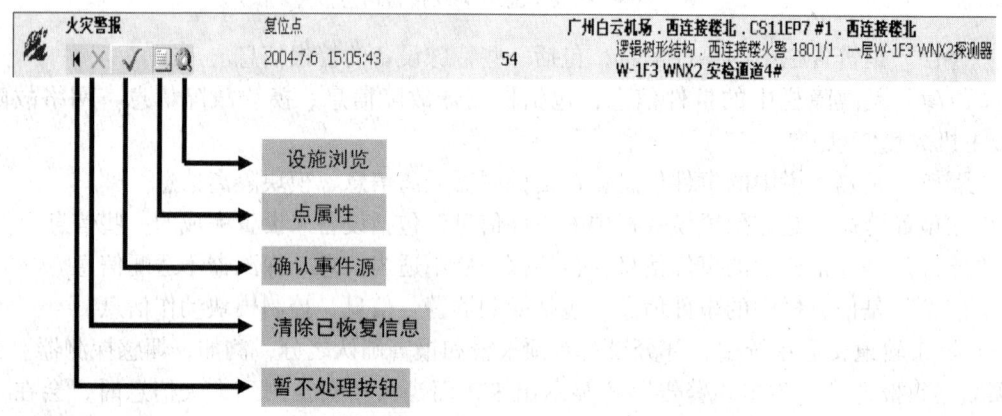

图4—62 报警信息处理(二)

在一般操作中,如果报警信息的重要等级不高,如"信息"类报警,可单击【暂不处理】按钮,暂缓处理,先处理优先等级较高的报警信息。

单击【确认事件源】按钮,可以向FAS控制盘发送确认、消音命令。若FAS控制盘执行成功,该图标会变为【复位】按钮,操作人员在现场确认为误报时,可单击该图标向FAS控制盘发送复位命令。控制盘复位成功后,可单击【清除已恢复信息】按钮,消除该条报警信息。若复位不成功,操作员可单击【暂缓处理】按钮,向下处理下一条信息。

2)单击【点属性】按钮,可打开"点属性"窗口,如图4—63所示。

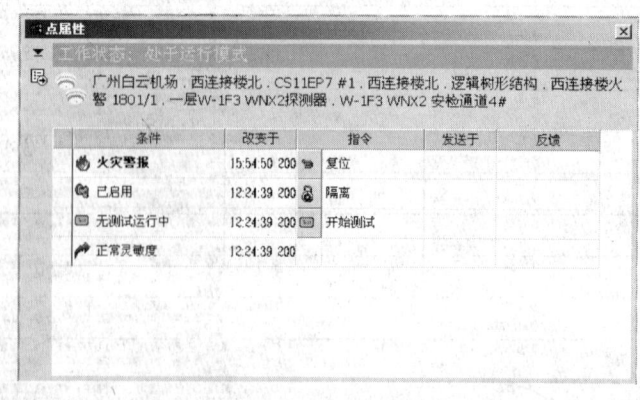

图4—63 "点属性"窗口

在"点属性"窗口中,可查看该点的状态,也可以进行点隔离/恢复、点测试/恢复、点确认/复位,若是控制点,还可以进行点的控制。

3)单击【设施浏览】按钮,可以开启设施浏览器,如图4—64所示。

第四章 火灾自动报警系统检修

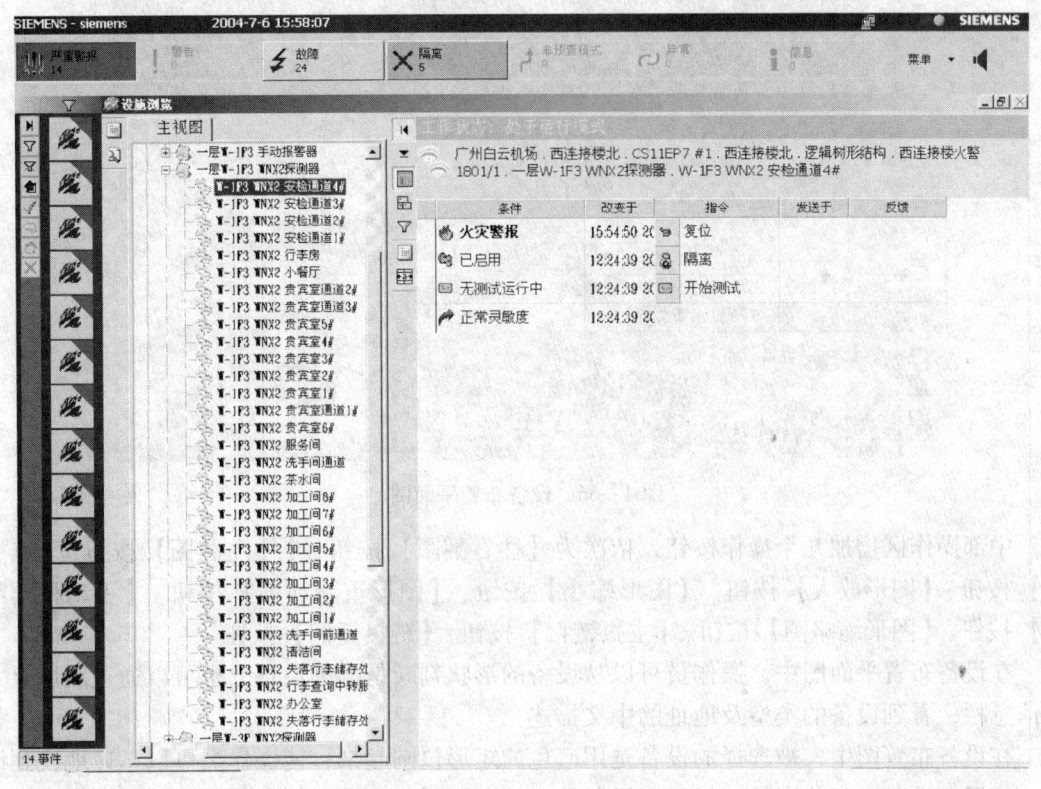

图 4—64 设施浏览图

设施浏览器可分为左、中、右三个区。左区是设备结构树，包括物理结构和逻辑结构，操作员可以在这里选择想要查看的设备。若是在处理信息时单击【设施浏览】按钮，那么浏览器显示的信息就是要处理的信息点。中部为垂直操作按钮区，由上往下依次为：【收拢/展开结构树】按钮、【收拢/展开详细信息】按钮、【点细节视图】按钮、【点地图视图】按钮、【筛选】按钮、【点属性】按钮以及【恢复预置值】按钮，如图 4—65 所示。右区是信息显示区，根据操作的不同显示不同的信息。

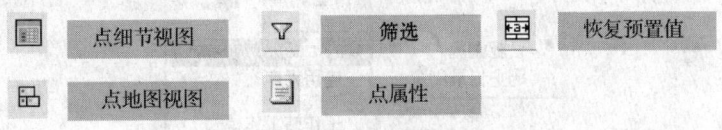

图 4—65 操作图标说明

若操作员想查看指定设备所在的位置，应首先在逻辑结构树上点选指定的设备（若是在处理信息时单击【设施浏览】按钮，可省略该步），然后在中部操作区单击【点地图视图】按钮，设备的布置平面图就会弹出，如图 4—66 所示。

图 4—66 设备布置平面图

中部操作区增加几个操作按钮,依次为【往右翻图】按钮、【往左翻图】按钮、【点属性】按钮、【图形放大】按钮、【图形缩小】按钮、【图形重新加载】按钮、【手动移动图页】按钮、【图形缩略图】按钮、【主页链接】按钮、【链接返回】按钮。

在设备布置平面图中,操作员可以从设备的形状判断是哪种设备,也可以通过图形上方的信息栏,看到设备的类型及地址的中文描述。

在设备布置图中,被选择的设备是用蓝色的矩形包围起来,使操作员可以迅速地找到设备的位置。设备正常状态时,只呈现设备的形状图,无任何的附加底色。当设备处于异常状态时,包括严重报警、警告、信息等报警时,会按报警类型的颜色附加于设备图形之下。未确认的设备附加底色会闪动进行提示,只有当确认后,才会变成恒定的报警底色。只有在设备恢复正常、系统控制盘进行复位后,设备的报警底色才会消除,恢复正常状态显示。

3. 菜单操作

对于图文管理系统,可通过菜单进行相应的功能操作,单击任何视图的右上角"菜单"下拉菜单即可,如图 4—67 所示。

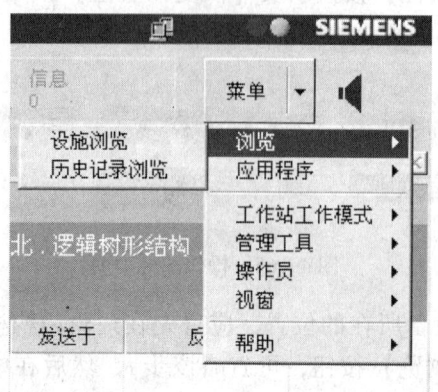

图 4—67 "菜单"下拉菜单

第四章 火灾自动报警系统检修

在下拉菜单中有"浏览"子菜单、"应用程序"子菜单、"工作站工作模式"子菜单、"管理工具"子菜单、"操作员"子菜单、"视窗"子菜单、"帮助"子菜单。

（1）"浏览"子菜单。"浏览"子菜单包括"设施浏览"操作和"历史记录浏览"操作两项。

单击"历史记录浏览"项，如图4—68所示。

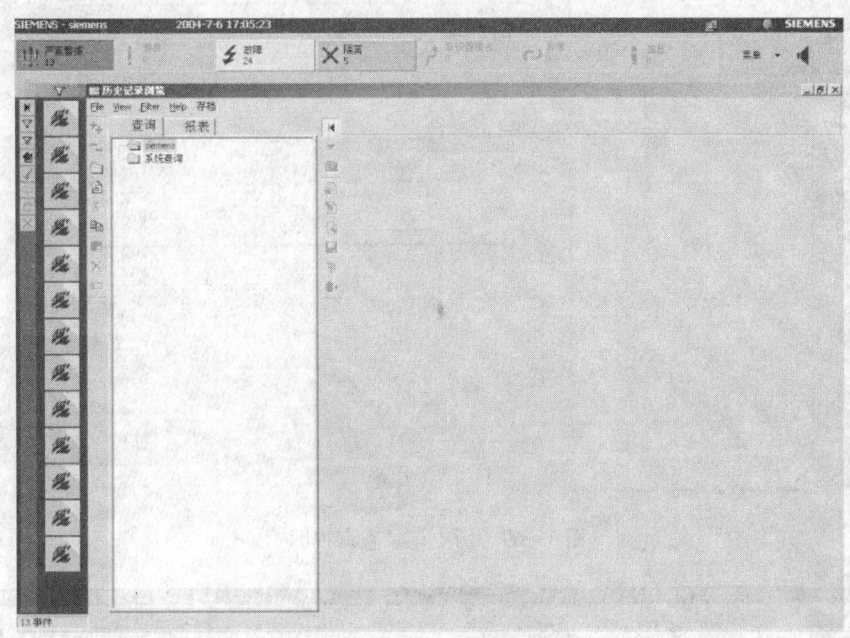

图4—68 历史记录操作界面

在查询列表结构图的左侧有一排垂直的操作按钮，从上到下依次为：【全部展开】按钮、【全部合拢】按钮、【新查询文件夹】按钮、【新记录查询】按钮、【剪切】按钮、【粘贴】按钮、【删除】按钮。

单击【新查询文件夹】按钮，然后单击【新记录查询】按钮，再单击"是"，进入历史记录查询页面，如图4—69所示。

在视图的右侧，操作员可以选择历史记录的筛选条件，如记录类型、记录事件、设备编号等，最后单击中部操作区的【生成历史记录查询】按钮，历史记录列表就会显示出来，如图4—70所示。

操作员可以用鼠标单击移动条或移动按钮进行查看，也可以单击中部操作区的【保存】按钮进行保存，也可以单击中部操作区的【输出历史记录】按钮进行历史记录输出操作。

（2）"应用程序"子菜单。"应用程序"子菜单主要包括计算器、文件浏览器等常用的小程序，如图4—71所示。系统编程人员可以设置或取消应用程序快捷方式。

（3）"工作站工作模式"子菜单。工作站工作模式分为两种：运行模式和维修模式。正常运行过程中，应将系统设置为运行模式；当火灾自动报警系统处于维护中时，将系统设置为维修模式。

· 111 ·

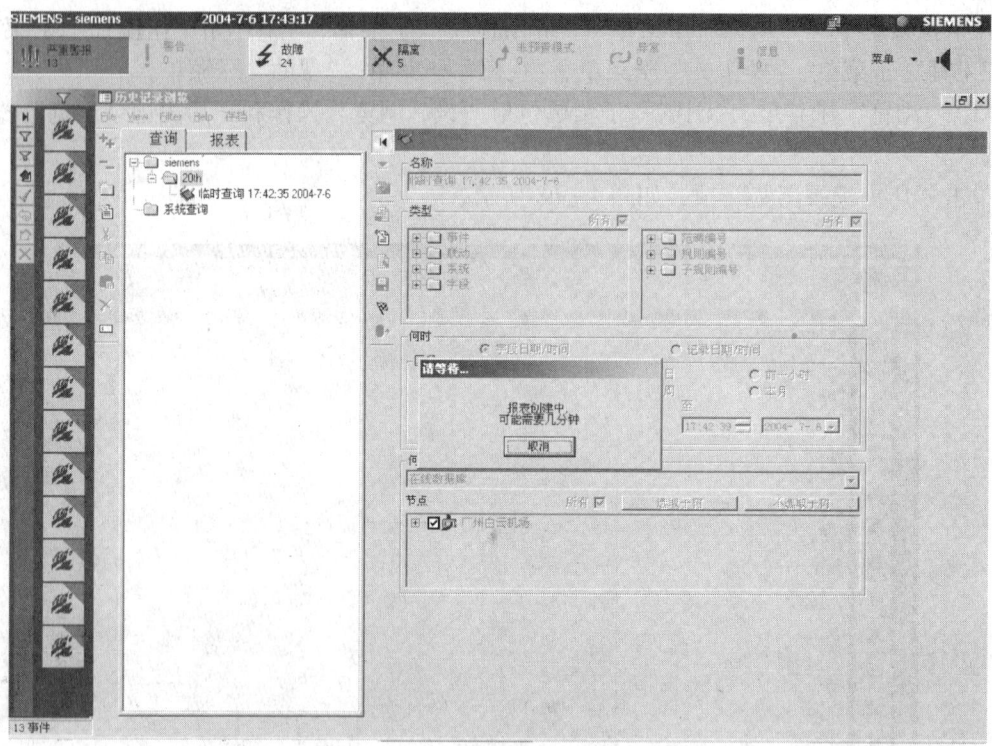

图 4—69 历史记录查询视图

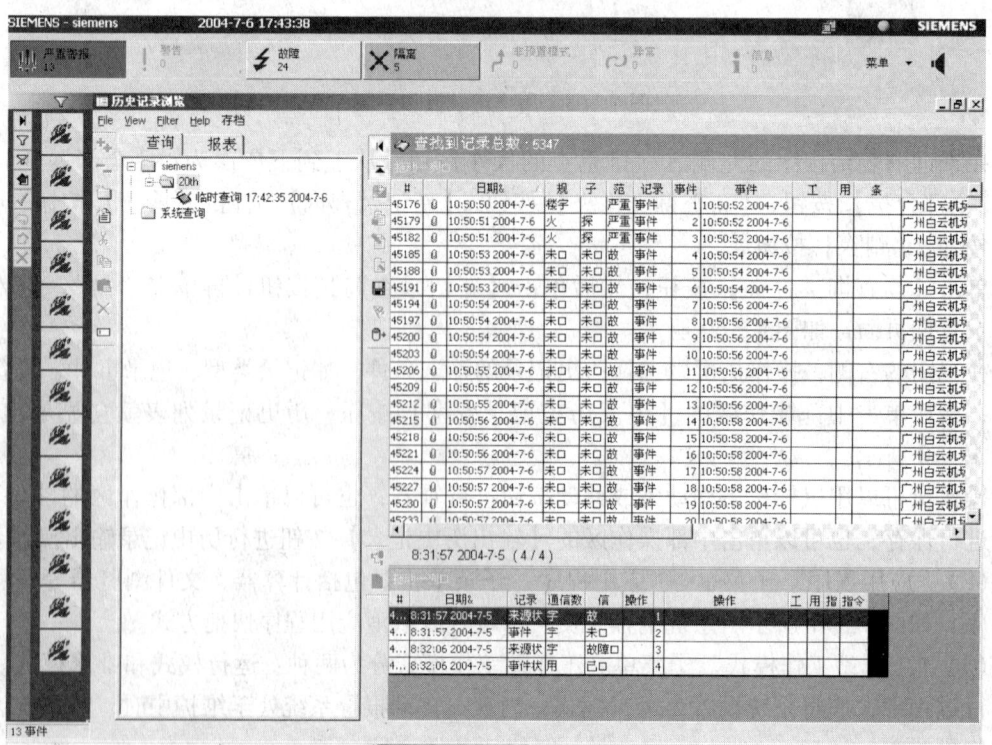

图 4—70 经过筛选的历史记录列表

第四章　火灾自动报警系统检修

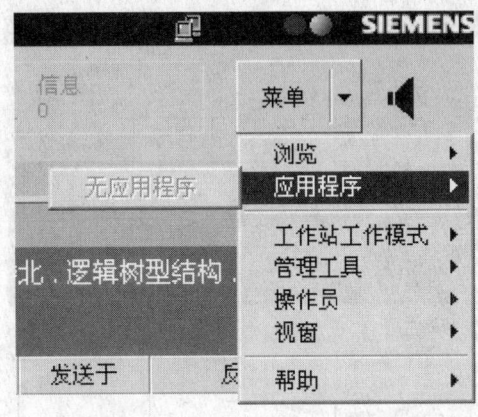

图4—71　"应用程序"子菜单

(4)"管理工具"子菜单。管理工具主要为系统管理人员操作使用，用于对管理系统的编程、系统监视程序浏览、地址簿进行修改或编写。需要管理员级操作密码才能进入。

(5)"操作员"子菜单。"操作员"子菜单主要是值班人员执行登录、退出登录、换班、修改密码、系统退出等操作。如图4—72所示。

注意：图文管理系统应为24小时工作状态，非管理人员不可随意退出系统。

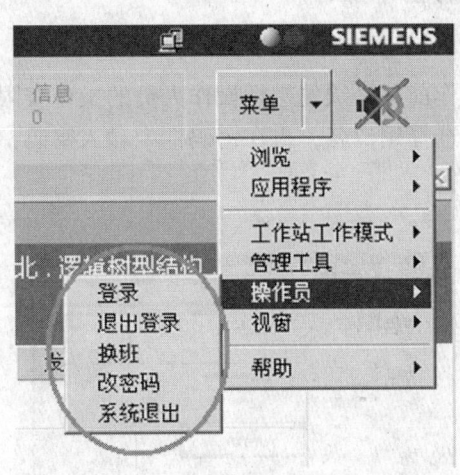

图4—72　"操作员"子菜单

(6)"视窗"子菜单。"视窗"子菜单可根据需要，对图文管理系统进行级联、水平铺放、垂直铺放等多种视窗模式显示。

(7)"帮助"子菜单。帮助菜单功能可以让操作员对图文管理系统进行了解及查询帮助，如图4—73所示。

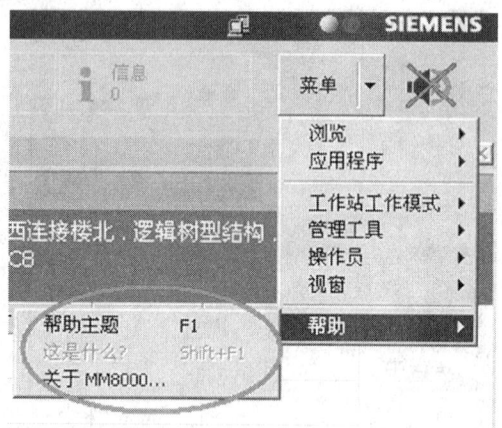

图4—73 "帮助"子菜单

4. 联机状态显示

在MM8000图文管理软件的标题栏右上角有两个图符,一个是计算机联机图符,一个是圆形图符。计算机联机图符表示图形软件与FAS控制盘之间的通信状态,绿色表示正常,黄色表示正在连接,红色表示断开。圆形图符表示软件的运行状态,正常运行时蓝色球会闪动,异常时蓝色球不会动或闪动缓慢。

四、能美CRT软件的基本操作

1. 登录

在进行本节中的各项操作前,必须先进行操作人员的操作权限验证。

先在确认人下拉菜单中选择用户名,再在密码框中输入密码,确认密码后才可进行下一步的操作。如图4—74所示。

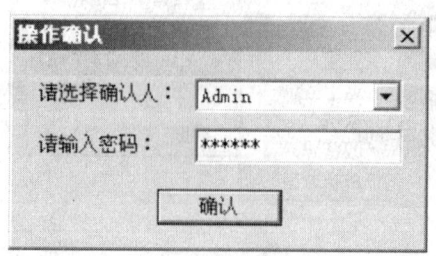

图4—74 登录窗口

2. 功能说明

CRT软件功能的说明将主要根据其软件界面展开。CRT软件的界面主要由三部分组成,分别是主图区、信息区和功能区,其中功能区又由三部分组成:系统指示区、系统操作区和系统状态区。如图4—75所示。

第四章　火灾自动报警系统检修

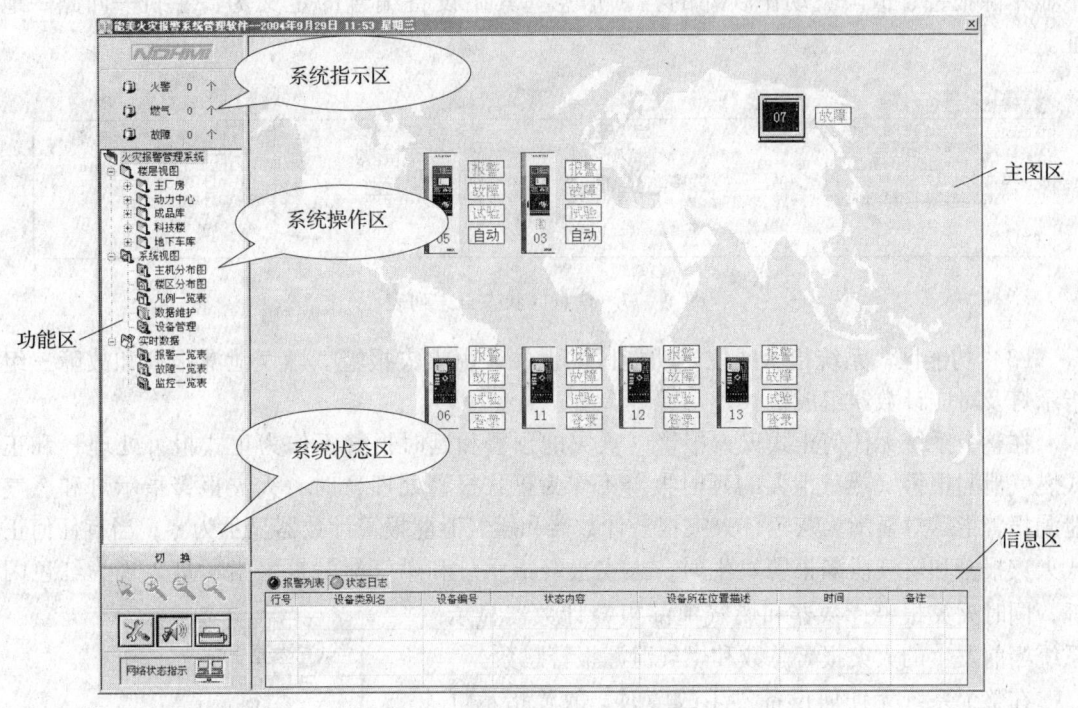

图4—75　CRT软件主界面

（1）主图区。主图区是本软件界面的主要部分，是绝大部分的火灾报警系统信息显示和交汇的区域。根据系统操作区的不同选择，能美火灾报警系统的各种报警、故障、动作和状态信息在这里可以以图形、图像、表格和文字等多种不同的方式表现出来，主要包括主机分布图、楼区分布图、消防分区设备分布图等电子地图，分布在这些电子地图上的各种设备的图标和设备信息属性框、图标的动态变化，报警联动表、故障一览表、监控一览表、数据维护等实时信息表和历史信息表，进行系统设置和系统维护的控制按钮和开关，以及说明各种火灾报警系统设备图标的凡例一览表和本项目的设备管理信息表。

（2）信息区。信息区用于显示比较重要的一些信息列表，分为报警列表和状态日志两种，以选项卡的形式共存于信息区中。如图4—76和图4—77所示。

图4—76　信息区报警列表

信息区的报警列表与报警联动表中的报警列表在内容和功能上完全一样，状态日志用于显示除报警、故障、动作以外的各种信息。其中设备编号的定义为：主机—回路—地址。

行号	设备类别名	设备编号	状态内容	设备所在位置描述	时间	备注
4	能美R23Z火灾报警主机	06	被群复位	科技楼十二层主机	2004年9月30日 17:09	
3	智能光电感烟探测器	06-4-031	报警确认	科技楼十二层图书馆	2004年9月29日 17:12:23	Admin
2	能美R23Z火灾报警主机	06	电池监控操作成功	科技楼十二层主机	2004年9月30日 17:07	
1	能美R23Z火灾报警主机	06	7号用户登录成功	科技楼十二层主机	2004年9月30日 17:06	

图 4—77 信息区状态日志列表

（3）功能区。系统指示区位于功能区的上端，由火灾报警、燃气泄漏报警和故障三组指示灯及对应计数器组成。

在整个系统无任何正式火灾报警（火灾的预警和延时报警不作为正式报警处理）和正式燃气泄漏报警（燃气泄漏的延时报警不作为正式报警处理）时，火灾报警指示灯和燃气泄漏报警指示灯显示为灰色，火灾报警计数器和燃气泄漏报警计数器显示为零；当有任何正式火灾报警和燃气泄漏报警发生时，火灾报警指示灯和燃气泄漏报警指示灯表现为红色闪烁，同时火灾报警计数器和燃气泄漏报警计数器显示系统当前发生的火灾报警总数和燃气泄漏报警总数。

在整个系统无任何设备发生故障时，故障指示灯显示为灰色，故障计数器显示为零；当有任何故障发生时，故障指示灯表现为黄色闪烁，同时故障计数器显示系统当前发生的故障总数。

双击火灾报警指示灯或燃气泄漏报警指示灯，可以在主图区显示报警联动表；双击故障指示灯，可以在主图区显示故障一览表。

3. 系统操作

（1）主机分布图。单击主机分布图节点，可以在主图区显示系统的主机分布图，如图 4—79 所示。

主机分布图用于在一张电子地图上显示出本项目中所有 R21 和 R23 系列能美火灾报警主机以及能美 CRT 主机的图标，从而可以对这些主机进行集中的监控。该电子地图可以采用该项目的概览图或总体平面图。

图中 03、05 为 R21 系列主机，06、11、12、13 为 R23 系列主机，07 ~ 10 为 CRT。在 R21 系列主机的图标上有该主机的编号显示，图标旁有该主机的报警、故障、试验和手动/自动状态的指示灯。在 R23 系列主机的图标上有该主机的编号显示，图标旁有该主机的

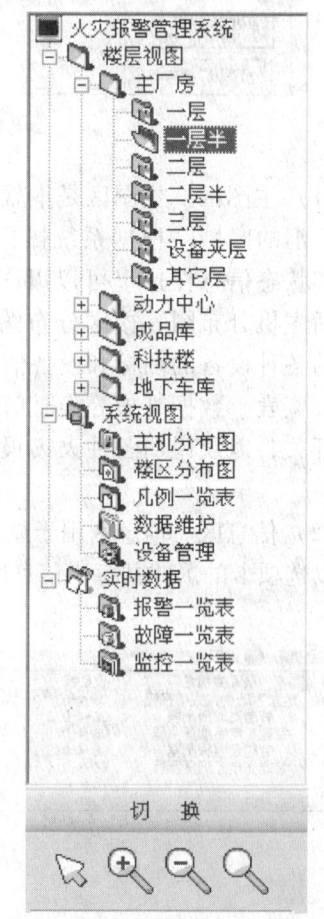

图 4—78 功能区：系统操作区

报警、故障、试验和登录状态的指示灯。在能美 CRT 主机的图标上有该 CRT 的编号显示，图标旁有该 CRT 的故障指示灯。

图 4—79　主机分布图

当该主机所连接的探测器无任何正式火灾报警和燃气泄漏报警时，报警指示灯显示为淡黄色，报警字样显示为灰色；当有任何正式火灾报警和燃气泄漏报警发生时，报警指示灯表现为红色，报警字样显示为黑色。

当该 CRT 或主机及主机所连接的设备无任何故障发生时，故障指示灯显示为淡黄色，故障字样显示为灰色；当有任何故障发生时，故障指示灯表现为黄色，故障字样显示为黑色。

当该主机正在进行操作试验或手动报警试验时，试验指示灯表现为黄色，试验字样显示为黑色；否则试验指示灯表现为淡黄色，试验字样显示为灰色。

对 R21 系列主机，手动/自动状态指示灯显示为淡黄色，手动或自动字样显示为黑色；当该主机开关处于手动联动状态时，字样显示为"手动"；处于自动联动状态时，字样显示为"自动"。

对 R23 系列主机，登录状态指示灯显示为淡黄色，登录字样显示为灰色；当该主机处于用户登录状态时，登录指示灯显示为绿色，登录字样显示为黑色。

（2）楼区分布图。单击楼区分布图节点，可以在主图区显示系统的楼区分布图。楼区分布图用于在一张电子地图上显示出本项目中所有消防分区的图标，从而可以很方便地显示出各个消防分区的设备分布平面图。该电子地图可以采用该项目中楼宇的外观图。

一般情况下一个消防分区即一幢楼的一个楼层，故该图标的功能近似于楼层按钮，单击哪个按钮就显示哪个楼层的平面图。

按钮的颜色随所代表的消防分区/楼层中分布的设备状态的不同而改变，如图 4—80 所示。

图4—80 楼层分布图

当该按钮代表的消防分区/楼层中分布的设备无任何异常状态时，则按钮显示为正常色；

当该按钮代表的消防分区/楼层中分布的设备有任何故障发生时，则按钮显示为黄色闪烁；

当该按钮代表的消防分区/楼层中分布的设备有任何处于控制运行状态时，则按钮显示为蓝色闪烁；

当该按钮代表的消防分区/楼层中分布的设备有任何处于应答动作状态时，则按钮显示为蓝色；

当该按钮代表的消防分区/楼层中分布的探测器有任何火灾的预警/延时报警和燃气泄漏的延时报警发生时，则按钮显示为紫色闪烁；

当该按钮代表的消防分区/楼层中分布的探测器有任何正式火灾报警和燃气泄漏报警发生时，则按钮显示为红色闪烁。

（3）凡例。单击凡例一览表节点，可以在主图区显示系统的凡例一览表，主要用于说明各种设备图标所代表的具体设备的类型和图标的各种颜色所代表的具体设备的各种不同状态。如图4—81所示。

4. 报警信息及类别

单击报警/联动表节点，可以在主图区显示系统的报警联动表。

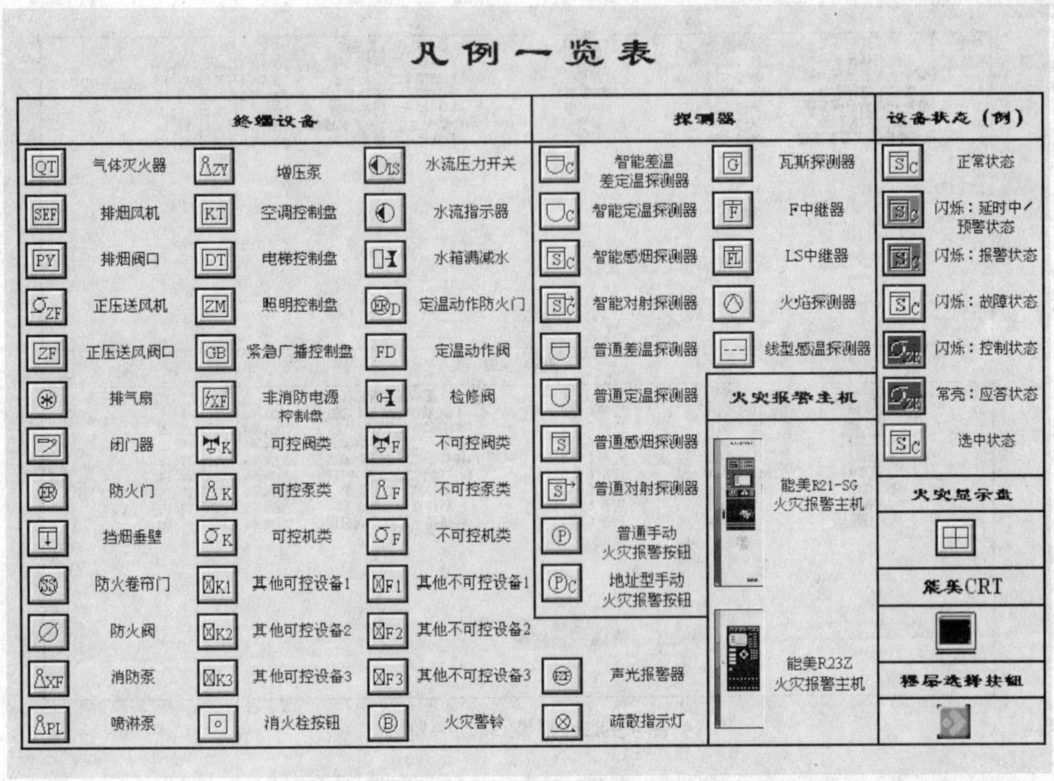

图4—81 凡例一览表

（1）报警/联动表。报警列表用于显示系统当前正在发生的所有火灾和燃气泄漏报警信息，包括正式报警和各种延时报警及预警；联动列表用于显示系统当前处于动作状态（包括设备控制运行中和设备应答两种状态）的消防灭火设备的信息。

双击报警列表中的信息，可以自动进入发出该报警的设备所在的设备分布图，该设备的图标显示为选中状态；双击联动列表中的信息，可以自动进入发生该动作的设备所在的设备分布图，该设备的图标显示为选中状态。如图4—82所示。

（2）故障一览表。单击故障一览表节点，可以在主图区显示系统的故障一览表。

故障一览表包括设备故障一览表和主机故障一览表两个列表：设备故障列表用于显示系统当前正在发生的所有主机所连接设备的故障；主机故障列表用于显示系统当前正在发生的所有主机故障。

双击设备故障列表中的信息，可以自动进入发生该故障的设备所在的设备分布图，该设备的图标显示为选中状态；双击主机故障列表中的信息，可以自动进入主机分布图，发生该故障的主机的图标显示为选中状态。如图4—83所示。

（3）监控一览表点。单击监控一览表节点，可以在主图区显示智能探测器的监控一览表。监控一览表分为当前监控点一览表和其他监控点一览表两种，以选项卡的形式共存于监控一览表画面中，如图4—84所示。当前监控点一览表包括当前CRT所有监控点的信息列表和每个监控点的环境值的实时曲线图。

第一部分 初级检修工

报警一览表

行号	设备类别名	设备编号	状态内容	设备所在位置描述	时间	备注
6	可燃气体探测器	11-1-001	报警	科技楼十二层图书馆	2004年9月30日 17:14	
5	智能光电感烟探测器	06-3-014	报警	科技楼十二层阅览区	2004年9月30日 17:13	
4	智能定温探测器	06-4-032	2级报警	科技楼十二层档案室	2004年9月30日 17:12	
3	智能光电感烟探测器	06-4-031	3级报警	科技楼十二层图书馆	2004年9月30日 17:12	
2	智能对射探测器	06-4-033	预警	科技楼十二层电子版编辑部	2004年9月30日 17:12	
1	地址手动火灾报警按钮	06-4-036	报警	科技楼十二层图书馆	2004年9月30日 17:12	

联动一览表

行号	设备类别名	设备编号	状态内容	设备所在位置描述	时间	备注
8	防火阀	11-1-010	应答（开）	科技楼十二层资料室B	2004年9月30日 17:19	
7	防火阀	11-1-010	控制（开）	科技楼十二层资料室B	2004年9月30日 17:19	
6	排烟风机	11-4-002	应答（开）	科技楼十二层电子版编辑部	2004年9月30日 17:18	
5	排烟风机	11-4-002	控制（开）	科技楼十二层电子版编辑部	2004年9月30日 17:18	
4	火灾警铃	11-1-034	控制（开）	科技楼十二层至空中花园	2004年9月30日 17:17	
3	防火卷帘门	11-1-003	控制（开）	科技楼十二层走廊	2004年9月30日 17:16	
2	防火卷帘门	11-1-003	应答（开）	科技楼十二层走廊	2004年9月30日 17:16	
1	消火栓按钮	11-1-035	应答（开）	科技楼十二层空调机房	2004年9月30日 17:15	

图 4—82　报警/联动一览表

故障一览表

行号	设备类别名	设备编号	状态内容	设备所在位置描述	时间	备注
9	地址手动火灾报警按钮	06-4-036	ID不一致	科技楼十二层图书馆	2004年9月30日 17:40	
8	地址手动火灾报警按钮	06-4-036	主信号线异常	科技楼十二层图书馆	2004年9月30日 17:40	
7	地址手动火灾报警按钮	06-4-036	输出值异常	科技楼十二层图书馆	2004年9月30日 17:40	
6	智能对射探测器	06-3-020	无应答	科技楼十二层电梯厅	2004年9月30日 17:39	
5	智能对射探测器	06-3-020	误应答	科技楼十二层电梯厅	2004年9月30日 17:39	
4	智能对射探测器	06-3-020	监视线异常	科技楼十二层电梯厅	2004年9月30日 17:39	
3	消火栓按钮	11-1-035	隔离中	科技楼十二层空调机房	2004年9月30日 17:31	
2	消火栓按钮	11-1-035	监视线异常	科技楼十二层空调机房	2004年9月30日 17:31	
1	消火栓按钮	11-1-035	误应答	科技楼十二层空调机房	2004年9月30日 17:32	

主机故障一览表

行号	设备类别名	设备编号	状态内容	设备所在位置描述	时间	备注
8	能美R23Z火灾报警主机	13	网络节点脱落故障发生	动力中心主机	2004年9月30日 17:29	
7	能美R23Z火灾报警主机	12	网络节点脱落故障发生	成品库主机	2004年9月30日 17:29	
6	能美R23Z火灾报警主机	11	网络节点脱落故障发生	主厂房主机	2004年9月30日 17:29	
5	能美R23Z火灾报警主机	06	时钟异常故障发生	科技楼十二层主机	2004年9月30日 17:30	
4	能美R23Z火灾报警主机	06	联动柜异常故障发生	科技楼十二层主机	2004年9月30日 17:30	
3	能美R23Z火灾报警主机	06	保险丝断故障发生	科技楼十二层主机	2004年9月30日 17:30	
2	能美R23Z火灾报警主机	06	打印机异常故障发生	科技楼十二层主机	2004年9月30日 17:30	
1	能美R23Z火灾报警主机	06	扬声器脱落故障发生	科技楼十二层主机	2004年9月30日 17:30	

图 4—83　故障一览表

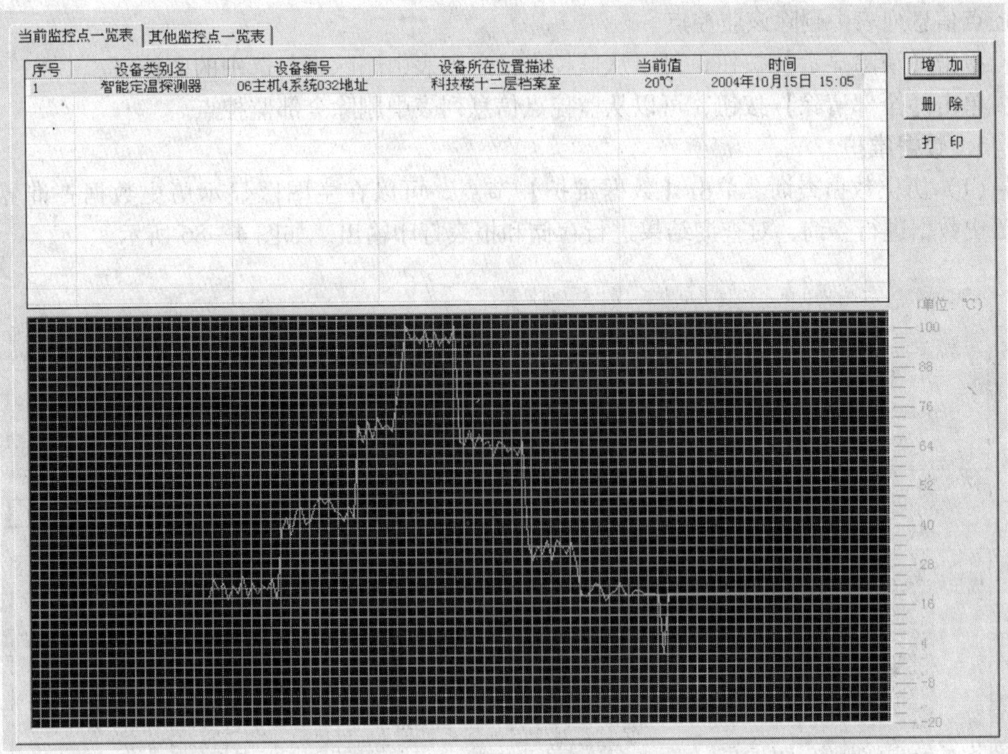

第四章　火灾自动报警系统检修

图4—84　监控一览表

单击列表中的监控点信息，可以显示该监控点的实时曲线图。

单击【新增】按钮，输入设备的地址编码，可以增加一个新的监控点到监控点列表，如图4—85所示。

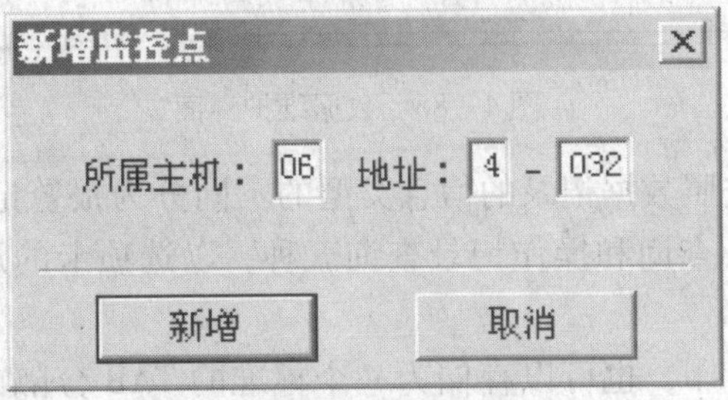

图4—85　新增监控点

单击【删除】按钮，可以停止监控当前选中的监控点的环境值，并从监控点信息列表中删除该监控点。

单击【打印】按钮，并选择打印机后，可以打印当前选中的监控点的实时曲线图。当CRT软件处于信息的实时打印状态时，不可进行实时数据趋势图的打印。

其他监控点一览表显示非本CRT所要求的监控点信息。

· 121 ·

单击【结束监控】按钮，可以停止监控信息列表中当前选中的监控点的环境值，并从监控点信息列表中删除该监控点。

单击【清除显示】按钮，可以从监控点信息列表中删除当前选中的监控点。

单击【全部清除】按钮，可以从监控点信息列表中删除全部监控点。

5. 数据维护

（1）历史数据查询。单击【数据维护】节点，可以在主图区显示历史数据查询界面，对历史数据进行查询，对查询结果进行存储和报表打印输出，如图4—86所示。

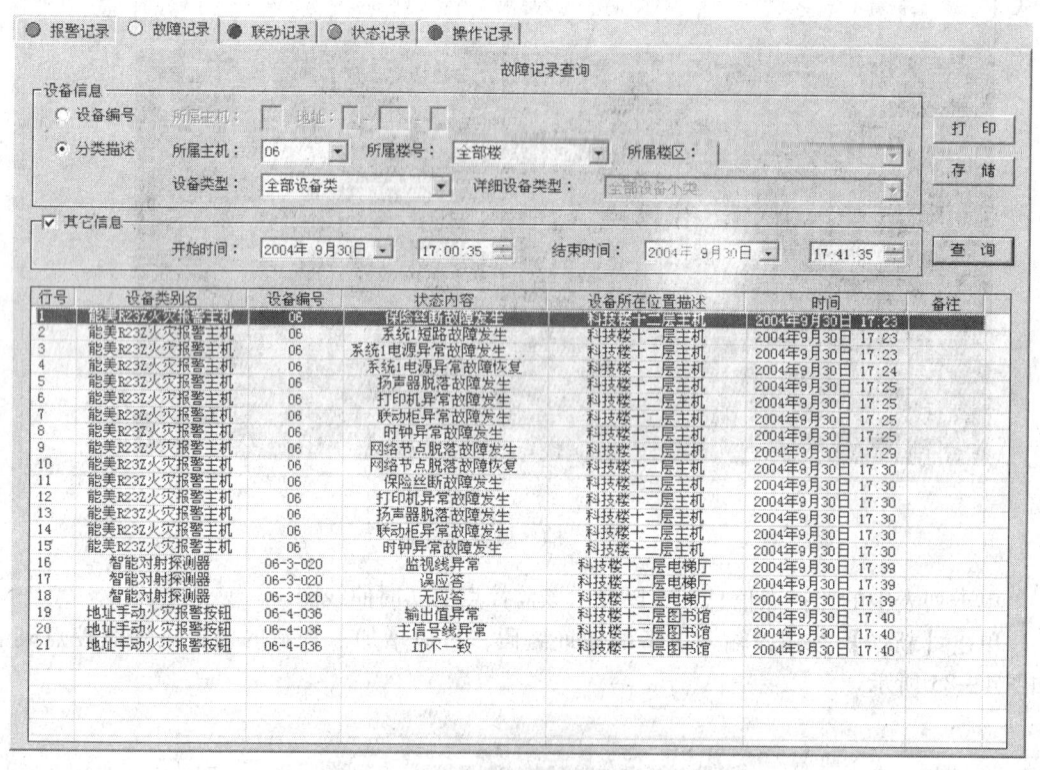

图4—86 数据维护界面

对历史数据的查询按照数据记录的信息类型的不同分为报警记录查询、故障记录查询、联动记录查询、状态记录查询和操作记录查询五种，以选项卡的形式共存于数据维护界面中。

查询结果可以进行打印，也可以存储为一个标准的TAB分隔的文本文件，该文件格式很方便导入各种办公软件（如Microsoft Word和Excel）中进行进一步的分析和处理。

当CRT软件处于信息的实时打印状态时，数据查询结果的打印不可进行。

（2）设备管理。单击设备管理节点，可以在主图区显示项目设备查询界面，对项目中的所有设备信息进行查询，对查询结果进行存储和报表打印输出。如图4—87所示。

查询结果可以进行打印，也可以存储为一个标准的TAB分隔的文本文件，该文件格式可以很方便导入各种办公软件（如Microsoft Word和Excel）中进行进一步的分析和处理。

第四章 火灾自动报警系统检修

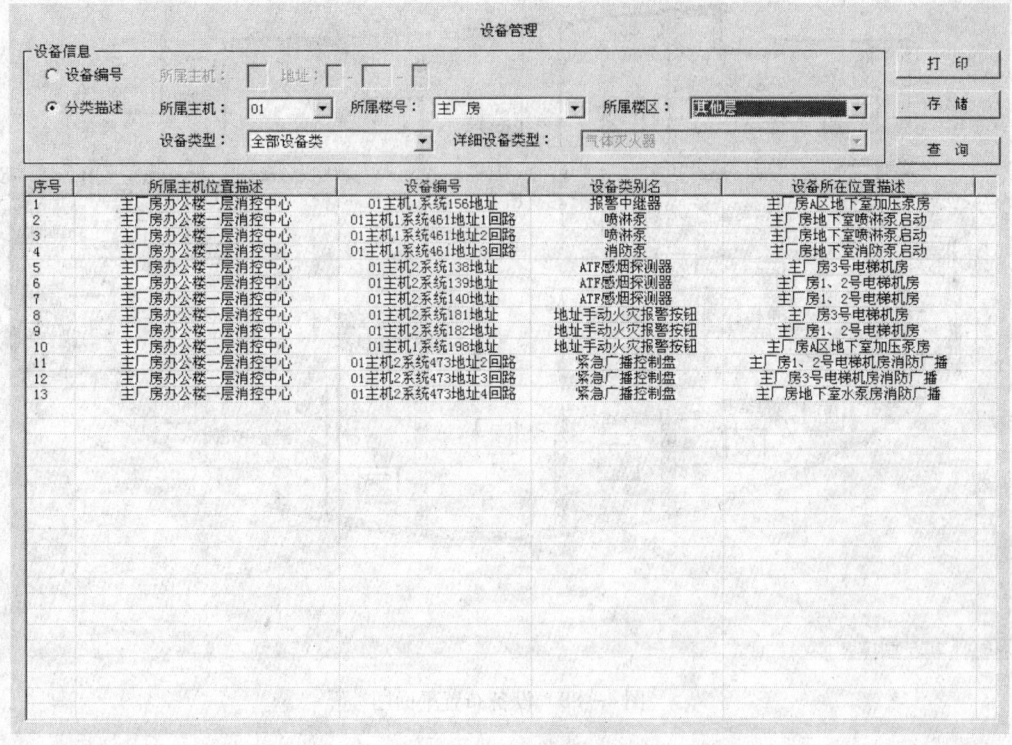

图 4—87 设备管理窗口

当 CRT 软件处于信息的实时打印状态时，不可进行信息查询结果的打印。

（3）设备分布图查询。单击树形选择区内的消防分区/楼层节点，可以在主图区选择显示不同的消防分区/楼层的设备分布图。

设备分布图用于在一张电子地图上显示出本消防分区/楼层上所有分布的设备的图标。在显示设备分布图时，主图区的左下角显示该分布图所在的消防分区/楼层的名称。该电子地图采用的是该消防分区/楼层的平面图，所以在以下简称为楼层图或楼层平面图。如图 4—88 所示。

1）设备分布图的显示

①手动显示楼层图。单击切换按钮，可以在主图区切换显示前一个在主图区显示的画面和当前显示的画面；单击树形选择区内的消防分区/楼层节点，可以在主图区直接显示不同的消防分区/楼层的设备分布图。

②自动显示楼层图。当设备发生报警、故障、动作等事件时，该设备所在的楼层图可以自动显示到主图区。

2）设备分布图的缩放。楼层图具有无级缩放的功能，无级缩放工具条上的 4 个按钮分别代表选择设备、放大楼层图、缩小楼层图和恢复原始大小的功能，缩放的范围为原图的 1~5 倍。

3）设备图标的变化。楼层图上设备图标的颜色随所代表的设备状态的不同而改变：
当设备无任何异常状态时，则图标显示为表示正常的灰色；

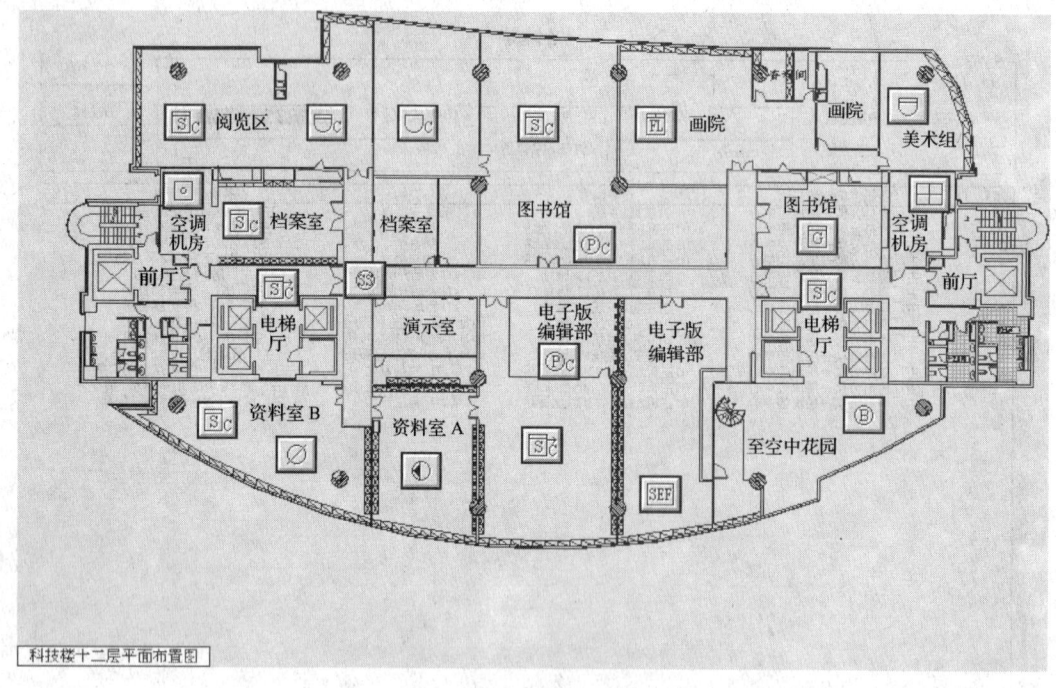

图 4—88 设备布置平面图

当设备有任何故障发生时，则图标表现为黄色闪烁；

当设备处于控制中动作状态时，则图标表现为蓝色闪烁；

当设备处于应答动作状态时，则图标显示为蓝色；

当探测器有火灾的预警/延时报警或燃气泄漏的延时报警发生时，则图标表现为紫色闪烁；

当探测器有正式火灾报警和燃气泄漏报警发生时，则图标表现为红色闪烁。

6．系统状态查询

系统状态区位于功能区的下端，具有一个系统维护操作按钮，还可以显示和设置语音报警、实时打印和网络通信三个系统状态，如图 4—89 所示。

图 4—89 系统状态区

（1）系统维护。单击【系统维护】按钮，可以弹出一个系统维护对话框；在显示系统维护对话框前，必须先进行操作人员的操作权限验证，只有密码输入正确的情况下才能进行系统维护的操作。

(2) 语音报警。当报警、故障、动作事件发生时，CRT 软件可以自动发出相应的语音报警，通过单击【语音报警】按钮，可以停止或重新开始语音报警。

(3) 实时打印。对于系统发生的各种事件，CRT 软件都可以将该事件的信息通过连接的打印机打印出来，通过单击【实时打印】按钮可以开始或停止实时打印。

(4) 网络状态。当 CRT 软件与所连接的主机接口模块软件间的网络通信正常时，网络状态指示灯表现为绿色，网络通信异常时表现为灰色；左右两个指示灯分别代表 R21 系列主机接口模块和 R23 系列主机接口模块。

7. 设备属性

在设备分布图上单击设备图标，设备图标显示为选中状态，同时弹出一个设备属性框，如图 4—90 所示。

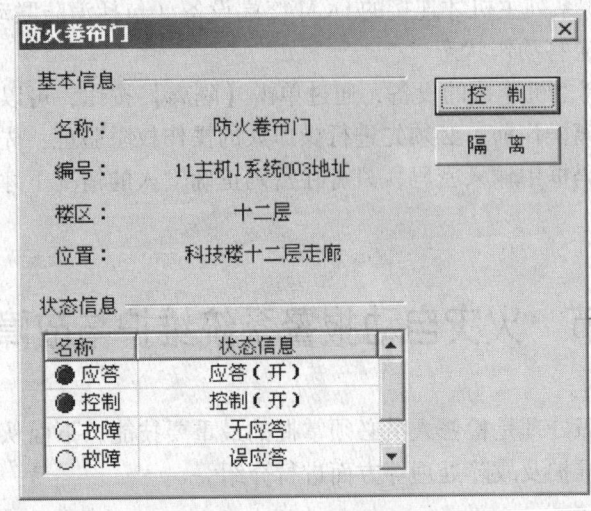

图 4—90 设备属性框

(1) 属性框组成。属性框由基本信息、状态信息、其他信息和控制按钮 4 部分组成，不同类型的设备组成情况也有所不同：

1) 基本信息区域显示该设备的设备名称、地址编号、所在消防分区/楼层名称和所在位置详细描述。

2) 状态信息区域由设备状态列表构成，列表中可显示该设备当前发生的故障状态（有无故障，何种故障）和因设备类型而不同的报警或动作等状态。

3) 其他信息区域由智能探测器的烟浓度、温度查询按钮和 OCM 设备（R23 系列主机才可连接 OCM 设备）的手动按钮开关状态构成。

4) 控制按钮区域由【控制】按钮和【隔离】按钮（R23 系列主机所连接的设备才有隔离功能）构成。

(2) 不同类型的设备的属性框。不同类型的设备的属性框是不同的，具体情况如下：

1) 对于各种探测器、智能探测器、普通探测器和可燃气体探测器，可以显示其报警状态（有无报警，何种报警）。

2) 对于智能探测器，通过单击烟浓度或温度查询按钮，可以将该探测器的当前环境温度或烟浓度显示出来；对于 R21 系列主机所连接的智能探测器，单击按钮后会连续显示更新的环境值，直到再次单击按钮结束查询；对于 R23 系列主机所连接的智能探测器，每次单击只显示一个环境值，不需要再次单击以结束查询。

3）对于可控终端设备，可以显示控制中动作状态和应答动作状态；通过单击【控制】按钮，还可以对该设备进行启动和复位控制；在进行控制操作前，必须先进行操作人员的操作权限验证：先在确认人下拉菜单中选择用户名，再在密码框中输入密码，只有在密码正确输入的情况下才能进行设备的控制操作。

4）对于不可控的普通终端设备，可以显示应答动作状态。

5）对于火灾警铃、声光报警器、疏散指示灯等特殊终端设备，可以显示控制中的动作状态。

6）对于只有 R23 系列主机才连接的 OCM 终端设备（包括消防联动扩展单元），可以显示控制中动作状态和应答动作状态。

7）对于 R23 系列主机连接的设备，通过单击【隔离】按钮，可以对该设备进行隔离和恢复控制；在进行隔离操作前，必须先进行操作人的操作权限验证：先在确认人下拉菜单中选择用户名，再在密码框中输入密码，只有在密码正确输入的情况下才能进行设备的隔离操作。

第四节 火灾自动报警系统维护与故障处理

系统的维护与故障处理是检修人员必须掌握的最重要技能，下面从检修人员的工器具配置、设备巡视、设备维护及故障处理等方面进行介绍。

一、工器具配置

检修人员对系统设备进行维护以及故障处理时，都必须携带相关的工器具，使用相应的工器具对设备进行检查、测试以及修复。

检修工班及检修人员的工器具配置标准见表 4—5。

表 4—5 检修人员配备标准表

名称	规格	单位	数量
钟表组合螺钉旋具	6 件	套	1
活扳手	150 mm	把	1
组合螺钉旋具	一字 6 支，十字 4 支，内、外六角各 3 支	套	1
钢卷尺	3.5 m	卷	1
钢直尺	300 mm	把	1
尖嘴钳	150 mm，进口	把	1
电工袋	小号	个	1
高级塑料工具箱	450×200×190，三层	个	1

续表

名称	规格	单位	数量
验电笔	90×4，100～500 V	支	1
数字万用表	DT-9203A	只	1
口钳	125 mm	只	1
剥线钳	170 mm	只	1
电烙铁	50W，内热式	只	1
集成电路 IC 起拔器	4 件	套	1
直嘴镊子	125 mm，带胶套	只	1

系统维修工班的工器具的配备见表 4—6。

表 4—6　　　　　　　　检修工班的工具配备标准表

名称	规格	单位	数量
钢丝钳	200 mm，绝缘柄	把	2
尖嘴钳	200 mm，绝缘柄	把	2
水泵钳	300 mm	把	1
大力钳	12LC	把	1
剥线钳	180 mm	把	2
多用螺钉旋具	230 mm	把	2
套装螺钉旋具	10 件套	套	2
活扳手	375 mm	把	2
两用扳手	新 8 件组	套	1
内六角扳手	公制 10 件	套	1
内六角扳手	英制 10 件	套	1
钢锯架	250～300 mm 调节式	把	1
电工锤	0.3 kg	把	1
数字钳型万用表	DM7015M	台	2
烙铁座	ST—88	个	2
吸锡器	842A	个	1
电吹风	1 300 W	把	2
手电钻	日立 FD—10VA	台	1
吸尘器	RU101，干湿，17L	台	1
冲击钻	BOSH-112105	台	1
超声波清洗机	JPC 008/28T 型	台	1
双踪示波器	50 MHz V552	台	1
烟感测试枪	专用	台	2

续表

名称	规格	单位	数量
温感测试枪	专用	台	2
探测器拆卸杆	专用	台	2
模块读写设备	专用	台	2
手提计算机	专用	台	2

二、设备巡视

设备定期巡视是确保系统正常运行的重要手段。通过定期巡视可及时发现系统中存在的问题，及时发现及时处理，确保系统安全、正常运行。在巡视过程中，要求巡视人员工作认真、仔细、全面，要有高度的敏感性和责任感，及时发现问题所在，同时要求巡视人员每次巡视后都进行详细的记录。

系统的日常巡视包括巡视设备运行情况和设备完好在位情况，并做记录，主要内容包括：系统控制盘及图形操作中心巡视；系统外围设备（包括感烟探测器、感温探测器、功能模块等）巡视。

1. 控制盘及工作站巡视内容

（1）控制盘运行情况

1）控制盘电源：系统电源灯是否正常显示，电源是否正常供电，电源接口连接是否有异常等。

2）控制盘显示：检查显示面板是否显示清晰，对液晶面板按键进行操作，观察按键功能是否有效。

3）消防电话：检查消防电话是否在位，外观是否正常，话筒是否有声音。

4）系统主机火警报警情况：查询系统报警记录是否正常，如有异常进行记录，通知相关调度及检修人员进行处理。

5）系统主机监视报警情况：查询系统信息是否与监视设备的状态相符，如有不符情况进行记录，并通知相关调度及检修人员进行处理。

6）系统主机故障报警情况：查询系统是否存在故障信息，如有故障信息进行记录，并通知相关调度及检修人员进行处理。

7）系统主机历史记录检查：查询系统历史记录是否正常，有无记录丢失情况。

（2）系统工作站运行情况

1）GCC 运行情况：观察显示是否正常，图形页面是否存在异常。

2）GCC 的键盘、鼠标、打印机、UPS 情况：对外围设备进行操作，观察反应是否正常。

3）GCC 的火灾报警实时软件情况：对操作中心进行登录、信息查询等操作，观察系统响应速度以及信息记录是否正常。

4）检查打印机状态是否正常，打印机连接是否正常，打印纸是否足够。

（3）系统网络运行情况

1）通过 GCC 查看该工作站与本站的系统主机连接情况：观察网络连接图标是否正常连

接以及状态是否正常无中断。

2）通过 GCC 查看系统网络各节点连接情况：观察网络连接图标是否正常连接以及状态是否正常无中断。

2. 系统外围设备巡视内容

（1）点型感烟探测器、点型感温探测器巡视
1）观察探测器外观是否良好、完整。
2）观察探测器状态指示灯是否处于正常状态。
（2）手动报警器、破玻报警器巡视。观察外观是否良好、完整，手动报警器是否被拉下，破玻报警器是否被打破。

3. 功能模块巡视内容

（1）观察模块箱或模块盒外观是否良好、完整。
（2）观察各种功能模块外观是否良好、完整。
（3）观察各种功能模块状态指示灯是否处于正常状态。

4. 电话插孔巡视内容

（1）观察电话插孔、挂箱电话的外观是否良好、完整。
（2）观察电话插孔、挂箱电话是否处于正常状态。

三、设备维护

初级检修人员应能独立完成日常巡检内容，并可以在中级工的带领下完成二级保养检修内容，控制盘、图形操作中心、烟感等设备除了进行日常巡视之外，根据检修周期及工作内容，下一级检修规程是三级以上保养。下面介绍部分设备二级保养检修内容及要求。

1. 手动报警器

在日常巡视的基础上，试验报警器的报警功能，将手拉报警器拉下，观察该报警器是否正常报警，在控制盘及图形中心上核对报警信息与位置是否与现场一致。

破玻报警器，使用试验钥匙或者按照设备试验要求，对报警器进行功能测试，观察是否正常报警，在控制盘及图形中心上核对报警信息与位置是否与现场一致。

检查报警器接线以及安装是否牢固、良好，观察周围环境是否符合设备工作要求。

检修结束后，对设备进行复位操作，使其恢复正常运行状态。

2. 消防电话

检查消防主机指示灯、蜂鸣器及听筒是否正常；检查现场安装的电话插孔外观，利用便携电话，测试与消防主机的语音通话是否清晰、无噪声，检查插孔电话安装及接线是否牢固，观察周围环境是否符合设备工作要求，设备复位是否恢复正常运行状态。

3. 模块

检查模块箱或者模块盒外观、密封及封堵是否良好，检查模块箱内表面是否有湿气，清洁模块箱表面；检查模块是否完好、指示灯是否正常；检查接线是否牢固可靠；检查中间继电器（部分与其他系统接口加装继电器），发送信号，观察模块是否正常动作；在控制盘及图形中心上核对报警动作信息与位置是否与现场一致，相关接口设备动作信号是否接收正常，设备复位是否恢复正常运行状态。

4. 蓄电池

检查周围环境是否符合设备工作要求，检查外观是否有异常情况如漏液、外壳变形等；检查接线是否牢固可靠；测量蓄电池电压是否符合要求；切换系统电源，转换蓄电池供电是否正常。完成测试后，设备复位恢复正常运行状态。

5. 感温电缆

检查感温电缆周围工作环境是否符合要求，检查接线及安装是否牢固、可靠，对感温电缆进行模拟火警信号触发，检查报警功能以及控制盘上报警信息、位置是否与现场一致。完成测试后，设备复位恢复正常运行状态。

四、故障处理

火灾自动报警系统是提前发现轨道交通区域火灾，通过及时发现火灾进行应急救灾处理的重要系统，而维持系统稳定运行的关键就是系统的维护保养。除了日常巡视以及按照检修周期与内容对系统进行维护之外，在系统出现故障时必须尽早尽快进行处理，避免影响整个系统的运作。

下面介绍火灾自动报警系统部分故障的现象以及处理方法，供读者参考。

1. 控制盘

（1）控制盘掉电

1）现象。控制盘无显示，所有指示灯熄灭。

2）处理方法。检查电源切换箱开关是否处于关闭状态。若是，重新对开关进行送电；若开关正常，使用万用表对控制盘的电源输入端进行测量，若无电压，将该故障迅速报给电气专业检修人员。

（2）蓄电池故障

1）现象。控制盘报蓄电池故障或后备电源故障，电源切换时，控制盘无法转换为蓄电池供电状态。

2）处理方法。检查蓄电池接线是否松动。若接线连接松开，对接线进行紧固；若蓄电池接线情况良好，对蓄电池电压进行测量，若发现电压过低或者无电压，对蓄电池进行更换。

2. 图形工作站

（1）计算机断电或死机

1）现象。显示器及主机指示灯不亮，或操作鼠标及键盘时系统无反应。

2）处理方法。GCC 断电时，待电源供电恢复后，重新开启 GCC 计算机电源开启主机。开机后输入用户名和密码登录进入 Windows 系统，最后登录进入图形中心软件。

如果 GCC 死机，则需按下计算机的 Reset 键使计算机重启。开机后输入用户名和密码登录进入 Windows 系统，最后登录进入图形中心软件。

（2）图形软件退出

1）现象。计算机界面上无软件运行图标。

2）处理方法。在 GCC 计算机的桌面上，用鼠标单击图标启动软件。进入到软件后，正确输入用户名及密码后就可正常使用该软件。

（3）设备状态连接失败

1）现象。如果图页上的所有设备均显示灰色，表明 GCC 计算机与控制盘之间的通信中断。

2）处理方法。检查连接 GCC 计算机的网线是否松脱，若是网线连接松脱，对网线进行紧固。

（4）显示器无显示

1）现象。显示器无显示或者黑屏。

2）处理方法。首先确定显示器的电源是否开启，再按动键盘上的任意键确定计算机是否能进入节能模式或屏幕保护模式。若是，开启电源或者对显示模式重新进行设置。

3. 火灾探测器

在系统运行中，火灾探测器经常出现的异常情况是报警以及故障，由于设备运行环境以及运行时间的影响，在设备运行环境比较恶劣的地方，故障率以及误报警率会比较高，需要检修人员对该情况进行及时处理，以使系统尽早恢复正常运行。

（1）烟感报警

1）现象。控制盘发出报警蜂鸣声，报警红灯闪亮，液晶面板显示火灾报警信息，报警信息包括烟感地址的描述、烟感地址码，GCC 对应的烟感图显示红色，并有相应的报警记录和报警地址。

2）处理方法。在图形中心进行查询，现场值班人员根据设备平面图以及烟感地址描述赶赴现场进行确认。若是误报警，将信息反馈给维修人员，维修人员在现场对设备的情况进行观察，若确认是误报警，在控制盘或图形中心尝试对报警设备进行复位。若复位不成功，根据烟感的安装环境以及使用时间初步判断是否烟感由于环境条件不合要求或者使用时间过长导致内部元件故障误报火警，若是，对故障烟感进行更换。

（2）烟感故障

1）现象。控制盘发出报警蜂鸣声，故障指示灯闪亮，液晶面板显示故障信息，故障信息包括烟感地址的描述、烟感地址码，GCC 对应的烟感图显示黄色，并有相应的故障记录和烟感地址。

2）处理方法。在图形中心进行查询，现场值班人员根据设备平面图以及烟感地址描述赶赴现场进行确认。维修人员根据烟感的安装环境以及使用时间初步判断是否烟感由于环境条件不合要求或者使用时间过长导致故障，若是，对故障烟感进行更换。

若因现场环境恶劣达不到设备使用要求，要求相关专业人员对环境条件进行调整，以使设备运行环境满足要求。

4. 手动/破玻报警器

（1）手动/破玻报警器报警

1）现象。控制盘发出报警蜂鸣声，报警红灯闪亮，液晶面板显示火灾报警信息，报警信息包括设备地址的描述、设备地址码，GCC 对应的设备图显示红色，并有相应的报警记录和报警地址。

2）处理方法。在图形中心进行查询，现场值班人员根据设备平面图以及设备地址描述赶赴现场进行确认。若是误报警，将信息反馈给维修人员，维修人员在现场对设备的情况进行判断，若确认是误报警，或设备被人为误操作，或破玻报警器玻璃自然破裂，对设备进行复位或更换破玻报警器玻璃。

(2) 手动/破玻报警器故障

1) 现象。控制盘发出报警蜂鸣声，故障指示灯闪亮，液晶面板显示故障信息，故障信息包括故障设备地址的描述、设备地址码，GCC 对应的设备图显示黄色，并有相应的故障记录和设备地址。

2) 处理方法。在图形中心进行查询，现场值班人员根据设备平面图以及设备地址描述赶赴现场进行确认。若现场检查设备线路及通信均无问题，更换故障设备。

5. 输入/输出模块

(1) 设备误动作

1) 现象。控制盘发出报警蜂鸣声，反馈指示灯闪亮，液晶面板显示设备信息，报警信息包括设备地址的描述、设备地址码，GCC 对应的设备图显示红色，并有相应的信息记录和地址。

2) 处理方法。在图形中心进行查询，现场值班人员根据设备平面图以及设备地址描述赶赴现场进行确认。若是接口设备误动作，将信息反馈给接口专业检修人员，待接口设备修复后，对控制盘进行复位操作。

(2) 接口设备故障

1) 现象。控制盘发出报警蜂鸣声，反馈指示灯闪亮，液晶面板显示设备信息，故障信息包括设备地址的描述、设备地址码，GCC 对应的设备图显示黄色，并有相应的信息记录和地址。

2) 处理方法。在图形中心进行查询，现场值班人员根据设备平面图以及设备地址描述赶赴现场进行确认。若是接口设备处于故障状态，将信息反馈给接口专业检修人员，待接口设备修复后，对控制盘进行复位操作。

(3) 模块故障

1) 现象。控制盘发出报警蜂鸣声，反馈指示灯闪亮，液晶面板显示设备信息，故障信息包括设备地址的描述、设备地址码，GCC 对应的设备图显示黄色，并有相应的信息记录和地址。

2) 处理方法。在图形中心进行查询，现场值班人员根据设备平面图以及设备地址描述赶赴现场进行确认。若是接口设备处于正常状态，测试模块的监视线路及电源线路，若确认正常，对故障模块进行更换。

第五节　仪器仪表的使用

一、万用表

万用表的种类和结构是多种多样的，只有掌握正确的使用方法，才能确保测试结果的准确性，才能保证人身与设备的安全。

1. 万用表的使用方法

（1）插孔和转换开关的使用。首先要根据测试目的选择插孔或转换开关的位置，由于使用时测量电压、电流和电阻等交替进行，所以进行测量时必须换挡。切不可用测量电流或测量电阻的挡位去测量电压，如果用直流电流或电阻挡去测量 220 V 的交流电压，万用表会立刻烧坏。

（2）测试表笔的使用。万用表有红、黑两支表笔，如果位置接反或接错，将会带来测试错误或烧坏表头的后果。一般红表笔为"＋"，黑表笔为"－"。表笔插进万用表插孔时一定要严格按颜色和正负极性分别插入。测直流电压或直流电流时，一定要注意正负极性，测量电流时，表笔与所测电路串联；测电压时，表笔与所测电路并联。

（3）正确读数。使用万用表前应检查指针是否在零位上，如不指零位，可调正表盖上的机械调节器，调至零位。万用表有多条标尺，一定要认清对应的读数标尺，交流和直流标尺不能任意混用。万用表同一测量项目有多个量程，例如直流电压量程有 1 V、10 V、15 V、25 V、100 V、500 V 等，量程选择应使指针指在满刻度的 2/3 附近。测电阻时，量程应选择接近该挡中心值，以提高测量的精确度。

2. 常用器件的测量

（1）电阻的测量。用万用表测量电阻时，首先应该将两支表笔短接，拧动调零电位器调零，使指针在欧姆零位上。每次换挡之后也需重新调整调零电位器调零。在选择欧姆挡位时，尽量选择被测阻值在接近表盘中心阻值读数的位置，以提高测试结果的精确度；如果被测电阻在电路板上，则应焊开其中一脚方可测试，否则被测电阻被其他分流器件干扰，读数存在误差；测量阻值电阻时，不要将两手手指分别接触表笔与电阻的引脚，以妨人体电阻的分流，增加测量误差。

（2）对地测量电阻值。所谓对地测量电阻值，即是用万用表红表笔接地，黑表笔接被测量的元件的其中一个点，测量该点电路的对地电阻值，与正常的电阻值进行比较来判断故障的范围。在测量时，电阻挡位设置在 R×1 kΩ 挡，当所测点电路的电阻值与正常相比较相差较大的情况下，说明该部分电路存在故障，如滤波电容漏电、电阻开路或集成电路损坏等。

（3）晶体管的测量。把万用表的量程转换到欧姆挡 R×100 挡或 R×1 kΩ 挡来测量二极管。不能用 R×10、R×10 kΩ 挡。因为两者一个电阻太小，一个电阻太大，电阻太小通过二极管的电流太大，易损坏二极管，电阻太大会导致内部电压较高，容易击穿耐压较低的二极管。如果测出的电阻只有几百欧到几千欧（正向电阻），则应把红、黑表笔对调一下再测，如果这时测出的电阻值是几百千欧（反向电阻），说明这只二极管可以使用。当测量正向电阻值时，红表笔所测的那一头是二极管的负极，而黑表笔所测的一头是该二极管的正极（二极管的单向导电特性）。通过测量正反向电阻值，可以检查二极管的好坏，一般要求反向电阻比正向电阻大几百倍。也就是说，正向电阻越小越好，反向电阻则是越大越好。

（4）交流电压的测量。可以用万用的直流电压挡和交流电压挡分别测量直流和交流电的电压值，测量的时候把万用表与被测电路以并联的形式连接上。要选择表头指针接近满刻度偏转 2/3 的量程。如果电路上的电压大小无法估计，必须先用大量程，粗略测量后再用合适的量程，这样可以防止由于电压过高而损坏万用表。在测量直流电压时，要用万用表的红表笔接触被测电路的正极，而用黑笔接触电路的负极，千万不能反向测量，在测量比较高的电压时应该特别注意用两只手分别握住红、黑表笔的边缘部分去测量，或先将一支表笔固定在一端，而后接触被测点。

（5）充电变压器的测量。可以在变压器不通电情况下用万用表的欧姆挡初步估计测量值。先将万用表选择在 R×10Ω 挡，测量一下变压器一次绕组的直流电阻值，一般在几百欧到几千欧，如果测量出的数值是无穷大，说明该绕组已经断路，不能使用。然后再测试一下一次绕组和二次绕组之间的绝缘电阻值，数量越大越好，如果阻值小说明一次、二次绕组之间的绝缘不良，也不能使用。以上测量如果都是良好，就可以将变压器接上电源测量其输出电压值，对带有滤波电路的变压器要注意红、黑表笔应该正确地分别放在电压输出端的正、负极上，如果被测量出的输出电压正常，说明该变压器的性能良好。

3. 万用表使用注意事项

（1）使用万用表之前，应充分了解各转换开关、专用插口、测量插孔以及相应附件的作用，了解其刻度盘的读数的意义。

（2）万用表一般应水平放置在干燥、无振动、无强磁场的环境下使用。

（3）测量完毕，应将量程选择开关调到最大电压挡，防止下次开始测量时不慎烧坏万用表。

二、烟感测试仪

烟感测试仪配置一种烟雾内部感应源，不能产生定量的烟雾，但是可以有效测试烟感的报警功能，对于一般情况的定期测试烟感，是一种使用很方便的仪器。其外观如图 4—91 所示，发烟装置（燃烧膛）及发烟材料如图 4—92 所示。

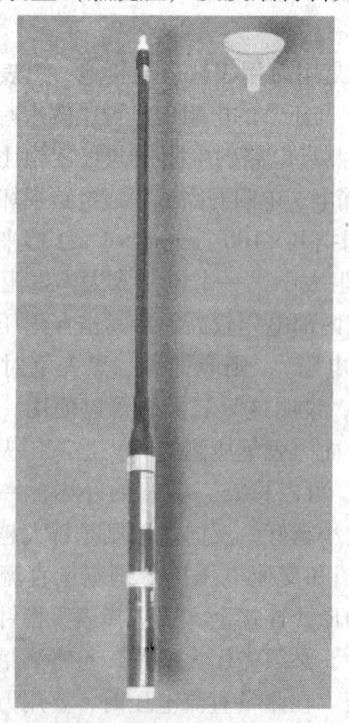

图 4—91 感烟测试仪外观

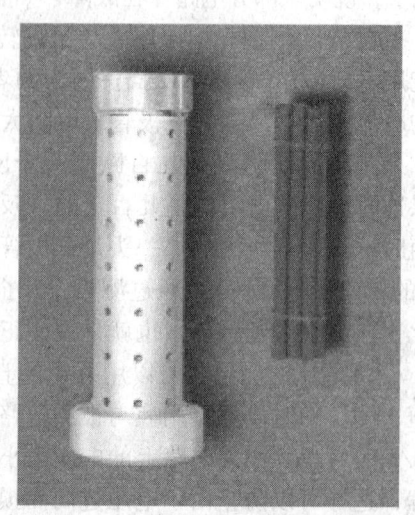

图 4—92 发烟装置（燃烧膛）及发烟材料

其标准规格和特点如下：
(1) 能测试所有的烟感。
(2) 有便携的完全独立枪体。
(3) 伸缩范围为 5.25~14.1ft（1 ft = 0.304 8 m）。
(4) 是内部烟雾源。
(5) 属于无毒烟雾源。
(6) 可选择高速率环境适配器。
(7) 具有清理感应器的排气功能。
(8) 内部过滤器用来防止焦油残渣黏附感应器。

三、烟感测试仪操作方法

(1) 拿出烟感测试仪。
(2) 从烟枪底部拧开燃烧膛。
(3) 将发烟用香装入固定器。
(4) 点燃发烟用香。
(5) 重新组装好燃烧膛。
(6) 把燃烧膛拧回枪的底部。
(7) 调节枪的伸缩口测试烟感。
(8) 测试烟感。
注意：点燃发烟材料之后 30~60 s 才会产生足够测试的烟雾量。

第五章

气体灭火系统检修

第一节 气体灭火系统设备

气体灭火系统设备主要由控制系统设备以及管网系统设备两部分组成，控制系统设备主要负责系统电气控制部分，包括保护区信息收集、分析、控制、为外围设备提供电源等，管网系统设备主要负责气体灭火系统的灭火剂的储存、释放以及输送等。

一、控制系统设备

控制系统由控制盘、继电器模块、后备电池、探测器（光电感烟探测器、感温探测器、红外线对射式感烟探测器、定温式感温电缆）、警铃、蜂鸣器及闪灯、气体释放指示灯、手拉启动器、紧急停止按钮、手动/自动转换开关、DC24V辅助联动电源等部分组成。

1. 控制盘（含继电器模块）

控制盘具备报警及设备联动的所有输入/输出功能。控制盘连接控制系统中的如下设备：交流电源箱、感烟探测器、感温探测器、警铃、蜂鸣器及闪灯、气体释放指示灯、紧急停止按钮、手动/自动转换开关、瓶头阀电磁阀启动器、选择阀电磁阀启动器、防火阀、压力开关等。

（1）控制单元包括以下单元：控制盘显示单元、报警单元、备用电源单元、外接电源接口单元、联动设备继电器单元、故障继电器单元、中央处理单元、气体灭火控制单元。

（2）控制盘（含继电器模块）输入以下信号：一路探测回路（无源）、二路探测回路（无源）、手拉启动器（无源）、手动/自动转换开关（无源）、紧急停止开关（无源）、压力开关动作信号（无源）、外电源（有源，电压220（1±15%）V。

（3）控制盘（含继电器模块）控制以下设备：一路报警信号（无源）、二路探测回路（无源）、警铃（有源）、蜂鸣器及闪灯（有源）、气体释放指示灯（有源）、防火阀（一般4个）、（有源）、选择阀电磁阀启动器（有源）、瓶头阀电磁阀启动器（有源）、手动/自动转换信号（无源）、故障信号（无源）。

（4）电力供给要求：电源为220 V、50 Hz。电压220（1±10%）V范围时控制盘应能正常工作。配置蓄电池，在正常供电停止后，电池应供系统在正常模式下连续工作24 h以上，在火灾模式下连续工作1 h以上。电池可以接受外电源的浮充，当外电源停电时，可自动切换给系统供电。

（5）显示。控制盘可以显示每个输出回路的故障。

2. 控制系统外围设备

（1）光电感烟探测器。感烟探测器为普通通用感烟探测器，工作电压为（24±5）V，探测器底座及配件可以满足在各种困难位置安装的需要，兼有防震功能。部分防护区采用红外线对射式感烟探测器，主要应用于主变电站电缆夹层及主变压器室。

（2）感温探测器。点型电子差定温感温探测器，工作电压为（24±5）V。按防护区的不同场所选用合适的感温探测器，部分防护区采用感温电缆，主要应用于主变电站电缆夹层及主变压器室。

（3）警铃。采用工作电压为DC24 V，外形尺寸为6 in的普通警铃，警铃的声压级为92 dBA。

（4）蜂鸣器及闪灯。蜂鸣器及闪灯的工作电压为DC24 V。报警光度15~75 cd，蜂鸣器的声压级为92 dBA。

（5）气体释放指示灯。当系统释放气体药剂时，气体的压力使压力开关动作，控制盘输出DC24 V电流信号到气体释放指示灯，指示灯亮，照亮箱体上的气体释放警告字样，警告防护区外的人员不得进入该防护区。气体释放指示灯由箱体和指示灯组成，气体释放指示灯面板有中文警告标志。

工作电压为DC24 V。连续工作时间为720 h。

（6）手拉启动器（紧急释放按钮）。手拉启动器在紧急状态下应能完成灭火剂释放的功能（电控）。手拉启动器由翻盖、手拉把手、钥匙盒、复位开关、底座等部分组成，启动器表面漆成红色，具备防止误操作启动措施。

拉动手拉把手，系统将不经过延时直接启动主动气瓶和选择阀。系统释放后，用专用钥匙打开钥匙盒，将复位开关复位，手拉启动器恢复至原位。

（7）紧急停止按钮（紧急止喷按钮）。紧急停止开关由可恢复止喷按钮、不锈钢面板、底座等部分组成，在不锈钢面板上有持续按下的操作指示。

当控制盘两个回路都报警后，系统将延时30 s释放药剂。在延时期间，持续按下止喷按钮，系统将停止延时计时。如果确认是误报警，将控制盘复位，然后松开止喷按钮，系统将恢复原位；如果确认是火灾，待人员撤离后，松开按钮，控制盘重新计时，直至系统释放。紧急停止开关配有中文标志。

（8）手动/自动转换开关。手动/自动转换开关可将系统置于手动状态和自动状态。它由钥匙转换开关、指示灯、不锈钢面板、底座等部分组成。

当用专用钥匙将开关拨至手动时，手动状态指示灯亮，系统处于手动状态；将开关拨回自动位置，指示灯熄灭，系统恢复至自动状态。

防护区内有人工作时，可将手动/自动转换开关设置在手动状态；防护区内无人工作时，可将手动/自动转换开关设置在自动状态。自动状态下，能给 FAS 提供一个无源的动断触点。

二、管网系统设备

管网系统设备包括气瓶及瓶头阀、机械紧急启动器、电磁阀启动器、高压软管、集流管、排气阀、单向阀、减压装置、选择阀、压力开关、喷头和气体输送管道等。

1. 气瓶及其组件

气瓶是用高强度的标准钢（30CrMo）制成，满足不同气体灭火系统所需的储存压力。钢瓶出厂前已充装药剂。

2. 瓶头阀

瓶头阀由气体释放接口、气体充装接口、安全放气阀、阀芯密封结构等部分组成，阀体材质为黄铜。瓶头阀有质量保证，不需要内部保养。瓶头阀采用背压启动方式，动作过程如下：

第一步：系统药剂气瓶组中主动气瓶启动，主动气瓶内的药剂释放至集流管内。

第二步：药剂压力通过释放软管进入到其余气瓶瓶头阀内，将所有气瓶在同一时间内打开。

第三步：药剂通过瓶头阀、集流管、选择阀、气体输送管、喷嘴喷放到气体防护区内。

所有气瓶（含主动气瓶）均具有连接电动、气动、手动（人工机械）启动的功能。

气体释放口具有安全反弹装置，在气瓶维护、安装或搬运过程中如果不慎将瓶头阀启动，释放口内安全反弹装置将开始作用，瓶内气体通过瓶头阀缓慢释放，不会由于高速喷射对操作人员造成伤害。瓶头阀内设有安全膜片。瓶头阀上装有检漏压力表，平时带压显示。

3. 电磁阀

电磁阀用于电力操作储存瓶阀（用于主动气瓶）和选择阀。电磁阀连接在气瓶瓶头阀和选择阀顶部，其内部的电磁线圈通电后产生电磁力推动不锈钢活塞向下动作，通过电磁阀启动器接头将瓶头阀、选择阀打开。动作电压 DC24V 来自控制盘，卸下电磁阀上的安全帽可在其上部安装紧急机械启动器。不锈钢活塞的动作行程为 3 mm。

电磁阀工作时不带压力操作，无工作压力等级要求。电磁阀每次动作后，可人工通过专用工具复位。

电磁阀机械紧急启动器装在电磁阀的顶部，通过直接扳动手拉杆可以启动系统的药剂气瓶和选择阀。就地手动启动器手拉杆标有复位方向。当扳动手拉杆开启瓶头阀时，需先抽出手拉杆定位销。

4. 高压释放软管

高压软管可承受 41.37 MPa 压强，释放软管是一种加强软管，用于连接阀门排放口与集流管管接头，连接头材料为铜合金。每根软管都有内置单向阀，单向阀的作用是防止当气瓶拆卸时引起系统药剂的损失。

5. 集流管

集流管的范围包括自高压施放软管出口至选择阀之间的管道，集流管材料为加厚的精密无缝钢管，试验压力不小于设计压力的1.5倍。

6 逆止阀（单向阀）

逆止阀安装在组合分配系统和主/备用系统的集流管上，它的作用是控制系统开启的气瓶数。

7. 减压装置

减压装置可设置在选择阀前，它的作用是将药剂的流动压力降低。减压装置分为三类：

（1）内螺纹式减压装置，规格为1/2～2 in。减压装置与管道采用内螺纹连接，螺纹为美国标准锥管螺纹，减压装置本体材料为锻钢、减压孔板为不锈钢。

（2）外螺纹式减压装置，规格为21/2～2 in。减压装置与管道采用直接式外螺纹连接，螺纹为美国标准锥管螺纹，减压装置材料为黄铜。

（3）法兰式减压装置（含配套法兰），规格为21/2～4 in。减压装置与管道连接为法兰连接，减压装置体材料为锻钢、减压孔板材料为不锈钢。

所有减压装置的减压孔板的开口尺寸通过最终的水力计算确定。在减压装置上标明有其零件编号及开口尺寸的钢印。

8. 选择阀

选择阀适用于组合分配的灭火系统中，控制药剂释放并流向相应防护区，每一个防护区配置一个选择阀，其规格决定于防护区容积的大小。选择阀规格为1/2～4 in。

选择阀为电动式选择阀，选择阀的电磁阀启动器的工作电压为DC24 V。

9. 压力开关

当系统喷放时，压力开关由药剂压力操作，可用于打开或关闭电路来切断设备，并向控制盘反馈气体释放信号。压力开关安装在选择阀的后面，可以手动复位。

双刀单掷压力开关由一个密封防水盒构成，其外壳采用锻铁制成，有一个美国标准锥管螺纹压力入口用来连接来自系统的管道。

10. 喷头

气体药剂通过喷嘴喷放至相应的防护区内，喷嘴的管径尺寸和开口尺寸根据防护区的大小和位置确定，相邻喷嘴之间的距离不超过9.8 m，安装高度不超过6.2 m。在吊顶下安装喷嘴时，为防止气体高速喷放对吊顶、易碎的灯具等设备产生破坏，在每一个喷嘴上配置一个挡流罩，挡流罩的尺寸规格与喷嘴的管径尺寸相同。喷嘴的尺寸规格为1/4～2 in，吊顶下喷嘴尺寸不宜大于11/2 in，喷头的开口尺寸根据最终水力计算得出。

11. 排气装置

排气装置安装在在集流管上，用于排放系统喷放时由逆止阀的泄漏引起逆止阀后气瓶误启动的压力。排气装置安装位置：逆止阀后集流管上和选择阀至第一个逆止阀之间的集流管上。

12. 不锈钢启动软管

不锈钢启动软管用于连接主动气瓶组之间的启动管线的加压三通，不锈钢启动软管与主动气瓶组连接时另外还有三种连接件：外螺纹弯头、外螺纹三通、外螺纹直接头。

13. 喷嘴挡流罩

喷嘴挡流罩用于有吊顶的防护区，挡流罩的尺寸规格与喷嘴的管径尺寸相同。

14. 测压表

测压表用于每半年一次的气瓶压力检查。测压表组件由经过校准的压力表、接头和手轮组成。系统气瓶压力用测压表检测。测压表接在瓶头阀的灌装口上，当手轮拧入时，灌装口打开，压力由压力表读出。

15. 复位工具

当电磁阀每动作一次时，通过复位工具将不锈钢活塞顶回原正常位置。

第二节　气体灭火系统控制盘的基本操作

气体灭火系统控制盘的种类很多，大致可分为多区智能型和单区独立型两类。多区智能型控制盘的功能与 FAS 控制盘相似，在此不作介绍。单区独立型控制盘的应用比较广泛，其控制功能程序通常已经固化在控制主机上，不带可编程功能，下面以 Notifire 公司的 RP-1002 控制盘为例作介绍。

一、操作面板

Notifire 公司的 RP-1002 控制盘操作面板如图 5—1 所示。

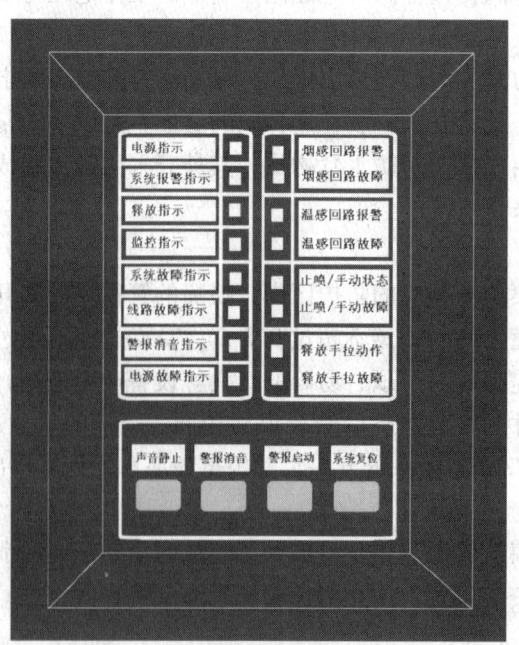

图 5—1　RP-1002 控制盘操作面板

1. 面板指示说明

电源指示：AC220 V 电源正常亮绿灯，断电时灯不亮。

第五章 气体灭火系统检修

系统报警指示：当烟感或者温感回路报警时，红灯闪亮，正常灯不亮。

释放指示：当系统启动气体释放时，红灯恒亮，正常灯不亮。

监控指示：该指示灯暂不使用。

系统故障指示：当系统主板或模块故障时，黄灯闪亮，正常灯不亮。

线路故障指示：当警报输出线路或释放线路故障时，黄灯闪亮，正常灯不亮。

警报消音指示：发生警报时按下【警报消音】键，黄灯恒亮，正常灯不亮。

电源故障指示：当系统蓄电池故障时，黄灯恒亮，正常灯不亮。

烟感/温感回路报警：当烟感或者温感出现火警报警时，对应的红色指示灯闪亮，正常灯不亮。当烟感或者温感回路报警时，称作预报警，这时警铃会鸣响。当烟感以及温感回路同时报警时，称作报警确认，这时防火阀关闭，警笛鸣、闪灯闪。在自动状态下，延时30 s将会自动释放气体灭火。

烟感/温感回路故障：当烟感或者温感线路出现故障时，对应黄色指示灯恒亮，正常灯不亮。

止喷/手动状态：当按下止喷开关时，或者手动/自动开关打至"手动"位时，红灯闪亮，这时系统处于手动状态，将不能自动释放气体灭火。当止喷开关再次松开时开始计算，延时30 s后，将自动气体释放灭火。正常及自动状态下，灯不亮。

止喷/手动故障：止喷开关或手动开关线路故障时，黄色指示灯恒亮，正常灯不亮。

释放手拉动作：当气体释放手拉被启动时，红色指示灯闪亮，系统立即喷放气体灭火，无论自动或者手动状态。正常灯不亮。

释放手拉故障：气体释放手拉线路故障时，黄色指示灯恒亮，正常灯不亮。

2. 主板底部其他指示灯

BATT（蓄电池指示灯）：当蓄电池没连接或故障时，黄灯恒亮，正常灯不亮。

EARTH（接地故障指示灯）：当系统任一线路产生接地故障时，黄灯恒亮，正常灯不亮。

MICRO FALL（主板芯片故障指示灯）：当主板处理器芯片故障时，黄灯恒亮，正常灯不亮。

3. 操作键

【声音静止】键：对火警、故障状态进行确认，消除控制盘报警音。

【警报消音】键：对警铃、警笛等警报设备消音。自动状态下，从二级报警（报警确认）状态开始至气体释放完毕前，该按键无效。

【警报启动】键：启动警铃、警笛、闪灯等警报设备，同时关闭防火阀。操作人员在非紧急情况下，不要操作该键。

【系统复位】键：进行系统复位，包括对烟感、温感复位。

4. 现场设备操作

止喷按钮：当系统处在30 s延时阶段，按下止喷按钮，可停止自动气体释放。当松开止喷按钮时，系统将重新延时30 s后气体自动释放。

注意：若气体已经开始释放，按下止喷按钮也不会停止。

手动/自动转换开关：进行系统手动或者自动状态转换。手动状态下，系统将不能实现自动释放气体。进入气体保护区的人员,为了个人人身安全,在进入时将开关打至"手动"位置。在离开时,将其打回"自动"位置。

气体释放手拉启动器:发现气体保护区内出现火灾灾情时,请拉下气体释放手拉手柄,立即释放气体灭火。注意:在非紧急情况下,请勿触碰该手拉启动器,违者将追究有关责任,造成气体误喷的追究赔偿责任。

烟感探测器:烟雾探测设备,正常情况下红灯闪亮,报警时红灯恒亮,故障时红灯不亮。

温感探测器:高温探测设备,正常情况下红灯闪亮,报警时红灯恒亮,故障时红灯不亮。

防火阀复位器:对已关闭的防火阀进行远程复位。

二、应急操作

系统同时具有自动操作、手动操作和紧急机械操作三种操作方式。

1. 自动操作

控制系统处于自动工作状态时,系统自动完成火灾探测、报警、联动控制及灭火整个过程。联动步骤为:

第一步:防护区内的单一探测器探测到火灾信号后,控制盘启动设在该保护区域内的警铃,同时向 FAS 提供火灾预报警信号。

第二步:同一防护区内的两个回路都探测到火灾信号后,控制盘启动设在该防护区域内外的蜂鸣器及闪灯,并进入延时状态(延时时间为 30 s)。在延时过程中,控制盘输出有源信号关闭防火阀。

在延时阶段,如发现是系统误动作,或确有火灾发生但仅使用手提式灭火器和其他移动式灭火设备即可扑灭火灾时,可按下设在保护区域门外的紧急停止开关(必须持久按下,直至系统复位),可以使系统暂时停止释放药剂。如需继续开启烟烙尽(IG541)气体灭火系统,则只需松开紧急停止开关,系统将重新计时 30 s。

第三步:30 s 延时结束时,控制盘输出有源信号至气瓶及选择阀上的电磁阀,气体通过管道进入防护区。压力开关将信号传至 FAS 和控制盘,由控制盘启动防护区外的释放指示灯。防护区域门外的蜂鸣器及闪灯在灭火期间将一直工作,警告所有人员不能进入保护区域,直至确认火灾已经扑灭。

2. 手动操作

此处所说的手动控制,实际上还是通过电气方式的手动控制。控制盘处在手动工作模式下,在接到紧急释放系统药剂的指令后,启动手拉启动器,系统将不经过延时而被直接启动释放烟烙尽(IG541)气体。

3. 紧急机械操作

紧急机械操作实际上是机械方式的操作,只有当自动控制和手动控制均失灵时,才需要采用应急操作。此时可通过操作设在气瓶间中烟烙尽(IG541)气瓶瓶头阀上的紧急机械启动器和区域选择阀上的紧急机械启动器,来开启整个气体灭火系统。

第三节　气体灭火系统维护与故障处理

一、设备巡视

1. 控制系统巡视

（1）控制盘巡视内容。检查控制盘外观，查看控制盘电源工作是否正常、状态指示灯是否正常，查看系统是否存在报警及故障信息。

（2）控制系统外围设备巡视内容

1）检查紧急喷气按钮（包括保险环）或紧急启动开关（及封条）外观是否完整、封条是否完好。

2）检查手动/自动开关是否可以正常转换，转换状态在控制盘上是否显示正常。

3）检查紧急止喷按钮、灭火禁入指示牌、警笛及闪灯、烟温感探测器是否完好，是否处于正常状态。

2. 管网系统巡视

（1）检查保护区内的气体管网、喷嘴是否完好，确保气体管道及附属设施不被破坏。

（2）检查气瓶间机械启动器是否工作正常，机械启动器保险销是否在原来位置，气瓶压力表指示是否正常。

（3）检查设备是否在原来位置，运行是否正常，所有标志说明是否清晰完好。

二、设备维护

初级检修人员应能独立完成日常巡检内容，并可以在中级工的带领下完成二级保养检修内容。下面介绍系统二级保养检修内容及要求。

1. 控制系统维护

（1）控制盘

1）检查系统控制盘，并清洁箱体内外。

2）检查系统控制盘工作是否正常，接地故障、电池故障、主板故障指示灯是否正常。如有故障，则作为故障进行处理。

3）紧固系统控制盘所有连接线。

4）测量系统控制盘交流电源电压是否符合系统要求，并进行断电切换测试。

5）测量系统控制盘成组蓄电池电压，单个 DC12（15% ~ −5%）V，成组 DC24（15% ~ −5%）V。

（2）辅助电源箱

1）检查辅助电源箱，并清洁箱体内外。

2）检查辅助电源工作是否正常，交流故障、输出故障、电池故障指示灯是否正常。如有故障，则作为故障进行处理。

3）测量交流电源电压是否符合系统要求，并进行断电切换测试。

4）测量蓄电池电压，单个 DC12（15% ~ -5%）V，成组 DC24（15% ~ -5%）V。

（3）手动/自动转换开关及紧急按钮

1）检查手动/自动开关、紧急止喷按钮、紧急启动开关外观，并清洁表面。

2）检查紧急启动开关封条是否完好。

3）测试手动/自动开关、紧急止喷按钮功能。

（4）其他外围设备。目测灭火禁入指示牌、警铃、警笛及闪灯、烟感、温感、系统线管、操作说明及警示牌安装是否良好、牢固，附近环境是否良好。

2. 管网系统维护

（1）管网及喷嘴。检查管网与喷嘴应无碰撞变形及其他机械性损伤，表面应无锈蚀，保护涂层应完好。检查管码及固定支架是否牢固、可靠。

（2）气瓶。气瓶外观应无碰撞变形及其他机械性损伤，表面应无锈蚀，保护涂层应完好。检查气瓶的压力表指示是否在正常范围内或称重装置是否正常。

（3）阀门。检查选择阀、单向阀、电磁阀、瓶头阀应无碰撞变形及其他机械性损伤，表面应无锈蚀，保护涂层应完好。

（4）管道。高压软管、集流管应无碰撞变形及其他机械性损伤，表面应无锈蚀，保护涂层应完好。

（5）手动操作装置。手动操作装置的铭牌应清晰，保险销和操作标志应完整并在原位。

三、故障处理

气体灭火系统是灭火设备，是发生火灾时保护设备以及减少损失的重要系统，而维持系统稳定运行的关键就是系统的维护保养，除了日常巡视以及按照检修周期与内容对系统进行维护之外，在系统出现故障时必须尽早尽快进行处理，避免影响整个系统的运作。

下面介绍系统部分故障的现象以及处理方法，供读者参考。

1. 控制盘断电

（1）现象。控制盘交流电源指示灯不亮，系统显示设备为后备电源供电模式。

（2）处理方法。检查配电箱开关状态，若开关处于非送电状态，将开关重新合上送电。

2. 蓄电池故障

（1）现象。控制盘报蓄电池故障或后备电源故障，切换电源时，控制盘无法转换为蓄电池供电状态。

（2）处理方法。检查蓄电池接线是否松动，若接线连接松开，对接线进行紧固。若蓄电池接线情况良好，对蓄电池电压进行测量，若发现电压过低或者无电压，对蓄电池进行更换。

3. 手动转换开关失效

（1）现象。手动/自动开关转换时，控制盘不显示相关信息。

（2）处理方法。检查接线是否松动，若接线连接松开，对接线进行紧固。若接线情况良好，对开关进行更换。

4. 控制盘开路故障

（1）现象。控制盘报开路故障。

(2) 处理方法。检查末端电阻是否松脱或接触不良，若属于上述情况则进行紧固。若末端电阻无异常，则需要检查所有外围设备及线路是否有异常，如有则进行更换。

5．烟感故障

(1) 现象。控制盘显示故障信息，故障指示灯闪亮。

(2) 处理方法。维修人员根据烟感的安装环境以及使用时间初步判断是否烟感由于环境条件不合要求或者使用时间过长导致故障，若是，对故障烟感进行更换。

若因现场环境恶劣达不到设备使用要求，要求相关专业人员对环境条件进行调整，以使设备运行环境满足要求。

初级检修工理论知识考核模拟试题

一、填空题（每空1分，共20分）

1. 火灾必须同时具备_____、可燃物、引火源，也叫火灾三要素。
2. 常用灭火的方法有4种：_____、窒息法、冷却法、化学抑制法。
3. 电路中的主要理想元件有：_____、电容元件、_____和电源元件。
4. _____或负电荷运动的相反方向为电流的实际方向。
5. 物质按导电性能可分为导体、_____和半导体。
6. 三极管均包含三个区：_____、基区和集电区。
7. 能将模拟量转换为数字量的电路称为_____。
8. 气体灭火系统由_____和_____两部分组成。
9. 城市轨道交通的FAS一般都属于控制中心报警系统。它一般由_____、_____及系统网络设备三部分组成。
10. 一般火灾探测器可分为_____、感温探测器及火焰探测器三类。
11. 感温电缆按其工作原理区分，可分为_____和模拟式感温电缆。
12. 防护区应该是一个封闭性良好的防火空间，门应朝外开启并能自行关闭；防护区隔楼板的耐火极限不小于_____，楼板的耐火极限不小于2 h，构件（门、窗）的耐火极限不小于0.5 h，吊顶的耐火极限不小于0.25 h；防护区围护结构承受内压的允许压强不低于_____。
13. 火灾自动报警系统导线敷设后，应对每条回路的导线用_____测量绝缘电阻，其对地绝缘电阻值不应小于_____ Ω。
14. 气体灭火组合分配系统的集流管应按规定进行_____和_____。

二、单项选择题（将正确答案的序号填入横线空白处，每题2分，共30分）

1. 两只白炽灯如卷图1连接电源，产生的后果为_____。
   A. A、B两灯均能正常工作
   B. A灯过暗、B灯过亮
   C. A灯烧坏、B灯不亮
   D. A灯过亮、B灯过暗

2. 卷图2所示电路中的A点电位 u_A 为_____。
   A. 0 V
   B. −15 V
   C. 15 V
   D. 4 V

3. 下列连接方式不是电阻元件的连接方式的是_____。
   A. 串联连接　　　　B. 并联连接
   C. 六边形连接　　　D. 桥式连接

4. 半导体中存在着_____种载流子。
   A. 一　　　　B. 二　　　　C. 三　　　　D. 四
5. 一块本征半导体在两侧通过扩散不同的杂质，分别形成_____型半导体。
   A. N，O　　　B. N，M　　　C. O，P　　　D. N，P
6. A类火灾是指_____。
   A. 液体火灾　　　　　　　　B. 可熔化的固体火灾
   C. 金属火灾　　　　　　　　D. 固体物质火灾
7. 下列部位宜设蒸汽灭火系统的是_____。
   A. 省级或藏书量超过100万册的图书馆的特藏库
   B. 大、中型博物馆中的珍品库房
   C. 一级纸绢质文物的陈列室
   D. 火柴厂的火柴生产联合机部位
8. 带射极电阻 R_e 的共射放大电路，在并联交流旁路电容 C_e 后其电压放大倍数_____。
   A. 减小　　　B. 增大　　　C. 不变　　　D. 变为零
9. 交流电流表或电压表的读数通常是指正弦交流电的_____。
   A. 最大值　　　　　　　　　B. 有效值
   C. 平均值　　　　　　　　　D. 瞬时值
10. 若采用8位A/D转换器转换0～5 V的电压信号，则分辨率约为_____mV。
    A. 5　　　　B. 10　　　　C. 20　　　　D. 40
11. 系统验收的基本条件：系统安装调试、试运行后的正常连续投运时间不少于_____个月。
    A. 1　　　　B. 2　　　　C. 3　　　　D. 6
12. 在FAS设备发生故障时，对系统设备故障进行_____，尽快使之恢复正常运行，并做好故障处理结果记录。
    A. 一般处理　　　　　　　　B. 简单处理
    C. 紧急处理　　　　　　　　D. 缓慢处理
13. 监视模块接收被监测设备的信号，被监测设备应提供一个_____。
    A. 有源、对地隔离、动断触点信号
    B. 有源、对地隔离、动合触点信号
    C. 无源、对地隔离、动断触点信号
    D. 无源、对地隔离、动合触点信号
14. 输入模块一般是由通信电路和_____两部分组成。
    A. 控制电路　　　　　　　　B. 隔离电路
    C. 监测电路　　　　　　　　D. 连接电路
15. FAS与下列_____系统没有接口关系。
    A. 低压配电　　　　　　　　B. 机电设备监控
    C. 屏蔽门　　　　　　　　　D. 主控

三、判断题（下列判断正确的填"○"，错误的填"×"；每小题1分，共10分）

1. 低压配电系统提供双回路的一级负荷给FAS，容量为5 kW，双电源切换箱的开关带漏电保护装置。（   ）
2. 气体灭火每个防护区向车站FAS发送火灾监视信号、火灾确认信号、系统故障信号、气体释放信号、自动/手动状态信号，接口位置在气体灭火控制盘的接线端子处，上述所有接口均为无源动断触点。（   ）
3. 电路中的每一分支称为支路，一条支路流过同一个电流，称为支路电流。（   ）
4. 场效应管放大电路的输入电阻，主要由偏置电路决定。（   ）
5. 发生火灾时，火灾报警控制盘根据预先设定的程序发出模式指令给机电设备监控系统，同时机电设备监控系统转入火灾模式，启动相应的消防联动设备。（   ）
6. 电压源的输出电压和电流源的输出电流受电路中其他部分的控制，这种电源称为受控电源。当控制的电压或电流消失以后，受控电源的输出也就变为零。（   ）
7. 基本放大电路一般是指由一个三极管与相应元件组成的一种基本组态放大电路。（   ）
8. A/D转换器的转换速度是指完成二次转换所需的时间。（   ）
9. 火焰式探测器利用光电效应探测火灾，主要探测火焰发出的可见光波段，因为它不易有效地把火焰的辐射与周围环境的背景辐射区别开来。（   ）
10. 所有手动报警器均不带地址。（   ）

四、问答题（每题10分，共40分）

1. 单管放大电路如卷图3所示，设晶体管的参数为 β、r_{be}，写出电压放大倍数 A_u，输入电阻 r_i 及输出电阻 r_o 的表达式。

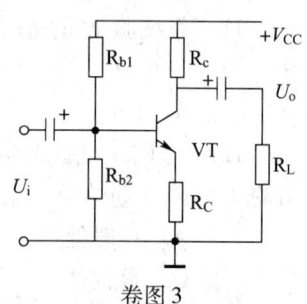

卷图3

2. 卷图4中 E 为直流电源，R 为已知电阻，V 为理想电压表，其量程略大于电源电动势，S1和S2为开关。现要利用图中电路测量电源的电动势 E 和内阻 r，试写出主要实验步骤及结果表达式。

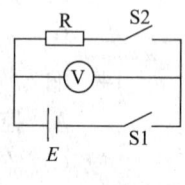

卷图4

3. 请说明气体灭火控制系统的系统构成。
4. 述智能式感烟探测器的工作原理。

初级检修工技能操作考核模拟试题

【题目1】利用控制盘把系统时间改为2008年3月15日15：00：00。(10分)

【题目2】利用GCC查找10天前5点到今天12：00：00止这段时间的所有火警记录。(20分)

【题目3】利用控制盘对指定设备进行屏蔽。(10分)

【题目4】控制盘电源故障，请进行处理。(30分)

【题目5】通过RP-1002E控制盘的显示，判断气体保护房间的一级报警及二级报警状态、喷气状态、系统故障状态。在RP-1002E控制盘上操作，进行系统控制盘消音、报警设备消音及控制盘复位。(30分)

初级检修工理论知识考核模拟试题参考答案

一、填空题

1. 助燃剂
2. 隔离法
3. 电阻元件 电感元件
4. 正电荷运动的方向
5. 绝缘体
6. 发射区
7. 模数转换器
8. 控制系统 管网系统
9. 中央级设备 车站级设备
10. 感烟探测器
11. 开关式感温电缆
12. 3 h 1.2 kPa
13. 500 V 的兆欧表 20 M
14. 水压强度试验 气压严密性试验

二、单项选择题

1. C   2. D   3. C   4. B   5. D   6. D   7. D   8. B   9. B   10. C
11. C   12. C   13. C   14. C   15. C

三、判断题

1. ×   2. ×   3. ○   4. ○   5. ○   6. ○   7. ×   8. ×   9. ×   10. ×

四、问答题

1. 答：$A_U = [-\beta(R_C /\!/ R_L)] / [r_{be} + (1+\beta)R_e]$

$r_i = R_{b1} /\!/ R_{b2} [r_{be} + (1+\beta)R_e]$

$r_o = R_C$

2. 答：(1) 将 S1 闭合，S2 断开，记下电压表读数 U_1。

(2) S1、S2 均闭合，记下电压表读数 U_2。

结果：电源电动势 $E = U_1$

内阻 $r = \dfrac{U_1 - U_2}{U_2} R$

3. 答：控制系统由 RP-1002E 控制盘、4XZM 继电器模块、后备电池、探测器（光电感烟探测器、感温探测器、红外线对射式感烟探测器、定温式感温电缆）、警铃、蜂鸣器及闪灯、气体释放指示灯、手拉启动器、紧急停止按钮、手动/转换开关、DC24 V 辅助联动电源等部分组成。

4. 答：智能式感烟探测器安装了微处理器，可收集来自感应元件的模拟资料，并把它转换为数字信号。内置微处理器处理和分析这些信号，根据信号与模拟阈值历史读数和时间函数曲线进行比较，作出是否报警的决定。感烟探测器具有良好的环境变化的自动补偿能力，利用差分感应技术，探测灵敏度可以高低变化，以便与相对变化的感应基准（遮挡百分比）保持恒定。火灾探测器可以继续采集并分析其周围信息，如周围环境达到预定的报警阈值时，则火灾探测器报警。

初级检修工技能操作考核模拟试题参考答案

【题目1】操作提示：按照系统操作要求，找到相应的工具栏，进入修改时间及日期，确定后退出。

【题目2】操作提示：第一步先找出历史记录位置，根据要求输入正确的时间段，确定后打开。

【题目3】提示：查找指定设备的位置，根据设备地址码进行屏蔽功能操作，操作成功后在控制盘有相应的信息显示。

【题目4】操作提示：根据故障指示等判断是否主电源故障，若是主电源断电，则重新送电；若非主电源故障，则检查蓄电池，对故障蓄电池进行更换。故障处理完毕，电源及故障指示灯恢复正常。

【题目5】操作提示：

在控制盘上的一回路报警指示灯或二回路报警指示灯亮，表示一级报警。

在控制盘上的一回路报警指示灯和二回路报警指示灯亮，表示二级报警。

在控制盘上的气体释放指示灯亮。

在控制盘上的系统故障指示灯亮。

在控制盘上进行系统控制盘消音。

在控制盘上进行系统设备消音。

在控制盘上进行系统复位。

第二部分 中级检修工

第六章

计算机基础

第一节 硬件知识

一、计算机硬件配置

计算机硬件基本配置主要有主机、显示器、键盘、鼠标、音箱和话筒等。键盘、鼠标和话筒都是给计算机输送信号的设备,称为输入设备,主要的输入设备还有扫描仪、数码相机、影碟机等,而显示器、音箱是计算机向外界传达信息的设备,称为输出设备,输出设备还包括各种打印机等。

二、主机与外部设备的连接

外部设备与计算机主机的连接主要通过主机完成信号的输入与输出,而连接的位置通常处于主机箱背后,主机箱背面的插槽(见图6—1)是与各种外部设备的接口连接位置。

主机箱背面的接口大致可分为3个区:一区是两个电源线接口,为三相针形和槽形;二区是主板与外部设备连接的

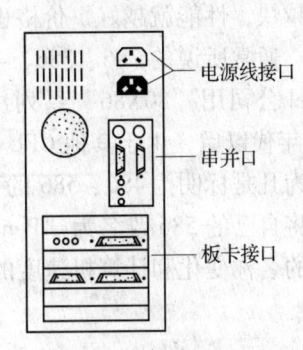

图6—1 主机箱背面

串并口,一般连接打印机、鼠标、键盘、调制解调器等设备;三区是扩展槽中的板卡接口,如声卡、显卡的对外接口,用于连接音箱、显示器等。根据扩展槽上板卡的多少和类型的不同,接口有所区别。各种机箱 3 个区域安排的位置大同小异,一般是电源接口和板卡接口分别在上下(立式机箱)或左右(卧式机箱)两端,串并口在中间位置。连接计算机各部分设备的电缆两端各有两个接头,分别与机箱和设备连接。各接头对应的接口是唯一的,按照不同外部设备种类连接到主机上,完成计算机外部设备与计算机的连接。

三、不间断电源(UPS)

如果计算机遇到断电的情况,就会丢失所有未存盘的数据,UPS 可以在断电之后,发出蜂鸣声告警,并继续供给计算机维持约 10 min 的电力,使操作者有时间进行必要的处理,避免出现数据丢失的后果。

四、中央处理器(CPU)

中央处理器(Central Processing Unit,CPU),顾名思义,就是"把数据收集到一起集中进行处理的器件",中央处理器的外形如图 6—2 所示。

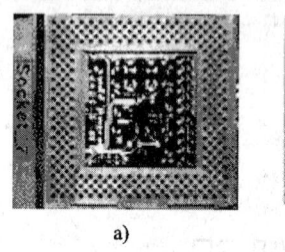

a)   b)   c)

图 6—2 中央处理器
a)CPU 底座 b)CPU 外形 c)安装风扇的 CPU

CPU 是一个电子元器件,直接处理计算机的大部分数据,它处理数据速度的快慢直接影响着整台计算机性能的发挥,所以人们把 CPU 形象地比喻为计算机的心脏。CPU 有主频、倍频、外频 3 个重要参数,它们的关系是:主频 = 外频 × 倍频,主频是 CPU 内部的工作频率,外频是系统总线的工作频率,倍频是它们相差的倍数。CPU 的运行速度通常用主频表示,以赫兹(Hz)作为计量单位。兆是 10^6,兆赫兹写作 MHz。CPU 的工作频率越高,速度就越快,性能就越好,价格也就越高。

通常所说的 286、386、486、586、Pentium Ⅱ 都是 CPU 的型号。CPU 的主要生产厂商 Intel 公司用 "80X86" 系列作为自己生产的 CPU 名称,如 486 就是 80486 的简称。20 世纪 90 年代以后,由于其他 CPU 厂家的 CPU 型号也是用 486、586 来表示的,这就使很多人误以为凡是标明为 486、586 的 CPU 都是 Intel 公司的产品。为了与其他厂家区别开来,Intel 公司将自己的 586 改名为 "Pentium",中文译为"奔腾"。CPU 每一次技术的革新,都带来相应的名称变化和计算机速度的大幅度提高。

五、内存与硬盘

内存和硬盘都是计算机用来存储数据的，它们的单位是"Bytes"。计算机把大量有待处理和暂时不用的数据都存放在硬盘中，只是把需要立即处理的数据调到内存中，处理完毕立即送回硬盘，再调出下一部分数据。内存简称 RAM（Random Access Memory）。在个人计算机中，内存分为静态内存（SRAM）和动态内存（DRAM）两种，静态内存的读、写速度比动态内存要快。硬盘容量要比内存大得多，硬盘的外形如图 6—3 所示。

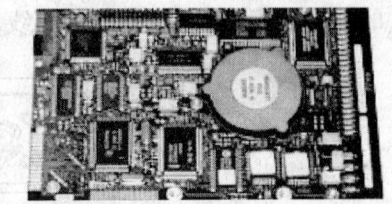

图 6—3　硬盘外形

六、硬盘的分区

把硬盘的容量作一下分配，再分配给不同的逻辑驱动器，就叫做硬盘分区。比如说，有一块 200 GB（1 GB = 1 024 MB）的硬盘，用分区程序把它分成 3 个区，并将驱动器指定为 3 个逻辑驱动器，分别驱动 3 个区。一个叫做 C 盘驱动器，容量设定为 40 GB，专门存放字处理和图表软件；一个叫做 D 盘驱动器，容量是 60 GB，专门存放影像和动画制作软件；另一个叫做 E 盘驱动器，容量为 60 GB，专门存放游戏软件；最后一个叫做 F 盘驱动器，容量为 40 GB，用于存放 Windows XP 等重要资料的备份和驱动程序等。硬盘分区有利于计算机管理繁杂的信息，而且某一区出现故障，不影响其他区的正常操作，这里的 C、D、E、F 是硬盘逻辑驱动器的名称。

七、驱动器

要想了解软盘和光盘中的信息，必须使用软盘驱动器和光盘驱动器（分别简称软驱和光驱），供计算机对上面的数据信息进行识别和处理。软驱和光驱都位于机箱中，硬盘被固定于驱动器中。出于安全性和容量的考虑，现在软盘和软驱几乎绝迹，一般计算机都配有光驱，有的还带有刻录功能。取出时，应该先按一下弹出按钮，光盘会自动弹出。将光盘插入光驱时要注意方向，应该使转轴面向下。值得注意的是，光驱的上方或下方有一个小小的指示灯，当指示灯亮时，说明计算机正在读或写这个驱动器内的光盘。硬盘驱动器的指示灯也位于主机箱前面板上，指示灯亮时，表明计算机正在读或写硬盘。驱动器指示灯亮时，不能取出相应驱动器内的盘片或关机；否则可能会对光盘造成损坏。

八、光盘

光盘实现了数据的大容量存储，CD - R 光盘容量可达到 650 MB，每张光盘能记录 75 min 的影像和声音，是计算机实现多媒体功能的功臣之一。DVD 光盘容量更大，可以达到 4.7 GB 的容量。要利用计算机向空白光盘中写入内容，就要使用专门的光盘刻录系统。普通空白光盘是不可擦除的，一旦刻上内容，便不能像软盘那样，用新内容把旧内容覆盖掉。现在市面上也有可擦除光盘，但价格相对较高。

九、机箱内部元件

机箱中主要部件包括一块电源、一个硬盘驱动器、一个光盘驱动器、一块插满了电子元件的电路板——主板及带状的导线,叫做数据排线,如图6—4所示。

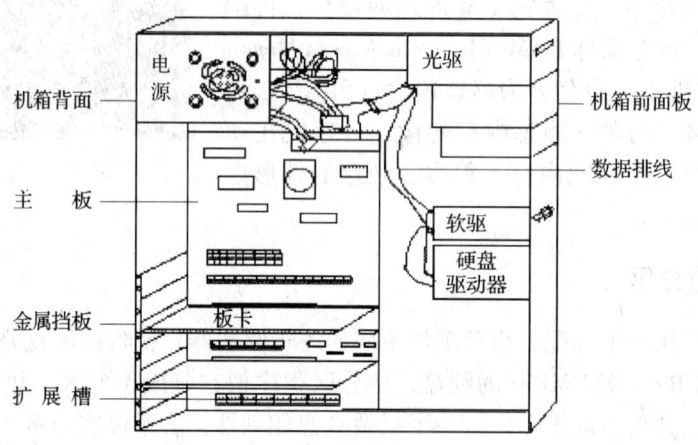

图 6—4 机箱内部部件

1. 计算机电源

图6—5所示为计算机电源。计算机内部所需电压不超过 12 V,而市电电压是 220 V。计算机电源相当于一个变压器,可把 220 V 电压转化为计算机内硬件设备所需的电压,并向各部件供电。电源上有一束各种颜色带接口的导线,它们用来与主板、软驱、光驱、硬盘、CPU 风扇等部件的电源与计算机接口相连,以给它们供电。

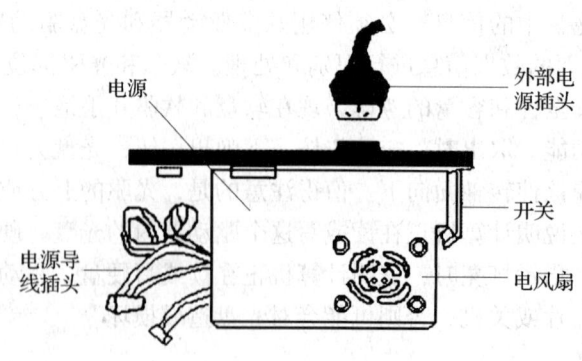

图 6—5 计算机电源

2. 驱动器

驱动器分为硬盘驱动器和光盘驱动器。硬盘固定在硬盘驱动器之中。光盘驱动器是读取光盘信息的设备。

3. 主板

主板英文名字叫做"Mainboard"或"Motherboard",简称 M/B。主板上有一排排的插槽,呈黑色和白色,长短不一,声卡、显卡、内存条等设备就是插在这些插槽里与主板联系起来的。除此之外,还有各种元器件和接口,它们将机箱内的各种设备连接起来。

(1) 芯片组。芯片组是主板的核心,是 CPU 与外部设备沟通的桥梁。而芯片组技术的高低就决定着主板性能的好坏。计算机技术发展到现在,不同品牌的主板性能很容易辨别。只要了解某款主板采用的是何种芯片组,就能大致了解其性能档次。

(2) CPU 的插座。主板的 CPU 插座旁边有一个杠杆,将其拉起,插入 CPU 插脚,将杠杆压回原位置,CPU 芯片就固定在主板上,这就是插座的作用。

(3) 电源插座。计算机要有电才能运行,计算机机箱里有一个电源,电源上有很多导线及接口。计算机电源是给主机箱中的各个硬件设备供电的。导线及接口要分别接到主板、硬盘、光驱的电源插座上。

(4) 系统主存插槽与内存条。在主板上,有专门用来安插内存条的插槽,叫做"系统主存插槽"。大部分架构主板提供 72 线(白色)和 168 线(黑色)的内存插槽。72 线插槽叫做 DRAM 插槽,用来插 DRAM 内存条;168 线插槽叫做 SDRAM 插槽,用来插 SDRAM 内存条。架构主板上只提供 168 线的黑色 SDRAM 插槽。按容量大小,内存条可分为 512 MB、1 GB、2 GB 等几种。

(5) 扩展槽与扩展总线。扩展槽为个人计算机提供了功能扩展的接口。它可以连接声卡、显卡等设备,并将外部信号传输给主板电路,同时,将主板的信号传递给外部设备。扩展槽的接口有 ISA、PCI、AGP 3 种。PCI 扩展槽为白色,AGP 和 ISA 扩展槽一般为黑色。其中,ISA 接口较少使用;PCI 接口用途较广;AGP 是 3D 图形加速端口。

总线是主板与插到它上面板卡的数据流通通道。有了总线,各板卡才能与主板建立联系,供计算机使用。扩展槽口中的金属线就是扩展总线,板卡插到扩展槽中时,其管脚的金属线与槽口的扩展总线相接触,就达到了信号互递的作用。扩展槽有 ISA、PCI、AGP 3 种类型,相应的扩展总线也分为 ISA、PCI 和 AGP 3 种类型。

(6) 数据排线。机箱内白色塑封的扁平带子,这就是数据排线。带子的一侧标明了一条红线,带子中间有若干黑色或褐色的接口,用来连接主板、硬盘、光驱等设备,以传递数据。通过这些数据线,计算机内的各硬件才能建立联系,交流数据。

(7) I/O 界面。I/O 是 Input/Output 的缩写,意思是"输入/输出"。主板上的 I/O 界面提供各种与外部设备相连的接口。位于机箱内的是 IDE 等接口,数据排线通过 IDE 接口使光驱、硬盘与主板相连。露在机箱外与其他外部设备,如打印机、鼠标、键盘、调制解调器等相连的接口分为串口和并口。串口常用 COM1、COM2、PS/2 表示;并口用 LPT1、LPT2 表示。通常情况下,COM1 或 PS/2 连接鼠标或键盘,COM2 连接外置调制解调器。LPT1 通常连接并口打印机,所以又叫做 PRN 口(PRN 是 PRINT 的缩写)。打印机根据电缆接口类型的不同,分为串行打印机和并行打印机,分别连串口和并口。由于并行打印机接受信息快、打印速度快,所以串行打印机已逐渐被并行打印机所取代。

(8) 高速缓存。高速缓存(Cache Memory)是为增加内存的存取效能、提高 CPU 处理数据的效率而产生的。像内存一样,它也可以扩充,现在奔腾级的主板上都安装有 LC Cache 的芯片或插槽。

(9) 声卡。声卡是计算机内专用的声音处理芯片。平时能听到声音,是因为声波改变了环境中的空气压力，人的耳鼓感受到这种压力的变化，大脑将其解释为声音。用话筒录音时，空气压力的变化使话筒的振动膜片产生与耳鼓类似的振动，这些细微的振动又会转换成电流强弱的变化。声卡采用的也是类似的原理，只不过是逆向进行的——声卡把计算机中反映声音的信息转化成电流信号，用音频放大器放大，使音箱的喇叭产生振颤，造成空气压力的变化，最终形成人耳所能听到的声音。

图6—6所示为一块声卡，左侧为声卡接口。声卡要插到扩展槽中与主板连为一体才能发挥作用。PCI和ISA扩展槽可以用来插声卡，相应的，声卡有PCI声卡和ISA声卡之分。

图6—6 声卡

（10）显卡。计算机使用二进制数。所有的记录数据信息都是以二进制数的形式存在的，声音影像信息也不例外。把声音信息由二进制码转化为声波的是声卡，把影像信息由二进制码转化为人眼看得见的影像的计算机部件就是显卡。图6—7所示为一块显卡。

图6—7 显卡

显卡的主要用途之一是显示内存，它与系统主存的功能是一样的，只不过负责的区域不同。显示内存用来暂存显卡芯片所处理的数据，而系统主存则用来暂存CPU所处理的数据。显卡最基本的3项指标是分辨率、色深和刷新频率。分辨率代表显卡在显示器屏幕上所能描绘的像素点的数量，一般以"横向点×纵向点"表示，如标准的VGA显卡分辨率为640×480。色深也称为颜色数，指卡在当前分辨率下能同屏显示的色彩数量，以多少色或多少bit色来表示，如256色（8 bit色，即2^8）。刷新频率指图像在显示器屏幕上更新的速度，单位是"赫兹"（Hz）。刷新频率越高，屏幕上图像的闪烁感越小，视觉效果越好。以上3项指标越高，要求的显示内存越大。

第二节 软件知识

软件是支持计算机运行的各种程序以及开发、使用和维护这些程序的各种技术资料的总称。没有软件的计算机硬件系统称为"裸机",软件是计算机与用户之间的一座桥梁,是计算机不可缺少的部分。随着计算机硬件技术的发展,计算机软件也在不断完善。

一、软件系统的组成

1. 软件系统的层次结构

软件系统由系统软件和应用软件组成,它们形成层次关系。所谓层次关系指的是:处在内层的软件要向外层软件提供服务,处在外层的软件必须在内层软件支持下才能运行。

2. 系统软件

(1) 系统软件的主要功能

1) 简化计算机操作。

2) 充分发挥硬件性能。

3) 支持应用软件的运行并提供服务。

(2) 系统软件的特点

1) 通用性。其算法和功能不依赖于特定的用户,无论哪个应用领域都可使用。

2) 基础性。其他软件都是在系统软件的支持下进行开发和运行的。

(3) 主要系统软件

1) 操作系统。操作系统是硬件的第一级扩充,是软件中最基础的部分,支持其他软件的开发和运行。操作系统由一系列具有控制和管理功能的模块组成,可实现对计算机全部软、硬件资源的控制和管理,使计算机能够自动、协调、高效地工作。任何用户都是通过操作系统使用计算机的,也只是在有了操作系统之后,用户才可以非常方便地使用计算机。例如,当用户向计算机输入一段程序时,根本不用考虑该程序将放在计算机内存中的哪个位置;当用户将程序存储到磁盘上时,也不必考虑程序应该存放到磁盘的哪一段磁道上,用户仅需给出文件名,系统就会自动完成存储程序的任务了。

2) 语言处理系统。它在层次上介于应用软件与操作系统之间。它的功能是把用高级语言编写的应用程序翻译成等价的机器语言程序。而具有这种翻译功能的编译或解释程序,则是在操作系统支持下运行的。

3) 服务型程序。也称为支撑软件,能对机器实施监控、调试、故障诊断等工作。它是进行软件开发和维护工作中使用的一些软件工具。例如,支持用户录入源程序的各种编辑程序;调试汇编语言程序的调试程序;能把高级语言程序编译后产生的目标程序连接起来,成为可执行程序的连接程序等。这些程序在操作系统支持下运行,而它们又支持应用软件的开发和维护。

3. 应用软件

应用软件处于软件系统的最外层,直接面向用户,为用户服务。应用软件是为解决各类应用问题而编写的程序，包括用户编写的特定程序及商品化的应用软件和套装软件。

（1）特定用户程序（Specialized Program）。为特定用户解决某一具体问题而设计的程序，一般规模都比较小。

（2）应用软件包（Software Package）。为实现某种大型功能，具有精心设计的结构，严密的独立系统，用于面向同类应用的大量用户，如财务管理软件、统计软件、汉字处理软件等。

（3）套装软件（Group Software）。这类软件的各内部程序，可在运行中相互切换、共享数据，从而达到操作连贯、功能互补的作用。例如，微软的 Office 套装办公软件，就包含了 Word（文字处理）、Excel（表格处理）、Access（数据库）、PowerPoint（图形演示）、Msmail（电子邮件）等。

二、计算机语言

计算机语言又称程序设计语言，是人机交流信息的一种特定语言。在编写程序时，用指定的符号来表达语义。实际上它是人与计算机之间交换信息的工具。按其演变过程，可分为3类。

1. 机器语言

机器语言是计算机硬件系统能直接识别的计算机语言，不需翻译。机器语言中的每一条语句实际上是一条二进制数形式的指令代码，由操作码和操作数组成。操作码指出应该进行什么样的操作，操作数指出参与操作的数本身，或它在内存中的地址。使用机器语言编写程序，工作量大、难以记忆、容易出错、调试修改麻烦，但执行速度快。机器语言随机器型号不同而异，不能通用，因此说它是"面向机器"的语言。

2. 汇编语言

汇编语言用助记符代替操作码，用地址符号代替操作数。由于这种"符号化"的做法，所以汇编语言也称为符号语言。用汇编语言编写的程序称为汇编语言"源程序"。汇编语言"源程序"不能直接运行，需要用"汇编程序"把它翻译成机器语言程序后方可执行，这一过程称为"汇编"。汇编语言"源程序"比机器语言程序易读、易检查、易修改，同时又保持了机器语言执行速度快、占用存储空间少的优点。汇编语言也是"面向机器"的语言，不具备通用性和可移植性。

3. 高级语言

高级语言是由各种意义的"词"和"数学公式"按照一定的"语法规则"组成的。由于高级语言采用自然语汇，并且使用与自然语言语法相近的语法体系，所以按它的程序设计方法编写出的程序使人更容易阅读和理解。高级语言最大的优点是它"面向问题，而不是面向机器"。这不仅使问题的表述更加容易，简化了程序的编写和调试，能够大大提高编程效率；同时还因这种程序与具体机器无关，所以有很强的通用性和可移植性。世界上的高级语言已有数百种之多，使用最多的一些高级语言有 BAS-IC、FORTRAN、PASCAL、C、COBOL、PROLOG、LISP 等。用高级语言编写的程序称为高级语言"源程序"，它也不能直接运行，需要用"编译程序"把它翻译成机器语言程序后方可执行，这一过程称为"编译"。

4. 与语言处理有关的几个名词

（1）源程序和目标程序。将高级语言程序（或汇编语言程序）翻译成与之等价的机器语言程序时，前者称为"源程序"，后者称为"目标程序"。

（2）汇编程序和编译程序。将汇编语言源程序翻译成目标程序时，所用翻译程序称为"汇编程序"；将高级语言源程序翻译成目标程序时，其翻译程序称为"编译程序"。

（3）解释方式和编译方式。翻译高级语言源程序时，有两种解决方式，一种是解释方式，另一种是编译方式。解释方式是边扫描源程序边进行翻译，然后执行。即解释一句、执行一句，不生成目标程序。这种方式运行速度慢，但在执行中可以进行人机对话，随时改正源程序中的错误，适用于初学者。早期流行的 BASIC 语言大都是按这种方式处理的。编译方式是将源程序全部翻译后，生成一个等价的目标程序，对目标程序再进行连接装配后，便得到"执行程序"，最后运行执行程序。由于源程序一旦编译后便不再参与运行，以后每次直接运行执行程序即可，所以运行速度快。但这种方式不够灵活，每次修改源程序后，哪怕只是一个符号，也必须重新编译、连接。目前使用的 FORTRAN、C、PASCAL 等高级语言都采用这种方式。

三、文件系统

1. 文件及文件系统的概念

（1）文件（File）。文件是一个具有符号名的一组相关信息的有序集合。文件可以是一个程序，称为程序文件；或是由字符串组成的文本，称为文本文件；也可以是一组数据，称为数据文件。每一个文件都应有一个由符号构成的文件名，依据此名对文件进行各种操作。

（2）文件系统。它是负责文件存取和文件信息管理的软件机构。

2. 文件的管理

用编目方法管理文件是一种行之有效、广泛应用的方法，如图书资料、财务、物资管理都采用了编目管理。操作系统对文件的管理，也是通过编目方法实现的。即根据一定特征或需要，把大量文件分配在不同的目录下存放。

（1）目录结构。现在的文件管理一般采用树形目录结构。树形目录结构的特点有以下几个：

1）每个磁盘只有唯一的一个根节点，称为根目录。

2）根节点向外可以有若干个子节点表示子目录，称为文件夹（Folder）。文件夹中有文件。

3）每个子节点都可以作为父节点，再向下分出若干个子节点，即子目录的嵌套。形象地说，树根是根目录，多次分叉的树枝是各级文件夹（子目录），树叶是文件。一般情况下，有扩展名的（.???）为文件，其他都是文件夹。

（2）存取路径。树形目录结构中，文件夹（子目录）呈层次关系，也称多级目录结构。当对某个文件或某一文件夹（子目录）进行操作时，必须指出该文件或文件夹（子目录）的存取路径。

1)路径。当从某一级目录出发（可以是根目录，也可以是子目录），去定位另一个文件夹或文件夹中的一个文件时，中间可能要经过若干层次的文件夹（子目录）才能到达，所经过的这些目录序列，就称为"路径"。例如，从根目录到"我的公文包"文件夹的路径为：根目录—Windows—Desktop。

2)当前目录。引入多级目录后，对任何一个操作都需要知道当时系统所在的"位置"，也就是说，要明确当前的操作是从哪一个目录（文件夹）出发的。把执行某一操作时系统所在的那个目录称为"当前目录"。

3．文件的表示和规定

（1）文件名的一般规定

1）文件名由主文件名和扩展名组成，主文件名和扩展名之间采用小数点分隔。

2）主文件名在不同的操作系统中有不同的规定。

3）在同一个文件夹中，不允许有相同的文件名；在不同的文件夹中，文件可以有相同的文件名。

（2）MS–DOS中文件名的规定

1）主文件名允许有8个字符，扩展名允许有3个字符，称为"8.3"型文件名。

2）这些字符可以是以下几种符号：

英文字母：A~Z大小写，共52个。

数字符号：0~9。

特殊符号：&、—、<、>、~、|、^等。

3）通配符的使用。为了增加DOS命令的灵活性、提高使用效率，DOS为文件名设定了两个专用符号——"*"和"?"，称为"通配符"。有通配符的文件名表示的文件不是"一个"文件，而是"多个"文件。其中：

*：在文件名中代表若干个不确定的字符。

?：在文件名中只代表一个不确定的字符。

（3）MS–DOS文件名的用法举例

1）正确的文件名

MPl．Doc   主文件名为MPl，扩展名为Doc。

chl   只有主文件名，没有扩展名。

2）不正确的文件名

A12345678．BAT   主文件名长度超过8位。

chap3．best   扩展名长度超过3位。

ch ap．doc   文件名中不能含有空格。

31,000．txt   文件名中不能含有逗号。

3）使用通配符

*．BAS   扩展名为BAS的所有文件，如ABC．BAS、ST．BAS、BEIL．BAS等。

A*．PRG   主文件名以A开头、扩展名为PRG的所有文件，如ALwO．PRG、AST．PRG、A．PRG等。

A?．FOR   主文件名以A开头，共2个字符，扩展名为FOR的文件，如AB．FOR、

AD. FOR、Ax. FOR 等。

注意：

＊和？可以组合使用，并可多次使用。

＊后出现的任何字符都无效。

？X1＊.＊   第一个字符任意，第二、三个字符为 X1，以后的字符和扩展名任意，如 AXl. EXE、YXlGo. CoM、VXlS. BAT 等。

A＊B. EXE   ＊后出现的任何字符都无效，等同于 A＊. EXE。

AB.＊F   ＊后出现的任何字符都无效，等同于 AB.＊。

（4）Windows 98 中文件名的规定

1）Windows 98 允许用户使用长文件名，包括路径在内的文件名长度最大可达 255 个 ASCII 字符。

2）可使用的 ASCII 字符如下：取消 <、>、|。另外增加使用空格、加号（+）、句点（.）、分号（;）、等号（=）和方括号（[、]）。由于允许使用句点"."，所以文件名中可以出现多个句点分割符。在中文版中还可以使用汉字。

3）忽略文件名开头和结尾的空格。

4）小写和大写字母在文件名中视为相同。

根据以上长文件名的规定，可以为文件选取更能够反映其内容的名字。如"My File. txt""report to boss. doc""计算机. 销售. 计划. 1999. xls"。

（5）文件名向"8.3"格式文件名的转换。虽然 Windows 98 支持长文件名，但在为 MS－DOS 和 Windows 3. X 设计的应用程序中却只能接受"8.3"格式的文件名。为了使 MS－DOS 能够接受长文件名，特意制定了一个长文件名到"8.3"文件名的转换规则，并由系统自动完成转换。

转换规则如下：

1）如果该文件名本身就符合"8.3"规则，那么文件名不变。

2）如果其长度大于"8.3"的规定，则使用长文件名的前 6 个非空格字符作为"8.3"文件名的前 6 个字符，而第 7、8 个字符则以"~"和一个数字 1 替换。

3）如果前 6 个字符相同的文件存在多个，系统用第 8 位数字区分，保证不发生冲突。

4）如果文件名中有多个句点"."，则将最后一个句点后面的前 3 个字符作为扩展名。

例如：

- Program files 转换成 progra～1。
- Draft of Windows 95 Guide. doc 转换成 Draft～1. doc。
- ComputeI. sales. plan. 1999 转换成 Comput～1. 199。

4. 路径的表示和规定

在 MS－DOS 中，路径有绝对路径和相对路径两种表示方法。

（1）绝对路径。从根目录出发表示的路径名。这种表示方法与当前目录无关，也就是说，无论当前目录是哪一个，都可以用绝对路径定位磁盘上的某一个文件。例如：

\ Windows \ Comand \ Format. com：从根目录出发，定位 Format. com 文件。

\Windows\Desktop\我的公文包\Pyl5.exe：从根目录出发，定位 Pyl5.exe 文件。其中，符号"\"表示子目录之间或子目录与文件之间的分隔符。当"\"出现在路径的第一个字符位置时，代表从根目录出发。

（2）相对路径。不从根目录出发，而是从当前目录的下一组子目录或父目录开始表示路径。因此，这种表示方法与当前目录密切相关。其中，符号".."代表当前目录的父目录。DOS 在建立子目录的时候，自动生成两个目录文件，一个是"."，代表当前目录；一个是".."，代表当前目录的上一级目录。

第七章

火灾自动报警系统检修

第一节 火灾自动报警系统现场设备

在火灾探测中,对周围环境的探测主要依赖于现场设备,现场设备不间断对保护区域的情况进行监视,当发生火灾时,第一时间将报警信息传送至消防控制中心。下面介绍几种不同厂家的产品,供读者了解。

一、新普利斯 4120 系统

1. 新普利斯 4120 系统现场设备

新普利斯 4120 系统现场设备包括智能烟感及底座、智能温感及底座、破玻报警器、手拉报警器、控制模块、信号模块、探测模块和反馈模块等。

(1) 智能烟感、智能温感。智能烟感(以 4098-9701 或 4098-9714 为例)及智能温感(以 4098-9732 或 4098-9733 为例)均采用同一类型的底座(以 4098-9784 为例)。其接线如图 7—1 所示。

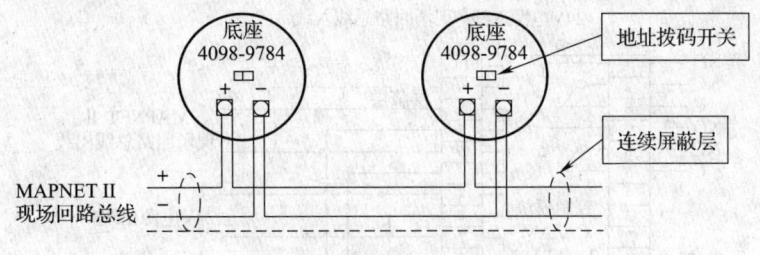

图 7—1 探头底座接线

4098-9714 智能型光电烟感探测器具有格栅设计,有助于引导烟雾进入烟室,增强探头的感烟能力,而且在天花板安装时烟雾导入区非常小。该探测器能根据不同情况自动报告探测室3种不同状态，分为轻度脏、脏、严重脏3种级别。智能烟感的灵敏度范围为0.2% ~ 3.7%（每平方英尺的烟雾遮蔽百分率），具备7级可调功能。探测器具备自动复位能力。探头与底座采用分离结构，易于安装维护，底座上的LED以长亮、闪亮和不亮来指示火警、正常和故障状态。

4098-9733智能型温感探测器可以自复位，具备定温补偿探测功能，可以选择定温或差温工作方式。由于探测器内部装有一块小巧的感温元件，能准确、迅速地测量现场温度，将信号传给报警控制盘进行分析判断。差温式温感探测器，可在控制盘上操作选择其温升率是8.3℃/min或11.1℃/min两种。定温式探测和差温式探测不同，温度可设定为57.2℃或68℃。火灾在阴燃阶段，温度上升慢，差温式探测器不动作，但只要温度上升到报警值，就会触发报警。温感探测器能通过编程有效地监测范围在0~68℃的温度。这一特性使探测器在冷凝环境下也可以正常工作。

（2）探测模块、控制模块、信号模块

1）探测模块（2098-9211）的主要功能是监测普通式烟感探测器、设备状态点等。由于该模块是带电源的，因此，其探测回路可以带负载设备。

2）控制模块（2190-9163）的主要功能是用于控制消防联动设备。它具有两对2A容量的控制继电器触点。

3）信号模块（2190-9161）用于监视消防电话分机或电话插孔的状态，并在其呼叫主机时将其与电话主机连通。

这3种模块在系统中的接线方式如图7—2所示。

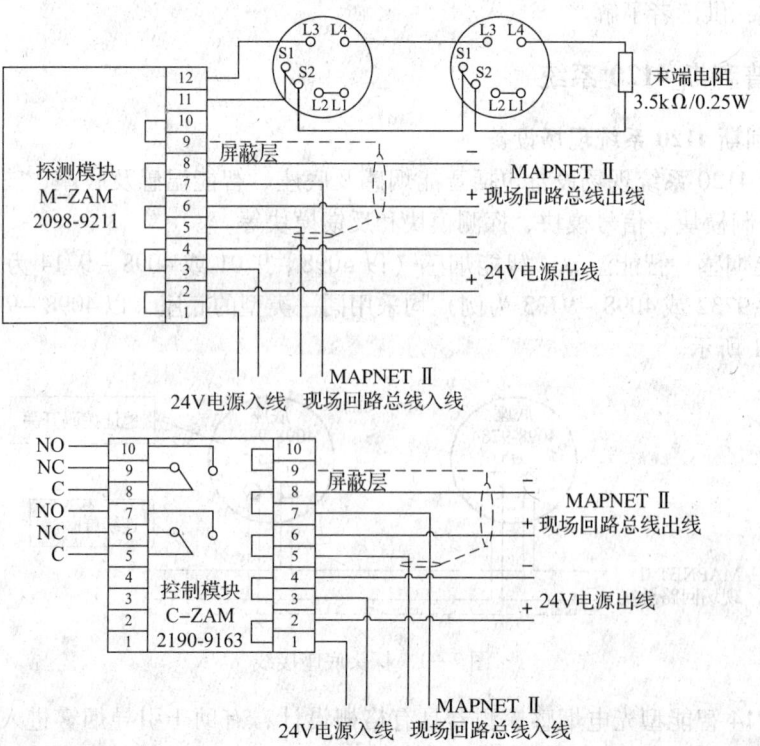

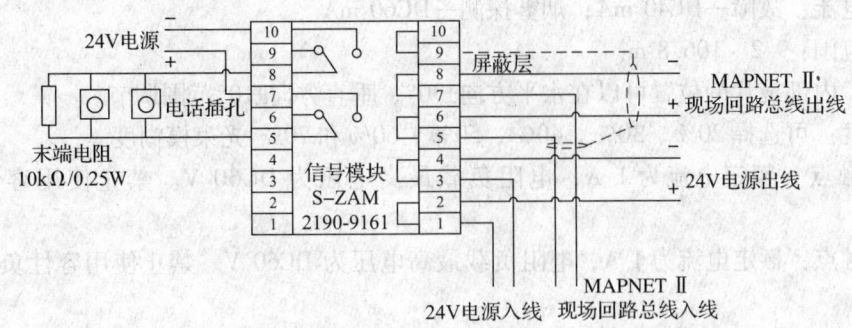

图7—2 探测模块、控制模块、信号模块接线

(3) 反馈模块。反馈模块（2190-9172）的功能是监视消防设备状态，它的功能与探测模块的功能大致相同，但由于它是不带电源的，仅靠回路线提供的 36 V 电源工作，因此，它要求连接的设备提供无源干接点，如图7—3所示。

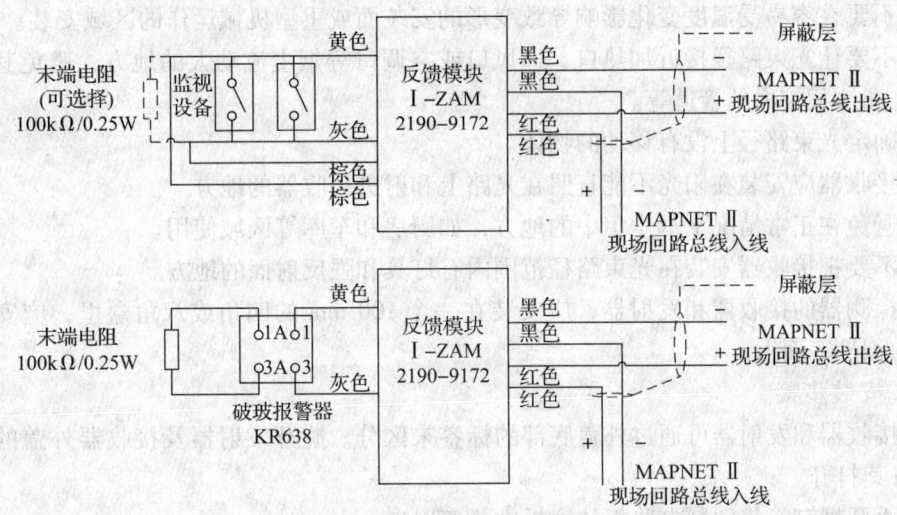

图7—3 反馈模块接线及应用

2. 对射式大范围烟感的安装

Simplex 2098-9207A 型对射式烟感探测器包括一个独立的发射器和接收器，用于保护那些单点烟感探测器不适用的大面积区域。探头的发射器会向接收器发射出一束不可见的红外光束，接收器接收后，对光束的强弱进行分析、计算，以确定探测空间烟雾的大小。如果光强度低于设定报警的阈值，将触发火警报警信号。探测器表面的灰尘积累可以通过探测器的计算抵消误差，不会影响探测器的报警监测。但若灰尘积累太多，使接收到的光信号降低至 50% 或更低比例，探测器将产生一个故障信号。如果光束完全被遮挡，探测器将发出故障信号。

(1) 技术参数

电压范围：DC18～32 V（最大允许波动 ±4 V）。

警戒电流：接收器—DC40 mA；发射器—DC20 mA。

报警电流：故障—DC40 mA；烟雾探测—DC60 mA。

适用范围：9.2～106.8 m。

位置：内部镜片的位置可以在水平方向±90°、垂直方向±10°范围调节。

灵敏度：可选择20%、30%、40%、50%、60%和70%光束模糊度。

故障触点：额定电流为1 A，电阻负载最高电压为DC60 V。禁止使用容性或感性负载。

火警触点：额定电流为1 A，电阻负载最高电压为DC60 V。禁止使用容性负载或感性负载。

辅助火警触点：额定电流为1 A，电阻负载最高电压为DC60 V。禁止使用容性负载或感性负载。

使用环境温度：-30～+54 ℃。

（2）探测器安装注意事项

1）安装对射式探测器时，要确保发射器与接收器之间不能放置镜子之类的障碍物。

2）不要在容易受温度变化影响导致变形的安装面或重型机械运作的区域安装。

3）不要让光束路径接近加热口、通风口或空调口等烟尘流动大的地方，避免其他干扰的区域，如体积较大的管道等。

4）确定光束路径上没有移动的物体。

5）接收器应安装在阳光不能直照在光路上和射进接收器的地方。

6）避免在正常情况下烟尘集中的地方，如厨房和车库等区域使用。

7）不要把接收器安装在光束路径范围内有灯具和强反射面的地方。

8）探测器的接收器和发射器，应安装在一个100 mm的四角或八角盒里，应安装于不会振动的刚性表面上。

（3）安装步骤

1）接收器和发射器可通过外盖底部的标签来区分。旋开发射器及接收器外盖的4颗螺钉，可将其打开。

2）松开螺钉，将印制电路板从底板中分离出来。

3）通过后面安装板的4个安装孔，将其安装到100 mm四角接线盒。

4）将接收器或发射器的引入线，通过入线孔从接线盒引入。

5）用螺钉重新将印制电路板固定。

6）确定所有电线都已断电，将引入线按照图7—4所示，分别接入接收器或发射器。

接线时应注意：发射器或接收器均需接入24 V电源，该电源可以设置为一路或分为两路。24 V电源需要设置一个可复位开关，该开关可由FAS输出模块的输出触点替代，用于对射式探测器报警时断电进行复位。

接收器上的状态输出端子必须连接成为一个回路，并接入到FAS系统的输入模块监测回路上。当探测器报火警时，由FAS输入模块上传到控制盘。当探测器报故障或进行检修时，FAS输入模块会产生开路故障报警，并上传到控制盘。

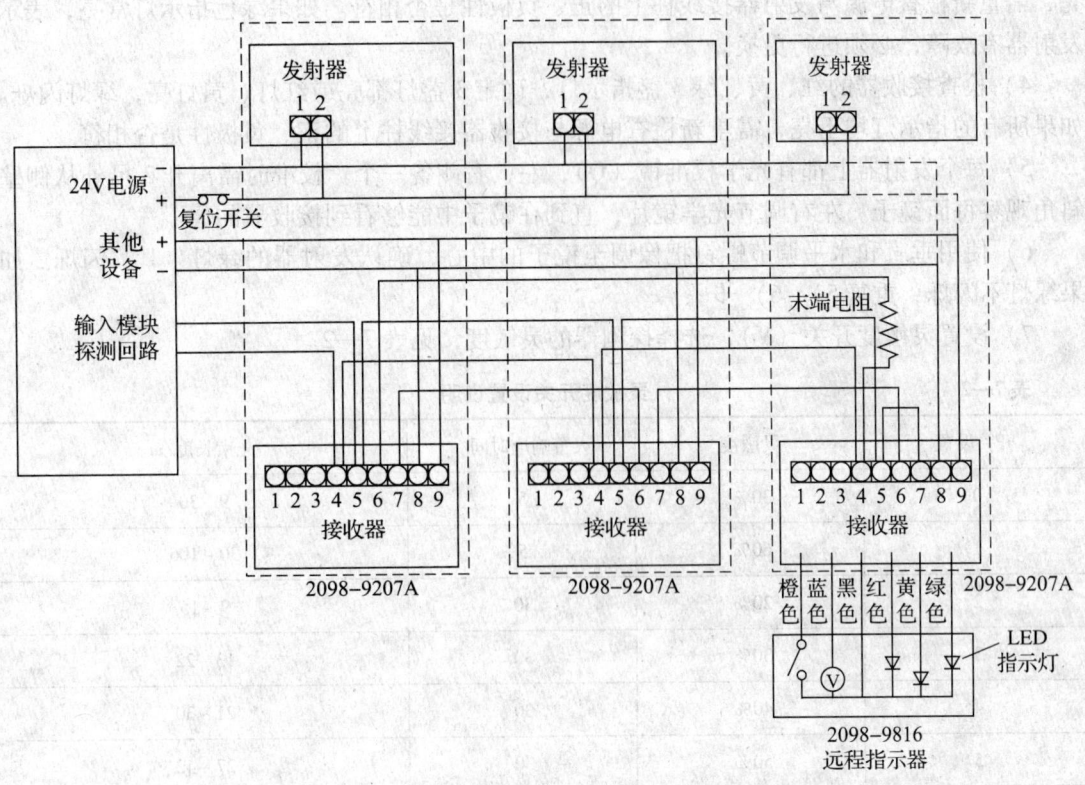

图 7—4 对射式探测器接线

接收器也可以连接远程指示器，使巡检人员通过该指示器获知探测器的状态，而不需要到达探测器安装的现场。远程指示器的红灯指示火警状态，黄灯指示故障状态，绿灯指示正常状态。巡检人员也可把直流电压计接到标有 VOLTSOUT "+" 和 "-" 的检测点上，测量探测器的电压。

接收器的接线说明见表 7—1。

表 7—1　　　　　　　　对射式探测器接收器的接线说明

接线端子	内　　容
端子 1、2、3	组成 "C" 辅助继电器触点。接线 1 和 2 在火警中断开，接线 2 和 3 在火警中接合
端子 4、5	组成 "A" 火警触点，在火警中接合
端子 6、7	组成 "B" 故障触点，当发生故障或打开检修门时接线 6、7 断开
端子 8、9	24 V 电源接入，视需要可复位电源

（4）探测器校准调试

1）确定所有的设备连接正确后，向接收器和发射器供电。

2）按下校准模式（Aim Mode）键（Zt）。

3）发射器开始发出光束信号，检查发射器的绿色指示灯是否闪烁。如果绿色指示灯不亮，需重新检查电源与发射器接线柱上的正、负极性是否相符。如果绿色指示灯常亮，表示发射器有故障，必须进行更换。

4) 检查接收器的红、黄、绿3盏指示灯，确定3盏灯都亮或红灯、黄灯亮，绿灯闪烁。如果所有的指示灯均不亮，需重新检查电源与接收器接线柱上的正、负极性是否相符。

5) 每个发射器上都有光学校准镜（Q），左、右侧各一个。校准时需离开2尺外从侧壁斜角观察每面镜子。左右调节光学镜片，直到在镜子中能够看到接收器的像。

6) 使用垂直和水平调节螺钉把像调至镜子的中心，确认发射器的绿灯（U）闪烁。如果绿灯不闪烁，重复5)、6) 步骤。

7) 设置灵敏度开关（V），选择探测器的灵敏度，见表7—2。

表7—2　　　　　　　　　　灵敏度开关设置说明

开关设置	灵敏度	火警响应时间/s	光束长度/m
0	30%	5	9~30
1	60%	5	30~106
2	20%	30	9~15
3	30%	30	13~22
4	40%	30	21~30
5	50%	30	27~42
6	60%	30	36~54
7	70%	30	48~106
8	无效		
9	无效		

8) 用螺钉分别将发射器和接收器外盖封好，如图7—5所示。

二、霍尼维尔 XLS1000 系统

1. 现场设备

霍尼维尔 XLS1000 系统现场设备包括智能烟感及底座、智能温感及底座、破玻报警器、输出模块、输入模块和信号模块等。

（1）智能烟感、智能温感。XLS-PS 型智能化光电式烟感探头能收集探测元件的模拟量信息，并将其转换成数字信号。探头上自带的微处理器可对这些信号进行监测和分析。微处理器将得到的数字信号与历史数据和时间平均值进行比较，判断是否报警。数字过滤器将那些非火灾的信号采样值去除，消除了大多数误报警。探测灵敏度可以高低变化，灵敏度范围为 0.67%~3.77%/ft，使相对变化的感应基准（遮挡百分比）保持恒定，这一技术称为差分感应。它使得探头近似独立于其所安装的环境和物理条件而报警。大约每10 min，探头就会调谐和更新感应基准，使其传感元件对环境的变化进行补偿。环境变化的原因有尘埃、

潮湿、老化及少量的正常环境烟雾等。大约每一个小时，微处理器将这一信息写入到永久性寄存器中，使探头当前的基准信息不会丢失。探头具有连续运行的自我诊断功能，可不断地更新探头的统计数据，并将数据存储到永久性寄存器的历史记录中。该历史记录中的信息包括探头类型、出厂编号、地址、制造日期、运行小时数、最新一次报警前的模拟量信号样值、发出最新一次警报的时刻和日期。探测器具有电子寻址和设备定位功能。电子编定的出厂编号和地址可使处于同一回路中的控制器自动地定位出探头的位置，并将这些信息用于系统内的"设备链接图"（As-Build Drawings）中。在探头进入到全面报警状态前，可发出预报警警告，提示潜在的火灾状态。预报警的设定值是报警设定值的 75%。探头上有一个红色和一个绿色状态 LED 显示灯，绿灯闪动表示探头正常，红灯闪动表示探头报警，所有灯都不亮表示探头有故障。

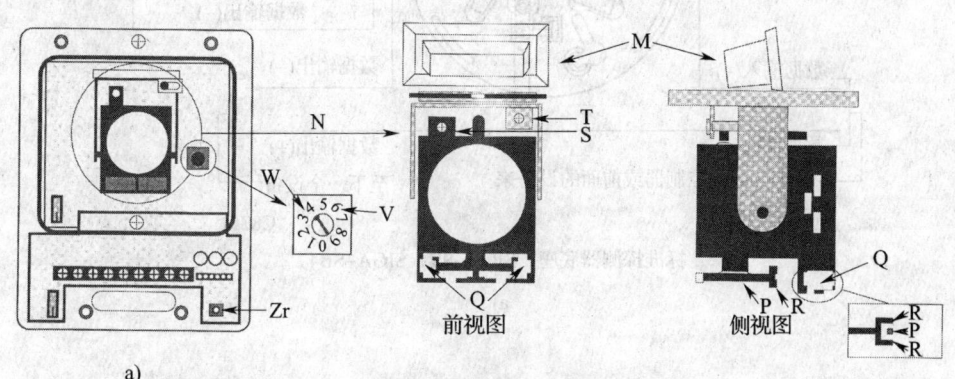

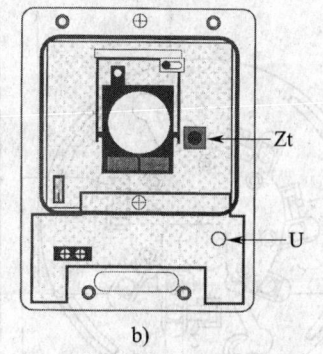

图 7—5　对射式探测器结构
a）接收器　b）发射器
N—接收器的光学模块　W—灵敏度设置旋钮　V—灵敏度挡位　Zr—接收器校准开关
S—垂直微调螺旋　T—水平微调螺旋　M—校准闪灯（外置）　Q—校准镜
P—中部准星　R—两侧准星　Zt—发射器校准开关　U—发射器工作状态指示灯

　　XLS-HRSI 型智能化温感探头具有一级灵敏度、复合式报警功能。它的报警温度为 57℃、报警温度上升率为 9℃/min。它具有最大约 21.3 m 的探测距离，自带微处理器、电子寻址和设备定位功能。具有一个红色和一个绿色状态 LED 显示灯，绿灯闪动表示探头正常，红灯闪动表示探头报警，所有灯都不亮表示探头有故障。

智能烟感（XLS-PS）或智能温感（XLS-HRSI）可采用的底座有3种类型：标准底座、继电器底座及隔离底座，如图7—6所示。

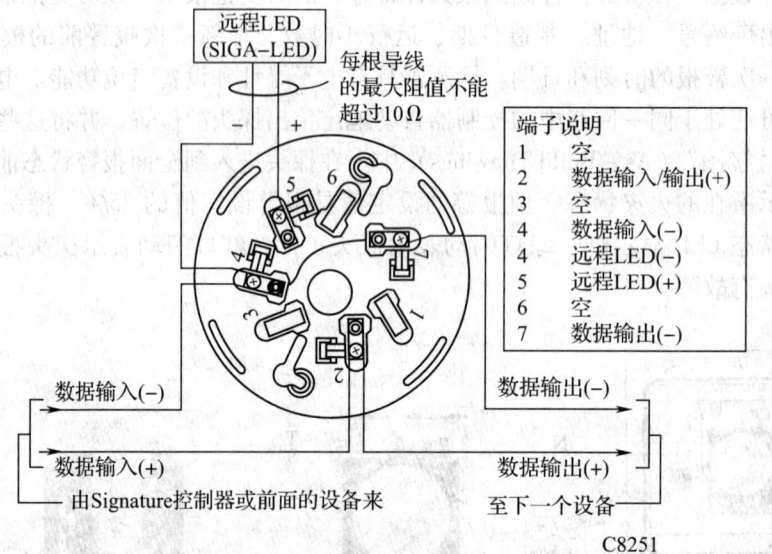

标准探测器底座，SIGA-SB，SIGA-SB4

a)

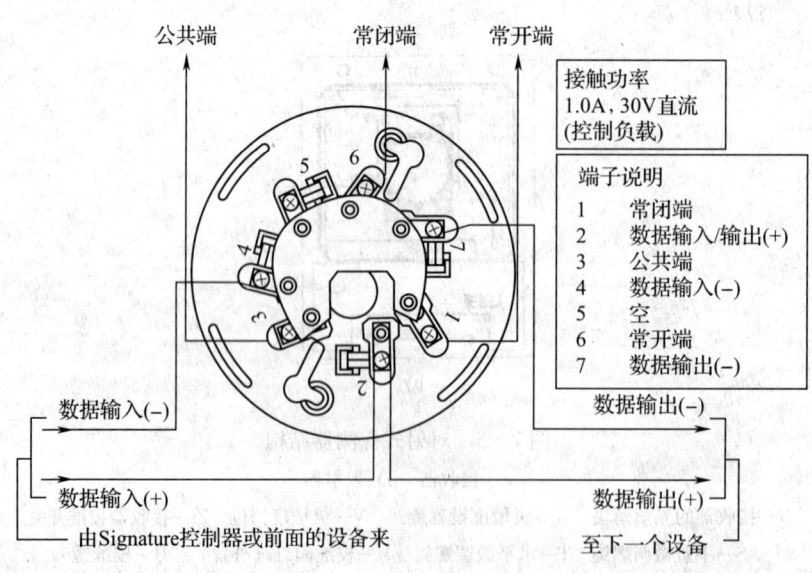

继电探测器底座，SIGA-RB，SIGA-RB4

b)

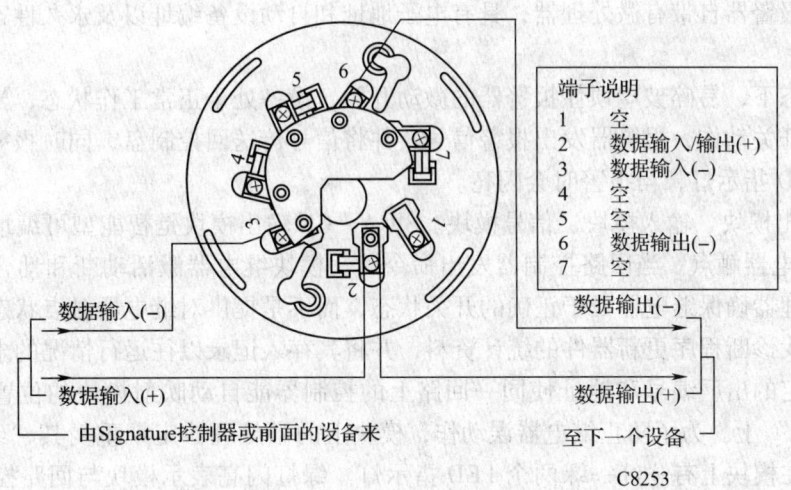

隔离探测器底座，SIGA-IB，SIGA-IB4

c)

图7—6 探测器底座接线

a) 标准探测器底座 b) 继电探测器底座 c) 隔离探测器底座

标准探测器底座用于一般的使用要求。继电探测器底座用于探测器直接联动相关消防设备启动，具有救灾灭火、报警疏散等功能。隔离探测器底座用于对现场回路总线的保护，监视回路总线的短路故障或接地故障，当有故障情况发生时，隔离探测器底座会自动断开故障点两端的回路总线，使其余回路总线继续工作。一般一条回路上应设有2个以上的隔离探测器底座。

（2）破玻报警器。SIGI-271破玻报警器是带地址码的手动报警器，它由前盖、易碎玻璃、背板（包括行程开关、背板及处理通信模块）及底盒组成，如图7—7所示。

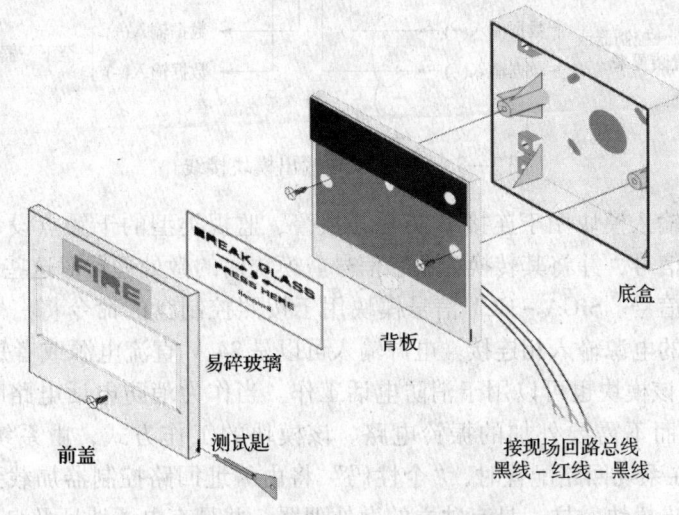

图7—7 SIGI-271破玻报警器结构

该破玻报警器自带有微处理器，具有电子地址和自动设备编址以及永久性寄存器和单独工作的功能。

正常状态下，易碎玻璃顶住报警器的微动开关，设备处于正常工作状态，当易碎玻璃被打碎，微动开关动作，报警器发出报警信号，并将信号传送回控制盘，同时报警器背板上有一个红色 LED 指示灯，当报警时会闪亮。

（3）输出模块、输入模块、信号模块。SIGA – CR 输出模块是智能型可编址设备，带有"C"式干继电器触点。当回路控制器发出命令时，模块继电器激活动断和动合触点。模块内含的微处理器确保继电器处于正确的开关状态，而不是提供对继电器触点状态的监测，持续运行的自我诊断程序更新器件的统计资料，并将其存入记录以往运行情况的永久性寄存器中。电子编定的出厂编号和地址使同一回路上的控制器能自动映射模块的位置，并反映在"设备链路图"上。为了防止继电器误动作，模块上的微处理器定期重复其"继电器状态"控制命令。在模块上有一红一绿两个 LED 指示灯。绿灯闪亮表示模块与回路控制器通信正常，不亮则表示通信异常。红灯不亮表示模块无输出动作，红灯亮表示模块的输出命令已发出。输出模块接线如图 7—8 所示。

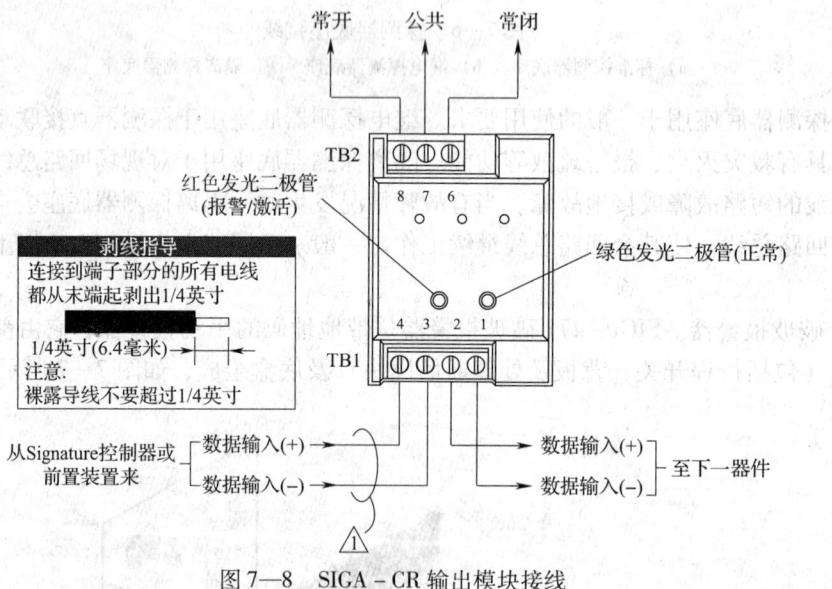

图 7—8　SIGA – CR 输出模块接线

SIGA – CT1 单输入模块用于连接 B 类常开报警、监视类型的干触点设备电路。模块收集探测回路的模拟信号，并将其转换为数字信号。模块内的微处理器对这些信号进行分析并向控制盘送出判断信号。SIGA – CC1 信号模块用于按照控制盘的命令将一个受监视的音频扬声器回路与它们的电源输入相连接。电源输入可以是 24 V 直流电源或者是有效值为 25 ~ 70 V 的交流信号。该模块也可以用于消防电话工作。当作为消防电话电路时，该模块可自动产生振铃信号，而不需要外加的振铃电路。该模块的工作方式，由系统编程时确定的"个性码"决定。在系统回路配置时，"个性码"将由编址回路控制器加载到模块。输入模块及信号模块与输出模块一样，具有独立的微处理器，并具有电子地址及自动编址功能。同样拥有相似功能的红绿 LED 指示灯。接线如图 7—9 所示。

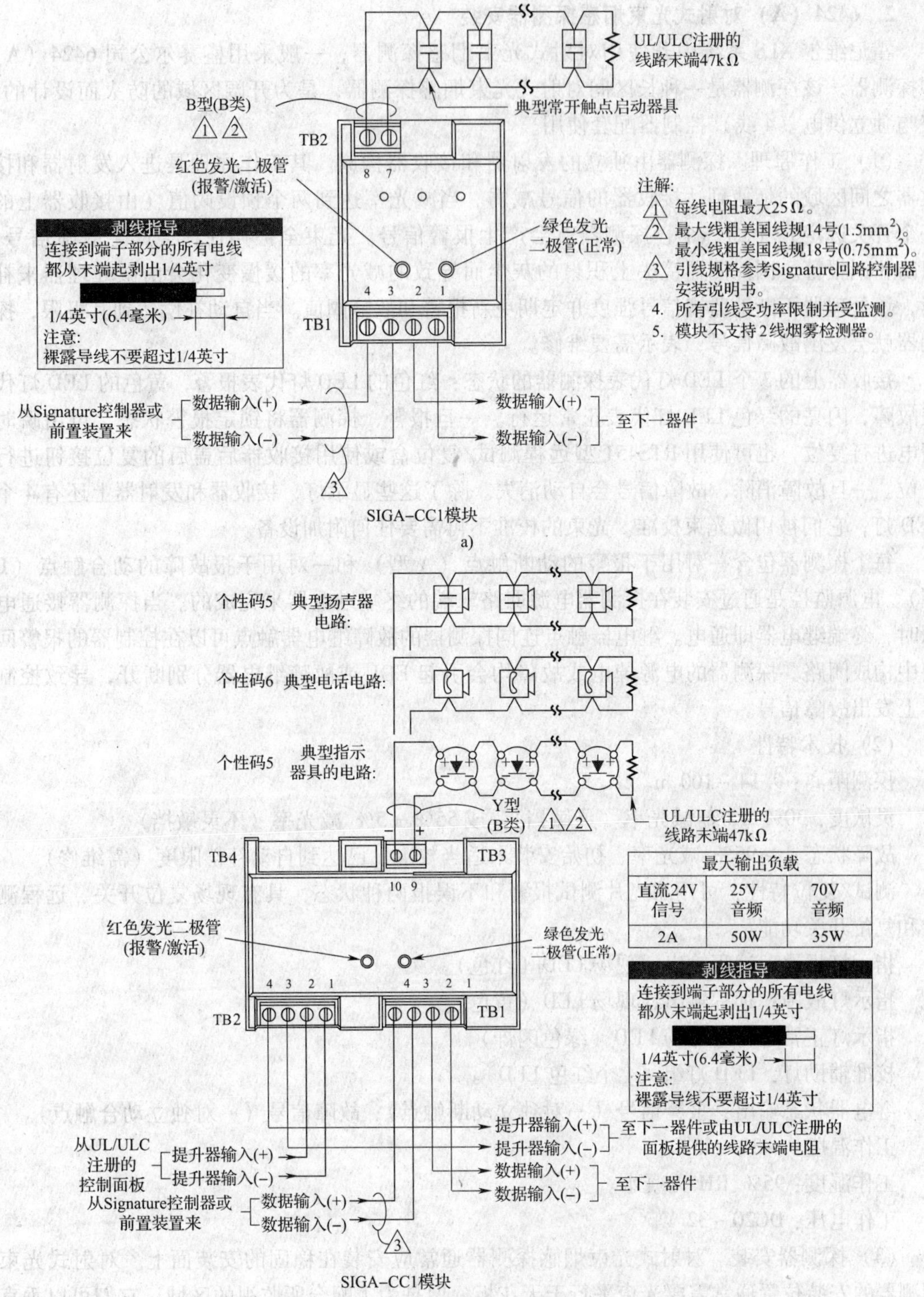

图7—9 输入模块及信号模块接线
a) 输入模块接线 b) 信号模块接线

2. 6424（A）对射式光束烟感探测器安装

霍尼维尔 XLS 系统中若使用对射式光束烟感探测器，一般采用盛赛尔公司 6424（A）型探测器，该探测器是一种长区间对射式光束烟感探测器，是为开阔区域的防火而设计的，仅与独立供电（4线）控制器配套使用。

（1）工作原理。探测器由独立的发射器和接收器构成。其工作原理是进入发射器和接收器之间区域的烟使到达接收器的信号减弱。当减光率达到两个预设阈值（由接收器上的一个开关选定）中的一个，探测器就会产生报警信号。光束全被挡住，会产生故障信号，以防止漏报警。因探测器镜头上积聚的灰尘而导致的减光率的缓慢变化会由微处理器来补偿，该处理器不断地监视信号强度并定期更新报警和故障阈值。当自动补偿达到其极限，探测器就会发出故障信号，表示需要维修。

接收器上的 3 个 LED 灯代表探测器的状态：红色的 LED 灯代表报警，黄色的 LED 灯代表故障，闪亮的绿色 LED 灯代表正常运行。一旦报警，探测器将锁定报警状态，可由瞬时断电进行复位，也可使用 RTS451 型远程测试/复位盒或使用接收器后盖后的复位按钮进行复位。一旦故障消除，故障信号会自动消失。除了这些显示灯，接收器和发射器上还有 4 个 LED 灯，它们被用做光束校准。光束的校准不再需要任何附加设备。

每个探测器包含一对用于报警的动断触点（A 型）和一对用于报故障的动合触点（B 型）。电源监控是通过安装在探测器电源回路末端的终端继电器来完成的。当探测器接通电源时，终端继电器即通电。继电器触点连同探测器的故障继电器触点可以在控制器的报警回路中构成闭路。探测器的电源掉电或故障均会引起 EOL 或故障继电器分别断开，导致控制器上发出故障信号。

（2）技术特性

探测距离：9.14~100 m。

灵敏度：30%±5% 减光率（灵敏挡），或 55%±5% 减光率（不灵敏挡）。

故障状态：≥95% 减光率、初始安装未适当校准、已达到自动补偿限度（需维修）。

测试/复位特性：可用滤光片测试报警和不误报两种状态，具有现场复位开关、远程测试和复位开关功能。

指示灯报警：远程输出，现场 LED（红色）。

指示灯故障：远程输出，现场 LED（黄色）。

指示灯正常运行：现场 LED（绿色闪烁）。

校准辅助灯：LED 灯组（4 个红色 LED）。

继电器状态输出：报警信号（一对独立动断触点）；故障信号（一对独立动合触点）。

工作温度：-30~55℃。

工作湿度：95% RH 无凝水。

工作电压：DC20~32 V。

（3）探测器安装。对射式光束烟感探测器通常应安装在稳固的安装面上。对射式光束探测器的安装位置通常需要光束平行于天花板。但是为了配合所监视的区域，它们可以垂直或以某个角度安装，也可安装在墙上或低于点型探测器安装高度的天花板上，以降低空气的分层影响。

在一间拥有光滑天花板的房间里，两只探测器之间留有的间距应在 9~18 m 之间。光束和侧面墙之间距离以此间距的一半作为参考距离。光束探测器的安装是把接收器装在一面墙上，而发射器装在对面墙上，或者两个都从天花板上吊下，或者安装于任何墙/天花板的组合体上。就天花板安装来说，靠墙探测器到墙的距离不应超过选定间距的 1/4（如果间距为 9 m，则距墙的最大距离是 2.2 m），如图 7—10 所示。

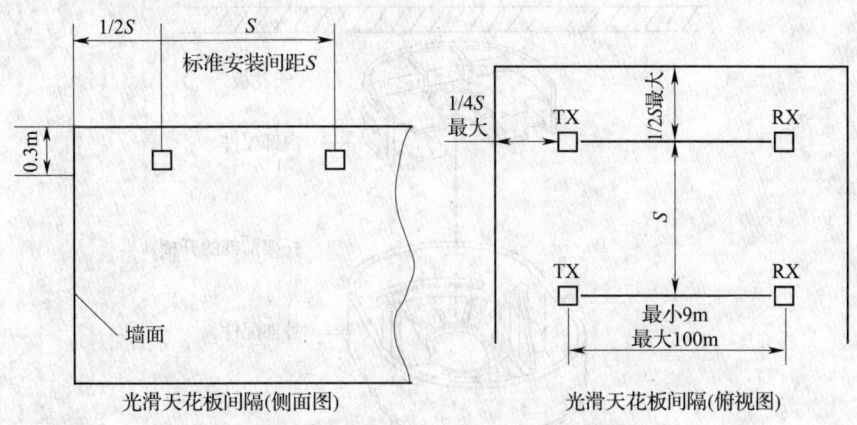

图 7—10　光滑天花板探头安装间隔

对于峰形或棚屋形天花板来说，法规规定了探测器间的水平距离，如图 7—11 所示。

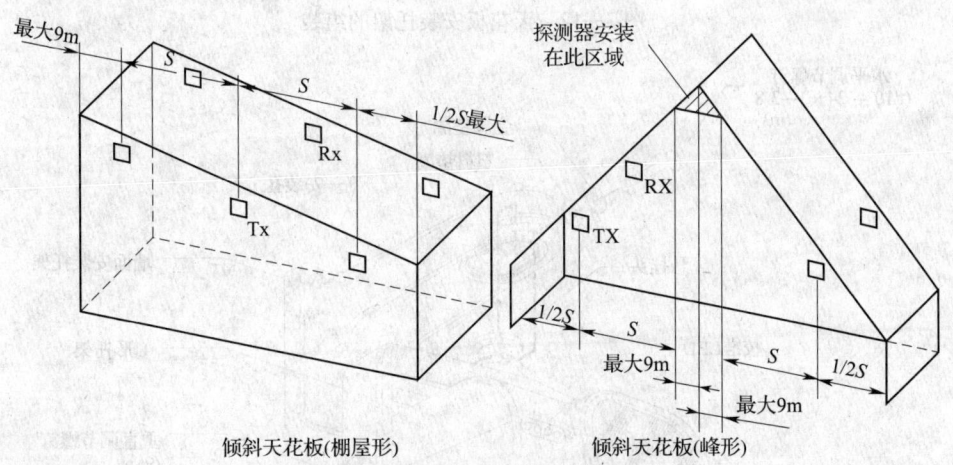

图 7—11　峰形天花板探头安装间隔

光束探测器需要稳固的安装面以利正确运行，长时间运动、漂移、振动或卷曲的表面会带来误报或故障。如果开始就选择合适的安装面，则可以消除误报和故障现象。

把探测器安装在牢固的安装面上，如砖、混凝土、坚固的承重墙、支撑柱、结构梁和其他永久性无振动或移位的表面。不要将光束探测器安装于波状金属墙、薄金属墙、外部建筑物的内层板、外部板壁、吊顶、钢制网状构架、椽子、非结构梁、托梁或其他此类表面。

需要给接收器和发射器装上天花板或墙面托架,以便安装时接收器和发射器能达到几乎一样的高度。每一个天花板托架均由两部分组成,托架应被安装起来,以便每一个托架前部的开槽是对着另一个托架的。托架只能安装于建筑物的坚固结构上。为了避免因墙面运动所造成的不必要的报警,不要将托架安装于软性墙面。安装托架时两托架间至少要有 9 m 的间距,但不能大于 100 m,如图 7—12 及图 7—13 所示。

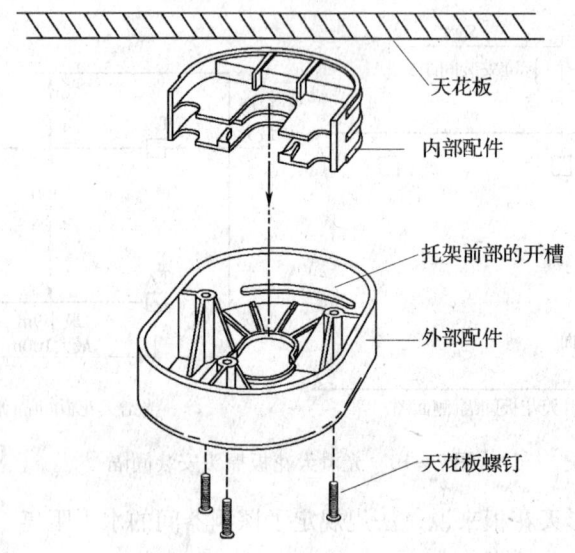

图 7—12　天花板安装托架的组装

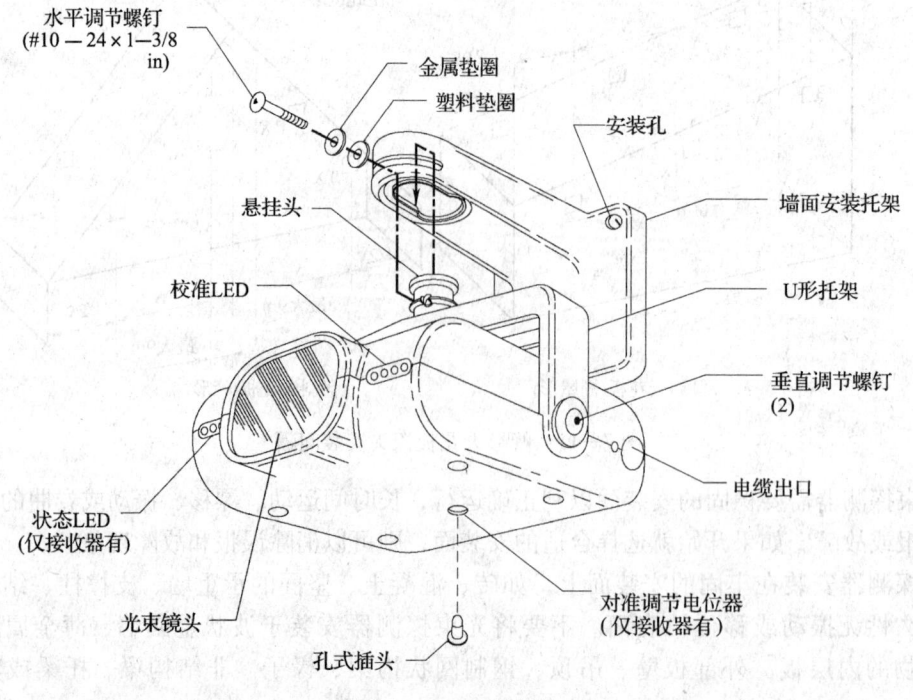

图 7—13　墙面安装

(4) 接线。附带电缆的两个连接线（用于发射器的 6 根导线和接收器的 16 根导线）在探测器安装前须接好。所有的布线应符合国家电气法规和/或有关适用的地方法规，以及当地管理机构的特殊要求。为了减轻变形，应使用适当的接线仪和合适的方法。用来将光束烟感探测器连接到控制器和辅助设备的导线应是有色标的，以降低发生接线错误的可能性。

光束探测器所用的连接线不小于 18 号规格（1.0 mm^2）。为了使系统性能最佳，所有接线应是双绞线并独立安装在接地导线管里，尽可能采用屏蔽电缆，屏蔽电缆可有效防止电磁干扰。

接线首先从连接导线上去除预割绝缘部分，然后用导线卡子将探测器接线连接到现场布线。如果绝缘部分已从任何未使用的导线头上切除，应保证它们是连接正确的，以免短路。发射器的接线有两种方法，图 7—14 显示了发射器与接收器独立供电的接线方式。在这种情况下，发射器通过连接导线获得电源与校准辅助灯的通信。至于发射器校准辅助灯所需的通信，可以通过临时接线来实现，调试后取消临时接线。如果使用远程电源，此电源必须符合有关管理机构的所有法规和条例要求。另外，发射器与接收器还有共用电源的接线方式，与独立供电接线方式的区别在于共用电源不采用远距离电源，且独立供电调试时的临时接线作为永远接线方式。

(5) 校准、调试。在校准过程中可以使用发射器上的校准 LED 灯，此时应采用发射器与接收器相连的方式，如图 7—14 所示。

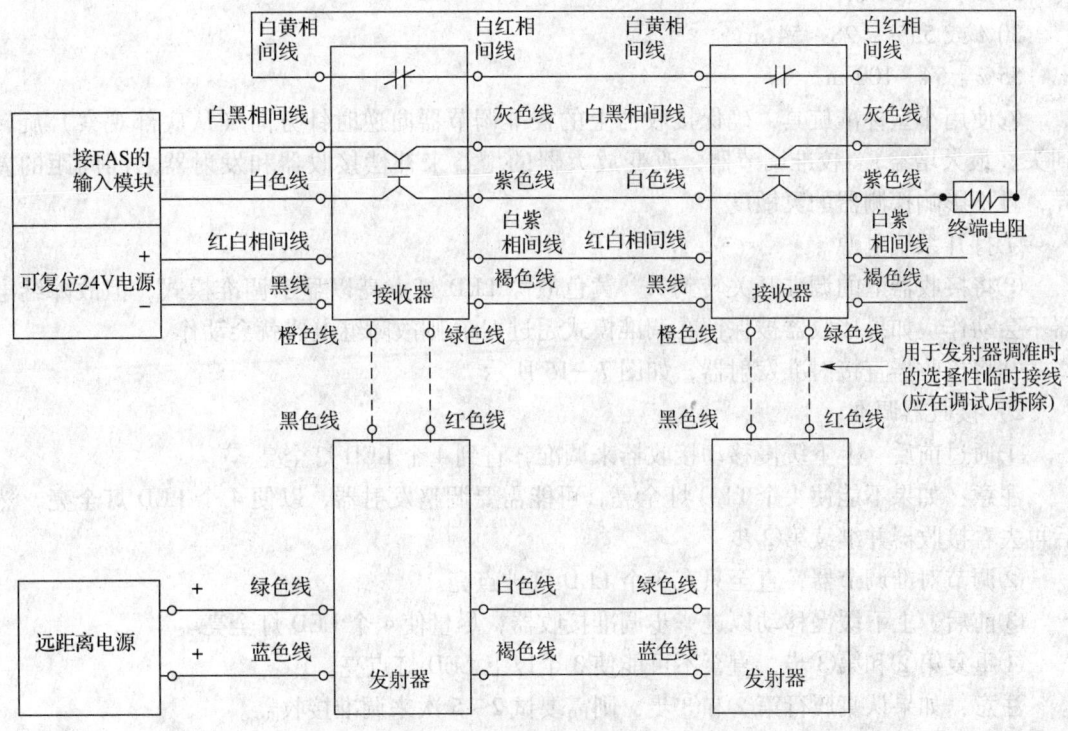

图 7—14　发射器与接收器独立供电的接线方式

调准分3个步骤完成，即调准设定、发射器的调准和接收器的调准。为了确保产品的正确调准，3个步骤必须全部正确执行。如果安装于推荐的表面（见安装位置）且调准步骤是准确履行的，则误报和有害的故障信号就会避免。调准步骤最好由两个人来完成。这样无须在发射器和接收器之间多次往返，就可以在调准发射器的同时调整接收器上的调节器。

1）调准设定

①在发射器处，使用发射器上的距离选择开关（SW2）来选择适当的距离。

短距离（S）：9~30 m。

长距离（L）：30~100 m。

②如果发射器直接接到接收器，将发射器上的调准开关（SW1）拨到位置A（调准）。将发射器直接对着接收器，然后执行第⑤步。

③如果发射器独立使用电源，可能的话将它暂时接到接收器。

注意：发射器临时接到接收器是有益的，因为这可以启动发射器上的调准LED灯，使发射器的调准无须观察接收器上的调准LED灯。

④如果发射器没有直接接到接收器，应确保在执行第⑤步前，SW1开关留在N（正常）位置。将发射器直接对着接收器。

⑤使用接收器后盖上的开关选择适当的灵敏度。灵敏度的选定，依据的是发射器和接收器的间距。

灵敏度：距离；

30%：9~28 m；

30%或55%：28~54 m；

55%：54~100 m。

⑥使用小型标准旋具，确保接收器上的校准调节器向逆时针方向（从底部观察）旋转到头（最大增益）。校准调节器，改变放大器的增益来补偿接收器和发射器之间间距的差异，且不影响探测器的灵敏度。

⑦打开系统电源。

⑧将接收器上的调准开关转到A。黄色故障LED灯点亮以显示调准模式，但故障继电器不会动作。如果接收器被保留在调准模式超过1h，则故障继电器就会动作。

⑨将接收器直接对准发射器，如图7—15所示。

2）接收器调准

①通过前后、上下缓慢移动接收器来调准，直到4个LED灯全亮。

注意：如果不能使4个LED灯全亮，可能需要调整发射器，以便4个LED灯全亮，然后再去看接收器并继续第②步。

②调节对准调节器，直至只有3个LED灯被点亮。

③前后、上下缓慢移动以进一步调准接收器，尽量使4个LED灯全亮。

④重复第②和第③步，直至不可能使3个以上LED灯点亮。

注意：如果认真履行第②和③步，则需要试2~5次来调准接收器。

⑤先认真拧紧接收器托架上的水平调节螺钉，然后再拧紧2个垂直调节螺钉，以保证3个调准LED灯保持全亮，如图7—16所示。

第七章　火灾自动报警系统检修

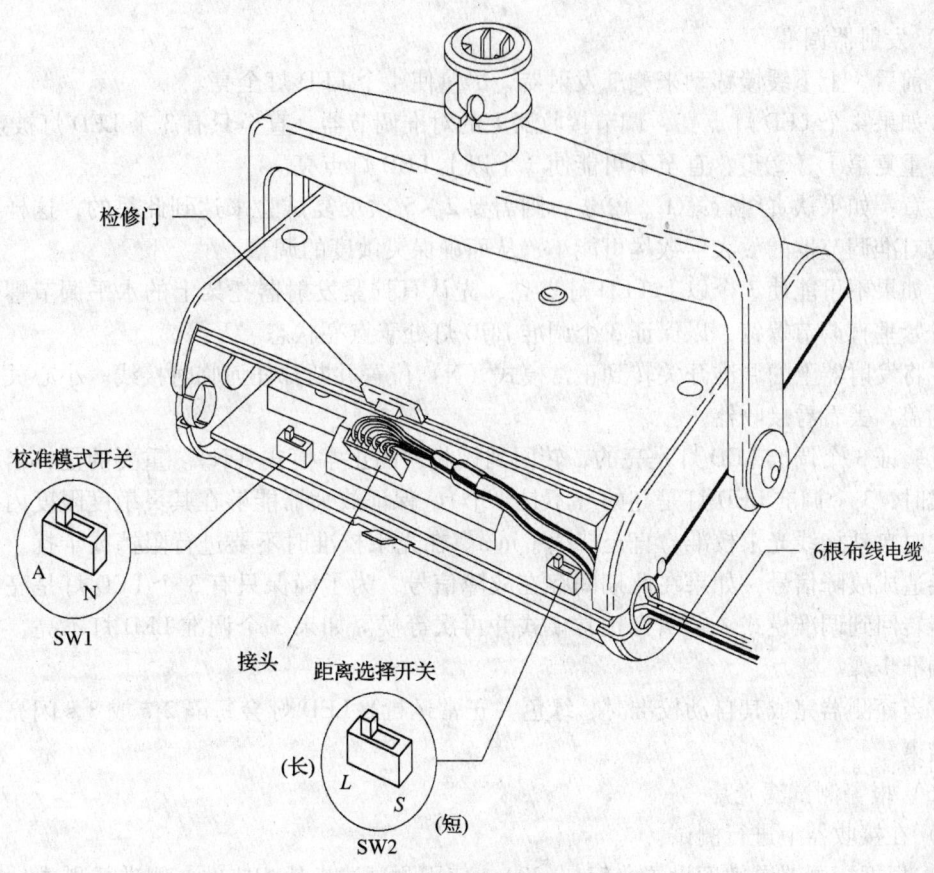

图 7—15　发射器后视图

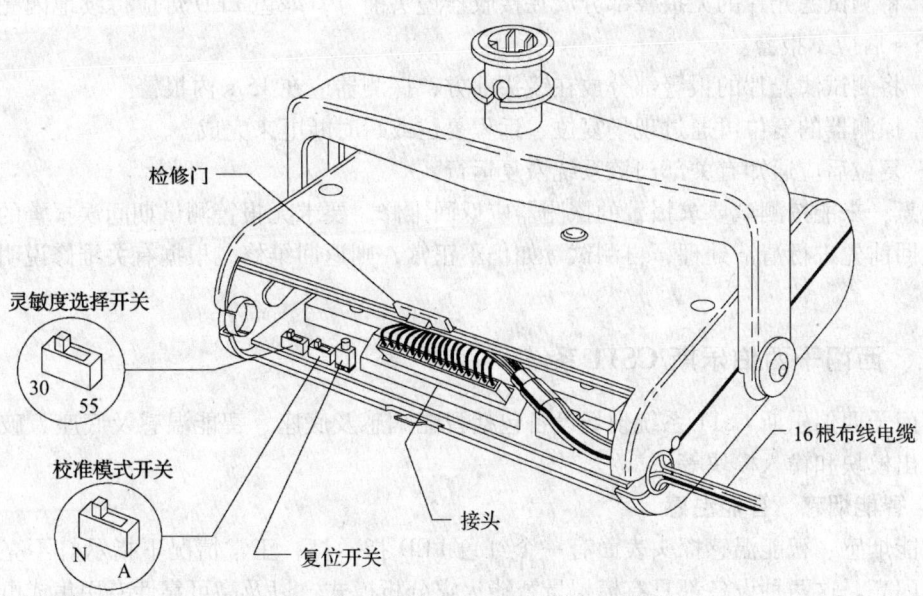

图 7—16　接收器后视图

3) 发射器调准

①前后、上下缓慢移动来调准发射器，尽量使 4 个 LED 灯全亮。

②如果 4 个 LED 灯点亮，调节接收器上的对准调节器，直至只有 3 个 LED 灯被点亮。

③重复第①、②步，直至不可能使 3 个以上 LED 灯点亮。

注意：如果认真履行第①、②步，则需要 2~5 次反复试验来达到此目的，这样做的目的是使对准调节器的放大倍数尽可能小，从而确保灵敏度的调整。

④如果不可能使 3 个以上 LED 灯点亮，先认真拧紧发射器托架上的水平调节螺钉，然后再拧紧垂直调节螺钉，以保证 3 个调准 LED 灯处于点亮状态。

⑤将发射器上的调准开关转到正常模式（N）位置并断开任何临时接线。小心关上发射器上的盖，去看看接收器。

⑥验证 3 个调准 LED 灯是亮的，转回到接收器的正常模式（N）。重要的是，当离开调准模式时，3 个调准 LED 灯是亮的（不是 4 个），保证放大器能够在其灵敏度限度内探测到烟。此时自动接线光束校准，直至持续 1 min。在光束校准时不要进行阻挡或干扰。任何干扰都会造成故障信号，如果在此期间存在故障信号，为了确保只有 3 个 LED 灯是亮的，将接收器转回到调准模式。转回到正常模式并再次等候。如果 3 个调准 LED 灯不亮，重复发射器调准步骤。

⑦当探测器完成其自动校准时，绿色（正常运行）LED 灯会每隔 2 s 或 3 s 闪亮。此时调准结束。

(6) 报警测试滤光片

1) 在接收器上进行测试。

2) 根据探测器灵敏度设置（55 或 30），使用测试滤光片相应的一侧进行测试。

3) 将测试滤光片的无报警部分放在接收器镜头前方，绿色 LED 灯应持续地闪亮，探测器在 15 s 后应不报警。

4) 将测试滤光片的报警部分放在镜头前方，探测器应在 15 s 内报警。

5) 探测器的复位可通过现场复位、远程复位或瞬时断电来完成。

6) 复位后应通知有关部门该系统恢复运行。

注意：未能按测试要求报警的探测器应返回维修。要求无报警测试期间误报警的探测器应在返回前先进行清洁处理，再测试。如仍不正常，则返回维修。根据有关维修说明进行清洁处理。

三、西门子西伯乐斯 CS11 系统

西门子西伯乐斯 CS11 系统现场设备包括智能烟感及底座、智能温感及底座、破玻报警器、输出模块和输入模块等。

1. 智能烟感、智能温感

智能烟感、智能温感探头表面有一个红色 LED 指示灯，正常情况下指示灯不亮，报警情况下闪亮。这两种设备都具有模拟量智能火灾分析模式，以及高可靠性专用集成电路，采用自适应编址方式。探测器内部带有短路隔离开关，当回路中任一点发生短路时，短路点两边的隔离开关将自动隔开，以确保系统其他设备正常运行。

智能烟感具有最新形式的光电烟感结构，探头能够随时对烟浓度的变化进行分析，并能产生正常、漂移及高灵敏度报警/正常灵敏度报警等信息。烟感工作电压为 16~28 V，灵敏度为 2.2%/m 或 3.2%/m。

智能温感采用热敏元件以获取准确的报警温度，具有抗环境温度影响能力，具有分别探测现场环境基准温度和变化温度的两个热敏元件，随时对环境温度进行分析。HI620 智能温感工作电压为 16~28 V；灵敏度：动作温升 20~40℃，最大动作温度 54~62℃；温升速率为 10 ℃/min。探头表面有一个红色 LED 指示灯，正常情况下不亮，报警情况下闪亮。

智能烟感及智能温感均采用同一类型的底座，其接线如图 7—17 所示。

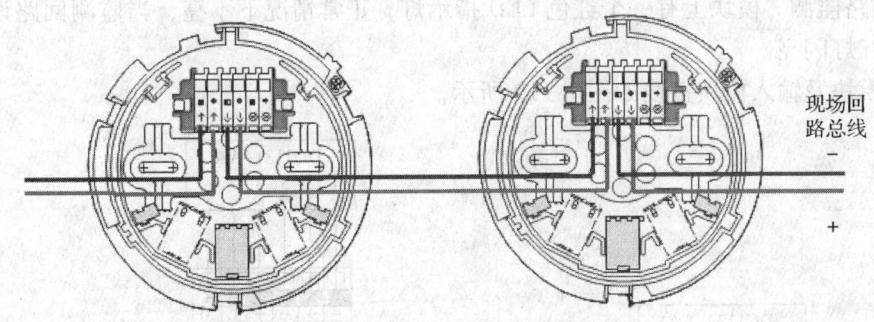

图 7—17　S0620 底座接线

2. 破玻报警器

MT340 破玻报警器用于公共场所发生火灾时人工击破报警器的玻璃即可触发火警信号。FAS 控制盘接收到现场的报警信号，发出警报并联动其他设备。现场进行功能检查时，可用钥匙开门进行功能测试，关门后按钮自动复原。该报警器采用自适应编址方式，内部有短路隔离开关，当回路中任一点发生短路时，短路点两边的隔离开关自动将其隔开，以确保系统正常运行。

报警器的安装方式：通过预埋盒或使用膨胀螺栓将外壳壳体固定在墙上安装，并将现场回路总线连接在 ABC 端子上，如图 7—18 所示。

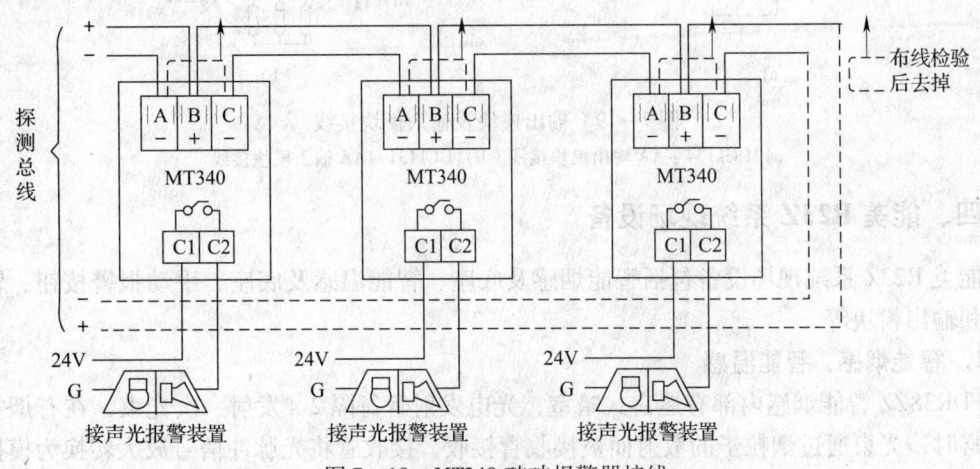

图 7—18　MT340 破玻报警器接线

3. 输出模块、输入模块

输入、输出模块均采用自适应编址方式，且内部有短路隔离开关。当回路中任一点发生短路时，短路点两边的隔离开关自动将其隔离，确保系统正常运行。

DC1134-AA 输出模块用于输出控制信号。控制输出触点为无电压干触点，容量 AC 240V/4A 或 DC 125V/4A。模块上有一个红色 LED 指示灯，正常情况下不亮，当输出模块控制输出时红灯闪亮。

DC1131-AA 输入模块用于接收消防监控设备反馈的状态信号。内部具有 J8 及 J9 跳线开关，可设置模块的工作方式，即常开监测方式或常闭监测方式；可设置对监测线路进行有短路/无短路监测。模块上有一个红色 LED 指示灯，正常情况下不亮，当监测回路设备状态改变时，红灯闪亮。

输出模块及输入模块接线如图 7—19 所示。

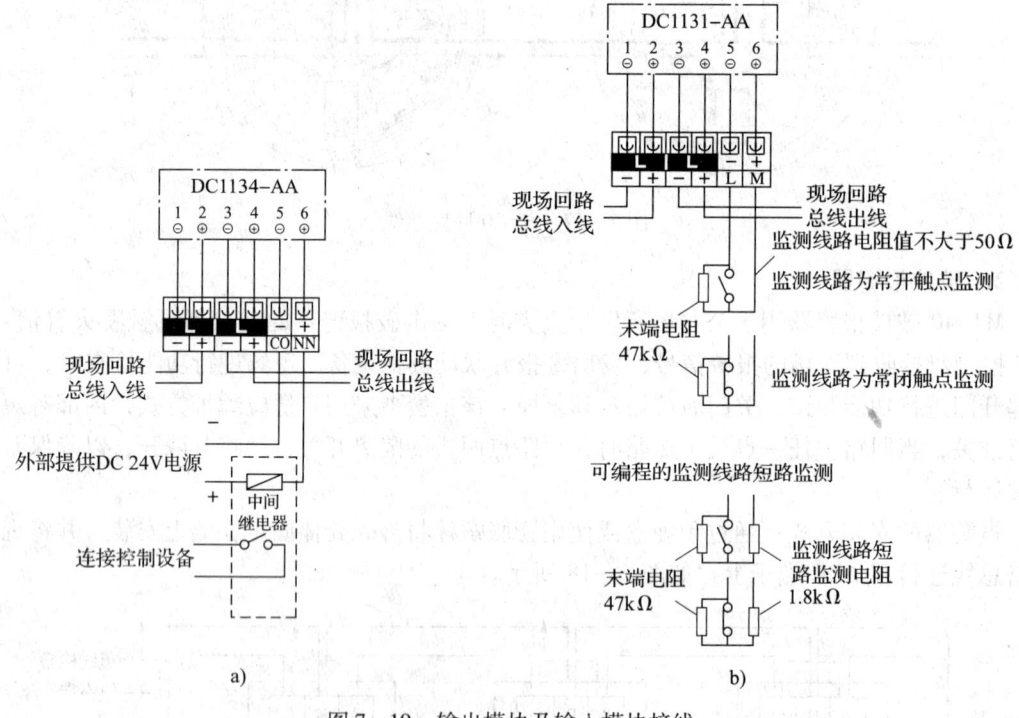

图 7—19 输出模块及输入模块接线
a) DC1134-AA 输出模块接线　b) DC1131-AA 输入模块接线

四、能美 R23Z 系统现场设备

能美 R23Z 系统现场设备包括智能烟感及底座、智能温感及底座、手动报警按钮、输入模块和输出模块等。

1. 智能烟感、智能温感

FDK38ZZ 智能烟感内部有迷宫式暗室，光电发射管每隔 2 s 发射一次光束，在有烟雾进入迷宫时，光束通过烟粒子的散射而被接收管接收。接收管将光脉冲信号放大转换为模拟量信号，经过模/数转换器处理，再由内置微处理器进行分析。当微处理器监测到探测值超过监测范围时,将以数字信号向回路控制器发出火灾判定数据,控制器向探测器发出动作信号,触发探测器上的 LED 指示灯。探测器可使用地址设定器来设定地址。探测器灵敏度连续多级(121 级)可调,分别为 3.0%~17.2%。

FDP26ZZ 智能型差定温感探测器由外部温度传感器、解码电路、比较电路、温度补偿控制、传输控制等部分组成。外部温度传感器探测到温度值,再经微处理器进行比较、运算、分析。当外部温度值或温度上升率超过设定阈值时,探测器将火灾报警数字信号传送给回路控制器。探测器具有相对于外界温度、环境、设备老化的温度补偿能力。

智能烟感及智能温感接线如图 7—20 所示。

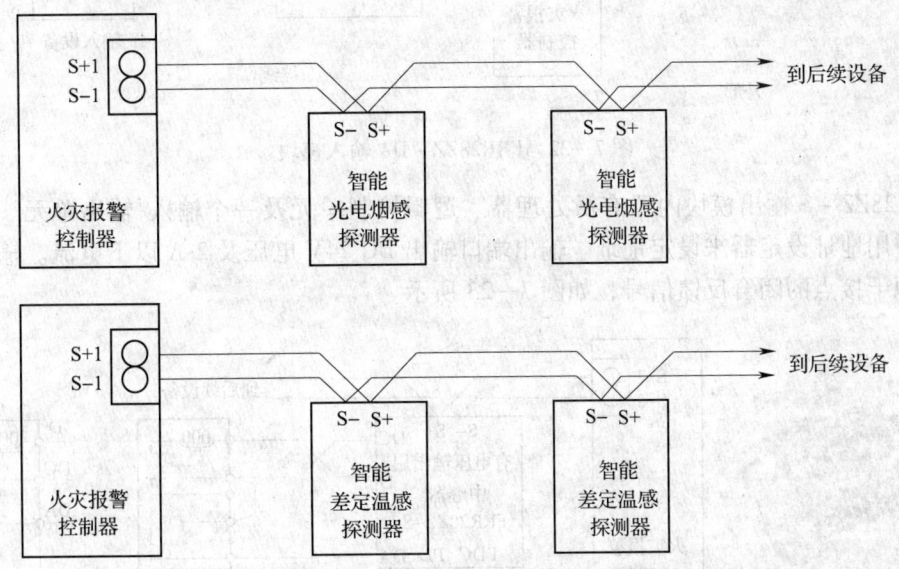

图 7—20 FDK38ZZ 智能烟感及 FDP26ZZ 智能温感接线

2. 手动报警按钮

FMB13ZZ 地址型手动报警按钮中间设有一块非易碎玻璃,当玻璃被强力压进去后,报警数字信号立即被传送到火灾报警控制器。手动报警按钮中间的非易碎玻璃可反复复位使用,无须每次更换。手动报警按钮可通过数字拨码盘设定地址,地址为 3 位十进制数字。手动报警按钮盒内装有电话插孔,可用于与消防控制室通话,如图 7—21 所示。

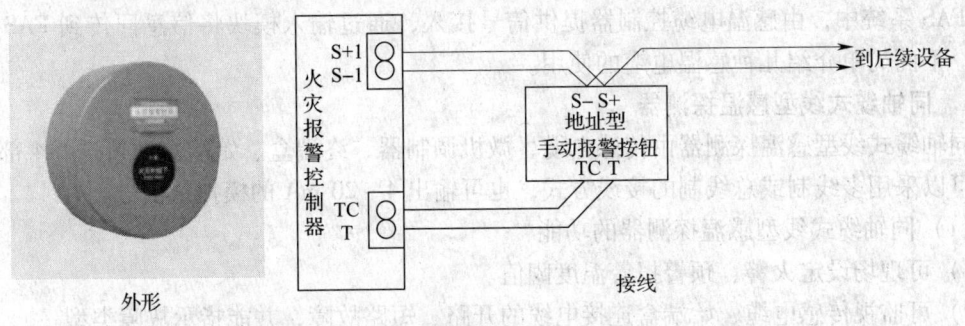

图 7—21 FMB13ZZ 地址型手动报警按钮

3. 输入模块、输出模块

FRR28ZZ-DA 输入模块用于监视消防设备的状态。该模块内置微处理器，可以使用地址设定器来设定地址，如图 7—22 所示。

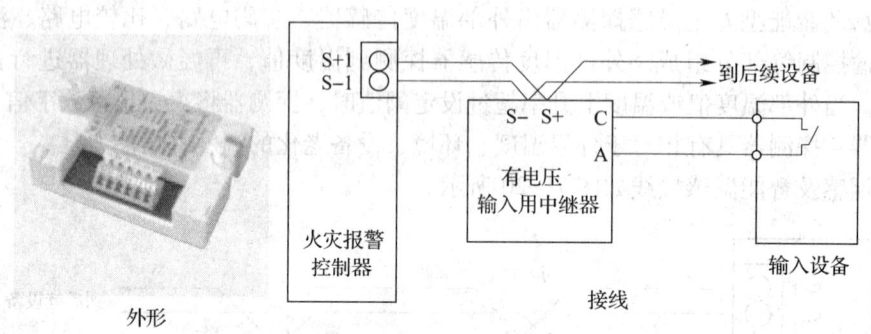

图 7—22　FRR28ZZ-DA 输入模块

FRR28ZZ-S 输出模块内置有微处理器、逻辑控制单元及一个输入/输出单元。输出模块可以使用地址设定器来设定地址。输出端口输出 DC 24V 电压及 2 A 以下电流。输入端口接受无源干接点的闭合反馈信号，如图 7—23 所示。

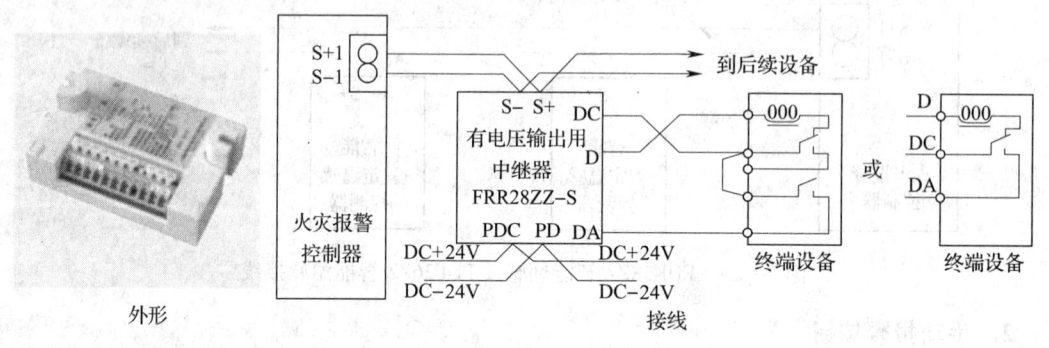

图 7—23　FRR28ZZ-S 有电输出模块

五、感温电缆

由于部分 FAS 厂家并不生产感温电缆设备，因此，感温电缆设备大多数作为外部设备接入 FAS 系统中，由感温电缆控制器提供信号接入，通过输入模块将信息回传到 FAS 控制盘中。下面简单介绍几种感温电缆的使用。

1. 同轴缆式线型感温探测器

同轴缆式线型感温探测器由传感电缆、微机调制器、终端盒、始端盒（可选）4 部分组成，可以采用多线制或总线制的接线方式，也可输出 4~20 mA 的模拟量信号。

（1）同轴缆式线型感温探测器的功能

1) 可现场设定火警、预警报警温度阈值。

2) 可监视传感电缆、始端盒连接电缆的开路、短路故障，并能指示故障类型。

3) 具有正常、故障、预警、火警 LED 灯指示。

4) 可进行火警、预警、故障模拟测试。
5) 具有火警、预警、故障继电器无源触点输出。
6) 可对运行环境温度进行有效补偿。
7) 具有报警自动恢复功能。

(2) 工作原理。微机调制器与一定长度的传感电缆和终端盒连接使用,微机调制器内设信号处理电路,其中包括信号采集、信号放大转换电路、显示电路、环境温度测试电路等。微机调制器对传感电缆及环境温度进行连续的监视,对于异常情况造成的温度升高和断线、短路进行报警。

(3) 主要技术指标
1) 环境温度:微机调制器工作环境温度为 -10~50℃,探测器工作环境温度为 -30~50℃。
2) 报警温度阈值设置范围:70~140℃。
3) 长期工作相对湿度:≤98%,无凝露。
4) 工作电压:DC 18~26 V。
5) 静态监视电流:≤20 mA。
6) 报警状态电流:≤50 mA。
7) 火警、预警、故障继电器触点容量:1 A/DC 24 V,0.3 A/AC 220 V。

(4) 探测器安装
1) 传感电缆安装
①传感电缆应以连续的无抽头或无分支的连接布线方式安装,并严格按照设计要求进行施工,如确需中间接头时,必须使用感温电缆中间接线盒。
②探测分区的划分依据规范进行,结合探测区域的特征和环境温度,决定传感电缆使用长度和回路数,一个回路的传感电缆长度应不大于 200 m。
③传感电缆的布设原则上应尽可能靠近防护对象,对于要求探测器在火灾发生以前或产生的热导致设备失灵之前,就能够检测出其温度逐步上升或过热的现象,则更应该采用直接接触式布设,有关布设方式和间距参照相关规范要求进行。
④连接电缆与地线之间的绝缘电阻应大于 20 MΩ;传感电缆与地线之间的绝缘电阻应大于 20 MΩ。

2) 微机调制器安装
①微机调制器应尽可能安装在距保护对象近的场所,安装位置距保护对象比较远时,可以通过中间接线盒将感温电缆与微机调制器连接。
②微机调制器安装在室内时,应将其固定在现场附近的墙壁上或金属支架上,距地表高度为 1.5 m 左右。

3) 感温电缆安装
①感温电缆应避免与监视区域内吸热且延时温度升高的材料接触,直接接触的夹具部分应为非金属材料。
②感温电缆应安装在不受严重积压且护套不易被外界尖利物损坏的部位。
③感温电缆的最小弯曲半径为 15 mm。

④在使用电缆绑带进行感温电缆敷设时,应采用橡胶套管进行防护。感温电缆在两支点间距应在 0.5~1.2 m 范围内,如图 7—24 所示。

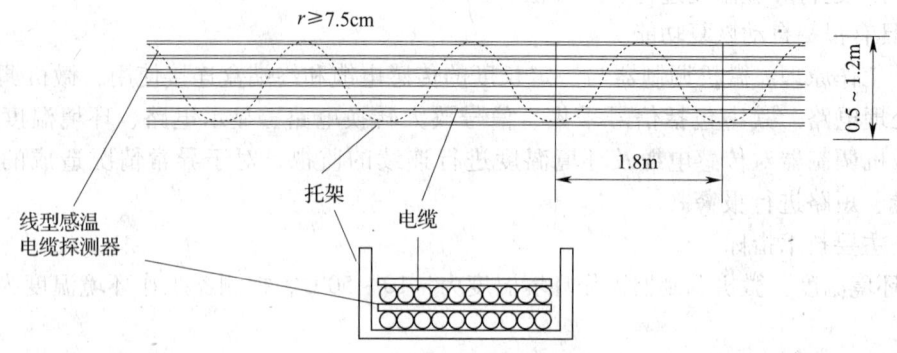

图 7—24 感温电缆安装标准

4)密封

①传感电缆与微机调制器、始端盒、感温电缆中间接线盒、终端盒接线完毕后,应将电缆旋紧接头顺时针旋紧,以保证其密封性能。

在松开或旋紧电缆旋紧接头时,应将电缆旋紧接头内橡胶密封套放正,防止由于橡胶密封套脱落或变形而降低盒体防护性能。

②安装微机调制器、终端盒及中间接线盒壳体的外盖时,应均匀用力将外盖上的 4 个安装螺钉旋紧,以保证盒壳体密封圈变形均匀、密封良好。

③严禁在微机调制器、终端盒及中间接线盒壳体上打孔或加装其他部件;微机调制器、终端盒及中间接线盒尽量避免安装在极度潮湿或有水浸泡的地方,若现场环境极度潮湿,可在微机调制器、终端盒及中间接线盒壳体内装防潮剂辅助防范。

(5)系统接线

1)微机调制器接线端子说明,如图 7—25 所示。

预警继电器			火警继电器			故障继电器			SL-MD		探测器			电源			TEM		4~20mA	
常开	常闭	公共	常开	常闭	公共	常开	常闭	公共	T+	T-	COR	SCR	接地	+24V		GND	TA	TB	+	-
1	2	3	4	5	6	7	8	9	10	11	12	13	14	15	16	17	18	19	20	21	22

图 7—25 微机调制器接线端子说明

端子 1~3:预警继电器输出。

端子 4~6:火警继电器输出。

端子 7~9:故障继电器输出。

端子 10、11:总线输出,与 SL-MD 控制器的信号传输组件的通信总线相连接;端子 10 与通信总线的正极连接,端子 11 与通信总线的负极连接。

端子 12、13:定温传感电缆接入端子,端子 12(COR)、13(SCR)分别与传感电缆的芯线与外层连接。当采用始端盒时，端子12（COR）通过连接电缆的芯线与始端盒K1接线端子的D+端子连接，端子13（SCR）通过连接电缆的屏蔽层与始端盒的DC-端子连接。

端子14：接地端子，当与屏蔽型传感电缆配套使用时，此端子与传感电缆的屏蔽层连接。

端子15~18：直流24V电源端子，端子15、16为供电电源直流24V的正极，端子17、18为供电电源直流24V的负极。

端子19、20：环境温度测试接入端子。当不使用始端盒时，微机调制器PCB板上的WDXE跳线置于上位，端子19、20空闲；当使用始端盒时，微机调制器PCB板上的WDXE跳线置于下位，端子20（TB）通过连接电缆的芯线与始端盒K1端子的TW连接，端子19（TA）空闲。

端子21、22：4~20mA模拟量输出（可选），21端子为4~20mA输出的正极，其负载电阻应在0~600Ω之间；22端子为4~20mA输出的负极，可与直流24V的负极相连。

2）始端盒与终端盒接线端子说明

①微机调制器与始端盒之间的连线应采用两芯金属屏蔽型信号电缆，始端盒K1接线端子DC-、D+、TW通过连接电缆分别与微机调制器的SCR、COR、TB连接，其中DC-与SCR的连接采用连接电缆的屏蔽层，D+、TW的连接分别采用连接电缆的芯线。始端盒接线K2端子的D-、D+端通过传感电缆分别与终端盒接线端子SCR、COR对应连接，其中D+与传感电缆的芯线连接，D-与传感电缆的外层连接。

②当采用始端盒连接时，微机调制器PCB板上的WDXE跳线置于下位。

③接线时必须严格按照说明进行，并确认无误；否则将影响探测器运行的稳定性，甚至造成探测器的损坏。

3）接线方式

①与总线制火灾报警控制系统配套使用时，可通过其输入（监视）模块，将线型感温探测器的报警信号接入系统。

②利用微机调制器的火警、预警、故障继电器无源输出触点，可方便地将线型感温探测器的报警信号接入到多线制火灾报警控制系统中。

(6) 微机调制器。微机调制器是感温电缆的控制器，通过它可以清楚地监视感温电缆的运行状态。

在正常监视状态下，微机调制器LCD显示的是环境温度值。当故障指示灯闪亮时，表示系统处于故障状态，LCD显示0000时，故障类型为开路，LCD显示9999时，故障类型为短路；显示标识（1），说明故障部位为传感电缆短路或开路，显示标识（2），说明故障部位为温度测试线路短路或开路。

当火（预）警指示灯闪亮时，表示探测器保护区域内温度异常，已经达到事先设置的报警阈值，系统处于火（预）警状态。

(7) 探测器调试

1）火警、预警阈值设置。一般情况下，探测器的火警、预警阈值已经事先设定好了，但是也可以根据现场情况在微机调制器上进行调整。

2）探测器长度的输入。按照传感电缆实际安装的长度，进行线缆长度设置。

3）探测器本机地址的设置。当探测器与火灾报警控制系统的输入模块连接时，只要按照设计要求，设置其输入模块的地址即可，无须设置探测器本机地址。

只有在利用 RS-485 通信总线方式连接时，才需要设置探测器的地址。

4）功能模拟试验

①按下微机调制器面板上的【模拟故障】键，微机调制器应进入故障报警状态。

②按下微机调制器面板上的【模拟预警】键，微机调制器应进入预警状态。

③按下微机调制器面板上的【模拟火警】键，微机调制器应进入火灾报警状态。

④以上功能均正常，则探测器调试完毕。复位微机调制器，使其进入正常监控状态，并盖好探测器各部件的盒体。

2. 四芯模拟式线型感温电缆

（1）工作原理。四芯模拟式感温电缆由四芯感温电缆及微机头（即感温电缆控制器）组成，其结构如图 7—26 所示。

感温电缆其中两条导线之间的绝缘使用负温度系数材料，另两条用普通的 PVC 绝缘材料，导线之间两两相绞接。

感温电缆具有高阻抗特性，其中两根的绝缘层使用负温度系数材料，微机头可通过监测材料电阻的变化来反映出系统的温度变化。

系统探测回路温度的变化引起感温电缆电阻的变化（即温度升高电阻下降）。这种变化通过微机头来监测，当达到预先设定的报警温度时，则输出报警信号。这种特性使系统在整个回路内具备点和线的火灾探测能力，既可探测某一点的温度变化，也可探测某一区域的温度变化，如图 7—27 所示。

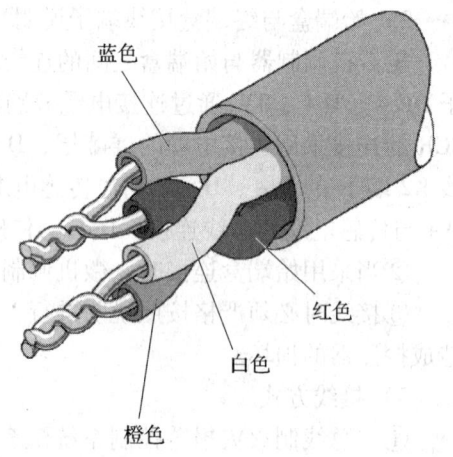

图 7—26 四芯模拟式感温电缆结构

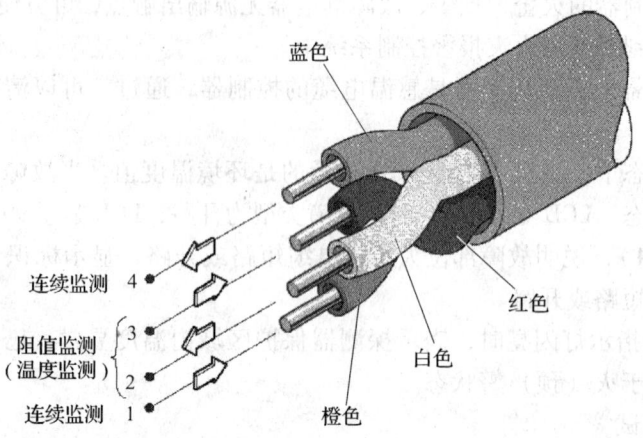

图 7—27 感温电缆工作原理

(2) 安装注意事项。感温电缆的安装要遵照国家标准规范，要根据电缆桥架的宽度不同进行不同敷设，并对每个桥架都实施保护。安装时，在高出桥架 150~250 mm 范围空间安装感温电缆，固定间距小于 2 m，这样既能发挥最佳探测效果，又不妨碍人员工作。感温电缆也可以安装在桥架的底部，以探测可能发生的火灾。

感温电缆在电缆桥架或支架上敷设时，也可以采用接触式布置，即敷设在被保护电缆外护套上面。

(3) 微机头。微机头是用来监测感温电缆温度变化并与控制盘连接的控制设备。微机头带有火警、故障继电器，既可作为单独的一个回路，也可通过 FAS 的输入模块与 FACP 相连。由于火警和故障互锁，因此微机头在接入控制盘后，需要设置复位装置。在微机头报火警或故障后，由 FAS 的输出模块切断微机头的电源进行复位后，微机头才能继续正常工作。

1) 功能。微机头对探测区火警、开路/短路进行连续监测，并将这些状态在微机头的面板上显示。有火警时持续亮红灯，故障时间断亮黄灯。

2) 面板布置。微机头带有火警信号与故障信号的测试开关，其面板如图 7—28 所示。

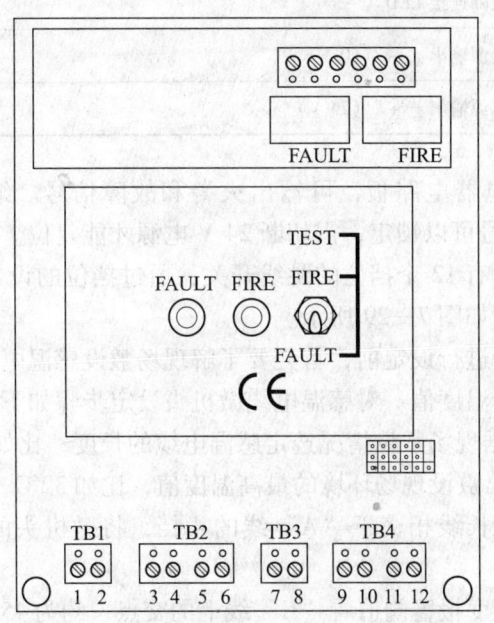

图 7—28 微机头面板布置

①在微机头面板上，火警"FIRE"灯持续发亮，表明现场过热或发生火灾。故障灯"FAULT"灯闪烁，表明感温电缆有开路或短路故障。

②在微机头面板上，设置有一个试验开关。系统正常工作时，试验开关在中间位置。要测试火警信号时，把试验开关拨到火警（FIRE）位置，功能正常时，一般在 5 s 内火警灯亮，然后打回到中间位置。要测试故障信号时，把试验开关拨到故障（FAULT）位置，功能正常时，一般在 5 s 内故障灯亮，然后打回到中间位置。

③微机头的接线端子连接见表 7—3。

表 7—3　　　　　　　　　　　微机头的接线端子表

接线端子	内容
1	电源输入 "－" (0 V)
2	电源输入 "＋" (24 V)
3	感温电缆橙色线接入
4	感温电缆白色线接入
5	感温电缆红色线接入
6	感温电缆蓝色线接入
7	远程火警 LED (＋)
8	远程火警 LED (－)
9	故障连接 LED (＋)
10	故障连接 LED (－)
11	电源输出 "－" (0 V)
12	电源输出 "＋" (24 V)

④微机头的辅助继电器电路板，可输出火警和故障信号。继电器触点容量为 24 V、2 A。火警和故障输出信号可以锁定，需切断 24 V 电源才能复位。

⑤在微机头内部设置有 12 个挡位的跳线开关，通过挡位的设定就能确定与感温电缆长度有关的报警温度阈值，如图 7—29 所示。

在对感温电缆微机头进行设定前，首先要了解现场敷设感温电缆的长度；其次，还需要了解敷设现场环境的最高温度值。对感温电缆微机头设定步骤如下：

- 在 "D" 线，根据现场敷设情况选定感温电缆的长度，比如 150 m。
- 在 "B" 线，标出敷设现场环境的最高温度值，比如 32℃。

连接以上两点，其延长线相交于 "A" 线的 4 挡，将微机头的跳线开关放置在 4 挡位置。

此时，感温电缆的温度报警阈值看 "C" 线上的交点，约为 45℃。这表明 150 m 感温电缆全部受热时，在 45℃就会报警。但有的时候，可能是感温电缆的某一段，而不是整条都受热，比如受热长度为 10m。这时连接 "A" 线的挡位 4 和 "D" 线上的 10 m 点，与 "C" 线相交于约 75℃这一点，这表示当受热长度为 10 m 时，在 75℃时才会报警。

3. 开关式线型感温电缆

开关式线型感温电缆是由两条并行的铜芯线以及涂在两条铜芯线之间的感温绝缘材料组成的。

在正常情况下，两条铜芯线被绝缘材料包裹，两条铜芯线之间的绝缘电阻值较大或为 ∞。

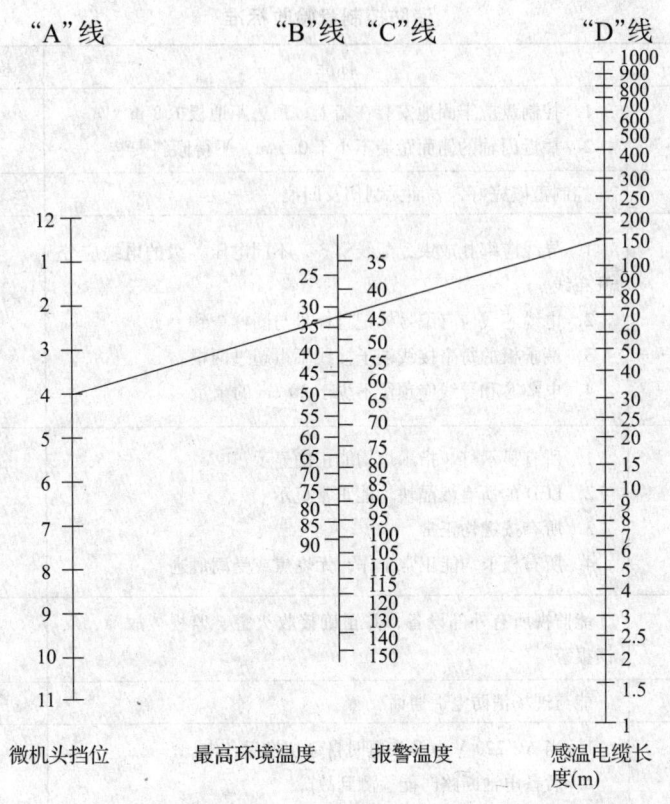

图 7—29 4 芯感温电缆设定

在火灾产生高温的情况下（一般为 55~75℃），铜芯线之间的感温绝缘材料会熔化，两条铜芯线会碰在一起，使电阻值减少为零或者接近零的状态，产生短路，将火警信号传送回 FAS 系统控制盘。

开关式感温电缆一般与 FAS 的输入模块连接，并通过输入模块将火警信号传送给控制盘。

第二节 火灾自动报警系统验收标准

作为火灾自动报警系统的维护人员，必须了解系统的验收标准，在系统完成施工安装后，按照验收标准严格进行验收，为以后系统的维护打下良好的基础。

一、火灾自动报警系统验收标准

1. 消防控制盘验收标准

消防控制盘验收标准见表 7—4。

表 7—4　　　　　　　　　　　　消防控制盘验收标准

项目	子项目	标准	检验方法	检验结果
安装质量	安装位置	1. 控制盘应牢固地安装在墙上，顶边距地板 1.8 m 2. 靠近门轴的侧面距墙不小于 0.5 m，不得倾斜安装	目测	
	设备质量	控制盘应完好，表面无刮伤及凹痕	目测	
	引入电缆	1. 导线应绑扎成束，配线整齐，不同电压等级的电缆应分开布线 2. 电缆芯线应有编号标记且标号与图样一致 3. 端子板的每个接线端子接线不得超过两根 4. 电缆芯和导线应预留不少于 20 cm 的余量	目测	
功能	模块质量	1. 所有显示灯、指示灯均能正确显示 2. LCD 的所有液晶块均能正常显示 3. 所有按键均正常 4. 所有板卡均能正常工作，无烧焦或受潮痕迹	目测 测试	
	报警功能	能监视所有外部设备，并正确接收火警、监视、故障、反馈报警	测试	
	电话功能	能与现场消防电话通话	测试	
	后备电源	1. 当 AC 220 V 电源失电时自动切换后备电源 2. 后备电池断路时能检测到故障	测试	
	历史记录	1. 能查询火警、监视、故障、反馈报警历史记录 2. 历史记录应能查询报警时间、地点、设备类型	测试	
接地	接地	1. 工作接地采用 BV-4 铜芯绝缘导线，接至专用的接地汇流排，接地电阻小于 1 Ω 2. 各回路穿线钢管焊为一体，与站台板下接地母排连接 3. 控制盘接地应牢固，并有明显标志	目测 测试	

2. 消防工控机柜及后备电源箱验收标准

消防工控机柜及后备电源箱验收标准见表 7—5。

表 7—5　　　　　　　　　消防工控机柜及后备电源箱验收标准

项目	子项目	标准	检验方法	检验结果
安装质量	安装位置	1. 工控机柜应牢固地安装在墙上，顶边距地板 1.8 m 2. 靠近门轴的侧面距墙不小于 1 m，机柜检修口不应被遮挡，机柜不得倾斜安装	目测	
	设备质量	1. 机柜应完好，表面无刮伤及凹痕 2. 机柜内 2 个复位旋钮应完好 3. 机柜内其他附件应完好、无损坏	目测	

第七章 火灾自动报警系统检修

续表

项目	子项目	标准	检验方法	检验结果
安装质量	工控机 （含 UPS）	1. 工控机及 UPS 柜安装平、正，并且牢固 2. 工控机及 UPS 各种连接线齐备，且连接正确	目测	
	消防电话主机	1. 电话主机安装牢固 2. 电话主机应完好，表面无刮伤及凹痕 3. 电话主机各种连接线齐备，且连接正确	目测	
	外置光驱	1. 设备安装牢固 2. 设备应完好，表面无刮伤及凹痕 3. 设备各种连接线齐备，且连接正确	目测	
	电源箱	1. 箱体应安装牢固 2. 开关电源应安装牢固，且散热孔不应被遮挡 3. 蓄电池的各种连接线齐备，且连接正确		
	引入电缆	1. 导线应绑扎成束，配线整齐 2. 电缆芯线应有编号标记且标号与图样一致 3. 端子板的每个接线端子接线不得超过两根 4. 电缆芯和导线应预留不少于 20 cm 的余量	目测	
功能	工控机 （含 UPS）	1. 显示屏、指示灯均能正确显示 2. 软键盘及轨迹板均能正常使用 3. 工控机内所有设备均能正常工作 4. UPS 能正常切换 5. UPS 上的所有指示灯均能正确显示	目测 测试	
	电话主机	1. 所有指示灯及蜂鸣器均能正常使用 2. 电话听筒良好，能与现场消防电话通话，且语音清晰 3. 消防电话主机正常工作，无故障	测试	
	后备电源	1. 当 AC 220 V 电源失电时自动切换后备电源 2. 后备电池断路时能检测到故障	测试	
	旋钮开关	1. 能实现 AFC 闸机释放开关释放功能 2. 能实现感温电缆复位功能	测试	
接地	接地	1. 工作接地采用 BV-4 铜芯绝缘导线，接至专用的接地汇流排，接地电阻小于 1 Ω 2. 各回路穿线钢管焊为一体，与站台板下接地母排连接 3. 控制盘接地应牢固，并有明显标志	目测 测试	

3. 管线安装验收标准

管线安装验收标准见表 7—6。

表 7—6　　　　　　　　　　　　　管线安装验收标准

项目	子项目	标准	检验方法	检验结果
布线	报警传输线路	火灾自动报警系统的传输线路，应采用铜芯绝缘导线或铜芯电缆，其电压等级不应低于交流 250 V	抽检 5 处	
	探测传输线路	火灾探测的传输线路，宜选择不同颜色的绝缘导线。同一工程中相同线别的绝缘导线颜色应一致，接线端子应有标号	目测	
	套管、线槽	1. 消防控制、通信和警报线路，应采取穿金属管保护，并宜暗敷在非燃烧体结构内，其保护层厚度不应小于 3 cm。当必须明敷时，应在金属管上采取防火保护措施	目测	
		2. 穿管绝缘导线或电缆的总截面积，不应超过管内截面积的 40%	抽检 5 处	
		3. 敷设于封闭式线槽内的绝缘导线或电缆的总截面积，不应大于线槽的净截面积的 50%	抽检 5 处	
		4. 不同系统、不同电压等级、不同电流类别的线路，不应穿在同一管内或线槽的同一槽孔内	目测	
	工艺要求	1. 在管内或线槽内的穿线，应在建筑抹灰及地面工程结束后进行。在穿线前，应将管内或线槽内的积水及杂物清除干净	抽检 5 处	
		2. 导线在管内或线槽内，不应有接头或扭结。导线的接头，应在接线盒内焊接或用端子连接	抽检 5 处	
		3. 敷设在多尘或潮湿场所管路的管口和管子连接处，均应作密封处理	目测	
		4. 管子入盒时，盒外侧应套锁母，内侧应装护口，在吊顶内敷设时，盒的内、外侧均应套锁母	抽检 5 处	
		5. 在吊顶内敷设各类管路和线槽时，宜采用单独的卡具吊装或支撑物固定	目测	
		6. 线槽的直线段应每隔 1.0～1.5 m 设置吊点或支点，在下列部位也应设置吊点或支点： (1) 线槽接头处。 (2) 距接线盒 0.2 m 处。 (3) 线槽走向改变或转角处。 　吊装线槽的吊杆直径，不应小于 6 mm	目测	
		7. 管线经过建筑物的变形缝处，应采取补偿措施，导线跨越变形缝的两侧应固定，并留有适当余量	目测	
	安装质量	火灾自动报警系统导线敷设后，应对每回路的导线用 500 V 的兆欧表测量绝缘电阻，其对地绝缘电阻值不应小于 20 MΩ	工程记录	

第七章 火灾自动报警系统检修

4. 消防电话验收标准表

消防电话验收标准见表7—7。

表7—7　　　　　　　　　　消防电话验收标准

项目	子项目	标准	检验方法	检验结果
安装	安装位置	1. 电话插孔设置在破玻报警器旁边，固定消防电话设在气体灭火系统控制盘附近，安装在墙上距地面高度1.5 m处 2. 安装需牢固，不得倾斜 3. 应设在明显和便于操作的位置，且附近或上方无漏水等	目测	
	接线质量	1. 按照接线图和接线说明接线，标记好"进线"和"出线" 2. 设备接线采用"手拖手"式，严禁"T"接 3. 电话线的屏蔽层应连续，连接处用电工胶布进行绝缘，不能裸露或出现多点接地	抽查5个设备	
	设备质量	设备完好，无破损	目测	
功能	通话功能	1. 消防电话能与控制室的主电话通话 2. 通话语音清晰，无明显的白噪声和脉冲噪声	测试	

5. 手动报警器验收标准

手动报警器验收标准见表7—8。

表7—8　　　　　　　　　　手动报警器验收标准

项目	子项目	标准	检验方法	检验结果
安装	安装位置	1. 破玻报警器设置在消火栓附近，安装在墙上距地面高度1.3~1.5 m处 2. 安装须牢固，不得倾斜，外接导线应留有不少于10 cm的余量 3. 应设在明显和便于操作的位置，且附近或上方无漏水等	目测	
	接线质量	1. 按照接线图和接线说明接线，标记好"进线"和"出线" 2. 设备接线采用"手拖手"式，严禁"T"接 3. 信号线的屏蔽线应连续，连接处用电工胶布进行绝缘，不能裸露或出现多点接地	抽查5个设备	
	设备质量	设备完好，无破损	目测	
功能	报警功能	模拟手动报警，控制盘能收到火警报警	测试	

6. 烟感探测器验收标准

烟感探测器验收标准见表7—9。

第二部分 中级检修工

表 7—9　　　　　　　　　　　　　烟感探测器验收标准

项目	子项目	标准	检验方法	检验结果
安装质量	安装位置	1. 安装位置应符合《火灾自动报警系统设计标准》中火灾探测器的设置标准 2. 安装位置应符合《火灾自动报警系统施工及验收规范》中火灾探测器的安装标准 3. 烟感探测器应安装在便于维修与便于观察的地方	见附表 目测	
	设备质量	烟感探测器应完好，表面无损伤	目测	
	引入电缆	1. 烟感探测器应按接线图接线 2. 烟感探测器接线一律采用"手拖手"方式进行，严禁"T"接 3. 连接到烟感探测器的每根线应做好"进线"和"出线"标记 4. 信号线屏蔽层应连续，烟感探测器接线盒内连接处应用胶布包好，严禁裸露 5. 信号线连接到烟感探测器底座端子上的部分，铜芯不宜露出太多	抽查 5 只	
功能	火警报警	模拟火灾一旦产生，烟感探测器能迅速检测，控制盘产生火警报警	测试	
	故障报警	模拟烟感探测器故障，控制盘能产生故障报警	测试	

7. 警铃验收标准

警铃验收标准见表 7—10。

表 7—10　　　　　　　　　　　　　警铃验收标准

项目	子项目	标准	检验方法	检验结果
安装	安装位置	1. 安装须牢固，不得倾斜，外接导线应留有不少于 10 cm 的余量 2. 应设在明显和便于维护的位置，且附近或上方无漏水等	目测	
	接线质量	1. 按照接线图和接线说明接线，标记好"进线"和"出线" 2. 设备接线采用"手拖手"式，严禁"T"接 3. 控制线连接处用端子进行连接，不能裸露或接地	抽查 1 个设备	
	设备质量	设备完好，无破损	目测	
功能	报警功能	1. 模拟火警报警，控制盘能控制警铃鸣响 2. 在环境噪声大于 60 dB 的场所，警铃声压级高于背景噪声 15 dB	测试	

第七章 火灾自动报警系统检修

8. 模块验收标准

模块验收标准见表7—11。

表7—11　　　　　　　　　　模块验收标准

项目	子项目	标准	检验方法	检验结果
安装	安装位置	1. 模块箱安装在墙上,顶边距地面高度1.8 m,靠近其门轴的侧面距墙不应小于0.5 m 2. 模块箱安装须牢固,不得倾斜 3. 管子入模块箱时,外侧应套锁母,内侧应装护口 4. 模块箱应设在明显和便于维护的位置,且附近或上方无漏水等	目测	
	接线质量	1. 导线应绑扎成束,配线整齐,不同电压等级的电缆应分开布线 2. 模块按照提供的接线图和接线说明接线,在模块箱内设模块接线图 3. 电缆芯线应有编号标记且标号与图样一致 4. 端子板的每个接线端子接线不得超过两根 5. 电缆芯和导线应预留不少于20 cm的余量 6. 模块的末端电阻应接在探测线路的末端,不能直接接在模块上	目测	
	设备质量	1. 模块箱应完好,表面无刮伤及凹痕 2. 模块箱内的模块应排列整齐,且完好无损坏	目测	
功能	用途	1. 模拟现场设备动作,控制盘能收到正确的信号 2. 在控制盘上控制模块动作,模块能够正确输出信号	测试	

第三节　火灾自动报警系统维护与故障处理

一、检修工具

检修工具是检修中必不可少的器具,检修人员需要使用检修工具对仪器进行测量,并根据测量的结果判断系统的状态。下面简单介绍一下钳形电流表及绝缘电阻表的使用方法。

1. 钳形电流表

(1) 测量人在测量时应戴安全帽和绝缘手套,穿绝缘鞋,注意人体与带电部分保持足够的安全距离。

(2) 使用钳形电流表时,应注意钳形电流表的电压等级和电流表挡位,被测电路电压和电流不能超过表上所允许的数值。

(3) 测量前应先估测电流大小,然后根据估测电流大小将量程开关置于相应的挡位,所测数据应使指针在表盘 1/2 处范围为最佳,当所估测数据与量程有较大出入时,应先把钳口从导线中退出,然后调整量程开关,不准在钳口中有导线时调整量程开关。

(4) 被测导线应处在钳形电流表窗口中央,放入后钳形电流表钳口应紧闭;否则会因漏磁严重而使所测数据不准。

(5) 如测量大电流后立即测量小电流时,应开合铁心数次,以消除铁心中的剩磁。

(6) 如电流较小时,可将导线在钳形电流表铁心上绕几匝,测出的电流值除以匝数。

(7) 禁止在裸露的导线上和高压线路上使用钳形电流表。

2. 绝缘电阻表

绝缘电阻表是一种专门用来测量电机绕组、变压器绕组及电缆等设备绝缘电阻的仪表。它的高压电源是由手摇发电机产生的,有 500 V、1 000 V、5 000 V 等几种。目前也有用晶体管逆变器代替手摇发电机产生高压电源的。

绝缘电阻表是由一台手摇发电机和磁电式比率表组成的,其 3 个接线柱分别为 "E" 接地端、"G" 保护端、"L" 线路端。

绝缘电阻表的使用方法如下:

(1) 切断被测设备电源,并接地进行放电。

(2) 用绝缘电阻表测量过的电气设备,要及时放电后方可进行再次测量。

测量前要对绝缘电阻表进行开路和短路检查,即先让 "L" 和 "E" 开路,使手摇发电机达到额定转速,观察指针是否指在 "0" 位置;然后再将 "L" 和 "E" 短接,缓慢摇动手把,观察指针是否指在 "0" 位置。如不符合要求,应对其检修后再使用。

(3) 测量时绝缘电阻表应放置平稳,切断外电源。转动绝缘电阻表手把,保持转速为 90~150 r/min(通常额定转速为 120 r/min),直至指针指零为止。

(4) 测量时被测电路接 L 端,电器外壳、变压器铁心或电机底座接 E 端。测量电缆芯与电缆外皮绝缘电阻时,除将 L 端接缆芯、E 端接电缆外皮外,还应将芯、皮之间的绝缘材料接 G 端。

(5) 要求绝缘电阻等级不同的电器应选用不同规格的绝缘电阻表。

(6) 测量后须待绝缘电阻表停止转动、被测物接地放电后,方能拆除绝缘电阻表与被测电器之间的连接导线,以免触电或因电容放电而损坏绝缘电阻表。

二、系统维护

检修人员应能按照 FAS 设备检修内容与周期,独立完成检修周期与工作内容中 "二级保养" 任何一项系统维护工作,同时可以在高级以上检修工的指导下按照检修周期与工作内容 "小修" 要求进行维护与保养工作。

1. 控制盘

(1) 检查控制盘外观,并清洁表面。

(2) 测量控制盘供电电压,并进行掉电切换测试。

(3) 检查控制盘电源卡及辅助电源的工作状态并测量其输入、输出电压。

(4) 检查回路卡状态并测量回路工作电压和回路对地电压。
(5) 检查控制盘 CPU 及显示面板工作状态并进行灯测试。
(6) 检查网络卡及附属模块状态，测量光电转换器工作电压。
(7) 检查并紧固内部板卡及回路接线。
(8) 检查并紧固与设备监控系统接口通信线。
(9) 检查并紧固与 GCC 工作站接口通信线。

2. 图形工作站
(1) 检查操作站工作情况并清洁表面。
(2) 检查操作站按钮及触摸板，检查外部设备连接口面板是否锁好。
(3) 检查系统工作及操作状况是否正常（按日常保养要求进行）。
(4) 检查主时钟是否同步、操作站时间是否正确。
(5) 检查与主控系统接口网卡连接情况。
(6) 检查非法程序、升级杀毒软件病毒库及进行杀毒。

3. 火灾探测器
(1) 烟感探测器
1) 目测烟感探测器及其底座外观是否完好、牢固。
2) 使用烟感测试仪对烟感探测器进行喷烟报警试验。
3) 检查烟感探测器的动作及确认灯显示是否正常。
4) 检查控制盘的烟感探测器报警信息，核对报警地址及信息与现场情况是否相符。

(2) 温感探测器
1) 目测温感探测器及其底座外观是否完好、牢固。
2) 使用加温设备或专业测试仪器对温感探测器进行加温报警试验。
3) 检查温感探测器的动作及确认灯显示是否正常。
4) 检查控制盘的温感探测器报警信息，核对报警地址及信息与现场情况是否相符。

(3) 感温电缆
1) 在工作站上检查感温电缆工作状态。
2) 检查感温电缆接口模块是否完好、工作是否正常。
3) 检查模块接线是否牢固、可靠。
4) 检查感温电缆微机头外观并清洁，检查微机头安装环境是否良好。
5) 在感温电缆微机头（或接口模块）上触发火警信号，检查报警信号是否正常，核对控制盘上报警信息是否与现场相符。
6) 在感温电缆微机头（或接口模块）上触发故障信号，检查故障信号是否正常，核对控制盘上故障信息是否与现场相符。
7) 检查感温电缆及其引线固定是否良好，布线情况是否良好，是否有被压、被水浸情况。
8) 检查感温电缆接线盒内接线是否紧固、是否有受潮情况，检查接线盒外观是否完好，用密封材料封堵接线盒所有缝隙。

9）选取一段1m以上的感温电缆，进行加温模拟火警测试，测试感温电缆是否报警，核对控制盘上信息记录是否与测试结果相符。

10）检查感温电缆末端包扎情况是否良好，有无受潮。

（4）对射式探测器

1）检查对射式探测器发射及反射端外观，镜面应保持清洁，对对射式探测器进行表面卫生清洁。

2）检查对射式探测器工作指示灯是否正常显示。

3）校准对射式探测器发射端。

4）用测试纸测试探头火灾报警功能。

5）检查控制盘的对射式探测器的报警信息与现场测试结果是否相符。

6）对系统进行复位。

4．手动报警器

（1）检查、清洁报警器外表，检查安装地点环境是否良好。

（2）测试报警器电压是否正常。

（3）打开破玻报警器盖门，或使用测试钥匙，试验报警器报警功能。

（4）检查报警器接线及安装底盒是否牢固、良好。

5．消防电话

（1）消防电话主机

1）检查消防电话主机电源是否正常，测试电话回路电压是否在正常范围内。

2）检查消防电话主机的指示灯、蜂鸣器及听筒是否正常。

3）检查消防电话主机的故障报警功能是否正常。

4）紧固每条电话回路接线。

（2）电话插孔

1）清洁电话插孔外表面，检查插孔电话外观、插孔及安装地点环境是否良好。

2）利用便携电话，测试与消防电话主机的语音通信功能。

3）检查电话插孔安装底盒是否牢固。

6．模块

（1）在控制盘上检查接口模块工作状态。

（2）检查模块箱外观、密封及封堵是否良好，检查模块箱内表面是否有潮气，清洁模块箱表面。

（3）检查模块是否完好，测量模块工作电压是否正常，观察模块指示灯是否正常。

（4）检查模块接线是否牢固、可靠。

（5）检查中间继电器状态是否良好，接线是否牢固。

（6）发出控制信号，测试接口设备，观察接口设备是否受控，动作信号是否正确反馈，控制盘接收的信息是否与现场一致。

（7）测试完毕后对接口设备及控制盘进行复位操作，确保系统恢复正常运行状态。

7．蓄电池

（1）记录蓄电池所在环境的温度及湿度，核实环境是否符合蓄电池运行要求。

(2) 检查蓄电池外观,清扫蓄电池表面。
(3) 检查蓄电池接线是否牢固、可靠。
(4) 测量单个及成组蓄电池电压,单个 DC 12 V (+15% ~ -5%),成组 DC 24 V (+15% ~ -5%)。
(5) 切断控制盘 AC 220 V 配电开关,检查是否切换到蓄电池工作状态。
(6) 切断辅助电源箱 AC 220 V 配电开关,检查是否切换到蓄电池工作状态。
(7) 测试完毕后对接口设备及控制盘进行复位操作,确保系统恢复正常运行状态。

三、故障处理

中级检修工应掌握相应的故障处理技能,根据故障现象及故障信息采取相应的处理方法进行处理,对未能现场修复的故障,应根据实际情况采取临时措施,贯彻"先通后复"原则,以尽快恢复系统报警功能为第一目标进行故障处理。

1. 控制盘液晶面板故障

(1) 故障现象。液晶显示面板无显示或者显示模糊。
(2) 处理方法。检查显示面板与 CPU 的连接数据线是否松动,若接线松动,则紧固并观察显示情况是否恢复正常。
若显示面板只能显示一半内容,则说明显示元器件烧毁,需要更换液晶显示面板。

2. 控制盘 CPU 故障

(1) 故障现象。控制盘 CPU 故障灯亮,或控制盘经常无故自动重启。
(2) 处理方法。更换控制盘 CPU,必要时重新下载系统数据。

3. 设备接地故障

(1) 故障现象。控制盘发出报警蜂鸣声,故障灯亮,查询详细故障信息,系统显示设备接地故障,与 GCC 图形中心相对应的设备变黄色,有报警记录。
(2) 处理方法。根据故障信息及设备地址,到现场检查相关的设备,测试回路线接地情况,观察结果是否正常,观察设备周围环境及设备外观是否有受潮现象,若设备潮湿,对设备进行除湿处理,并改善周围环境。

4. 回路卡故障

(1) 故障现象。控制盘发出报警蜂鸣声,故障灯亮,查询详细故障信息,系统显示回路故障,与 GCC 图形中心相对应的整个回路设备变黄色,有相应故障记录。
(2) 处理方法。测试回路线电压、电流及接地情况,若结果正常,则判断为回路卡故障;更换回路卡并下载回路数据后恢复正常。

5. 现场设备开路故障

(1) 故障现象。控制盘发出报警蜂鸣声,故障灯亮,查询详细故障信息,系统显示设备有开路故障,与 GCC 图形中心相对应的设备变红色,有报警记录。
(2) 处理方法。根据故障信息及设备地址,到现场检查相关的设备,对现场设备的接线进行检查,重点检查模块箱的末端电阻是否紧固,由于电阻的制造工艺问题,电阻与接线端子的连接容易出现松脱的现象,这是最常见的引起设备开路的原因,若检查发现末端电阻的引脚断开或者松脱,应重新进行紧固或者更换电阻。

若电阻检查正常,应检查该设备的监视线路,如监视线路的入线或者出线松动,应对接线进行紧固。

如果检查电阻及接线均正常,则可能该设备自身元器件的电路出现问题,应更换该设备。

6. 对射式探头误报火警或报故障

(1) 故障现象。控制盘发出报警蜂鸣声,故障灯亮,查询详细故障信息,系统显示设备火警或故障,与 GCC 图形中心相对应的设备变红色或黄色,有报警或故障记录。

(2) 处理方法。根据故障信息及设备地址,到现场检查相关的设备,观察确认现场无火警迹象,了解天气是否存在雨、雾、大风的因素,这些因素均可能导致对射式探头误报火警或者报故障,若因天气原因导致,需待天气好转后对设备进行复位。

如若因其他原因导致对射探头偏移,则需要根据设备安装要求重新对位及调试,使对射探头符合使用标准。

7. 感温电缆误报火警或报故障

(1) 故障现象。控制盘发出报警蜂鸣声,故障灯亮,查询详细故障信息,系统显示设备有火警或故障,与 GCC 图形中心相对应的设备变红色或黄色,有报警或故障记录。

(2) 处理方法。从感温电缆的工作原理可以了解到,感温电缆报火警或者故障时,通常是感温电缆的电阻值发生了变化,线间短路会导致报火警,而失去末端电阻会导致开路故障,针对这两种情况,因线性感温电缆无法判断短路点,因此处理方法为更换感温电缆;而系统开路情况,则只需要重新安装好末端电阻就可以解决。

四、故障处理案例

1. 接口模块故障

(1) 故障现象。FAS 控制盘收到 2 - 21 防火阀动作报警信息,现场检查防火阀状态,防火阀处于开启状态。

(2) 设备检查情况。现场检查 FAS 系统输入模块外观正常完好,工作环境良好,接线正确无松动。现场检查防火阀外观完好,动作机构处于开启状态。打开动作机构检查,行程开关表面有受潮迹象。

(3) 事件(故障、事故)经过。分部调度接到某站 2 - 21 防火阀动作不能复位故障,通知工班维修人员前去处理。维修人员到现场后,根据控制盘报警信息找出故障设备地点在站务室,防火阀编号为 FD1 - B328。前往站务室检查防火阀,发现防火阀执行机构处于开启状态,并无异常。拆卸防火阀执行机构面板及 FAS 系统监控线,测量行程开关状态及关闭状态输出端子电阻值为 ∞。测量状态输出端子对地情况,测量结果正常。维修人员判断防火阀正常,并对 FAS 系统输入模块进行检查。发现输入模块状态显示灯红灯闪,表示监视设备动作。断开输入模块监视线,测量监视线间电阻值,测量值为 ∞,正常。测量监视线对地情况,正常。维修人员判断输入模块故障,更换输入模块后系统恢复正常。

(4) 原因分析。防火阀状态监视模块的故障以往发生比较多,其故障原因主要有以下几点：

1）防火阀执行机构受潮，导致执行机构内部线路短路或接地。
2）防火阀行程开关故障，不能恢复常开状态。
3）防火阀监控线路短路或接地。
4）输入模块设置错误（主要是新安装的模块）。
5）输入模块有故障。输入模块故障主要有几种原因，首先有可能是输入模块本身的元器件老化而产生的故障。其次，监视线路或防火阀接地，导致输入模块的电流增大，达到了报警阈值而产生误报警，严重的接地可能会导致系统隔离模块，系统编码改变而产生整条回路故障。严重的接地，也有可能造成输入模块本身的元器件损坏而产生故障。

排除了防火阀监控线路接地的原因，因此本次故障原因为输入模块本身的元器件老化所致。

2. FAS 回路设备故障的案例

（1）故障现象。检修人员发现 FAS 系统控制盘突然报故障，经检修人员查询，共有 123 个故障产生。

（2）设备检查情况。FAS 系统控制盘突然报故障，经检修人员查询，共有 123 个故障产生，其中绝大部分均为 3 回路设备。在图形命令中心上查询，3 回路所有设备均为故障状态，主机不能与其通信。

（3）事件处理经过。维修人员初步判断为防火阀接地引起输入模块故障，打算用二分法进行故障点查找。维修人员首先断开 3 回路回路线的进线及出线，用万用表的电阻挡测量回路线的＋线与－线的对地电阻值，测量值为正常范围，初步判断回路线并无接地现象。维修人员将回路线的进线接回 3 回路卡上。并通过控制盘的操作菜单重新启动该回路设备，故障无法排除。维修人员利用主机的菜单功能查询到该回路共有 72 个设备，目前只探测到 35 个。判断为该回路的第 35 个设备与第 36 个设备及其线路出现故障。利用现场图样，确认第 35 个设备为 3-30 防火阀的输入模块及第 36 个设备 3-31 防火阀的输入模块。维修人员到 A 端环控机房找到第 12 号模块箱，并将模块箱内 3-30 及 3-31 输入模块的监控线断开，并在控制盘上进行重启 3 回路操作。故障依然无法排除。测量现场断开的防火阀监控线并无带电或者接地现象。判断为输入模块故障。维修人员拆下 3-31 模块，并回消防控制室将 3 回路输出线接回 3 回路卡上，并重启 3 回路操作。故障依然存在，但控制盘能够探测到输入端有 35 个设备，输出端有 36 个设备，可以肯定是输入模块故障导致了该次的回路脱网故障。进行模块更换后，3 回路设备均恢复正常，控制盘也恢复正常。

（4）原因分析。维修人员将故障更换下来的输入模块在其他回路上进行测试，发现会出现同样的故障。初步判断该输入模块的通信部分芯片或者电子元器件损坏，导致系统不能识别该设备。由于系统是按照设备排序来分配地址码的，当一个设备损坏时，系统就不能正常分配地址或者分配的地址与设备的类型不一致，从而导致整个回路的设备均出现不能正常通信的故障，导致大面积设备出现故障。但这些设备因为是带独立的 CPU，所以它们均能正常工作，即能正常报火警。但是火警信号传到控制盘就会变为未编码设备报火警，操作人员只能得知有设备报警但无法得知报警设备的具体位置。

而导致模块的通信芯片或者元器件损坏的原因，从以往维修的经验判断主要有两种原因：一是输入模块所监控的设备出现接地，使输入模块的监控电流加大，导致模块工作异常；二是输入模块的质量问题或模块老化，导致在正常工作情况下，模块自身元器件损坏。

第八章

气体灭火系统检修

第一节 气体灭火系统主要设备

气体灭火控制盘的安装及接线方式,对应于不同的厂家可能存在差异。但由于它们的功能相类似,因此,它们的安装方法也可互为参考,以下以 Notifier 的 RP - 1002E 型气体灭火控制盘为例进行说明。

一、气体灭火控制盘

1. 控制盘电路

在机箱内,为了避免线路间的相互干扰,功率限制线路和非功率限制线路必须分开。所有功率限制布线必须与任何非功率限制布线保持至少 6.25 mm 的距离,必须分别穿管,从机箱不同的穿线孔进入,如图 8—1 所示。

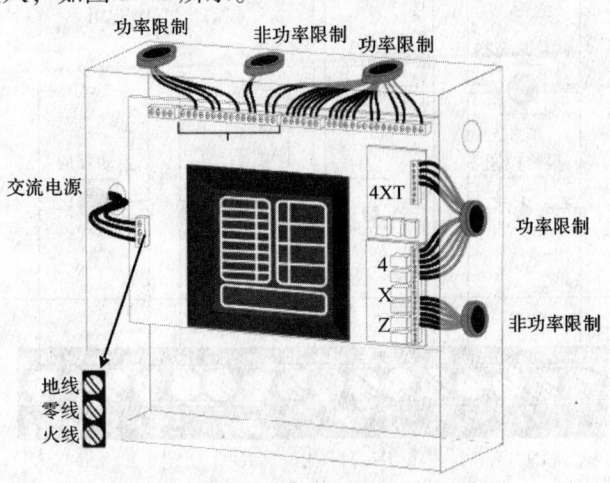

图 8—1 RP - 1002E 控制盘典型接线

功率限制电路指输出小于 100 V·A 的电路,而非功率限制电路指输出超过 100 V·A 的电路。一般来说,功率限制电路的输出电压小于 30 V。RP-1002E 中典型的电路说明如下:

(1) 功率限制型电路

1) 通用警报输出线路:TB2 的 OUT#1 和 OUT#2。

2) 保护区探测输入线路:TB4 的 IN#1 和 IN#2。

3) 紧急停止输入:TB4 的 IN#3。

4) 手动释放输入:TB4 的 IN#4。

5) 报警和故障继电器输出:TB3(必须由功率限制型电源供电)。

6) 监视输入电路:TB2 的 OUT#4(该输出被设置为监视输入时)。

(2) DC24 V 输出:TB1

传输模块 4XTM 的远程故障和远程报警输出。

区域继电器模块 4XZM:Relay#1 和 Relay#2(必须由功率限制型电源供电)。

区域继电器模块 4XZM:Relay#4(必须由功率限制型电源供电;TB2 的 OUT#4 设置为监视输入)。

区域继电器模块 4XZM 的报警和故障继电器输出(必须由功率限制型电源供电)。

(3) 非功率限制型电路

1) 释放输出:TB2 的 OUT#3。

2) 释放输出:TB2 的 OUT#4(该输出被设置为释放输出)。

(4) 输入线路。在外围线路布置好后,可以连接感温探测器、光电感烟探测器、离子感烟探测器和水流指示器或其他兼容的探测器,并连接紧急停止按钮和手动释放按钮,如图 8—2 所示。

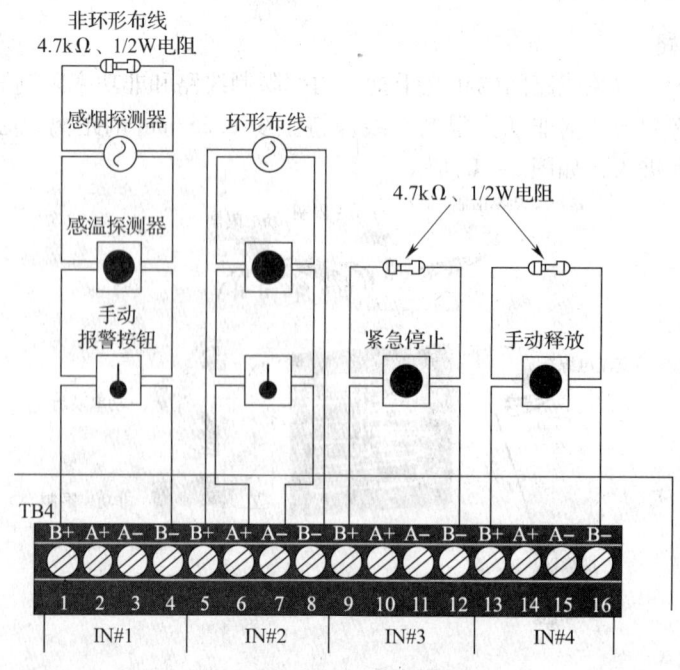

图 8—2 输入线路的连接

其中探测器按照正、负极性进行连接,所有线路均被监视且是功率限制型电路,没有使用的回路应该接上 4.7 kΩ、1/2 W 终端电阻,以避免系统误报故障,布线方式可选择环形或非环形布线。

(5) 输出线路。RP-1002E 提供两个环形或非环形警报输出回路及两个非环形释放回路。每一个回路能提供 1.5 A 的电流,所有回路总电流不能超过 2.25 A,如图 8—3 所示。

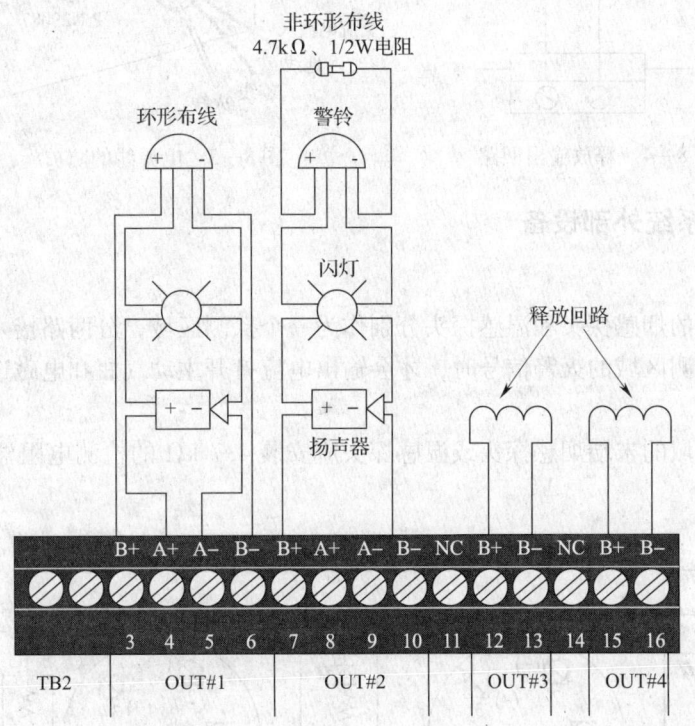

图 8—3 输出线路的连接

没有使用的回路接 4.7 kΩ、1/2 W 终端电阻。释放回路的最小工作电压为直流 20.4 V。为避免释放回路外接电磁阀线圈通电时控制盘的输出继电器不稳定,在线圈上并联一个抑制二极管(P/N210-5033),如图 8—4 所示。

2. 抗干扰防护

控制盘是按照 ULC 和 UL 的 RFI 防护标准进行设计和制造的,并且经过严格的测试,但在某些环境中,RFI 可能超过控制盘的测试标准,从而有影响控制盘正常操作的可能性。为加强控制盘的抗干扰能力,在控制盘上安装磁环可提高防 RFI 和电源电压波动的能力。

图 8—5 所示为交流电源线上适当安装磁环 P/N29087。交流电源线直接穿过磁环,无需环绕,在每个输入回路上适当安装磁环 P/N29146。回路线必须至少环绕磁环 3 圈。

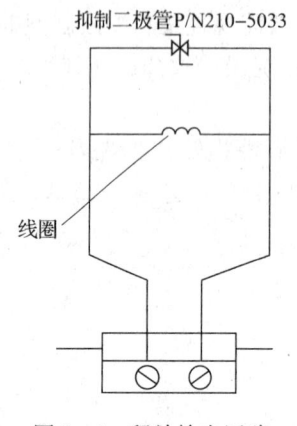

图 8—4 释放输出回路

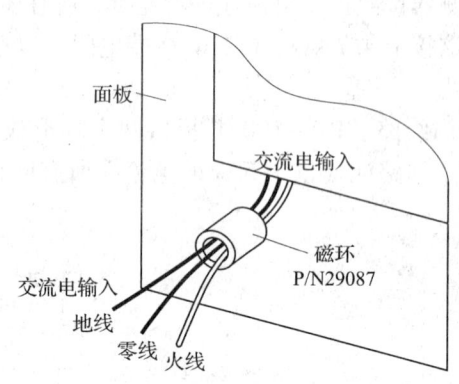

图 8—5 电源线的防护

二、控制系统外部设备

1. 探测器

作为探测器的烟感探头和温感探头分别作为一个探测区域，分两路接入控制盘，控制盘只有收到两个探测区域的火警信号时，才会输出电流打开主动气瓶和电磁选择阀上的电磁启动器。

每个探测区域的末端烟感探头或温感探头应安装 4.7 kΩ 的检测电阻器。探测器的接线如图 8—6 所示。

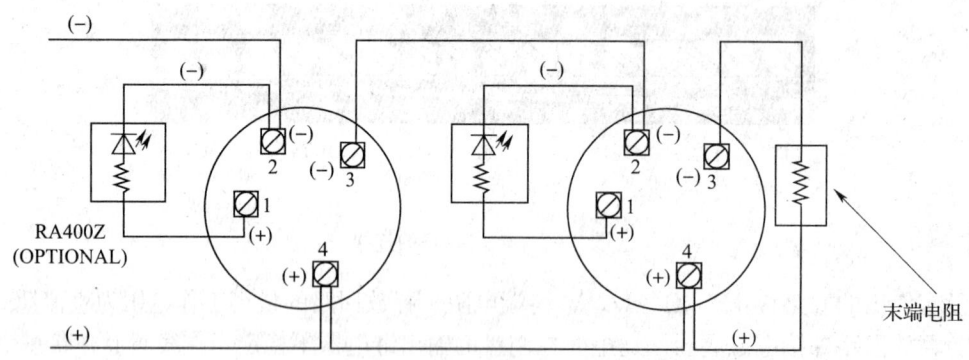

图 8—6 探测器接线

2. 手拉启动器、紧急停止开关、手动/自动转换开关（紧急维修开关）

（1）手拉启动器。手拉启动器是一种应急操作装置，当自动灭火系统联动功能失效而无法喷气时，将手拉盖子揭开，手柄拉下，系统即可实现喷气灭火功能，如图 8—7 所示。

手拉启动器接线如图 8—8 所示。

（2）紧急停止开关。紧急停止开关是一种紧急停止装置，当气体灭火报警并自动进入二级报警状态时，若火警确认人员检查现场情况发现是误报警或者是火灾，不需要启动气体灭火剂时，持续按下紧急停止开关的中央圆形按钮，即可中止预释放进程，在将报警状态进行复位并确认报警状态已消失后，松开按钮，系统恢复正常，如图 8—9 所示。

第八章 气体灭火系统检修

图 8—7 手拉启动器外观

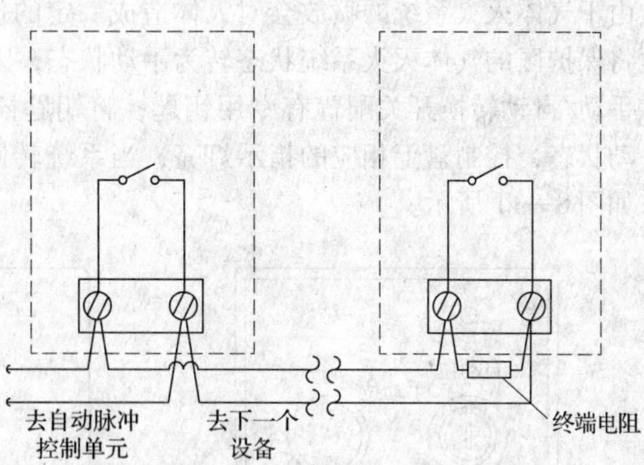

图 8—8 手拉启动器接线

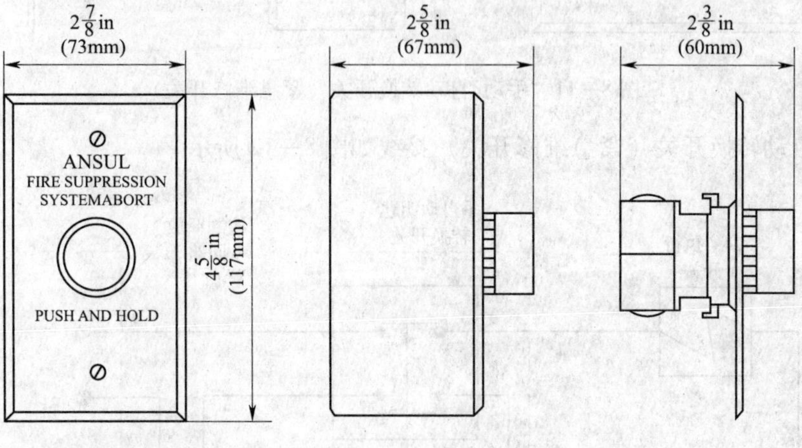

图 8—9 紧急停止开关

紧急停止开关接线如图 8—10 所示。

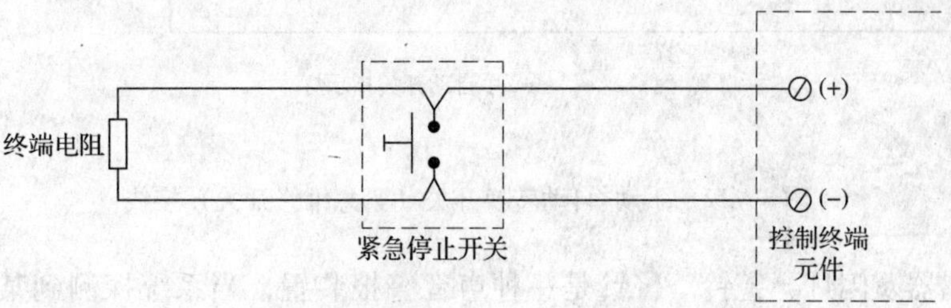

图 8—10 紧急停止开关接线

（3）手动/自动转换开关（紧急维修开关）。手动/自动转换开关又称紧急维修开关，当该开关处于自动状态时，系统处于自动控制状态，当系统监视保护区内有火灾且系统已经确

· 211 ·

认火灾时，系统将进入预释放状态，若在延时期间无人工干预时，将自动喷放灭火气剂对该保护区进行灭火；而当开关处于手动状态时，即使系统已经确认火灾或者由于其他原因误触发火警时，系统必须由人工操作才能进入释放状态。

由于气体灭火系统的喷放会对人体造成一定的伤害，因此，在保护区内有人员存在时，必须将保护区的气体灭火系统状态转为手动状态，以避免系统误喷放。

手动/自动转换开关配置有专用钥匙，将钥匙插进锁孔中，向右转动90°，该开关转换为手动状态，控制盘上相应的指示灯亮，当系统转回 NORMAL 挡时，系统处于自动保护状态，如图 8—11 所示。

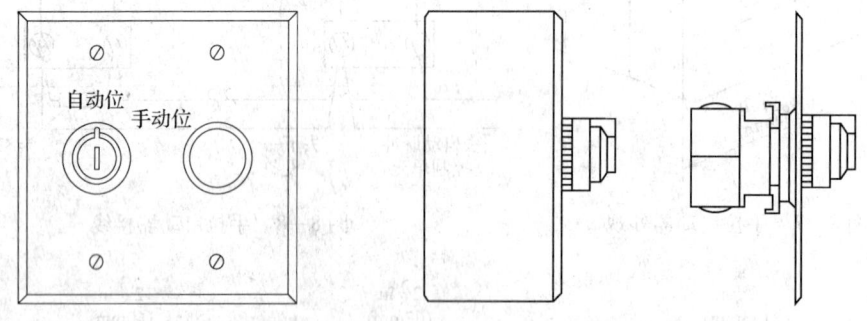

图 8—11　手动/自动转换开关（紧急维修开关）

手动/自动转换开关（紧急维修开关）接线如图 8—12 所示。

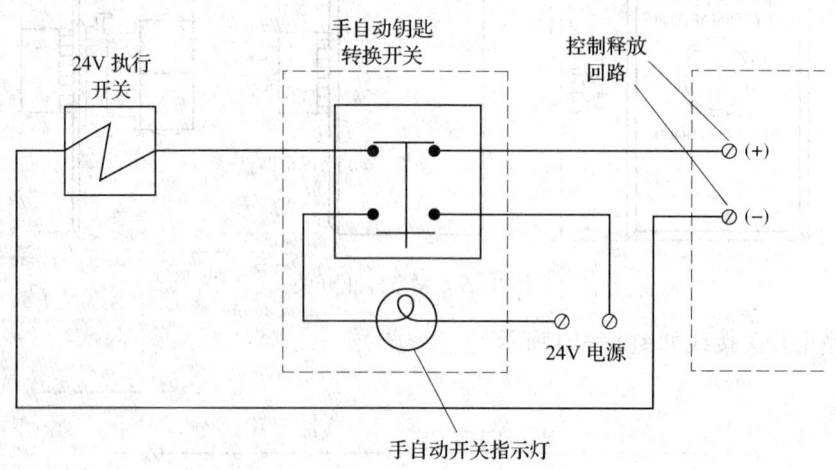

图 8—12　手动/自动转换开关（紧急维修开关）接线

（4）蜂鸣器及闪灯、警铃。警铃是一种声音警报装置，当系统探测到某一回路火灾信息时，将火警信息回传至控制盘，控制盘联动警铃，发出报警声，通知周围人员发生了紧急情况。

警铃外形及接线原理如图 8—13 和图 8—14 所示。

第八章 气体灭火系统检修

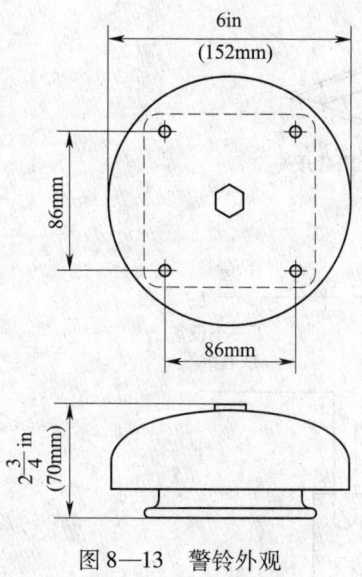

图 8—13 警铃外观

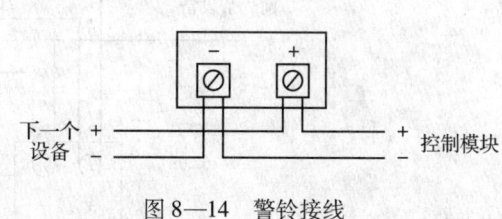

图 8—14 警铃接线

蜂鸣器及闪灯也是一种报警装置，蜂鸣器是一种声音报警装置，而闪灯是一种闪光报警装置，当系统探测到两个回路火灾时，根据系统设计逻辑，系统自动判断为确认火灾，自动进入延时释放状态，此时，蜂鸣器鸣叫，闪灯不停闪烁，提醒该区域附近人员发生紧急状况。蜂鸣器及闪灯原理及线路如图 8—15 所示。

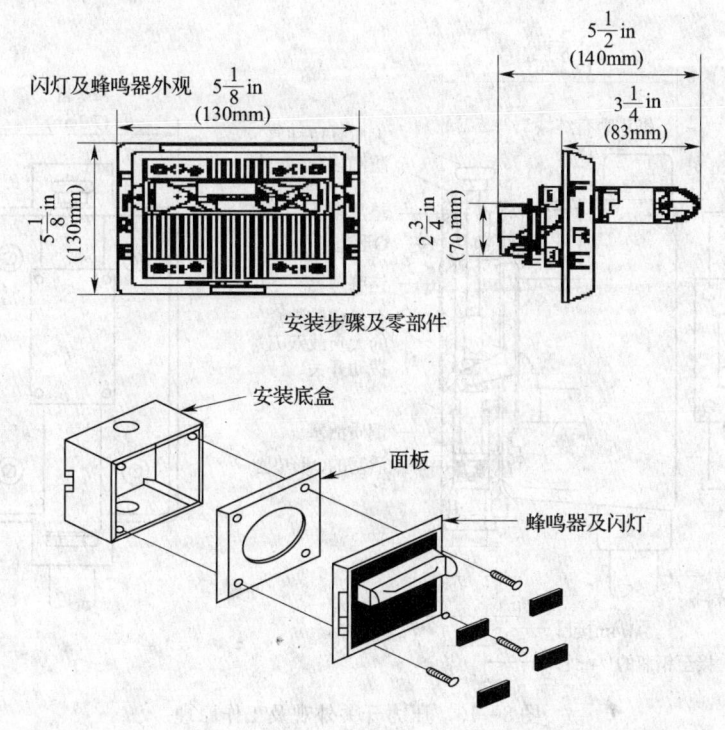

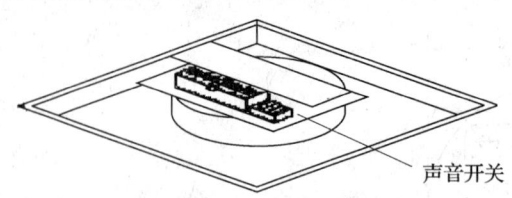

图 8—15 蜂鸣器及闪灯外观及接线

（5）压力开关。压力开关是用于气启动运行报警、灯光，并开启或关闭设备的电路。压力开关与灭火系统孔板下游的喷放管进行连接。当灭火气剂释放时，气流压力通过连接管道推动双刀拨动开关，将释放信号传递至 FAS 系统接口模块，如图 8—16 所示。

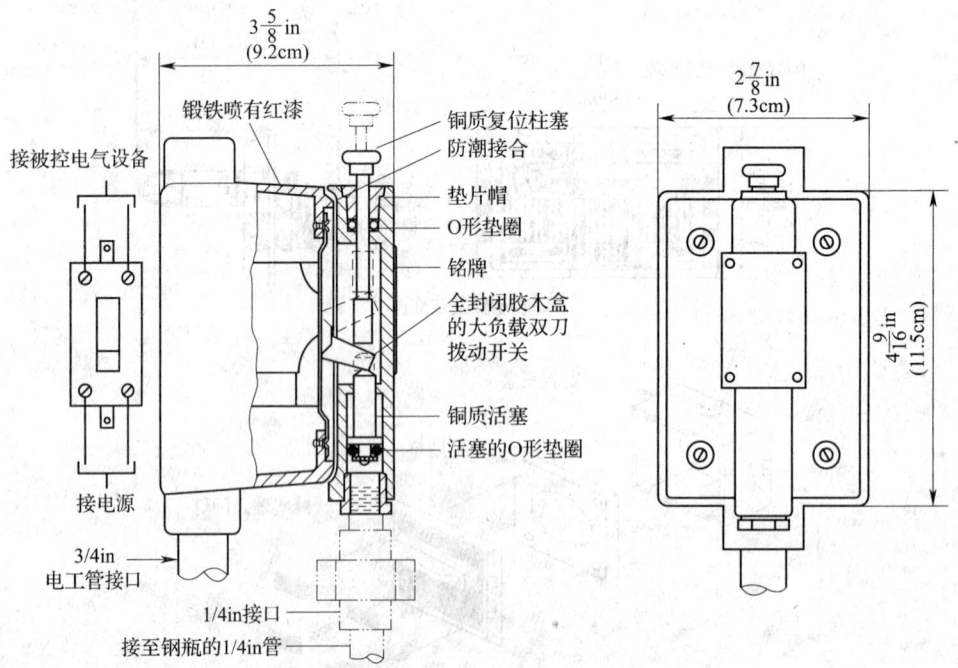

图 8—16 压力开关外观及工作原理

第二节 气体灭火系统验收标准

气体灭火系统作为一个重要组成部分,其施工安装要求必须严格按照相关规范进行,作为气体灭火系统的维护人员,必须了解系统的验收标准,在系统完成施工安装后,按照验收标准严格进行验收,为以后系统的维护打下良好的基础。

一、验收标准

1. 气体灭火系统(报警控制部分)验收标准

气体灭火系统(报警控制部分)验收标准见表8—1。

表8—1　　　　　　　　气体灭火系统(报警控制部分)验收标准

项目	子项目	标准	检验方法	检验结果
控制系统部件安装质量及功能检查	控制盘的安装质量及功能测试	控制盘是壁挂式铁制安装箱,明装于墙面上,控制盘的底面离地高度为1.2~1.3 m	1. 控制盘安装牢固,箱体表面清洁无污迹,无锈蚀、掉漆 2. 控制盘必须有4 mm²的接地线,连接气瓶内专用接地母排,接地线的电阻不大于1 Ω 3. 测试控制盘的各项功能,包括报警功能测试、故障功能测试、主备电切换测试、与FAS的接口功能测试	
	探测设备的安装质量及功能测试	烟感探头和温感探头(感温电缆)分别作为一个探测区域,分两路接入控制盘,每个探测区域的末端烟感探头或温感探头应该安装4.7 kΩ的检测电阻	1. 逐个检查烟感、温感(感温电缆)有无混装,松开时控制盘有无报开路故障 2. 用烟枪和风筒分别测试烟感、温感(感温电缆采用短接方式)的报警功能和灵敏度 3. 检查烟感、温感的数量及安装位置是否符合设计要求 4. 确定烟感、温感(感温电缆)的尾阻的安装位置 5. 设置感温电缆的保护区,检查感温电缆是否按要求呈蛇形安装	
	紧急启动开关、紧急停止开关、手动/自动转换开关的安装质量及功能测试	1. 紧急启动开关、紧急停止开关、手动/自动转换开关应安装在墙上距地(楼)面高度1.5 m处,并安装牢固不得倾斜 2. 最末端的紧急启动开关、紧急停止开关应分别安装4.7 kΩ的检测电阻	1. 检查紧急启动开关、紧急停止开关、手动/自动转换开关安装是否牢固 2. 分别测试紧急启动开关、紧急停止开关、手动/自动转换开关的各项功能是否符合设计要求 3. 检查紧急启动开关内的玻璃棒是否完好,检查手动/自动转换开关与灯泡连接方法是否正确,是否会因灯泡烧坏而造成断路	

续表

项目	子项目	标准	检验方法	检验结果
控制系统部件安装质量及功能检查	声光报警器的安装质量及功能测试	1. 蜂鸣器及闪灯安装在门的外侧和内侧，警铃安装在门的内侧，安装高度为距地（楼）面 2.5 m 左右 2. 最末端蜂鸣器及闪灯、警铃应分别安装 4.7 kΩ 的检测电阻	1. 检查蜂鸣器及闪灯、警铃安装是否牢固 2. 在不同报警状态下分别测试蜂鸣器及闪灯、警铃的报警功能 3. 监测蜂鸣器及闪灯、警铃的鸣响度、亮度是否符合设计要求 4. 保护区出入口处是否按规范设置相应的声光报警器 5. 确定有关设备的末端电阻安装位置	
	备用电池的安装质量及功能测试	备用电池应固定安装在控制盘及辅助电源箱的铁箱内	1. 备用电池外观完好，无破损、漏液 2. 测量备用电池总电压应不低于 24 V	
	电气管线的安装质量及功能测试	1. 所有电气线缆应采用金属管道或金属线槽保护，电气管线应有良好的接地，明敷的金属管线安装时力求横平竖直，整齐美观 2. 所有线缆的尺寸不应小于 1.5 mm²，且不同电压等级的线缆不应穿在同一管线和线槽中 3. 不同电压等级的线缆，功率限制线和非功率限制线应分别从不同的线管进入控制盘，进入控制盘内的线缆应沿箱壁敷设整齐，按控制盘接线要求分别接入对应的触点	1. 检查电气管线安装是否牢固，金属管线间的跨接地线安装是否牢固，有无漏接 2. 检查控制盘的接线是否牢固 3. 检查系统接地线是否符合设计要求 4. 主电源是否有明显标示，标示是否明确 5. 不同电压等级的线缆是否分别穿在不同电压等级的管线和线槽中 6. 接线端子排上接线标示是否明确清晰，是否容易退色	
	辅助电源箱的安装质量及功能测试	1. 辅助电源箱是壁挂式铁制安装箱，明装于墙面上 2. 辅助电源箱的底面离地高度为 1.2~1.3 m	1. 检查辅助电源箱是否牢固安装，表面是否清洁无污迹，无锈蚀、掉漆 2. 辅助电源箱内的电源电压应不低于 24 V 3. 箱体是否有 4 mm² 的接地线，是否连接在气瓶内专用接地母排上 4. 辅助电源箱 4 组输出端子火警时是否 24 V 输出 5. 主备电源是否能正常切换 6. 辅助电源箱故障是否能正常显示	

续表

项目	子项目	标准	检验方法	检验结果
控制系统部件安装质量及功能检查	防火阀的安装质量及功能测试	1. 防火阀和墙体间的距离应不大于 20 cm 2. 防火阀的动作应灵敏可靠 3. 检测回路要安装 2.2 kΩ 的检测电阻	1. 防火阀和墙体间的距离应不大于 20 cm，距离大于 20 cm 阀体和墙之间的风管加装防火板 2. 防火阀手动复位装置离地面高度为 1.5 m 左右，应尽量安装在易于操作的地方 3. 防火阀是否正常动作 4. 当为共用防火阀时，控制箱之间连线是否正确、是否不受干扰 5. 防火阀设置是否足够	

2. 气体灭火系统（管网部分）验收标准

气体灭火系统（管网部分）验收标准见表 8—2。

表 8—2　　　　　　　　气体灭火系统（管网部分）验收标准

项目	子项目	标准	检验方法	检验结果
管网系统组件安装质量检查	管道及其附件（支、吊架等）的型号、规格、布置和安装质量	1. 管道及其附件的型号、规格、布置应符合设计及消防规范的要求，安装牢固、可靠 2. 公称直径不小于 50 mm 的主干管道，垂直方向和水平方向至少应各安装一个防晃支架 3. 当穿过建筑物楼层时，每层应设一个防晃支架 4. 当水平管道改变方向时，应设防晃支架 5. 管道末端喷嘴处应采用支架固定，支架与喷嘴间的管道长度不应大于 500 mm	1. 全面检查气瓶间管道及抽查保护区内管道的型号、规格、布置是否符合设计要求 2. 通过人手检查管道及其附件（管码、支架、三通、直通等）是否牢固，目测管道有无锈蚀、变形或裂痕，是否被撞坏，附近环境是否潮湿 3. 目测油漆涂抹是否均匀，有无漏涂 4. 管道穿过墙壁、楼板处应安装套管，穿墙套管的长度应和墙厚相等，穿过楼板的套管长度应高出地板 50 mm，管道与套管间的空隙应采用柔性不燃烧材料填塞密实 5. 吊架的数量、位置应符合设计及消防规范的要求 6. 通过人手摇动支架、吊架查看其是否松动，用扳手检查螺钉是否拧紧	

续表

项目	子项目	标准	检验方法	检验结果
管网系统组件安装质量检查	喷嘴的型号、规格、标志和安装质量	1. 安装在吊顶下的不带装饰罩的喷嘴，其连接管管端螺纹不应露出吊顶 2. 安装在吊顶下的带装饰罩的喷嘴，其装饰罩应紧贴吊顶 3. 喷嘴应逐个核对其型号、规格和喷孔方向，并应符合设计要求 4. 距喷嘴安装位置0.3 m处的管道，应加设一个支架或吊架	1. 用扳手或喉钳检查喷嘴是否拧紧，目测喷嘴螺纹余留不大于2~3扣 2. 对照图样逐个核对喷嘴的型号、规格和喷孔方向是否符合设计要求 3. 在安装有释放喷嘴的管道末端，应采用三通接头，加装50 mm长的短管和螺纹管帽 4. 带装饰罩的喷嘴，其装饰罩是否紧贴吊顶 5. 喷嘴安装位置0.3 m处的管道是否有安装支架或吊架固定 6. 采用上、下喷嘴的管道，上方喷嘴是否有安装支架或吊架固定	
	灭火剂储存气瓶的数量、型号、规格、标志、安装位置、灭火剂充装量、储存压力和安装质量	1. 储存气瓶的操作面距墙或操作面之间的距离不宜小于1.0 m 2. 储存气瓶上的压力表应朝向操作面，安装高度和方向应一致 3. 储存气瓶的支、框架应固定牢靠，且应采取防腐处理措施 4. 储存容器气瓶正面应标明设计规定的灭火剂名称和储存气瓶的编号	1. 通过人手检查储存气瓶的支架、框架是否固定牢靠，目测支架、框架有无锈蚀、变形或裂痕 2. 目测气瓶、瓶头阀、电磁阀、加力器（BOOST）、压力表等是否有损伤 3. 观测储存气瓶上的压力表的压力范围是否在正常范围内，压力表应朝向操作面 4. 检查气瓶的铭牌是否完好 5. 对照图样检查气瓶的总数量及各分配区的气瓶数量是否符合设计要求 6. 检查气瓶帽数量是否齐全 7. 检查气瓶旋塞数量是否齐全	
	集流管的安装质量和排气阀及减压装置的安装位置和安装质量	1. 集流管应固定在支架、框架上 2. 支架、框架应固定牢靠，且应做防腐处理 3. 集流管外表面应涂红色油漆 4. 排气阀安装在集流管上，每一个单向阀的后面都应设一个排气阀，同时在组合分配系统中选择阀与第一个单向阀的封闭管道中应设一个排气阀，在集流管最低处应设一个排气阀 5. 减压装置安装时应注意外壳上永久性箭头标志表示的箭头方向应与管道中气体流动方向一致	1. 通过人手摇动支架、框架查看其是否松动，用扳手检查螺钉是否拧紧 2. 检查排气阀的数量、安装位置是否符合设计要求 3. 集流管的管道安装是否做到横平竖直 4. 抽检两条高压软管是否拧紧 5. 检查减压装置安装方向是否正确 6. 目测油漆涂抹是否均匀，有无漏涂 7. 检查集流管支架是否牢固，是否足够	

续表

项目	子项目	标准	检验方法	检验结果
管网系统组件安装质量检查	阀驱动装置的数量、型号、规格、标志、安装位置和安装质量及压力开关、单向阀的安装质量	1. 驱动气瓶正面应标明驱动介质的名称和对应防护区名称的编号 2. 电磁驱动装置的电气连接线应沿固定灭火剂储存容器的支架、框架或墙面固定 3. 气动驱动装置的管道安装应做到横平竖直，平行管道或交叉管道之间的间距应保持一致 4. 排气阀安装在集流管上，每个单向阀的后面都应该安装一个排气阀，同时在组合分配系统中选择阀与第一个单向阀的封闭管道中也应该设置一个排气阀	1. 检查单向阀的数量、安装位置是否符合设计要求 2. 抽查两个单向阀，检查里面是否有积水和杂物 3. 检查单向阀的箭头方向和气体流动的方向是否一致 4. 检查电磁阀连接软管是否牢固，有无做跨接 5. 检查机械启动器的手柄是否朝向操作面，机械启动器的锁定销是否完好 6. 检查压力开关安装是否牢固，连接压力开关的铜管有无缓冲装置 7. 检查驱动气瓶上的标示牌和对应的保护区是否相符 8. 检查不锈钢启用软管是否安装牢固	
	选择阀的数量、型号、规格、标志、安装位置和安装质量	1. 选择阀操作手柄应安装在操作面一侧，安装高度应为 1.5 m 左右，当安装高度超过1.7 m 时，应采取便于操作的措施 2. 采用螺纹连接的选择阀，其与管道连接处宜采用活接头 3. 选择阀上应设置标明防护区名称或编号的永久性标志牌，并应将标志牌固定在操作手柄附近	1. 检查选择阀所标明的防护区名称和实际的保护区是否相符 2. 检查选择阀上的电磁阀及机械操作手柄的安装是否牢固 3. 拆开选择阀，检查里面是否有积水和杂物（选做项：若抽检两个单向阀均发现有杂物，则检查选择阀） 4. 检查选择阀上的箭头方向与气体流动方向是否一致	
	气瓶间操作指示牌和保护区警告指示牌安装位置和安装质量	1. 气瓶间操作指示牌应安装在气瓶间、内显眼处 2. 每个保护区至少有一个入口处有烟烙尽气体灭火系统保护的标志	1. 气瓶间操作指示牌及烟烙尽气体灭火系统保护的标志应安装牢固，字体清晰可见 2. 检查气瓶间操作指示牌及烟烙尽气体灭火系统保护的标志有无被遮挡 3. 检查气瓶间操作指示牌及烟烙尽气体灭火系统保护的标志材料是否能长期使用而不易老化、脱色等	
	低压配电功能测试	低压配电系统提供交流 220 V/50 Hz（一级负荷），接口在气瓶室内的电源切换箱的出线开关处，其中电源切换箱应为每个防护区的控制盘、辅助电源箱各提供一对接线端子，且应标明防护区	1. 检查各防护区的控制盘、辅助电源箱是否都有单独对应的开关，且开关容量应符合设计要求 2. 检查接线端子所标明的防护区名称和实际的保护区是否相符，是否字体清晰可见	

续表

项目	子项目	标准	检验方法	检验结果
管网系统组件安装质量检查	气瓶间环境		1. 目测气瓶间工作环境是否良好，是否有杂物、潮湿、漏水等 2. 目测是否有其他专业的设备、管线等影响气体灭火系统设备正常工作	

第三节 气体灭火系统维护及故障处理

一、系统维护

中级检修人员应能按照气体灭火系统设备检修内容与周期表，独立完成"二级保养"的内容与周期性开展任何一项系统维护工作，同时可以在高级以上检修工的指导下按"小修"的内容与周期要求进行维护与保养工作。

1. 控制报警系统

（1）季检

1）按日常操作、管理全部内容进行检查。

2）检查系统控制盘，并清洁箱体内、外。

3）检查系统控制盘工作是否正常，接地故障、电池故障、主板故障指示灯是否正常。如有故障，则作为故障进行处理。

4）紧固系统控制盘所有连接线。

5）测量系统控制盘交流电源电压，并进行掉电切换测试。

6）测量系统控制盘成组蓄电池电压，单个 DC 12 V（+15% ~ -5%），成组 DC 24 V（+15% ~ -5%）。

7）检查辅助电源箱外观，并清洁箱体内、外。

8）检查辅助电源箱工作是否正常，交流故障、电池故障、输出故障指示灯是否正常。

9）检查手动/自动转换开关、紧急止喷按钮、紧急启动开关外观，并清洁表面，检查紧急启动开关封条是否完好、牢固。

10）测试手动/自动转换开关、紧急止喷按钮功能。

11）目测灭火禁入指示牌、警铃、警笛及闪灯、烟感、温感、系统线管、操作说明及警示牌安装是否良好、牢固，附近环境是否良好。

12）控制盘用短接线模拟信号给辅助电源箱，检查防火阀是否正常动作。

（2）半年检
1）在测试前应先断开电磁阀与系统控制盘的连线。
2）检查气瓶间电源配电箱切换功能是否正常。
3）切断测试区域的控制盘及辅助电源箱的低压断路器。
4）分别短接一级回路、二级回路接线端子，按系统自动灭火运行方式，对系统控制盘及辅助电源箱进行测试，检查系统控制盘及辅助电源箱的显示、报警、延时 30 s 及设备联动情况。
5）按系统手动操作方式，对系统控制盘及辅助电源箱进行测试，检查系统控制盘及辅助电源箱的显示、报警及设备联动情况。
6）模拟二级报警，检查防火阀是否正常动作；检查控制防火阀的继电器接线和外表卫生状况；对防火阀机构进行检查，对生锈的地方进行除锈、润滑和干燥处理。
7）全面试验烟感、温感探测器功能；测试探测器底座功能是否正常；对有故障的器件进行修理或更换。
8）检查系统发出气体喷放信号时，电磁阀输出端子上电压是否为直流 24 V（1±5%）。
9）检查并测试手动/自动转换开关、紧急启动开关、停止喷气按钮、灭火禁入指示牌、蜂鸣器及闪灯、警铃、防火阀、压力开关联动等设备的功能，如有故障应及时进行处理。
10）在 FAS 上面查看是否可以正确接收到一级报警、二级报警、手动/自动、故障、释放 5 个信号及防火阀动作状态信号。
11）测量控制盘及辅助电源箱单个蓄电池电压是否正常后，闭合测试区域的控制盘及辅助电源箱的低压断路器，检查系统控制盘及电源箱是否正常恢复，测量控制盘、辅助电源箱蓄电池充电电压是否正常。对蓄电池进行放电。蓄电池带负载运行 30 min 后，检查其电压是否仍可达到直流 24 V（1±5%），并按蓄电池维护与保养规程进行保养。
12）检查控制盘、防火阀辅助电源箱接地情况以及蜂鸣器及闪灯、警铃、灭火指示牌、气体输送管道等设备的卫生状况，清除上面的杂物和灰尘。确认设备外观无损坏。
13）在完成测试后应接回电磁阀与系统控制盘的连线，并检查是否正确（包括连线极性与所接端子位置）。

2. 管网系统
（1）季检
1）一级保养内容。
2）清洁气瓶间的地板、输气管道、线管和气瓶的卫生。
3）清洁集流管道、气瓶及支架的卫生。
（2）半年检
1）检查管网状况，确认管网的连接件和紧固件是否牢固，检查连接螺栓是否生锈，并进行润滑保养。
2）检查所有气瓶支架，确认所有的气瓶牢固地安装在架子上。核查腐蚀、损坏或遗失的零件，并补充和修复。
3）检查喷嘴（及挡流罩）、减压装置的位置，核查喷嘴（及挡流罩）腐蚀、损坏情况，并确认是否通畅。

4）检查启动金属软管是否有损坏，是否正确连接。

5）检查所有气瓶高压软管的状况。查看是否有磨损或老化等结构问题，确认所有的软管连接可靠、完好无损。抽查3%软管的密封圈，检查是否老化或破损。

6）核查压力开关是否有损坏或腐蚀的情况，动作是否灵活。检查采集信号的铜管是否稳固、是否破损、是否锈坏。

7）核查所有气瓶的状况，查看气瓶外表是否有损坏或腐蚀情况，并对腐蚀部分进行处理、涂漆。

8）使用压力测试表检查气瓶，以确定气瓶压力是否在正常的范围内，抽查气瓶总数的3%。

9）检查主动瓶头阀的电磁阀外观是否完好，手动启动器的状况是否正常，插销是否插好，更换检查封条。

10）检查选择阀的电磁阀外观是否完好，手动启动器的状况是否正常，插销是否插好，更换检查封条。

二、故障处理

中级检修工应掌握相应的故障处理技能，根据故障现象及故障信息采取相应的处理方法进行处理，对未能现场修复的故障，应根据实际情况采取临时措施，贯彻"先通后复"原则，以尽快恢复系统报警功能为第一目标进行故障处理。

1. 控制盘主板故障

（1）现象。控制盘主板故障灯亮，工作不稳定，某些功能未能实现。

（2）处理方法。检测主板每个输入及输出回路的参数，若有异常或不符合标准的情况，可以判断为控制盘主板某个端口出现故障，建议立刻更换主板。

2. 烟感回路故障

（1）现象。控制盘主板烟感回路故障指示灯亮，或者现场观察烟感指示灯不亮。

（2）处理方法

1）烟感回路故障灯亮，且现场可观察到某个烟感指示灯不亮，更换该烟感回路及指令灯。

2）烟感回路故障灯亮，现场烟感观察正常，检测该回路线路是否存在接地现象，若存在接地现象，查找接地点后更换该段接地线路。

3. 温感回路故障

（1）现象。控制盘主板温感回路故障指示灯亮，或者现场观察温感指示灯不亮。

（2）处理方法

1）温感回路故障灯亮，且现场可观察到某个温感指示灯不亮，更换该温感回路及指令灯。

2）温感回路故障灯亮，现场温感观察正常，检测该回路线路是否存在接地现象，若存在接地现象，查找接地点后更换该段接地线路。

4. 防火阀接地故障

（1）现象。辅助电源箱EARTH指示灯亮，表示防火阀存在接地现象；或者测试时防火阀不符合联动要求。

（2）处理方法

1）若防火阀存在接地现象，检查防火阀的阀体、端子接线及周围环境的绝缘情况，使用万用表测试防火阀绝缘值，若存在测试绝缘值低的情况，应更换相应的零部件，若是因滴水或者环境潮湿所致，应进行放水处理或者除湿处理后恢复。

2）若防火阀在系统测试时不能联动，测量联动时驱动电压和电流值是否正常，若驱动电源供给正常，这种现象大部分是因为防火阀的执行机构接触不良，对执行机构进行重新调整，测试后完成处理。

三、控制盘接地故障维修案例

1. 接地故障现象

每次都是报一次接地故障，马上自动恢复正常，接着又报接地故障，马上又自动恢复正常。

2. 分析处理过程

由于该故障存在一定的消防安全隐患，于是组织专业人员进行了长期现场跟踪，反复试验，查明故障原因。

导致控制盘接地的主要因素有4个方面：电源线接地；手动/自动转换开关接地；紧急启/停装置接地；外部设备接地，如图8—17所示。

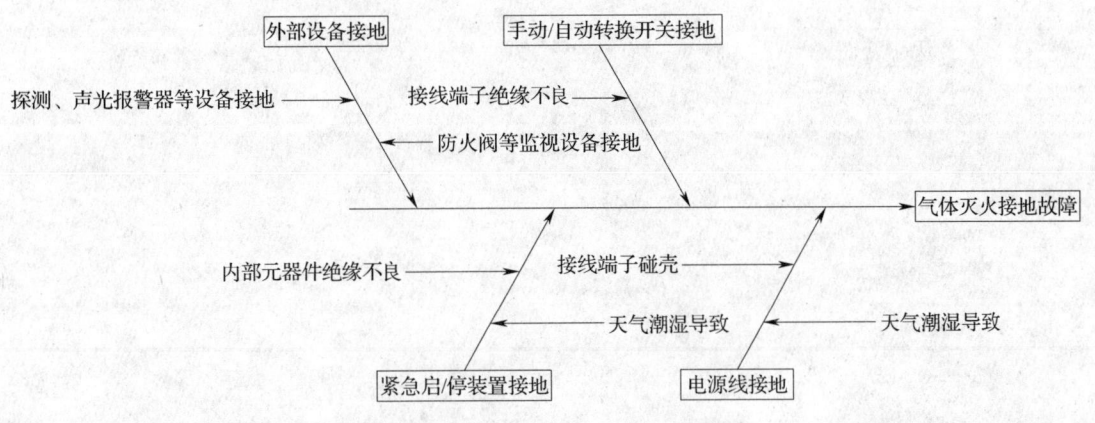

图8—17 接地故障原因分析鱼刺图

专业人员对气体控制盘采取排除法进行试验。

（1）排查电源线接地导致气体盘报接地故障的发生。断开电源，用摇表测量输入到气体盘的电源线是否接地，经过反复测量，判断电源线没有接地，排除电源线接地导致气体盘报接地故障发生的可能。

（2）排查手动/自动转换开关接地导致气体盘接地故障的发生。将其中一套经常报接地故障的系统手动/自动转换开关的电源线松开，观察该系统是否还会频繁报接地故障，经试验即使将手动/自动转换开关的电源线松开了，该气体盘还是频繁报接地故障，判断气体盘的接地故障跟手动/自动转换开关无关。

（3）排查紧急启/停装置接地导致气体盘接地故障的发生。把紧急启/停装置的电源线松开，经一段时间观察，该气体盘不再报接地故障。初步判断气体盘的接地故障是由紧急启/停装置接地引起的。经进一步测试分析，发现紧急启/停装置内的止喷按钮内部器件与装置金属外壳绝缘效果差，用摇表测试，发生故障的止喷按钮内部器件与金属壳的阻值在 $0 \sim 20$ MΩ 之间波动，而质量完好的止喷按钮内部器件与金属壳的阻值在 500 MΩ 以上。由于止喷按钮内部器件与金属壳的阻值在 $0 \sim 20$ MΩ 之间波动，导致该装置的止喷按钮内部器件与装置金属外壳经常发生间歇性导通，因为该装置直接装在墙壁上，通过墙壁与大地连通，从而导致接地故障的间歇性发生。

3. 整改措施

通过对设备进行改造，在紧急启/停装置底部加装一块绝缘板（塑料板），把该装置与墙壁隔离开，有效地防止了气体盘的间歇性接地故障的发生。

由于气体紧急启/停装置绝缘效果差，导致气体盘报接地故障频繁发生，表明该装置存在质量缺陷，建议厂家对该装置从内部元器件的布置及整体绝缘方面进行升级改进。

中级检修工理论知识考核模拟试题

一、填空题（每空1分，共20分）
1. 计算机操作系统可分为_____、分时操作系统、实时操作系统、_____。
2. 计算机桌面的回收站用于暂时存放_____的文件或其他项目。
3. 计算机文件目录用于标明文件所在的位置叫做_____。
4. 阻燃剂按其使用方法分为_____和_____两种。
5. 火灾探测分为_____和_____两种。
6. 破玻报警器是带地址码手动报警器，它由前盖、_____、背板组成。
7. 火灾自动报警系统传输线路应采用铜芯绝缘线或铜芯电缆，其电压等级不应低于交流_____，最好选用_____，以提高绝缘和抗干扰能力。
8. 导线敷设连接完成后，应进行检查，无误后采用 500 V、量程为_____的兆欧表，对导线之间、线对地、线对屏蔽层等进行摇测，其绝缘电阻值不应低于_____。
9. AC220 V 电源失电时 FAS 系统_____后备电源，后备电源断路时能检测到并产生_____。
10. FAS 系统历史记录应能查询_____、地点、_____。
11. 对射式感烟探测器包括了_____和_____，它用于保护那些使用单点感烟探测器不适用或不经济的_____区域。

二、单项选择题（将正确答案的序号填入横线空白处，每题2分，共30分）
1. 响应阈值是指使火灾探测器动作的_____火灾参数值。
   A. 有效   B. 最大   C. 最小   D. 中间
2. 电压并联负反馈使输入电阻_____，输出电阻变小。
   A. 变大   B. 变小   C. 不变   D. 不一定
3. 下列_____连接方式不是电阻元件的连接方式。
   A. 串联   B. 并联
   C. 六边形   D. 桥式
4. 升温速率是指每_____温度上升的度数。
   A. 小时   B. 秒   C. 毫秒   D. 分钟
5. 在电子放大电路中，负反馈可以使放大倍数_____。
   A. 放大   B. 降低
   C. 不变   D. 先放大后降低
6. 兆欧表又称摇表，是一种测量_____的便携式仪表。
   A. 电阻   B. 电压   C. 电流   D. 绝缘电阻
7. 异步电动机运行时，必须从电网中吸收落后性的无功功率，所以它的功率因数总是_____。

　　A. <0　　B. <0.5　　C. >0.5　　D. <1

8. NPN 型和 PNP 型三极管的区别是_____。

　　A. 由两种不同的材料构成　　B. 掺入的杂质不同
　　C. P 区和 N 区的位置不同　　D. 以上都不对

9. 使 NPN 型三极管具有电流放大作用必须满足_____。

　　A. $U_C > U_B > U_E$　　B. $U_B > U_C > U_E$
　　C. $U_E > U_B > U_C$　　D. $U_C > U_E > U_B$

10. 电阻上的色环分别是红、黄、橙、金，那么电阻的实际阻值是_____Ω。

　　A. 25 000　　B. 2 400　　C. 1 4000　　D. 24 000

11. 电流互感器的二次侧在运行中不允许_____，因此，在电流互感器的二次电路中不允许装有熔断器。

　　A. 开路　　B. 短路　　C. 没要求　　D. 接电阻

12. 兆欧表又称摇表，是一种测量_____的便携式仪表。

　　A. 电阻　　B. 电压　　C. 电流　　D. 绝缘电阻

13. 在生产过程中，可以用万用表的_____挡来判断二极管的好坏和特性。

　　A. 电阻　　B. 电压　　C. 电流　　D. 电容

14. 气体灭火系统只有在_____的情况下才会进入预释放状态。

　　A. 一个烟感动作　　B. 两个烟感动作
　　C. 一个探测器回路动作　　D. 两个探测器回路动作

15. 下列_____不属于气体灭火系统给 FAS 系统的信号。

　　A. 火警信号　　B. 喷气信号
　　C. 防火阀控制信号　　D. 故障信号

三、判断题（下列判断正确的填"○"，错误的填"×"；每题 1 分，共 10 分)

1. 电流的大小取决通过导体横截面的电荷量多少。　　　　　　　　　　（　　）
2. 为统一起见，规定以正电荷移动的方向为电流方向。在金属导体中电子的运动而形成的实际方向，与电流方向相同。　　　　　　　　　　　　　　　　（　　）
3. 半导体和金属导体的导电机理都是利用电子导电。　　　　　　　　　（　　）
4. 电流互感器的二次侧在运行中不允许开路，因此，在电流互感器的二次电路中不允许装有熔断器。　　　　　　　　　　　　　　　　　　　　　　　　　（　　）
5. PN 结二极管中，P 区接负极，N 区接正极，二极管导通。　　　　　（　　）
6. 电位越高，电压越高。　　　　　　　　　　　　　　　　　　　　　（　　）
7. 纯净的半导体可以用来制造晶体管。　　　　　　　　　　　　　　　（　　）
8. PN 结的最重要特性是感光性。　　　　　　　　　　　　　　　　　　（　　）
9. 由消防控制室接地板引至各消防设备的接地线应选用铜芯绝缘软线，其线芯截面面积不应小于 4 mm²。　　　　　　　　　　　　　　　　　　　　　　（　　）
10. 从一个防火分区的任何位置到最邻近的一个手动火灾报警按钮的步行距离不得超过 30 m。　　　　　　　　　　　　　　　　　　　　　　　　　　　　　（　　）

四、问答题（每题10分，共40分）

1. 简述火灾自动报警系统对系统供电的要求及功能。

2. 什么是电气图中的简图？什么是电气图中元件的"正常位置"？

3. 已知甲表测量 100 A 电流时，$\Delta_1 = +0.2$ A，乙表测量 10 A 电流时，$\Delta_2 = +0.1$ A，试比较两表的相对误差。

4. 简述接触式探测器的原理。

中级检修工技能操作考核模拟试题

【题目1】根据给出的四芯模拟式感温电缆以及微机头(即感温电缆控制器)、连接电缆等材料,完成感温电缆的接线及调试(受热长度为10 m,受热温度为75℃报警)。(40分)

【题目2】根据给出的材料,安装气体灭火控制盘。(40分)

【题目3】防火阀接地导致FAS控制盘报回路故障,请处理。(20分)

中级检修工理论知识考核模拟试题参考答案

一、填空题
1. 批处理系统　网络操作系统
2. 被删除
3. 路径
4. 反应型　添加型
5. 接触式　非接触式
6. 玻璃
7. 250 V　500 V
8. 0～500 MΩ　20 MΩ
9. 自动切换　故障信息
10. 报警时间　设备类型
11. 发射器　接收器　大面积

二、单项选择题
1. C　2. B　3. C　4. D　5. B　6. D　7. D　8. C　9. A
10. D　11. A　12. D　13. A　14. D　15. C

三、判断题
1. ×　2. ×　3. ×　4. ○　5. ×　6. ×　7. ×　8. ×
9. ○　10. ○

四、问答题
1. 答：一类负荷，蓄电池作为后备供电，可自动切换。

计算机一类负荷，UPS 作为后备供电，可自动切换。切换期间不应使控制器出现误动作。当备用电源偏低及电源输出有异常时，应能发出故障声光报警，并指示具体故障。

2. 答：简图是仅表示电路中各设备、装置、元器件等的功能、连接关系的图。电气图中元器件的"正常位置"或"正常状态"，指电气元器件和设备的可动部分表示为非激励（未通电、未受外力作用）或不工作的状态或位置，如断路器、隔离开关等在断开位置；继电器、接触器的线圈未通电，因而其触点在还未动作的位置等。

3. 答：甲表的相对误差为：

$$r_1 = \frac{\Delta_1}{A_0} \times 100\% = \frac{+0.2}{100} \times 100\% = +0.2\%$$

乙表的相对误差为：

$$r_2 = \frac{\Delta_2}{A_0} \times 100\% = \frac{+0.1}{10} \times 100\% = +1.0\%$$

结果表明，乙表的相对误差较甲表的大。

4. 答：在火灾的初期阶段，烟气是反映火灾特征的主要方面。接触式探测就是利用某种装置直接接触烟气来实现火灾探测的，只有当烟气到达该装置所安装的位置时感受元器件方可发生响应。烟气的浓度、温度、特殊产物的含量等都是探测火灾的常用参数。在普通建筑物中使用最多的是点式探测器，它们有一个直径约 100 mm 的探测腔，其内部安装了某种感受烟气浓度、温度或代表燃烧产物（如 CO）的元件，当进入探测腔的烟气所具有的浓度或温度达到所用元件的设定危险阈值时便发出报警。在某些特殊场合下，接触式探测器也可做成线型，如适宜在电缆沟内使用的缆线式感温探测器，它们是根据缆线所在空间环境的温度变化来判断火灾的。

中级检修工技能操作考核模拟试题参考答案

【题目1】操作提示

(1) 安装。感温电缆的安装微机头内置12个报警挡位,如卷图5所示。

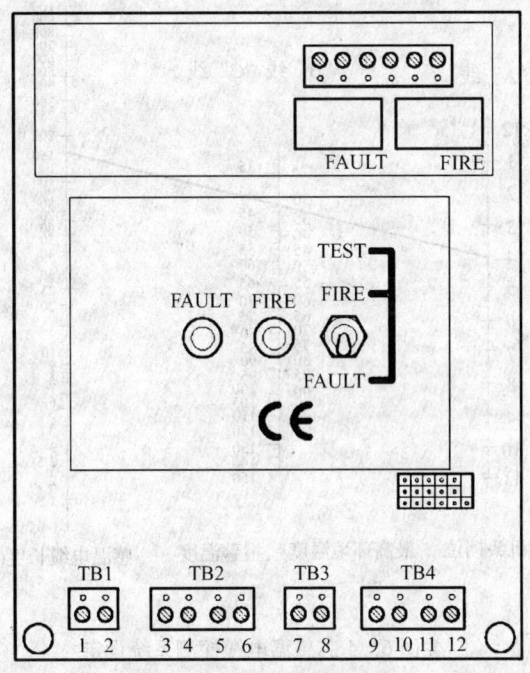

卷图5 微机头面板布置

正确接线如下:

接线端子	内容
1	电源输入"-"(0 V)
2	电源输入"+"(24 V)
3	感温电缆橙色线接入
4	感温电缆白色线接入
5	感温电缆红色线接入
6	感温电缆蓝色线接入
7	远程火警LED(+)
8	远程火警LED(-)
9	故障连接LED(+)
10	故障连接LED(-)
11	电源输出"-"(0 V)
12	电源输出"+"(24 V)

(2) 调试。微机头的辅助继电器电路板可输出火警和故障信号。继电器触点容量为24 V、2 A。

在微机头内部设置有 12 个挡位的跳线开关，如卷图 6 所示。通过挡位的设定就能确定与感温电缆长度有关的报警温度阈值。

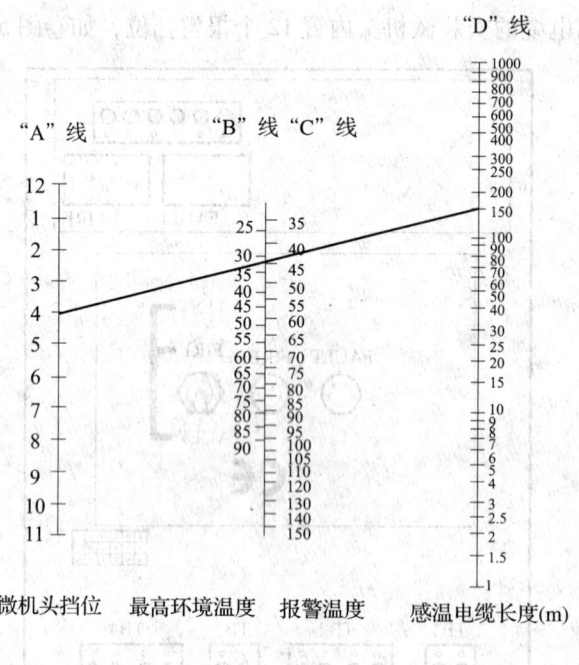

卷图 6　4 芯感温电缆探测系统设定

在对感温电缆微机头进行设定前，首先要了解现场敷设感温电缆的长度。其次，还需要了解敷设现场环境的最高温度值。

对感温电缆微机头设定步骤如下：

在"D"线，根据现场敷设情况选定感温电缆的长度，比如 150 m。

在"B"线，标出敷设现场环境的最高温度值，比如 32℃。

连接以上两点，其延长线相交于"A"线的 4 挡，将微机头的跳线开关放置在 4 挡位置。

此时，感温电缆的温度报警阈值看"C"线上的交点，约为 45℃。这表明 150 m 感温电缆全部受热时，在 45℃就报警。但有的时候，可能是感温电缆的某一段，而不是整条都受热，比如受热长度为 10 m。这时连接"A"线的挡位 4 和"D"线上的 10 m，与"C"线相交于约 75℃这一点，这表示当受热长度为 10 m 时，在 75℃时才会报警。

【题目 2】操作提示

(1) 安装。功率限制线路和非功率限制线路必须分开。所有功率限制布线必须与任何非功率限制布线保持至少 6.25 mm 的距离，必须分别穿管，从机箱不同的穿线孔进入，如卷图 7 所示。

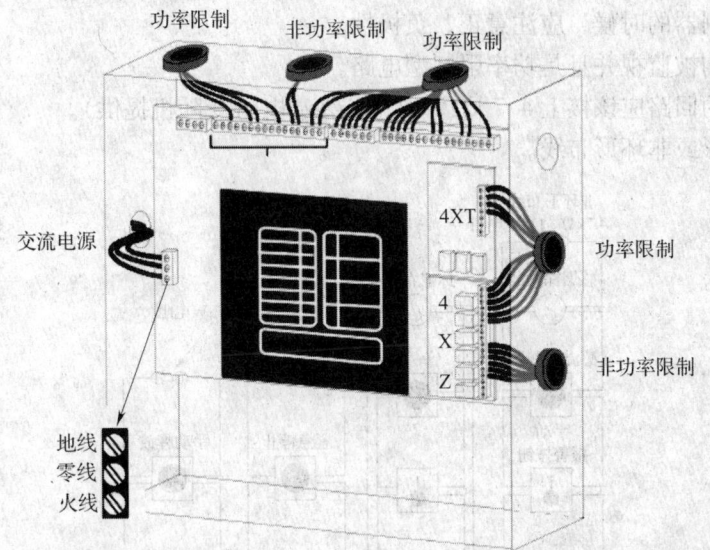

卷图 7　RP-1002E 控制盘典型接线

功率限制电路是指输出小于 100 V·A 的电路,而非功率限制电路指输出超过 100 V·A 的电路。一般来说,功率限制电路的输出电压小于 30 V。RP-1002E 中典型的电路,如卷图 7 所示,说明如下:

1) 功率限制型电路

通用警报输出线路:TB2 的 OUT#1 和 OUT#2。

保护区探测输入线路:TB4 的 IN#1 和 IN#2。

紧急停止输入:TB4 的 IN#3。

手动释放输入:TB4 的 IN#4。

报警和故障继电器输出:TB3(必须由功率限制型电源供电)。

监视输入电路:TB2 的 OUT#4(该输出被设置为监视输入时)。

2) DC 24 V 输出:TB1

传输模块 4XTM 的远程故障和远程报警输出。

区域继电器模块 4XZM:Relay#1 和 Relay#2(必须由功率限制型电源供电)。

区域继电器模块 4XZM:Relay#4(必须由功率限制型电源供电;TB2 的 OUT#4 设置为监视输入)。

区域继电器模块 4XZM 的报警和故障继电器输出(必须由功率限制型电源供电)。

3) 非功率限制型电路

释放输出:TB2 的 OUT#3。

释放输出:TB2 的 OUT#4(该输出被设置为释放输出)。

4) 输入线路。在外围线路布置好后,可以连接感温探测器、光电感烟探测器、离子感烟探测器和水流指示器或其他兼容的探测器,并连接紧急停止和手动释放按钮,如卷图 8 所示。

注意:

在连接探测器的时候,应注意正、负极性。

所有线路均被监视并且是功率限制型电路。

没有使用的回路应该接上 4.7 kΩ、1/2 W 终端电阻(随机提供)。

可选择环形或非环形布线。

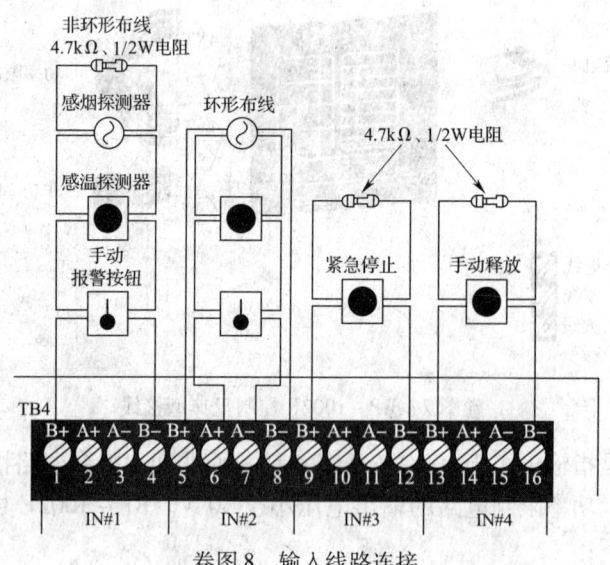

卷图 8　输入线路连接

5) 输出线路。RP – 1002E 提供两个环形或非环形警报输出回路、两个非环形释放回路,如卷图 9 所示。每一个回路能提供 1.5 A 的电流,所有回路总电流不能超过 2.25 A。

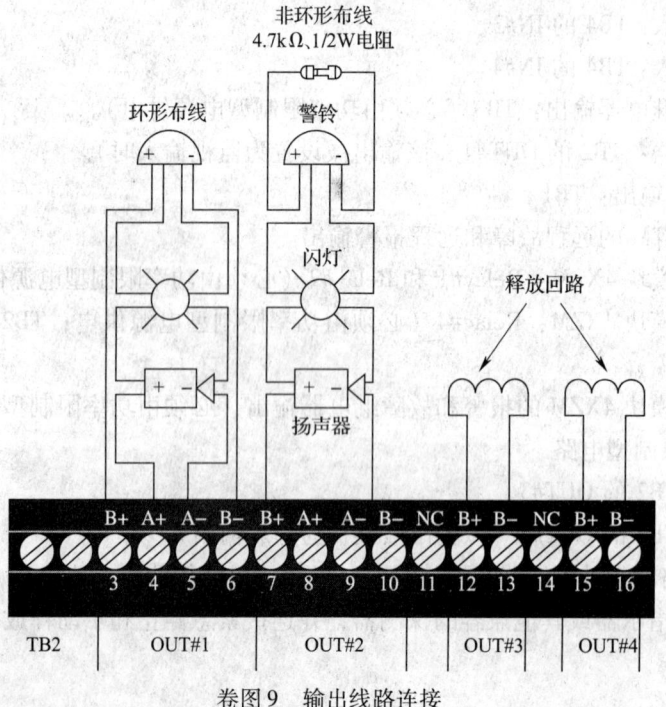

卷图 9　输出线路连接

注意：

没有使用的回路应该接上 4.7 kΩ、1/2 W 终端电阻（随机提供）。

释放回路的最小工作电压为 DC20.4 V。

如果释放回路外接电磁阀线圈，通电时控制盘的输出继电器不稳定，可在线圈上并联一个抑制二极管（P/N210-5033），如卷图 10 所示。

(2) 注意事项。尽管控制盘是按照 ULC 和 UL 的 RFI 防护标准进行设计和制造的，并且经过严格的测试，但在某些环境中，RFI 可能超过控制盘的测试标准，从而有影响控制盘正常操作的可能性。测试表明，按下列步骤使用随机提供的磁环可提高防 RFI 和电源电压波动的能力。

1) 在每个输入回路上适当安装磁环 P/N29146。回路线必须至少环绕磁环 3 圈，分别如卷图 11 和卷图 12 所示。

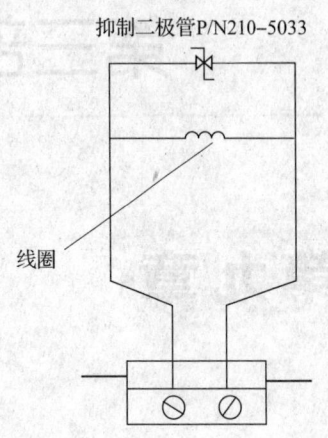

卷图 10 释放输出回路并联二极管

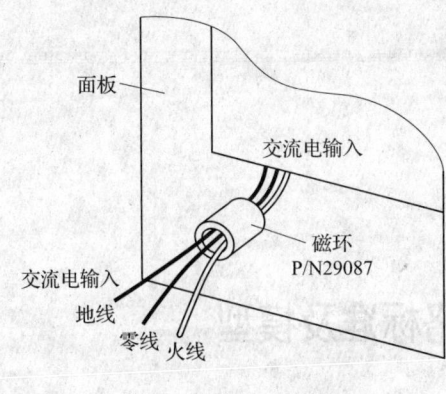

卷图 11 输入回路磁环

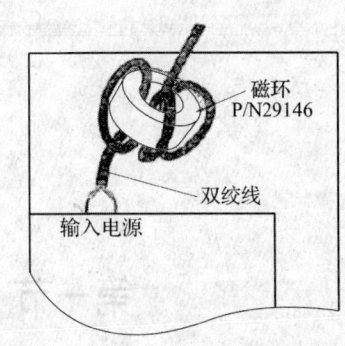

卷图 12 回路线绕磁环

2) 安装随机提供的前面板时，螺钉应使该面板可靠地连接机箱，避免表面涂层的绝缘效应。

3) 保证系统可靠接地，接地电阻小于 4 Ω。

4) 开关电源时，应把灭火气瓶保险栓拉上。

5) 电池必须装入机箱内。

6) 接线之间应避免缠绕，功率限制线和非功率限制线之间至少保持 6.25 mm 的距离。

7) 避免在控制器前面使用无线对讲机，尤其是在机箱门打开的情况下。

【题目 3】操作提示

判断为系统回路故障。首先断开回路线的进线及出线，用万用表的电阻挡测量回路线的 + 线与 - 线的对地电阻值，测量值为正常范围，初步判断回路线并无接地现象。维修人员将回路线的进线接回回路卡上，并通过控制盘的操作菜单重新启动该回路设备，但不成功，故障依旧。维修人员利用主机的菜单功能查询到该回路设备。维修人员判断为该回路的某个具体设备与具体设备及其线路出现故障。利用现场图样，确认具体设备故障并进行排除。

第三部分 高级检修工

第九章

网络基础知识

第一节 网络标准及模型

一、网络标准和 OSI 模型

1. 网络标准化组织

所谓标准即文档化的协议中包含推动某一特定产品或服务应如何被设计或实施的技术规范或其他严格标准。依据标准，不同的生产厂商可以确保产品、生产过程及服务适合他们的目的。

由于目前网络界所使用的硬件、软件种类繁多，标准尤其重要。如果没有标准，可能由于一种硬件不能与另一种硬件兼容，或者因一个软件应用程序不能与另一个软件通信而不能进行网络设计。例如，一个厂商设计一个 1 cm 宽插头的网络电缆，另一个公司生产的槽口为 0.8 cm 宽，便无法将电缆插入这种槽口。

由于计算机工业发展迅速，许多不同的组织都开发有自己的标准。在一些情况下，多个组织负责网络的某个方面。例如，ANSI 和 ITU 均负责 ISDN（综合业务数字网）通信标准，而 ANSI 制定接收一个 ISDN 连接所需要的硬件种类，ITU 判定如何使 ISDN 链接的数据以正确序列到达用户。管理计算机和网络的所有标准多得如同一本百科全书，下面介绍建立标准的几个重要组织，这些组织将负责建立网络的未来。

(1) IEEE。IEEE（电气与电子工程师学会或称为 I－3－E）是一个由工程专业人士组成的国际社团，其目的在于促进电气工程和计算机科学领域的发展和教育。IEEE 主办大量的研讨会、会议和本地分会议，发行刊物以培养技术先进的人才。同时，IEEE 有自己的标准委员会，为电子和计算机工业制定自己的标准，并对其他标准制定组织（如 ANSI）的工作提供帮助。

IEEE 技术论文和标准在网络专业受到高度重视。尤其在网络接口卡手册中经常可发现对 IEEE 标准的引用。下面是几个 IEEE 标准的例子："信息技术 2000 年测试方法""虚拟桥接局域网"及"软件项目管理计划"。它目前已被广泛使用的标准有几百项。

(2) ISO。ISO（国际标准化组织）是一个代表了 130 个国家的标准组织的集体，其总部设在瑞士的日内瓦。ISO 的目标是制定国际技术标准，以促进全球信息交换和无障碍贸易。

ISO 的权威性不仅限于信息处理和通信工业，它还适用于纺织品业、包装业、货物分发、能源生产和利用、造船业及银行业务和金融服务。关于螺纹、银行信用卡，甚至货币名称的通用协议都是 ISO 的工作产物。事实上，在 ISO 的大约 12 000 个标准中，仅有约 500 个应用于与计算机相关的产品和功能中。国际电子与电气工程标准是由一个相似的国际标准组织 IEC（国际电子技术协会）单独制定的。ISO 所有的信息技术标准设计与 IEC 相一致。

2. OSI 模型

在 20 世纪 80 年代早期，ISO 即开始致力于制定一套普遍适用的规范集合，以使得全球范围的计算机平台可进行开放式通信。ISO 创建了一个有助于开发和理解计算机的通信模型，即开放系统互联 OSI（模型）。OSI 模型将网络结构划分为 7 层，即物理层、数据链路层、网络层、传输层、会话层、表示层和应用层。每一层均有自己的一套功能集，并与紧邻的上层和下层交互作用。在顶层，应用层与用户使用的软件（如字处理程序或电子表格程序）进行交互。在 OSI 模型的底端是携带信号的网络电缆和连接器。总的说来，在顶端与底端之间的每一层均能确保数据以一种可读、无错、排序正确的格式被发送。

OSI 模型是对发生在网络中两节点之间过程的理论化描述。它并不规定支持每一层的硬件或软件的模型，但有关网络的每件事均能对应于模型中的一层。图 9—1 描绘了 OSI 模型及其层结构。

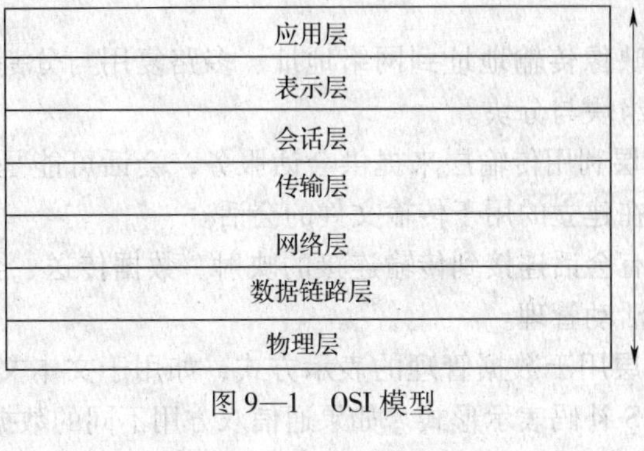

| 应用层 |
| 表示层 |
| 会话层 |
| 传输层 |
| 网络层 |
| 数据链路层 |
| 物理层 |

图 9—1　OSI 模型

当接收数据时，数据自下而上传输；当发送数据时，数据自上而下传输。下面简要介绍这几个层次。

（1）物理层。这是整个 OSI 参考模型的最低层，它的任务就是提供网络的物理连接。所以，物理层是建立在物理介质上（而不是逻辑上的协议和会话），它提供的是机械和电气接口。主要包括电缆、物理端口和附属设备，如双绞线、同轴电缆、接线设备（如网卡等）、RJ-45 接口、串口和并口等在网络中都是工作在这个层次的。

物理层提供的服务包括物理连接、物理服务数据单元顺序化（接收物理实体收到的比特顺序，与发送物理实体所发送的比特顺序相同）和数据电路标识。

（2）数据链路层。数据链路层是建立在物理传输能力的基础上，用以控制网络层与物理层之间的通信。以帧为单位传输数据，它的主要任务就是进行数据封装和数据链接的建立。帧是一种不仅包括原始数据（或有效负荷），同时包括收、发双方网络地址和控制信息的数据包。封装的数据信息中，地址段含有发送节点和接收节点的地址，控制段用来表示数据连接帧的类型，数据段包含实际要传输的数据，差错控制段用来检测传输中帧出现的错误。

数据链路层可使用的协议有 SLIP、PPP、X25 和帧中继等。常见的集线器和低档的交换机网络设备都是工作在这个层次上，MODEM 之类的拨号设备也是如此。工作在这个层次上的交换机俗称"第二层交换机"。

具体来讲，数据链路层的功能包括数据链路连接的建立与释放，构成数据链路数据单元，数据链路连接的分裂、定界与同步，顺序及流量控制，差错的检测和恢复等方面。

（3）网络层。网络层属于 OSI 中的较高层次，它解决的是网络与网络之间，即网际的通信问题，而不是同一网段内部的事。网络层的主要功能是提供路由，即选择到达目标主机的最佳路径，并沿该路径传送数据包。除此之外，网络层还要能够消除网络拥挤，具有流量控制和拥挤控制的能力。网络边界中的路由器就工作在这个层次上，现在较高档的交换机也可直接工作在这个层次上，因此，它们也提供了路由功能，俗称"第三层交换机"。

网络层的功能包括建立和拆除网络连接、路径选择和中继、网络连接多路复用、分段和组块、服务选择和传输及流量控制。

（4）传输层。传输层解决的是数据在网络之间的传输质量问题，它属于较高层次。传输层用于提高网络层服务质量，提供可靠的端到端的数据传输，如常说的 QoS 就是这一层的主要服务。这一层主要涉及的是网络传输协议，它提供的是一套网络数据传输标准，如 TCP 协议。

传输层的功能包括映像传输地址到网络地址、多路复用与分割、传输连接的建立与释放、分段与重新组装、组块与分块。

（5）会话层。会话层利用传输层来提供会话服务，会话可能是一个用户通过网络登录到一个主机，或一个正在建立的用于传输文件的会话。

会话层的功能主要有会话连接到传输连接的映射、数据传送、会话连接的恢复和释放、会话管理、令牌管理和活动管理。

（6）表示层。表示层用于数据管理的表示方式，如用于文本文件的 ASCII 和 EBCDIC、用于表示数字的 1S 或 2S 补码表示形式。如果通信双方用不同的数据表示方法，他们就不能互相理解。表示层就是用于屏蔽这种不同之处。

表示层的功能主要有数据语法转换、语法表示、表示连接管理、数据加密和数据压缩。

（7）应用层。这是 OSI 参考模型的最高层，它解决的也是最高层次，即程序应用过程中的问题，它直接面对用户的具体应用，负责对软件提供接口以使程序能使用网络服务。应用层包含用户应用程序执行通信任务所需要的协议和功能，如电子邮件和文件传输等，在这一层中 TCP/IP 协议中的 FTP、SMTP、POP 等协议得到了充分应用。

3. 应用 OSI 模型

（1）两个系统之间的通信。OSI 模型中的每个连续层，从应用层开始，到物理层终止，都对它将处理的数据添加一些控制、格式化或地址信息。接收系统再进行反向过程，即将从物理层数据传递到应用层时，将解释和使用添加的信息。

（2）帧规范。相应于两类最通用的网络技术，存在两种主要的帧类型，即 Ethernet 和 Token Ring。

典型的 Ethernet 帧如图 9—2 所示。

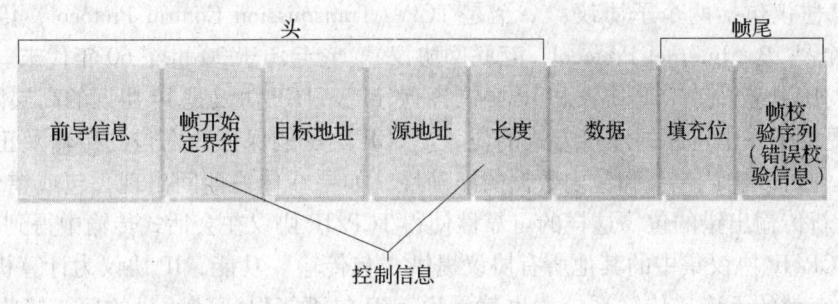

图 9—2　典型的 Ethernet 帧

典型的 Token Ring 帧如图 9—3 所示。

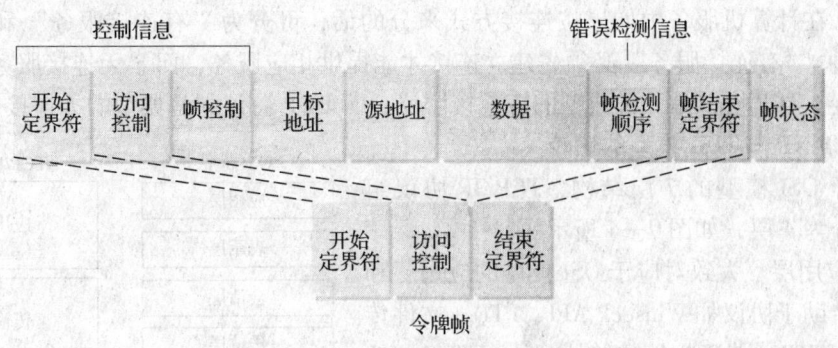

图 9—3　典型的 Token Ring 帧

（3）层间编址。实际上，网络中每个节点都有两类地址标识，即网络层地址和数据链路层地址。数据链路层地址是与网络硬件相关联的固定序列号，通常出工厂之前即被确定，这些地址在通过位于数据链路层中的 MAC（介质访问控制）子层后被称为 MAC 地址，并被附加到数据帧的目标物理地址之上。由于工业标准指定了每个生产厂商可以使用的序列号，因而MAC地址是唯一的。网络依靠唯一的MAC地址将数据发送到它们正确的目的地。

注意：数据链路层（或MAC）地址也被称为物理地址或硬件地址。

驻留在OSI模型网络层的网络层地址由于所包含的数据子集能逐渐缩小地址范围，因而采取一种分级编址方案，并且该地址可通过操作系统软件指定。网络层地址使数据分类更加逻辑化，因而它对于网间设备更加有用，如路由器。网络层地址的格式也因网络所使用协议的不同而不同。

注意：网络层地址也被称为逻辑地址或虚地址。

二、网络协议

网络用于传输数据的规则，即网络协议。协议确保数据从网络中的一个节点完整、有序无错地传输到另一个节点。目前网络协议有许多种，但是最基本的协议是TCP/IP协议，许多协议都是它的子协议。TCP/IP协议由于其低成本及在不同平台之间的通信能力，并且具有可路由性和灵活性，使得它很快成为最流行的网络。

1. TCP/IP协议基础

TCP/IP协议包括两个子协议：一个是TCP（Transmission Control Protocol，传输控制协议）；另一个是IP（Internet Protocol，互联网协议），它起源于20世纪60年代末。

在TCP/IP协议中，TCP协议和IP协议各有分工。TCP协议是IP协议的高层协议，TCP在IP之上提供了一个可靠的连接方式的协议。TCP协议能保证数据包的传输及正确的传输顺序，并且它可以确认包头和包内数据的准确性。如果在传输期间出现丢包或错包的情况，TCP负责重新传输出错的包，这样的可靠性使得TCP/IP协议在会话式传输中得到充分应用。IP协议为TCP/IP协议集中的其他所有协议提供"包传输"功能，IP协议为计算机上的数据提供一个最有效的无连接传输系统。也就是说，IP包不能保证到达目的地，接收方也不能保证按顺序收到IP包，它仅能确认IP包头的完整性。最终确认包是否到达目的地，还要依靠TCP协议，因为TCP协议是有连接服务。

说明：在计算机服务中如果按连接方式来分的话，可分为"有连接服务"和"无连接服务"两种。"有连接服务"必须先建立连接才能提供相应服务，而"无连接服务"则不需先建立连接。TCP协议是一种典型的有连接协议，而UDP协议则是典型的无连接服务。

2. TCP/IP与OSI模型的比较

对应于OSI模型的7层结构，TCP/IP协议组可被大致分为4层，如图9—4所示。

（1）应用层。大致对应于OSI模型的应用层和表示层，借助于协议如Winsock API、FTP（文件传输协议）、TFTP（普通文件传输协议）、HTTP（超文本传输协议）、SMTP（简单邮件传输协议）及DHCP（动态主机配置协议），应用程序通过该层利用网络。

（2）传输层。大致对应于OSI模型的会话层和传输层，包括TCP（传输控制协议）及UDP（用户

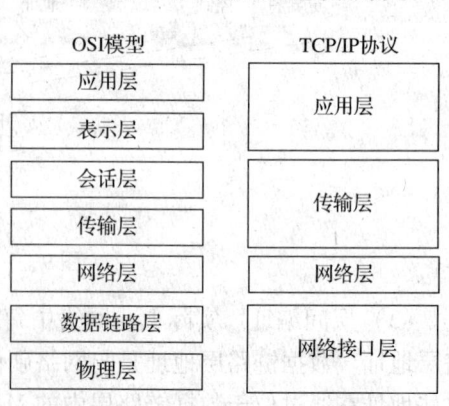

图9—4 TCP/IP与OSI模型的比较

数据报协议)，这些协议负责提供流控制、错误校验和排序服务。所有的服务请求都使用这些协议。

(3) 网络层。对应于 OSI 模型的网络层，包括 IP（网际协议）、ICMP（网际控制报文协议）、IGMP（网际组报文协议）及 ARP（地址解析协议）。这些协议处理信息的路由及主机地址解析。

(4) 网络接口层。大致对应于 OSI 模型的数据链路层和物理层。该层处理数据的格式化及将数据传输到网络电缆。

3. TCP/IP 协议所包括的协议和工具

TCP/IP 协议是一组网络协议的集合，它主要包括以下几个方面的协议和工具：TCP/IP 协议核心协议、应用接口协议、基本的 TCP/IP 协议互联应用协议、TCP/IP 协议诊断工具、有关服务和管理工具、简单网络管理协议代理（SNMP）、TCP/IP 的主要协议简述、远程登录协议（Telnet）、文件传输协议（FTP）、电子邮件服务（E-mail）、WWW 服务、简单邮件传输协议（SMTP）、信息服务（Gopher）、文件检索服务（Archie）、TCP/IP 核心协议。

(1) 网际协议（IP 协议）。网际协议属于 TCP/IP 模型的网络层，提供关于数据应如何传输及传输到何处的信息。IP 是一种使 TCP/IP 可用于网络连接的子协议，即 TCP/IP 可跨越多个局域网段或通过路由器跨越多种类型的网络。在一个网际环境中，被连接在一起的单个网络被称为子网。使用子网是 TCP/IP 联网的一个重要组成部分。

IP 协议是一种不可靠的、无连接的协议，因为 IP 协议中没有办法确认数据包是按顺序发送或者是否被破坏。

(2) 传输控制协议。传输控制协议（TCP）属于 TCP/IP 协议群中的传输层，提供可靠的数据传输服务。TCP 是一种面向连接的子协议，意味着在该协议准备发送数据时，通信节点之间必须建立起一个连接。TCP 协议位于 IP 子协议的上层，通过提供校验、流控制及序列信息弥补 IP 协议可靠性的缺陷。如果一个应用程序只依靠 IP 协议发送数据，IP 协议将杂乱地发送数据，如不检测目标节点是否脱机，或数据是否在发送过程中已被破坏。另外，TCP 包括了可保证数据可靠性的几个组件。

(3) UDP（用户数据报协议）。用户数据报协议如同 TCP，位于 TCP/IP 模型中网络层和应用层之间的传输层中。不同于 TCP 的是，UDP 是一种无连接的传输服务，它不保证数据包以正确的序列被接收。事实上，该协议根本不保证数据包的接收，而且它不提供错误校验或序列编号。然而通过 Internet 进行实况录音或电视转播，要求迅速发送数据时，UDP 的不精确性使得它比 TCP 协议更有效、更有用。在这些情况下，具有验证、校验和流控制机制的 TCP 协议将增加太多的报头，使得其难以发送。与 TCP 协议的 10 个域相对照，UDP 报头仅包含了 4 个域，即源端口、目标端口、长度和校验和。

(4) 网际控制报文协议。虽然 IP 能确保数据包到达正确的目标点，但当发送过程出了某些问题时，网际控制报文协议（ICMP）将通知发送方且数据不再被传送。ICMP 位于 TCP/IP 模型网络层的 IP 协议和 TCP 协议之间，它不提供错误控制服务，而是仅仅报告哪一个网络是不可到达的，哪一个数据包因分配的生存时间（它们的 TTL）过期而被抛弃。ICMP 常用于诊断实用程序中。

(5) 地址解析协议。地址解析协议（ARP）是一个网络层协议，它获取主机或节点的 MAC 地址（物理地址），并创建一个本地数据库以将 MAC 地址映射到主机 IP（逻辑）地址上。在 IP 以太网中，当一个上层协议要发包时，有了节点的 IP 地址，ARP 就能提供该节点的 MAC 地址。

4. IP 地址

网络中的每个节点必须有一个唯一的称之为地址的标识号。网络可以识别两类地址：逻辑地址和物理（或 MAC）地址。MAC 地址被嵌入一个设备的网络接口卡中，因而是不可变的。但逻辑地址依赖于协议标准所制定的规则。在 TCP/IP 协议群中，IP 协议是负责逻辑编址的核心。因此，在 TCP/IP 网络中地址有时也被称为"IP 地址"，IP 地址依据非常特定的参数进行分配和使用。每个 IP 地址是一个唯一的 32 位数，被分割成 4 组 Octet，或 8 个字节，每组用句点分开。一个合法的 IP 地址如 144.92.43.178。一个 IP 地址包含两类信息，即网络和主机。第一个 Octet 标识网络类，存在 3 种类型的网络，即 A 类、B 类、C 类。表 9—1 总结了 TCP/IP 网络通用的 3 种类型。

表 9—1　　　　　　　　　常用的 TCP/IP 网络类型

网络类型	开始的 8 个字节	网络数目	每个网络中的主机数
A	1～126	126	16 777 214
B	128～191	>16 000	65 534
C	192～223	>2 000 000	254

注意：虽然 8 位有 256 种可能的组合，但只有 1～254 能被用于标识网络和主机。数字 0 和 255 被保留用于向网络中所有站进行广播或发送信息。

(1) A 类 IP 地址。用前面 8 位来标识网络号，其中规定最前面一位为 0，24 位标识主机地址，即 A 类地址的第一段取值（也即网络号）可以是 00000001～01111111 之间任一数字，转换为十进制后即在 1～128 之间。主机号没有做硬性规定，所以它的 IP 地址范围为 1.0.0.0～128.255.255.255。A 类地址是为大型政府网络提供，因为 A 类地址中有 10.0.0.0～10.255.255.254 和 127.0.0.0～127.255.255.254 这两段地址有专门用途，所以全世界总共只有 126 个可能的 A 类网络。每个 A 类网络最多可以连接 16 777 214 台计算机，这类地址数是最少的，但这类网络所允许连接的计算机数是最多的。

(2) B 类 IP 地址。用前面 16 位来标识网络号，其中最前面两位规定为 10，16 位标识主机号，也就是说，B 类地址的第一段 10000000～10111111，转换成十进制后即在 128～191 之间，第一段和第二段合在一起表示网络地址，它的地址范围为 128.0.0.0～191.255.255.255。B 类地址适用于中等规模的网络，全世界大约有 16 000 个 B 类网络，每个 B 类网络最多可以连接 65 534 台计算机。这类 IP 地址通常为中等规模的网络提供。其中 172.16.0.0～172.31.255.254 地址段有专门用途。

(3) C 类 IP 地址。用前面 24 位来标识网络号，其中最前面 3 位规定为 110，8 位标识主机号。这样 C 类地址的第一段取值在 11000000～11011111 之间，转换成十进制后即为 192～223。第一段、第二段、第三段合在一起表示网络号，最后一段标识网络上的主机号，它的地址范围为 192.0.0.0～223.255.255.255。C 类地址适用于校园网等小型网络，每个 C

类网络最多可以有254台计算机。这类地址是所有的地址类型中地址数最多的，但这类网络所允许连接的计算机是最少的。这类IP地址可分配给任何有需要的人。其中192.168.0.0～192.168.255.255为企业局域网专用地址段。

5. 子网掩码和域名

以上介绍的是网络IP地址，但随着网络的发展，IPv4标准中的IP地址远不够用，为了解决这一问题，于是又在IP地址上加子网掩码来进一步识别。在TCP/IP协议中规定，A类网络的子网掩码格式为255.0.0.0形式，后面的0可以为0～254中的任一数字。B类网络的子网掩码格式为255.255.0.0，C类网络的子网掩码格式为255.255.255.0，同样其中的0可以是0～254中任一数字。如果没有子网，可以为"0"，也可以不配置，如果有子网则一定要配置。

三、网络介质

信息可以通过两种方式传输，即模拟信号或数字信号。模拟信号是一种连续波，这就导致了可变且不精确的传输。数字信号基于电或光脉冲通过二进制形式表示信息。

传输介质分为光缆、空间波、同轴电缆或UTP。

1. 介质特性

通常说来，选择数据传输介质时必须考虑5种特性（根据重要性粗略地列举）：吞吐量和带宽、成本、尺寸和可扩展性、连接器及抗噪性。当然，每种联网情况都是不同的；对一个机构至关重要的特性对另一个机构来说可能是无关紧要的，所以需要判断哪一方面对自己是最重要的。

（1）吞吐量和带宽。吞吐量是在一给定时间段内介质能传输的数据量，它通常用每秒兆位（1 000 000位）或Mb/s进行度量。吞吐量也被称为容量，每种传输介质的物理性质决定了它的潜在吞吐量。与传输介质相关的噪声和设备能进一步限制吞吐量，充满噪声的电路将花费更多的时间补偿噪声，因而只有更少的资源可用于传输数据。

带宽这个术语常常与吞吐量交换使用。严格地说，带宽是对一个介质能传输的最高频率和最低频率之间的差异进行度量；频率通常用Hz表示，它的范围直接与吞吐量相关。带宽越高，吞吐量就越高。较高的频率能比较低频率传输更多的数据。

（2）成本。不同种类的传输介质牵涉的成本是难以准确描述的。它们不仅与环境中现存的硬件有关，而且还与终端所处的场所有关。

（3）尺寸和可扩展性。3种规格决定了网络介质的尺寸和可扩展性：每段的最大节点数、最大段长度及最大网络长度。在进行布线时，这些规格中的每一个都是基于介质物理特性的。每段最大节点数与衰减有关，即通过一给定距离信号损失的量有关。对一个网络段每增加一个设备都将略微增加信号的衰减。为了保证有一个清晰的强信号，必须限制一个网络段中的节点数。

网络段的长度也应因衰减受到限制。在传输一定的距离之后，一个信号可能因损失得太多导致无法被正确解释。同时，当连接多个网络段时，也将增加网络上的时延。为了限制时延并避免相关的错误，每种类型的介质都标定一个最大连接段数。

（4）连接器。连接器是连接电缆与网络设备的硬件。每种网络介质都对应一种特定类型的连接器。

(5) 抗噪性。噪声能使数据信号变形。噪声影响一个信号的程度与传输介质有一定关系。某些类型的介质比其他介质更易于受噪声的影响。

无论是何种介质，都有两种类型的噪声会影响它们的数据传输：电磁干扰（EMI）和射频干扰（RFI）。EMI 和 RFI 都是从电子设备或传输电缆发出的波。

2. 网络电缆

(1) 基带和宽带传输。基带是一种传输形式，其中，数字信号通过直流脉冲被发送，这种直流形式需要独占电缆的容量。因此，基带系统一次仅能传输一个信号或一个信道。基带系统中的每个设备都共享相同的信道。基带传输支持双向信号流。基带传输易受衰减的影响，为了补偿信号损失，基带系统使用中继器再生和放大信号，从而使数据传输的距离能超过电缆的最大段长度。

宽带也是一种传输形式，其中，信号被调制到不同频率范围。使用多个频率可以使一个宽带系统能接入几个信道，因而能够比基带系统传输更多的数据。

(2) 同轴电缆。同轴电缆，英文简写为"Coax"。它是 Ethernet 网络的基础，并且多年来是一种最流行的传输介质。

同轴电缆的结构包括由绝缘体包围的一根中央铜线、一个网状金属屏蔽层及一个塑料封套。在同轴电缆中，铜线传输电磁信号；网状金属屏蔽层一方面可以屏蔽噪声，另一方面可以作为信号地。同轴电缆的绝缘体和防护屏蔽层，使得它对噪声干扰有较高的抵抗力。在信号必须放大之前，同轴电缆能比双绞线电缆将信号传输得更远。

同轴电缆还要求网络段的两端通过一个电阻进行终结。这种类型的电缆有许多不同规格。

1) Thicknet（10Base5）。它也被称为 Thickwire Ethernet，是一种用于原始 Ethernet 网络大约 1 cm 厚的硬同轴电缆（粗同轴电缆）。"10"代表 10 Mb/s 的吞吐量，"Base"代表是基带传输，"5"代表了 Thicknet 电缆的最大段长度为 500m。

2) Thinnet（10Base2）。它也被称为 Thin Ethernet。IEEE 将 Thinnet 命名为 10Base2 Ethernet，其中"10"代表它的数据传输速度为 10 Mb/s，"Base"代表它使用基带传输，"2"代表它的最大段长度为 185 m（或粗略为 200 m）。Thinnet 电缆直径大约为 0.64 cm（细同轴电缆）。

Thinnet 使用 BNC T 形连接器将电缆与网络设备相连。一个具有 3 个开放口的 BNC 连接器的 T 形底部连接到 Ethernet 的网络接口卡上，两边连接 Thinnet 电缆，以便允许信号进出网络接口卡。

Thicknet 和 Thinnet 电缆都需要一个 50 Ω 的电阻以终结网络的每一端。这些电缆的一端必须接地。如果将同轴电缆网络的两端都接地或根本什么也不做，将会遇到一些时有时无的数据传输错误。

(3) 双绞线电缆。双绞线（TP）电缆类似于电话线，由绝缘的彩色铜线对组成，每根铜线的直径为 0.4~0.8 mm，两根铜线互相缠绕在一起。

1) 屏蔽双绞线。屏蔽双绞线（STP）电缆中的缠绕电线对被一种金属（如箔）制成的屏蔽层所包围，而且每个线对中的电线也是相互绝缘的。

第九章 网络基础知识

2）非屏蔽双绞线。非屏蔽双绞线（UTP）电缆包括一对或多对由塑料封套包裹的绝缘电线对。正如其名字，UTP 没有用来屏蔽双绞线的额外的屏蔽层。

IEEE 已将 UTP 电缆命名为"10BaseT"，其中"10"代表最大数据传输速度为 10 Mb/s，"Base"代表采用基带传输方式传输信号，"T"代表 UTP。

目前流行的双绞线主要有以下几类：

①样 5 类线（CAT5）。它用于新网安装及更新到快速 Ethernet 的最流行的 UTP 形式。CAT5 包括 4 个电线对，支持 100 Mb/s 吞吐量和 100 Mb/s 信号速率。除 100 Mb/s Ethernet 之外，CAT5 电缆还支持其他的快速联网技术，如异步传输模式（ATM）。

②超 5 类线。这是 CAT5 电缆的更高级别的版本。它包括高质量的铜线，能提供一个高的缠绕率，并使用先进的方法以减少串扰。增强 CAT5 能支持高达 200 MHz 的信号速率，是常规 CAT5 容量的 2 倍。

3）双绞线在网络中的接线标准。双绞线电缆使用 RJ-45 连接头，以 RJ-45 连接头对着自己，锁扣朝上，那么从左到右各插脚的编号依次是 1~8。根据 TIA/EIA568 规范，各插脚的用途如下：

1——输出数据（+）；
2——输出数据（-）；
3——输入数据（+）；
4——未定义；
5——未定义；
6——输入数据（-）；
7——未定义；
8——未定义。

其中，1、2 线对为同一绕对；3、6 线对为同一绕对；4、5 线对为同一绕对，7、8 线对为同一绕对。

在正常的网络连接线序上有两个国际标准：TIA T568A 和 TIA T568B。二者并没有本质的区别，只是线序颜色上有区别。100BaseT 连接双绞线，以 TIA 568B 作为标准规格。

T568B 标准的线序是：白橙，橙，白绿，蓝，白蓝，绿，白棕，棕。

T568A 标准的线序是：白绿，绿，白橙，蓝，白蓝，橙，白棕，棕。

按两端连接设备的不同，实际制作双绞线时分为正线和反线两种，见表 9—2。

表 9—2　　　　　　　　　　　　　双绞线的制作

两端设备	电缆连接方法
PC—PC	反线
PC—集线器	正线
集线器—集线器普通口	反线
集线器—集线器级联口—级联口	反线
集线器—集线器普通口—级联口	正线
集线器—交换机	反线

续表

两端设备	电缆连接方法
集线器（级联口）—交换机	正线
交换机—交换机	反线
交换机—路由器	正线
路由器—路由器	反线

正线即电缆两端均按照 TIA T568B 标准制作 RJ-45 连接头；反线即电缆一端按照 TIA T568B 标准制作 RJ-45 连接头，另一端按照 TIA T568A 标准制作 RJ-45 连接头。

（4）光缆。光导纤维简称光缆。在它的中心部分包括了一根或多根玻璃纤维，通过从激光器或发光二极管发出的光波穿过中心纤维来进行数据传输。

如同双绞线电缆，光缆也存在许多不同的类型，各种类型的光缆最终分成两大类：单模式和多模式。单模光缆携带单个频率的光将数据从光缆的一端传输到另一端。通过单模光缆，数据传输的速度更快，并且距离也更远。多模光缆可以在单根或多根光缆上同时携带几种光波。这种类型的光缆通常用于数据网络。

光缆的优点是具有几乎无限大的吞吐量、非常高的抗噪性及极好的安全性。光缆无需像铜线一样传输电信号，因而它不会产生电流。因此，光缆传输的信号可以保持在光缆中而不会被轻易截取。光缆传输信号的距离也比同轴电缆或双绞线电缆所能传输的距离要远得多。它的整个网络长度也得益于无需中继器或放大器。除此之外，光缆还广泛用于高速网络行业。使用光缆最大的障碍是高成本，另一个缺点是光缆一次只能传输一个方向的数据。为了克服单向性的障碍，每根光缆必须包括两股：一股用于发送数据，另一股用于接收数据。

（5）无线传输介质。空气也能传输数字信号，通过空气传输信号的网络称为无线网络。无线局域网通常使用红外或射频（RF）信号传输信息。

第二节　网络结构与组成

一、网络体系结构

1. 简单局域网拓扑结构

物理拓扑结构是解释一个网络物理布局的形式图，它以概括的形式描述一个网络，即不指定设备、连接方法或网络编址。物理拓扑结构按照基本的几何学图形分为 3 类：总线型、环型和星型。这些类形也可混合构成混合拓扑结构。在设计一个网络之前，必须理解物理拓扑结构，因为它们能够影响所使用的逻辑拓扑结构（如以太网或令牌环网），建筑物里如何铺设电缆及使用何种网络介质。为解决网络中出现的问题或改变网络的基础结构，也必须理解网络的物理拓扑结构。

（1）总线型拓扑网络结构。一个总线型拓扑结构由单根电缆组成，该电缆连接网络中所有节点，其中没有插入其他的连接设备，如图9—5所示。

第九章 网络基础知识

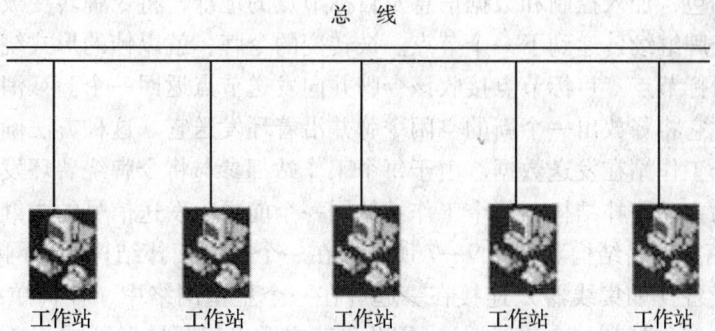

图 9—5 总线型拓扑网络结构示意图

单根电缆称为总线,它只能支持一种信道,因此,每个节点共享总线的全部容量。由于网络中的每个设备都能够接收从一点传输到另一点的数据,因此,总线型拓扑结构可以认为是一种端到端的拓扑结构。然而,由于单信道的限制,一个总线型网络上的节点越多,网络发送和接收数据就越慢。在总线型网络上的每个节点都被动地侦听接收到的数据。当一个节点向另一个节点发送数据时,它先向整个网络广播一条警报消息,通知所有的节点它将发送数据,目标节点将接收发送给它的数据,在发送方和接收方之间的其他节点将忽略这条消息。

在每个总线型网络的末端都有一个 50 Ω 的称为终结器的电阻。终结器的作用是在信号到达目的地后终止信号。如果没有这些设备,总线型网络上的信号将在网络两端之间无休止地传输,这种现象称为信号反射,使新的信号不能通过。在一个网络上,终结器将终止旧信号的发送。

(2)环型拓扑网络结构。如图 9—6 所示,在一个环型拓扑结构中,每个节点与两个最近的节点相连接以使整个网络形成一个环状,数据绕着环向一个方向发送(单向的)。每个工作站接收并响应发送给它的数据包,然后将其他数据包转发到环中的下一个工作站。一个环型网没有"终止端",数据在它们的目的地停止继续发送,因而环型网络不需要终结器。

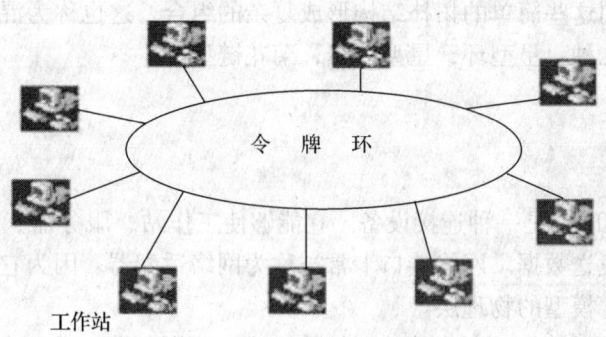

图 9—6 环型网拓扑结构示意图

令牌传递是环型网络上传送数据的一种方法。在令牌传递过程中,一个 3 字节的称为令牌的数据包绕着环从一个节点发送到另一个节点。如果环上的一台计算机需要发送信息,它将截取令牌数据包,加入控制和数据信息及目标节点的地址,将令牌转变成一个数据帧。然后计算机将该令牌继续传递到下一个节点。被转变的令牌,就以帧的形式绕着网络循环直到它到达预期的目标节点。目标节点接收该令牌并向发送节点返回一个验证消息。在发送节点接收到应答后,它将释放出一个新的空闲令牌并沿着环发送它。这种方法确保在任一给定时间仅仅只有一个工作站在发送数据。由于每个工作站都参与将令牌绕着环发送的活动,这种体系结构也称为主动拓扑结构。每个工作站如同一个能再生发送信号的中继器。

(3) 星型拓扑网络结构。如图9—7所示,在一个星型拓扑结构中,网络中的每个节点通过一台中央设备(如集线器)连接在一起。在一个星型网络中,任何单根电线只连接两台设备(如一个工作站和一个集线器)。因此,若电缆出问题最多影响两个节点。设备如工作站或打印机将数据发送到集线器,再由集线器将数据转发到包含目标节点的网络段。

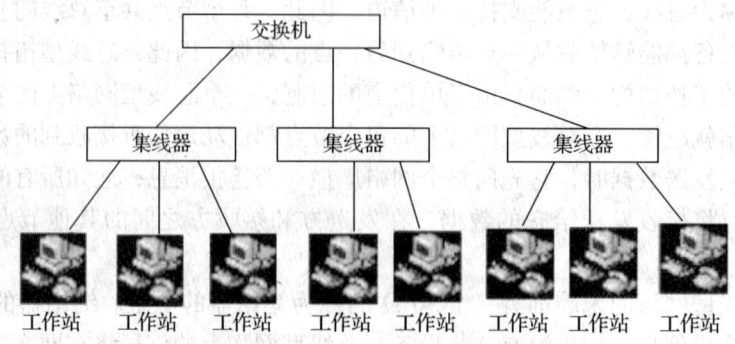

图9—7 星型网络拓扑结构示意图

由于中央连接点的使用,星型拓扑结构可以很容易地移动、隔绝或与其他网络连接。因此,它们更易于扩展。由于这些原因,在目前的局域网中,星型拓扑结构是最流行的基本体系结构。

2. 混合局域网拓扑结构

除非在规模非常小的网络中,否则很难遇见一个网络严格地遵从仅仅一种总线——环型或星型拓扑结构。简单的拓扑结构有太多的限制,特别是在局域网必须容纳大量的设备时。更可能的选择是使用这些简单的拓扑结构形成复杂的组合,这也称为混合拓扑结构。混合拓扑结构主要有以下几种:星型环,星型总线,菊花链型。

二、网络硬件

1. 网络接口卡

网络接口卡(NIC)是一种连接设备。它能够使工作站、服务器、打印机或其他节点通过网络介质接收并发送数据。网络接口卡常被称为网络适配器。因为它只传输信号而不分析高层数据,属于OSI模型的物理层。

网络接口卡的类型根据它所依赖的网络传输系统不同(如以太网与令牌环网)而不同,还与网络传输速率(如10 Mb/s与100 Mb/s)、连接器接口(如BNC与RJ-45)以及兼容的主板或设备的类型有关。主要有以下几种类型:ISA,工业标准结构;MCA,微通道结构;EISA,扩展的工业标准结构;PCI,外围部件互连。

2. 中继器

中继器是一种放大模拟信号或数字信号的网络连接设备，属于OSI模型中的物理层。它只是转发信号，同时它也转发了信号的噪声，从这个意义上讲，它不是智能设备。

3. 集线器

最开始，集线器只是一个多端口的中继器。它有一个端口与主干网相连，并有多个端口连接一组工作站。在以太网中，集线器通常是支持星型或混合型拓扑结构的。在星型结构的网络中，集线器被称为多址访问单元（MAU），利用环输入端口和环输出端口在内部就形成了环型拓扑结构。集线器还能与网络中的打印服务器、交换器、文件服务器或其他的设备连接。

UPLink端口（上行链路端口）：集线器的UPLink端口被用来与另一个集线器连接，以构成菊花链或层次结构，上行链路端口可以被看做另一种端口，但它只能用于集线器之间的连接。

4. 网桥

网桥具有单个的输入端口和输出端口，它能够解析收发的数据。网桥属于OSI模型的数据链路层。网桥能够解析它所接收的帧，并能指导如何把数据传送到目的地。特别是它能够读取目标地址信息（MAC），并决定是否向网络的其他段转发（重发）数据包，而且，如果数据包的目标地址与源地址位于同一段，就可以把它过滤掉。当节点通过网桥传输数据时，网桥就会根据已知的MAC地址及其在网络中的位置建立过滤数据库（也就是人们熟知的转发表）。网桥利用过滤数据库来决定是转发数据包还是把它过滤掉。

注意：过滤数据库（转发表）是由网桥创建和使用的数据集合，它使连接工作站的MAC地址与其在网络中位置关联起来。

网桥并不与网络直接连接，但它可能已经知道了不同的端口都连接了哪些工作站。这是因为网桥在安装后，就促使网络对它所处理的每一个数据包进行解析，以发现其目标地址。一旦获得这些信息，它就会把目标节点的MAC地址和与其相关联的端口录入过滤数据库中。时间一长，它就会发现网络中的所有节点，并为每个节点在数据库中建立记录。

注意：随着先进的交换技术和路由技术的发展，网桥技术已经远远地落伍，现在很难再见到把网桥作为一种独立设备的了。然而，理解网桥的概念对于理解交换机的工作原理是非常必要的。

5. 交换机

随着连接设备硬件技术的提高，已经很难再把集线器、交换机、路由器和网桥相互之间的界限划分得很清楚了。交换机这种设备可以把一个网络从逻辑上划分成几个较小的段，不像属于OSI模型第一层的集线器，交换机属于OSI模型的数据链路层（第二层），并且它还能够解析出MAC地址信息。从这个意义上讲，交换机与网桥相似。但事实上，它相当于多个网桥。交换机的每一个端口都扮演一个网桥的角色，而且每一个连接到交换机上的设备都可以享有它们自己的专用信道。换言之，交换机可以把每一个共享信道分成几个信道。

（1）快捷模式。采用快捷模式的交换机会在接收完整个数据包之前就读取帧头，并决定把数据转发往何处。帧的前14个字节数据就是帧头，它包含有目标的MAC地址。得到这些信息后,交换机就足以判断出哪个端口将会得到该帧,并可以开始传输该帧(不用缓存数据,也不用检查数据的正确性)。但采用快捷模式的交换机不能检测出有问题的数据包,因此只适用于小型局域网。采用快捷模式最大的好处就是它的传输速率较高。

(2)存储转发模式。运行在存储转发模式下的交换机在发送信息前要把整帧数据读入内存并检查其正确性。尽管采用这种方式比采用快捷方式更花时间,但采用这种方式可以存储转发数据,从而可以保证准确性。由于运行在存储转发模式下的交换机不传播错误数据,因而更适合于大型局域网。采用存储转发模式的交换机也可以在不同传输速率的网段间传输数据。

6. 路由器

(1)路由器的特征和功能。路由器属于OSI模型的第三层,其稳固性在于它的智能性。路由器不仅能追踪网络的某一节点,还能和交换机一样,选择出两节点间最近、最快的传输路径。基于这个原因,还因为它们可以连接不同类型的网络,使得它们成为大型局域网和广域网中功能强大且非常重要的设备。

注意:有些协议是不可路由的。可路由的协议包括TCP/IP、IPX/SPX和AppleTalk。

所有的路由器都可以完成下面的工作:连接不同的网络、解析第三层信息、连接从A点到B点的最优数据传输路径,并且在主路径中断后,还可以通过其他可用路径重新路由。

最优路径是网络的一个节点到另一个节点的效率最高的路由。在理想的网络条件下,最优路径就是两节点间最直接的路径。

(2)路由协议。对于路由器而言,要找出最优的数据传输路径是一件比较有意义却很复杂的工作。为了找出最优路径,各个路由器间要通过路由协议来相互通信。路由协议只用于收集关于网络当前状态的数据,并负责寻找最优传输路径。根据这些数据,路由器就可以创建路由表,用于以后的数据包转发。

常见的路由协议有以下几种:

1)为IP和IPX设计的RIP(路由信息协议)。

2)为IP设计的OSPF(开放的最短路径优先)。

3)为IP、IPX和AppleTalk设计的EIGRP(增强内部网关路由协议)。

4)为IP、IPX和AppleTalk设计的BGP(边界网关协议)。

(3)桥式路由器和路由交换机。网络工业界已经采用了网桥路由器或桥式路由器这个术语来表示路由器具备了网桥的某些特征。结合路由器和网桥的好处就是可以转发不可路由的协议,如NetBEUI。另外,也可以通过一台设备连接多种网络。桥式路由器支持OSI模型的第二层和第三层。

另一种路由器的变种——路由交换机,是由路由器和交换机结合而成的。它也能解析OSI模型的第二层和第三层的数据。

7. 网关

网关不能完全归为一种网络硬件。用概括性的术语来讲,它应该是能够连接不同网络的软件和硬件的结合产品。特别地,它们可以使用不同的格式、通信协议或结构连接起两个系统。网关实际上通过重新封装信息以使它们能被另一个系统读取。为了完成这项任务,网关必须能运行在 OSI 模型的几个层上。网关必须同应用通信，建立和管理会话，传输已经编码的数据，并解析逻辑和物理地址数据。

网关可以设在服务器、微机或大型机上。由于网关的传输更复杂，其传输数据的速度要比网桥或路由器低一些。

常见的网关有以下几种：电子邮件网关、因特网网关、局域网网关。

第三节　网络操作系统及网络连接

一、网络操作系统和基于 Windows NT 的网络

网络操作系统的有些部分属于 OSI 模型的第七层，即应用层。该层通过提取请求并把它们翻译成较低层能处理的指令来控制数据的传输，为用户提供接口（如 Windows NT Server 用来添加或创建用户组的对话框）是网络操作系统的一部分功能，它实际上是属于应用层之上的。从严格意义上讲，网络操作系统并不全属于应用层，而是一部分属于应用层，另一部分属于应用层之上的第八层（OSI 模型没有描述）。

通常可供选择的网络操作系统有 Windows NT Server、Net Ware 和 UNIX。

1．Windows NT Server

Windows NT Server 因其充满图形的用户界面和兼容大量的应用程序而成为一种流行的网络操作系统。它能让管理员更容易管理用户、组、安全、打印等服务。

Windows NT 支持在局域网上使用的任何拓扑结构或协议。这种网络操作系统可以使用多个处理器来提高效率。它的多任务能力允许多个基于服务器的进程共享 CPU 资源（例如，恢复文件，向一台联网的打印机发出命令或对要登录的用户进行授权），而且它的图形界面使网络管理员操作 Windows NT 这种操作系统变得非常简单。

2．Windows NT 服务器硬件

服务器与工作站相比，一般都要求配置更强的处理能力、更多的内存及更多的硬盘空间。另外，服务器可能包括具有容错性的冗余部件、自动监视防火墙、多道处理器和多块网络接口卡或外部设备。

3．Windows NT 操作系统

（1）Windows NT 服务器的存储模型。Windows NT 服务器使用 32 位的寻址方式。实质上，寻址规模越大，更多的指令就可以被有效地处理。Windows 2000 Server 支持 64 位寻址。

此外，Windows NT 存储器模型允许在服务器上安装更多的物理存储器，这样就意味着服务器能够更快地处理更多的指令。

（2）文件系统。文件系统指操作系统通过逻辑结构和软件程序组织、管理和访问其文件的方法。Windows NT Server 支持以下 4 种文件系统，即 HPFS、FAT、NTFS 和 CDFS。

（3）Windows NT 域。随着 Windows NT 的发布，Microsoft 引入了域这个概念。域只是一组用户、服务器、其他共享账号和安全信息的资源。在安装 Windows NT Server 时，可以通

过分配一个域控制器，即一个域内跟踪资源、用户和权限的服务器，然后把资源分配给该域来创建一个域。使用多台 Windows NT 服务器的网络可能包含不止一个域控制器，其中有一个充当主域控制器，并且至少有一个充当备份域控制器。

1）域的基本元素。每一个域都依靠主域控制器（PDC）来集中管理账号信息和安全。每一个域都只有一个主域控制器存在。如果主域控制器出了故障，就必须依靠备份域控制器（BDC）来负担起管理的任务。Windows NT 域内的服务器必须是主域控制器（PDC）、备份域控制器（BDC）或 MS（Member Server）。

2）信任关系。信任关系（或简称信任）是域间的一种关系，是它使得一个域内的用户访问另一个域内的资源成为可能。授权其他域访问自己资源的域就叫信任域。访问其他域资源的域就叫被信任域。

域信任关系就是赋予一个域中的用户访问另一个域资源权限的一种约定，每一个域都有其唯一的安全标识，并且都有它们自己的用于跟踪文件和资源权限的安全数据库。

3）域模型。Microsoft 推荐使用下列 4 种域模型中的任何一种，即单、主、多主或完全信任。

二、网络传输系统

网络传输系统描述了节点间网络的逻辑互连，而不是它们的物理互连，因而有时也称为网络的逻辑拓扑结构。两个最流行的网络传输系统是以太网和令牌环网。

1. 共享的以太网

（1）CSMA/CD。以太网遵从一套称为具有冲突检测的载波侦听多路访问/冲突检测（CSMA/CD）的通信规则。所有的以太网，不论其速度或帧类型是什么，都使用 CSMA/CD。要理解以太网，必须首先理解 CSMA/CD。

"载波侦听"指以太网的网络接口卡侦听网络，直到检测到没有其他节点正在发送数据时，它们才开始发送数据。"多路访问"指多个以太网节点连接到同一个网络上，并能同时检测信道。当判定线路空闲时任何节点都能发送数据。假如两个节点检测到一个空闲电路并同时开始发送数据，这时会发生数据冲突。在这种情况下，网络执行冲突检测例程。如果一个站的网络接口卡判断出它的数据遇到冲突，它将首先在整个网络中传播冲突（也称为阻塞），以确保没有其他站试图发送数据。在传播冲突后，该网络接口卡将保持一段时间的静默（时间的长短依赖于网络接口卡的软件和硬件设置，但一般等待时间为 9 ms），等待之后，一旦节点判断线路可再次获得，它将重发它的数据。

在通信业务繁忙的网络中，冲突是普遍的。毫不奇怪，网络中传输节点越多，发生的冲突也就越多。当一个以太网发展成包括巨大数目的节点时，网络性能可能由于冲突而下降。这个"临界选质量"依赖于网络定期发送数据的类型和容量。冲突能够破坏数据或截去数据帧的一部分，因此网络检测和抵消冲突是非常重要的。图 9—8 描绘了 CSMA/CD 过程。

注意：冲突是以太网电缆传输距离限制的一个因素。例如，如果两个连接到同一总线的节点间距离超过 2 500 m，数据传播将发生延迟，这种延迟将阻止 CSMA/CD 的冲突检测例程正确进行。

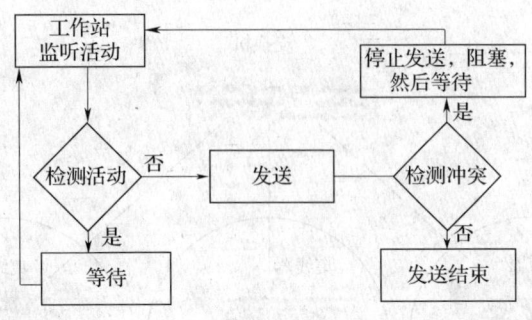

图 9—8　CSMA/CD 过程

（2）以太网版本。以太网存在许多不同的实现形式。每种以太网版本都服从一个略微不同的 IEEE802.3 规范。该规范概括了以太网不同版本的速度、拓扑结构和电缆特征。

1）10BaseT。10BaseT 是当前使用的最流行的以太网电缆标准。10BaseT 使用双绞线电缆（名称中"T"的来源）和星型拓扑结构，以 10 Mb/s 的速率发送数据。10BaseT 网络使用的双绞线电缆是一种非屏蔽的双绞线。这是一类包括 3、4 和 5 类电缆的电线。

在 10BaseT 网络上的每个节点使用 RJ-45 连接器，在工作站端用于连接网络电缆和网络接口卡，在网络端用于连接电缆和集线器。

10BaseT 也像 10Base2 和 10Base5 一样存在一个距离限制。一个 10BaseT 段跨越的最大距离是 100 m。为了超越这一限制，以太网星型段必须通过额外的集线器或交换机连接以形成一个混合的星型总线或层次拓扑结构。这种布局最多连接 5 个连续的网络段。

2）100BaseT。100BaseT，也称为快速以太网，能满足使用与流行的 10BaseT 技术相同的基础体系的快速局域网的要求。100BaseT 由 IEEE802.3u 标准规范，能使局域网以 100 Mb/s 的数据传输速率运行，这种速率是 100BaseT 的 10 倍，却无需对新的基础体系进行大的投资。如同 100BaseT，100BaseT 使用星型总线或层次混合拓扑结构进行基带传输。它也使用相同的电缆和 RJ-45 数据连接器。如同 10BaseT，100BaseT 网络的末端节点与集线器之间的距离不能超过 100 m。

（3）交换以太网。传统的以太网局域网（共享以太网）提供一固定数量的带宽，并由一个网络段中的所有设备共享该带宽。多个站点不能同时发送和接收数据，并当同一段中的另一个站点正在发送或接收数据时，它们也不能传输数据。有这种限制的设备包括集线器或中继器，它们仅仅能对信号增幅和重发信号。与之相对应，一个交换机能将一个网络段隔离成更小的网络段，这些小网络段彼此独立且只支持它自己的通信业务。交换以太网是一种更新的以太网模型。由于节点通过交换机分配到相互隔离的逻辑网络段中，因此，多个节点可同时发送和接收数据并能独立地利用更多的带宽。图 9—9 显示了交换机如何隔离网络段。

使用交换式以太网能增加一个网络段的有效带宽，因为较少的工作站必须同时竞争电路。实际上，在一个 10 Mb/s 以太网局域网中，使用交换机能将它的实际数据传输速率提高到 100 Mb/s。

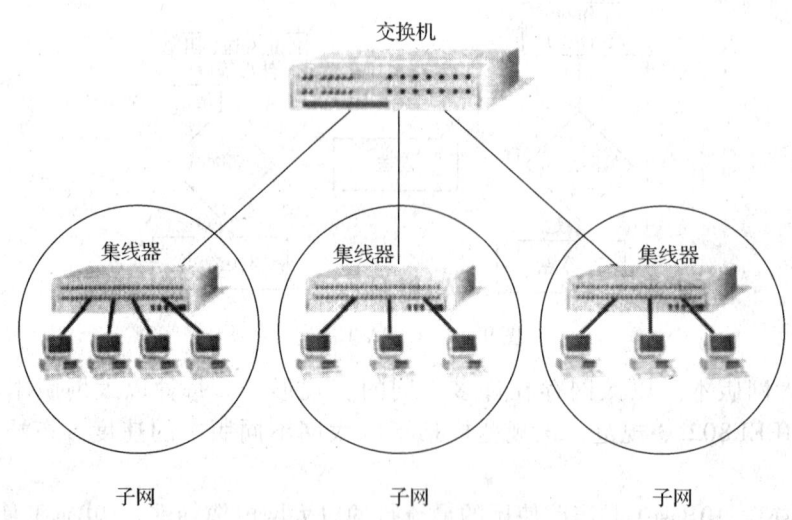

图9—9 交换机隔离网段示意图

2. 令牌环网

令牌环网使用令牌传递例程和星型环状混合物理拓扑结构,一个令牌指示环上的哪一个站可以通过线路传输信息。在令牌环网中,一个称之为活跃监视器的工作站如同令牌传递的指挥者,特别当发生实时错误和其他破坏时,活跃监视器将维持环传递的实时性,监视令牌和帧的传输,检测丢失的令牌及纠正发生的错误。在任何给定的时间,环上只能有一台工作站作为活跃监视器。

在令牌的传递过程中,一个3字节的令牌绕着网络循环。当某个节点需要发送信息时,它截获该令牌,并将它改变成一个帧,然后加上报头域、信息域和报尾域。报头域包括了目标节点的地址。当帧在环中传输时,所有节点阅读该帧并判断它们是否是信息的期望接收方。若是,它们接收该帧,并将该帧重发给下一个节点。当帧最后到达发送节点时,发送节点重新发出一个可被其他节点使用的空闲令牌。令牌传递控制方案保证了高的数据可靠性(无冲突)和带宽的有效使用。它不会像CSMA/CD一样对局域网段的长度增加距离限制。另外,令牌环传递产生了额外的网络通信量。

注意:令牌环网络体系结构常被错误地描述成一个单纯的环型拓扑结构。实际上,它使用的是星型环状混合拓扑结构,其中数据以环型循环,网络物理布局是星型。

如同以太网交换,令牌环网也能通过交换更好地利用有限的带宽。令牌环交换机能将一个大型网络环分割成若干个小型的网络环。

令牌环技术是不允许冲突的。因此,每个用户所获取的带宽不会随着更多用户的加入而迅速降低。与令牌环网相反,在以太网中,当有更多用户连接到单个网络段时,以太网的性能将受到严重的冲击。

3. 广域网和远程连接

(1)广域网的本质。广域网是一种用来实现不同地区的局域网或城域网的互连,可供不同地区、城市和国家之间的计算机通信的远程计算机网。广域网的通信子网主要使用分组

第九章 网络基础知识

交换技术。广域网的通信子网可以利用公用分组交换网、卫星通信网和无线分组交换网，它将分布在不同地区的局域网或计算机系统互连起来，达到资源共享的目的。

广域网与局域网使用的是不同的传输系统和拓扑结构。典型的广域网传送数据使用的是公共通信链路，如由本地或长途电话公司提供的电话主干网。

（2）广域网传输方法

1）PSTN。即通常使用的 MODEM（调制解调器）拨号上网方式。最先进的 PSTN 调制解调器的理论连接可以达到 56 Kb/s 的连接速率。

2）ISDN。ISDN（Integrated Services Digital Network，综合业务数字网）是一种国际标准。与 PSTN 一样，ISDN 使用电话载波线路进行拨号连接。但它和 PSTN 又截然不同，它独特的数字链路可以同时传输数据和语音。

3）xDSL。DSL（Digital Subscriber Lines，数字用户线路）是一种相对比较新的传输技术。DSL 由于采用了先进的数据调制技术，使用普通的电话线就可以达到非常高的吞吐量。

术语 xDSL 是对所有不同 DSL 的总称。目前共有 7 种 DSL。比较有名的 DSL 类型包括非对称 DSL（ADSL）、高比特率 DSL（HDSL）、单线 DSL（SDSL）及超高比特率 DSL（VDSL）。xDSL 中的 "x" 被各种类型的 DSL 的第一个字母替换了。DSL 的类型可以分为两大类，即非对称 DSL 和对称 DSL。表 9—3 比较了 4 种 DSL 的特征。

表 9—3   各种 DSL 的比较

xDSL 类型	吞吐量	距离限制/ft
ADSL	1.5~8 Mb/s 的下行数据传输速率 1.544 Mb/s 的上行数据传输速率	12 000~18 000
HDSL	1.544 Mb/s 的上、下行数据传输速率	15 000
SDSL	1.544 Mb/s 的上、下行数据传输速率	10 000
VDSL	13~52 Mb/s 的下行数据传输速率 1.5~2.3 Mb/s 的上行数据传输速率	1 000~4 500

4）T 介质。T 介质传输使用一种叫做多路复用的技术。它把单个信道划分成能传输话音、数据、视频或其他信号的多个信道。

有各种不同的 T 介质可用于商业应用，最普遍的 T 介质实现是 T1 及能够提供更大带宽的 T3。一个 T1 电路可以承载 24 路话音信道，吞吐量最高可达 1.544 Mb/s。一个 T3 电路可以承载 672 路语音信道，吞吐量最高可达 44.736 Mb/s。

5）FDDI（分布式数据光纤接口）。FDDI 使用双重光纤环传输数据，其数据传输速率可达 100 Mb/s。事实上，FDDI 是第一个达到 100 Mb/s 传输速率的技术。

6）X.25 和帧中继。X.25 是一种模拟的包交换技术，支持 56 Kb/s 的吞吐量。帧中继是一种更新的数字式 X.25，它也采用包交换技术。由于它是数字式的，帧中继能够支持比 X.25 更高的带宽，并提供 1.544 Mb/s 的最大吞吐量。

7）ATM。ATM（异步传输模式）是一种广域网传输方法。它可以利用固定数据包的大小这种方法实现 25~622 Mb/s 的传输速率。

8）SONET。SONET（同步光纤网络）能够提供 64 Kb/s~2.4 Gb/s 的数据传输速率，它使用与 T 介质所采用的同样的 TDM 技术。

综上所述,各种广域网技术的传输速率比较见表9—4。

表9—4　　　　　　　　　各种广域网技术的传输速率比较

广域网技术	最大传输速率(b/s)
通过PSTN的拨号连接	56K
BRI(ISDN)	64~128K
PRI(ISDN)	1.544M
xDSL	1.544~52M
线缆	36M的下行数据传输,10M的上行数据传输
T1	1.544M
部分T1	64K的n倍(n为租用的信道数)
T3	45M
FDDI	100M
X.25	56K
帧中继	56K~45M
ATM	25M、45M、155M或622M
SONET	51M、155M、622M、1 244M或2 480M

第四节　网络测试仪的使用

一、网络测试仪的功能

网络测试仪用来对安装的局域网(LAN)双电缆线或同轴电缆进行认证、测试及故障诊断。测试仪使用了新的测试技术,它将脉冲测试信号和数字信号处理结合起来,提供了快速、精确的测试结果及高级的直至350 MHz的测试能力。

1. 主机

主机外观如图9—10所示,各部分说明见表9—5。

2. 测试仪的功能

(1) 根据IEEE、ANSI、TIA、ISO/IEC标准认证LAN基本连接和频道配置。

(2) 通过使用可选光纤测试适配器,可以验证LAN的基本光纤链路是否符合TIA/EIA和ISO/IEC标准。

(3) 给出双向自动测试的结果。在简单的菜单系统中显示测试选项和结果。

(4) 自动运行所有关键的测试。诊断程序可以确定和定位缺陷。

(5) 由于有了"Talk(交谈)"功能,可以利用一台光纤测试适配器,使主单元和远端单元通过双绞线电缆或光纤进行双向语音通信。

(6) DSP-LT型仪器在固定存储器中储存至少500个文本测试报告,包括常用铜线和光纤装置的测试标准及电缆类型的资料。存储的测试结果可传至PC或直接输出至串口打印机,用英文来显示和打印中文报告。

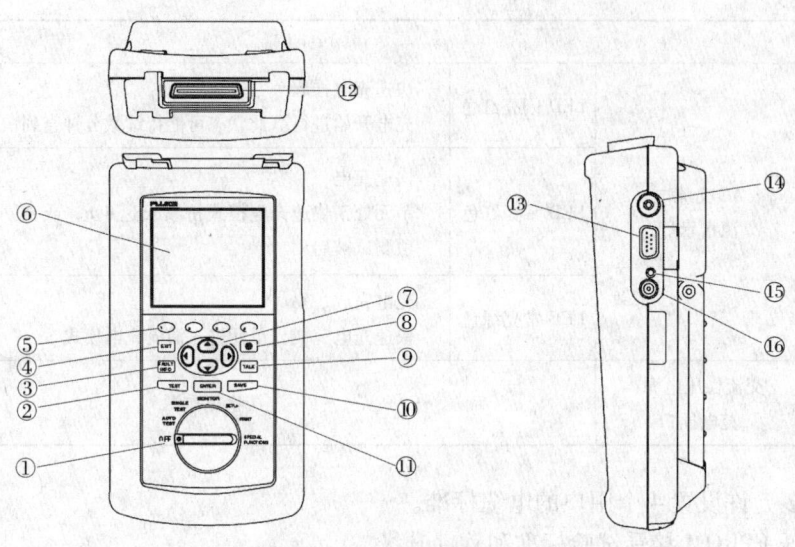

图 9—10　主机外观

表 9—5　　　　　　　　　　　　网络测试仪各部分功能说明

项目	说明		
①	选择测试仪的工作模式		
②	启动突出显示所选的测试或再次启动上次运行的测试		
③	自动提供造成自动测试失败的详细信息		
④	退出当前屏幕，不储存修改		
⑤	提供和当前显示相关的功能。具体功能显示于键的上方		
⑥	有背景灯，对比度可调的 LCD 显示屏		
⑦	在显示屏中可上、下、左、右移动。用户定义数值的增减		
⑧	背景灯控制，按住 1 s 可调整显示对比度，测试仪进入休眠状态后，用该键重新启动		
⑨	使用耳机，通过双绞线或光纤电缆进行双向通话		
⑩	存储自动测试结果和改变的参数		
⑪	选择菜单中突出显示的项目		
⑫	连接接口适配器接头和插销（LIA）		
⑬	通过标准 IBM - AT EIA RS - 232C 串行电缆，将 9 芯连接器连接到打印机或 PC		
⑭	连接测试仪的耳机		
⑮	AC 交流电源指示灯	LED 关闭，单元关闭	电池未充电　充电器未插入
		LED 关闭，单元开启	电池未充电　充电器未插入或测试仪正在运行测试。当测试结束时，除非电池已经充上电（>80%），否则充电恢复运行

续表

项目	说　　明		
⑮	AC交流电源指示灯	LED 闪亮红色	快速充电挂起 充电开始进行。此状态可能持续数分钟直到快速充电开始
		LED 常亮红色	快速充电 单元处于快速充电模式持续长达 4 h，或直到电池充满电或一项测试被启动
		LED 常亮绿色	充电完成 快速充电完成。单元进入涓流充电模式
⑯	交流稳压电源/充电插口	连接稳压电源	

（7）最多允许设置 4 个用户的电缆标准。

（8）闪烁 EPROM 接受试验标准和软件升级。

（9）高精度时域串扰（HDTDX）分析仪可在电缆上找出串扰的位置。

（10）提供 NEXT、ELFEXT、PSNEXT、PSELFEXT、衰减串扰比（ACR）、PSACR 和 RL 的曲线绘图。可显示直至 350 MHz 的 NEXT、ELFEXT、PSNEXT、PSELFEXT、衰减串扰比（ACR）和 PSACR 衰减的结果。给出 NEXT、PSNEXT、ACR 和 RL 的远端结果。

（11）使用可选 DSP－LIA013 适配器，可以在 10/100Base－TX 以太网系统上监测网络通信量，在双绞线电缆上监测脉冲噪声。此适配器可以帮助操作员识别集线器端口连接并判定集线器端口的连接支持哪种标准。

（12）音频发生器配合用户的音频检测设备，如 Fluke Networks 140 A－Bug ToneProbe，可检查局域网电缆的安装情况。

（13）连接接口适配器选件可以测试更多型号的 LAN 电缆。

二、标准附件

1. DSP－LT 测试仪的随机附件

（1）1 个 DSP－LTSR 远端器。

（2）2 个 DSP－LIA011 基本连接适配器，用于 Cat 5E。

（3）2 个 DSP－LIA012 频道适配器，用于 Cat 5E。

（4）2 个交流稳压电源/充电器 120V（只在美国适用）或者通用交流稳压电源/充电器和电缆线（北美以外地区）。

（5）2 组镍金属氢化物（NiMH）电池（已安装）。

（6）2 个耳机。

（7）1 个 DSP－4000 校准模块。

（8）1 条 50 m 的 BNC 同轴电缆。

（9）1 个 RJ－45 至 BNC 的连接器。

（10）1 条 PC 串口（EIA－232C）电缆。

2. 连接接口适配器

连接接口适配器为测试不同型号的 LAN 电缆提供正确的插孔和接口线路。本适配器在升级后可适用于新开发的电缆。一般测试仪配备带有 4 个连接接口的适配器。

注意：严禁使用基本连接接口的电缆做手把，否则将损坏电缆。

（1）两个 DSP–LIA011 Cat 5 和 Cat 5E 的基本连接接口适配器的标准附件

1）具有屏蔽的 Cat 5 电缆和 RJ–45 接头。

2）测试屏蔽的或非屏蔽的 Cat 5 和 Cat 5E（改进的 Cat 5）基本连接装置。

3）用于主机和远端测试仪。

（2）两个符合 Cat 5 和 Cat 5E 的 DSP–LIA012 信道适配器的标准附件

1）性能屏蔽式 Cat 5 RJ–45 连接器。

2）测试屏蔽的或非屏蔽的 Cat 5 和 Cat 5E 信道装置。

RJ–45 插孔接受 RJ–45 至 BNC 的适配器，可测试同轴电缆的接头。图 9—11 所示为安装连接接口接头的方法。改变接头时不用做自校准。如果进行链路接口适配器不支持的测试，链路接口适配器将显示一个信息。SPECIAL FUNCTIONS（特殊功能）菜单上的 LIA 状态选择报告连接到主单元和远端单元上的链路接口适配器的类型。状态显示器同时显示每个适配器运行了多少项自动测试。

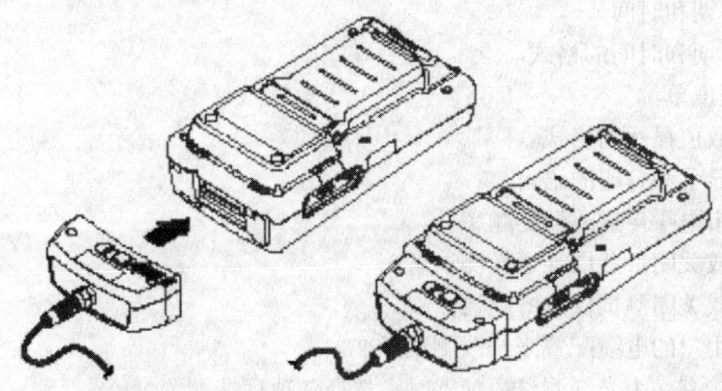

图 9—11 安装连接接口接头

三、测试仪的使用

1. 自动测试

自动测试是 LAN 电缆测试最常用的功能。自动测试会运行认证电缆所需的所有测试，来确认所安装的电缆是否符合相关的局域网标准。测试完毕，所做的测试和结果全部列出。自动测试的结果可以存储、打印或传输至 PC。

一般进行双绞线和同轴电缆的自动测试。

2. 单项测试

单项测试（SINGLE TEST）提供了自动测试中所有标准测试项目的单项选择。除了衰减串扰比（ACR）测试外，在该方式下还可进行接线拓扑、电阻、时域反射（HDTDR）和时域串扰分析测试（HDTDX）。在接线图、电阻、HDTDR 和 HDTDX 下可进行连续的重复测量,即扫描方式。单项测试对隔离电缆故障、迅速检修是很有用的。

3. 监测

监测模式（MONITOR）可以连续监测双绞线网络电缆中的脉冲噪声。选用 DSP–LIA013 连接接口适配器,可以监测以太网系统的工作情况。网络的监测包括碰撞、长帧和系统利用率。通信量适配器还包括集线器端口识别,这可以帮助确认所连接的集线器端口,识别集线器端口所支持的标准功能。

4. 设置

可以在设置（SETUP）模式设置测试仪,或者使用提供的 LinkWare 软件从 PC 上将 SETUP 程序下载到测试仪上。

可以更改以下设置：

（1）选择测试标准和电缆类型。

（2）编辑自动测试保存的识别报告。

（3）把电缆 ID 设置为每次保存自动测试结果时自动递增。

（4）设置测试仪的背景灯,以便在一段时间不使用后自动关闭。

（5）设置测试仪在一段时间不使用后切换至低功耗模式。

（6）选择串行端口的参数。

（7）设置日期和时间。

（8）选择日期和时间的格式。

（9）选择长度单位。

（10）选择数值显示的格式。

（11）选择显示和打印的语言。

（12）选择市电噪声过滤器的频率。

（13）使能或关闭屏蔽层连通性测试。

（14）使能或关闭测试仪的蜂鸣器。

（15）根据用户的电缆配置来修改测试标准。

（16）当连接有一个光纤测试适配器时,选择一项远端配置。

5. 打印

打印（PRINT）可以将存储的自动测试报告或综合报告输出至串口打印机;也可以编辑报告的识别信息,选择直接送到打印机的自动测试报告的格式。

6. 特殊功能的使用

包括以下特殊功能：

（1）查看或删除存储器中的报告。

（2）改变分配给自动测试报告的电缆识别信息。

（3）产生音频信号,可以使用感应式音频探测器（比如 Fluke Networks140 A – Bug Tone Probe）一起来使用,以检查电缆的通断。

（4）确定电缆的 NVP 值,从而保证电缆长度和电阻测量的最好精度。

（5）查看测试仪和远端器中镍金属氢化物电池的充电状态。

（6）检查连接到主单元或远端单元的 LIA 的状态。

(7) 运行自校准，检查测试仪和远端器是否可以正常工作。
(8) 进行自校准测试，验证测试仪，连接接口适配器和远端器是否正常工作。
(9) 查看主单元和远端单元的版本信息。

7. 测试仪开机

只需将旋钮开关从"关"转至任何模式就可将测试仪打开。开机后屏幕显示约 3s，显示主机和远端器的软件、硬件和测试标准的版本（远端信息只有当远端器开机，并和主机连接时才显示）。要想长时间观看屏幕，开机时按住任意键即可，或在 SPEICAL FUNCTIONS（特殊功能）模式中，选择 Version Information。此时测试仪会进行自检。如果自检出现以下信息：INTERNAL FAULTDETECTED. REFER TO MANUAL，表示发现内部错误。

选择显示和报告的语言测试仪显示结果并打印报告，所使用的文字有英文、德文、法文、西班牙文、意大利文、日文和葡萄牙文。某些显示的消息和用 LinkWare 软件打印出来的报告可提供朝鲜文和简体中文。如果出厂后测试仪的语言还没有被选择过，测试仪将显示一个语言选择屏幕。按下面步骤选择语言：
(1) 将旋钮开关转至 SETUP 的位置。
(2) 按下【$ Page Down】键选择语言。
(3) 按下【D】键突出显示当前的语言选择。
(4) 按下【! Choice】键。
(5) 按下【D U】键突出显示想要使用的语言。
(6) 按下【E】键确认突出显示的选择，测试仪将使用所选择的语言。

8. 自检

自检用来验证测试仪和远端器是否工作正常。执行自检步骤如下：
(1) 把旋转式开关旋到 SPECIAL FUNCTIONS（特殊功能），开启远端。
(2) 按下【D】键突出显示自检。
(3) 按下【E】键。
(4) 使用 DSP-LT 键校准模块来连接测试仪到远端。
(5) 按下【T】键启动自检。
(6) 当自检完成后，可以按下【E】键返回 SPECIAL FUNCTION（特殊功能）主菜单，或将旋钮转到新的位置开始新的操作。

9. 过压测试

测试仪周期性地检测受测的绞线对上的直流电压，如果测量出直流电压，则意味着测试仪连接至电话线或有源电缆上。如果检测到电压会出现以下信息：WARNING! EXCESSIVE VOLTAGE DETECTED AT INPUT. UNPLUG CABLE NOW!（警告：输入端出现过压。立即拆除电缆!），远端器会鸣响，所有的 LED 灯会不停地闪亮。电缆上的电压可能损坏测试仪或导致错误的测量结果。做任何电缆测试之前必须排除出现的电压。

在连接测试仪到一条电缆之前始终首先开启测试仪。开启测试仪可启动工具的输入保护电路系统。

10. 噪声测试

在测试过程中，测试仪定期地检测过量的电子噪声。如果检测到过量的噪声则出现以下信息：WARNING EXCESSIVE NOISE DETECTED. MEASUREMENT ACCURACY MAY BE DEGRADED.（警告：发现过度噪声，测量精确度将被降低。）如果要继续测试则按下【E】键。如果继续测试并存储结果，则测试报告将会包括上面给出的警告信息。如果要停止测试并转回第一个屏幕，则按下【E】键。

11. 调整显示对比度

调整显示对比度按住【C】键 1 s 以上，会出现下列信息：USE D U KEYS TO ADJUST CONTRAST（使用【D U】键调整对比度）。调整好对比度后按下【E】键确认。当测试仪关闭时，该设置将存入存储器。

12. 选择电源滤波频率

测试仪有一个噪声滤波器，用于从影响电阻测量的交流噪声中保留有用的交流噪声（50 Hz 或 60 Hz）。要将噪声滤波器的频率设置为市电频率，可按以下步骤操作：

（1）将旋钮开关转至 SETUP 的位置。

（2）按下【$ Page Down】键，直到显示有市电频率设置。

（3）按下【D】键突出显示市电频率。

（4）按下【! Choice】键。

（5）按下【D U】键突出显示想要的频率。

（6）按下【E】键确认突出显示的频率。

13. 选择测试标准和电缆类型

选择的测试标准和电缆类型决定了测试中的测试项目和所采用的测试标准。测试仪内装了所有常用的测试标准和电缆类型的信息。有些标准对双绞电缆既定义了通道，又定义了基本连接。通道的测试限比基本连接要来得宽松。因为通道允许在水平方向有两个交叉连接和在工作区通信的转接。

注意：如果试图在一个连接接口适配器上进行一个不支持的测试，测试仪将显示一条信息。

选择测试标准和电缆类型按以下步骤操作：

（1）旋钮开关转至 SETUP 的位置。

（2）按下【! Choice】键。标准列表列出最近使用过的 5 个标准。按【$ Page Down】键查看其他的标准。

（3）按下【D U】键突出显示需要的测试标准。

（4）按下【E】键确认突出显示的标准。测试仪将显示该标准所确定的电缆类型。

（5）按下【D U】键选择需要的电缆类型，然后按下【E】键。

（6）如果选择了一个屏蔽电缆型号，则下一屏幕将显示选择是否使用屏蔽测试。按下【D U】键选择想要的设置，然后按下【E】键，可以测试显示直至 350 MHz 的 NEXT、ELFEXT、PSNEXT、PSELFEXT 衰减以及 ACR 和 PSACR 衰减的结果。因为删除工业标准设有适用于 250 MHz 以上的电缆，所以没有测量的测试限。

14. 编辑报告标识

报告标识包括用户自定义表头（如公司名）、操作者姓名和测试地点。这些项目出现在自动测试报告内。操作员可以按下列步骤查看和编辑这些信息：

（1）将旋钮开关转到 SETUP 位置。

第九章 网络基础知识

（2）按下【D】键突出显示 Report Identification 下的 Edit，然后按下【E】键。REPORT IDENTIFICATION 即可显示已储存的自动测试报告内出现的信息。

（3）按下【D U】键突出显示欲编辑的信息，然后按下【E】键。如果编辑操作者姓名或地点名，可以按下【New】键加上一个新名字。【New】功能键只在输入的名字少于 20 个时才出现。如果已经输入了 20 个名字且还要添加新名字，必须首先删除某些名字。要更改或删除现存的操作者或地点名，按下【! Edit】键，选择该名；然后按下【! Rename】键或【@ Delete】键。在打印的测试报告上，改变后的标识名有一个"＄"。注意不能删除一个已经用于存储报告的标识名。

（4）要在标识名中加入一个字母，按下【L R】和【D U】功能键突出显示列表中的字母，然后按下【E】键。要删除光标左面的字母，按下【＄ Delete】键。要编辑一个标识名中间的字母，按下【! Ý】键将光标移动到标识名中。要将光标移动到最右面的字母，按下【! Ý】键直到光标转回右边。要增加或减小电缆标识内的数字字母，按下【! Ý】键突出显示需要的字母，然后按下【@ INC】或【# DEC】键。

（5）要储存标识名，按下【S】键。

注意：可以使用 LinkWare 软件把报告标识信息从个人计算机下载到测试仪上。

15．自动递增电缆标识

电缆标识（电缆 ID）指分配给所保存的电缆自动测试结果的名称。每次保存自动测试结果时，测试仪的自动递增和自动顺序功能递增电缆 ID 中的字母数字字符（字母或数字），方式如下：

自动递增功能只递增电缆 ID 中的最后一个字母数字字符。

自动顺序功能可以递增多个字符。通过在 SETUP 中输入电缆 ID 的范围，可指定哪些字符将被递增。

16．开启/取消自动递增功能

自动递增功能的设置，只递增上一次字母或数字电缆标志储存自动测试的数据。

（1）开启或取消自动递增设置的步骤

1）把旋转开关转到 SETUP 位置。

2）按下【＄ Page Down】键和【D U】键寻找并突出显示远端曲线图数据设置，然后按下【! Choice】键。

3）按下【D U】键突出显示需要的设置。

4）按下【E】键以选择突出显示的设置。当保存下一个自动测试时，输入的电缆 ID 的最后一个字符将被递增。

（2）为自动顺序功能决定电缆 ID 的范围。当决定用于自动顺序功能的电缆 ID 范围时，应遵循下列准则：

1）电缆 ID 最多可以包含 18 个字母、数字和特殊字符（如 -、#和空格）。不能使用加重音号的字符。

2）每个位置所使用的字符类型必须配合范围的起始和结束 ID。例如，使用字母 "O" 作为起始 ID 的第三个字符及使用数字 "0" 作为结束 ID 的第三个字符，将生成错误的信息。

3）自动顺序功能从最右边的字符开始递增字母和数字，然后向左移动。特殊字符和匹配字符不递增。例如，下列电缆 ID 范围可以分配给测试在两个房间的电缆布放，每个房间有 3 个电缆落线。

起始 ID：ROOM A DROP#1。
结束 ID：ROOM B DROP#3。

测试仪按照下列顺序来命名自动测试结果：

ROOM A DROP#1
ROOM A DROP#2
ROOM A DROP#3
ROOM B DROP#1
ROOM B DROP#2
ROOM B DROP#3

如果试图在最后一个 ID 被占用的情况下保存自动测试结果，则当按下【S】键后出现的列表将显示出所保存报告占用的所有 ID（占用的 ID 前面冠有一个"$"）。按下【Edit】或【New】软键可创建一个新的 ID。

(3) 开启并配置自动顺序功能

1）为自动测试决定所使用的电缆名称的范围。
2）把旋转式开关旋到 SETUP 设置位置。
3）按下【D】键来突出显示自动递增设置，然后按下【! Choice】键。
4）按下【D U】键来突出显示 Sequence，然后按下【! Edit ID Seq】键。
5）按下【!】键来选择 Start ID 或 End ID 域用于编辑。
6）在 ID 中添加字符，按下【L R U D】键来突出显示清单中的一个字，按下【@ Ý】和【# Î】键可移动光标穿越 ID。按下【$ Delete】键可删除光标左边的字符。
7）完成后按下【S】键，然后按下【E】键。必要时，可以在保存一项自动测试时编辑电缆 ID。

17. 查看自动顺序和存储器状态

按下出现在若干个自动测试显示屏上的【Memory】软键，查看自动顺序配置（如果自动顺序已经开启）、保存在存储器中的自动测试的数量及可用存储器。

18. 选择一个长度单位

测试仪以米或英尺显示测量长度。更改长度单位可按以下步骤操作：
(1) 将旋钮开关转至 SETUP 的位置。
(2) 按下【$ Page Down】键直至看到长度单位设置。
(3) 按下【! Choice】键。
(4) 按下【D U】键突出显示所需的单位。
(5) 按下【E】键确认突出显示的长度单位。

19. 选择数值格式

测试仪用点分隔符（0.00）或逗号分隔符（0,00）显示数值。更改数值格式，按以下步骤操作：

(1) 将旋钮开关转至 SETUP 的位置。

(2) 按下【$ Page Down】键直至看到数据格式设置。

(3) 按下【D】键突出显示数值格式。

(4) 按下【! Choice】键。

(5) 按下【D U】键突出显示所需的格式。

(6) 按下【E】键确认突出显示的选择。

20．设置日期和时间

测试仪内有一个时钟为存储的测试结果作时间标记。更改日期和时间或显示的格式，按以下步骤操作：

(1) 将旋钮开关转至 SETUP 的位置。

(2) 按下【$ Page Down】键直至看到日期和时间设置。

(3) 按下【D】键突出显示要改变的日期和时间参数。

(4) 按下【! Choice】键，下一个屏幕取决于所要改变的参数。改变日期和时间按下【$ INC】或【# DEC】键，可以增加或减少突出显示的数字。按下【L R】键在突出显示的数字之间移动。如果要改变日期和时间的显示格式，按下【D U】键突出显示所需的格式。

(5) 按下【E】键确认突出显示的日期、时间或格式。

21．远端器的指示灯、信息和蜂鸣

标准和智能远端器利用发光 LED 和声音表示各种状态，具体见表 9—6。

表 9—6　　　　　　　　　发光 LED 和声音表示的各种状态

状　态	远端指示
开机自检通过	主机蜂鸣器响，所有 LED 按顺序闪烁
开机自检失败	主机蜂鸣器响，所有 LED 连续闪烁
主机运行测试	测试 LED 亮。相应的，通过或失败的 LED 闪烁
上次测试通过	通过 LED 亮约 15 s
上次测试失败	失败 LED 亮约 15 s
通话模式工作	通话 LED 打开
电池电压低	主机蜂鸣器响，电池不足 LED 连续闪烁
电池电压不足，不能操作	主机蜂鸣器响，电池不足 LED 连续闪烁
被测电缆出现过电压情况	主机蜂鸣器响，所有 LED 连续闪烁

注意：为防止损坏远端器，在出现过压情况时马上拔下电缆。

四、使用通话模式

通话模式能通过双绞线或光纤（DSP – FTA410 光纤测试适配器用于光纤电缆）进行双向通话。通过双绞线进行双向通话要求有两个良好的线对。

注意：电缆测试时不能使用通话模式。可选择 DSP – LIA013 上的 MONITOR 插座，不支持交谈（Talk）模式。

通话模式如下：

（1）把主机和远端器连接到要测试的电缆上。

（2）把耳机插头插在主机和远端器上。

（3）按下主机或远端器上的【V】键，然后对着耳机的话筒讲话。要调节主机的音量，按下【U】或【D】键。要调节远端器的音量，按下【V】键调节音量。

（4）要退出通话模式，按下【E】键或把旋转开关转到一个新的位置。

开始电缆测试时，通话模式自动关断。

五、双绞电缆自动测试

1. 双绞电缆测试的内容

双绞电缆自动测试的项目取决于所选择的标准。所选择的标准不要求的测试项目将不执行或显示。常见标准所要求的测试项目和极限，可参见 Fluke Networks 互联网站 www.fluke-networks.com.cn 上面提供的文件。

（1）余量报告。选择标准所确定的参数的最坏情况边际。这可能是 NEXT、ACR、PSNEXT 或其他测试。

（2）接线图。测试开路、短路、错对、反接和串绕。

（3）电阻。测量每对电缆的环路电阻。

（4）长度。以米或英尺显示双绞电缆的长度。

（5）传输延迟。测量信号沿每对电缆传输的时间。

（6）延迟偏离。计算绕对之间的传输延迟。

（7）阻抗。测量每对电缆的阻抗。如果发现阻抗异常，将报告每对电缆最大的异常点。

（8）NEXT 和 ELFEXT（近端和等水平远端串扰）。测试双绞电缆的近端串扰（NEXT）和等水平远端串扰（EFLEXT）。

（9）衰减。测量每对电缆的衰减。

（10）衰减串扰比（ACR）。计算所有电缆绕对的衰减和串扰的比值。

（11）环路损耗（Return Loss，RL）。测量由于电缆中信号的反射所引起的损耗。

（12）PSNEXT（总能量 Power Sum NEXT）。对于每对电缆，PSNEXT 是所有其他电缆 NEXT 的总值。

（13）PSELFEXT（总能量 Power Sum 等水平远端串扰）。对于每对电缆，PSELFEXT 是用所有其他电缆 FEXT 的总值来计算的。

（14）PSACR（总能量 Power Sum ACR）。对于每对电缆，PSACR 是用所有电缆 NEXT 的总值来计算的。

当开始自动测试时，如果附加的连接接口适配器不支持所选择的实验标准，测试仪将显示一个信息。

2. 测试步骤

测试连接如图 9—12 和图 9—13 所示。

第九章 网络基础知识

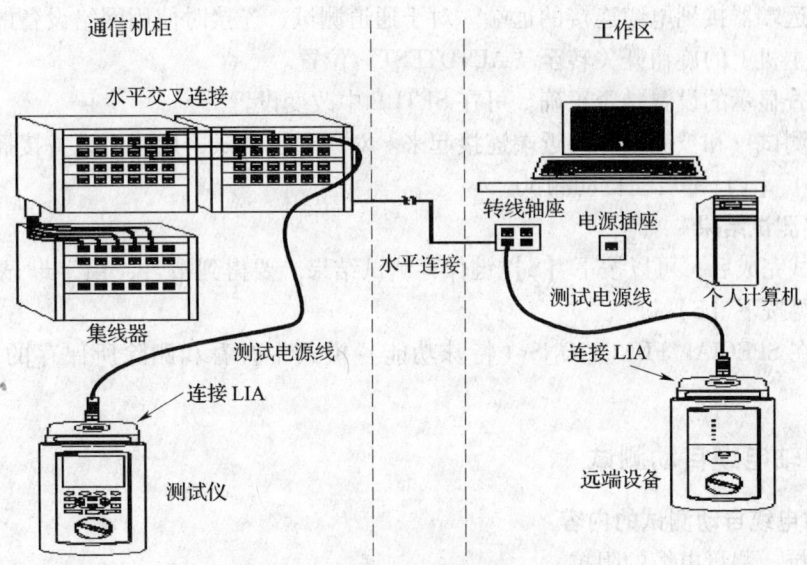

图 9—12 基本连接典型测试连接

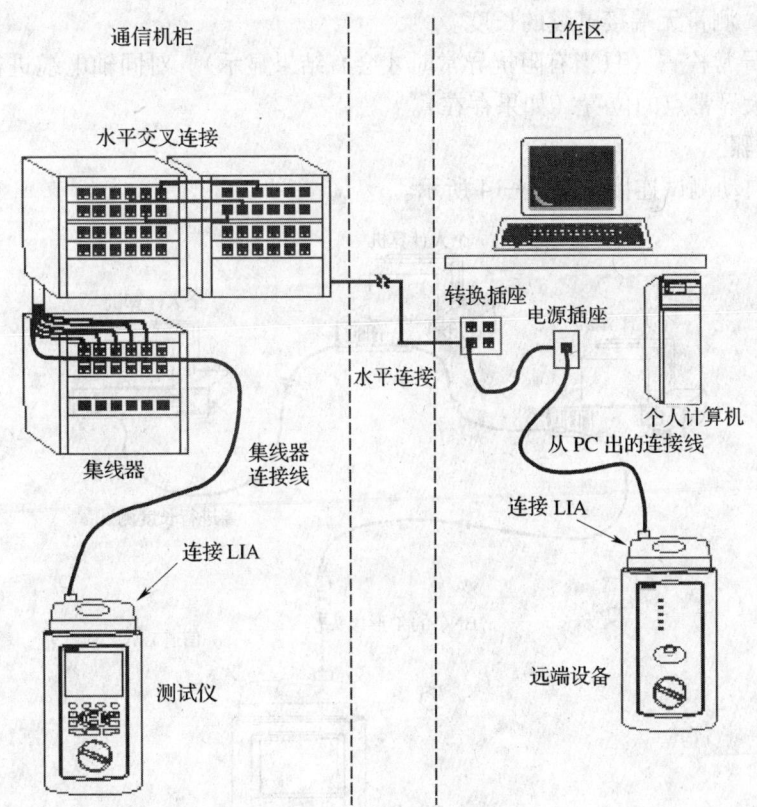

图 9—13 通道典型测试连接

（1）为主机和远端器附加适当的连接接口适配器。
（2）把远端器的旋转开关转到"ON"位置。

· 267 ·

（3）把远端器接到电缆连接的远端。对于通道测试，连接时使用网络设备的接插线。

（4）将主机上的旋钮开关转至"AUTOTEST"位置。

（5）检查显示的设置是否正确。可在SETUP中改变设置。

（6）将测试仪和被测电缆的近端连接起来。对于通道测试，用网络设备接插线连接。

（7）按下【T】键启动自动测试。

3. 保存测试结果

自动测试完成后，可以按下【S】键保存测试结果。要得到报告，用字母显示输入电缆标识，然后再按下【S】键。

也可以在SPECIAL FUNCTIONS（特殊功能）模式中查看和删除所保存的自动测试报告。

六、同轴电缆自动测试

1. 同轴电缆自动测试的内容

（1）阻抗。测量电缆的阻抗。

（2）电阻。测量电缆环路、屏蔽层和终端电阻器。

（3）长度。测量无端接电缆的长度。

（4）阻抗异常检查（只当有阻抗异常时才会有结果显示）。对同轴电缆进行测试时，可以报告阻抗最大异常点的位置（如果存在）。

2. 测试步骤

同轴电缆自动测试连接如图9—14所示。

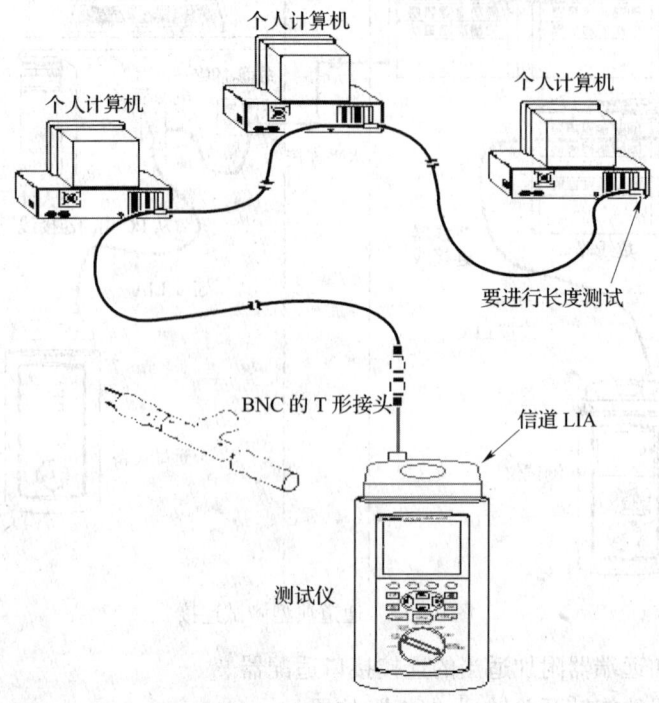

图9—14 同轴电缆自动测试连接

第九章　网络基础知识

（1）关闭被测电缆所连接的所有PC。
（2）如果要自动测试报告电缆长度，将电缆远端的终端电阻器去掉。
（3）在主机上附加任何通道连接接口适配器。
（4）将旋钮开关转至"AUTOTEST"位置。
（5）检查显示的测试标准和电缆类型是否正确，可在SETUP中改变这些设置。
（6）将同轴电缆近端的端接器去掉。使用RJ-45至BNC的适配器将电缆连接至测试仪。
（7）按下【T】键启动自动测试。

第十章

火灾自动报警系统检修

第一节 火灾自动报警系统网络

一、网络常用名词

1. ASYNCHRONOUS TRANSMISSION：异步传输

数据交换格式在每个字符结束时，由起始位和停止位控制。字符的结束由预调发送字符的时间间隔来标定，并以同步传送来限制。

2. BALANCED TRANSMISSION LINE：平衡传送线

电流信号传送到下一级导体并在另一端返回。数据信号的二进制值由两条线之间的电压决定，而不是对地的参考电压（按 RS-232 通信标准），任何噪声的干扰都均衡地加入到公共线，因此，干扰被相反地加入，使信号影响降至最低。

3. BAUD：波特

波特是传送速度的单位。波特速度表示 1 s 内传送离散信号元的数量，波特率还表示报警响应的速度。

4. NODE：节点

在网络中的每一个站作为一个节点，有一个节点名。

5. PACKET：包

包是由数据和控制资料组成的数据位的集合，包括源节点和目标节点的地址，从一个节点到另一个节点的信息安排。

6. PEER-TO-PEER NETWORKING：点对点网络

在数据交换方法方面，两个或多个节点能够与另外一个节点进行通信，通常这样的网络，所有的节点都能够互相通信和共享资源（文件、外设等）。

7．POLLING：轮询

轮询是指由一个程序或设备连续地检查其他程序和设备，以确定它们处于何种状态，通常是看它们是否在连接中或希望进行通信。

8．PROPRIETARY NETWORK：专利网络

通信网络的设计只限于一个具体的制造厂生产的计算机（或火灾报警盘使用），这些网络一般都是用标准的设备/协议，但是以这种方法通信，不能把它们用到其他制造厂。

9．PROTOCOL：协议

为进行网络中的数据交换而建立的规则、标准或约定，用于不同系统中实体间的通信。两个实体想要通信，都必须遵守一定的规定，这些规定就是协议。也可简单定义为：控制两实体间数据交换的一套规则。

10．QUEUE：队列

排队是等待处理项目的命令列表。

11．RING NETWORK：环形网络

网络接线协议是一个节点与另一个节点连接成闭环，而没有端点。

12．RS–232–C

这是一种连接数据通信端点的接口规定，和计算机（PC）、数据通信设备（DCE）的模式一样，RS–232–C指定数据传输设备（DTE）和数据通信设备（DCE）的机电特性。

13．RS–485

这是一种接口的规定，它类似 RS–232–C 的规定，不同的是机电和功能特性，当用双绞线（屏蔽或不屏蔽）时它提供最佳的运行性能。

14．SYNCHRONOUS TRANSMISSION：同步传送

这样一种数据交换结构，由时钟信号控制发送机和接收机，在限定的时间内，传送"一块"数据，限制再次异步发送。

15．TOKEN：令牌

数据或信息沿着令牌网的节点连续地环绕。

16．TOKEN PASSING：令牌传递

这是就地网络控制访问的一种方法，用一种专门的信号，称为令牌，决定哪个站（节点）可以传送数据。

17．TOKEN RING NETWORK：令牌环网

令牌环网的传输方法在物理上可采用环形或星形拓扑结构，但逻辑上仍是环形拓扑结构。其通信传输介质可以是无屏蔽双绞线、屏蔽双绞线和光纤等。在令牌环网中有一个令牌（Token）沿着环形总线在入网节点计算机间依次传递，令牌实际上是一个特殊格式的帧，本身并不包含信息，仅控制信道的使用，确保在同一时刻只有一个节点能够独占信道。当环上节点都空闲时，令牌绕环行进。节点计算机只有取得令牌后才能发送数据帧，因此不会发生碰撞。由于令牌在网环上是按顺序依次传递的，因此对所有入网计算机而言，访问权是公平的。

18．TOPOLOGY：拓扑

拓扑是设备连接的方法，如星型连接、环型连接、总线型连接和树型连接。

19. TWISTED – PAIR CABLING：双绞电缆

双绞电缆是一种传输介质，它由一对或多对的铜电缆组成，而每对电缆互相绞合在一起。双绞线对传输线路的电磁干扰（EMI）和无线电干扰（RFI）提供抗干扰保护。

20. UNBALANCED TRANSMISSION LINE：不平衡传输线

它是一种数据线，参考点是公共地，数据的二进制值由公共地的差分电压决定。

二、FAS 网络工作原理

FAS 系统网络是让分散的火灾控制盘在对等网环路上通信的系统。在网络上的每个控制盘都有把数据放入网络的相等机会。能够与系统网络直接通信的控制盘叫做节点，每一个节点都能保持它自身提供的回路点的状态和控制，并能监视和控制其他节点的工作。

网络通信是建立在令牌通信协议上的。在令牌通信中，一个令牌的数据称为"标记"（Flag）或"令牌"（Token），从一个节点到下一个节点，只有取得令牌的节点才能在网上对话（发送数据或发送请求）。如果某节点没有数据传输或对网络没有请求，那么"令牌"就传送给下一个节点，所以每个节点都有向网络传输数据的同等机会。

网络数据以令牌通信方式，相继地从一个节点传送到另一个节点。在传送到另一个节点时，网络上的信息被截获，该节点将信息接收或者修改后再重新发送到网络去。信息可以送到指定的一个节点、几个节点或所有的节点。信息以环形的形式相继地传送到另一个节点，直至其返回发送节点。当信息通过一个节点时，该节点就检查信息的地址，确定该信息是否是给它的，如果是则节点就读出信息，确认后，再把它传送到下一个节点；否则，将信息直接传送到下一个节点。信息返回发送节点时，该节点得到反馈给它的确认信息。如果检查发现还有目的节点未收到，该节点可以重新发送信息。网络上信息的属性是通过网络规定的，允许节点作相应的响应。当一个节点发送了两条信息或者某些编址的节点不能确认信息又或者信息的周期已满，则该节点传送令牌到下一个网络节点。

如果某一个节点离线时，它的网络接口模块将被设为旁路状态。直到节点重新在线，才会重新连接。如果节点之间的通信电缆短路、开路或某些通信设备有问题，网络将会隔离这段连接线。节点不能发送信息到下一个节点时，则按相反方向传送到先前的节点，从而维持网络的通信及提醒网络节点注意。

当出现多处网络线路问题时，网络节点将重组网（Regroup）。被分隔开的节点会建立新的、较小的子网（Sub – network），在子网内各节点将会维持它们之间的通信。

所有的信息都要被确认，系统采用 CRC（周期冗余检查）去保证网络信息的无错通信。重发的信息都具有序列位，可避免不断重复发送信息。重发的信息只有 4 次，4 次尝试之后，目的节点将报告通信故障。

三、FAS 网络的结构

FAS 网络由系统控制盘内的网络卡、光电转换器和光纤组成，如图 10—1 所示。每个网络卡均有两个传输通信口，分别为 A 口和 B 口，它们分别与网络上的前一个节点通信及与后一个节点通信。在城市轨道交通系统中，由于各车站之间的距离较远，因此 FAS 网络一般是采用光纤通信网络。光纤通信网络具有传输距离远、光传输介质不易受到外界干扰、传输速度快等优点。FAS 网络一般是采用环型网络,环型网络具有双向通信的能力,即使是网络上的某一点断开或发生故障,网络将变为总线型网络,保持各节点之间的通信。

城市轨道交通的线路一般较长,在布置系统网络时,不能完全采用相邻站间连接方式。因为采用相邻站间连接方式,会造成轨道线路的头与尾站点之间的连接线路过长(环形轨道线路除外),从而影响通信质量及增加设备成本。因此,在布置系统网络时,一般会采用隔站连接方式连接,这种方式使得网络上的站点之间通信距离大致均等。但是在实际应用中,是相邻连接还是相隔连接都不是绝对的。若某些站点之间距离较长,也可以采用相邻连接,而其他站点还是采用相隔连接,这种混合方式较为常见。总之,在系统网络布置时,要考虑线路长短对光信号衰减的作用。

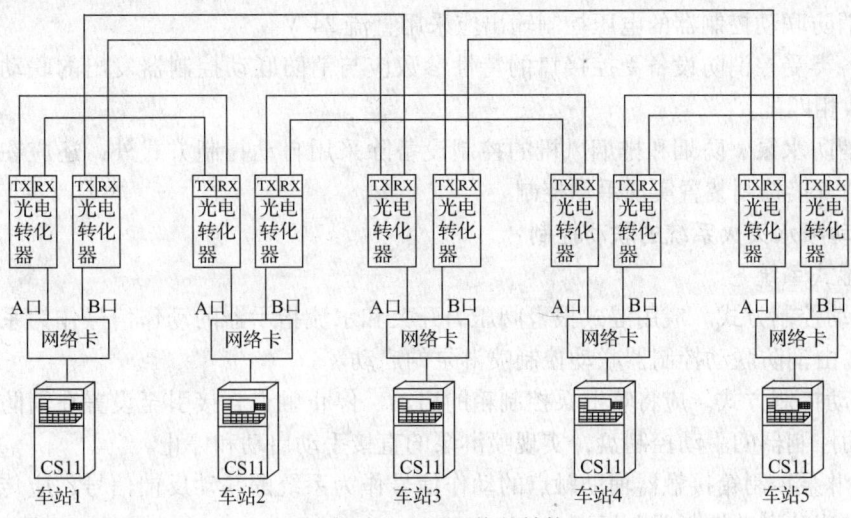

图 10—1　FAS 网络的结构

FAS 网络有两种可能的拓扑结构。一种是环型拓扑网络结构,这是系统网络最常见的结构,如图 10—2a 所示;另一种是总线型拓扑网络结构,如图 10—2b 所示。当系统网络上某一点,如控制盘 3 和控制盘 1 之间的线路断开时,系统网络就会变为总线型拓扑网络结构。这时网络通信还能保持正常。

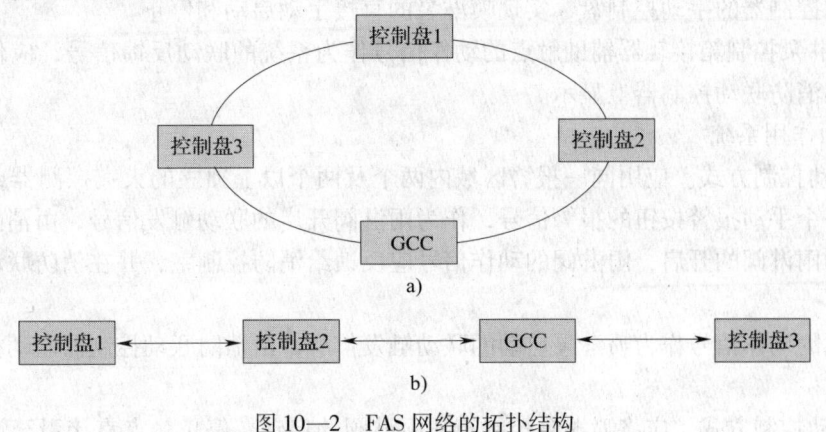

图 10—2　FAS 网络的拓扑结构
a)环型拓扑结构　b)总线型拓扑结构

第二节 火灾自动报警系统联动

一、系统联动要求

1. 一般要求

（1）消防联动控制器应能按设定的控制逻辑发出联动控制信号，直接或间接控制与其连接的各类受控消防设备。

（2）消防联动控制器的电压控制输出应采用直流 24 V。

（3）各类受控消防设备受控接口的特性参数应与消防联动控制器发出的联动控制信号的特性参数相匹配。

（4）消防水泵、防烟和排烟风机的控制设备除采用自动控制方式外，还应在消防控制室设置手动直接控制装置实现手动控制。

2. 自动喷水灭火系统的联动控制

（1）湿式系统

1）自动控制方式。应用湿式报警阀压力开关和水流指示器的动作信号作为系统的联动触发信号，由消防联动控制器联动控制喷淋泵的启动。

2）手动控制方式。应将喷淋泵控制箱的启动、停止触点直接引至设置在消防控制室内的消防联动控制器的手动控制盘，实现喷淋泵的直接手动启动和停止。

3）喷淋泵控制箱接触器辅助触点的动作信号作为系统的联动反馈信号，应传至消防控制室，并在消防联动控制器上显示。

（2）干式系统

1）自动控制方式。应用干式报警阀压力开关的动作信号作为系统的联动触发信号，由消防联动控制器联动控制喷淋泵的启动。

2）手动控制方式。应将喷淋泵控制箱的启动、停止触点直接引至设置在消防控制室内的消防联动控制器的手动控制盘，实现喷淋泵的直接手动启动和停止。

3）喷淋泵控制箱接触器辅助触点的动作信号作为系统的联动反馈信号，应传至消防控制室，并在消防联动控制器上显示。

（3）预作用系统

1）自动控制方式。应用同一报警区域内两个及两个以上独立的火灾探测器或一个火灾探测器及一个手动报警按钮的报警信号，作为雨淋阀开启的联动触发信号，由消防联动控制器联动控制雨淋阀的开启，雨淋阀的动作信号应反馈给消防控制室，并在消防联动控制器上显示。

雨淋阀的动作信号作为喷淋泵启动的联动触发信号，由消防联动控制器联动控制喷淋泵的启动。

2）手动控制方式。应将喷淋泵控制箱和雨淋阀的启动、停止触点直接引至设置在消防控制室内的消防联动控制器的手动控制盘，实现喷淋泵和雨淋阀的直接手动启动和停止。

3）喷淋泵控制箱接触器辅助触点的动作信号作为喷淋泵的联动反馈信号应传至消防控制室，并在消防联动控制器上显示。

3. 消火栓系统的联动控制

（1）自动控制方式。应用消火栓按钮的动作信号作为系统的联动触发信号，由消防联动控制器联动控制消火栓泵的启动。

（2）手动控制方式。应将消火栓泵控制箱的启动、停止触点直接引至设置在消防控制室内的消防联动控制器的手动控制盘，实现消火栓泵的直接手动启动和停止。

（3）消火栓干管水流指示器的动作信号及消火栓泵控制箱接触器辅助触点的动作信号作为系统的联动反馈信号，应传至消防控制室，并在消防联动控制器上显示。

（4）在未设置火灾自动报警系统的保护对象中，消火栓按钮的动作信号可直接联动启动消火栓泵。消火栓泵启动的联动反馈信号应在动作的消火栓按钮上显示。

4. 气体灭火系统的联动控制

气体灭火系统应由专用的气体灭火控制器控制。

（1）自动控制方式。应由同一防护区域内相邻的两个及两个以上独立的火灾探测器或一个火灾探测器及一个手动报警按钮的报警信号，作为系统的联动触发信号，探测器的组合宜采用感烟火灾探测器和感温火灾探测器，气体灭火控制器在接收到满足联动逻辑关系的触发信号后，应分两步执行以下联动控制操作：

1）在接收到任一保护区域内设置的感烟火灾探测器、其他类型探测器或手动报警按钮的首次报警信号后，气体灭火控制器应启动设置在该防护区内的火灾声、光警报器。

2）在接收到同一保护区域内与首次报警的火灾探测器或手动报警按钮相邻的感温火灾探测器或手动报警按钮的报警信号后，气体灭火控制器应执行以下操作：关闭防护区域的防、排风风机及送排风阀门，停止通风和空气调节系统及设置在该防护区域的电动防火阀，联动控制防护区域封闭装置启动，包括关闭防护区域的门、窗，启动气体灭火装置，根据人员安全撤离防护区的需要，气体灭火控制器可设定不大于 30 s 的延迟喷放时间；对于平时无人工作的防护区，可设置为无延迟的喷放。启动气体灭火装置后，启动设置在防护区的入口处的火灾声、光警报器和灭火剂喷放指示灯。组合分配系统应首先开启相应防护区域的选择阀，然后启动气体灭火装置。

（2）手动控制方式

1）系统用于保护多个防护区域

①在防护区域疏散出口的门外应设置气体灭火装置的手动启动按钮和手动停止按钮，手动启动按钮按下时，气体灭火控制器应执行规定的联动操作；手动停止按钮按下时，气体灭火控制器应停止正在执行的联动操作。

②气体灭火控制器上应设置对应于不同防护区域的手动启动按钮和手动停止按钮，手动启动按钮按下时，气体灭火控制器应执行规定的联动操作；手动停止按钮按下时，气体灭火控制器应停止正在执行的联动操作。

2）系统用于保护单个防护区域。气体灭火控制器应设置在防护区域疏散出口的门外，气体灭火控制器上应设置手动启动按钮和手动停止按钮，手动启动按钮按下时，气体灭火控制器应执行规定的联动操作；手动停止按钮按下时，气体灭火控制器应停止正在执行的联动操作。

5. 水喷雾系统的联动控制

（1）自动控制方式

1）应用同一防护区域内火灾探测报警系统相邻两个独立的火灾探测器或一个火灾探测器及一个手动报警按钮等设备的报警信号，作为雨淋阀开启的联动触发信号，由消防联动控制器联动控制相应防护区域雨淋阀的开启。

2）雨淋阀的动作信号，作为喷雾泵启动的联动触发信号，由消防联动控制器联动控制供水泵的启动。

（2）手动控制方式

1）应将喷雾泵控制箱和雨淋阀的启动、停止触点直接引至设置在消防控制室内的消防联动控制器的手动控制盘，实现直接手动控制喷雾泵和雨淋阀的启动和停止。

2）供水泵控制箱接触器辅助触点的动作信号作为系统的联动反馈信号应传至消防控制室，并在消防联动控制器上显示。

6. 防烟、排烟系统的联动控制

（1）防烟系统的自动控制方式

1）宜用加压送风口所在排烟分区内设置的感烟探测器的报警信号作为送风口开启的联动触发信号，由消防联动控制器联动控制送风口的开启。

2）送风口的开启信号作为加压送风机启动的联动触发信号，由消防联动控制器联动控制加压送风机启动。

3）应用电动挡烟垂壁附近的感烟探测器的报警信号作为电动挡烟垂壁降落的联动触发信号，由消防联动控制器联动控制电动挡烟垂壁的降落。

（2）排烟系统的自动控制方式

1）应用同一报警区域内两个及两个以上独立的火灾探测器或一个火灾探测器及一个手动报警按钮等设备的报警信号，作为排烟口或排烟阀开启的联动触发信号，由消防联动控制器联动控制排烟口或排烟阀的开启，同时停止该报警区域的空气调节系统。

2）排烟口或排烟阀开启的动作信号作为排烟风机启动的联动触发信号，由消防联动控制器联动控制排烟风机的启动。

（3）防烟、排烟系统的手动控制方式

1）应将防烟、排烟风机的启动、停止触点直接引至设置在消防控制室内的消防联动控制器的手动控制盘，实现防烟、排烟风机的直接手动启动和停止。

2）排烟口或排烟阀的开启和关闭、防烟、排烟风机的启动和停止的反馈信号及电动防火阀关闭的反馈信号作为系统的联动反馈信号，应传送至消防控制室，并在消防联动控制器上显示。

3）排烟防火阀在280℃自熔关闭后，联动控制风机的停止，排烟防火阀及风机的动作信号应传至消防控制室，并在消防联动控制器上显示。

7. 防火门及卷帘系统的联动控制

（1）防火门系统的联动控制。疏散通道上设置的电动防火门，应用设置在防火门任一侧的火灾探测器的报警信号，作为系统的联动触发信号，设定相应的联动控制逻辑，并在逻辑关系满足时联动控制防火门的关闭。

防火门开启及关闭的工作状态信号应传送至消防控制室。

（2）防火卷帘系统的联动控制。防火卷帘的升降应由防火卷帘控制器控制。

1）自动控制方式

①疏散通道上设置的防火卷帘，应用设置在防火卷帘任一侧的感烟及感温火灾探测器的报警信号作为系统的联动触发信号，由防火卷帘控制器联动控制防火卷帘的下降。感烟火灾探测器的报警信号联动控制防火卷帘下降至距地（楼）面1.8 m处停止。感温火灾探测器的报警信号联动控制防火卷帘下降到底。

②仅用作防火分隔的防火卷帘，应用设置在防火卷帘任一侧的火灾探测器的报警信号，作为系统的联动触发信号，由防火卷帘控制器联动控制防火卷帘的下降。防火卷帘任一侧的火灾探测器的报警信号，联动控制防火卷帘一次下降到底。防火卷帘的动作信号作为系统的联动反馈信号应传至消防控制室，并在消防联动控制器上显示。

具有控制防火卷帘功能的火灾报警控制器应将其所带的感烟、感温火灾探测器的报警信号传至消防控制室。

2）手动控制方式。疏散通道上设置的防火卷帘，应由在防火卷帘两侧设置的手动控制按钮，实现手动控制防火卷帘的升降。

8. 电梯的联动控制

消防电梯及客梯的联动控制，应符合下列规定：

（1）消防电梯及客梯迫降的联动控制信号应由消防联动控制器发出。当确认火灾后，消防联动控制系统应发出联动控制信号强制所有电梯依次停于首层或电梯转换层。除消防电梯外，其他电梯的电源应切断。

（2）消防控制室应显示消防电梯及客梯运行状态，并接收和显示其停于首层或转换层的反馈信号。

9. 消防应急广播系统的联动控制

应急广播系统的联动控制，应符合下列规定：

（1）应急广播系统的联动控制信号应由消防联动控制器发出。当确认火灾后，应急广播系统首先向全楼或建筑（高、中、低）分区的火灾区域鸣警报和应急广播进行疏散，经延时后，再向非火灾区域广播疏散。

（2）火灾应急广播的单次语音播放时间宜为10~30 s，并应与火灾声警报器分时交替工作，可连续广播两次。

（3）消防控制室应显示处于应急广播状态的广播分区和预设广播信息。

（4）消防控制室应手动或按照预设控制逻辑自动控制选择广播分区，启动或停止应急广播系统。并在传声器进行应急广播时，自动对广播内容进行录音。

10. 消防应急照明和疏散指示标志系统的联动控制

应急照明和疏散指示标志系统的联动控制，应符合下列要求：

（1）设置集中控制型消防应急照明系统的建筑中，消防应急照明系统的联动应由消防联动控制器联动应急照明控制器实现。

（2）设置集中电源型消防应急照明系统的建筑中，消防应急照明系统的联动应由消防联动控制器联动应急照明集中电源实现。

（3）设置独立控制型消防应急照明系统的建筑中，消防应急照明系统的联动应由消防联动控制器联动消防应急照明配电箱实现。

（4）设置在每个防火分区内的消防应急照明配电箱不能为其他防火分区的消防应急照明灯具供电。

（5）对消防应急照明系统工作状态的联动控制应保证消防应急照明系统只有在发生火灾时才能转入应急工作状态。

（6）应急照明系统应急启动的联动控制信号应由消防联动控制器发出。当确认火灾后，由发生火灾的报警区域开始，顺序启动全楼疏散通道的应急照明系统，启动全楼消防应急照明系统投入应急状态的启动时间不应大于 5 s。

（7）消防控制室应能显示消防应急照明系统的主电工作状态。

（8）消防控制室应分别手动和自动控制消防应急照明系统从主电工作状态转入应急工作状态。

11. 其他设备的联动控制

火灾确认后，联动控制器应使空调机组自动停机。设于空调通风管道出口的防火阀，当空气温度达到 70℃ 时应自动关闭，关闭信号应反馈至消防控制室，并停止相关部位的空调机。

火灾确认后，应自动打开疏散通道上由门禁系统控制的门、AFC 闸机等。

火灾确认后，应在消防控制室自动或手动切除相关区域的非消防电源。

二、系统联动方式

系统火灾联动方式包括自动启动、手动启动（半自动启动）和人工启动 3 种。

1. 自动启动方式

当同一防火分区的任意两个烟感探测器都产生火灾报警时，火灾自动报警控制盘将自动启动火灾模式。

2. 手动启动方式（半自动启动方式）

当一防火分区的任一个烟感探测器产生火灾报警时，值班人员到现场确认火灾情况。如果现场发生火灾，值班人员可触发设置在现场的任一个手动报警器（包括破玻报警器和手拉报警器）进行确认。系统控制盘接收到确认报警后，将自动启动火灾模式。

3. 人工启动方式

当人员发现现场发生火灾时，利用通信工具通知车控室。车控室值班员可在火灾自动控制盘上或图形命令中心（GCC）上直接人工启动火灾模式。

第三节 火灾自动报警系统设备

FAS 控制盘是 FAS 系统的重要组成部分，是整个系统的控制中心所在，下面以霍尼维尔、SIMPLEX、西门子及能美控制盘为例进行介绍。

一、霍尼维尔 XLS1000 控制盘

1. 构成部件

XLS1000 控制盘构成部件见表 10—1。

表 10—1　　　　　　　　　　XLS1000 控制盘构成部件

序号	部件代号	部件名称	数量
1	3－CPU1	微处理器模块	1 块
2	3－RS485	RS485 通信模块（两个接口）	1 块
3	3－RS232	RS232 通信模块（两个接口）	1 块
4	3－LCD	液晶显示操作面板	1 块
5	3－PPS/M－230	电源模块及监视模块	1 套
6	3－DSDC	回路卡	根据点数配置
7	3－FTCU	电话单元	1 套
8	LANINTERFACE	网络接口	1 块
9	3－CHAS7	插槽机架	1 个
10	XLS－CAB21B&D21	插槽机箱连门	1 套
11	12V24AH	蓄电池	2 个
12	3－24R	24 个红色 LED	3 个
13	3－12/S1GY	开关、绿灯、黄灯各 12 个	1 个
14	3－6/3S1G2Y	共 6 组每组 3 个开关、1 个绿灯、2 个黄灯	1 个

2. 安装步骤

（1）安装机箱并将所需的电缆引入机箱内。
（2）检验现场设备接线情况。
（3）安装插槽机架。
（4）安装主开关电源。
（5）在插槽机架上安装所需的插槽模块，如 CPU 模块、DSDC 回路卡模块、电源监测模块等。安装所需的控制显示模块，如 LCD 液晶显示操作面板、指示灯模块等。
（6）为控制盘送电。
（7）为 CPU 模块下载初始程序，并排除控制盘上的板卡模块故障。
（8）连接现场设备，并排除现场回路总线的故障。
（9）下载最新的应用程序。
（10）测试现场设备的正确性，包括测试烟感、输入模块、输出模块、手动报警器等。
（11）记录系统测试情况及完善系统结构表、现场设备点表等资料。

3. 控制盘安装

（1）机箱安装。机箱是控制盘的载体，部分附属设备在制造机箱时已经附加在机箱

上，如电源供给的附件、接线槽等，机箱的安装使用应该符合以下条件：机箱门体应能正常开启，安装位置应预留足够的检修空间等。除此之外，安装过程中还应注意安装环境情况，如工作环境温度、安装地点潮湿度及安装地点的洁净度等，若不符合使用要求，应采取有效措施处理。

机箱的入线孔，应尽量采用原机箱预留的入线孔。机箱的入线宜采用侧进线或下进线方式，可避免水滴沿着线路流到连接的板卡上，造成板卡的损坏。入线时，应将高压（220 V）线缆与低压线缆分开，防止低压线路受到干扰。

机箱的安装结构如图 10—3 所示。

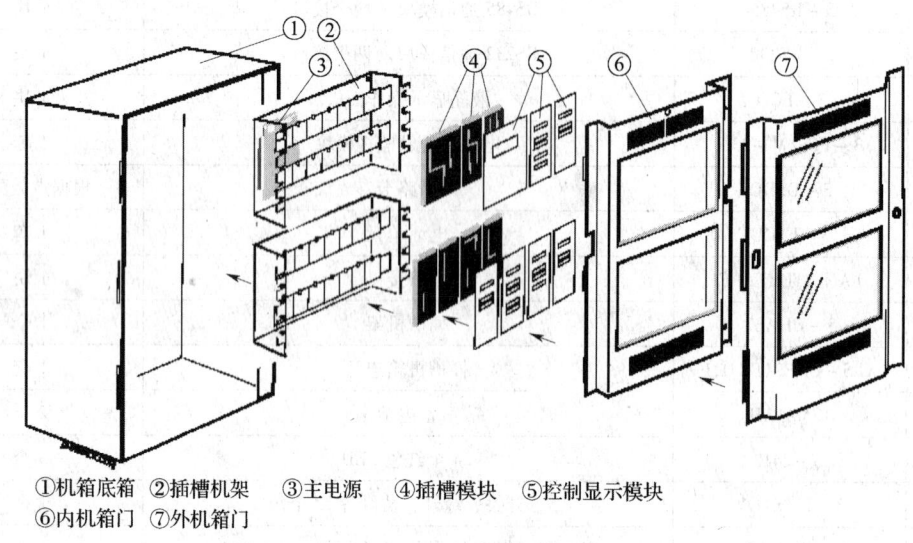

①机箱底箱　②插槽机架　③主电源　④插槽模块　⑤控制显示模块
⑥内机箱门　⑦外机箱门

图 10—3　XLS1000 控制盘结构

（2）现场设备接线

1）直流报警设备线路

①用万用表测量正、负极线路之间的电阻值，若在未安装设备的情况下，测量值应为无穷大。若在正确连接设备及末端电阻的情况下，测量值应为 15 kΩ 左右。

②将万用表的表笔正、负极调转，再次测量导线。测量值应为 10～20 Ω。若测量值还是 15 kΩ，则说明线路中可能有设备的极性相反。

③用万用表测量线路正、负极对地绝缘值，测量值应为无穷大。

2）音响报警线路

①用万用表测量正、负极线路之间的电阻值，若在未安装设备的情况下，测量值应为无穷大。若在正确连接设备及末端电阻的情况下，测量值应为 15 kΩ 左右。

②将万用表的表笔正、负极调转，再次测量导线。测量值还应是 15 kΩ 左右。

③用万用表测量线路正、负极对地绝缘值，测量值应为无穷大。

3）现场回路总线

①在总线还未连接设备的情况下，将所有总线连接起来，并用万用表测量每条导线的电阻值，测量值应小于 38 Ω。测量总线正、负极之间的绝缘值，应为无穷大。在连接设备的

情况下，测量总线正、负极之间的电阻值应在 18 kΩ（250 个设备）~ 4.5 MΩ（1 个设备）范围内。

②用万用表测量线路正、负极对地绝缘值，测量值应为无穷大。

4）电话线

①在电话线连续的情况下，测量每一条导线，电阻值应在 0 ~ 25 Ω 范围内。

②用万用表测量电话线正、负极线路之间的电阻值，若在未安装设备的情况下，测量值应为无穷大。若在正确连接设备（SIGA – CC1 信号模块）及末端电阻的情况下，测量值应为 15 kΩ 左右。

③用万用表测量线路正、负极对地绝缘值，测量值应为无穷大。

5）地线。测量控制盘的每个接地端子及地线，与大地连接的水管之间的电阻值应小于 0.1 Ω。

(3) 主开关电源连接。XLS1000 控制盘的电源包括主开关电源（3 – PPS）及电源监视模块（M – 230）两部分，主开关电源是供给控制盘的主要电源，主要供给控制盘的各个板卡部件及回路设备，而电源监视卡的作用主要是监视控制盘的电源供给是否正常，若电源处于不正常状态，该电源监视卡会发出报警信号。主开关电源设置在控制盘底箱上，电源监视模块一般设置在第一排插槽机架的第三个插槽上。

1）3 – PPS 主开关电源工作参数

输入电压：AC 230 V，– 10% ~ + 15%。

低压报警：≤AC195 V。

输出电压：共 DC 24 V、7.0 A。包括：内部直流电源 24 V，最大电流 7.0 A；外部辅助电源两路，每路直流电源 24 V，最大电流 3.5 A，并具有对地监测、短路监测及限流输出功能。

接线端子：交流输入接线端子、蓄电池接线端子、内部直流输出接线端子及外部直流输出接线端子。

蓄电池：蓄电池充电功能，支持 10 ~ 65 A·h 蓄电池，具有温度补偿双速率充电功能。可监测交流电压低、蓄电池电压低（≤DC22.5 V）、蓄电池电压高、蓄电池连接线断（≤DC18 V）、接地（≤10 kΩ）。

2）主开关电源及电源监视模块的结构接线如图 10—4 所示。

(4) 插槽机架安装

1）插槽机架的结构。根据控制盘板卡的数量及安装的需要，长插槽机架或短插槽机架一般设置于控制盘底箱上。插槽机架包括插槽和连接口两部分。插槽用于连接控制盘的功能板卡，提供它们之间的通信及供电的连接通道。连接口的作用是连接不同的插槽机架或独立功能单元（如电话主机）。每个插槽机架包括了顶部插槽和底部插槽两部分。顶部插槽主要用于数据通信，底部插槽主要用于提供工作电源。无论是上插槽还是下插槽都有 4 个连接口：J8、J9、J10、J11。其中 J8、J10 是电源连接口，J8 是连接入口，J10 是连接出口。J9、J11 是数据连接口，J9 是连接入口，J11 是连接出口。其结构及连接方式如图 10—5 所示。

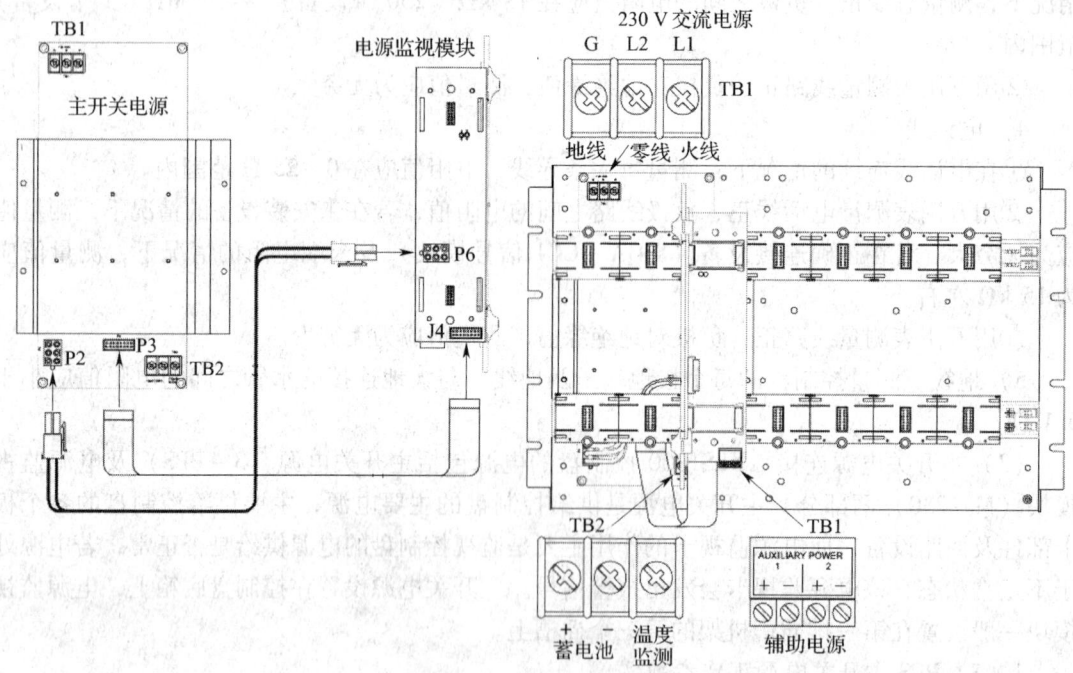

图 10—4　主开关电源及电源监视模块的结构连线

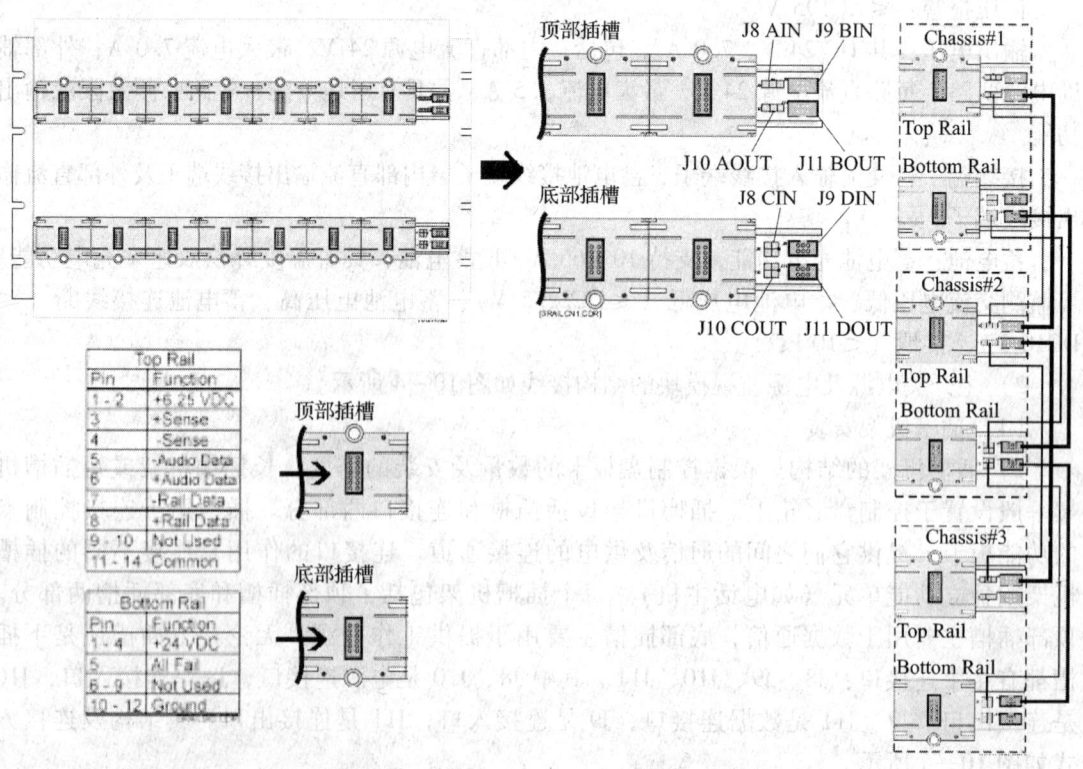

图 10—5　插槽机架的结构及连接方式

2）插槽机架的主要功能。其主要功能是安装所需的插槽模块，如 CPU 模块、DSDC 回路卡模块、电源监测模块等；安装所需的控制显示模块，如 LCD 液晶显示操作面板、指示灯模块等。

3）插槽机架安装。安装插槽模块时，将模块顺着固定槽推入插槽内，并将模块的上、下插针对正插槽并插入。模块插好后，将模块的上下自锁按钮按入插槽的上下锁定孔中，模块就安装固定完成了。

安装操作显示面板时，应先将插槽模块表面的固定板卸下。然后将操作显示标签打印好，并插入面板的夹缝内，再将该面板安装在固定板上。最后将固定板装回操作模块表面，同时将操作显示面板的连接扁带电缆接入插槽模块的专用接口上。应注意：扁带电缆的指示标记应与模块接口上的指示标记相吻合，如图 10—6 所示。

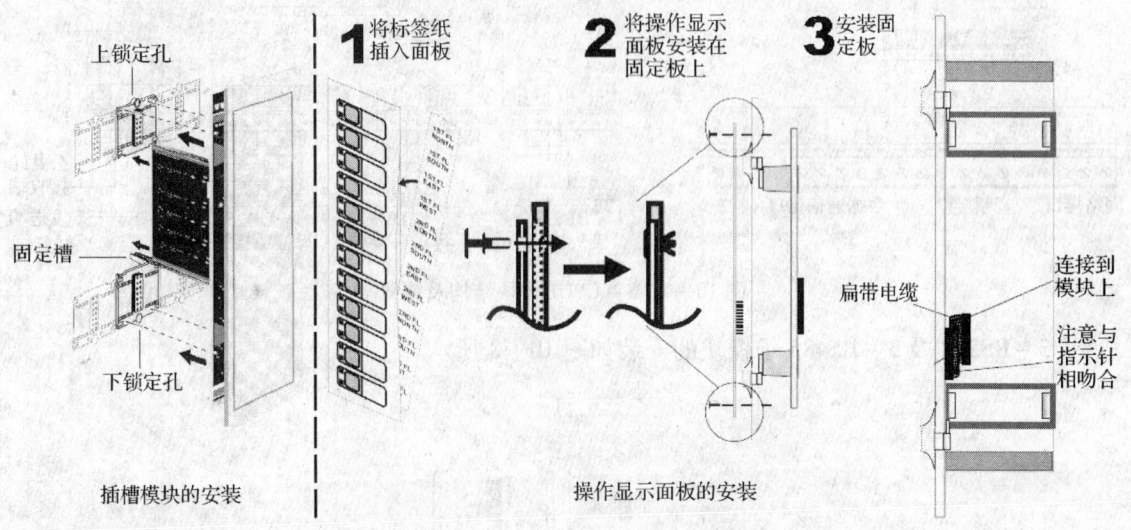

图 10—6　插槽模块及操作显示面板的安装

①3 - CPU1 及 3 - LCD 模块的安装。3 - CPU1 模块安装在控制盘第一排插槽的第一、二个插槽上。3 - LCD 模块则安装在 CPU 模块的面板上。3 - CPU1 模块的结构及接线如图 10—7 所示。

②3 - RS232 及 3 - RS485 子模块的安装。这两个板卡的主要作用是用于与其他系统接口或者系统内部的通信接口，在霍尼维尔系统中，RS485 卡的作用是用于系统联网时的网络接口，而 RS232 模块是用于 GCC 图形控制中心与控制盘之间的数据交换及通信，RS485 子模块的位置处于 3 - CPU1 模块背面的 J2 口。RS485 子模块用于网络数据的通信，它包括了 A、B 两个通信口，其中 A 口不带隔离继电器，B 口带有隔离继电器。通信网络应采用 0.75 mm^2 的屏蔽双绞线，其长度不超过 1 500 m，其电阻值不应大于 90 Ω，电容值不应大于 0.3 μF。

RS232 子模块的位置在 3 - CPU1 模块背面的 J3 口。RS232 子模块用于与串行设备，如打印机、MODEMS 等的通信，它具有两个光电隔离的串行通信口。通信网络采用 0.75 mm^2 的导线，其长度不超过 15 m。

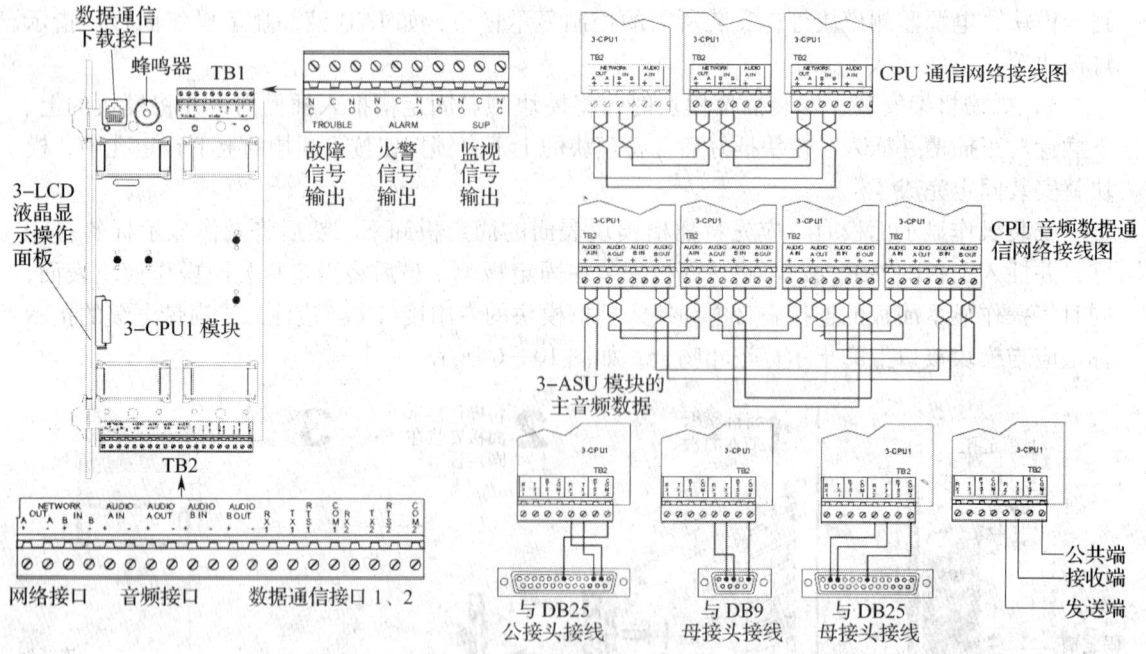

图 10—7 3 - CPU1 模块结构及接线

3 - RS232 及 3 - RS485 子模块的安装如图 10—8 所示。

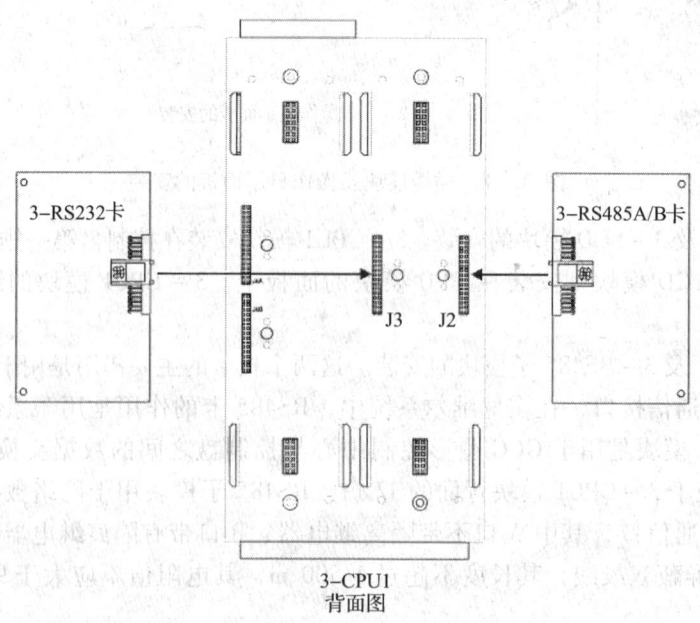

图 10—8 RS232 及 RS485 通信子模块的安装

③3 - DSDC 回路卡的安装。3 - DSDC 回路卡占用一位插槽。其组成包括一块回路控制卡及一块线路接口子卡，如图 10—9 所示。每张回路卡均带有一张接口子卡。回路卡接线端

第十章 火灾自动报警系统检修

子板带有隔离功能，能有效地保护回路卡。每张回路卡可以连接 125 个烟感及 125 个模块设备。现场回路总线可以采用 2 线接法或 4 线接法，但回路总线的线路电阻值不能大于 79 Ω 或电容值大于 0.33 μF。

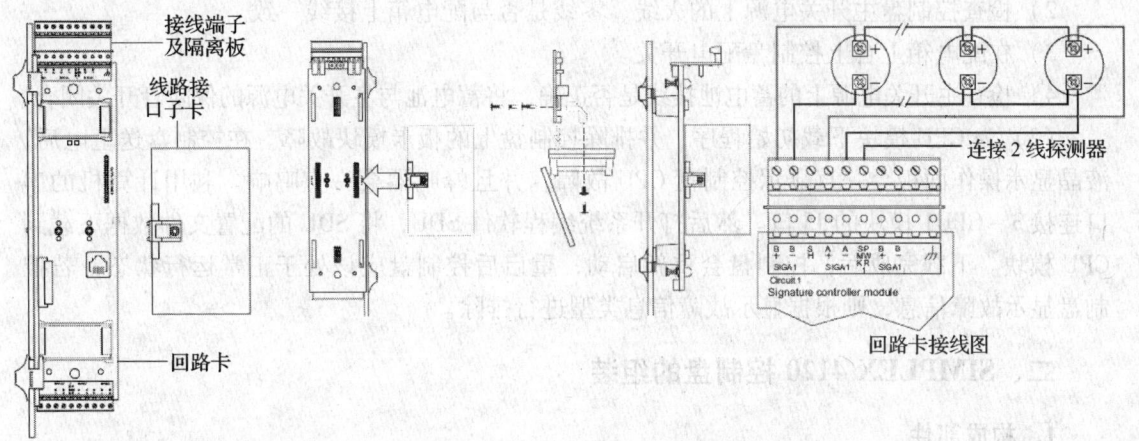

图 10—9　线路接口子卡的安装步骤

④消防电话单元及消防广播单元的安装。消防电话单元由底板和操作显示单元组成。底板安装在控制盘底箱上，并利用扁带电缆与机架插槽扩展单元连接。通过底板与显示单元的连接线接在底板的 J3 插孔上。

消防广播单元由底板和操作显示单元组成。安装时，应先将底板安装在控制盘底箱上，并利用扁带电缆与消防电话单元（若无消防电话单元，则与机架插槽扩展单元）连接。最后才安装操作显示单元，并将操作显示单元的连接线接在底板的 J3 插孔上，如图 10—10 所示。

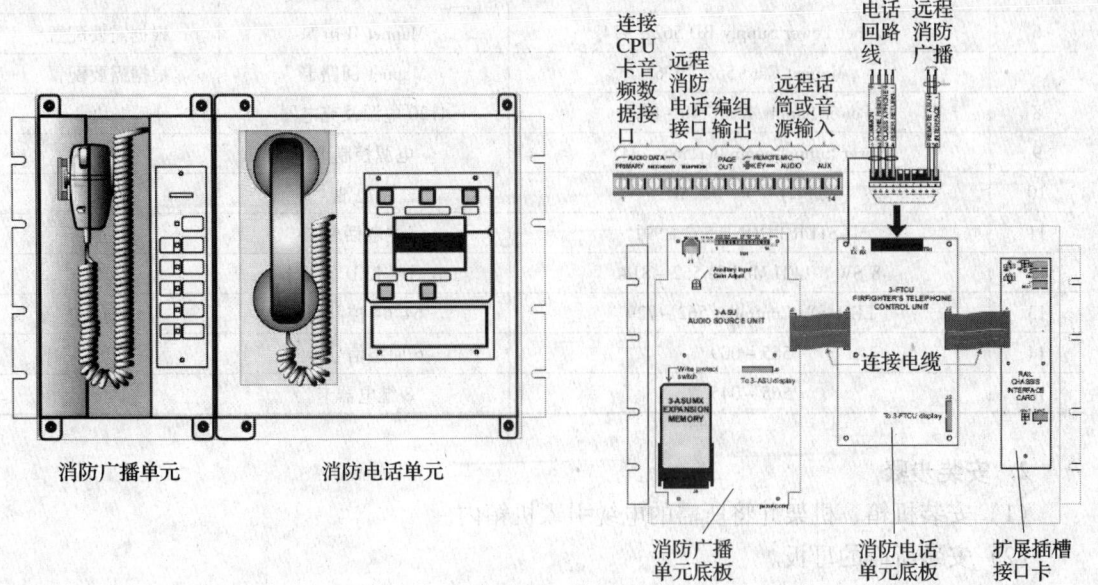

图 10—10　消防电话和消防广播单元结构连线

4. 控制盘操作

（1）为控制盘送电。控制盘送电步骤如下：

1）测量配电箱上的交流电压，检查是否符合控制盘的使用要求。

2）检查控制盘主开关电源上的火线、零线是否与配电箱上接线一致。

3）在配电箱上合上控制盘配电开关。

4）检查主开关电源上的蓄电池接线是否正确，将蓄电池与主开关电源的保险管开关闭合。

（2）为 CPU 模块下载初始程序，并排除控制盘上的板卡模块故障。在控制盘送上电后，液晶显示操作面板会一直显示控制盘 CPU 故障，并且蜂鸣器会一直鸣响。利用计算机的串口连接 3 - CPU1 模块的 J5 口。然后打开系统编程软件 SDU，将 SDU 的配置文件数据下载到 CPU 模块。下载完成后，控制盘会重新启动，重启后控制盘应该处于正常运行状态，若控制盘显示故障信息，则根据显示故障信息类型进行排除。

二、SIMPLEX 4120 控制盘的组装

1. 构成部件

SIMPLEX 4120 控制盘的构成部件见表 10—2。

表 10—2　　　　　　　　SIMPLEX 4120 控制盘的构成部件

序号	部件代号	部件名称	数量
1	Box Red 2975 - 9076	挂架箱	1 套
2	MASTER UNIVERSAL MOTHERBOARD 565 - 274	主处理卡母板	1 块
3	UT Master Controller 565 - 333	4120CPU 板	1 块
4	RS232/2120 MODEM 565 - 415	RS232 调制解调器	1 块
5	565 - 331	4020/4120 显示板	1 块
6	Mapnet Power Supply BD 562 - 974	Mapnet II 电源	根据需要配置
7	Mapnet Card 562 - 976	Mapnet 回路卡	根据需要配置
8	Power Supply Assy 740 - 802	4120 电源及充电器	1 块
9	Power Supply controller 565 - 247	电源控制卡	1 块
10	Battery 6 V，55 AH	蓄电池	2 只
11	MASTER PHONE 562 - 991	主电话卡	1 套
12	8 SW 8 LED Module 562 - 814	电话用 LED 开关卡	1 块
13	LED/SW Controller 562 - 729	64/64 控制器	1 套
14	565 - 009	6 回路信号卡	1 套
15	565 - 045	8 继电器卡	1 套

2. 安装步骤

（1）安装机箱、机架并将所需的电缆引入机箱内。

（2）安装所需的母板。

（3）安装主开关电源。

（4）在母板上插上所需的功能卡。

（5）为控制盘送电。

（6）为 CPU 模块下载初始程序，并排除控制盘上的板卡模块故障。

3. 控制盘的安装

（1）机箱及机架安装。机箱是控制盘的载体，部分附属设备在制造机箱时已经附加在机箱上，如电源供给的附件、接线槽等，如图 10—11 所示。机箱的安装使用应该符合以下条件：机箱门体应能正常开启，安装位置应预留足够的检修空间等。除此之外，安装过程中还应注意安装环境情况，如工作环境温度、安装地点潮湿度及安装地点的洁净度等，若不符合使用要求，应采取有效措施处理。

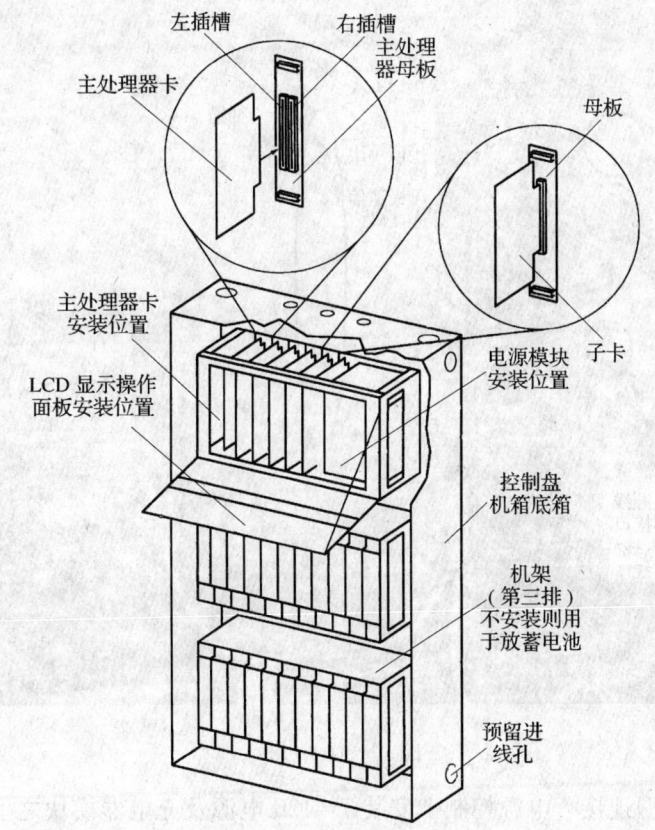

图 10—11　控制盘机箱结构

机箱入线一般采用侧进线或下进线方式，可避免水滴沿着线路流到连接的板卡上，造成板卡的损坏。为避免线路干扰，机箱内高压（220 V）线缆与低压线缆分开安装，以防止低压线路受到干扰。

机架第一排为特殊的机架，该排机架盖板上安装有 LCD 液晶显示操作面板。第 3 排机架用于放置蓄电池。

（2）母板连接。同一排的母板可通过母板之间的通信接口进行数据信号和电源信号的传输，它们之间不需要再连接通信线和电源线。但 MAPNET 回路卡母板是例外，因为回路卡需要使用 36 V 的工作电压，较其他板卡的 24 V 为高，因此，需要对回路卡母板单独供电（P4 口）。

排与排之间的母板数据通信可通过连接母板上的 P2 口进行连接。排与排之间的母板供电电源可通过连接母板上的 P3 口进行连接，如图 10—12 所示。

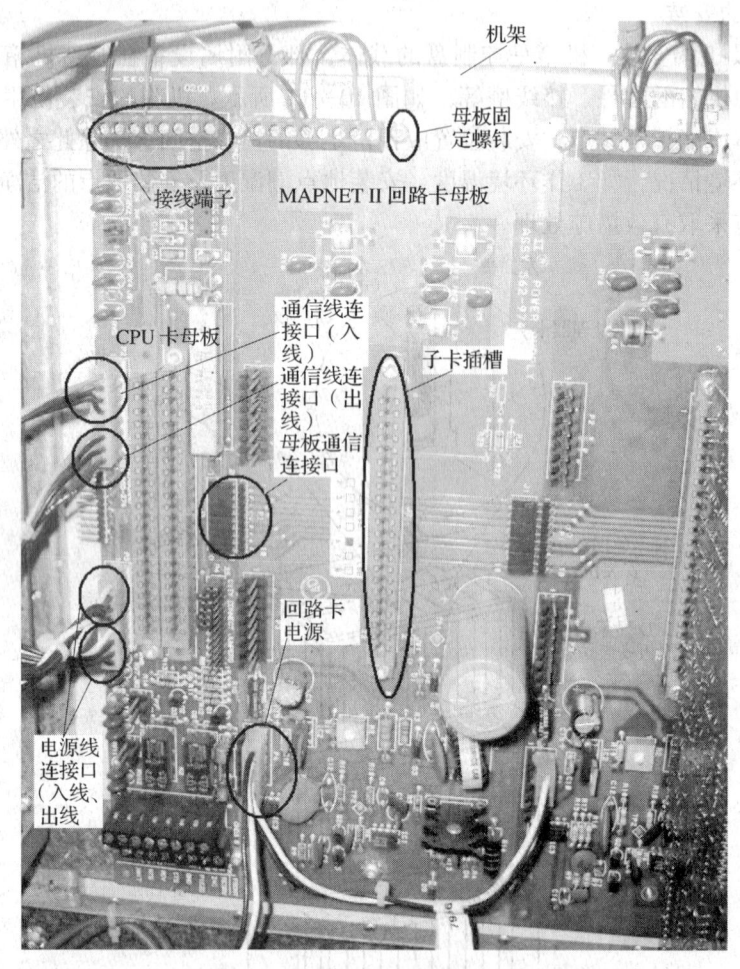

图 10—12　母板

（3）主开关电源连接。电源控制卡安装于 4120 电源及充电器模块之上，主要为板卡回路设备提供稳定且符合系统工作要求的电源，它们之间以扁带电缆连接，如图 10—13 所示。整个电源模块处于第一排机架的最右位置。

在电源控制卡上有两个拨码开关 SW1 及 SW2。

SW1 用于电源配置：SW1－1 为备用；SW1－2 为音响系统使用。"ON"表示由控制盘控制音响系统放大器的蓄电池供电开关是否合上，"OFF"表示当交流掉电时，音响系统放大器的蓄电池供电开关自动合上。SW1－3、SW－6 为"OFF"状态及 SW1－4、SW－5 为"ON"状态时，表示由交流电源或铅酸蓄电池供电。SW1－3、SW－4、SW－6 为"OFF"状态及 SW1－5 为"ON"状态时，表示由交流电源或音响系统电源与蓄电池供电。

SW2 用于地址和通信波特率设定，其中 SW2－1 为"ON"表示 9600 波特率可用于当地或远程通信，SW2－1 为"OFF"表示 1200 波特率主要用于远程通信。SW－2～SW－8 用于板卡地址设置。

注意：板卡的地址设置方法与现场设备地址设置方法相反，如图10—14所示。

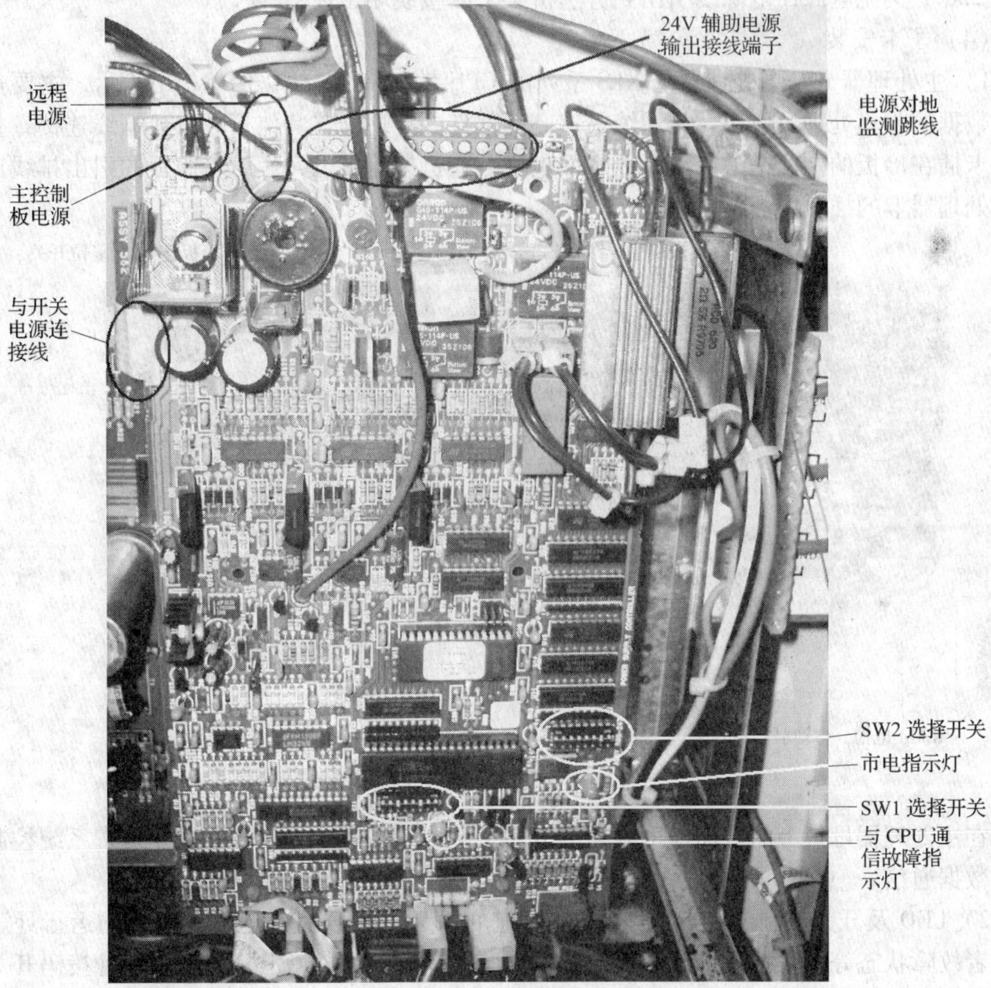

图10—13 电源控制卡

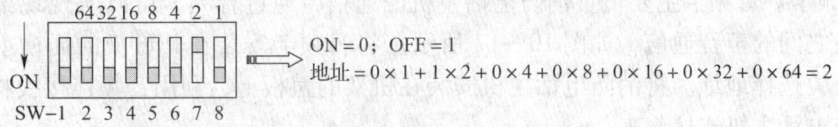

图10—14 板卡地址设置及计算

在电源控制卡右下角有两盏灯，黄灯为通信故障指示灯，绿灯为交流电源指示灯。

在电源控制卡的左上角的4针插头（P4）为主控制板电源，为控制盘板卡供电。左上角的2针插头（P6）为电源整流器选择插头，为回路卡母板提供36 V电源。上方的端子排为24 V辅助电源，用于联动控制或为系统外部设备供电。

在电源控制卡下方的蓝黑 4 针插头为通信线,主要用于与控制盘主处理器通信。

在 4120 开关电源的正上方接线端子连接蓄电池。在 4120 开关电源的正下方插接口连接的是 220 V 交流电源,电源线引出到旁边机架上的接线端子。

(4) 子卡安装

1) 主处理器卡。主处理器与 XLS 系列的 CPU 功能一致,如图 10—15 所示,主要负责系统数据的收集处理及应用,是系统最核心的部件。处理器与其他板件以数据线连接,主处理器卡插在母板的左插槽上。液晶显示面板安装在机架盖板上,然后将面板的引出排线连接到主处理器卡的插口内。

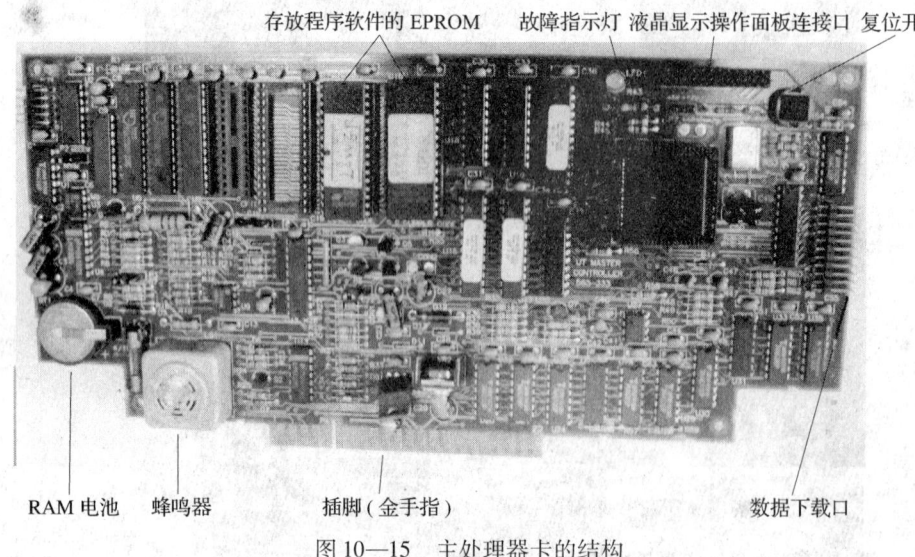

图 10—15 主处理器卡的结构

在主处理器母板上的右插槽可以插上 RS232 调制解调器卡,RS232 主要负责系统控制盘间的数据通信。

2) LED 及开关控制卡。指示灯是系统状态的显示,可以直观地显示系统的运行处于正常或者故障状态等,将指示灯及开关控制卡安装在其母板的插槽上,并利用地址拨码开关选择地址。将 LED 及(或)开关卡安装在机架的盖板上,并通过一条扁带电缆连接所有的 LED 及(或)开关卡与 LED 及其开关控制卡,如图 10—16 所示。

3) 音频卡。音频卡主要负责消防电话主机的通信,通过音频卡可以实现现场插孔电话与消防主机之间的声音通信,如图 10—17 所示。将音频卡安装在其母板的插槽上,并利用地址拨码开关选择地址。将消防电话主机安装在机架的盖板上,利用音频连接线将所有的音频电话卡与电话主机连接起来。

消防电话主机包括电话控制卡和电话主机两部分。它们之间通过一条 4 芯的连接线进行连接。消防电话控制卡的主要功能是对消防插孔电话进行定位,通过辨识地址来获得现场通话插孔的位置,通过拨码开关选定地址码。电话控制卡的电源接口及数据通信接口在控制卡的侧边上。

4) 其他板卡。其他板卡有回路卡、继电器卡等。回路卡的主要功能是实现外部设备如烟感、模块、破玻等与主机的通信,并为设备提供电源。继电器卡的主要功能是实现对接口设备的控制,板卡插在母板上的插槽内,并通过地址拨码开关设定地址码。功能板卡连接现场设备的接口端子均设置在母板上。

图10—16 LED及开关控制卡连接

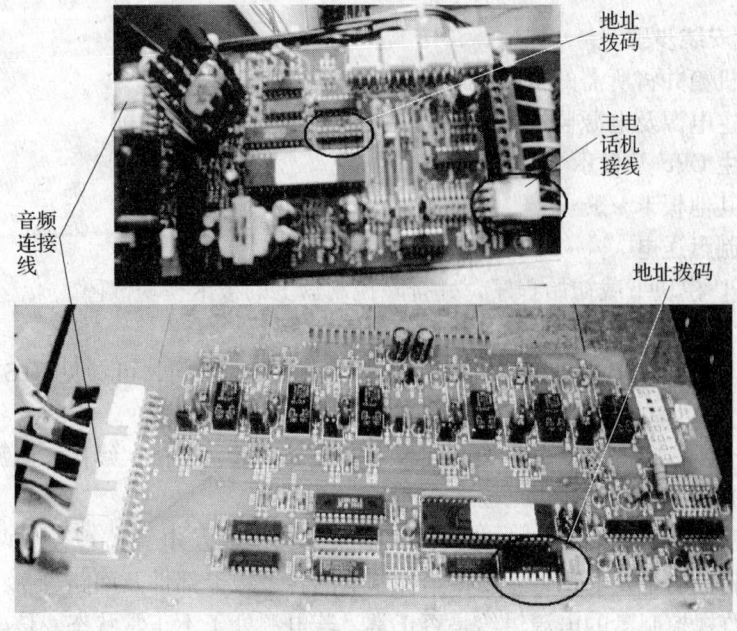

图10—17 音频卡

4. 控制盘操作使用

（1）为控制盘送电。与 XLS1000 控制盘送电步骤大致相同。

（2）为 CPU 模块下载初始程序，并排除控制盘上的板卡模块故障。在控制盘送上电后，液晶显示操作面板会一直显示控制盘各板卡故障，并且蜂鸣器会一直鸣响。利用计算机的串口连接主处理器卡的数据下载口。然后打开系统编程软件，将板卡配置数据下载到主处理器卡。下载完成后，控制盘会重新启动。启动完成后，安装人员应检查液晶显示操作面板上故障栏的信息，并根据故障情况进行故障排除。

三、西门子 CS11 控制盘

1. 控制盘构成部件

西门子 CS11 控制盘的构成部件见表 10—3。

表 10—3　　　　　　　　西门子 CS11 控制盘的构成部件

序号	部件代号	部件名称	数量
1		机箱	1 套
2	B3Q565	主 CPU 及 LCD 显示卡	1 套
3	E3M111	回路卡	根据需要配置
4	E3H020	接口卡	根据需要配置
5	B2F020	电源	1 套
6	Z3I041	保护装置	1 套
7	E3C011	充电卡	1 块
8	NP38-12	蓄电池	2 个
9	K1H021	通信卡	根据需要配置
10	K1D081	通信卡	根据需要配置

2. 控制盘安装步骤

（1）安装机箱并将所需的电缆引入机箱内。

（2）安装主电源及电源监视卡。

（3）安装主 CPU 及显示卡。

（4）安装其他板卡。

（5）为控制盘送电。

（6）为 CPU 模块下载初始程序，并排除控制盘上的板卡模块故障。

3. 控制盘安装

（1）机箱与机架安装。机箱与机架的构成各厂家基本相同，可参见 XLS1000 与 4120 控制盘。

机箱内已预装有底板及蓄电池架。底板上安装有卡槽、插槽、线槽、电源保护装置及接线排等，如图 10—18 所示。

（2）主电源及电源监视卡。电源板件包括主开关电源及电源监视模块两部分，主开关电源是供给控制盘的主要电源，主要供给控制盘的各个板卡部件及回路设备，而电源监视卡的作用主要是监视控制盘的电源供给是否正常，若电源处于不正常状态，该电源监视卡会发出报警。

第十章 火灾自动报警系统检修

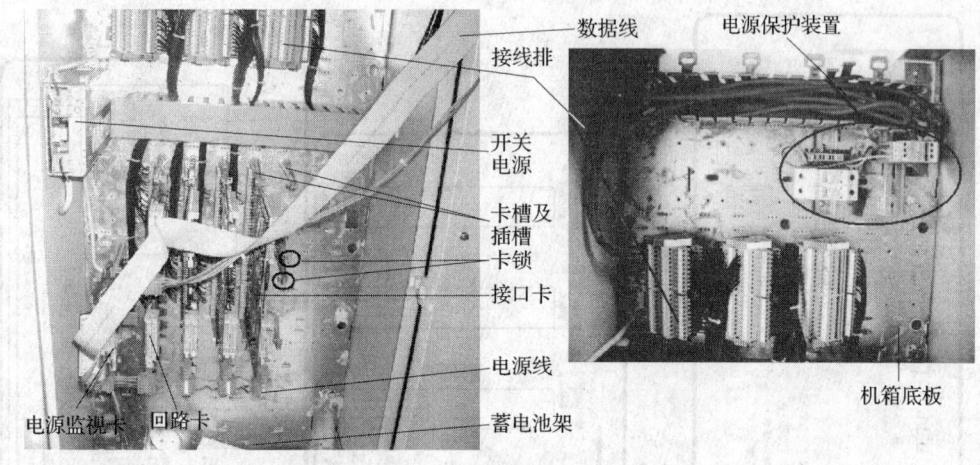

图 10—18 机箱内部结构

开关电源用螺钉固定在机箱底板上。开关电源的入线——火线、零线、地线，分别连接电源保护装置。火线连接保险管及铡刀开关后接入保护装置。保护装置的另一端与电源配电箱的火线、零线、地线相连接。开关电源的接线接入电源监视卡所在插槽的接线端子上。

电源监视卡安装在开关电源下方的插槽上。上、下卡槽设有锁定卡锁，可以锁定板卡，以避免板卡的移动。

蓄电池放置在电池架上，将蓄电池引线及温度探测元器件引线接入电源监视卡所在的插槽端子上。

（3）主 CPU 及显示卡安装。主 CPU 及显示卡是整体集成的元器件，主 CPU 的功能是收集系统所有信息，并根据设定的逻辑程序对信息进行判断处理，通过显示卡显示在液晶显示屏幕上，整套安装在机箱门上，分别通过 I–Bus 通信线、电源线、C–Bus 总线连接，如图 10—19 所示。

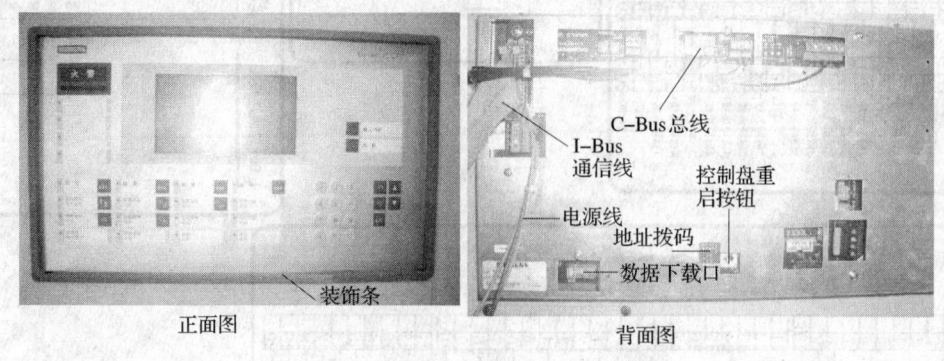

图 10—19 主 CPU 及显示卡连线

（4）其他板卡安装。其他板卡，如回路卡、接口卡、通信卡等。回路卡是连接系统外部设备的板件，对外部设备进行监视控制及信息收集，接口卡是负责与其他系统接口设备进行信息交换及控制监视的板件，而通信卡是用于系统网络连接及通信的板件，它们分别安装于对应的插槽内。通过导线将插槽端子排与机箱内的接线端子排相连接，分别将板卡的 I–Bus 通信线、电源线、C–Bus 总线连接到接口上。各板卡的接线方法如图 10—20 所示。

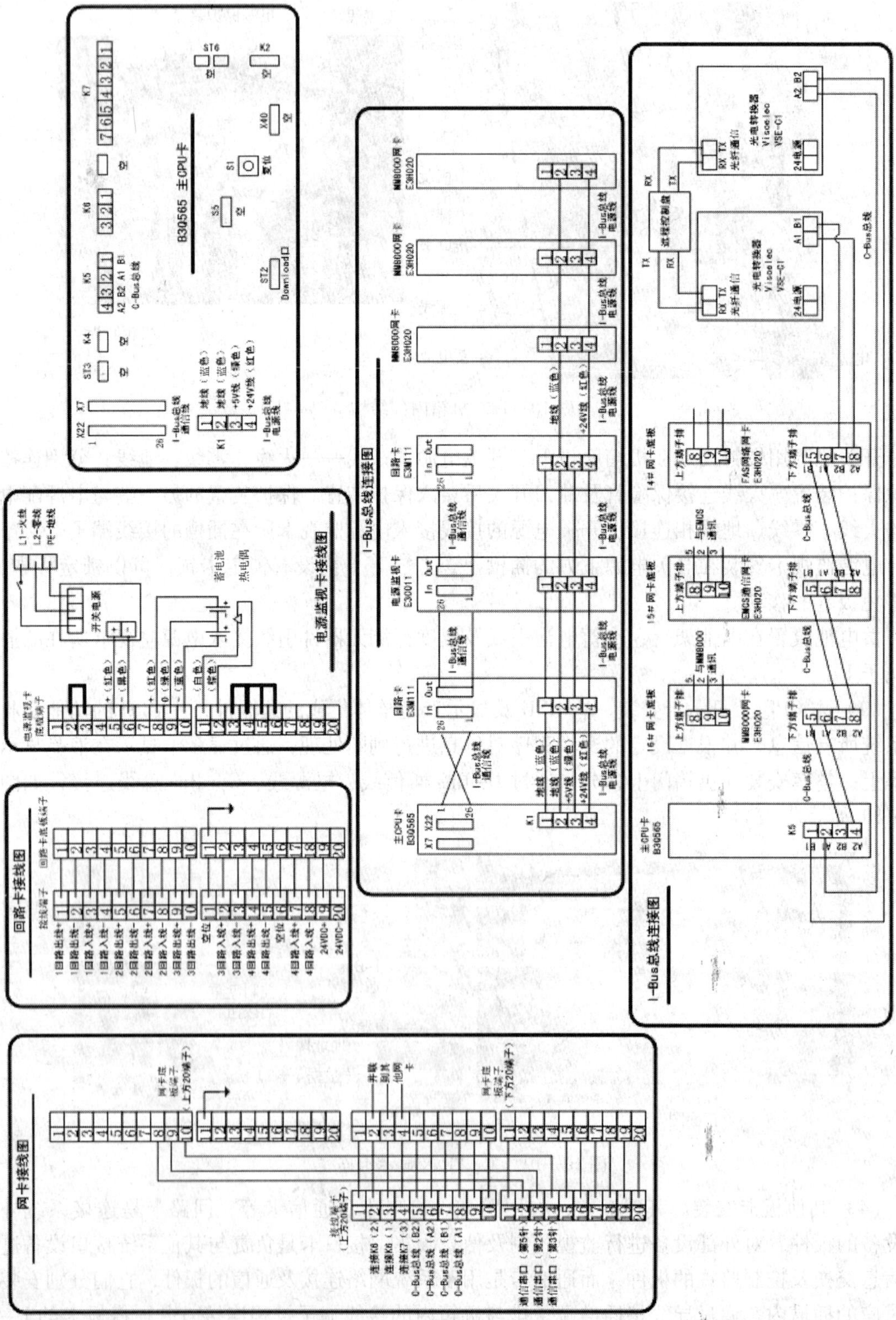

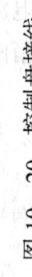

图 10—20 控制盘接线

4. 控制盘操作

（1）为控制盘送电。与 XLS1000 控制盘送电步骤大致相同。

（2）为 CPU 模块下载初始程序，并排除控制盘上的板卡模块故障。在控制盘送上电后，液晶显示操作面板会一直显示 CPU 故障，并且蜂鸣器会一直鸣响。利用计算机的串口连接主 CPU 卡的数据下载口。然后打开系统编程软件，将板卡配置数据下载到主处理器卡。下载完成后，控制盘会重新启动。启动完成后，安装人员应检查液晶显示操作面板上故障栏的信息，并根据故障情况，进行故障排除。至此控制盘安装完成。

四、能美 R23Z 控制盘

1. 能美 R23Z 控制盘构成部件

能美 R23Z 控制盘的构成部件见表 10—4。

表 10—4　　　　　　　　　　能美 R23Z 控制盘的构成部件

序号	部件代号	部件名称	数量
1		箱体及结构件	1 套
2	MCU	主板	1 块
3	SWM	操作面板	1 块
4	SCU	回路板	根据需要配置
5		AC/DC 电源	1 套
6	PSM	电源板	1 块
7		蓄电池	2 个
8	NIU	网络板	根据需要配置
9	TB－OCM、OCM－B、OCM－F	手动控制板	根据需要配置

2. 安装步骤

（1）安装机箱并将所需的电缆引入机箱内。

（2）安装电源及电源板。

（3）安装主板及操作面板。

（4）安装其他板卡。

（5）为控制盘送电。

（6）为 CPU 模块下载初始程序，并排除控制盘上的板卡模块故障。

3. 设备安装与连接

（1）机箱与机架安装。机箱与机架的构成各厂家基本相同，可参见 XLS1000 与 4120 控制盘。

（2）开关电源及电源板安装。开关电源的作用是将低压配电系统提供的 220 V 电源转换为系统所需的工作电源模式的重要元器件，而电源卡则将开关电源输送过来的电源根据各板卡的需求进行分配及供给，并同时监视系统电源状态。电源板及开关电源一般安装于机箱的底部，如图 10—21 所示。

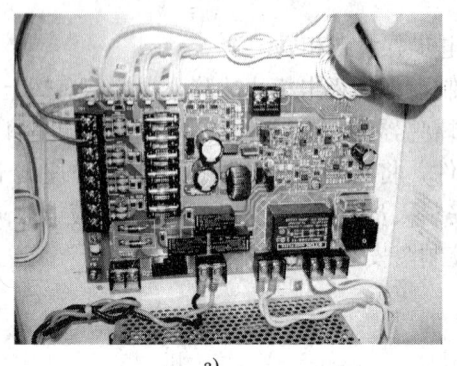 

a)　　　　　　　　　　　　　　　　　　b)

图10—21　电源及电源板的安装
a）电源板　b）开关电源

电源板下方接线端子主要用于电源供电及蓄电池连接。电源板左侧的端子提供24 V控制电源，电源板上方的插口为控制盘各板卡提供工作电源。其接线方法见表10—5。

表10—5　　　　　　　　　　电源板端口连接

端口名称		连接对象	电压	备注
CN1		与SCU中的CN1连接	24.2 V	
CN2		与MCU中的CN1连接	24.2 V	
CN3		与MCU中的CN4连接	24.2 V	
CN4		与FIM2-B中的CN1连接	23.4 V	
CN5		与下一块PSM连接		
CN6		与TB-MCU中的CN3连接	24.2 V	
CN7		与TB-OCM中的CN2连接	24.2 V	
TB1	H、N、G	接交流电	220 V	H、N接交流电输入220 V，G接地线
TB2	+、-	接蓄电池	28 V 正极对地0 V 负极对地1 V	一般要蓄电池能支持系统运行8 h，也可以用100 kΩ电阻代替电池的内阻
TB3	TR01、TR02	故障预报		正常时常开
TB4	+、-	提供4对24.2 V的直流电压输出	24.2 V	供外部设备使用
TB5	H、N	交流电压220 V输出	220 V	
TB6	+、-	整流后提供一对直流24 V的输出	24 V	
JP1		当不进行接地异常检测时，JP1跳线空置		

（3）主板及操作面板安装。主板及显示卡是整体集成的元器件，主板的功能是收集系统所有信息，并根据设定的逻辑程序对信息进行判断处理，通过显示卡显示在液晶显示屏幕上，如图10—22所示。

第十章 火灾自动报警系统检修

图10—22 主板

主板上设置有多个接口，分别与控制盘各主要板卡，如LCD显示屏、操作面板、电源板、回路卡、网卡等直接相连接，进行信息通信。主板各接口连接及设置方法见表10—6。

表10—6　　　　　　　　主板（MCU）各端口连接

MCU 拨码开关的设定：			
1#：与打印机连接：ON 有 OFF 无			
2#：与 EMCS 连接：ON 有 OFF 无			
3#：与联动扩展单元连接：ON 有 OFF 无			
4#：未定义			

端口名称	连接对象	端口电压	备注
CN1	与 PSM 中的 CN2 连接	24.2 V	
CN2	厂家测试产品用	24.5 V	
CN3	与第一块 OCM–B 中的 CN1 连接		2、4针脚电压为24.2 V；1、3针脚电压为4.9 V
CN4	与 PSM 中的 CN3 连接	24.2 V	当断开连接时，主机上报"24 V 直流故障，交流电故障"
CN5	厂家测试产品用	24.5 V	

· 297 ·

续表

端口名称	连接对象	端口电压	备注
CN6	与 SWM（操作面板）的 CN1 连接		2、4 针脚电压为 24.6 V；1、3 针脚电压为 4.9 V
			当断开时主机上报"SWM 异常"，且不能通过操作面板进行任何操作
CN7	与 NIU 中的 CN2 连接		当断开连接时，主机上报"NIU 异常"
CN8	与第一块 SCU 中的 CN2 连接		当断开连接时，主机上报"SCU 异常"
CN9	与 HTM 中的 CN1 连接		传送信号到 EMCS 中
CN10	连接 LCD		
CN11			
CN12	与打印机的 CN 连接		传送信号用
CN13	与第一块 OCM–F 中的 CN2 连接		当断开连接时，主机上报"OCM 异常，且对应的联动设备会显示动作"
CN14	与扬声器连接		断开连接时，不会听到扬声器报警
CN15	与 TJ 电话接口连接		
CN16	与 TB–MCU 中的 CN1 连接		当断开连接时，主机上会报"断开环路，且设备会报无应答"
CN17	与 TB–MCU 中的 CN2 连接		当断开连接时，主机上不会报故障，但通过 TB–MCU 上输出的信号将不会传到 MCU 中
CN18	与操作面板控制锁连接		

其他功能：可以通过 MCU 上的重启按钮实现重启主机；可以利用 MCU 上的微调开关改变 LCD 背景灯的亮度。

（4）其他板卡安装。其他板卡，如回路卡、接口卡、通信卡等。回路卡是连接系统外部设备的板件，对外部设备进行监视控制及信息收集，接口卡是负责与其他系统接口设备进行信息交换及控制监视的板件，而通信卡是用于系统网络连接及通信的板件，它们分别安装于对应的插槽内。通过导线将插槽端子排与机箱内的接线端子排相连接，控制盘内板卡的安装如图 10—23 所示。

1）手动操作板 OCM–F 及 OCM–B 需要配合使用，其端口连接见表 10—7。

2）手动操作板 TB–OCM 的端口连接见表 10—8。

3）回路卡 SCU 的端口连接见表 10—9。

其他功能：可以通过地址拨码开关设定回路卡的地址，最大支持 4 个回路；可以通过 SW 按钮对回路卡进行复位 SCU。

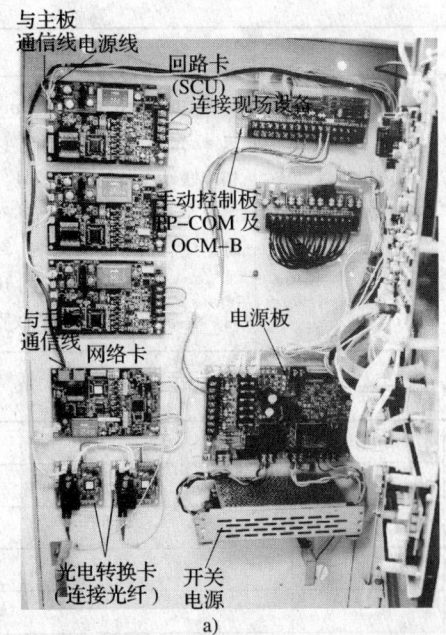
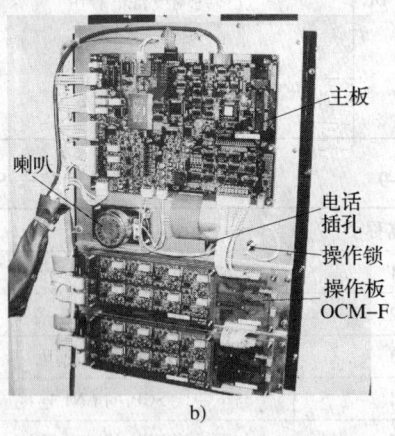

图 10—23　控制盘内板卡安装结构及连接

a) 控制盘内板卡安装结构　b) 控制盘门扇内侧板卡安装结构

表 10—7　手动操作板 OCM – F 及 OCM – B 端口连接

端口名称	连接对象	电压	备注
CN1	与 MCU 中的 CN3 连接		
CN2	与 MCU 的 CN13（联动控制线）连接	24.6 V	
CN3	与下一块 OCM – F 的 CN2 连接	24.6 V	
CN4	与 TB – OCM 中的 CN1 连接		
CN5	与下一块 OCM – B 的 CN1 连接		
CN6	当外接扩展单元时使用		CN6 为入线，CN7 为出线
CN7			

表 10—8　手动操作板 TB – OCM 的端口连接

端口名称		连接对象	电压	备注
CN1		与 OCM – F 的 CN4 连接		
CN2		与 PSM 中的 CN7 连接	24.2 V	
CN3		与下一块 TB – OCM 的 CN2 连接	24.2 V	
TB1	D_N、DC	控制终端设备用	6.5 V（正常时）	设备末端接 820 Ω 电阻
			25 V（动作时）	

续表

端口名称		连接对象	电压	备注
TB1	D_{AN}、DC	反馈终端设备信号用	19.7 V（正常时，常开；动作时，常闭）	• 设备末端接 10 kΩ 电阻 • 短接两个端口时，主机上报出相应联动设备的应答信号，并且这个信号是不保持的，即当外部信号消失时，应答信号也消失 • 当断开设备末端的 10 kΩ 电阻时，主机与面板上报"故障"信号

表 10—9　　　　　　　　　　回路卡 SCU 端口连接

端口名称		连接对象	电压	备注
CN1		与 PSM 中的 CN1 连接	24.2 V	
CN2		与 MCU 中的 CN8 连接		
CN3		厂家测试产品时使用		
CN4		与下一块 SCU 的 CN1 连接		
CN5		与下一块 SCU 的 CN5 连接		
TB1	S+1、S−1 S+2、S−2	信号线，输出 23 V 供系统外部设备使用	23 V	正极对地 10 V，负极对地 11 V
JP1		当使用的 SCU 为最后一块时，要将 SCU 板上的 JP1 短接		
JP3		当不进行接地异常检测时，JP1 跳线空置		

4）网络卡 NIU 的端口连接见表 10—10。

表 10—10　　　　　　　　　　网络卡 NIU 端口连接

NIU 拨码开关的设定：	1#：未定义
	2#：网络接地检测（检测时 ON）
	3#：网络 A 口故障检测（PORT A 配线时 ON）
	4#：网络 B 口故障检测（PORT B 配线时 ON）

端口名称		连接对象	电压	备注
CN1		与 FIM2 - A 中的 CN2 进行连接	23.4 V	当断开时，主机报 NIU 异常
CN2		与 MCU 中的 CN8 连接		
CN3		用于上传新的软件程序		
TB1	1−、1+	与前端连接，与 FIM2 - A 的 TB1 的 +、− 连接，或连接去下一块 NIU	1.1 V	
	G	地线（或不使用）		
TB2	2−、2+	与后端连接，与 FIM2 - B 的 TB1 的 +、− 连接，或连接去下一块 NIU	1.1 V	
	G	地线（或不使用）		

5）光电转换卡 FIM 的端口连接见表 10—11。

表 10—11　　　　　　　　　光电转换卡 FIM 端口连接

	端口名称		连接对象	电压	备注
FIM	FIM2－A	CN1	与 PSM 中的 CN4 连接	23.4 V	
		CN2	与 FIM－B 中的 CN1 连接	23.4 V	
		TB1	与 NIU 中的 TB1 连接	1.1 V	
		FX	连接光纤		断开光纤，主机报"PROT A 口异常"
		其他功能：内有一个跳线，短接它可以使主机报"PROT A 口异常"			
	FIM2－B	CN1	与 FIM2－A 中的 CN2 连接	23.4 V	
		CN2	与 NIU 中的 CN1 连接	23.4 V	
		TB1	与 NIU 中的 TB2 连接	1.1 V	
		FX	连接光纤		断开光纤，主机报"PROT B 口异常"
		其他功能：内有一个跳线，短接它可以使主机报"PROT B 口异常"			

4. 控制盘操作

（1）为控制盘送电。与 XLS1000 控制盘送电步骤大致相同。

（2）为 CPU 模块下载初始程序，并排除控制盘上的板卡模块故障。在控制盘送上电后，液晶显示操作面板会一直显示 CPU 故障，并且蜂鸣器会一直鸣响。利用计算机的串口连接主 CPU 卡的数据下载口。然后打开系统编程软件，将板卡配置数据下载到主处理器卡。下载完成后，控制盘会重新启动。启动完成后，安装人员应检查液晶显示操作面板上故障栏的信息，并根据故障情况，进行故障排除。

第四节　火灾自动报警系统图形工作站

FAS 系统图形工作站的计算机可分为服务器级计算机和工业级计算机。下面将分别介绍这两类计算机。

一、服务器级计算机的组装

1. 组装前的准备

在动手组装计算机前，应先学习计算机的基本知识，包括硬件结构、日常使用的维护知识、常见故障处理、操作系统和常用软件安装等。

组装配件除机箱电源外，所需要的配件一般还有主板、CPU、内存、显卡、声卡（有的声卡主板中自带）、硬盘、光驱（有 VCD 光驱和 DVD 光驱）、软驱、数据线、信号线等。还需要预备旋具、尖嘴钳、镊子等工具。

2. 计算机组装的基本步骤

（1）机箱的安装，主要是对机箱进行拆封，并且将电源安装在机箱里。

（2）主板的安装，将主板安装在机箱主板上。

（3）CPU 的安装，在主板处理器插座上插入安装所需的 CPU，并且安装上散热风扇。

（4）内存条的安装，将内存条插入主板内存插槽中。

（5）显卡的安装，根据显卡总线选择合适的插槽。

（6）声卡的安装，现在市场主流声卡多为 PCI 插槽的声卡。

（7）驱动器的安装，主要针对硬盘、光驱和软驱进行安装。

（8）机箱与主板间的连线，即各种指示灯、电源开关线。PC 喇叭的连接，及硬盘、光驱和软驱电源线和数据线的连接。

（9）盖上机箱盖（理论上在安装完主机后，就可以盖上机箱盖了，但为了此后出问题的检查，最好先不加盖，而等系统安装完毕后再盖）。

（10）输入设备的安装，连接键盘鼠标与主机一体化。

（11）输出设备的安装，即显示器的安装。

（12）再重新检查各个接线，准备进行测试。

（13）给机器加电，若显示器能够正常显示，表明初装已经正确，此时进入 BIOS 进行系统初始设置。

3. 组装计算机

（1）打开机箱的外包装，会看见有很多附件，如螺钉、挡片等。

（2）取下机箱的外壳，可以看到用来安装电源、光驱、软驱的驱动器托架。许多机箱没有提供硬盘专用的托架，通常可安装在软驱的托架上。

1）机箱的整个机架。由金属构成，它包括 5 英寸固定架（可安装光驱和 5 英寸硬盘等）、3 英寸固定架（可用来安装软驱和 3 英寸硬盘等）、电源固定架（用来固定电源）、底板（用来安装主板）、槽口（用来安装各种插卡）、PC 喇叭（用来发出简单的报警声音）、接线（用来连接各信号指示灯及开关电源）和塑料垫脚等，如图 10—24 所示（这里的图片已经安装好电源，实际上新打开的机箱是没有安装好电源的）。

2）驱动器托架。驱动器舱前面都有挡板，在安装驱动器时可以将其卸下，设计合理的机箱前塑料挡板采用塑料倒钩的连接方式，方便拆卸和再次安装。在机箱内部一般还有一层铁质挡板，可以一次性地取下。

3）机箱后的挡片。机箱后面的挡片，也就是机箱后面板卡口，主板的键盘口、鼠标口、串并口、USB 接口等都要从这个挡片上的孔与外部设备连接。

4）信号线。在驱动器托架下面，可以看到从机箱面板引出 Power 键和 Reset 键及一些指示灯的引线。除此之外，还有一个小型喇叭，称为 PC Speaker，用来发出提示音和报警，主板上都有相应的插座。

5）风扇。有的机箱在下部有个白色的塑料小盒子，是用来安装机箱风扇的，塑料盒四面采用卡口设计，只需将风扇卡在盒子里即可。部分体积较大的机箱还会预留机箱第二风扇、第三风扇的位置。

第十章 火灾自动报警系统检修

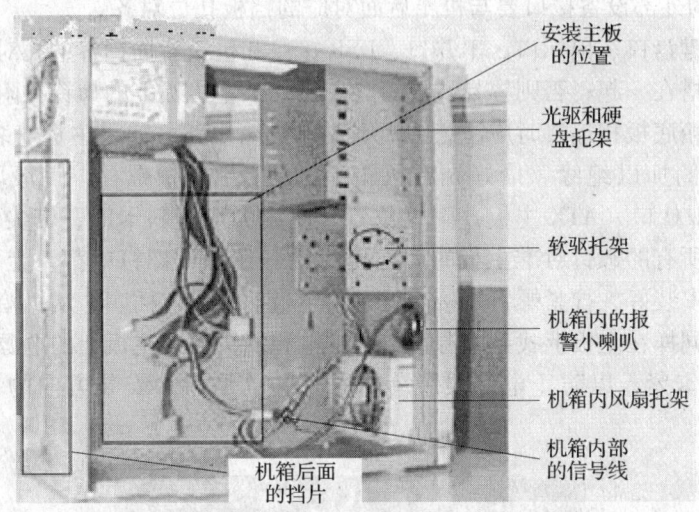

图 10—24 机箱内部的构造

（3）安装电源。机箱中放置电源的位置通常位于机箱尾部的上端。电源末端 4 个角上各有一个螺钉孔，它们通常呈梯形排列，所以安装时要注意方向性，如果装反了就不能固定螺钉。可先将电源放置在电源托架上，并将 4 个螺钉孔对齐，然后再拧上螺钉，如图 10—25 所示。

把电源装上机箱时，要注意电源一般都是反过来安装，即上下颠倒。只要把电源上的螺钉位对准机箱上的孔位，再把螺钉上紧即可。

注意：上螺钉时有个原则，就是先不要上紧，要等所有螺钉都到位后再逐一上紧。安装其他某些配件，如硬盘、光驱、软驱等也是一样。

（4）安装主板。在机箱的侧面板上有孔，是用来固定主板的。而在主板周围和中间有一些安装孔，这些孔和机箱底部的一些圆孔相对应，是用来固定主机板的。安装主板时，要先在机箱底部孔里面装上定位螺钉，如图 10—26 所示（定位螺钉槽按各主板类型匹配选用，适当的也可放上一两个塑胶定位卡代替金属螺钉）。

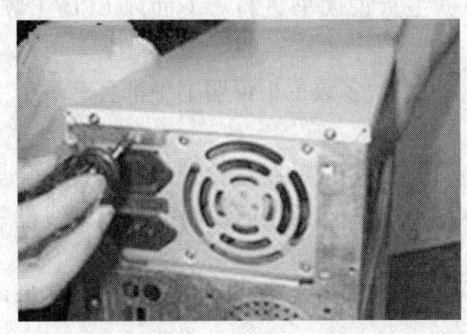

图 10—25 安装电源

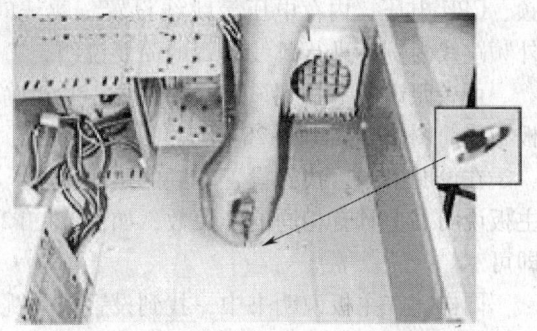

图 10—26 在机箱底部孔里装上定位螺钉

将机箱侧放，在主板底板上安装铜质的膨胀螺钉（与主板上的螺钉也对齐），然后把主板放在底板上。同时要注意把主板的 I/O 接口对准机箱后面相应的位置（图中箭头所指位置），ATX 主板的外部设备接口要与机箱后面对应的挡板孔位对齐。

要让主板的键盘口、鼠标口、串并口、USB 接口和机箱背面挡片的孔对齐，主板要与底板平行，绝不能搭在一起；否则容易造成短路。另外，主机板上的螺钉孔附近有信号线的印制电路，在与机箱底板相连接时应注意主板不要与机箱短路。如果主板安装孔未镀绝缘层，则必须用绝缘垫圈加以绝缘。最好先在机箱上固定 1～2 颗螺柱，一般取机箱键盘插孔（ATX 主板）或 I/O 口（ATX 主板）附近位置。使用尖形塑料卡时，带尖的一头必须在主板的正面。再把所有的螺钉对准主板的固定孔（最好在每颗螺钉中都垫上一块绝缘垫片），依次把每个螺钉安装好，拧紧螺钉。接着就是给主板插上供电插座。从机箱电源输出线中找到电源线接头，同样在主板上找到电源接口。把电源插头插在主板上的电源插座上，并使两个塑料卡子互相卡紧，以防止电源线脱落。同时这也是指示安装方向的一个标志，如图 10—27 所示。

图 10—27　连接电源输出与主板上的电源接口

注意：如果 ATX 电源的插头插反了，则根本插不进去，所以不必担心因插反而引起主板烧坏的情况。

安装主板时，多数主板都能够自动识别 CPU 的类型，并自动配置电压、外频和倍频等，所以不需要再进行其他跳线设置。有的主板是要求进行跳线设置的，即进行 CPU 主频、外频、CPU 电压、内存电压等跳线设置。跳线时可根据主板说明书进行。下面以 CPU 主频、外频跳线为例，进行跳线设置的简要说明。

可参照说明书找到该跳线的位置，并正确地设置跳线。多数主板说明书中都会有一个主板布局简图，如图 10—28 所示。

在说明书中，找到设置外频的跳线说明。在主板上找到相应的跳线位置，该位置上会与主板说明书上具有相同的开关数，如 JP1、JP2、JP3 或 SW1。然后按照说明书进行跳线设置即可。

同样，在主板说明书中，找到设置倍频跳线的说明。再在主板上找到相应的位置，进行相应的跳线操作，就可以设置 CPU 所使用的倍频了。

（5）安装 CPU。CPU 的插槽有 Socket 7、Socket 370、Slot 1、Slot A、Socket 423、Socket 478 和 Socket A 等多种。Socket 插槽一般都是先把它的摇杆拉起，把 CPU 放下，然后再把摇杆压下去即可，具体方法如下：

第十章 火灾自动报警系统检修

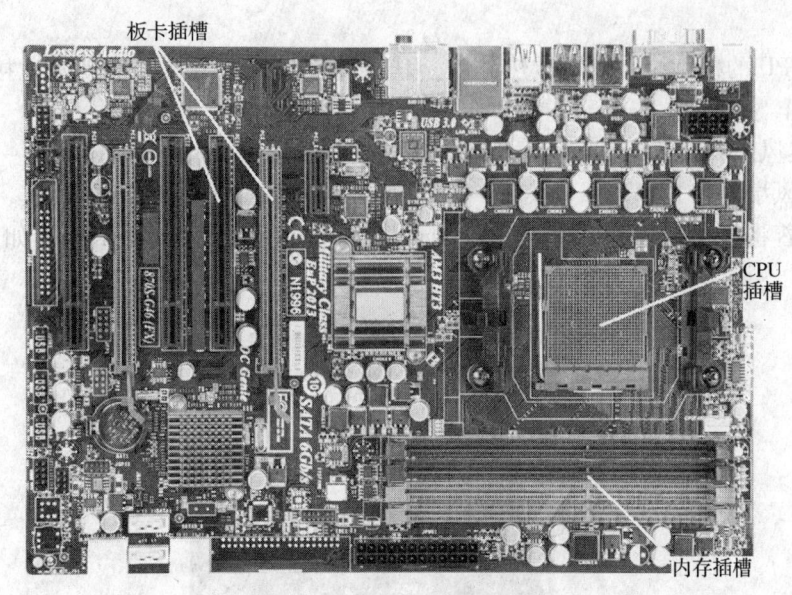

图 10—28 主板布局简图

1）将主板上的 CPU 插座侧面的手柄拉起，准备安装 CPU，如图 10—29 所示。

图 10—29 扳起 CPU 插座旁边的手柄

2）将 CPU 插入到插槽中，此时应注意插槽是有方向性的，插槽上有两个角各缺一个针脚孔，这与 CPU 是对应的。认准方向后，将 CPU 插入到插槽中。

3）轻轻按下 CPU，使每个针脚都顺利插入到针孔中，注意插座缺针脚的位置应和 CPU 上缺针脚的位置在同一方向。使 CPU 上的每一个针脚都插到相应的插孔中，要注意放到底，但不要太过用力，以免弄坏针脚。确认 CPU 已经插好后，将金属手柄压下并恢复到原位置，使 CPU 牢牢固定在主板上。

注意：CPU 的每个针脚对应插座上的一个针孔，在安装时要轻轻地按 CPU，使每根针脚顺利地插入到针孔中，不要用力按，以免将 CPU 的针脚压弯或折断，造成难以挽回的损失。

4）在 CPU 的核心涂上一层散热硅胶，其主要作用是和散热器能良好地接触，使 CPU 能稳定地工作。

5）散热风扇安装。采用最多的安装方式是卡夹式，这种散热风扇利用一根弹性钢片来固定整个风扇。首先掰开风扇卡子，将散热金属片和 CPU 的核心接触在一起，不要用力去压，接着将扣子扣在 CPU 插槽的突出位置上，最后扣上另一头卡子，如图 10—30 所示。

图 10—30　扣紧风扇

6）接上电源。电源的接法有两种：一种是从电源输出线中任意找一个 D 形插头与风扇电源线连接；另一种是把插头插到主板提供的专用插槽上。

（6）内存条的安装。在安装内存条时，一定要注意其金手指缺口和主板内存插槽口的位置相对应，并且内存下面的两边是不对称的，其中一边多一个缺口，因此，在安装时要看清楚再放下去，如图 10—31 所示。

图 10—31　内存条及插槽

安装 SDRAM 内存条时，首先要掰开 DIMM 插槽两边的两个灰白色的固定卡子。再将内存条的两个凹口对准 DIMM 插槽的两个凸起的部分，均匀用力插到底，将内存条压入主插槽内即可，同时插槽两边的固定卡子会自动卡住内存条。这时可以听见插槽两侧的固定卡子复位所发出"咔"一声响，表明内存条已经完全安装到位了，安装时不要太用力，以免掰坏线路和插槽。

第十章 火灾自动报警系统检修

注意：把内存条卡好位后用力往下按，一定要看到两边的夹子都合起来后才算装好。另外，插内存条时尽量不要与 CPU 靠得太近，这样有利于散热。当然某些有特殊要求的主板除外。

DDR 内存条和 Rambus 内存条的安装与 SDRAM 是一样的，也需要注意它们的方向性。在安装时要插到底，并使内存条插槽两端的卡子卡住内存条两端的卡口。

（7）安装驱动器。安装驱动器主要包括硬盘、光驱的安装，它们的安装方法几乎相同。

1）安装光盘驱动器。首先从机箱的面板上取下一个 5 英寸槽口的塑料挡板。为了散热方便，应该尽量把光驱安装在最上面的位置，然后把光驱从前面放进去。在光驱的每一侧用两颗螺钉初步固定，先不要拧紧，这样可以对光驱的位置进行细致的调整，然后再把螺钉拧紧，如图 10—32 所示。

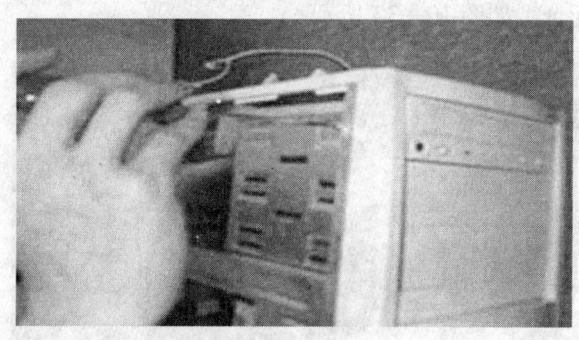

图 10—32 安装光驱

2）安装硬盘驱动器。其安装方法与安装光驱相同。在这里需要注意的是，通常计算机的主板上只安装有两个 IDE 接口，而每条 IDE 数据线最多只能连接两个 IDE 硬盘或其他 IDE 设备，这样一台计算机最多便可连接 4 个硬盘或其他 IDE 设备。但是在 PC 中，只可能用其中的一块硬盘来启动系统，如果连接了多块硬盘则必须将它们区分开来，为此硬盘上提供了一组跳线来设置硬盘的模式。

跳线设置有 3 种模式，即单机（Spare）、主动（Master）和从动（Slave）。单机指在连接 IDE 硬盘之前，必须先通过跳线设置硬盘的模式。如果数据线上只连接了一块硬盘，则需设置跳线为 Spare 模式；如果数据线上连接了两块硬盘，则必须分别将它们设置为 Master 和 Slave 模式，通常第一块硬盘，也就是用来启动系统的那块硬盘设置为 Master 模式，而另一块硬盘设置为 Slave 模式。

注意：在使用一条数据线连接双硬盘时，只能有一个硬盘为 Master，也只能有一个硬盘为 Slave，如果两块硬盘都设置为 Master 或 Slave，那么就可能导致系统不能正确识别安装的硬盘。

不同品牌和型号的硬盘，它的跳线指示信息可能也有所不同，一般在硬盘的表面或侧面标示有跳线指示信息。它的跳线是通过两个跳线帽进行组合设置的。通常情况下只需要将跳线设置在 Master（主动）就可以了，这样如果还要连接第 2 块硬盘，则只需将第 2 块硬盘设置为 Slave（从动）即可。

完成跳线设置后，便可将硬盘安装到机箱内，并连接数据线和电源线了。在机箱内找到硬盘驱动器舱，再将硬盘插入驱动器舱内，并使硬盘侧面的螺钉孔与驱动器舱上的螺钉孔对齐，用螺钉将硬盘固定在驱动器舱中。在安装的时候，要尽量把螺钉上紧，把它固定得稳一点，因为硬盘经常处于高速运转的状态，这样可以减少噪声及防止震动。选择一根从机箱电源引出的硬盘电源线，将其插入到硬盘的电源接口中。

连接硬盘的数据线时，将数据线的一端插入主板的 IDE 接口中。该接口也是有方向性的，通常 IDE 接口上也有一个缺口，正好与数据线的接头相匹配。在安装时必须使硬盘数据线接头的第一针与 IDE 接口第一针相对应。通常在主板或 IDE 接口上会标有一个三角形标记来指示接口第一针的位置，而数据线上第一根线上通常有红色标记和印有字母或花边。与硬盘连接的数据线，同样也有方向性，数据线的第一针要与硬盘接口的第一针相连接，硬盘接口的第一针通常在靠近电源接口的一边。通常硬盘的数据接口上也有一个缺口，与数据线接头上的凸起互相配合，如图 10—33 所示。

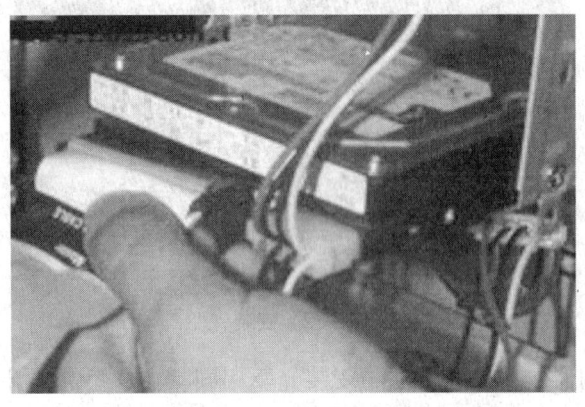

图 10—33　硬盘的安装

（8）安装显卡。现在的显卡一般都是 AGP 卡，所以只要插到相应的 AGP 插槽即可，如为 PCI 显卡，则把它插到 PCI 插槽上。下面以 AGP 接口的显卡安装为例进行说明。

先将机箱后面的 APG 插槽挡板取下。将显卡插入主板 AGP 插槽中，在插入的过程中，要把显卡以垂直于主板的方向插入 AGP 插槽中，用力适中并要插到底部，保证卡和插槽的良好接触。显卡挡板与主板键盘接口在同一方向，双手捏紧显卡边缘竖立向下压。

显卡插入插槽中后，用螺钉固定显卡。固定显卡时，要注意显卡挡板下端不要顶在主板上，否则无法插到位。插好显卡，固定挡板螺钉时要松紧适度，注意不要影响显卡插脚与 PCI/AGP 槽的接触，更要避免引起主板变形，如图 10—34 所示。

安装声卡、网卡或内置调制解调器与之相似，在此不再赘述。

（9）机箱内部连线。安装完所有的基本配件后，将数据线及电源线接好。一般主板会有两个 IDE 插槽及一个软驱插槽，其中 IDE 插槽用于接硬盘和光驱。

插数据线的时候尽量由里往外插，数据线均有防插错设计。

在机箱面板内还有许多线头，它们是一些开关、指示灯和 PC 喇叭的连线，需要接在主板上，这些信号线的连接，在主板的说明书上都会有详细的说明，如图 10—35 所示。

第十章 火灾自动报警系统检修

图 10—34　显卡的安装

图 10—35　主板上的信号线

其中"POWER LED"用于连接电源指示灯，"RESET SW"用于连接 Reset 按钮，"SPEAKER"用于连接 PC 喇叭，"H. D. D LED"用于连接硬盘指示灯，"PWR SW"用于连接计算机开关。

POWER LED 电源指示灯的接线只有 1、3 位，1 线通常为绿色，在主板上接头通常标为"POWER LED"，连接时注意绿线对应第 1 针。当它连接好后，计算机一打开，电源指示灯就一直亮着，表示电源已经打开了。

RESET SW 连接线有两芯接头，连接机箱的 Reset 按钮，它接到主板的 Reset 插针上，并且此接头无方向性，只需短路即可进行"重启"动作。主板上 Reset 针的作用是：当它们短路时，计算机就会重新启动。Reset 按钮是一个开关，按下时产生短路，松开时又恢复开路，瞬间的短路就可以使计算机重新启动。偶尔会有这样的情况，当按下 Reset 按钮并且松开，但它并没有弹起来，一旦保持着短路状态，可能会导致计算机不停地重新启动。

PC 喇叭的 4 芯接头实际上只有 1、4 两根线，回线通常为红色，它主要接在主板的"SPEAKER"插针上，这在主板上有标记。在连接时注意红线对应"1"的位置，但该接头具有方向性，必须按照正、负极性连接才可以。

硬盘指示灯线在主板上，这样的接头通常标着"IDE LED"或"H. D. D LED"字样，硬盘指示灯为两芯接头，一线为红色，另一线为白色，一般红色（深颜色）表示为正，白色表示为负。在连接时要红线对应第 1 针。

注意：这条线接好后，当计算机在读、写硬盘时，机箱上的硬盘指示灯会亮，但这个指示灯可能只对 IDE 硬盘起作用，对 SCSI 硬盘不起作用。

ATX 结构的机箱上有一个总电源的开关接线，是一个两芯的接头，它和 Reset 接头一样，按下时就短路，松开时就开路，按一下计算机的总电源就开通了，再按一下就关闭。但是还可以在 BIOS 里设置为关机时必须按住电源开关 4 s 以上才能关机，或者根本就不能靠开关来关机，而只能靠软件来关机。

从面板引入机箱中的连接线中找到标有"PWR SW"字样的接头（有的主板则标"S/B SW"等），这便是电源的连线了，然后在主板信号插针中找到标有"PWRBT（或 PW2，因主板不同而异）"字样的插针，然后对应插好就可以了。

注意：插针的位置如果在主板上标记不清，最好参看主板的说明书。

（10）整理内部连线和合上机箱盖。机箱内部的空间并不宽敞，加之设备发热量都比较大，如果机箱内没有一个宽敞的空间，会影响空气流动与散热，同时容易发生连线松脱、接触不良或信号紊乱的现象。因此，必须根据机箱内部线路的配置，合理进行空间分配及整理，线路整理齐整后装上机箱盖前，要仔细检查各部分的连接情况，确保无误后再把主机的机箱盖盖上，上好螺钉，就成功地安装好主机了。

（11）连接外部设备。主机安装完成以后，还要把键盘、鼠标、显示器、音箱等外部设备同主机连接起来，具体操作步骤如下：

1）将键盘插头接到主机的 PS/2 插孔上，注意接键盘的 PS/2 插孔是靠向主机箱边缘的那一个插孔。

2）将鼠标插头接到主机的 PS/2 插孔中，鼠标的 PS/2 插孔紧靠在键盘插孔旁边。如果是 USB 接口的键盘或鼠标，则更容易连接了，只需把该连接口对着机箱中相对应的 USB 接口（PS/2 接口的下面）插进去即可。

3）连接显示器的数据线。信号线的接法也有方向，接的时候要和插孔的方向保持一致。

注意：在连接显示器的信号线时不要用力过猛，以免弄坏插头中的针脚，只要把信号线插头轻轻插入显卡的插座中，然后拧紧插头上的两颗固定螺栓即可。

4）连接显示器的电源线。根据显示器的不同，有的将电源连接到主板电源上，有的则直接连接到电源插座上。

5）最后连接主机的电源线。

所有的设备都已经安装连接好之后启动计算机，启动计算机可以听到 CPU 风扇和主机电源风扇转动的声音，还有硬盘启动时发出的声音。显示器开始出现开机画面，并且进行自检。

（12）故障判断。如果在启动中没有点亮显示器，可以按照下面的办法查找原因所在：

1）确认给主机电源供电。

2）确认主板已经供电。

3）确认 CPU 安装正确，CPU 风扇是否通电。

4）确认内存安装正确，并且确认内存是好的。

5）确认显卡安装正确。

6）确认主板内的信号连线正确，特别是确认 POWER LED 安装无误。

7）确认显示器与显卡连接正确，并且确认显示器通电。

如果上述的安装都是正确的，可能硬件本身存在问题，需要更换硬件。

至此，计算机硬件的安装就完成了。要让新安装的计算机运行起来，还需要进行硬盘的分区和格式化，然后安装操作系统，再安装驱动程序，如显卡、声卡等驱动程序。要运行 FAS 系统实时监控软件，还需要安装系统运行软件及设置相关数据库。

二、工业级计算机组装

工业级计算机的组装方法与服务器级计算机的组装方法大致相同。不同的是，工业级计算机的主板一般被集成为一张 CPU 卡。这张 CPU 卡集成了 CPU 插槽、内存插槽、硬盘插口、键盘插口、鼠标插口、串口、并口和 USB 口。目前，部分 CPU 卡还集成了显卡、声卡和网卡功能，如图 10—36 所示。

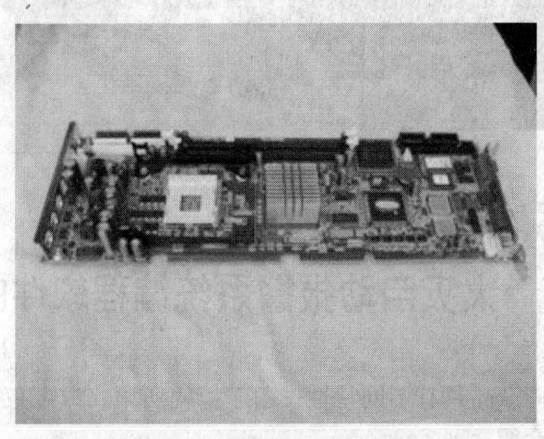

图 10—36　计算机的 CPU 卡

工业级计算机的母板主要提供各种插槽，用于 CPU 卡与各功能卡之间的通信。这些功能卡包括显卡、声卡、网卡、串口/并口卡和 SICI 卡等。而母板上的插槽则根据母板的型号不同而不同，总的可分为 EISA 插槽、ISA 插槽、PCI 插槽、AGP 插槽及 CPU 卡专用插槽等。

工业级计算机组装步骤如下：

（1）先将开关电源安装在工业级计算机的机箱内。

（2）在机箱底板上安装母板。

（3）将 CPU 安装在 CPU 卡上，安装 CPU 散热风扇。

（4）将内存条安装在 CPU 卡上。

（5）将 CPU 卡插入母板专用插槽。

（6）安装软驱、硬盘、光驱。

（7）安装显卡、声卡、网卡、串口/并口卡、SICI 卡等。

（8）连接机箱内各种接线，并盖好机箱盖。

（9）连接外部设备。

（10）为计算机送电，启动计算机。

以上安装步骤的安装细节及注意事项与服务器级计算机基本相同，这里就不再叙述。安装好的工业级计算机如图10—37所示。

图10—37　工业级计算机内部结构

第五节　火灾自动报警系统编程软件的使用

FAS编程软件的不同产品具有不同特性，由于篇幅所限，以下仅以Simplex公司的4100程序编程软件为例进行介绍。

4100程序编程软件是系统设定及编辑的重要组件，没有它系统将不能正常运行。

一、程序功能

该程序编程软件可以将所有工程的具体内容保存下来，也可以将这些内容下载到一个可编程的PROM存储器中，用于控制4100火灾报警主机运行。另外，还可以通过网络直接下载传送给任一套4100系统的Flash EPROM存储器中。一般功能包括：数据存储/编辑功能；系统硬件配置功能；系统的使用说明SMPL程序的启动（自动及手动）；报告的生成（屏幕显示的同时提供硬拷贝）；程序下载/编程只读存储器（PROM）输入口。

二、编程软件所需的硬件配置

（1）新普利斯认可的PC兼容计算机。

（2）一个RS-232的串行数据接口。

（3）一个并行打印接口。

三、程序编程软件的应用

在 4100 程序编程软件的标题显示下，按任意键继续。然后就会出现 4100 程序编程软件的主菜单屏幕，如图 10—38 所示。

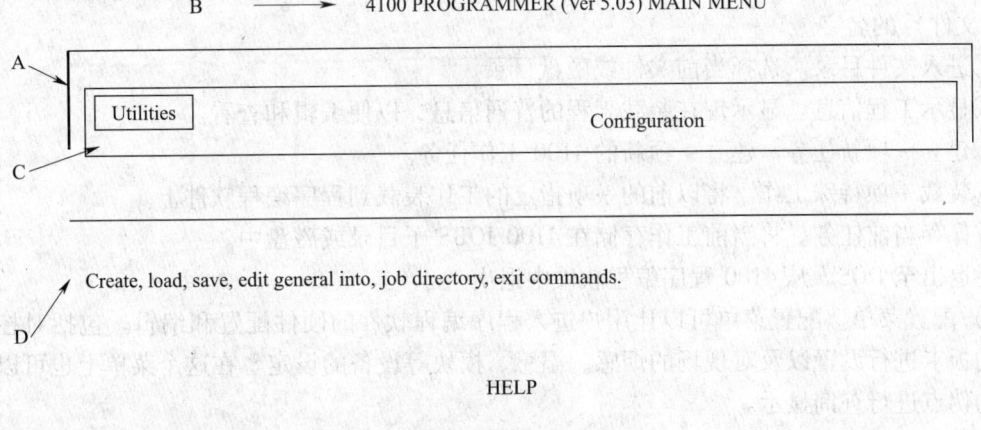

图 10—38 主菜单屏幕

A——主菜单选项；
B——被激活的菜单选项标题；
C——用高亮色表示正被选择的菜单项；
D——菜单选项功能简要说明；
E——进一步操作的帮助提示；
F——被载入内容的程序名称提示。

(1) 主菜单屏幕。主菜单屏幕提供了到达 4100 程序编程软件所包括的所有主菜单的选择，共有 7 个不同的选择。

(2) 第一字符快捷键。程序编程软件提供了一个进入菜单选择的简单方法。不用于方向键，而采用菜单选择中的第一个大写字母来自动选择该项内容。该性能在主菜单和子菜单窗口都有效。

(3) 菜单中的指示光标的移动。在主菜单和子菜单（窗口）中，用下面的键来移动标志符号的光标：

向上箭头　　　　　　　　将光标上移一行；
向下箭头　　　　　　　　将光标下移一行；
向右箭头　　　　　　　　将光标移向右面一个选择；
向左箭头　　　　　　　　将光标移向左面一个选择；
向上翻页显示　　　　　　上一个完整的窗口；

向下翻页显示　　　　　　　下一个完整的窗口。

（4）菜单的使用。4100 程序编程软件的菜单包括应用菜单、配置菜单、运行菜单、用户控制菜单、报告生成菜单、工程编译菜单和程序下载菜单。

1）应用菜单。应用菜单包括以下内容：

①显示工作目录。显示 4100 JOBS 子目录或工作软盘上现在存储的所有数据库文件（DBF 文件）的名字。

②进入文件目录。选择当前文件或磁盘目录。

③显示工程信息。显示现在装载工程的普通信息，以便编辑和查看。

④建立一项新任务。建立一项新的 4100 工作任务。

⑤装载一项特殊工作。将以前的一项指定的工作装载到程序编程软件上。

⑥保存当前任务。将当前工作存储在 4100 JOBS 子目录或磁盘中。

⑦退出至 DOS。从 4100 程序编程软件中退出。

2）配置菜单。配置菜单可以让用户进入程序编程软件的硬件配置和编辑。包括对控制盘内的板卡进行设置以及对现场的烟感、温感、模块等设备的设定。在这个菜单上也可以对系统的伪点进行查询显示。

3）运行菜单。运行菜单让用户定义系统运行的功能，如疏散报警音响脉冲、时钟的显示方式、步行测试（Walk TestTM）的模式、用户名称及进入口令的设置等。

4）用户控制菜单。用户控制菜单可以让用户编制或修改系统联动程序，共有 8 项联动程序供用户使用。

5）报告生成菜单。报告生成菜单可以让用户生成关于程序编程信息的各种报告。这些报告可以被显示、打印或存储在磁盘文件中。

6）工程编译菜单。工程编译菜单是对用户之前编制的设置或程序进行编译，编译成为系统控制盘可以识别和运行的文件。这些文件将被下载到控制盘的可编程 PROM 存储器中。

7）程序下载菜单。程序下载菜单可以提供程序编程软件与 FAS 控制盘之间下载配置文件的通信工具及显示界面。

（5）程序编程软件的功能键。当输入以下功能键时，可被编程软件识别：

【F1】帮助——激活帮助窗口。

【F2】选择表——显示当前可用的选择项列表。

【F3】取消——恢复文字框到最初状态。

【F4】自动填写——将余下文字框用当前文字框的内容充满。

【F5】清除文字框——以空格充满文字框。

【F6】清除至结束——以空格充满文字框的当前位置直到结束位置。

【F7】文字框开始——移动标志符号到当前文字框的起始位。

【F8】文字框结束——移动标志符号至当前文字框的结束位。

【F9】标签表——如果光标位于一个可进行选择的文字框时，可调用标签表工具。

【F10】退出——退出，保存修改而无需确认。

【Alt F1】——如在帮助时按该键，可将帮助窗口放大至整个屏幕。

【Home】——将光标移至窗口的第一个文字框。

第十章 火灾自动报警系统检修

【End】——将光标移至窗口的最末一个文字框。

【Up】或【PgUp】——将标志符号移至窗口的上一个文字框。

【Down】或【PgDn】——将标志符号移至窗口的下一个文字框。

【Left】——标志符号一次向左移动一格。

【Right】——标志符号一次向右移动一格。

【Tab】——将标志符号移至窗口的下一个区域。

【Shift-Tab】——将标志符号移至窗口的上一个区域。

【Ins】——插入。

【Del】——删除。

【Backspace】——通过省略来删除字符。

【Enter】——将标志符号移至窗口的下一个文字框。

【Esc】——退回上一级窗口。

(6) 用程序编程软件建立一个新任务。进入 4100 程序主菜单，将光标移至"应用"菜单，按 Enter 键，屏幕显示文件应用菜单（注意：光标应处于工作目录选择上）。用键盘的标志符号移动键来选择创建新任务，并按 Enter 键。另一个窗口出现在屏幕上，要求选择系统类型和工作文件名称（注意：显示 UT 系统类型）。按【F2】键可以看到允许的系统类型的全表，使用键盘上的标志符号移动键可选择系统。在本例中，光标处在 4100+ 处，按 Enter 键，屏幕显示，使用标志符号移动键使光标处在工作名的输入框中。根据 4100 产品进入工作文件名，显示了系统类型——文件名窗口及所有输入的要求信息。按 Enter 键，屏幕显示最初新工作信息，任务开始后，程序显示一般资料数据输入屏幕。

利用标志符号移动键可以移动到屏幕上的每一个区域。输入每一个区域要求的资料。当完成一个屏幕时，按【Esc】键退出该屏幕并返回到程序主菜单中。内存任务的状态行显示在屏幕的底部。

系统现在可以进行配置。

(7) 装载具体工作数据库文件到程序编程软件

1) 进入 4100 程序主菜单，将光标移动到"应用"菜单并选择，按 Enter 键。现在屏幕显示的是文件应用菜单。

2) 用键盘上的标志符号移动键来选择装载具体工作，按 Enter 键。屏幕上显示另一个窗口，要求输入工作文件名。

3) 工作文件名列在程序报告的第一页，即普通信息页上。工作文件名的形式要与 4100 系统产品的工作命名习惯相一致。工作文件名也能在工作送来的数据盘上找到。在工作文件名窗口中输入文件名，按 Enter 键。

当成功地装入程序编程软件时，计算机发出"嘟"的一声，提醒已成功地装入，按任意键继续。

(8) 将工作目录中的一个工作数据库文件加装到程序编程软件中

1) 进入 4100 程序主菜单，将光标移到使用菜单选择上，按 Enter 键。现在屏幕显示文件使用菜单。

2) 光标已在工作目录选择上，按 Enter 键，"读数据库文件"窗口出现在屏幕上。

3）加装数据库文件时，4100 程序单元显示工作目录屏幕。将光标在文件参数上移动选择想要的数据库文件。如果盘上只有一个数据库文件，光标就已经停在文件参数上了。

按下【L】键，在加装过程中，程序编程软件显示相应信息。当该工作已经成功地加装到程序编程软件上时，显示加装完毕信息。

第六节 火灾自动报警系统设备维护与故障处理

一、设备维护

检修人员应能按照系统设备检修内容与周期表，独立完成"小修"的内容与周期性地开展任何一项系统维护工作，同时可以在技师或专业工程师的指导下开展"大修"的内容与周期性地进行维护与保养工作。

1. 控制盘

（1）检查控制盘外观，并清洁表面。
（2）测量控制盘供电电压，并进行掉电切换测试。
（3）检查控制盘电源卡及辅助电源的工作状态并测量其输入、输出电压。
（4）检查回路卡状态并测量回路工作电压、回路对地电压。
（5）检查控制盘 CPU 及显示面板工作状态并进行灯测试。
（6）检查网络卡及附属模块状态，测量光电转换器工作电压。
（7）检查并紧固内部板卡及回路接线。
（8）检查并紧固与设备监控系统接口通信线。
（9）检查并紧固与 GCC 工作站接口通信线。
（10）使控制盘停电，检查所有板卡状态，使用空气压缩剂对所有板卡进行清洁。
（11）清洁完毕后，重新对控制盘送电。

2. 图形工作站

（1）检查操作站工作情况并清洁表面。
（2）检查操作站按钮及触摸板，检查外部设备连接口面板是否锁好。
（3）检查系统工作及操作状况是否正常（按日常保养要求进行）。
（4）检查主时钟是否同步，操作站时间是否正确。
（5）检查与主控系统接口网卡连接情况。
（6）检查非法程序，升级杀毒软件病毒库及进行杀毒。
（7）对 GCC 图形中心数据进行克隆备份。
（8）关机，对图形中心板件进行清洁。
（9）清洁完毕后，重新开机恢复系统正常运行状态。

3. 火灾探测器

（1）烟感探测器

1）目测烟感探测器及其底座外观是否完好、牢固。

2）使用烟感测试仪对烟感探测器进行喷烟报警试验。
3）检查烟感探测器的动作及确认灯显示是否正常。
4）检查控制盘的烟感探测器报警信息，核对报警地址及信息与现场情况是否相符。
5）收集烟感探测器的报警数据及故障记录，对烟感探测器的运行情况进行总结及分析。

（2）温感探测器
1）目测温感探测器及其底座外观是否完好、牢固。
2）使用加温设备或专业测试仪器对温感探测器进行加温报警试验。
3）检查温感探测器的动作及确认灯显示是否正常。
4）检查控制盘的温感探测器报警信息，核对报警地址及信息与现场情况是否相符。
5）收集探测器的报警数据及故障记录，对探测器的运行情况进行总结及分析。

（3）感温电缆
1）在工作站上检查感温电缆工作状态。
2）检查感温电缆接口模块是否完好、工作是否正常。
3）检查模块接线是否牢固、可靠。
4）检查感温电缆微机头外观并清洁，检查微机头安装环境是否良好。
5）在感温电缆微机头（或接口模块）上触发火警信号，检查报警信号是否正常，核对控制盘上的报警信息是否与现场相符。
6）在感温电缆微机头（或接口模块）上触发故障信号，检查故障信号是否正常，核对控制盘上的故障信息是否与现场相符。
7）检查感温电缆及其引线固定是否良好，布线情况是否良好，是否有被压、被水浸情况。
8）检查感温电缆接线盒内接线是否紧固，有无受潮，检查接线盒外观是否完好，用密封材料封堵接线盒所有缝隙。
9）选取一段约1m以上的感温电缆，进行加温模拟火警测试，测试感温电缆是否报警，核对控制盘上信息记录是否与测试结果相符。
10）检查感温电缆末端包扎情况是否良好，有无受潮。
11）收集探测器的报警数据及故障记录，对探测器的运行情况进行总结及分析。

（4）对射式探测器
1）检查发射及反射端外观，对对射式探测器进行表面卫生清洁。
2）检查对射式探测器工作指示灯是否正常显示。
3）校准对射式探测器发射端。
4）用测试纸测试探头火灾报警功能。
5）检查控制盘的对射式探测器的报警信息与现场测试结果是否相符。
6）对系统进行复位。
7）收集探测器的报警数据及故障记录，对探测器的运行情况进行总结及分析。

4. 手动报警器
（1）检查、清洁报警器外表，检查安装地点环境是否良好。

(2) 测试报警器电压是否正常。
(3) 打开破玻报警器盖门或使用测试钥匙，试验报警器报警功能。
(4) 检查报警器接线及安装底盒是否牢固、良好。

5. 消防电话

(1) 消防电话主机

1) 检查消防电话主机电源是否正常，测试电话回路电压是否在正常范围内。
2) 检查消防电话主机的指示灯、蜂鸣器及听筒是否正常。
3) 检查消防电话主机的故障报警功能是否正常。
4) 测量每条电话回路的电压值是否在正常范围内。
5) 测量每条电话回路的正极对地电压值是否在允许范围之内。
6) 紧固每条电话回路接线。

(2) 电话插孔

1) 清洁电话插孔外表，检查插孔电话外观、插孔及检查安装地点环境是否良好。
2) 利用便携电话，测试与消防电话主机的语音通信功能。
3) 检查电话插孔安装底盒是否牢固。

6. 模块

(1) 在控制盘上检查接口模块工作状态。
(2) 检查模块箱外观、密封及封堵是否良好，检查模块箱内表面是否有潮气，清洁模块箱表面。
(3) 检查模块是否完好，测量模块工作电压是否正常，观察模块指示灯是否正常。
(4) 检查模块接线是否牢固、可靠。
(5) 检查中间继电器状态是否良好，接线是否牢固。
(6) 发出控制信号测试接口设备，观察接口设备是否受控，动作信号是否正确反馈，控制盘接收的信息是否与现场一致。
(7) 接口设备进行动作测试，检查系统是否可以按照要求对接口设备进行控制，接口设备动作时系统是否正确接收反馈信息。
(8) 接口设备模拟故障，检查系统是否收到故障信息。
(9) 测试完毕后对接口设备及控制盘进行复位操作，确保系统恢复正常运行状态。

7. 蓄电池

(1) 记录蓄电池所在环境的温度及湿度，核实环境是否符合蓄电池运行要求。
(2) 检查蓄电池外观，清扫蓄电池表面。
(3) 检查蓄电池接线是否牢固、可靠。
(4) 测量单个及成组蓄电池电压，单个 DC 12 V (+15% ~ -5%)，成组 DC 24 V(+15% ~ -5%)。
(5) 切断控制盘 AC 220 V 配电开关，检查是否切换到蓄电池工作状态。
(6) 切断辅助电源箱 AC 220 V 配电开关，检查是否切换到蓄电池工作状态。
(7) 按照蓄电池充、放电保养规程对蓄电池进行充、放电测试。
(8) 测试完毕后对控制盘进行复位操作，确保系统恢复正常运行状态。

二、故障处理

1. 接地故障

（1）故障现象。系统控制盘上出现故障信息，显示回路接地故障，故障指示灯亮。

（2）处理办法。接地故障一般都是因为现场设备的工作环境潮湿造成线路接地引起的，多见于信号回路、电话回路或电源回路。另外，被监控设备端子接地或设备老化损坏也会引起接地故障。

消防系统具备接地故障的自诊断功能，当系统报接地故障时或接地故障经常报警时，实际上系统是通过检测对地的电压来判断系统的接地情况。例如，SIMPLEX系统，控制面板与地之间应有 50 kΩ 的电阻，当电压的读数在 DC 7~20 V 之间时，系统正常。当面板对地的电压接近 DC 7 V 或 DC 20 V，或低于 DC 7 V、高于 DC 20 V 时，此时应检查一下接地的情况。

对地短路是所有故障中最复杂的，因为它可能存在于系统中的任何位置。SIMPLEX 4120 系统控制面板可以区分是正极接地还是负极接地，但这在多种多样的接地故障中依然是十分模糊的。尽管主机已告诉哪一极接地，但没有比测量系统的公共端与机架之间电压更为有效的方法。在此情况下，应先断开主接地，再一级一级向上检查。为排除故障，所有卡（包括回路卡）都有 GFI（Ground Fault Interrupt）继电器。触发监测卡上的 GFI 继电器实际上是把卡上的所有区域断开，这将导致 8 个故障。若此时使用万用表检查不到故障，表明接地故障存在于这些区域中的一个或多个；否则，接地故障存在于其他地方。触发回路卡上的 GFI 时会出现"回路通信错误"（Mapnet Communications Fall）的故障指示，再看看此时接地故障的状态。

当确定了接地区域后，根据故障现象，对造成接地的原因进行处理，便可排除故障。故障排除后，应用万用表对系统的各个线路进行接地的电压测量，当测量的电压高于系统的最低要求后，方可确认故障处理完毕。

2. 软件故障

（1）故障现象。控制盘显示相应的故障种类，如通信故障、回路卡无法工作等信息。

（2）故障处理。软件故障一般在 EPOM 烧毁的情况下，或系统架构发生变化，外部设备出现更换或增加时才会出现软件故障。若新增加或减少设备，系统的硬件和软件便会不匹配，于是便会发生故障。例如，当系统新增加设备时，若软件尚未修改，系统便会显示相应的故障信息。

通过相应的故障信息，判断故障原因，若芯片烧坏，需重新安装一个芯片，并下载软件。若新增加设备，则需修改软件后并重新下载才能解决。

当更换软件并下载成功后，应该对系统的探测器、联动程序等抽查测试，当所有测试均成功后，确认故障处理完毕。

3. 主机板卡故障

（1）故障现象。控制盘显示相应的故障种类，如 CPU 故障、回路卡故障、整个回路设备故障等信息。

（2）故障处理。出现板卡故障通常有以下几个原因：板卡上的熔丝烧坏；地址码拨错；连接线出现问题；板卡烧坏。

当出现板卡故障时首先是要确定问题所在，是在线路还是在板卡，是一块板卡出现故障还是多块板卡都出现同样故障。例如，SIPMLEX 4120 系统出现以下故障：

```
CARD 4, MULTTI - PURPOSE MONITOR CARD
CARD MISSING/FAILED                                          ABNORMAL
```

1）如果所有卡都报故障，首先检查主控卡（Master Controller）上的 F1。因为多个卡同时出现故障时，很可能是母板上的整流器熔丝已烧断。如果正在使用 Gateway laptop 且连接在主控卡上，那么，关掉 Gateway laptop，故障记录仍然存在，热启动后故障记录才会清除。如果是熔丝 F1 的故障，系统完全断电，换上新的熔丝，系统供电正常。

2）检查卡上是否有 20 V 和 8 V 直流电压，如果黄色故障灯（发光二极管）亮，表示卡上有 8 V 直流电压。不这样的话，还可以检查支架左边的线，看看电压是否降低（DC 24 V 和 DC 8 V）。如果是与电源有关的故障，同一序列的卡都会报此故障，如果只是序列中最后两个卡报故障，则可能是母卡坏了。

3）当仅仅一块卡出现故障，可以直接更换相应的板卡。当更换板卡后故障仍不能排除时，则可能是连接的电线电缆出现问题。

系统恢复后，应该对系统的各种功能全部重新进行测试，故障处理才算完成。

4．电源故障

（1）故障现象。控制盘与 GCC 图形中心显示电源故障。

（2）故障处理。电源故障一般由外部电源断电引起。当电池超过使用年限，电池的电气特性会发生变化，当电池电压降低到一定值时，系统检测到电池电压过低，便会产生报警。另外，电源板熔丝烧断、损坏也会造成系统故障。

首先判断电源故障的引起原因，究竟是外部电源还是蓄电池或电源卡本身的问题，再根据故障的类别进一步排除故障。下面以 SIMPLEX 4120 系统为例进行介绍。

1）当外部电源电压过低或断开时，会显示以下报警：

```
CARD 2, POWER SUPPLY/CHARGER
AC Voltage Status                                            ABNORMAL
```

```
CARD 2, POWER SUPPLY/CHARGER
Card Switched to Battery                                     ABNORMAL
```

第一个故障表示交流电断开，第二个故障表示系统已切换到蓄电池供电。此时，需要在蓄电池电量用完前排除外围交流电故障，恢复供电。

当电池断开时，会出现以下信息：

```
CARD 2, POWER SUPPLY/CHARGER
Battery Disconnected Status                                  TROUBLE
```

该故障表示电池与主机断开超过 90 s，可能会出现以下情况：在更换电池时，主机可能会报该故障信息，检查电源线熔丝，此故障也出现在电池熔丝烧断的情况下；电池电压低于 DC 2V，此时必须更换电池组。

当电池供电时间过长、电量不足或电池老化导致电压下降时，便会出现电池故障，如下：

```
CARD 2, POWER SUPPLY/CHARGER
Battery Status                                                ABNORMAL
```

该故障表示电池电压低于 DC 22.8 V。通常是由于交流电源断电后，电池供电时间过长，导致电池电力不足，使电压低于 DC 22.8 V。若出现此种情况，只要重新加上交流电，对蓄电池进行充电，系统便可恢复正常。

电池使用时间已接近年限，电池电压降低，也会出现此种故障。通常充电电流超过 445 mA，充电时间超过 96 h，则需更换电池。

2）电源板出现故障情况较为复杂，一般有以下 5 个方面。

①故障信息 1

```
CARD 2, POWER SUPPLY/CHARGER
Power Supply Monitor                                          ABNORMAL
```

通用电源的 PMSI 电路监测所有扩展的电源模块，包括电池充电器。用黄色故障灯亮来确定存在的故障电源模块。

在此情况下，断开不间断电源（UPS）的 P5 接口，PMSI 电路有了一个开路点。PMSI 回路某处出现一扩展电源故障。根据黄色故障灯（LED）确定扩展电源位置。

- 核对扩展电源模式。
- 交流电源丢失/电压降低。
- 电池电压不足。
- 线束松动。
- 熔丝熔断。

一旦确定了是哪个扩展电源出了故障，就可检查：交流电源是否丢失或电压降低；电池电压是否正常；线束是否有松动；熔丝是否已被烧断。

②故障信息 2

```
CARD 2, POWER SUPPLY/CHARGER
24Volt B Output                                               ABNORMAL
```

如果没有扩展电源模式，为保护 PMSI 回路，要在 P5 上设置一条短路线（Part#733 - 680）。

无输出电压或返回电压。该显示是对 3 个端口中的某一个而言的，检查输出电压及其反馈。如无电压输出，检查端口是否短路，并关闭系统。不间断电源（UPS）在短路或电源波动的情况下进入保护状态，如果不间断电源不能自动恢复，应将其更换。

③故障信息 3

```
CARD 2, POWER SUPPLY/CHARGER
Output Voltage                                           ABNORMAL
```

直流输出电压过高或过低。

确认直流电压在 DC24～29V 之间。如果关闭系统后再重新启动仍不能恢复的，应更换不间断电源（UPS）。

④故障信息 4

```
CARD 2, POWER SUPPLY/CHARGER
Power Supply Overload                                    TROUBLE
```

输出电流大于 4.5 A 持续超过 10 s 或输出短路超过 500 ms。

这是必须关闭系统来更换电源的另一种情况。每当 3 个端口中的任何一个的输出电流大于 4.5 A 且在 10 s 以上或有一个端口输出短路超过 500 ms 就会显示该故障。彻底关闭电源并将它更换，再重新启动设备。

注意：关闭电源至少要 30 s 后才能重新启动。

⑤故障信息 5

```
CARD 2, POWER SUPPLY/CHARGER
DC Converter Output                                      ABNORMAL
```

没有 8 V 直流输出。

任何时候直流变压器都应该有 8V 的直流电压输出，同样作为一个端口故障，实际上可能是一个子卡离线。

当系统恢复后，应该用万用表对电源卡的电源特性进行测试，包括每个电源的输出电压、接地电压、蓄电池电压等，最后还要进行交、直流电的切换测试，并做好测试记录。

5. 回路故障

（1）故障现象。控制盘与 GCC 图形中心显示回路开路、短路故障或回路接地故障、通信故障等。

（2）故障处理。回路故障一般都是因为回路线发生短路、断路、接地等引起通信失败，造成故障。回路板卡出现问题也同样会导致回路故障。

以 SIMPELEX 4120 系统为例，如果没有设备连接到通信通道，会单独显示以下信息：

```
CARD9   MAPNET CARD
MAPNET COMMUNICATION FAIL                                ABNORMAL
```

1）当回路出现短路时，系统会显示以下两条信息：

CARD9　MAPNET CARD	
MAPNET SHORT STATUS	ABNORMAL
CARD9　MAPNET CARD	
MAPNET COMMUNICATION FAIL	ABNORMAL

其中第二个故障是由第一个故障引起的，当回路通信短路超过 40s 时便会产生报警，此时需要检查回路的短路情况。

2）当回路电源发生故障时，系统会显示以下两条信息：

CARD9　MAPNET CARD	
MAPNET POWER SUPPLY	ABNORMAL
CARD9　MAPNET CARD	
MAPNET COMMUNICATIONS FAIL	ABNORMAL

当出现以上故障报告，检查回路电源的 P4 口是否有 DC 24 V，若没有，则检查不间断电源（UPS）端来的电源，有可能是其中一个开关坏了。若 P4 口有 DC 24 V，则应检查通信线终端是否有 DC 36V，也可能是回路电源坏了。

3）当回路线发生断路时，系统会产生以下故障信息：

CARD3　MAPNET CARD	
MAPNET CLASS A	ABNORMAL

系统回路采用 A 类型接法时，任何一条线断路都会导致该故障。首先检查是否缺少可以表示一完整分区被拆去或切断的设备。拆去连在回路电源上的一条通信线可以判定断路位置。断点应在"丢失"的设备和最后一次报断路的设备中。

故障处理完成后，测试回路的线间电阻，并抽查回路上烟感及模块的功能。故障处理完毕后，做好故障记录，包括线路出现问题的位置、原因，故障处理完后系统的线间电阻、烟感、模块的测试记录等。

第七节　火灾自动报警系统验收

在 FAS 建设施工完成后，必须对系统进行验收及接管，因此 FAS 检修人员必须清楚系统的验收要求及标准。

一、FAS 设计原则

（1）城市轨道交通 FAS 设计按全线同一时间内发生一次火灾考虑。

(2) FAS 按两级监控方式设置，第一级为中央级（即 FAS 系统管理工作站），作为 FAS 集中监控中心，设置于控制中心大楼；第二级为车站级，作为就地 FAS 系统消防控制室，设置于车站控制室、车辆段、主变电站、集中冷站消防控制室，全线消防系统所有的指挥调度权在中央级。

(3) FAS 的火灾确认方式分为自动确认和人工确认两种方式。

(4) FAS 在各车站不单独设置消防广播，与车站通信广播系统合用。发生火灾时，能在车站控制室以手动或者自动方式将广播系统转入消防广播状态。在车辆段等相关地面建筑由 FAS 单独设置消防广播。

(5) 为防止火灾发生时乘客惊慌失措，在车站的公共区不设警铃；在 OCC 大楼、车辆段、主变电站、集中冷站等相关地面建筑 FAS 单独设置警铃。

(6) FAS 在 OCC 和各车站不单独设置闭路电视监控系统，与各车站通信闭路电视系统合用。发生火灾时，在车站控制室人工将闭路电视监控系统切换到消防监视状态。

(7) 发生火灾时自动联动公共区闸机，使其处于释放状态，便于旅客迅速疏散至地面。

(8) 在车站内各设备与管理用房、站厅及站台和通道等区域，均设置带地址码的智能光电式感烟探测器进行火灾探测。感烟探测器的保护面积不大于 50 m^2，保护半径小于 5.8 m。盥洗室、洗手间、污水泵房、气体灭火系统的气瓶间不设探测器。报警回路采用环形连接。

(9) 每个防火分区至少设置一个手动报警按钮，从一个防火分区内的任何位置到最邻近的一个按钮的距离不大于 30 m。

(10) 消火栓箱旁设置手动报警按钮和消防电话插孔，安装在靠近消火栓箱旁的墙上。

(11) 电缆廊道或电缆夹层设感温电缆，感温电缆按电缆桥架分层，蛇行走向布置，并跟随电缆延长至电缆井内。折返线、停车线内也设感温电缆。

(12) 车辆段运用库和检修库等大开间建筑内设置红外光束感烟探测器。

(13) 在车辆段危险品库设置红外线火焰探测器。

(14) 在城市轨道交通线路相交车站设置控制盘信息互通接口，显示对方的报警情况。

二、系统设备调试

1. 烟感探测器调试

(1) 目测检查安装位置正确与否，是否受现场环境因素影响。

(2) 正常状态下，探头自行巡检，绿色 LED 闪亮。

(3) 故障调试：从底座上拆下探头，确认探头地址、故障信号及有关信息在控制盘上显示。

(4) 火警调试：使用烟雾产生触发探头报警，探头红色 LED 闪亮，确认探头地址、报警信号及有关信息在控制盘上显示。

(5) 将回路线接地，确认接地故障信号及有关信息在控制盘上显示。

2. 与气体灭火系统接口模块（输入模块）调试

(1) 检测检查安装位置正确与否，是否受现场环境因素影响。

(2) 气体灭火系统与自动报警系统接口共有 5 个反馈信号，分别是一次报警、二次报警、系统故障、手动/自动转换、喷气状态。

（3）激活连接输入模块的监视气体状态，确认模块地址、报警或监视信号及有关信息在控制盘上显示。

（4）将线路设成开路状态，确认模块地址、故障信号及有关信息在控制盘上显示。

（5）将回路线接地，确认接地故障信号及有关信息在控制盘上显示。

3. 与防火阀接口模块（输入模块）调试

（1）目测检查安装位置正确与否，是否受现场环境因素影响。

（2）防、排烟系统与自动报警系统接口共有一个反馈信号，使防火阀开启反馈状态。

（3）激活连接输入模块的监视防火阀，确认模块地址、报警或监视信号及有关信息在控制盘上显示。

（4）线路设成开路状态，确认模块地址、故障信号及有关信息在控制盘上显示。

（5）将回路线接地，确认接地故障信号及有关信息在控制盘上显示。

4. 消防电话与消防警铃调试

（1）目测检查安装位置正确与否，是否受现场环境因素影响。

（2）逐个（或抽样）检查消防电话（插孔）与主机通信是否正常，声音是否清晰。

（3）逐个（或抽样）检查消防警铃是否正常联动，输出是否正常，声音是否清晰、响亮。

（4）将线路设成开路状态，确认模块地址、故障信号及有关信息在控制盘上显示。

（5）将回路线接地，确认接地故障信号及有关信息在控制盘上显示。

5. 手动报警器调试

（1）目测检查安装位置正确与否，是否受现场环境因素影响。

（2）插入测试棒或直接打碎玻璃使之触发报警，确认手报地址、报警信号及有关信息在控制盘上显示。

（3）将线路设成开路状态，确认模块地址、故障信号及有关信息在控制盘上显示。

（4）将回路线接地，确认接地故障信号及有关信息在控制盘上显示。

6. 控制模块（输出模块）调试

（1）目测检查安装位置正确与否，是否受现场环境因素影响。

（2）逐个（或抽样）检查控制模块是否正常联动，输出是否正常。

（3）将线路设成开路状态，确认模块地址、故障信号及有关信息在控制盘上显示。

（4）将回路线接地，确认接地故障信号及有关信息在控制盘上显示。

7. 主机控制盘及消防电话主机调试

（1）目测检查安装位置正确与否，是否受现场环境因素影响。

（2）将交流电源切断，检查备用电池是否正常转换，确认故障信号及有关信息在盘上显示。

（3）将备用电池切断，确认故障信号及有关信息在控制盘上显示。

（4）检查液晶显示是否正常，字符是否清晰。

（5）拆卸回路卡上线路，确认故障信号及有关信息在控制盘上显示。

（6）检查电话主机是否正常与消防电话通信，声音是否清晰。

（7）后备电源。当220 V交流电源断电时能自动切换后备电源，并将故障信号及有关信号在控制盘上显示。后备电池断路时能在控制盘上显示故障信号及报点信号。

（8）历史记录。能查询火警、监视、故障、反馈报警历史记录。历史记录中应能查询到报警时间、地点、设备类型。

8. 消防联动盘调试

（1）检查消防联动盘按钮，把钥匙开关设置为"自动"。

（2）利用图形命令按钮启动模式命令。

（3）设备监控专业检查有关模式命令的正确性。

（4）检查消防联动盘按钮，把钥匙开关设置为"手动"。

（5）在消防联动盘上逐一按模式按钮启动模式命令。

（6）设备监控专业检查有关模式命令的正确性。

（7）复位有关设备，将消防联动盘设置为"自动"。

三、火灾自动报警系统验收

1. 应验收的装置

火灾自动报警系统验收应包括下列装置：

（1）火灾自动报警系统装置（包括各种火灾探测器、手动报警按钮、区域报警控制器和集中报警控制器等）。

（2）灭火系统控制装置（包括室内消火栓、自动喷水、卤代烷、二氧化碳、干粉、泡沫等固定灭火系统的控制装置）。

（3）电动防火门、防火卷帘控制装置。

（4）通风空调、防烟排烟及电动防火阀等消防控制装置。

（5）火灾事故广播、消防通信、消防电源、消防电梯和消防控制室的控制装置。

2. 报验收技术文件

在火灾自动报警系统验收前，建设单位应向公安消防监督机构提交验收申请报告，并附下列技术文件：

（1）系统竣工表。

（2）系统的竣工图。

（3）施工记录。

（4）调试报告。

（5）管理、维护人员登记表。

3. 验收准备

（1）火灾自动报警系统验收前，公安消防监督机构应进行操作、管理、维护人员配备情况检查。

（2）火灾自动报警系统验收前，公安消防监督机构应进行施工质量复查。复查应包括下列内容：

1）火灾自动报警系统的主电源、备用电源、自动切换装置等安装位置及施工质量。

2）消防用电设备的动力线、控制线、接地线及火灾报警信号传输线的敷设方式。

3）火灾探测器的类别、型号、适用场所、安装高度、保护半径、保护面积和探测器的间距等。

4）各种控制装置的安装位置、型号、数量、类别、功能及安装质量。

4. 系统竣工验收标准

（1）消防用电设备电源的自动切换装置，应进行3次切换试验，每次试验均应正常。

（2）火灾报警控制器应按下列要求进行功能抽验：

1）实际安装数量在5台以下者，全部抽验。

2）实际安装数量在6～10台者，抽验5台。

3）实际安装数量超过10台者，按实际安装数量30%～50%的比例、但不少于5台抽验。

4）抽验时每个功能应重复1～2次，被抽验控制器的基本功能应符合现行国家标准《火灾报警控制器通用技术条件》中的功能要求。

（3）火灾探测器（包括手动报警按钮）应按下列要求进行模拟火灾响应试验和故障报警抽验：

1）实际安装数量在100只以下者，抽验10只。

2）实际安装数量超过100只，按实际安装数量5%～10%的比例、但不少于10只抽验。

被抽验探测器的试验均应正常。

（4）室内消火栓的功能验收应在出水压力符合现行国家有关建筑设计防火规范的条件下进行，并应符合下列要求：

1）工作泵、备用泵转换运行1～3次。

2）消防控制室内操作启、停泵1～3次。

3）消火栓处操作启、停泵按钮按5%～10%的比例抽验。

以上控制功能应正常，信号应正确。

（5）自动喷水灭火系统的抽验，应在符合现行国家标准《自动喷水灭火系统设计规范》的条件下，抽验下列控制功能：

1）工作泵与备用泵转换运行1～3次。

2）消防控制室内操作启、停泵1～3次。

3）水流指示器、闸阀关闭器及电动阀等按实际安装数量的10%～30%的比例进行末端放水试验。

上述控制功能、信号均应正常。

（6）电动防火门、防火卷帘的抽验，应按实际安装数量的10%～20%抽验联动控制功能，其控制功能、信号均应正常。

（7）通风空调和防、排烟设备（包括风机和阀门）的抽验，应按实际安装数量的10%～20%抽验联动控制功能，其控制功能、信号均应正常。

（8）消防电梯的检验应进行1～2次人工控制和自动控制功能检验，其控制功能、信号均应正常。

（9）火灾事故广播设备的检验，应按实际安装数量的10%～20%进行下列功能检验：

1）在消防控制室选层广播。
2）共用的扬声器强行切换试验。
3）备用扩音机控制功能试验。
上述控制功能应正常，语音应清楚。
（10）消防通信设备的检验，应符合下列要求：
1）消防控制室与设备间所设的对讲电话进行1~3次通话试验。
2）电话插孔按实际安装数量的5%~10%进行通话试验。
3）消防控制室的外线电话"119台"进行1~3次通话试验。
上述功能应正常，语音应清楚。
（11）本节各项检验项目中，当有不合格者时，应限期修复或更换，并进行复验。复验时，对有抽验比例要求的，应进行加倍试验。复验不合格者，不能通过验收。

第十一章

气体灭火系统检修

第一节 气体灭火系统设备安装调试

一、施工准备

本章以烟烙尽气体灭火系统为例,说明气体灭火系统设备以及设备的安装。烟烙尽气体灭火系统的安装和调试,应参照美国国家防火协会标准 NFPA 2001《洁净类药剂灭火系统标准》,同时也必须符合我国国家有关规范。

1. 施工前应具备的技术资料

灭火系统施工前应具备下列技术资料:设计施工图、设计说明书、系统及其主要组件的使用说明书。

2. 施工前应具备的条件

灭火系统的施工应具备下列条件。

(1)防护区和气瓶间设置条件与设计相符。

(2)系统气瓶组、控制盘、电磁选择阀、单向阀、减压装置、喷嘴等组件及主要材料齐全,其品种、规格、型号符合设计要求。

(3)灭火系统所需的预埋件和孔洞符合设计要求。

二、系统安装

1. 烟烙尽气体气瓶的安装

烟烙尽气体气瓶是用高强度的合金钢制成的,以满足 15 MPa 的储存压力和 22.5 MPa 的水压强度试验压力。

(1)气瓶容积和储存的药剂量见表 11—1。

表 11—1　　　　　　　　　　气瓶容积和储存的药剂量

货运零件号	公称气瓶尺寸		实际烟烙尽药剂量		毛重		尺寸 A		尺寸 B	
	ft³	m³	ft³	m³	lb	kg	in	cm	in	cm
货运组件——红色标准漆										
426147	200	5.7	205	5.8	128	58	52.7	129	8.5	21.6
426148	250	7.1	266	7.5	169	77	57.7	147	9.3	23.5
426149	350	9.9	355	10.1	217	98	59.7	152	10.7	27.3
426150	435	12.3	439	12.4	260	117.9	65.5	166.4	11.3	28.7
430935（上海）	435	12.3	439	12.4	260	117.9	65.5	166.4	11.3	28.7
货运组件——红色防锈漆										
426256	200	5.7	205	5.8	128	58	52.7	129	8.5	21.6
426257	250	7.1	266	7.5	169	77	57.7	147	9.3	23.5
426258	350	9.9	355	10.1	217	98	59.7	152	10.7	27.3
426259	435	12.3	439	12.4	260	117.9	65.5	166.4	11.3	28.7

（2）气瓶构造。烟烙尽气体气瓶由气瓶、瓶头阀及运输帽组成，如图 11—1 所示。

（3）气瓶的安装要求

1）气瓶组的操作面距墙或操作面之间的距离不宜小于 1.0 m。

2）气瓶瓶头阀上的压力表应朝向操作面，安装高度和方向应一致；每个气瓶组的正面应该标有灭火剂名称和气瓶的编号。

3）气瓶的安装应严格按照图样设计要求进行，气瓶的位置、数量应与图样相符。

（4）气瓶的安装式样

1）无固定架单个气瓶。无固定架单个气瓶应采用夹紧安装，如图 11—2 所示。

2）无固定架的单行气瓶组。无固定架的单行气瓶组应采用固定夹安装，如图 11—3 所示。

3）无固定架的双排气瓶组。无固定架的双排气瓶组应采用固定夹安装，如图 11—4 所示。

4）具有固定架的气瓶组。具有固定架的气瓶组采用固定夹固定背靠背安装，如图 11—5 所示。

注意：在把气瓶夹紧在墙或支架上时，必须使用合适的紧固件。如固定不恰当，会在气瓶喷放气体时引起气瓶移动。

2. 电磁启动器的安装

烟烙尽（INERGEN）阀门、选择阀的电启动是由与控制系统连接的电磁启动器来实现的。该启动器可用于环境温度在 0~54℃ 的危险场所。在一路释放电路上最多可接两个电启动器。无论接一个或两个电启动器，必须串联一个 23 Ω 电阻。

第十一章 气体灭火系统检修

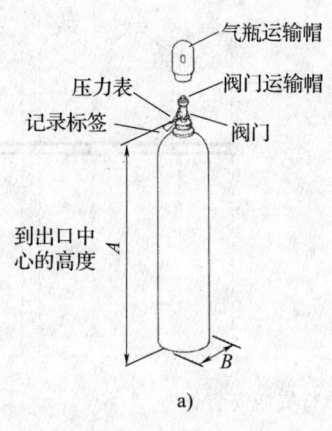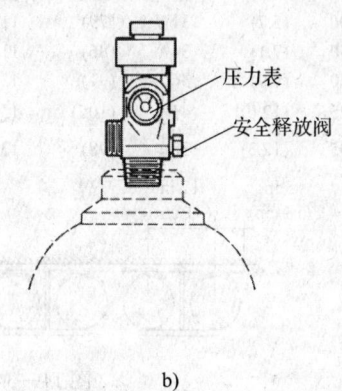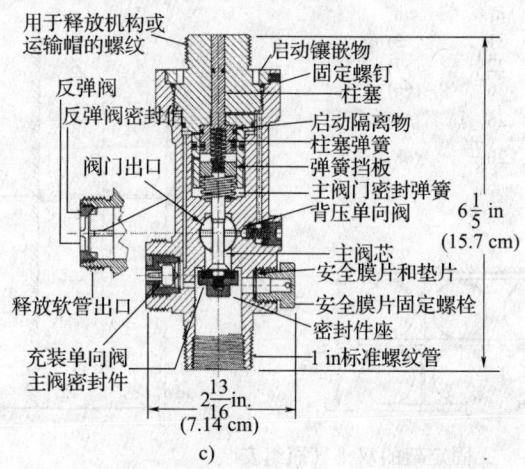

图 11—1 烟烙尽气体气瓶的构造
a) 气瓶 b) 瓶头及阀 c) 阀门结构

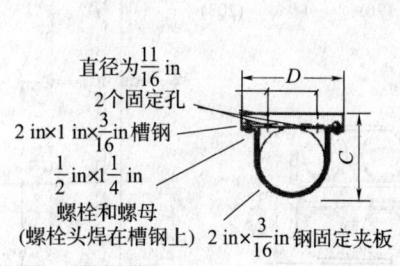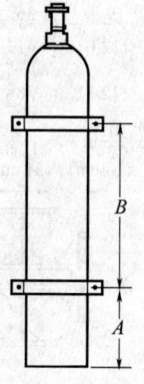

图 11—2 无固定架单个气瓶安装

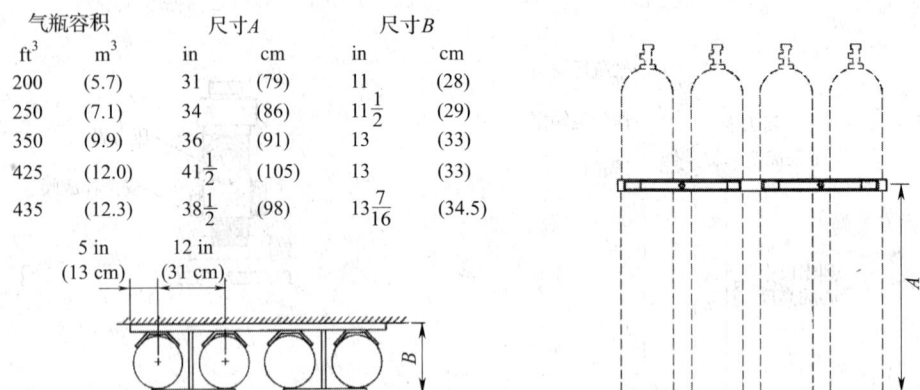

图 11—3　无固定架的单行气瓶安装

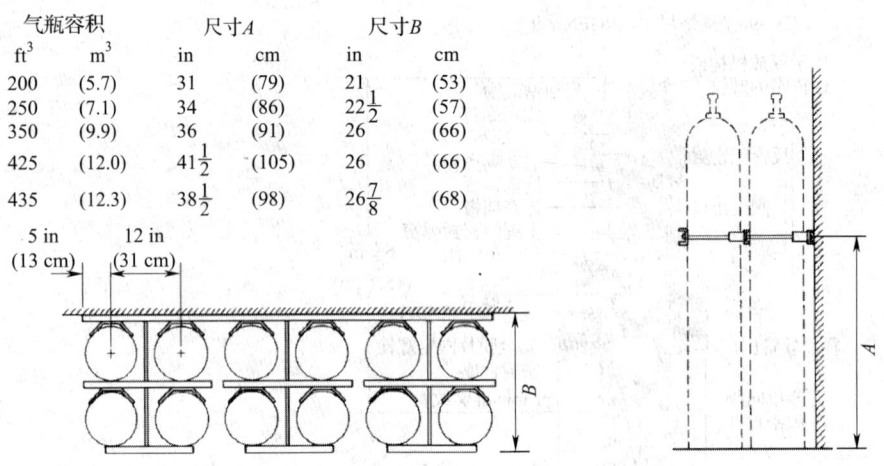

图 11—4　无固定架的双排气瓶组安装

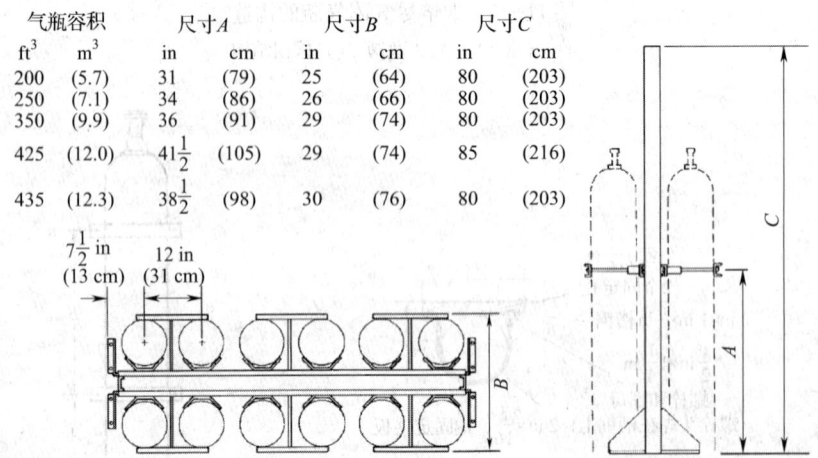

图 11—5　具有固定架的气瓶组安装

电磁启动器的公称电压在 1.5 A 时为 DC 24 V。在辅助或人控应用时，把启动器上的安全帽卸下再在其上部安装紧急机械启动器。电磁启动器有一个可更换的启动器组件，该部件用来产生一个强大的机械力。启动器是用电来启动的并且在几毫秒内动作。电磁启动器示意图如图 11—6 所示。

电磁启动器应安装在指定的主动气瓶的瓶头阀上，而每个选择阀上均需安装电磁启动器。瓶头阀和选择阀需要通过一个转换接头与电磁启动器连接。

同一防护区的主动气瓶上的电磁启动器和选择阀上的电磁启动器可以分别接入气体控制盘的两个释放回路上，也可以串联接入控制盘的一个释放回路上。

电磁启动器可用于环境温度在 0～54℃ 的危险场所。在一路释放回路上最多可接上两个 HF 电磁阀。当接一个 HF 电磁阀时，必须串联一个 21.5 Ω 的电阻。

电磁启动器的公称电压在 0.57 A 时为 DC 12 V。在辅助或人控应用时，把电磁阀上的安全帽卸下再在其上部安装人工拉杆启动器。HF 电磁阀有动作后通过复位工具进行复位。

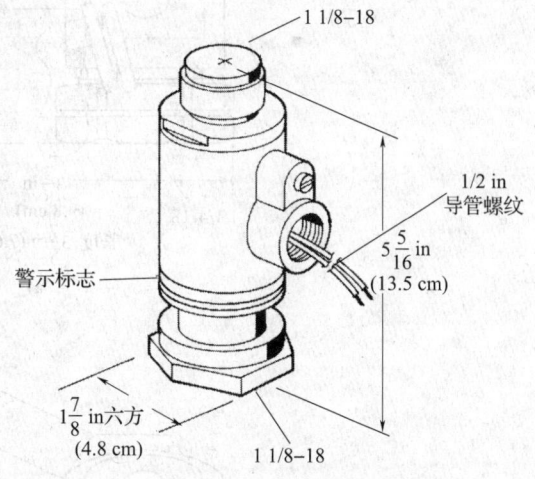

图 11—6　电磁启动器示意图

3. 紧急机械启动器的安装

紧急机械启动器通过电磁启动器安装在指定的主动气瓶的瓶头阀和选择阀上，该部件是在系统电启动功能失效时作为应急操作的方式。在应急操作时，所需的拉力应不超过 178 N，移动距离不大于 356 mm。

瓶头阀紧急机械启动器平时置于 SET 位置，应急操作时才拔开锁定销，拉动操作手柄，开启主动气瓶和选择阀。将瓶头阀和选择阀的紧急机械启动器分别装在各自的电磁启动器上。连接电磁启动器和 HF 电磁启动器的紧急机械启动器规格是不同的，如图 11—7 所示。

紧急机械启动器的安装如图 11—8 所示。

4. 高压释放软管的安装

高压释放软管是 5/8 in 内径的双层金属编织橡胶软管，连有铜质接头，内置单向阀，它是连接气瓶的瓶头阀出气口和集流管之间的管道，如图 11—9 所示。

5. 不锈钢启动软管、接头、三通、弯头的安装

不锈钢启动软管用于连接每个气瓶组之间的启动管线的加压三通。该软管具有与加压三通接头相同的螺纹，如图 11—10 所示。由于设备安装环境以及空间的局限性，该软管的使用是为了使启动软管钢性启动管网与容器阀门之间连接更为灵活，且减少空间和安装位置的局限及影响。

安装不锈钢启动软管、接头、三通、弯头时，先从气瓶瓶头阀上把球形单向阀的旋塞卸下，如图 11—11 所示。当从阀体上卸下球形单向阀旋塞时，确认弹簧和球体在阀中，且球体必须在前面，如果被卸下，则在系统启动时瓶头阀不会动作。

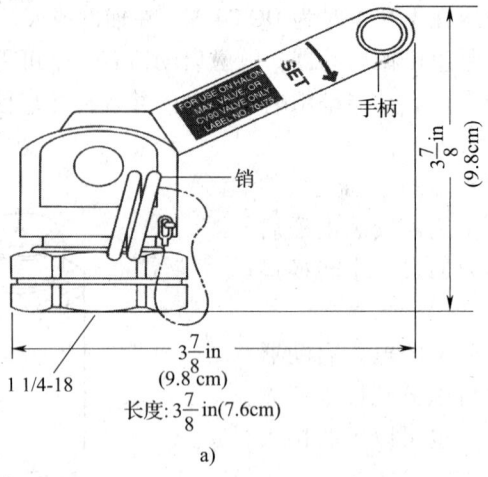

a)

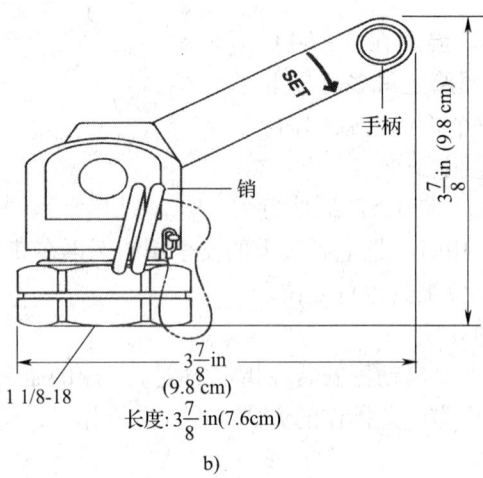

b)

图 11—7　两种紧急机械启动器

a）用于电磁启动器的紧急机械启动器　b）用于 HF 电磁启动器的紧急机械启动器

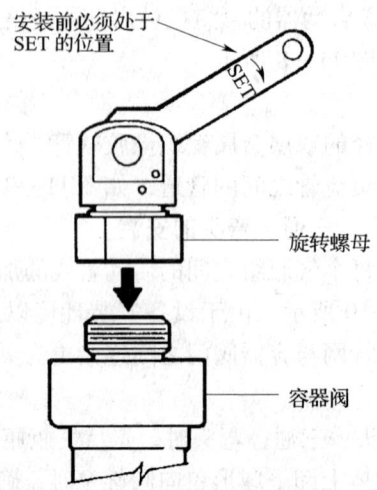

图 11—8　紧急机械启动器的安装

第十一章 气体灭火系统检修

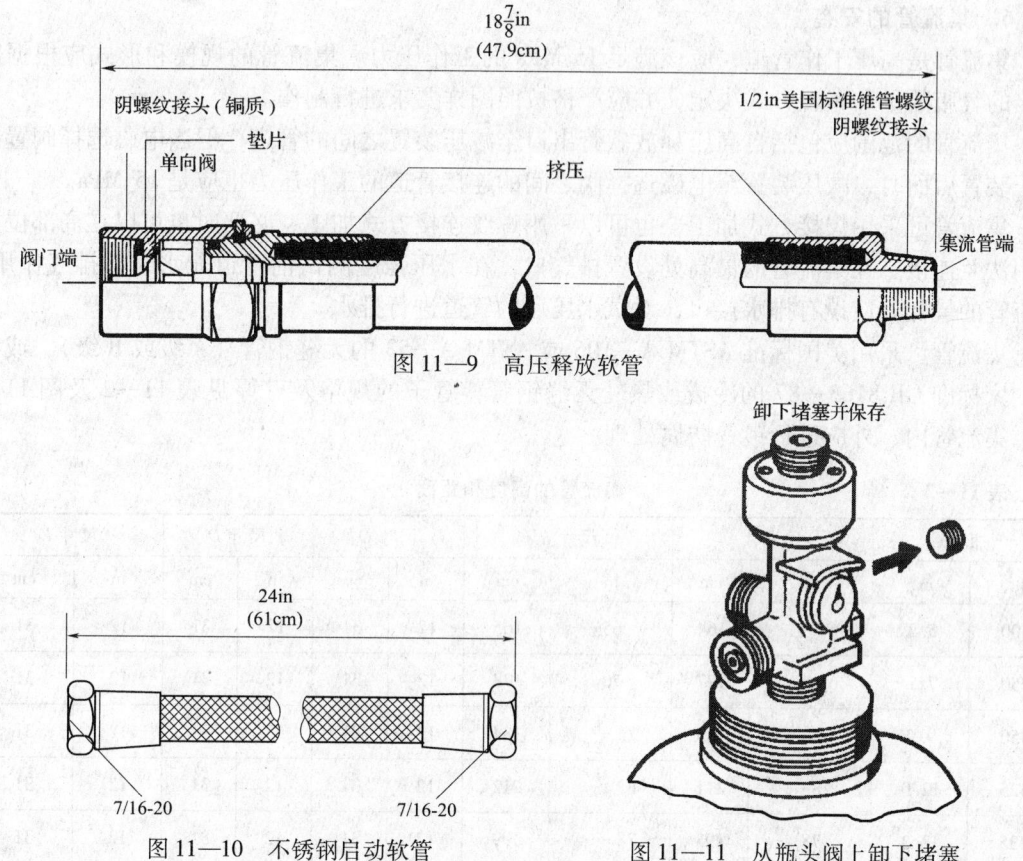

图 11—9 高压释放软管

图 11—10 不锈钢启动软管

图 11—11 从瓶头阀上卸下堵塞

然后把接头和阳螺纹弯头或阳螺纹三通拧到阀门上，如图 11—12 所示。在所有的阳螺纹上使用少量的密封胶拧紧。

最后通过接头、三通、弯头将不锈钢启动软管接至气瓶瓶头阀上，如图 11—13 所示。注意：在主动瓶阀是 CV-98 型阀门时，电启动使用 CV-98 型电启动器。

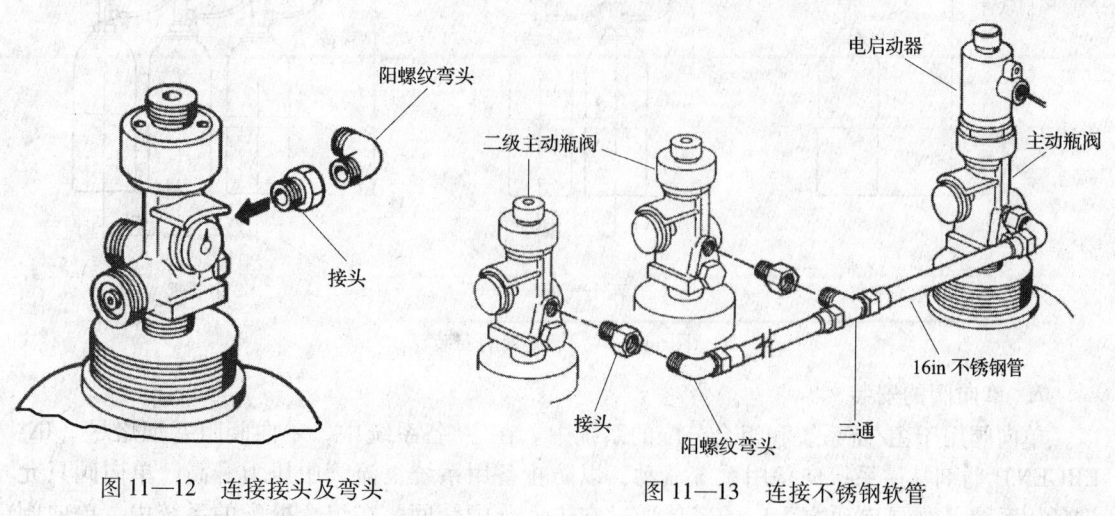

图 11—12 连接接头及弯头

图 11—13 连接不锈钢软管

· 335 ·

6. 集流管的安装

集流管是高压工作管道，应该满足 15 MPa 的工作压力。集流管的规模和形式应根据所连接的气瓶数量和布置方式决定，并应严格按照图样要求进行制作。

集流管的范围应包括自高压释放软管出口至减压装置之间的管道，但当电磁选择阀置于减压装置后面时，减压装置至电磁选择阀之间的连接管道的工作压力也应是 15 MPa。

集流管可采用焊接方式加工，也可以采用螺纹连接方式加工，必要时也可以在局部位置采用法兰连接。在集流管的最高处设置排气口，在水压强度测试前管道充水时起排气作用。集流管的最低处应设有排水接口，对试水压后的管道进行排水。

集流管可采用美国标准 ASTM A—106 或 ASTM A—53 的无缝钢管（A 级或 B 级），或我国国家标准 GB 8163—87 的冷拔或热轧无缝钢管，管子的规格及壁厚见表 11—2 及图 11—14。集流管内、外应进行镀锌防腐处理。

表 11—2　　　　　　　　　　集流管的高度和距离

气瓶容量		尺寸 A		尺寸 B		尺寸 C		尺寸 D		尺寸 E	
ft^3	m^3	in	cm	in	cm	in	cm	in	cm	in	cm
200	5.7	$64\frac{1}{2}$	164	65	165	12	31	12	31	12	31
250	7.1	$69\frac{1}{2}$	177	70	178	12	31	12	31	12	31
350	9.9	72	183	$72\frac{1}{2}$	184	12	31	12	31	12	31
425	12.0	83	211	$83\frac{1}{2}$	212	12	31	12	31	12	31
435	12.3	78	193	$78\frac{1}{2}$	199	12	31	12	31	12	31

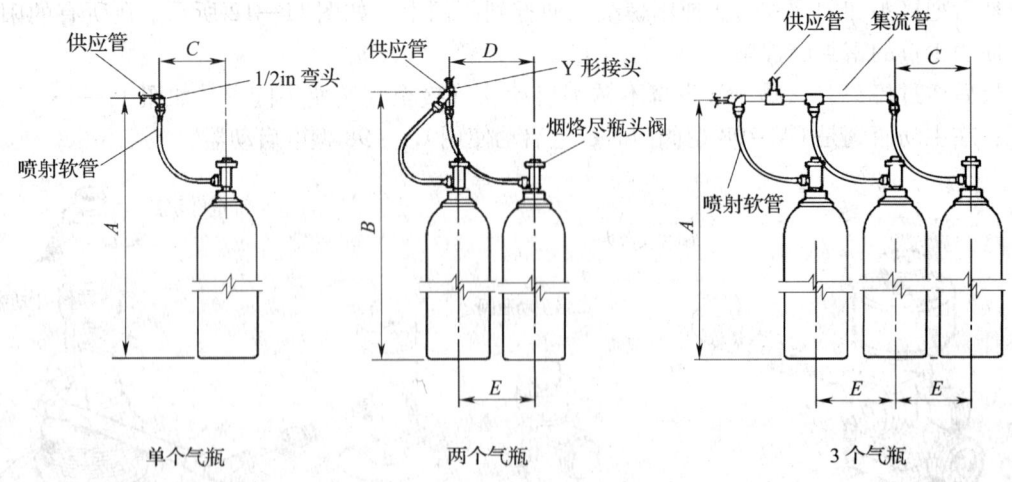

图 11—14　集流管的安装

7. 单向阀的安装

单向阀用于主/备系统和组合分配的系统中。在主/备系统中，单向阀阻塞烟烙尽（IN-ERGEN）药剂从主系统向备用系统流动，以防止备用系统集流管中压力升高。单向阀只允许备用系统（如果启动的话）的气体通过它进入分配管网。在组合分配的系统中，单向阀把较小系统的启动从最大系统中分离开来。

单向阀的构造如图11—15所示,其尺寸从1/2～3 in,见表11—3和表11—4。单向阀安装时阀体上的箭头方向应与管道气体流动方向相同。

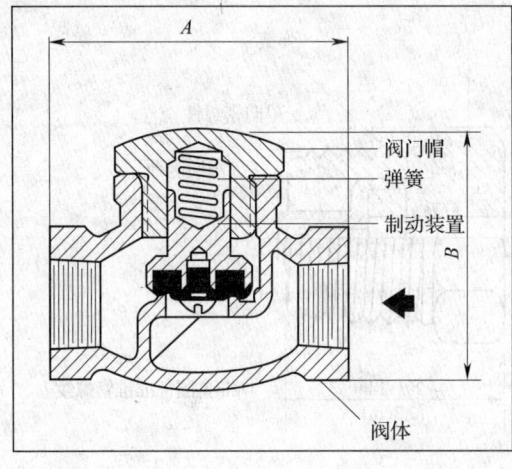 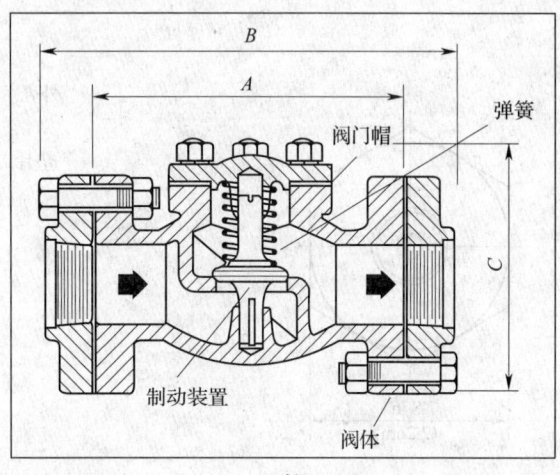

a) b)

图11—15 单向阀的构造
a) 带螺纹 b) 带法兰

表11—3　　　　　　　　　　单向阀连接螺纹尺寸

阀门尺寸	尺寸 A		尺寸 B	
in	in	cm	in	cm
$\frac{1}{2}$	3	7.6	$2\frac{5}{8}$	6.6
$\frac{3}{4}$	$3\frac{5}{8}$	9.2	$3\frac{1}{8}$	7.9
1	$4\frac{1}{8}$	10.4	$3\frac{3}{4}$	9.5
$1\frac{1}{4}$	5	12.7	$4\frac{1}{2}$	11.4
$1\frac{1}{2}$	$5\frac{1}{2}$	13.9	$5\frac{1}{8}$	13.0
2	$6\frac{1}{2}$	16.5	$5\frac{3}{4}$	14.6
$2\frac{1}{2}$	8	20.3	$6\frac{3}{4}$	17.1

表11—4　　　　　　　　　　单向阀法兰(带螺纹)尺寸

阀门尺寸	尺寸 A		尺寸 B		尺寸 C	
in	in	cm	in	cm	in	cm
3	$11\frac{1}{2}$	29.2	15	38.1	$9\frac{1}{2}$	24.1

8. 排气阀的安装

排气阀(端部泄放塞)安装在集流管上,每一个单向阀的后面都应设置一个排气阀,同时在组合分配系统中选择阀与第一个单向阀的封闭管道中也应设置一个排气阀，以释放在系统喷放时由单向阀的泄漏可能引起单向阀后气瓶系统误启动的压力。其构造如图11—16所示。

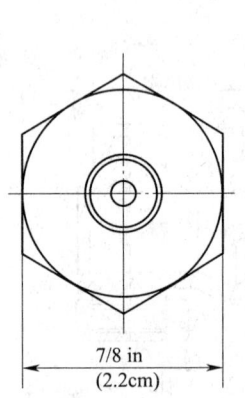
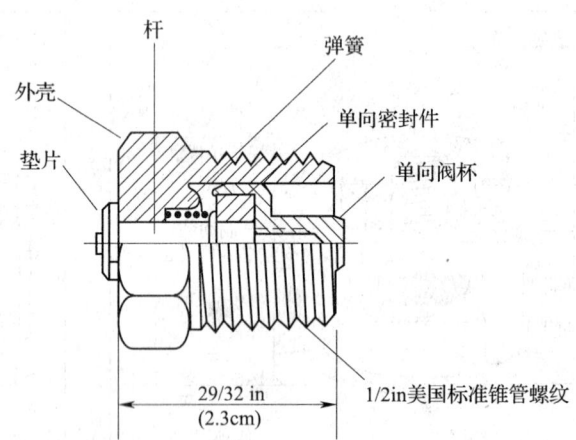

图11—16 排气阀的构造

9. 减压装置的安装

减压装置的作用是将气瓶中的储存压力由15 MPa精确地减至7 MPa。口径2 in以下（含2 in）的减压装置的外壳是由锻钢制成的，孔板为不锈钢；口径为2.5 in、3 in的则全部由铜制成，外螺纹连接；4 in的为锻钢法兰连接，孔板为不锈钢。

安装减压装置时，应注意外壳上永久性箭头标志表示的箭头方向应与管道中气体流动方向一致。

减压装置的开孔尺寸是通过详细的计算机水力计算后确定的，产品出厂时已将开孔尺寸标示在外壳上。安装时，应注意所安装的减压装置的管径与开孔尺寸是否与图样中所标注的相符。

减压装置和紧接它的三通之间的最大管道长度为20 ft（6.1 m），弯头个数为9个。

10. 选择阀的安装

选择阀适用于组合分配的灭火系统中，可以引导药剂流向指定的保护范围。每个保护区的气体输送管上安装一个相应尺寸的选择阀，选择阀设置于气瓶间。

选择阀上有气体流动方向标志，安装时按照标志的方向将选择阀安装在气体输送管上。1/2~2 in的选择阀用螺纹连接，3 in以上的选择阀用法兰连接，法兰连接的密封垫采用金属密封垫圈。

在选择阀顶部装上电磁启动器，接在气体灭火系统控制盘的释放回路接口上（在系统未调试完成前，电磁启动器不可接入释放回路）。

每个选择阀上都应安装一个应急操作的选择阀紧急机械启动器，为便于操作和维修，选择阀的安装高度应为1.5 m左右，如图11—17所示。每个选择阀上应有标明保护区名称的永久性标志，如指示牌。

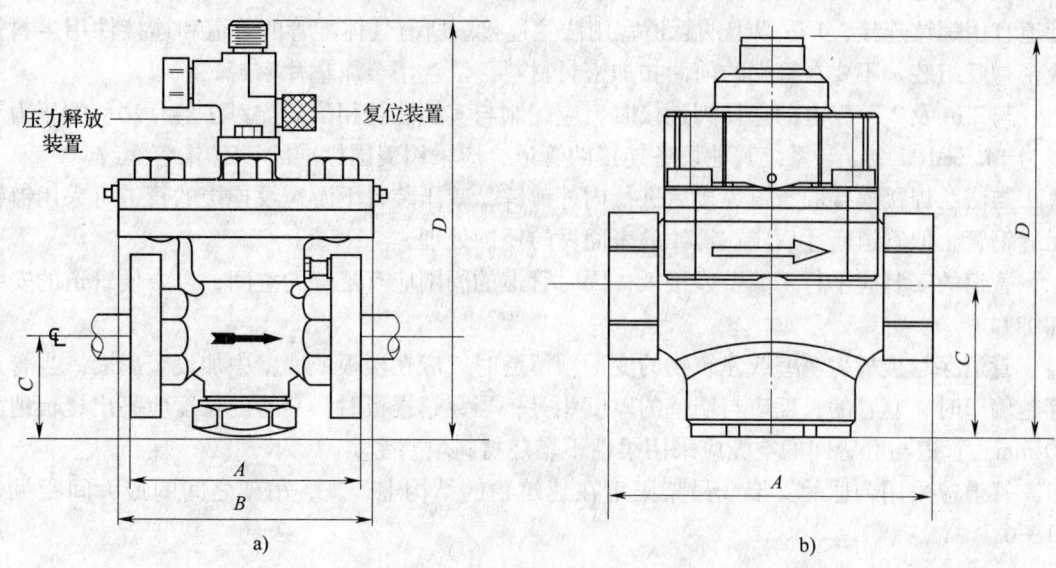

图 11—17 选择阀

a) 3~4 in 法兰连接阀　b) 1~2 in 螺纹连接阀

11. 气体管道的安装

气体输送管道的作用是将灭火气剂输送到气体灭火保护区,可采用美国标准 ASTM A—106 或 ASTM A—53 的无缝钢管(A 级或 B 级),或我国国家标准 GB 8162—87 的冷拔或热轧无缝钢管,管子的规格及壁厚见表11—5。

表 11—5　　　　　　　气体管道尺寸

选择阀上游管道(含集流管)(工作压力 14.7 MPa)			选择阀下游管道(工作压力 7 MPa)		
管径/in	外径×壁厚(mm×mm)	钢号	管径/in	外径×壁厚(mm×mm)	钢号
4	114×9		4	114×7	
3	89×7		3	89×6	
2 1/2	76×6		2 1/2	76×5.5	
2	60×5.5		2	60×5.5	
1 1/2	48×5	20	1 1/2	48×4	20
1 1/4	42×4.5		1 1/4	42×3.5	
1	34×4		1	34×3.5	
3/4	27×4		3/4	27×3.5	
1/2	22×3.5		1/2	22×3	
			3/8	17×3	

气体管道可采用焊接和螺纹的连接方式，也可以采用法兰连接的方式，3 in 以下口径的管道宜用螺纹连接，4 in 以上的管道宜用法兰连接。所有气体配管的管道和连接件用生料带或密封胶组装。不要在管端的前两扣加密封材料。法兰用金属垫片密封。

与 2 in 及 2 in 以上的选择阀连接时，应配制与实物法兰相配的配对法兰，法兰的压力等级为 14.7 MPa 级。与系统其他设备连接的管道，应采用美国标准的 NPT 锥管螺纹。

与法兰焊接连接的管道焊接后进行内外镀锌，减压装置下游螺纹连接的管道可采用镀锌无缝钢管，但管道套牙后应在螺纹的表面做防锈蚀处理。

管道的安装应平行于墙壁或楼板，同时管道的周围应有足够的空间，以方便管道的安装和维修。

管道穿越楼板、墙壁或建筑物的变形预留缝时，应在楼板或墙壁中加设金属套。当管道穿越墙壁时，套管的长度应与墙壁的厚度相等；当穿越楼板时，套管的长度应高出楼板地面 50 mm。管道与套管间的空隙应采用柔性不燃烧材料填塞密实。

管道应采用合适的支架或吊架固定在建筑物的结构上，支、吊架之间的最大间距见表 11—6。

表 11—6　　　　　　　　　　支、吊架之间的最大间距

管道直径/in	3/8	1/2	3/4	1	$1\frac{1}{4}$	$1\frac{1}{2}$	2	$2\frac{1}{2}$	3	4
最大间距/m	1.2	1.5	1.8	2.1	2.4	2.7	3.4	3.5	3.7	4.3

公称直径大于或等于 50 mm 的主干管道，垂直方向和水平方向至少应各安装 1 个防晃支架。当穿过建筑物楼层时，每层应设 1 个防晃支架。当水平管道改变方向时，应增设防晃支架。

距喷嘴安装位置 0.3 m 处的管道，应加设一个支架或吊架。

在安装有释放喷嘴的管道的末端，应采用三通接头，加装 50 mm 长的短管和螺纹管帽，如图 11—18 所示。

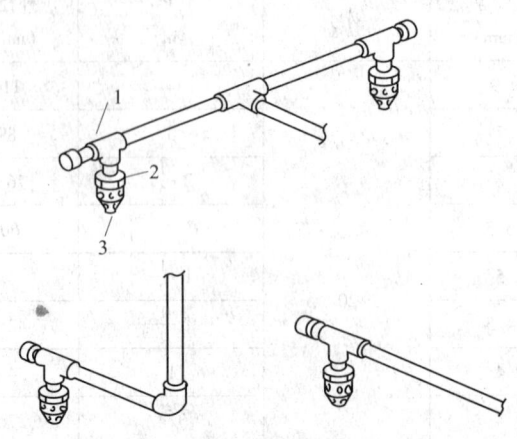

图 11—18　喷嘴附近管道的安装
1—三通　2—短管和螺纹管帽　3—释放喷嘴

第十一章 气体灭火系统检修

12. 释放喷嘴与喷嘴挡流罩的安装

释放喷嘴的作用是释放气体灭火气剂，该部件由铜制成，并永久性地标有喷嘴形式、尺寸、开孔孔径等，安装时必须与设计图样中的喷嘴的尺寸、开孔孔径相符。喷嘴有360°排放喷嘴和180°排放喷嘴（边墙型）。

360°排放喷嘴如图11—19所示，180°排放喷嘴（边墙型）如图11—20所示。

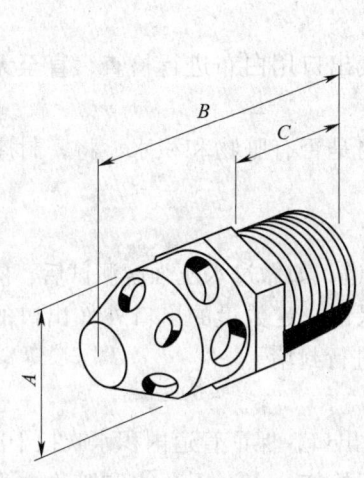
图11—19 360°排放喷嘴

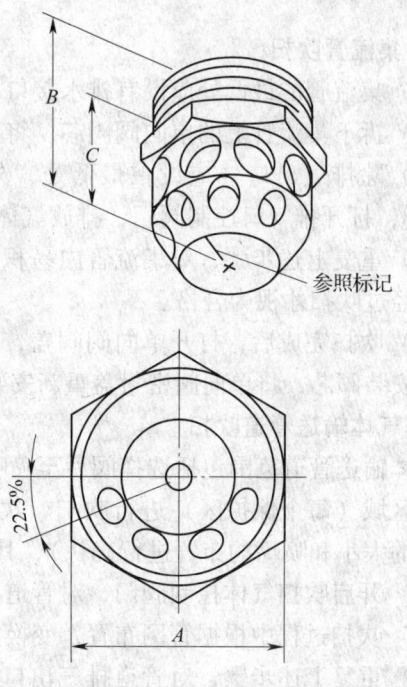
图11—20 180°排放喷嘴（边墙型）

喷嘴朝下安装，设有吊顶的保护区内，吊顶下的喷嘴应安装喷嘴挡流罩，如图11—21所示，以控制药剂的喷射方向，防止损坏吊顶或其他易损的灯具。为使安装后整体美观，喷嘴挡流罩与导管连接处应与顶板平齐。

三、管道试压

管道试压前，应全面检查连接管道和管道连接件是否安装牢固。

选择阀上游管道（含集流管）加工完毕后，应按工作压力的1.5倍（22.0 MPa）进行水压强度试验。试验时，先将压力慢慢升至规定压力值，保压5 min，检查管道各连接处应无明显滴漏，目测管道应无变形。

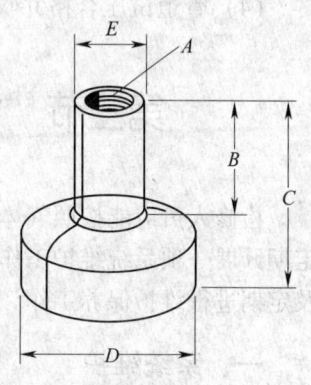
图11—21 挡流罩

选择阀下游管道可用13.0 MPa的水压进行强度试验或用10.5 MPa气压做气压强度试验（试验介质可以是氮气或压缩空气）。当用水进行水压强度试验时，先将压力慢慢升至规定压力值，保压5 min，检查管道各连接处应无明显滴漏，目测管道应无变形；当用气体做气密性试验时,将压力升至试验压力,关断气源后,3 min内压力下降不超过试验压力的10%,用涂肥皂水的方法检查防护区外的管道连接处,应无气泡产生。

水压强度试验合格后,应用氮气或压缩空气对管道进行吹扫,其目的是扫除管道中的杂物及灰尘。

四、吹扫

1. 集流管吹扫

(1) 集流管的最低处应设有排水接口,对试水压后的管道先进行排水。

(2) 拆下集流管上的单向阀阀芯,将单向阀密封盖重新安装复位。

(3) 除排气出口(应设在最低处)外,封堵集流管所有出口,对集流管进行加压至0.6 MPa,打开排气口控制阀门,排放气体。

(4) 重复上述步骤,对集流管内易积水处和排气出口用白布进行检查,直至无积水和脏物后经过吹扫才视为合格。

(5) 吹扫完成后,打开单向阀阀盖,检查阀体内是否有脏物和积水,将密封座清理干净后,安装阀芯,将单向阀密封盖重新安装复位。

2. 气体输送管道吹扫

气体输送管道范围包括选择阀后至喷嘴之间的管道,如做过水压强度测试后,应对系统管网分区域(每个保护区)进行吹扫。吹扫时,除保留一定数量的出口外(出口的数量根据管网的大小和喷嘴的布置进行确认),其余出口应进行封堵。

(1) 开启吹扫气体控制阀门,对管道进行吹扫。

(2) 吹扫过程中根据管网布置,变换保留的排气出口,保证管道内积水吹扫干净。

(3) 重复上述步骤,对管道排气出口用白布进行检查,直至无积水和脏物方视为吹扫合格。

(4) 管道试压合格并吹扫干净后,将压力开关和喷嘴及喷嘴挡流罩接至管道上。

第二节 气体灭火系统设备维护与故障处理

检修人员应能按照气体灭火系统设备检修内容与周期表,独立完成"小修"的内容且定期开展一项系统维护工作,同时可以在技师或专业工程师的指导下开展"大修"的内容及定期进行维护保养工作。

一、系统维护

1. 控制报警系统

(1) 季检

1) 按日常操作、管理的全部内容进行检查。

2) 检查系统控制盘,并清洁箱体内外。

3) 检查系统控制盘工作是否正常,接地故障、电池故障、主板故障的指示灯是否正常。如有故障，则作为故障进行处理。

4）紧固系统控制盘所有连接线。

5）测量系统控制盘交流电源电压，并进行断电切换测试。

6）测量系统控制盘成组蓄电池电压，单个 DC 12 V（-5% ~ 15%），成组 DC 24 V（-5% ~ 15%）。

7）检查辅助电源箱外观，并清洁箱体内外。

8）检查辅助电源箱工作是否正常，检查交流故障、电池故障、输出故障的指示灯是否正常。

9）检查手动/自动开关、紧急止喷按钮、紧急启动开关外观，并清洁表面，检查紧急启动开关封条是否完好、牢固。

10）测试手动/自动开关、紧急止喷按钮的功能。

11）直观检查灭火禁入指示牌、警铃、警笛及闪灯、烟感、温感、系统线管、操作说明及警示牌安装是否良好、牢固，附近环境是否良好。

12）控制盘用短接线将模拟信号传递给辅助电源箱，检查防火阀是否正常动作。

(2) 半年检

1）在测试前，应先断开电磁阀与系统控制盘的连线，避免系统误工作。

2）检查气瓶间电源配电箱切换功能是否正常。

3）切断测试区域的控制盘及辅助电源箱的低压断路器。

4）分别短接一级回路、二级回路接线端子，按系统自动灭火运行方式，对系统控制盘及辅助电源箱进行测试，检查系统控制盘及辅助电源箱的显示、报警、延时 30 s 及设备联动的情况。

5）按系统手动操作方式，对系统控制盘及辅助电源箱进行测试，检查系统控制盘及辅助电源箱的显示、报警及设备联动的情况。

6）模拟二级报警，检查防火阀是否正常动作；检查控制防火阀的继电器接线和外表卫生；对防火阀机构进行检查，对生锈的进行除锈、润滑和干燥处理。

7）全面试验烟感、温感探测器功能；测试探测器底座功能是否正常；对有故障的元件进行修理更换。

8）系统发出气体喷放信号时，检查电磁阀输出端子上电压是否为 DC 24 V（1 ± 5%）。

9）检查测试手动/自动开关、紧急启动开关、停止喷气按钮、灭火禁入指示牌、蜂鸣器及闪灯、警铃、防火阀、压力开关联动等设备的功能，如有故障及时进行处理。

10）在 FAS 系统上面查看是否可以正确接收到一级报警、二级报警、手动/自动、故障、释放 5 个信号及防火阀动作状态的信号。

11）测量控制盘及辅助电源箱单个蓄电池电压是否正常后，闭合测试区域的控制盘及辅助电源箱的低压断路器，检查系统控制盘及电源箱是否正常恢复，测量控制盘、辅助电源箱蓄电池充电电压是否正常。对蓄电池进行放电。蓄电池带负载运行，30 min 后检查其电压是否仍可达到 DC 24V（1 ± 5%），并按蓄电池维护保养规程进行保养。

12）检查控制盘、防火阀辅助电源箱接地情况以及蜂鸣器及闪灯、警铃、灭火指示牌、气体输送管道等设备的卫生，清除上面的杂物和灰尘。确认设备外观无损坏。

13）在完成测试后，应接回电磁阀与系统控制盘的连线，并检查是否正确（包括连线极性与所接端子位置）。

（3）年检

1）在气瓶间内将测试区域的选择阀及气瓶上的电磁阀卸下，分别小心放好（须进行双人确认）。

2）检查系统控制盘、辅助电源箱、电气线管的接地情况。

3）按报警回路分别试验所有烟感、温感探测器及探测器底座的报警功能、设置地点环境情况是否正常。

4）按系统自动灭火运行方式，对系统控制盘及辅助电源箱进行测试，检查系统控制盘及辅助电源箱的显示、报警、延时 30 s 及设备联动的情况。

5）检查气瓶间对应保护区的电磁阀动作是否正确。

6）全面测试手动/自动开关、紧急启动开关、停止喷气按钮、气体释放指示牌、蜂鸣器及闪灯、警铃、防火阀联动等设备的功能。对这些设备进行全面的清洁。

7）复位系统控制盘、辅助电源箱等设备，复位气瓶间对应保护区的电磁阀（恢复时须进行双人确认）。

8）复位系统控制盘、辅助电源箱等设备，复位气瓶间对应保护区的电磁阀、机械手柄及加力器，并仔细检查所有顶针是否完全恢复，若有顶针凸出须进行更换（恢复时须进行双人确认）。

9）按照规定在相应的设备上贴上检查封条。

2. 管网系统

（1）季检

1）一级保养。

2）清洁气瓶间内的地板、输气管道、线管和气瓶并保持卫生。

3）清洁集流管道、气瓶及支架并保持卫生。

（2）半年检

1）检查管网状况，确认管网的接件和紧固件是否牢固，检查连接螺栓是否生锈，进行润滑保养。

2）检查所有气瓶支架，确认所有的气瓶牢固地安装在架子上。核查腐蚀、损坏或遗失的零件，并补充和修复。

3）检查喷嘴（及挡流罩）、减压装置的位置，核查喷嘴（及挡流罩）腐蚀、损坏情况，并确认是否顺畅。

4）检查启动金属软管是否有损坏，是否正确连接。

5）检查所有气瓶高压软管的状况。查看是否有磨损或老化等结构问题，确认所有的软管连接可靠、完好无损。抽查3%的软管的密封圈，检查是否老化或破损。

6）核查压力开关是否有损坏或腐蚀的情况，动作是否灵活。采集信号的铜管是否牢固、是否破损、是否锈坏。

7）核查所有气瓶的状况，查看气瓶外表是否有损坏或腐蚀情况，并对腐蚀部分进行处理、涂漆。

8）使用压力测试表检查气瓶，以确定气瓶压力是否是在正常的范围内，抽查气瓶总数的3%。

9）检查主动瓶头阀的电磁阀外观是否完好，手动启动器的状况是否正常，插销是否插好，更换检查封条。

10）检查选择阀、电磁阀外观是否完好，手动启动器的状况是否正常，插销是否插好，更换检查封条。

（3）年检

1）按照半年检要求完成。

2）按照气体灭火系统规范对管网内部进行检查、吹扫（必要时）。

3）对管道进行清洁、除锈、补漆。

二、故障处理

1. 控制盘接地故障

（1）故障现象。现场气体灭火保护区的控制盘接地故障灯亮，FAS显示气体灭火系统故障。

（2）故障处理。接地故障一般都是因为现场外围设备的工作环境潮湿造成线路接地，另外，防火阀端子接地或设备老化损坏也会引起接地故障。

由于气体灭火控制盘并没有准确定位的功能，因此接地故障相对复杂，可能存在于系统回路中的任何位置。在此情况下，应采用二分法，将该接地回路分段逐段进行排除，用万用表对各段线路进行测量，确定接地区域，然后根据故障现象以及造成接地的原因进行处理。

2. 回路开路或短路故障

（1）故障现象。现场气体灭火保护区控制盘相应的回路故障灯亮，FAS系统显示气体灭火系统故障。

（2）故障处理。回路故障一般都是因为回路线或者回路设备电子元件被击穿，设备老化等原因导致发生短路、断路等引起通信失败，造成故障。系统回路采用环形接法时，任何一条线或任何一个设备短路、断路都会导致该故障。

由于气体灭火控制盘不具备智能化的故障地点判断，只能判断属于某个回路的故障，因此必须采用回路设备的逐个排除法，用万用表逐个进行检查排除，确定故障设备。当故障设备确定后，根据故障现象及原因对该设备或线路进行更换后，抽查测试回路设备的功能。故障处理完毕后，做好故障记录，包括线路出现问题的位置、原因，系统的线间电阻，设备的测试记录等。

3. 气体灭火系统误喷

（1）故障现象。FAS接收到气体灭火系统喷气信号，现场控制盘显示气体已经释放，警笛鸣响，灭火指示灯亮，气瓶间的气瓶压力为零。

（2）故障处理。气体灭火系统发生误喷的可能性多种多样，人为动作或错误操作，系统不稳定，抗干扰能力差，都有可能导致气体发生误喷气。

当系统喷气后，不论是误喷还是灭火时喷气，相关的工作人员必须立即到现场确认。锁好控制盘，禁止对控制盘进行复位，通知调度人员与消防专业人员到现场处理。

消防专业人员到达现场后,应对现场情况做好详细笔录,并和在现场的相关人员双方签字确认。安全员对现场情况及设备的状态进行拍照存档。消防专业人员在做好笔录后,在现场火情确实得到控制的情况下可以恢复现场。其措施如下。

1)打开防火阀,执行排气模式。如必须进入设备房才能打开防火阀时,必须穿着防护服,佩戴防毒面具。

2)开启相应的送、排风机,具体要求参照相应的环控模式。

3)排气完毕后,应检查设备是否正常,管线是否损坏,必要时应进行检测。

4)检查报警系统部分,若是正常报火警喷放,则进行复位,否则查找误报警的原因,消除故障,恢复正常报警功能。

5)拆卸已喷放药剂的气瓶,安装上备用气瓶,接着进行故障恢复后的整体测试。

6)将拆卸下来的空气瓶送到合格的气体充装站进行气瓶的水压强度测试、气密性测试,测试合格充装灭火药剂,运送到仓库存放。

故障恢复后,对系统进行一次完整的测试,包括探测器报警功能、紧急启动开关功能、手动/自动转换开关功能、紧急启/停按钮功能、控制主机的输入/输出功能、启动阀联动功能等,并做好相应的测试记录。

第三节 气体灭火系统验收

系统检修人员必须参与新设备验收工作,因此必须了解气体灭火系统的设计、施工、调试、验收的相关要求。

一、设计要求

1. 一般原则

(1)采用气体灭火系统保护的防护区,其灭火设计用量或惰化设计用量,应根据防护区内可燃物相应的灭火设计浓度或惰化设计浓度经计算确定。

(2)有爆炸危险的气体、液体类火灾的防护区,应采用惰化设计浓度;无爆炸危险的气体、液体类火灾和固体类火灾的防护区,应采用灭火设计浓度。

(3)几种可燃物共存或混合时,灭火设计浓度或惰化设计浓度应按其中最大的灭火设计浓度或惰化设计浓度确定。

(4)采用组合分配系统时,一个组合分配系统所保护的防护区不应超过8个。

(5)组合分配系统的灭火剂储存量,应按储存量最大的防护区确定。

(6)灭火系统的灭火剂储存量,应为防护区的灭火设计用量与储存容器内的灭火剂剩余量和管网内的灭火剂剩余量之和。

(7)灭火系统的储存装置72h内不能重新充装恢复工作的,应按系统原储存量的100%设置备用量。

(8)灭火系统的设计温度应采用20℃。

(9)同一集流管上储存容器的规格、充压压力和充装量应相同。

(10) 当同一防护区设计两套或三套管网时，集流管可分别设置，系统启动装置必须共用。各管网上喷头流量均应按同一灭火设计浓度、同一喷放时间进行设计。

(11) 管网上不应采用四通管件进行分流。

(12) 喷头的保护高度和保护半径应符合下列规定

1）最大保护高度不宜大于6.5 m。

2）最小保护高度不应小于0.3 m。

3）喷头安装高度小于1.5 m时，保护半径不宜大于4.5 m。

4）喷头安装高度不小于1.5 m时，保护半径不宜大于7.5 m。

5）喷头宜贴近防护区顶面安装，距顶面的最大距离不宜大于0.5 m。

2. 系统设置要求

（1）气体灭火系统适用于扑救电气火灾、固体表面火灾、液体火灾和灭火前能切断气源的气体火灾。

（2）气体灭火系统不适用于扑救的火灾有：硝化纤维、硝酸钠等氧化剂或含氧化剂的化学制品火灾；钾、镁、钠、钛、锆、铀等活泼金属火灾；氢化钾、氢化钠等金属氢化物火灾；过氧化氢、联胺等能自行分解的化学物质火灾；可燃固体物质的深位火灾。

3. 防护区划分规定

（1）防护区宜以单个封闭空间划分；同一区间的吊顶层和地板下需同时保护时，可合为一个防护区。

（2）采用管网灭火系统时，一个防护区的面积不宜大于800 m^2，且容积不宜大于3 600 m^3。

（3）采用预制灭火系统时，一个防护区的面积不宜大于500 m^2，且容积不宜大于1 600 m^3。

（4）防护区围护结构及门窗的耐火极限均不宜低于0.5 h；吊顶的耐火极限不宜低于0.25 h。

（5）防护区围护结构承受内压的允许压强，不宜低于1 200 Pa。

（6）防护区应设置泄压口，七氟丙烷灭火系统的泄压口应位于防护区净高的2/3以上。

（7）防护区设置的泄压口宜设在外墙上。泄压口面积按相应气体灭火系统设计规定计算。

（8）喷放灭火剂前，防护区内除泄压口外的开口应能自行关闭。

（9）防护区的最低环境温度不应低于−10℃。

4. 储存和输送部件的规定

（1）管网系统的储存装置应由储存容器、容器阀和集流管等组成；七氟丙烷和IG541预制灭火系统的储存装置，应由储存容器、容器阀等组成；热气溶胶预制灭火系统的储存装置应由发生剂罐、引发器和保护箱（壳）体等组成。

（2）容器阀和集流管之间应采用挠性连接。储存容器和集流管应采用支架固定。

（3）储存装置上应设耐久的固定铭牌，并应标明每个容器的编号、容积、皮重、灭火剂名称、充装量、充装日期和充压压力等。

（4）管网灭火系统的储存装置宜设在专用储瓶间内。储瓶间宜靠近防护区，并应符合建筑物耐火等级不低于二级的有关规定及有关压力容器存放的规定,且应有直接通向室外或疏散走道的出口。储瓶间和设置预制灭火系统的防护区的环境温度应为 -10~50℃。

(5) 储存装置的布置应便于操作、维修及避免阳光照射。操作面距墙面或两操作面之间的距离,不宜小于1.0 m,且不应小于储存容器外径的1.5倍。

(6) 储存容器、驱动气体储瓶的设计与使用应符合国家现行《气瓶安全监察规程》及《压力容器安全技术监察规程》的规定。

(7) 储存装置的储存容器与其他组件的公称工作压力,不应小于在最高环境温度下所承受的工作压力。

(8) 在储存容器或容器阀上,应设安全泄压装置和压力表。组合分配系统的集流管,应设安全泄压装置。安全泄压装置的动作压力,应符合相应气体灭火系统的设计规定。

(9) 在通向每个防护区的灭火系统主管道上,应设压力信号器或流量信号器。

(10) 组合分配系统中的每个防护区应设置控制灭火剂流向的选择阀,其公称直径应与该防护区灭火系统的主管道公称直径相等。

(11) 选择阀的位置应靠近储存容器且便于操作。选择阀应设有标明其工作防护区的永久性铭牌。

(12) 喷头应有型号、规格的永久性标志。设置在有粉尘、油雾等防护区的喷头,应有防护装置。

(13) 喷头的布置应满足喷放后气体灭火剂在防护区内均匀分布的要求。当保护对象属可燃液体时,喷头射流方向不应朝向液体表面。

(14) 输送气体灭火剂的管道应采用无缝钢管,其质量应符合现行国家标准《输送流体用无缝钢管》(GB/T 8163)、《高压锅炉用无缝钢管》(GB 5310)等的规定。无缝钢管内外应进行防腐处理,防腐处理宜采用符合环保要求的方式。

(15) 输送气体灭火剂的管道若安装在腐蚀性较大的环境里,宜采用不锈钢管,其质量应符合现行国家标准《流体输送用不锈钢无缝钢管》(GB/T 14976)的规定。

(16) 输送启动气体的管道,宜采用铜管,其质量应符合现行国家标准《拉制铜管》(GB 1527)的规定。

(17) 管道的连接,当公称直径小于或等于80 mm时,宜采用螺纹连接;大于80 mm时,宜采用法兰连接。钢制管道附件应内外防腐处理,防腐处理宜采用符合环保要求的方式。若使用在腐蚀性较大的环境里,应采用不锈钢的管道附件。

(18) 系统组件与管道的公称工作压力,不应小于在最高环境温度下所承受的工作压力。

(19) 系统组件的特性参数应由国家法定检测机构验证或测定。

5. 操作与控制

(1) 采用气体灭火系统的防护区,应设置火灾自动报警系统,其设计应符合现行国家标准《火灾自动报警系统设计规范》(GB 50116)的规定,并应选用灵敏度级别高的火灾探测器。

(2) 管网灭火系统应设自动控制、手动控制和机械应急操作三种启动方式。预制灭火系统应设自动控制和手动控制两种启动方式。

(3) 采用自动控制启动方式时,根据人员安全撤离防护区的需要,应有不大于30 s的可控延迟喷射;对于平时无人工作的防护区,可设置为无延迟的喷射。

(4) 灭火设计浓度或实际使用浓度大于无毒性反应浓度(NOAEL浓度)的防护区和采用热气溶胶预制灭火系统的防护区,应设手动与自动控制的转换装置。当人员进入防护区时,应能将灭火系统转换为手动控制方式;当人员离开时,应能恢复为自动控制方式。防护区内外应设手动、自动控制状态的显示装置。

(5) 自动控制装置应在接到两个独立的火灾信号后才能启动。手动控制装置和手动/自动转换装置应设在防护区疏散出口的门外便于操作的地方,安装高度为中心点距地面1.5 m。机械应急操作装置应设在储瓶间内或防护区疏散出口门外便于操作的地方。

(6) 气体灭火系统的操作与控制应包括对开口封闭装置、通风机械和防火阀等设备的联动操作与控制。

(7) 设有消防控制室的场所及各防护区灭火控制系统的有关信息,均应传送给消防控制室。

(8) 气体灭火系统的电源应符合现行国家有关消防技术标准的规定;采用气动力源时,应保证系统操作和控制需要的压力和气量。

(9) 组合分配系统启动时,选择阀应在容器阀开启前打开或同时打开。

6. 其他安全要求

(1) 防护区应有保证人员在30 s内疏散完毕的通道和出口。

(2) 防护区内的疏散通道及出口应设应急照明与疏散指示标志。防护区内应设火灾声报警器,必要时可增设闪光报警器。防护区的入口处应设火灾声、光报警器和灭火剂喷放指示灯,以及防护区采用的相应气体灭火系统的永久性标志牌。灭火剂喷放指示灯信号应保持到防护区通风换气后,并以手动方式解除。

(3) 防护区的门应向疏散方向开启,并能自行关闭;用于疏散的门必须能从防护区内打开。

(4) 灭火后的防护区应通风换气,地下防护区和无窗或设固定窗扇的地上防护区均应设置机械排风装置,排风口宜设在防护区的下部并应直通室外。通信机房、电子计算机房等场所的通风换气次数应不小于每小时5次。

(5) 储瓶间的门应向外开启,储瓶间内应设应急照明;储瓶间应有良好的通风条件,地下储瓶间应设机械排风装置,排风口应设在下部,可通过排风管排出室外。

(6) 经过有爆炸危险和变电、配电场所的管网,以及布设在以上场所的金属箱体等,均应设防静电接地。

(7) 有人工作防护区的灭火设计浓度或实际使用浓度均不应大于有毒性反应浓度(LOAEL浓度)。

(8) 防护区内设置的预制灭火系统的充压压力应不大于2.5 MPa。

(9) 灭火系统的手动控制与应急操作应有防止误操作的警示显示与措施。

(10) 设有气体灭火系统的场所宜配置空气呼吸器。

二、系统调试及验收要求

由于各种气体灭火系统的工作原理以及调试、验收要求大致相同，这里以烟烙尽系统为例进行介绍。

烟烙尽气体灭火系统的调试宜在系统安装完毕，以及有关的火灾自动报警系统和开口自动关闭装置、通风机械和防火阀等联动设备的调试完成后进行。

1．调试前检查

（1）防护区的划分、用途、位置、开口、通风、几何尺寸、环境温度及可燃物的种类和数量均应符合设计要求。

（2）防护区入口处的蜂鸣器及闪灯、警铃的安装均应符合设计要求。每个保护区应至少有一个入口处有烟烙尽气体灭火系统保护的标志，入口处的内侧应装有安全提示的标志牌。

（3）防护区的疏散通道、疏散指示标志和应急照明装置均应符合现行国家有关标准、规范的规定。

（4）气瓶间的位置、通道、耐火等级、应急照明装置及地下气瓶间机械排风装置均应符合设计要求，并应满足现行国家标准、规范的要求。

（5）烟烙尽气体气瓶的数量、规格、储存压力、安装位置与固定方式均应符合设计要求及安装规定。

（6）集流管的材料、规格、连接方式、布置均应符合设计要求及安装规定。

（7）选择阀的数量、型号、规格、位置、固定和标志及其安装质量均应符合设计要求及安装规定。

（8）用于应急操作的主动气瓶和电磁选择阀上的紧急机械启动器上应有标明对应防护区名称的耐久标志。安全销锁定在原位。

（9）烟烙尽气体输送管道的布置与连接方式、支架和吊架的位置及间距、穿过建筑物构件及其变形缝的处理、各管段和管接件的型号和规格以及防腐处理和油漆颜色，均应符合设计要求及安装规定。

（10）喷嘴的数量、型号、规格、安装位置、固定方法均应符合设计要求及安装规定。

（11）控制盘、探测器、蜂鸣器及闪灯、警铃、手动启动器、紧急停止开关、手动/自动转换开关的数量、型号、规格、安装位置及安装质量均应符合设计要求和安装规定。

2．系统调试

（1）调试前，确认电磁启动器没有安装在气瓶上，然后将 HF 电磁启动器与控制盘连接线进行连接（CV-98 型电磁启动器每启动一次必须更换启动器组件，因此，调试时不需与控制盘连接线连接，用 DC 24 V 灯泡代替做模拟测试）。

（2）检查气体控制盘各连接回路是否正确，有无故障信号产生，如有故障信号产生，应对相关线路进行排查，直至控制盘显示工作正常为止。

（3）对烟烙尽灭火系统保护区的探测器逐个进行试验，确认其动作应准确无误。

（4）检测系统的一级、二级报警信号是否正确。一级报警时，保护区内警铃动作；二级报警信号产生后，蜂鸣器及闪灯动作，联动设备动作（如防火阀、闭门装置、火灾时需切断电源的设备）。系统延时30 s后，启动瓶头阀及选择阀上的电磁启动器。

（5）在延时阶段，按下紧急停止开关，系统控制盘应显示在紧急停止状态；松开紧急停止开关，系统重新进行计时，计时完毕，系统控制盘显示系统释放信号，瓶头阀及选择阀上的电磁启动器动作。

（6）检测系统的手拉启动及应急操作是否正确可靠，检测手动/自动转换开关、紧急停止开关是否工作正常。

注意：调试手拉启动器时，应将手拉启动器内的玻璃棒取出并保管好。

（7）消防中央控制室应能够接收到气体灭火系统的预报警、报警确认、故障、喷气、手动/自动共5个信号。

（8）扳动主瓶和选择阀对应的紧急机械启动器，此时电磁启动器和启动器接头顶针应能被顶出，完成人工机械启动模式。注意，扳动紧急机械启动器之前，应确认紧急机械启动器没有安装在气瓶的瓶头阀上。

（9）调试完毕，应对系统进行复位。复位内容如下：

1）手拉启动器。用手拉启动器专用钥匙打开手拉启动器盒盖，将玻璃棒装上，将盒盖合上并锁定。

2）手动/自动转换开关（紧急维修开关）。用手动/自动转换开关专用钥匙将开关从手动状态（紧急维修状态）切换回自动状态。

注意：在手动状态时，如系统需手拉启动时，应先将紧急维修开关从手动状态切换至自动，再拉动手拉启动器，系统才释放。

3）电磁启动器、启动器接头、紧急机械启动器的复位。取下电磁启动器、启动器接头，用复位工具将电磁启动器和启动器接头分别进行复位。将紧急机械启动器复位至SET位置，再将电磁启动器、启动器接头、紧急机械启动器进行连接。

注意：系统在未投入使用前，电磁启动器和启动器接头、紧急机械启动器不能安装在瓶头阀上。

4）控制盘复位。按下控制盘复位按钮，控制盘进行复位，各回路应无故障和报警信号，控制盘显示工作正常状态。

三、气体灭火系统的抽验

在符合现行各有关系统设计规范的条件下，按实际安装数量的20%~30%抽验下列控制功能。

（1）入口启动和紧急切断试验1~3次。

（2）与固定灭火设备联动控制的其他设备（包括关闭防火门窗、停止空调风机、关闭防火阀、落下防火幕等）试验1~3次。

（3）抽一个防护区进行喷放试验（卤代烷系统应采用氮气等介质代替）。

上述试验的控制功能、信号均应正常。

高级检修工理论知识考核模拟试题

一、填空题（每空1.5分，共30分）
1. 正弦交流电的三要素是_____、最大值、_____。
2. 十六进制 FFFF 转换成十进制数为_____。
3. 模拟信号在输入计算机之前，须先经过_____转换，并以_____形式输入计算机。
4. 一段导线的电阻为 2.4 Ω，通过导线的电流为 4.6 A，则这条导线上的电压降是_____V。
5. 半导体导电方式一般分两种，它们分别是_____和_____。
6. 烟感探测器投入使用_____年后，应每隔_____年清洗一次。
7. 在保护房间内有人的情况下，气体灭火系统的手动/自动转换开关应处于_____状态。
8. 目前网络协议有许多种，但是最基本的协议是_____协议。
9. 数据链路层（或 MAC）地址也被称为_____或_____。
10. 信息可以通过两种方式传输，即_____或_____。
11. 吞吐量是在一给定时间段内介质能传输的数据量，它通常用每秒兆位（1 000 000 位）或 Mb/s 进行度量。吞吐量也被称为_____。
12. 网络接口卡常被称为_____。
13. 机械排烟方式分为_____和负压机械排烟方式两种。
14. 火灾报警的确认有两种方式，即_____和人工确认。

二、单项选择题（把正确答案的代号填入横线空白处；每小题2分，共30分）
1. 电阻上的色环分别是棕、紫、黄、金、棕，那么该电阻的实际阻值是_____Ω。
   A. 174　　　　B. 1 740　　　　C. 17.4　　　　D. 1.74
2. 隔离开关画断开位置时，在电气图中属于_____。
   A. 正常状态　　B. 不正常状态　　C. 可能是正常状态　　D. 可能是不正常状态
3. 用一只一元有功功率表测量三相平衡小功率电路的三相功率时，三相电路的实际功率应为该功率表读数的_____倍。
   A. 1　　　　B. 2　　　　C. 3　　　　D. 4
4. 在 RL 串联电路中，已知 $R = 60$ Ω，$X_L = 80$ Ω，则电路的阻抗值为_____Ω。
   A. 50　　　　B. 100　　　　C. 150　　　　D. 200
5. 晶闸管阻断时，承受的电压大小取决于_____状态。
   A. 负载
   B. 外加电压大小
   C. 晶闸管管压降
   D. 触发角大小

6. 三相半波可控整流电路，三只晶闸管都不触发，晶闸管两端电压波形为_____。
   A. 该相交流电压波形	B. 相邻相线电压波形
   C. 一条直线	D. 无法确定
7. 分压比为 0.6 的单结晶闸管，若 $U_{bb}=20$ V，则峰点电压 U_p 值是_____V。
   A. 12.7	B. 20.7	C. 12	D. 1.3
8. 常用的过压保护措施是_____。
   A. 硒堆保护	B. 阻容保护
   C. 快速保护	D. 压敏保护
9. 双向晶闸管的额定电流是指_____。
   A. 有效值电流	B. 平均值电流
   C. 最大值电流	D. 最小值电流
10. A 灯泡 220 V、60 W，B 灯泡 220 V、40 W，如 A、B 灯泡串联接在 220 V 交流电路上，则_____。
    A. A 比 B 亮	B. B 比 A 亮	C. 都不亮	D. 同样亮
11. 干电池的开路电压为 1.5 V，接上 9 Ω 的负载电阻时其端电压为 1.35 V，电源内阻为_____Ω。
    A. 1/2	B. 1	C. 3/2	D. 2
12. 当防火阀关闭，FAS 系统 GCC 上表示该防火阀的图标显示_____色。
    A. 绿	B. 黄	C. 紫	D. 红
13. 当气体灭火系统的一个回路探测到火警信号时，则_____。
    A. 警铃报警	B. 警笛报警
    C. 疏散指示灯闪亮	D. 气体释放
14. 基带传输支持_____信号流。
    A. 单向	B. 双向	C. 三向	D. 无方向
15. 5 类线（CAT5）包括 4 个电线对，支持_____Mb/s 的吞吐量和信号速率。
    A. 50	B. 100	C. 200	D. 300

三、判断题（下列判断正确的填"O"，错误的填"×"；每小题 1 分，共 15 分）
1. 稳压二极管的稳定电压是指该稳压管的反向击穿电压。（　　）
2. 交流电的平均值是指交流电在半个周期内所有瞬时值的平均大小。（　　）
3. 为了与 MODEM 或其他串行设备通信，必须用硬件将计算机内的并行位转换为与这些设备兼容的串行位流，这种硬件叫适配器。（　　）
4. 纯净的半导体可以用来制造晶体管。（　　）
5. 电路中某点电位高低、两点间电压的大小，均与参考点的选择有关。（　　）
6. 110 V、100 W 的灯泡和 110 V、25 W 的灯泡可以串联在 220 V 的电源上使用。（　　）
7. 具有大电感的电路中，在切断电源时，应加装灭弧装置或其他保护装置。（　　）
8. 电容器的耐压为 150 V，它能接在有效值为 150 V 的交流电压下工作。（　　）
9. 三相负载星形联结时一定要有中线。（　　）

10. 在放大电路中,若发射结的直流电压约为 0.3 V,则该管采用的是锗材料。(   )
11. 三极管的输入电阻 r_{be} 的大小可将万用表拨至欧姆挡,在 B、E 极间测量。(   )
12. 用万用表测电阻时,测量前和改变欧姆挡位后,都必须进行一次欧姆调零。
(   )
13. 晶闸管导通后流过的电流取决于负载。(   )
14. 当气体灭火系统处于手动状态,按下"喷气"开关不会导致气体喷洒。(   )
15. 红外对射探测器属于线型探测器。(   )

四、问答题（共 25 分）

1. 用万用表测晶闸管门极时,为什么正反向电阻不同?是否阻值越小越好?（5 分）
2. 简述全面通风排烟方式。（5 分）
3. 卷图 13 所示是热敏电阻定温火灾探测器电路基本原理图,RT 是负温度系数热敏电阻,试从其电路分析论述工作原理。（5 分）

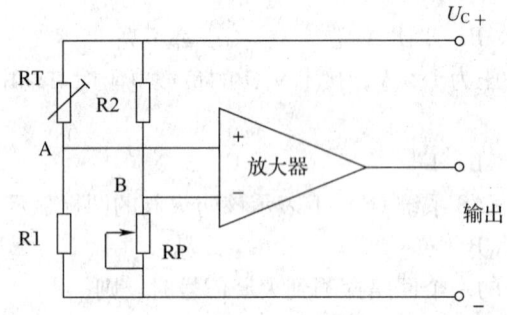

卷图 13　热敏电阻定温火灾探测器电路基本原理图

4. 有两个三极管分别接在电路中（放大电路）,测得它们管脚的电位（对"地"）分别如表 11—7 所列。试判断三极管的三个电极,并说明是硅管还是锗管?是 NPN 型还是 PNP 型?（10 分）

表 11—7　　　　　　　　　　　三极管管脚电位

三极管 I				三极管 II			
管脚	1	2	3	管脚	1	2	3
电位/V	-3.3	-3	-7	电位/V	10	5	4.4

高级检修工技能操作考核模拟试题

【题目1】利用给出的部件,组建FAS系统控制盘。(35分)

【题目2】气体灭火系统气瓶安装。(35分)

【题目3】FAS系统接地故障处理。(30分)

高级检修工理论知识考核模拟试题参考答案

一、填空题

1. 频率（或周期） 初相位
2. 65 535
3. A/D 二进制代码
4. 11.04
5. 电子导电 空穴导电
6. 2 3
7. 手动
8. TCP/IP
9. 物理地址 硬件地址
10. 模拟 数字
11. 容量
12. 网络适配器
13. 全面通风排烟方式
14. 自动确认

二、单项选择题

1. A 2. A 3. C 4. B 5. B 6. A 7. A 8. B 9. A 10. B
11. B 12. D 13. A 14. B 15. B

三、判断题

1. ○ 2. ○ 3. ○ 4. × 5. × 6. × 7. ○ 8. × 9. × 10. ○
11. × 12. ○ 13. ○ 14. × 15. ×

四、问答题

1. 答：晶闸管的门极对阴极是一个 PN 结，所以正反向电阻不同。同一型号的门极伏安特性相差很大，所以不能以门极电阻大小来确定特性好坏。但如测得电阻值为零或无穷大，则表明控制极与阴极已开路或短路，不能使用。

2. 答：在对房间利用排烟机进行机械排烟的同时，利用送风机进行机械送风，这种方式称为全面通风排烟方式。由于这种机械排烟方式给控制区送入了大量的新鲜空气，为避免产生助燃的影响，它不适合应用在着火区，可用于非着火的有烟区，系统运行时可使系统的送风量稍大于排烟量，使控制区显微正压。这种方式的优点是防烟、排烟效果好，而且稳定，不受任何气象条件的影响，从而确保控制区域的安全。缺点是需要送、排风两套机械设备，投资较高，耗电量也较大。

3. 答：$U_A = [U_C/(R_1 + R_T)] \times R_1$；$U_B = [U_C/(R_P + R_2)] \times R_P$；正常状态下，$U_A < U_B$；当外界温度升高时，$R_T$ 减小，U_A 升高，当 U_A 升高到预定值时，放大器由反相输出变为正相输出，产生报警。

4. 答：NPN 型：集电极电位最高，发射极电位最低，$U_{BE} > 0$；

PNP 型：发射极电位最高，集电极电位最低，$U_{BE}<0$；
硅管：基极电位与发射极电位大约相差 0.6 V 或 0.7 V；
锗管：基极电位与发射极电位大约相差 0.2 V 或 0.3 V；
由此可知：
三极管 I：PNP 型，锗管，1——B、2——E、3——C；
三极管 II：NPN 型，硅管，1——C、2——B、3——E。

高级检修工技能操作考核模拟试题参考答案

【题目1】 安装步骤

(1) 安装机箱并将所需的电缆引入机箱内。

(2) 检验现场设备接线情况。

(3) 安装插槽机架。

(4) 安装主开关电源。

(5) 在插槽机架上安装所需的插槽模块,如 CPU 模块、DSDC 回路卡模块、电源监测模块等。安装所需的控制显示模块,如 LCD 液晶显示操作面板、指示灯模块等。

(6) 为控制盘送电。

(7) 为 CPU 模块下载初始程序,并排除控制盘上的板卡模块故障。

(8) 连接现场设备,并排除现场回路总线的故障。

(9) 下载最新的应用程序。

【题目2】 操作提示

(1) 烟烙尽气体气瓶安装。气瓶组的操作面距墙或操作面之间的距离不宜小于 1.0 m。各气瓶瓶头阀上的压力表应朝向操作面,安装高度和方向应一致;每个气瓶组的正面应该标有灭火剂名称和气瓶的编号。

具有固定架的气瓶组应采用固定夹固定背靠背安装。

(2) CV-98 型电磁启动器安装。CV-98 型电磁启动器的公称电压在 1.5 A 时为 DC 24 V。在辅助或人控应用时,把 CV-98 型启动器上的安全帽卸下,再在其上部安装紧急机械启动器。

HF 电磁启动器应安装在指定的主动气瓶瓶头阀上,而每个选择阀上均需安装电磁启动器。CV-98 型瓶头阀和选择阀需要通过一个转换接头与 HF 电磁启动器连接。

HF 电磁启动器的公称电压在 0.57 A 时为 DC 12 V。在辅助或人控应用时,把 HF 电磁阀上的安全帽卸下,再在其上部安装人工拉杆启动器。HF 电磁阀有动作后通过复位工具进行复位。在系统交付使用前,HF 电磁启动器应与释放回路断开。

(3) 紧急机械启动器安装。瓶头阀紧急机械启动器平时置于 SET 位置,应急操作时才拔开锁定销,拉动操作手柄,开启主动气瓶和选择阀。瓶头阀和选择阀的紧急机械启动器分别装在各自的电磁启动器上。

注意:连接 CV-98 型电磁启动器和 HF 电磁启动器的紧急机械启动器规格是不同的。

(4) 高压释放软管安装。高压释放软管是 0.63 in 内径的双层金属编织橡胶软管,连有铜质接头和内置单向阀,它是连接气瓶瓶头阀出气口和集流管之间的管道。

(5) 不锈钢启动软管、接头、三通、弯头安装。不锈钢启动软管用于连接每个气瓶组之间的启动管线的加压三通。该软管具有与加压三通接头相同的螺纹。启动软管使得钢性启动管网与容器阀门之间连接灵活。

不锈钢启动软管、接头、三通、弯头的安装,先从气瓶瓶头阀上把球型单向阀的旋塞卸下。当从阀体上卸下球型单向阀旋塞时,确认弹簧和球体在阀中,它们不能被卸走。如果卸下，则在启动时瓶头阀不会动作。

然后把接头和阳螺纹弯头或阳螺纹三通拧到阀门上。在所有的阳螺纹上使用少量的密封胶拧紧。

最后通过接头、三通、弯头将不锈钢启动软管接至气瓶瓶头阀上。

（6）集流管安装。集流管可采用焊接方式加工，也可以采用螺纹连接方式加工，必要时也可以在局部位置采用法兰连接。在集流管的最高处设置排气口。

（7）单向阀安装。单向阀安装时阀体上的箭头方向应与管道气体流动方向相同。

（8）排气阀（端部泄放塞）安装。

（9）减压装置安装。减压装置安装时应注意外壳上永久性箭头标志表示的箭头方向应与管道中气体流动方向一致。

（10）选择阀安装。选择阀上有气体流动方向标志，安装时按照标志的方向将选择阀安装在气体输送管上。0.5~2 in 的选择阀用螺纹连接，3 in 以上的选择阀用法兰连接，法兰连接密封垫采用金属密封垫圈。

在选择阀顶部装上电磁启动器，电磁启动器接在气体灭火系统控制盘的释放回路接口上（在系统未调试完成前，电磁启动器不可接入释放回路）。

【题目3】操作提示

（1）测量系统的公共端与机架之间电压更为有效。在此情况下，应先断开主接地，再一级一级向上检查。为排除故障，所有卡（包括回路卡）都有 GFI（Ground Fault Interrupt）继电器。触发监测卡上的 GFI 继电器实际上是把卡上的所有区域断开，接地故障存在于其他地方。触发回路卡上的 GFI 时会出现"回路通信错误"（MAPNET COMMUNICATIONS FAIL）的故障指示，再看看此时接地故障的状态。

（2）当确定了接地区域后，便可以对外部的线路进行查线，排除故障。确定具体故障点并进行相应的处理。

（3）故障恢复后的测试：排除接地点后，应用万用表对系统的各个线路进行接地的电压测量，当测量的电压高于系统的最低要求后，故障处理完毕。

第四部分 技 师

第十二章

可编程控制器

第一节 可编程控制器基本知识

一、PLC 的由来

早期的可编程控制器称作可编程逻辑控制器（Programmable Logic Controller，PLC），主要用来代替继电器实现逻辑控制。随着技术的发展，这种装置的功能已经大大超过了逻辑控制的范畴，因此，现在这种装置称作可编程控制器，简称 PC。为了避免与个人计算机（Personal Computer）的简称混淆，将可编程控制器仍简称 PLC。

二、PLC 的定义

可编程控制器是一种数字运算操作的电子系统，是专为在工业环境应用而设计的。用于其内部存储程序、执行逻辑运算、顺序控制、定时、计数与算术操作等面向用户的指令，并通过数字或模拟式输入/输出控制各种类型的机械或生产过程。

三、PLC 的特点

1. 具有很高的可靠性

（1）所有的 I/O 接口电路均采用光电隔离，使工业现场的外电路与 PLC 内部电路之间在电气上隔离。

（2）各输入端均采用 RC 滤波器，其滤波时间常数一般为 10～20 ms。

（3）各模块均采用屏蔽措施，以防辐射干扰。

（4）采用性能优良的开关电源。

（5）对采用的器件进行严格的筛选。

（6）具有良好的自诊断功能，一旦电源或其他软、硬件发生异常情况，CPU 立即采用有效措施，以防止故障扩大。

（7）大型 PLC 还可以采用由双 CPU 构成的冗余系统或由三 CPU 构成的表决系统，使其可靠性更进一步提高。

2. 丰富的 I/O 接口模块

常用的 I/O 分类如下：开关量模块按电压水平分为 AC 220 V、AC 110 V、DC 24 V；按隔离方式分为继电器隔离和晶体管隔离。模拟量模块按信号类型分为电流型（4～20 mA，0～20 mA）、电压型（0～10 V，0～5 V，−10～0 V）等；按精度分，有 12 bit、14 bit、16 bit 等。除了上述通用 I/O 外，还有特殊 I/O 模块，如热电阻、热电偶、脉冲等模块。按 I/O 点数确定模块规格及数量，I/O 模块可多可少，其最大数受限于 CPU 所能管理的基本配置的能力，即受最大的底板或机架槽数限制。

3. 采用模块化结构

为了适应各种工业控制需要，除了单元式的小型 PLC 以外，绝大多数 PLC 均采用模块化结构。PLC 的各个部件，包括 CPU、电源、I/O 等均采用模块化设计，由机架及电缆将各模块连接起来，系统的规模和功能可根据用户的需要自行组合。

4. 编程简单易学

PLC 的编程大多采用类似于继电器控制线路的梯形图形式，对使用者来说，不需要具备计算机的专门知识，因此，很容易被一般工程技术人员所理解和掌握。

5. 安装简单，维修方便

由于采用模块化结构，因此，一旦某模块发生故障，用户可以通过更换模块的方法，使系统迅速恢复运行。

四、PLC 的功能

PLC 的主要功能有：逻辑控制、定时控制、计数控制、步进（顺序）控制、PID 控制、数据控制、通信和联网等。

此外，PLC 还有许多特殊功能模块，适用于各种特殊控制的要求，例如，定位控制模块、CRT 模块。

五、PLC 的分类

1. 小型 PLC

小型 PLC 的 I/O 点数一般在 128 点以下，其特点是体积小，结构紧凑，整个硬件融为一体，它能执行包括逻辑运算、计时、计数、算术运算、数据处理和传送、通信联网功能以及各种应用指令。

2. 中型 PLC

中型 PLC 采用模块化结构，其 I/O 点数一般为 256～1 024 点。它能连接各种特殊功能模块，通信联网功能更强，指令系统更丰富，内存容量更大，扫描速度更快。

3. 大型 PLC

一般 I/O 点数在 1 024 点以上的称为大型 PLC。大型 PLC 的软、硬件功能极强。具有极强的自诊断功能。通信联网功能强，有各种通信联网的模块，可以构成三级通信网，实现工厂生产管理自动化。大型 PLC 还可以采用三 CPU 构成表决式系统，使机器的可靠性更高。

六、PLC 的基本结构

PLC 实质上是一种专用于工业控制的计算机，其硬件结构基本上与微型计算机相同，如图 12—1 所示。

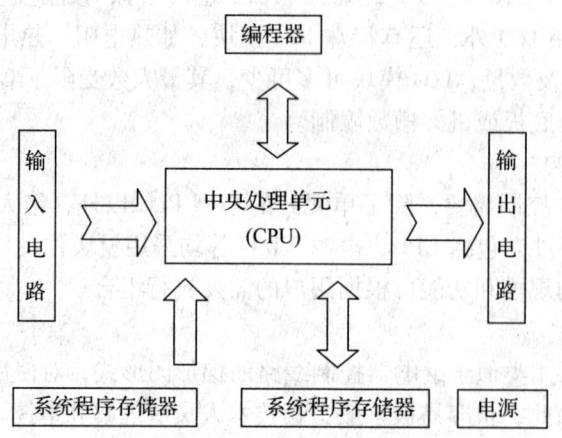

图 12—1　PLC 的组成框图

1. 中央处理单元

中央处理单元（CPU）是 PLC 的控制核心。它按照 PLC 系统程序定义的功能接收并存储从编程器输入的用户程序和数据；检查电源、存储器、I/O 以及警戒定时器的状态，并能诊断用户程序中的语法错误。当 PLC 投入运行时，首先它以扫描的方式接收现场各输入装置的状态和数据，并分别存入 I/O 映像寄存器，然后从用户程序存储器中逐条读取用户程序，经过命令解释后按指令的规定将逻辑或数字运算的结果送入 I/O 映像区或数据寄存器内。等所有的用户程序执行完毕之后，最后将 I/O 映像区的各输出状态或输出寄存器内的数据传送到相应的输出装置，如此循环运行，直到停止运行。

为了进一步提高 PLC 的可靠性，近年来对大型 PLC 还采用了双 CPU 构成冗余系统，或采用三 CPU 的表决式系统。这样，即使某个 CPU 出现故障，整个系统仍能正常运行。

2. 存储器

存放系统软件的存储器称为系统程序存储器。存放应用软件的存储器称为用户程序存储器。

（1）PLC 常用的存储器类型

1）读写存储器（随机存储器）（Random Access Memory，RAM）。RAM 是一种高密度、低功耗的半导体存储器，其存取速度最快，可用锂电池作为备用电源，一旦断电就可通过锂电池供电，保持 RAM 中的内容。

2）只读存储器（Read Only Memory，ROM）。该存储器只能读出内容，不能写入内容。ROM 具有非易失性，即电源断开后仍能保存已存储的内容。

3）可擦除只读存储器（Erasable Programmable Read Only Memory，EPROM）。在断电情况下，可擦除只读存储器内的所有内容保持不变（在紫外线连续照射下可擦除存储器内容）。

4）可电擦除只读存储器（Electrical Erasable Programmable Read Only Memory，EEPROM）。须用紫外线照射芯片上的透镜窗口才能擦除已写入内容，可电擦除只读存储器还有 E2PROM、Flash 等。

（2）PLC 内的存储器主要用于存放系统程序、用户程序和数据等，其存储空间一般包括以下三个区域：

1）系统程序存储器。PLC 系统程序决定了 PLC 的基本功能，该部分程序由 PLC 制造厂家编写并固化在系统程序存储器中，主要有系统管理程序、用户指令解释程序和功能程序与系统程序调用等部分。

系统管理程序主要控制 PLC 的运行，使 PLC 按正确的次序工作；用户指令解释程序将 PLC 的用户指令转换为机器语言指令，传输到 CPU 内执行；功能程序与系统程序调用则负责调用不同的功能子程序及其管理程序。

系统程序属于需长期保存的重要数据，所以其存储器采用 ROM 或 EPROM。

2）用户程序存储器。用户程序存储器用于存放用户载入的 PLC 应用程序，载入初期的用户程序因需修改与调试，所以称为用户调试程序，存放在可以随机读写操作的随机存取存储器 RAM 内，以方便用户修改与调试。

通过修改与调试后的程序称为用户执行程序，由于不需要再作修改与调试，所以用户执行程序就会被固化到 EPROM 内长期使用。

3）数据存储器。PLC 运行过程中需生成或调用中间结果数据（如输入/输出元件的状态数据、定时器、计数器的预置值和当前值等）和组态数据（如输入输出组态、设置输入滤波、脉冲捕捉、输出表配置、定义存储区保持范围、模拟电位器设置、高速计数器配置、高速脉冲输出配置、通信组态等），这类数据存放在工作数据存储器中，由于工作数据与组态数据不断变化，且不需要长期保存，所以采用随机存取存储器 RAM。

3. 电源

PLC 电源将外部供给的交流电转换成供 CPU、存储器等所需的直流电，是整个 PLC 的能源供给中心。PLC 大都采用高质量的工作稳定性好、抗干扰能力强的开关稳压电源，许多 PLC 电源还可向外部提供直流 24V 稳压电源，用于向输入接口上的接入电气元件供电，从而简化外围配置。

一般交流电压在 +10%（+15%）范围内波动，可以不采取其他措施而将 PLC 直接连接到交流电网上去。

4．输入输出接口电路

（1）现场输入接口电路由光耦合电路和微机的输入接口电路组成，是 PLC 与现场控制的接口界面的输入通道。

（2）现场输出接口电路由输出数据寄存器、选通电路和中断请求电路组成，是 PLC 通过现场输出接口电路向现场的执行部件输出相应的控制信号。

七、PLC 的工作原理

最初研制生产的 PLC 主要用于代替传统的由继电器接触器构成的控制装置，但这二者的运行方式是不相同的。为了消除二者之间由于运行方式不同而造成的差异，考虑到继电器控制装置各类触点的动作时间一般在 100 ms 以上，而 PLC 扫描用户程序的时间一般均小于 100 ms，因此，PLC 采用了一种不同于一般微型计算机的运行方式——扫描技术。这样在对于 I/O 响应要求不高的场合，PLC 与继电器控制装置的处理结果上就没有什么区别了。

1．扫描技术

当 PLC 投入运行后，其工作过程一般分为三个阶段，即输入采样、用户程序执行和输出刷新，如图 12—2 所示。完成上述三个阶段称作一个扫描周期。在整个运行期间，PLC 的 CPU 以一定的扫描速度重复执行上述三个阶段。

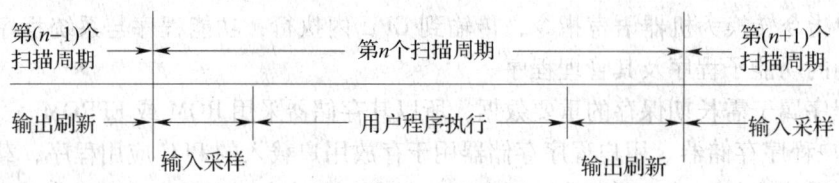

图 12—2　扫描周期

（1）输入采样阶段。在输入采样阶段，PLC 以扫描方式依次读入所有输入状态和数据，并将它们存入 I/O 映像区中的相应单元内。输入采样结束后，转入用户程序执行和输出刷新阶段。在这两个阶段中，即使输入状态和数据发生变化，I/O 映像区中的相应单元的状态和数据也不会改变。因此，如果输入的是脉冲信号，则该脉冲信号的宽度必须与输入采样扫描周期匹配，才能保证输入能被读入。

（2）用户程序执行阶段。在用户程序执行阶段，PLC 总是按由上而下的顺序依次扫描用户程序（梯形图）。在扫描每一条梯形图时，又总是先扫描梯形图左边的由各触点构成的控制线路，并按先左后右、先上后下的顺序对由触点构成的控制线路进行逻辑运算，然后根据逻辑运算的结果，刷新该逻辑线圈在系统 RAM 存储区中对应位的状态；或者刷新该输出线圈在 I/O 映像区中对应位的状态；或者确定是否要执行该梯形图所规定的特殊功能指令。

应特别注意：在同一个扫描周期的用户程序执行过程中，只有输入点不会发生变化，而其他输出点或软件点的状态或数据都可能变化。因为梯形图上面一条控制线路逻辑运算的结果，将可能影响排在下面的控制线路运算结果。同时，已经被运算过的上面一条控制线路的运算结果，在本扫描周期内不会再被变更，直至下一个扫描周期。

（3）输出刷新阶段。当扫描用户程序结束后，PLC 就进入输出刷新阶段。CPU 将 I/O 映像寄存器内最新刷新的寄存器状态或数据全部输出到锁存输出电路中，并由输出电路控制设备，这才是 PLC 的真正输出。

同样的若干条梯形图，其排列次序不同，执行的结果也不同。另外，采用扫描用户程序的运行结果与继电器控制装置的硬逻辑并行运行的结果有所区别。当然，如果扫描周期所占用的时间对整个运行来说可以忽略，那么二者之间就没有什么区别了。

一般来说，PLC 的扫描周期包括自诊断、通信等，如图 12—3 所示，即一个扫描周期等于自诊断、通信、输入采样、用户程序执行、输出刷新等所有时间的总和。

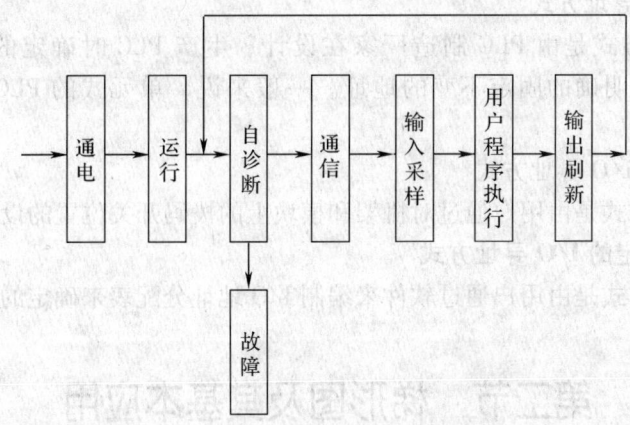

图 12—3　完整的扫描周期框图

2. PLC 的 I/O 响应时间

为了增强 PLC 的抗干扰能力，提高其可靠性，PLC 的每个开关量输入端都采用光电隔离等技术。

为了实现控制线路的并行控制，PLC 采用了不同于一般微型计算机的运行方式——扫描技术。

以上两个主要原因，使得 PLC 的 I/O 响应比一般微型计算机构成的工业控制系统慢得多，其响应时间至少等于一个扫描周期，一般均大于一个扫描周期甚至更长。

所谓 I/O 响应时间，是指从 PLC 的某一输入信号变化开始到系统有关输出端信号的改变所需的时间。其最短的 I/O 响应时间如图 12—4 所示，最长的 I/O 响应时间比最短 I/O 响应时间增加一个程序执行时间，即：

最短 I/O 响应时间 = 输入采样时间 + 用户程序执行时间 + 输出刷新时间
最长 I/O 响应时间 = 输入采样时间 + 两个用户程序执行时间 + 输出刷新时间

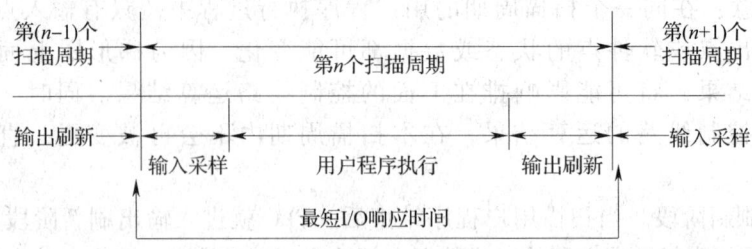

图 12—4 最短 I/O 响应时间

八、PLC 的 I/O 系统

PLC 的硬件结构主要分单元式和模块式两种。不论采取哪一种硬件结构，都必须建立连接工业现场的各个输入/输出点与 PLC 的 I/O 映像区之间的对应关系，即给每一个输入/输出点以明确的寄存器地址，确立这种对应关系所采用的方式称为 I/O 寻址方式。I/O 寻址方式有以下三种。

1. 固定的 I/O 寻址方式

这种 I/O 寻址方式是由 PLC 制造厂家在设计、生产 PLC 时确定的，它的每一个输入/输出点都有一个明确的固定不变的地址。一般来说，单元式的 PLC 采用这种 I/O 寻址方式。

2. 开关设定的 I/O 寻址方式

这种 I/O 寻址方式是由用户通过对机架和模块上的拨码开关位置的设定来确定的。

3. 用软件来设定的 I/O 寻址方式

这种 I/O 寻址方式是由用户通过软件来编制 I/O 地址分配表来确定的。

第二节 梯形图及其基本应用

PLC 是专为工业控制而开发的装置，其主要使用者是工厂广大电气技术人员，为了适应他们的传统习惯和掌握能力，通常 PLC 不采用微机的编程语言，而常常采用面向控制过程、面向问题的"自然语言"编程。国际电工委员会（IEC）1994 年 5 月公布的 IEC1131-3（可编程控制器语言标准）详细地说明了句法、语义和下述 5 种编程语言：功能表图（Sequential Function chart）、梯形图（Ladder Diagram）、功能块图（Function Black Diagram）、指令表（Instruction List）、结构文本（Structured Text）。梯形图和功能块图为图形语言，指令表和结构文本为文字语言，功能表图是一种结构块控制流程图。

梯形图是使用得最多的图形编程语言，被称为 PLC 的第一编程语言。梯形图与电气控制系统的电路图很相似，具有直观易懂的优点，很容易被工厂电气人员掌握，特别适用于开关量逻辑控制。梯形图常被称为电路或程序，梯形图的设计称为编程。

一、基本概念

梯形图编程中，用到以下四个基本概念：

1. 软继电器

PLC 梯形图中的某些编程元件沿用了继电器这一名称,如输入继电器、输出继电器、内部辅助继电器等,但是它们不是真实的物理继电器,而是一些存储单元(软继电器),每一软继电器与 PLC 存储器中映像寄存器的一个存储单元相对应。该存储单元如果为"1"状态,则表示梯形图中对应软继电器的线圈"通电",其动断触点接通,动合触点断开,称这种状态是该软继电器的"1"或"ON"状态。如果该存储单元为"0"状态,对应软继电器的线圈和触点的状态与上述的相反,称该软继电器为"0"或"OFF"状态。使用中也常将这些"软继电器"称为编程元件。

2. 能流

如图 12—5 所示触点 1、2 接通时,有一个假想的"概念电流"或"能流"(Power Flow)从左向右流动,这一方向与执行用户程序时的逻辑运算的顺序是一致的。能流只能从左向右流动。利用能流这一概念,可以帮助人们更好地理解和分析梯形图。图 12—5a 中可能有两个方向的能流流过触点 5(经过触点 1、5、4 或经过触点 3、5、2),这不符合能流只能从左向右流动的原则,因此应改为如图 12—5b 所示的梯形图。

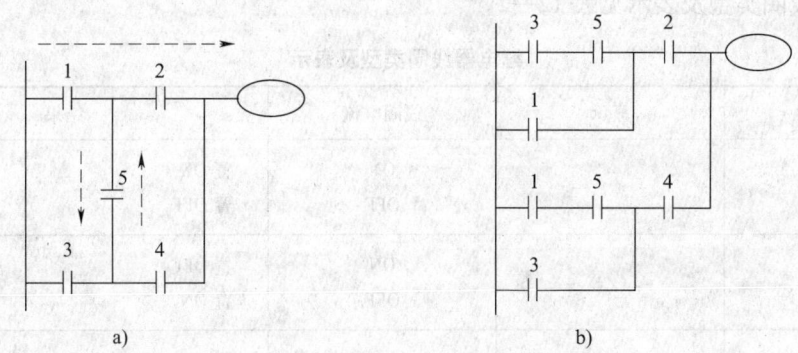

图 12—5 梯形图
a) 错误的梯形图 b) 正确的梯形图

3. 母线

梯形图两侧的垂直公共线称为母线(Bus Bar)。在分析梯形图的逻辑关系时,为了借用继电器电路图的分析方法,可以想象左右两侧母线(左母线和右母线)之间有一个左正右负的直流电源电压,母线之间有"能流"从左向右流动。右母线可以不画出。

4. 梯形图的逻辑解算

根据梯形图中各触点的状态和逻辑关系,求出与图中各线圈相对应的编程元件的状态,称为梯形图的逻辑解算。梯形图中逻辑解算是按从左至右、从上到下的顺序进行的。解算的结果,马上可以被后面的逻辑解算所利用。逻辑解算是根据输入映像寄存器中的值,而不是根据解算瞬时外部输入触点的状态来进行的。

二、软继电器触点

软继电器触点的基本类型及表示见表 12—1。

表 12—1　　　　　　　　　　　软继电器触点的类型及表示

触点类型	标记符号	触点通过能流后状态
动断触点 动合触点	—| |— —|/|—	ON OFF
上升沿触点 下降沿触点	—|↑|— —|↓|—	上升到 ON 下降到 OFF
故障触点 非故障触点	- FAULT]- - NOFLT]-	存在故障点 不存在故障点
高限报警触点 低限报警触点	- HIALR]- - LOALR]-	数值超过报警上限 数值超过报警下限
延续触点	< + >——	延续线线圈被设置为 ON

注：表中引用 GE FANUC PLC 指令集。

三、继电器线圈指令

继电器线圈类型及表示见表 12—2。

表 12—2　　　　　　　　　　　继电器线圈类型及表示

线圈类型	显示	线圈电流	结果
常开	- ( ) -	ON OFF	置 ON 置 OFF
求反	- (/) -	ON OFF	置 OFF 置 ON
保持	- (M) -	ON OFF	置 ON，可记忆 置 OFF，可记忆
负保持	- (/M) -	ON OFF	置 OFF，可记忆 置 ON，可记忆
正向变换	- (↑) -	OFF→ON	如果参考地址为 OFF，一次扫描置 ON
反向变换	- (↓) -	ON→OFF	如果参考地址为 ON，一次扫描置 OFF
置位线圈	- (S) -	ON OFF	地址置 ON，不改变线圈状态，直到由 - (R) - 复位 OFF
复位线圈	- (R) -	ON OFF	地址置 OFF，不改变线圈状态，直到由 - (S) - 置 ON
保持置位线圈	- (SM) -	ON OFF	参考地址置 ON，直到由 - (RM) - 置 OFF，可记忆 不改变线圈状态

续表

线圈类型	显示	线圈电流	结果
保持复位线圈	-（RM）-	ON OFF	参考地址置 OFF，直到由 -（SM）- 置 ON，可记忆 不改变线圈状态
延续线圈	- - -< + >-	ON OFF	下一个延续触点置 ON 下一个延续触点置 OFF

四、脉冲触点

1. 脉冲触点的特点

脉冲触点（包括上升沿触点与下降沿触点）的程序及波形图如图 12—6 所示。

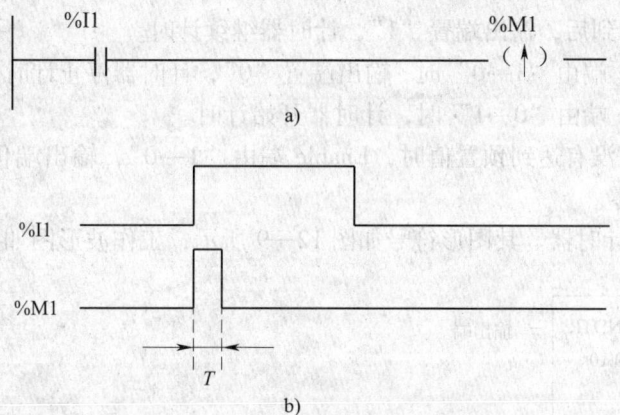

图 12—6　脉冲触点的程序及波形图
a）程序　b）波形图
%I1—输入信号　%M1—输出线圈　T——次扫描周期

2. 带"M"线圈的含义

带"M"线圈说明该线圈带断电保护，如果 PLC 失电时，带"M"的线圈数据不会丢失。

3. 一些系统触点的含义（只能做触点用，不能做线圈用）

· ALW_ ON：动断触点。

· ALW_ OFF：动合触点。

· FST_ SCN：在开机的第一次扫描时为"1"，其他时间为"0"。

· T_ 10ms：周期为 0.01 s 的方波。

· T_ 100ms：周期为 0.1 s 的方波。

· T_ Sec：周期为 1 s 的方波。

· T_ Min：周期为 1 min 的方波。

五、GE FANUC PLC 指令集

1. 计时器

(1) 延时计时器。其图形符号如图 12—7 所示，工作波形图如图 12—8 所示。

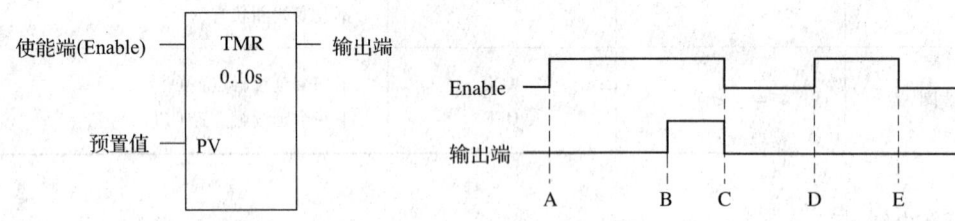

图 12—7　延时计时器图形符号　　　　图 12—8　延时计时器工作波形图

注释：

A——当 Enable 端由 "0→1" 时，计时器开始计时。

B——当计时计到后，输出端置 "1"，计时器继续计时。

C——当 Enable 端由 "1→0" 时，输出端置 "0"，计时器停止计时，当前值被清零。

D——当 Enable 端由 "0→1" 时，计时器开始计时。

E——当当前值没有达到预置值时，Enable 端由 "1→0"，输出端仍为零，计时器停止计时，当前值被清零。

(2) 保持延时计时器。其图形符号如图 12—9 所示，工作波形图如图 12—10 所示。

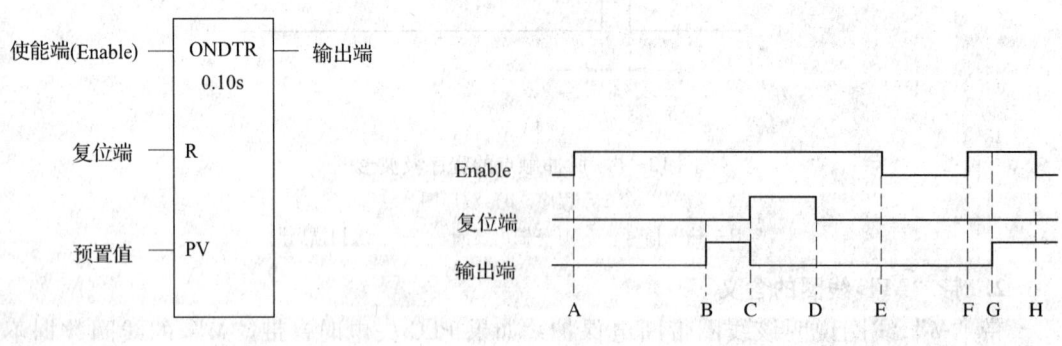

图 12—9　保持延时计时器图形符号　　　　图 12—10　保持延时计时器工作波形图

注释：

A = 当 Enable 端由 "0→1" 时，计时器开始计时。

B = 当计时计到后，输出端置 "1"，计时器继续计时。

C = 当复位端由 "0→1" 时，输出端被清零；计时值被复位。

D = 当复位端由 "1→0" 时，计时器重新开始计时。

E = 当 Enable 端由 "1→0" 时，计时器停止计时，但当前值被保留。

F = 当 Enable 端再由 "0→1" 时，计时器从前一次保留值开始计时。

G = 当计时计到后，输出端置 "1"，计时器继续计时，直到使能端为 "0" 且复位端为 "1"，或当前值达到最大值。

H = 当 Enable 端由 "1→0" 时，计时器停止计时，但输出端仍为 "1"。

（3）断电延时计时器。其图形符号如图 12—11 所示，工作波形图如图 12—12 所示。

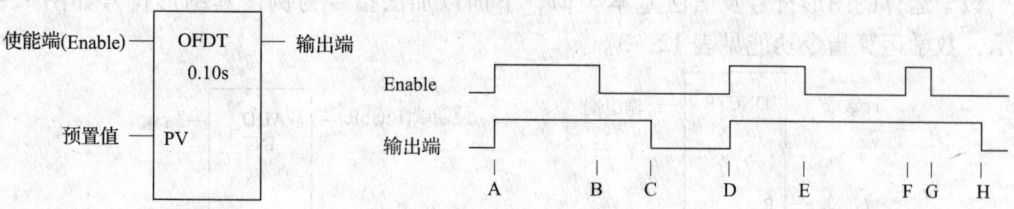

图 12—11　断电延时计时器图形符号　　　图 12—12　断电延时计时器工作波形图

注释：

A = 当 Enable 端由 "0→1" 时，输出端也由 "0→1"。
B = 当 Enable 端由 "1→0" 时，计时器开始计时；输出端继续为 "1"。
C = 当当前值达到预置值时，输出端由 "1→0"，计时器停止计时。
D = 当 Enable 端由 "0→1" 时，计时器复位（当前值被清零）。
E = 当 Enable 端由 "1→0" 时，计时器开始计时。
F = 当 Enable 端又由 "0→1"，且当前值不等于预置值时计时器复位（当前值被清零）。
G = 当 Enable 端再由 "1→0" 时，计时器开始计时。
H = 当当前值达到预置值时，输出端由 "1→0"，计时器停止计时。

2. 计数器

（1）加计数器。其图形符号如图 12—13 所示。

注释：

当计数端输入由 "0→1"（脉冲信号）时，当前值加 "1"；当当前值等于预置值时，输出端置 "1"。只要当前值大于或等于预置值，输出端始终为 "1"，而且该输出端带有断电自保护功能，在通电时不自动初始化。

该计数器是复位优先的计数器，当复位端为 "1" 时（无须上升沿跃变），当前值与预置值均被清零，如有输出，也被清零。

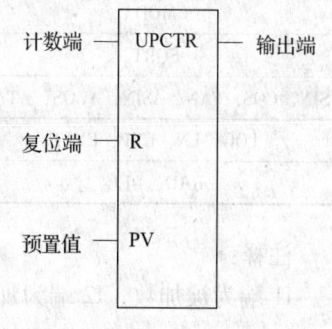

图 12—13　加计数器图形符号

另外，该计数器计数范围为 0～32 767。

（2）减计数器。其图形符号如图 12—14 所示。

注释：

当计数端输入由 "0→1"（脉冲信号）时，当前值减 "1"，当当前值等于 "0" 时，输出端置 "1"。只要当前值小于或等于预置值，输出端始终为 "1"，而且该输出端带有断电自保护功能，在通电时不自动初始化。

该计数器是复位优先的计数器，当复位端为 "1" 时（无须上升沿跃变），当前值被置成预置值，如有输出，也被清零。

该计数器的最小预置值为 0，最大预置值为 +32 767，最小当前值为 −32 767。

六、数学运算

数学运算的图形符号及语法基本类似,下面以加法指令为例,其图形符号如图 12—15 所示,数学运算指令功能见表 12—3。

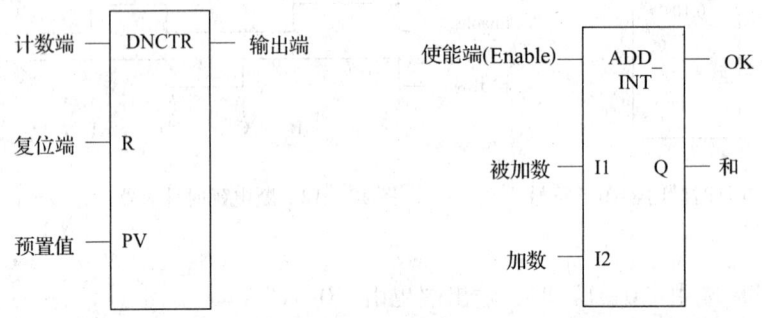

图 12—14　减计数器图形符号　　　图 12—15　加法运算图形符号

表 12—3　　　　　　　　　　数学运算指令功能

缩写	功能	说明
ADD	加	两个数相加
SUB	减	从一个数中减去另一个数
MUL	乘	两个数相乘
DIV	除	一个数被另一个数除,得商
MOD	模除(求余)	一个数被另一个数除,所得为余数
SQRT	平方根	求一个整数的平方根
SIN, COS, TAN, ASIN, ACOS, ATAN	三角函数	执行输入 IN 实数值的相应功能
LOG, LN, EXP, EXPT	对数/指数,函数	执行输入 IN 实数值的相应功能
RAD, DEG	弧度转换	执行输入 IN 实数值的相应功能

注释:

I1 端为被加数,I2 端为加数,Q 为和,其操作为:

$$Q = I1 + I2$$

当 Enable 端为"1"时(无须上升沿跃变),指令就被执行。

I1、I2 与 Q 是三个不同的地址时,Enable 端是长信号或脉冲信号没有什么不同。

当 I1 或 I2 之中有一个地址与 Q 地址相同时,即:

$$I1\,(Q) = I1 + I2 \text{ 或 } I2\,(Q) = I1 + I2$$

其 Enable 端要注意是长信号还是脉冲信号,是长信号时,该加法指令成为一个累加器,每个扫描周期执行一次,直至溢出;是脉冲信号时,当 Enable 端为"1"时执行一次。

当计算结果发生溢出时,Q 保持当前数据类型的最大值(如是带符号的数,则用符号表示是正溢出还是负溢出)。

当 Enable 端为"1",指令正常执行,没有发生溢出时,OK 端为"1"。

注意:要注意四则运算的数据类型,相同的数据类型才能运算。

常用数据类型如下：
INT 带符号整数（16 位） -32 768 ~ +32 767
UINT 不带符号整数（16 位） 0 ~ 65 535
DINT 双精度整数（32 位） -2 147 483 648 ~ +2 147 483 647
REAL 浮点数（32 位）

七、比较指令

GE FANUC 的 PLC 提供以下比较指令（关系运算功能），其功能见表 12—4。

表 12—4　　　　　　　　　　比较指令功能

缩写	功能	说明
EQ	相等	检测两个数相等
NE	不相等	检测两个数不相等
GT	大于	测试一个数大于另一个数
GE	大于或等于	测试一个数大于或等于另一个数
LT	小于	测试一个数小于另一个数
LE	小于或等于	测试一个数小于或等于另一个数
RANGE	区间	判定一个数是否属于某个区间（适用于 R4.5 或高级 CPU）

1. 普通比较指令

普通比较指令 EQ 的图形符号及语法基本类似，下面以等于指令为例说明，其图形符号如图 12—16 所示。

注释：

比较 I1 和 I2 的值，如满足指定条件，且当 Enable 端为 "1" 时（无须上升沿跃变），Q 端置 "1"，否则置 "0"。

比较指令执行如下比较：I1 = I2，I1 > I2，I1 < I2。

当 Enable 端为 "1" 时，OK 端即为 "1"，除非 I1 或 I2 不是数值。

比较指令支持如下数据类型（相同数据类型才能互相比较）：INT、DINT、REAL、UNIT。

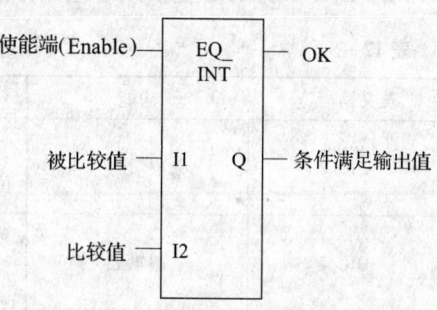

图 12—16　比较指令的图形符号

2. CMP 指令

CMP 的图形符号如图 12—17 所示。

注释：

CMP 指令比较 I1 和 I2 的值，且当 Enable 端为 "1" 时（无须上升沿跃变），如 I1 > I2，GT 端置 "1"；I1 = I2，EQ 端置 "1"；I1 < I2，LT 端置 "1"。

CMP 指令执行如下比较：I1 = I2，I1 > I2，I1 < I2。

当 Enable 端为"1"时，OK 端即为"1"，除非 I1 或 I2 不是数值。

指令支持如下数据类型（相同数据类型才能互相比较）：INT、DINT、REAL、UNIT。

3. Range 指令

Range 指令的图形符号如图 12—18 所示。

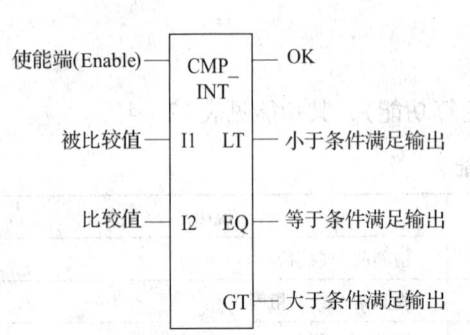

图 12—17　CMP 指令的图形符号　　　　　图 12—18　Range 指令的图形符号

注释：

当 Enable 端为"1"时（无须上升沿跃变），该指令比较输入端 IN 是否在 I1 和 I2 所指定的范围内（I1≤IN≤I2 或 I2≤IN≤I1），如条件满足，Q 端置"1"，否则置"0"。

当 Enable 端为"1"时，OK 端即为"1"，除非 I1、I2 和 IN 不是数值。

Range 指令支持如下数据类型（相同数据类型才能互相比较）：INT、DINT、REAL、UNIT。

八、位操作指令

GE FANUC 的 PLC 提供以下位操作指令和数据移位指令，其功能见表 12—5 和表 12—6。

表 12—5　　　　　　　　　　　　位操作指令功能

英文缩写	功能	说明
AND	逻辑与	两个字节中相对应的位进行逻辑与运算并输出到字节 Q 中对应的位置
OR	逻辑或	两个字节中相对应的位进行逻辑或运算并输出到字节 Q 中对应的位置
XOR	逻辑异或	两个字节中相对应的位进行逻辑异或运算并输出到字节 Q 中对应的位置
NOT	逻辑非	对字节中的每一位取反并输出到字节 Q 中对应的位置
SHL	左移	将字节或字符串的所有位向左移动 N 位
SHR	右移	将字节或字符串的所有位向右移动 N 位
ROL	左循环	将字节或字符串的所有位向左循环移动 N 位
ROR	右循环	将字节或字符串的所有位向右循环移动 N 位
BTST	位测定	测定字节中的某一位是"1"或"0"

续表

英文缩写	功能	说明
BSET	位设定	设定字节中的某一位为"1"
BCLR	位清除	清除字节中的某一位为"0"
BPOS	位定位	定位字节中被设定为"1"的那个位
MCMP	字符串比较	比较两个字节或字符串对应的位是否相同

表 12—6　　　　　　　　　　　数据移动指令功能

英文缩写	功能	说明
MOVE	传送	以单个字节复制数据。除 MOVE–BIT 是 256 位外，最大长度为 32 767 位。数据可以不同类型传送，且不需事先转换
BLKMOV	块传送	将含有七个常量的块复制到特定的本地寄存器中。以常量作为输入数据，是功能的一部分
BLKCLR	块清零	将常量块寄存器清零。该功能可用于清除一个数据的位（例如,%I,%Q,%M,%G,%T）或数据字（例如,%R,%AI,%AQ）。最长允许清除 256 个字
SHFR	移位寄存器	将一个或多个数据字移入数据表格内，最长允许操作 256 个字
BITSEQ	位序列	对一列数据字移动一个位的序列。最长允许操作 256 个字
SWAP	置换	对一个字节的两个字交换位置，或者是双字节的两个字节交换位置。最长允许操作 256 个字
COMMREQ	通信请求	允许程序与智能模块通信，例如总线（Bus）控制器、可编程处理模块、子网络模块等

1. 与、或、非操作

与、或、非操作指令格式基本一致，下面以与指令 AND 为例进行介绍，其梯形图如图 12—19 所示。

注释：

Enable：使能端。

OK：OK 端。

I1：执行与指令的字 1。

I2：执行与指令的字 2。

Q：与后的结果。

LEN：执行与指令字的长度（I1、I2 和 Q 指出起始地址，LEN 指出长度）。

当 Enable 端为"1"时（无须上升沿跃变），该指令执行与操作，其功能如下：

字1	0	0	0	1	1	1	1	1	1	1	0	0	1	0	0	0
字2	1	1	0	1	1	1	0	0	0	0	0	0	1	1	1	1
Q	0	0	0	1	1	1	0	0	0	0	0	0	1	0	0	0

该指令最多对 256 个字（128 个双字）进行与操作。

当 Enable 端为"1"时，OK 端即为"1"。

2. 位测试指令

位测试指令 BIT 的功能是检测字串中指定位的状态，决定当前位是"1"还是"0"，结果输出至"Q"。其图形符号如图 12—20 所示。

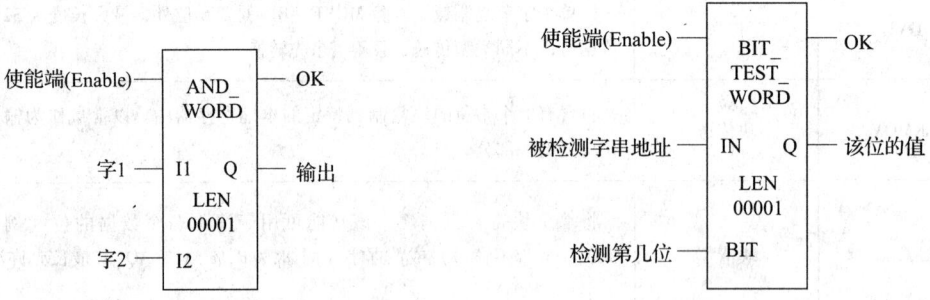

图 12—19　与指令的梯形图　　　　　图 12—20　位测试指令的图形符号

注释：

Enable：使能端。

OK：OK 端。

IN：被检测字串地址。

BIT：检测该字串的第几位。

Q：该字串的值是"0"还是"1"。

当 Enable 端为"1"时（无须上升沿跃变），该指令执行如下操作，如图 12—21 所示，其中 BIT = 5。

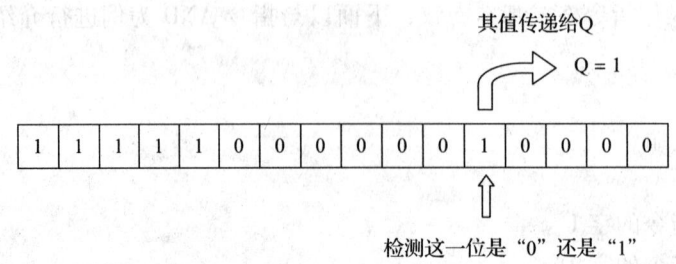

图 12—21　位测试操作

3. 位置位（BSET）与位清零（BCLR）指令

位置位与位清零指令功能相反，但参数一致，下面以位置位指令为例进行说明，其图形符号如图12—22所示。

注释：

Enable：使能端。

OK：OK端。

IN：需置位字串的起始地址。

BIT：需置位的位在字串中的位置。

当 Enable 端为"1"时（无须上升沿跃变），该指令操作过程如图12—23所示，其中 BIT = 5。

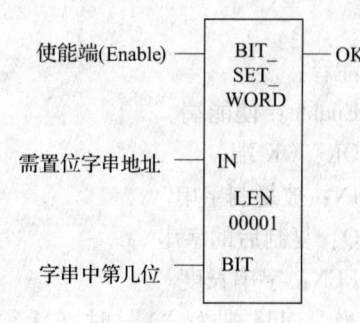

图12—22 位置位指令的图形符号

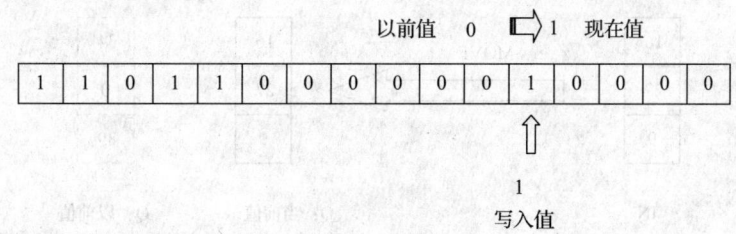

图12—23 位置位操作

九、数据移动指令

GE FANUC 的 PLC 提供以下数据移动指令，其功能见表12—7。

表12—7　　　　　　　　　　数据移动指令功能

英文缩写	功能	说明
MOVE	传送	以单个位复制数据，除 MOVE-BIT 是 256 位外，允许的最大长度为 256 个字。数据可以不同的数据类型传送，且不需事先转换
BLKMOV	块传送	把含 7 个常量的块复制到特定的存储单元。上述常量是作为功能的一部分输入
BLKCLR	块清零	使数据块内容全为 0。该功能可用于清除一个位存区（%I,% Q,% M,% G 或% T）或寄存区（% R,% AI 或% AQ）。最大容许长度为 256 个字
SHFR	移位寄存器	将一个或多个数据字移入表格，最大长度为 256 个字
BITSEQ	位定序器	通过一个位阵列完成一位的定序移位，最大长度为 256 个字
COMMREQ	通信请求	允许程序与一智能模块诸如一 Genius 通信模块（GCM）或一可编程协处理器模块（PCM）进行通信

1. 数据移动指令（MOVE）

该指令可以将数据从一个存储单元复制到另一个存储单元。由于数据是以位的格式复制的，所以新的存储单元无须与原存储单元具有相同的数据类型。其图形符号如图12—24

所示。

注释：
Enable：使能端。
OK：OK 端。
IN：被复制字串。
Q：复制后的字串。
LEN：字串长度。

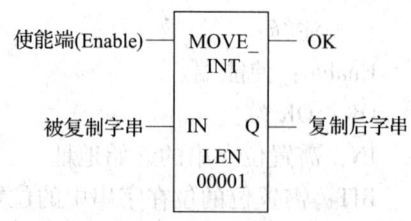

图 12—24　数据移动指令的图形符号

当 Enable 端为"1"时（无须上升沿跃变），该指令执行如图 12—25 所示的操作。

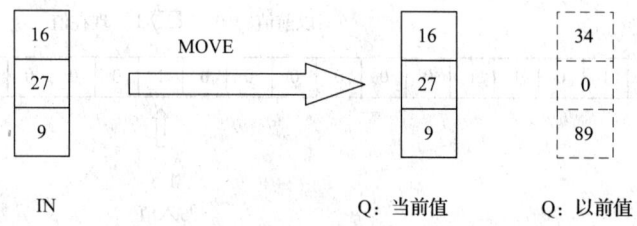

图 12—25　数据移动操作

该指令支持如下数据类型：INT、UINT、DINT、BIT、WORD、DWORD、REAL。

2. 块移动指令

块移动指令可将 7 个常数复制到指定的存储单元，其图形符号如图 12—26 所示。

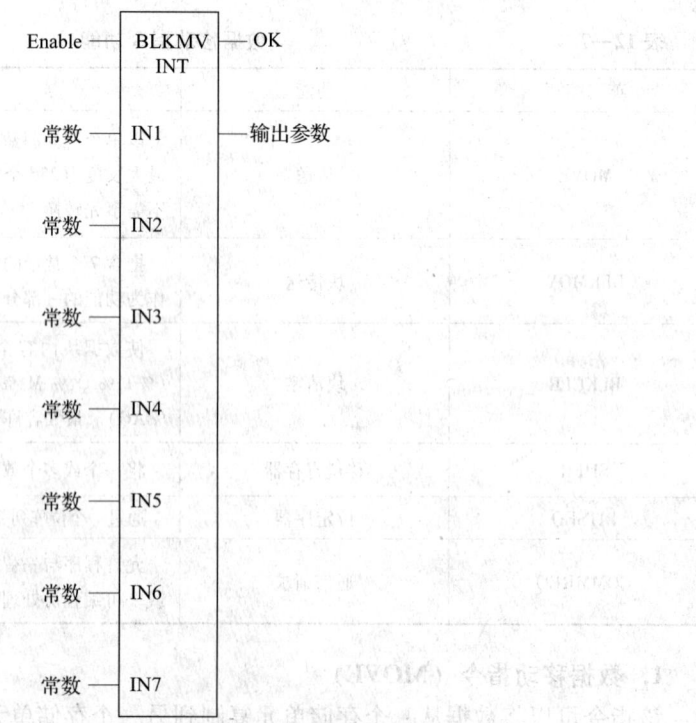

图 12—26　块移动指令的图形符号

注释：

Enable：使能端。

OK：OK 端。

IN1~IN7：7 个常数。

Q：输出参数。

当 Enable 为 "1" 时（无须上升沿跃变），该指令执行如图 12—27 所示的操作。

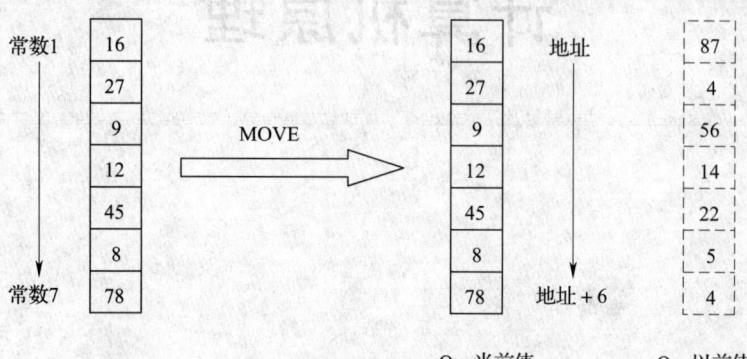

图 12—27　块移动操作

该指令支持如下数据类型：INT、WORD、REAL。

第十三章

计算机原理

第一节 微处理器

一、8086/8088 微处理器

8086 是 Intel 系列的 16 位微处理器,芯片上有 2.9 万个晶体管,采用 HMOS 工艺制造,用单一的 +5 V 电源供电,时钟频率为 5~10 MHz。

8086 有 16 根数据线和 20 根地址线,它既能处理 16 位数据,也能处理 8 位数据。可寻址的内存空间为 1 MB。

Intel 公司在推出 8086 的同时,还推出了一种准 16 位微处理器 8088,其内部寄存器、运算部件及内部数据总线都是按 16 位设计的,但外部数据总线只有 8 条。推出 8086 的主要目的是与当时已有的一套 Intel 外部设备接口芯片直接兼容使用。8086 与 8088 在寄存器结构、编程结构、存储器组织及 I/O 接口组织方面是完全一样的或稍有差别。

二、8086/8088 的寄存器结构

1. 数据寄存器

数据寄存器分为 4 个寄存器 AX、BX、CX、DX。这些寄存器用于暂时保存计算过程中所得到的操作数及结果。寄存器能处理 16 位数,也能处理 8 位数,当处理 8 位数时,这 4 个 16 位寄存器作为 8 个 8 位寄存 AH、AL、BH、BL、CH、CL、DH、DL 来使用。这 4 个数据寄存器除了作为通用寄存器以外,还有各自专门的用途:

(1) AX(Accumulator)做累加器用,是算术运算的主要寄存器。AX 还用在字乘法和字除法中。此外,所有的 I/O 指令都是以 AX 为中心与外部设备进行信息传送的。

(2) BX(Base)在计算寄存器地址时,常用做基值寄存器。

(3) CX(Count)在串操作指令及循环中用做计数器。

（4）DX（Data）在字乘法和字除法运算中，将DX、AX组合成一个双字长数，DX用来存放高16位数。另外，在间接的I/O指令中，DX用来指定I/O端口地址。

2. 指针寄存器及变址寄存器

指针寄存器包括堆栈寄存器SP（Stack Pointer）和基数指针寄存器BP（Base Pointer）。变址寄存器包括源变址寄存器SI（Source Index）和目的变址寄存器DI（Destination Index）。这4个寄存器都是16位寄存器，这些寄存器在运算过程中也可以用来存放操作数（只能以字为单位），但常用的用途是在段内寻址时提供偏移地址。SP、BP一般与段寄存器SS联用，以确定堆栈寄存器中某一单元的地址。SP用于指示栈顶的偏移地址，而BP可作为堆栈区中的一个基地址，用于确定在堆栈中的操作数地址。SI、DI一般与段寄存器DS联用，以确定数据段中某一存储单元的地址。SI、DI具有自动增量和自动减量的功能，这一点使在串操作指令中用做变址非常方便。SI作为隐含的源变址和DS联用，DI作为隐含的目的变址和ES联用，从而达到在数据段和附加段中寻址的目的。

3. 段寄存器

段地址寄存器一共有4个，它们是：
- CS（Code Segment Register）　　16位代码段寄存器；
- DS（Data Segment Register）　　16位数据段寄存器；
- SS（Stack Segment Register）　　16位堆栈段寄存器；
- ES（Extra Segment Register）　　16位附加段寄存器。

在IBM计算机中采用存储器地址分段的办法，使8086/8088能寻址1MB的内存。而段寄存器就是用来存放段地址的，CS段寄存器用来存放当前正在运行的程序；DS段寄存器用来存放当前运行的数据，若程序中使用了段操作指令，源操作数也存放在数据段中，SS段寄存器规定了堆栈所处的区域；ES段寄存器用来存放辅助数据，因ES是一个附加的数据段，在执行串操作指令时，目的操作数也一般存放在ES段中。

4. 控制寄存器

（1）指令指针寄存器IP（Instruction Pointer）。它是一个16位寄存器，用来存放代码段中的偏移地址。它与CS联用才能确定下一条指令的地址，根据这一地址，控制器从指定的存储器中取出下一条要执行的指令，并修改IP，以便指向下一条要执行的指令。可见IP寄存器是用来控制指令系列的执行流程的。

（2）状态标志寄存器PSW（Processor Status Word）。它也是一个16位寄存器。

三、8086/8088的编程结构

所谓编程结构，是指使用者看到的结构，这是一种按功能划分的结构，这种结构与CPU内部的实际物理结构是有区别的。它分为两部分，即总线接口部分BIU（Bus Interface Unit）和执行部件EU（Execution Unit）。

总线接口部分负责与存储器、外部设备端口传送数据。总线接口部分从内存中取出指令送到指令队列，CPU执行指令时，所需的操作数也由总线接口部分从指定的内存单元或外部设备端口取来，传送给执行部分去执行；反过来，执行部分的操作结果也通过总线接口传送到指定的内存单元或外部设备端口中去。总线接口部件由4部分组成：4个段寄存器，指

令指针寄存器 IP，20 位的地址加法器及 6 个字节的指令队列。地址加法器的作用是产生 20 个地址。8086/8088 指令系统内部所有的寄存器都是 16 位的，可用 20 位地址去寻址 1MB 的内存空间，这就需要地址加法器根据 16 位寄存器提供的信息，计算出 20 位物理地址，具体算法将在本章第二节文中讲述存储器组织时加以介绍。对总线接口部分需说明的一点是，8086 指令系统的指令队列为 6 个字节，而 8088 指令系统的指令队列为 4 个字节。不管是 8086 还是 8088 指令系统，都会在执行指令的同时，从内存中取出下面一条或几条指令，取来的指令依次放在指令队列中，按顺序放，并按顺序到 EU 中去执行。

执行部分 EU 的功能负责指令的执行。执行部件包括：4 个数据寄存器，2 个指针寄存器，2 个变址寄存器，1 个状态标志寄存器和一个算术逻辑单元。

从编程结构可看出，由于总线接口部分和执行部分是分开的，每当 EU 执行一条指令时，造成指令队列空出 2 个或空出一个指令字节，BIU 马上从内存中取出下面一条或几条指令，以填满它的指令队列。这样，一般情况下，CPU 在执行完一条指令后，便可马上执行下一条指令，不像以往 8 位 CPU 那样，执行完一条指令后，需等待下一条指令。

第二节 指 令 系 统

计算机之所以能脱离人的直接干预而自动地完成某项既定操作，是靠执行预先存入在计算机内存中的一条条指令来完成的。不同的计算机具有各自不同的指令，对某种特定的计算机而言，其所有指令的集合称为该计算机的指令系统。8086 与 8088 的指令系统完全相同，都是在 8 位微处理器 8080/8085 指令系统的基础上加以设计而成的，因此，8086/8088 指令系统对 8080/8085 指令系统的全部指令向上兼容。此外，在指令系统功能上，8086/8088 指令系统也有了很大的扩展，寻址方式多样灵活，处理数据的能力比较强，能处理字节或字、有符号或无符号的二进制数，具有乘、除运算指令和重复指令，还增加了中断指令及串操作指令等。

一般情况下，一条汇编语言指令包含两个主要部分：一部分是指令的操作码；另一部分是操作数字段。在 8086/8088 指令系统中规定，若是一个操作数，就将操作结果送到原来放操作数的地方，若是两个操作数（分别称作源操作数和目的操作数）就把操作结果送往目的操作数的地方，这样，第二部分只要指出操作的来源即可，这就是操作数的寻址方式。

8086/8088 指令系统的寻址方式可分为两种不同的类型：一类是程序地址（在码段区中）的寻址方式；另一类是操作数地址的寻址方式。

一、8086/8088 指令系统的寻址方式

1. 立即寻址

指定的操作数紧跟在操作码之后，直接放在指令中，这种操作数称为"立即数"。立即数规定只能为整数，不能是小数或其他类型的数。立即数可以是 8 位或 16 位，若是 16 位，要求低字节数放在低地址中，高字节数放在高地址中。另外，立即数只能作为源操作数，不能作为目的操作数。这种寻址方式主要用来给寄存器赋值，因操作数直接在指令中，故执行

速度快。

2. 寄存器寻址

如果操作数就在 CPU 的内部寄存器中，而寄存器名由指令指出，这种寻址方式称为寄存器寻址方式。对 8 位操作数，寄存器可以是 AL、AH、BL、BH、CL、CH、DL、DH 中的任一个；对 16 位操作数，寄存器名可以是 AX、BX、CX、DX、SI、DI、SP 或 BP 之一。这种从寄存器取操作数的方式，比从存储器取操作数来说，执行速度更快。

3. 直接寻址

采用这种寻址方式，操作数一定在存储器中。通常把操作数的偏移地址称为"有效地址 EA"，直接寻址时，有效地址直接包含在指令中，它紧跟在操作码之后，存放于码段区中。如果指令前面无前缀指明在哪一段，则默认操作数存放在数据段 DS 中。寻址时根据操作数的物理地址，访问存储器取得操作数。如存放操作数的存储区是在 DS 段以外的段中，则应在指令中指定段跨越前缀。例如，"MOV BX, ES: [2000H]"，将 ES 段的 2000H 和 2001H 两单元的内容送入 BX。在汇编语言中，经常用符号地址代替数值地址，二者是等效的。

4. 寄存器间接寻址

采用这种寻址方式时，操作数在存储器中，如果指令中未具体用前缀指明是哪个段寄存器，则寻址时，对 BX、SI、DI 寄存器，默认操作数在数据段寄存器 DS 中；对 BP 寄存器，默认的段寄存器为 SS；指令中也可用段跨越前缀，对其他段寄存器所指的存储器进行寻址。

5. 寄存器相对寻址

采用寄存器相对寻址（或称变址寻址）时，允许在指令中指定一个 8 位或 16 位的位移量，这样有效地址由一个基址或变址寄存器的内容加上一个位移量来得到。此种寻址也可以使用段跨越前缀。

6. 基址加变址寻址

将一个基址寄存器的内容加一个变址寄存器的内容来形成操作数的有效地址，这种寻址方式称为基址加变址的寻址。其基址寄存器名和变址寄存器名均由指令指出，如无段跨越前缀，对于 BX 寄存器，其默认的段寄存器为 DS，只要用上寄存器 BP，则默认认的段寄存器为 SS。

7. 相对的基址加变址寻址

与寄存器相对寻址类似，基址加变址允许带一个 8 位或 16 位的位移量。因此，操作数的有效地址是一基址寄存器的内容，加上一个变址的内容，再加一个 8 位或 16 位的位移量。

二、指令的基本构成

8086/8088 指令系统的指令由 1~7 个字节组成。通常，指令第一字节为操作码，表示本指令要做什么操作，有些指令用 8 位表示还不够，因此在指令的第二字节还可能占用 3 个操作码。大多数指令的操作码含有 3 个位：W 位、D 位和 S 位，用来指示某些信息。

W 位用来指示本指令是用来对字节还是对字操作。8086/8088 指令系统中，有些指令既可对字节进行操作，也可对字进行操作。W=0，表示进行字节操作；W=1，表示对字进行操作。一条指令中包含的操作数越多，其指令长度就越长。为了限制指令长度，8086/8088

指令系统规定，一条指令只能含一个或最多含两个操作数。只含一个操作数的指令称为单操作数指令，含两个操作数的指令称为双操作数指令。为了节省指令的位数，8086/8088 指令系统还规定双操作数指令中，至少有一个操作数是放在寄存器中的（源操作数为立即数的情况除外），而寄存器名通过指令后面的字节中的 REG 域指出。

D 位就是用来指示是源操作数放在寄存器中，还是目的操作数放在寄存器中。D = 0，指示源操作数放在寄存器中；D = 1，指示目的操作数放在寄存器中。

另外，当使用立即寻址时，操作码中的 S 位用来表示符号扩展。所谓符号扩展是指一个 8 位补码可以扩展为 16 位补码，扩展方法就是使高 8 位等于低位字节的最高有效位。这样，当 SW = 0，表示 8 位操作数（当 W = 0，S 为无效）；SW = 01，表示 16 位操作数；SW = 11，表示 8 位操作数作符号扩展为 16 位操作数。上面提到的寻址方式实质是指出指令执行时所用的操作数来自何处。这个操作数可以通过指令直接提供，也可能由 CPU 内部寄存器提供，还可能直接或间接地由存储单元提供。

8086/8088 指令系统通常用机器指令的第二个字节来表示操作数的寻址方式。其中 REG 称为寄存器字段，它用编码方式来选择操作中使用的寄存器与操作码域的 W 位器寻址还是寄存器寻址，当是寄存器寻址时，还指出跟在寻址方式字节后面的位移量有几个。MOD = 00，存储器寻址方式不带位移量。但 MOD = 00，而 R/M = 110 时为例外，此时在寻址字节之外，跟有一个 16 位直接地址，而不需要计算有效地址。MOD = 01，存储器寻址方式带一个位移量字节。该位移量字节是一个有符号数，表示范围为 + 127 ~ − 128，当计算有效地址时，这个 8 位位移量会自动进行符号扩展。MOD = 10，带两个位移量字节，其中低位字节在前，高位字节在后。MOD = 11，为寄存器寻址方式，由 R/M 的内容指定选用哪个寄存器。R/M 字段可在存储器寻址时，用来指出如何计算存储单元的有效地址。

三、8086/8088 指令系统

8086/8088 指令系统可分为以下六类：数据传送指令、算术运算指令、逻辑运算指令、移位指令、位操作指令、控制转移指令及处理器控制指令。

该指令中出现的一些符号介绍如下。

1. 指令中常用符号

- ac：如果是 8 位操作，表示 al；若是 16 位操作，表示 ax。
- reg：如果是 8 位操作，表示 ah、al、bh、bl、ch、cl、dh、dl；若是 16 位操作，表示 ax、bx、cx、dx、sp、bp、si、di。
- sp：堆栈指针。
- segreg：段寄存器 cs、ds、es、ss。
- mem：存储器操作数。
- port：一个输入/输出（I/O）端口，用数字或表达式来表示，端口号 1 ~ 255。
- disp：8 位或 16 位位移量，在汇编语言中常用符号地址来表示。
- data：8 位或 16 位立即数。
- srcdst：源和目的操作数。
- [ ]：用来表示存储器单元的内容。

- （）：用来表示寄存器或存储器的内容。

2. 数据传送指令

数据传送指令用来实现 CPU 内部的寄存器之间，CPU 和寄存器之间以及 CPU 和 I/O 接口之间的数据传送。这是微机中一种最重要、最基本的操作，是一个实际程序中使用频率最高的一类指令。这类指令又可分为以下 4 种：通用传送指令、累加器专用传送指令、地址传送指令和标志传送指令。这一类指令除 sahf 和 popf 指令对标志位有影响外，其余均无影响。

（1）通用传送指令。通用传送指令包括基本传送指令 mov，堆栈操作指令 push 和 pop，数据交换指令 xchg。

1）基本传送指令

- mov dst, src：本指令把一个字节（用 b 表示）或字（用 w 表示）操作数从源端送到目的端。传送的是字节还是字，取决于指令中涉及的寄存器是 8 位还是 16 位，也取决于立即数的位数。
- mov reg, data：将立即数送入寄存器。
- mov mem/reg, data：传送立即数到寄存器。
- mov ac, mem：本指令将存储单元的内容传至累加器。
- mov mem, ac：将累加器中的内容送至存储单元。
- mov segreg, mem/reg：将存储器或寄存器中的内容送段寄存器。但此处段寄存器不能使用 cs 寄存器。
- mov mem/reg, segreg：将段寄存器中的内容送到寄存器或存储器中。

需要注意的是：这种基本传送指令 mov 不能直接实现两个存储单元之间的数据传送，解决方法是可以以 CPU 内部寄存器为桥梁来完成这样的传送。cs 和 ip 两个寄存器不能作为目的操作数，也就是说，这两个寄存器的值不能随意修改。另外，不允许立即数送段寄存器，也不允许在两个段寄存器之间直接传送数据。

2）堆栈操作指令。堆栈是指在内存储区中开辟若干单元作为栈且按先进后出的方式工作。从理论上讲，堆栈也是一个小存储器，但不能任意存取，要求后进先出。8086/8088 指令系统规定堆栈操作设置在 ss 内，由于堆栈只有一个出入口，要求堆栈指针始终指向堆栈的顶部，即时钟指向最后推入堆栈的信息所在的单元，故堆栈是由高地址向低地址发展，堆栈指针 sp 的处置规定所用堆栈区的大小。

8086/8088 指令系统提供了堆栈专用操作指令——推入堆栈操作指令 push 和弹出堆栈操作指令 pop。推入指令 push src 是把一个字的源操作数送入堆栈的顶部，push 指令的源操作数可以是 CPU 内部的通用寄存器内存操作数以及段寄存器。弹出指令 pop dst 将栈顶两单元内容送入 bx，pop 指令的目的操作数可以是 CPU 内部的通用寄存器、内存操作数以及段寄存器。其格式为：

Pop reg popmem/reg pop segreg。

堆栈在计算机中起着重要作用，除保护断电地址外，有时在程序中需要对某些寄存器的内容进行保护以便后面使用，常用堆栈操作先保护起来，用到时再恢复。

堆栈操作指令使用时需注意以下两点：8086/8088 指令系统的堆栈操作总是按字进行的，没有字节操作指令；码段寄存器的值可推入堆栈，但却不能从堆栈中弹出一个到 cs 寄存器。

3）数据交换指令。其格式为：

xchg reg, ac 或 xchg reg, mem/reg

前者格式表示由 reg 指定寄存器的 16 位内容与累加器进行交换；后者格式表示两个操作数中至少有一个在寄存器，故它们可在寄存器之间或者寄存器与存储器之间交换数据，寄存器不允许是段寄存器。

4）累加器专用传送指令。本组指令只限于使用累加器 al 或 ax 传送信息。在 8086/8088 微处理器中，CPU 与外部设备 I/O 接口的信息传送，都是通过输入指令 in 和输出指令 out 来完成的。其中，in 指令完成从 I/O 到 CPU 的传送；out 指令完成从 CPU 到 I/O 的传送。这种信息包括数据信息、状态信息和控制信息。

（2）换码指令 xlat。本指令执行的操作为：（al）←｛bx + al｝，这条指令完成一个字节的编码转换，特别适用于不规则代码的转化。

（3）地址传送指令。在 8086/8088 指令系统中，有如下三条专用于传送地址的指令。

1）lea reg, mem。本指令的功能是把指定存储器操作数的 16 位偏移地址装在指定的寄存器上。常用来使一个寄存器作为地址指针。

2）lds reg, mem。本指令的功能是把指定的存储单元的前两个单元的内容（16 位偏移量）装到指定的寄存器（该寄存器必须是指针寄存器或地址寄存器），把后两个单元的内容（段地址）装入到 ds 段寄存器。

3）les reg, mem。本指令的功能是把指定的存储单元的前两个单元的内容装到 es 段寄存器。此处的 reg 常指 di 寄存器。lds 与 les 使用方法类似，只是 lds 间接地送到 es。这两条指令的源操作数总是来自存储器，而存储器地址可通过直接寻址、寄存器间接寻址或相对间接寻址取得。

（4）标志传送指令。8086/8088 指令系统提供 4 条标志寄存器的传送指令，通过这些指令可以了解当前标志寄存器的内容，也可对其设置新值。

1）读标志指令 LAHF。本指令将标志寄存器的低 8 位传送到 AH 寄存器，即将标志寄存器中的 SF（符号标志）、ZF（0 标志）、AF（辅助进位标志）、TF（奇偶标志）、CF（进位标志）传送到 AH 中指定的位置：D7、D6、D4、D2、D0 位，而 D5、D3、D1 位没有定义。

2）设置标志指令 SAHF。SAHF 的功能与 LAHF 的功能相反，它把 AH 寄存器中的位相应地传送到标志寄存器的低 8 位，本指令可能影响标志寄存器的 SF、AF、PF、ZF、CF，它取决于 AH 中相应位的状态。8086/8088 指令系统中设置 LAHF 和 SAHF 的目的是与 8080/8085 微处理器相兼容。

3）把标志寄存器推入栈顶指令 PUSHF。该指令把标志寄存器的内容推入堆栈指针 SP 所指的堆栈顶部，同时使（SP）←（SP）−2。

4）从栈顶弹出标志寄存器指令 POPF。本指令从栈顶弹出一个字至标志寄存器，同时让（SP）←（SP）+2。本指令执行后，8086/8088 指令系统的标志位就取决于弹出前堆栈顶部的内容。

PUSHF 和 POPF 指令一般用在子程序和中断程序的首尾，对主程序标志起保护和恢复作用。

3. 算术运算指令

算术运算指令包括二进制运算及十进制运算指令,其中既有单操作数指令,也有双操作数指令。单操作数指令不允许使用立即数方式,双操作数指令的两个操作中,如前所述,除源操作数为立即数的情况外,必须有一个操作数在寄存器中。

算术运算指令涉及无符号数和有符号数两种类型的数据。有符号数最高位表示符号,而数值部分用补码表示,其算术运算的结果也用补码表示。

在算术运算指令中无符号数和有符号数有各自的乘法指令和除法指令,在使用时应加以区分。但加法指令和减法指令并没有分开,也就是说,无符号数和有符号数使用同一组加法指令和减法指令,而人们知道,相同位数的无符号数和有符号数,其表示的十进制数是不同的。CF 标志可用来表示无符号数的溢出,OF 标志可用来表示有符号数的溢出。故对无符号数运算来说,若 CF = 1,说明产生了溢出;而对有符号数运算来说,若 OF = 1,说明产生了溢出。

注意:有符号的数溢出是一种错误,在运算中应当避免;而无符号数的溢出不能简单地看做出错,有可能是向更高位的进位,在多字节加法时,正是利用溢出把低位字节的进位传递给高位字节。

(1) 加法指令。8086/8088 指令系统具有以下 5 种加法操作指令。

1) 不带进位的加法指令 AAD。AAD 指令用来执行两个 8 位操作数或两个 16 位操作数的相加,将结果放在原来存放目的操作数的地方。其格式有三种:

ADD ac,data

ADD mem/reg,data

ADD mem/reg,mem/reg2

2) 带进位的加法指令 ADC。ADC 指令在格式和功能上都与 ADD 指令相似,只是相加时把进位标志的现存值 CF 加到和中,结果放在原存放目的操作数的地方。ADD 指令主要用于多字节的加法运算中。

3) 加 1 指令 INC。INC 指令只有一个操作数,该指令执行将指定的操作数的内容加 1,再送回该操作数。这条指令一般用在循环程序中,修改地址指针及循环次数等。该格式有两种:

INC reg

INC mem/reg

4) BCD 码加法的十进制调整指令 AAA 和 DAA

①AAA。即组合 BCD 码加法的十进制调整指令。本指令对未组合的 BCD 码相加后的结果(一定在 AL 中)进行调整,产生一个正确的未组合的 BCD 码。这条指令执行前必须执行 ADD 或 ADC 指令。

②DAA。即组合 BCD 码加法的十进制调整指令。本指令对两个组合的 BCD 码相加后的结果(一定在 AL 中)进行调整,产生一个正确的组合的 BCD 码。使用时指令需紧跟在加法指令之后。

(2) 减法指令。8086/8088 指令系统有以下 7 条减法指令:

1) 不考虑借位的减法指令 SUB。SUB 指令的功能是完成 2 个字节或 2 个字的相减,将

结果放在原来存放的地方。其格式有三种:

SUB ac, data

SUB mem/re, data

SUB mem/reg1, mem/reg2

2) 考虑借位的减法指令 SBB。本条指令在格式和功能上都和 SUB 指令类似,只是 SBB 指令在执行两个操作数相减时,还要减去 CF 的值。和 ADC 类似,SBB 指令主要用在多字节减法运算中。

3) 减 1 指令 DEC。DEC 指令在格式上与 INC 指令一样。其功能是将操作数的值减 1,再将结果送回此操作数。

4) 求补指令 NEG。指令格式为:

NEG mem/reg

本指令的功能是对寄存器或存储单元的内容求补,将结果送回该寄存器或该存储单元。之所以把 NEG 指令归类为减法指令,是因为对一个操作数取补码就相当于用零减去此操作数,执行的是减法运算。

5) 比较指令 CMP。本指令的功能是执行两个数相减,但相减的结果不送回目的操作数,其结果只反映在标志位上。其指令格式有三种:

CMP ac, data

CMP mem/reg, data

CMP mem/reg1, mem/reg2

6) BCD 码的减法十进制调整指令 AAS 和 DAS

①AAS。即未组合 BCD 码减法的十进制调整指令,它与 AAA 指令类似。本指令的功能是对未组合 BCD 码减法的计算结果进行调整,以得到正确的结果。这条指令执行前必须执行 SUB 或 SBB 指令。

②DAS。即组合 BCD 码减法的十进制调整指令。

(3) 乘法指令。对乘法和除法,无符号数和有符号数不能采用同一套指令。故乘法指令有两种,无符号的乘法指令和有符号的乘法指令。

在乘法指令中,隐含的目的操作数为累加器。两个 8 位数相乘,得到一个 16 位乘积,存放在 AX 中;两个 16 位数相乘,得到一个 32 位乘积,存放在 DX 和 AX 中,其中 DX 存放高位字,AX 存放低位字。

1) 无符号数的乘法指令 MUL。指令格式为:MUL mem/reg。本指令的功能是将 AL (字节) 或 AX (字) 中的操作数与指定的存储单元或寄存器中的内容相乘,双倍长的乘积送回到 AX 和 AH (字节相乘时) 或送回到 AX 和 DX (字相乘时) 中。指令对标志位的影响:若乘积的高半部分 (在字节相乘时为 DX) 不为零,则 CF = 0, OF = 1;否则 CF = 0, OF = 0;对其他标志无定义。在进行这种无符号数相乘时,两个操作数的范围是:8 位, 0 ~ 255;16 位, 0 ~ 65535。在某些情况下,如速度是考虑的主要因素时,用移位来执行乘法比执行 MUL 指令要快得多。

2) 有符号数的乘法指令 MUL。本指令在格式和功能上与无符号数的 MUL 类似,只是要求两乘数都必须为有符号数。

对标志位的影响：若乘积的高半部分不是低半部分的符号的扩展，则 CF = 1，OF = 1；否则 CF = 0，OF = 0；对其余标志位无定义。

3）BCD 码的乘法十进制调整指令 AAM。本指令执行前，必须执行 MUL 指令（因 BCD 码总是被当做无符号数看待）把两个非组合的 BCD 码相乘，结果放在 AX 中。然后执行 AAM 对结果进行调整，以得到正确的非组合的 BCD 码结果。

（4）除法指令。8086/8088 指令系统执行除法运算，要求被除数字长为除数字长的 2 倍，若除数为 8 位，则被除数为 16 位；若除数为 16 位，则被除数为 32 位，并将结果放在 DX 和 AX 中，其中 DX 放高 16 位，AX 放低 16 位。与乘法指令类似，无符号数和有符号数有各自的除法指令。

1）无符号数的除法指令 DIV mem/reg。本指令的功能是将 AX（对应 16 位操作）或 DX：AX（对应 32 位操作）中的无符号数除以指定的存储单元或寄存器中的无符号数。若被除数为 16 位，得到的 8 位商放在 AL 中，8 位余数放在 AH 中；若被除数为 32 位，得到的 16 位商放在 AX 中，16 位余数放在 DX 中。若除数为零，则在内部应产生一个类型 0 中断。

2）有符号数的除数指令 IDIV。本指令除要求有符号数相除外，在格式上和功能上都和 DIV 指令类似。商和余数均为有符号数，且要求余数和被除数符号相同。

3）BCD 码的除法十进制调整指令 AAD。本指令的功能是在进行除法之前进行调整。8086/8088 指令系统允许两个未组合的 BCD 码直接相除，但要得到正确的商和余数，必须在相除之前，先用一条 AAD 指令进行调整，然后用一条 DIV 指令。相除以后的商送至 AL 中，余数送至 AH 中。

AAD 调整方法是把 AX 中未组合的 BCD 码（十位数放在 AH 中，个位数放在 AL 中）调整成二进制数，并将此结果放在 AL 中。

4）扩展指令 CBW 与 CWD。前面已指出进行除法运算时，要求被除数的字长是除数字长的两倍，即字长相除时，被除数应为 16 位，若被除数只有 8 位时，要求此 8 位数放在 AL 中，并对高 8 位 AH 进行扩展。同样在字相除时，被除数应为 32 位，若被除数只有 16 位，要求将此 16 位放在 AX 中，并对高 16 位 DX 进行扩展。若在这种情况下，不对 AH 或 DX 进行扩展，将会得到错误的结果。

对无符号数除法而言，其被除数的扩展很简单，只要将 AH 或 DX 这两个寄存器清零即可。对有符号数的除法来说，其被除数的扩展就是低位字节或低位字的符号扩展，即把 AL 中的符号位扩展到 AH 的整个 8 位上，或把 AX 中的符号位扩展到 DX 的整个 16 位上。为此，8086/8088 指令系统专门为这种符号扩展提供了两条指令——CBW 和 CWD。

3. 控制转移指令

8086/8088 指令系统的控制转移指令可分成 4 类：转移指令、循环控制指令、调用和返回指令以及中断指令。

（1）转移指令。它分为无条件转移指令和条件转移指令。

1）无条件转移指令 JMP。本指令的功能为无条件转移到指定的内存地址，以执行从该地址开始的程序段。考虑到 8086/8088 指令系统的内存是分段的，故无条件转移指令分成以下 4 种。

①段内直接转移。其直接转向的有效地址是 IP 的当前值与指令中给定的位移量之和。若给定的位移量为 8 位,则称为段内直接短转移,转移范围为 -128～+127 字节,在汇编语言中是在符号地址前加操作符 SHORT;若给定的位移量为 16 位,则称为段内直接近转移,转移范围为段内任一位置,在汇编语言中是在符号地址前加操作符 NEARPTR。这种转移方式,因其转向地址是用相对于 IP 当前值的位移量来表示的,故是一种相对寻址。

②段内间接转移。其转移的有效地址总是在寄存器中或者在存储单元中。在前者情况下,将寄存器内容送 IP;在后者情况下,则将存储单元内容送 IP,于是程序转向 IP 所指示的地址继续执行。

③段间直接转移。采用这种方式时,指令中直接提供了要转移的段地址和偏移地址。在转移时,用指定的段地址取代 CS 的内容,用指定的偏移地址取代 IP 的内容。

④段间间接转移。将指定的存储单元中两个相邻的字的内容送 IP 及 CS,以取代这两个寄存器中的原有内容。此处的存储单元地址可采用本节前文介绍过的各种寻址方式(立即数和寄存器方式除外)。

2)条件转移指令。条件转移指令以前一条指令所设置的标志或标志位的组合作为依据,若满足条件转移指令所规定的条件,则程序转移至指令指定的地址去执行从那里开始的指令;若不满足条件,则顺序执行下一条指令。所有的条件转移指令规定,只能在以本指令为中心的 -128～+127 字节范围内转移,即采用的是相对寻址方式。之所以这样规定,是为了缩短指令的长度和提高程序的运行速度。这类指令不影响标志位。

(2)循环控制指令。顾名思义,循环控制指令是用在循环程序中,作为控制循环用的。通常将循环控制指令放在一个循环程序的开头或结尾,以确定是否要继续循环。循环次数一般预置在 CX 寄存器中,每循环一次,循环控制指令使(CX)-1,若(CX)不等于 0,则退出循环。所有的循环控制指令能控制转移的目的地址都必须在 -128～+127 字节范围之内。这类指令均不影响标志位。

(3)调用和返回指令。在编程过程中,为了节省内存单元,往往将程序中常用到的具有相同功能的部分独立出来,编成一个模块,称为子程序。在程序执行中,可由主程序调用这些子程序,在子程序执行完以后,又返回到主程序继续执行。8086/8088 指令系统为实现这一功能提供了调用指令 CALL 和返回指令 RET。当执行调用指令时,先将下一条指令的地址推入堆栈保护起来,然后将子程序入口地址赋给指令指针 IP,以便转去执行子程序。

1)调用指令 CALL。由于该子程序可能与主程序同在一个段内,故和无条件转移指令一样,也有 4 种形式,即段内直接调用、段间直接调用、段内间接调用、段间间接调用,所不同的是无条件转移指令不要求返回,而调用指令要求返回。

2)返回指令 RET。对于段内返回指令 RET,在返回时,只需从堆栈顶部弹出一个字的内容给 IP,作为返回地址的偏移量。对于段间返回指令 RET,返回时需从堆栈顶部弹出两个字作为返回地址,先弹出一个字的内容给 IP,作为返回地址的偏移量;再弹出一个字的内容给 CS,作为返回地址的段地址。为了保证能正确返回,RET 指令类型必须与 CALL 指令相匹配,但段内返回指令和段间返回指令在形式上都是 RET。

(4)中断指令。在程序运行期间,有时会出现一些特殊情况,要求计算机暂时中止它正在运行的程序,转去自动执行一组专门服务程序来进行处理,处理完毕后又返回原被中止的程序继续执行,这样一个过程称为中断。8086/8088 指令系统的中断系统分为外部中断和内部中断,外部中断主要用来处理外设和 CPU 之间的通信,内部中断则用来处理包括类似于除数为 0 所引起的中断或中断指令引起的中断。8086/8088 指令系统的中断系统以存储器的最低地址区的 1024 个字节作为中断向量区,中断向量区最多可容纳 256 个中断向量,每个中断向量对应一个中断类型。一个中断向量占 4 个存储单元,前两个单元用来存放中断处理子程序入口地址的偏移量,要求低位在前,高位在后;后两个单元用来存放中断处理子程序入口地址的段地址,也要求低位在前,高位在后。

4. 处理器控制指令

(1) 标志操作指令。8086/8088 指令系统中有 7 条专门针对某个标志位进行操作的指令,其中涉及进位标志 CF 的有 3 条,涉及方向标志 DF 的有 2 条,另有 2 条指令涉及中断标志 IF。

1) 清除进位标志指令 CIC。本指令使 CF = 0,不影响其他标志。

2) 置进位标志指令 STC。本指令使 CF = 1,不影响其他标志。

3) 进位标志取反指令 CMC。本指令对标志 CF 求反,若原 CF = 0,执行本指令后 CF = 1,或者反之。不影响其他标志。

4) 清除方向标志指令 CLD。此指令使 DF = 0,串操作时,让地址按增量修改。不影响其他标志。

5) 置方向标志指令 STD。此指令使 DF = 1,串操作时,让地址按减量修改。不影响其他标志。

6) 清除中断标志指令 CLJ。此指令使 IF = 0,屏蔽了外部中断,即 CPU 对外部装置通过 INTR 引线送来的中断不予响应。但 CPU 仍可响应非屏蔽中断 NMI 和软件中断。不影响其他标志。

7) 置中断标志指令 STI。此指令使 IF = 1,开放中断,即允许 CPU 响应通过 INTR 引线送来的外部中断请求。不影响其他标志。

(2) 其他处理器控制指令

1) 空操作指令 NOP。本指令不进行任何操作,但编程者可利用其机器码占用 1 个字节单元,在程序某些地方留出一些备用单元,以便修改程序时插进一些其他指令。

2) 暂停指令 HLT。当 CPU 执行 HLT 指令时,中止程序运行,进入暂停状态。通常在程序中设置这条指令的目的是等待外部中断,一旦在 INTR 引脚上出现可屏蔽中断请求(或在 NMI 引脚上出现非屏蔽中断请求),在中断允许情况下 (IF = 1),CPU 便脱离暂停状态,进入中断处理程序,中断处理完毕后,返回至 HLT 指令的下一条指令,继续执行原来的程序。

另外一种脱离暂停状态的方法就是对系统进行复位 (RESET) 操作。本指令不影响任何标志位。

3) 交权指令 ESC。本指令执行时,要求把控制权交给协处理器 8087。8086/8088 可工作在最大组态下,配备协处理器如 8087 后,则构成一个多处理器系统。8087 是一个数值运算协处理器,它具有较强的浮点运算功能,配上该硬件后,可大大提高系统的浮点运算速度。

4）等待指令 WAIT。本指令会在引脚 TEST 上的信号无效（高电平）时使 CPU 进入等待状态，一旦检测到 TEST 引脚上的信号有效（低电平）时便退出等待状态。

等待指令也可用于等待被允许的外部中断的到来，但中断任务执行完后仍返回到 WAIT 指令，继续执行等待状态。此指令对标志位无影响。

5）总线锁定指令 LOCK。这条指令是为多机共享资源而设计的，LOCK 指令可放在任何一条指令前面作为前缀，该前缀可以使 8086/8088 的输出引线锁定有效（低电平），使得加有 LOCK 前缀的指令在执行期间封锁外部总线，不允许其他处理器工作，只能使某一个处理器工作，以免在多机共享资源的情况下，出现不正确使用内存信息的情况。本指令不影响标志位。

第三节　汇编语言程序设计

一、汇编语言

指令系统中的指令，在计算机内存中都是以二进制编码的形式存储的，这种编码称为机器码，或者称为机器指令。在程序运行时，指令由内存读入 CPU，然后译码、执行，只有内存中的机器码，计算机才能执行。汇编语言可以用指令助记符和表示地址或数据等的各种符号，按照规定的格式来编制程序，这样的程序称为汇编语言程序。这些表示指令、地址、数据等的符号以及有关规定，是计算机进行逻辑思维的工具，也即计算机汇编语言。

汇编语言与具体的计算机类型有密切的关系，不同的中央处理单元，其指令系统也各不相同，相应的汇编语言也互不相同。与硬件关系密切的程序，或者实时性要求很高的程序，往往采用汇编语言编制程序。

在编辑程序的支持下，汇编语言程序从键盘输入，编辑形成汇编语言源程序。源程序是用汇编语言的语句编写的，在计算机内部，源程序的各条语句是以 ASCII 码表示的，存在磁盘上，又称为源文件。它与机器指令的不同之处是不能被计算机执行，但它可以用来显示和打印，作为检查和保存的档案。汇编语言源程序经过汇编程序的语法检查和翻译，形成二进制代码表示的目的码文件。如果源程序中有语法错误，汇编程序会指出错误的类型和出错所在的语句，以便用户重新进行编辑修改，再形成新的源程序。源文件和由其生成的目的码文件可以是一个或者几个。

目的码文件并不能直接上机运行，必须经过链接程序把它和库文件链接在一起，形成可执行文件。这个可执行文件由操作系统装入计算机内存后才能运行。

二、宏汇编基本语法

IBM PC 机中有两个汇编程序，一个是小汇编程序 ASM；另一个是宏汇编程序 MASM。宏汇编程序功能比较强，并且支持宏汇编和有关的函数及伪指令，而它所需要的存储容量比小汇编程序要稍微大一些。

1. 汇编语言程序的组成

汇编语言程序通常由数据段和代码段组成。数据段存放数据，代码段存放程序指令，实现相应的功能。程序结束处，必须是规定程序执行的起始地址，也称为入口地址。程序语句行由4个部分组成，即标号（或名字）、操作码、操作数和注释。语句左边第一列起为标号区，句末分号后面为注释区，中间的部分为操作数区。按照这种格式书写并输入计算机，既是程序的要求，也使使用者阅读时清清楚楚。

2. 汇编语言程序结构

汇编语言源程序通常由一个或几个程序模块组成，每个模块包括数据段、堆栈段和若干个代码段。有时程序中可以不设堆栈段，而利用系统中已设定的堆栈段。代码段中有若干个过程，过程又称子程序。过程中的语句分为两类，一类是指令性语句；另一类是指示性语句。指令性语句是计算机能执行的指令，而指示性语句计算机并不能执行。汇编时，依据指示性语句的规定，汇编程序对源程序进行相应的处理操作，进行诸如定义数据、分配存储区、指示程序开始和结束等服务性工作，以减轻编程员的负担。指示性语句又称伪指令。

下面用等式表示程序和过程的结果内容：

程序 = ｛块［数据段，堆栈段，代码段（过程1，过程2，……）］，块……｝

过程 = ｛指示性语句，指令性语句｝

指示性语句的格式：

［名字］［伪指令］［操作数］［；注释］

指令性语句的格式：

［标号：］［前缀］［指令助记符］［操作数］［；注释］

语句中的名字和符号，又称为标识符，是程序员自行定义的，不允许它与指令助记符或伪指令同名，也不允许由数字打头，字符个数不得超过31个。

3. 数据项与表达式

操作数是指令和伪指令中很重要的一部分内容，它可以用寄存器、存储单元或数据项来表示。其中，数据项有常量、标号、变量三种形式。常量、变量和标号以及它们的表达式都可以作为操作数使用。

（1）常量。常量包括数字常量和字符串常量两种。

1）数字常量

二进制常量——以字母B结尾的数为二进制数。

十进制常量——以字母D结尾或没有字母结尾的数为十进制数。

十六进制常量——以字母H结尾的数为十六进制数。

2）字符串常量。由单引号内一个或多个ASCII字符构成字符串常量。汇编程序把它们翻译成对应的ASCII码值，一个字符对应一个字节。

（2）标号。标号是存放某条指令的存储单元的符号地址，通常用做条件转移、无条件转移指令或调用指令的目标操作数。标号是由标识符即标号后面跟一个冒号来定义的。

标号作为存储单元的符号地址，具有3种属性：段值、偏移量和类型。标号的段值、偏移量属性分别指它的段地址和偏移地址，而标号的类型分为NEAR和FAR两种。

NEAR类型的标号是指标号所在的语句和调用指令或转移指令在同一个码段中，执行调用指令或转移指令时,只需要把标号的偏移地址送给 IP,就可以实现调用或转移,并不需要改变码段段址。

而 FAR 类型的标号所在语句与其调用指令或转移指令不在同一码段中,执行调用指令或转移指令时,不仅需要改变偏移地址 IP 的值,而且需要改变段值 CS 的值。这是段间的调用或转移。

(3) 变量。变量是内存中的数据区,由若干个存储单元构成,内存中的内容是可以修改的,因此,变量的值也是可以改变的。变量在程序中,作为存储器操作数来使用。

1) 变量的三种属性

①段值(SEGMENT)。段值是指变量定义所在段的段地址。为了确保汇编程序能找到该变量,应在伪指令(ASSUME)中加以说明,把其段值放在一个段寄存器中,如 CS、DS、ES 或 SS。

②偏移量(OFFSET)。偏移量是指变量的地址和变量所在段的起始地址之间的偏移量。

③类型(TYPE)。变量的类型定义了该变量存储区内每个数据所占内存单元的字节数,如字节、字、双字类型变量分别占用内存 1 个、2 个、4 个字节单元。

2) 变量定义的格式。变量定义的格式为:

[变量名],[数据定义伪操作],[表达式]

变量名由字母打头,最多允许有 31 个字符。定义变量后,凡是用到这个变量名时,必须注意其三个属性。数据定义伪操作将该变量名定义成某种类型的变量(数据定义伪操作将在以后介绍)。而表达式则确定了变量的初值和这个变量数据区的大小,它允许采用数值表达式或地址表达式。

3) 变量使用时的注意事项

①变量类型应与指令要求的操作数类型相符。例如,MOVAL,VAR1 指令中,要求 VAR1 应该是字节类型的,才与 AL 的类型匹配。而指令 MOVBX,VAR2 则要求 VAR2 应该定义成字类型的变量。

②变量的编址。变量定义以后,变量名仅仅对应这个数据区的首地址。若这个数据区中有若干个数据项,在对其后面的数据项进行操作时,其地址需要改变。

③变量的段址。指令中操作数的段址往往不直接表示出来,而是隐含的,或者称为默认的。使用变量时,其段属性应与所在指令的默认段寄存器相符。如若不符,应该把段地址直接表示出来,这种表示方法称为跨段前缀。跨段前缀可以用段寄存器或段名来表示。

(4) 表达式。汇编程序允许使用表达式。然而,表达式并不是指令,它本身不能执行。程序被汇编时,汇编程序对程序中的表达式进行相应的运算,其运算结果是一个值。因此,在程序被执行时,表达式本身已经是一个有确定值的操作数。

表达式中有三类运算符:算术运算符、逻辑运算符和关系运算符。

1) 算术运算符。算术运算符有 +、-、*、/和 MOD 五种,前面 4 种是最常见的加、减、乘、除四则运算符,而 MOD 是表示求两个数相除以后的余数。

算术运算符用于数字表达式,其结果仍是数字。算术运算符也可以用于地址表达式,但其应用范围受到一定的限制,也就是地址表达式的运算必须有明确的物理意义,其运算结果才有效,否则该地址表达式是错误的。通常,地址表达式中使用加或减运算。地址加或减一个数字量,表示对原地址偏移该数字的若干个单元的地址。同一段中两个存储单元地址之差,表示它们之间的地址偏移量,或者有时表示这两个存储单元之间有多少个字节。而不同段址的两个偏移地址的加或减是没有物理意义的,两个地址相乘或相除同样也是没有物理意义的。

2)逻辑运算符。逻辑运算符有 AND、OR、NOT 和 XOR 四种,逻辑运算是按位操作的,逻辑运算符只能用于数字表达式,不能用于存储器地址表达式。

3)关系运算符。关系运算符有 EQ、NE、LT、GT、LE 和 GE 六种。这些关系运算符分别表示两个操作数是否相等、不等、小于、大于、小于等于和大于等于。关系运算的两个操作数必须都是数字或者都是同一段内的存储器地址。关系运算的结果是一个逻辑值,结果为真,逻辑值是 0FFFFH;结果为假,值为 0。

地址表达式由变量、标号、常量、基址、变址寄存器以及相关运算符组成,它表示了存储器的地址。地址表达式有段值、偏移量、类型三种属性,其中段值、偏移量即段地址和偏移地址,而类型则有字节、字和双字类型。类型又分近(NEAR)和远(FAR)两种,前者和数据的存储单元相对应;后者与程序转移或调用的目标地址相对应。

4)运算操作符。和地址表达式有关的运算符,除了前面所提及的外,还有下面两种操作符。

①类型操作符 PTR。程序中对变量或标号定义后,变量或标号的属性便确定了,也就是有它的段址、偏址和类型。但在实际使用时,可能会出现与原先定义的类型不匹配的情况,需要临时加以调整。而 PTR 操作符可以给地址表达式临时赋予一个新的类型,而地址表达式的段值、偏移量属性不变。

②数值返回操作符 seg、offset。有时并不希望对变量的内容进行处理,而需要这个变量的地址以便进行操作;有时并不希望转移到某个标号定义的目标地址去,而是需要对这个标号的地址进行处理。在这两种情况下,需要利用 seg 和 offset 这两个数值返回操作符,seg 操作符返回变量或标号的段址,而 offset 操作符返回变量或标号的偏移量。其操作格式如下:

seg 变量或标号

offset 变量或标号

4. 指示性语句

指示性语句也称为伪操作语句。伪操作不是计算机指令系统的一部分,而是汇编程序提供给源程序的服务工具,用于完成汇编的辅助性工作,诸如变量定义、符号赋值、程序首位标志等。IBM 宏汇编提供以下几类操作语句:变量定义语句、符号赋值语句、段定义语句、过程定义语句和程序模块定义语句。

(1)变量定义语句。变量定义语句为变量分配若干个初值,其操作格式为:

[变量名] 助记符操作数

其中变量字段名用符号地址表示,分配的储存单元的第一个字节的偏移地址是这个变量名的值。这个变量名字段也可以没有,表示只分配若干个存储单元。

操作数字段可以有若干个操作数,伪操作把这些数据存入指定的存储单元。这里操作数可以是指定的数值表达式、ASCII 字符串或地址表达式。助记符字段是定义变量的伪操作,常用的有 DB、DW、DD 等几种。

1）DB 伪操作用来定义字节型变量，其中的每个操作数都占有一个字节存储单元，每个操作数的值不超过 255。

2）DW 伪操作用来定义字型变量，其中的每个操作数都占用两个字节，字的低位字节在第一个字节地址单元中，字的高位字节在第二个字节地址单元中，简单地说，就是低位在前、高位在后，或低位低地址、高位高地址。

3）DD 伪操作用来定义双字型变量，其中的每个操作数都占用两个字，双字的最低位字节在第一个字节地址单元中，次低位字节在第二个字节地址单元中，次高位字节在第三个字节地址单元中，高位字节在第四个字节地址单元中。

（2）符号赋值语句。程序中，有时多次出现同一个表达式，为了方便起见，可用赋值伪操作给表达式赋予一个符号名，以后凡用到该表达式的地方都可以用这个符号名来表示，这样意义清楚，便于修改。其格式如下：

符号名 EQU 表达式

其中，表达式可以是任何有效的操作数，也可以是以任何结果为常数的表达式，还可以是助记符。EQU 语句的表达式中，如果有变量或符号出现，则在该语句前后必须给出它们的定义表达式才有效，否则汇编程序将提示出错。符号用 EQU 语句赋值后，不能重新赋值。除非用 PURGE 语句解除这些赋值关系，符号才能赋新的值。PURGE 语句的格式为：

PURGE 符号 1，符号 2，…，符号 n

而另一个与 EQU 语句功能类似的语句为"= 伪操作"。"= 伪操作"允许给符号赋一个常量或者结果是常数的表达式，并且允许对符号重新赋值。

（3）段定义语句。8086/8088 的存储器的物理地址由段地址和偏移地址组合而成，程序运行时，程序的指令和变量都存在某个段内，因此，汇编程序按段来组织程序和数据、变量。与段有关的主要伪操作有 SEGMENT、ENDS、ASSUME、ORG。

（4）过程定义语句。一个过程具有某一种功能，形成独立的程序块，它是汇编程序的基本单位。过程定义的伪操作 PROC 和 ENDP 必须成对出现，在过程的首尾处必须有过程名起头，过程结束处往往有 RET 语句，以返回调用它的程序处。有时 RET 语句也可以出现在过程中间。过程至少有一个入口和一个出口，以供进入和退出该程序。

（5）程序模块定义语句。每一个程序模块的开始往往要用 NAME 或 TITLE 为其取一个名字，该程序模块结束则需要用 END 伪操作来告知汇编程序，在遇到 END 语句时结束汇编。

三、汇编语言设计程序

1. 程序的质量标准

衡量程序的质量通常有 4 个标准：程序正确完整；程序易读性；程序的执行时间；程序所占内存大小及程序行数。

2. 程序编制过程

(1) 把实际问题抽象，提炼成数学模型。

(2) 确定解决该数学模型的算法。

(3) 程序模块分析。在分析复杂的实际问题时，往往需要把它分成若干功能块，画出层次图,确定各块间的通信。

(4) 画出模块程序流程图。

(5) 分配内存工作单元和寄存器。

(6) 根据流程图编制程序。

(7) 上机调试,进行修改,最后检测通过。

3. 程序流程图

(1) 矩形框表示各种处理的功能,框中用简明的语言表明所完成的处理功能。

(2) 菱形框表示判断,框内表明判断的条件。它有一个入口,但可以有若干个出口,分别用箭头表示。在各个出口处表明该出口的条件,例如条件满足用 y 表示,条件不满足时用 n 表示。

(3) 特定的方框表示特定处理,通常表示子程序、模块。

(4) 端点六边形框表示程序流程的起点,扁圆形框表示程序的终点。

(5) 带箭头的直线表示程序的流向,它连接程序的各个流程图,新的图表正向流线不带箭头,反向流线带箭头。

4. 数据输入和输出

一般高级语言的数据输入、输出多由相应的语句或函数来处理,而汇编语言无法用一条指令解决问题,它通过调用系统功能来完成这个任务。调用系统功能犹如在高级语言中调用子程序,需要先提供实际参数(又称入口参数)以及所调用的功能号,调用返回结果,即可得到出口参数。

(1) 输入字符串。从键盘上输入字符串,可以得到一串字符的 ASCII 码。

输入字符串可以通过调用 DOS 功能的 0AH 号功能来实现。它需要一个字符缓冲区,以便存储读入的字符串。缓冲区的第一个字节用于保存字符区长度,它由用户定义时给出,不允许超过此限定数。如果输入的超过此限定数,系统会拒绝接受,发出"嘟嘟"声,光标也不再向右移动。

缓冲区的第二个字节是实际输入字符的个数,输入完成后,系统程序会在该单元自动填入输入字符的个数,这不是由用户确定的,而且也不包括最后结束字符串输入的回车字符,虽然此回车符还占用字符区的一个字节。

从缓冲区的第三个字节起,便是存放字符串的字符区,它按字存放。

(2) 输出字符串。内存中的字符传送到显示器显示,可以通过调用 DOS 功能的 9 号功能来实现。

5. 程序设计结构

(1) 顺序程序。顺序程序是最常见的,也是最基本的程序设计方法。这种程序在计算机内存中执行时,按照先后次序逐句顺序执行。它没有分支也没有循环,因此也称为线性程序。

(2) 分支程序。在程序中,除了最基本的顺序结构以外,通常还有各种分支,以满足不同情况做不同处理的需要。分支结构有两种形式,一种是引出两个分支的;另一种是引出多个分支的。前者类似于高级语言中的 IF——THEN——ELSE 语句;后者类似于高级语言中的 CASE 语句。

(3) 循环程序。循环程序也是程序的一种基本结构。程序中，往往有的程序段需要重复执行多次，以实现某种功能，这样可以大大简化程序设计。循环程序通常由以下三部分组成。

1) 循环初始状态。循环过程中的工作单元在循环开始前，往往要给它们赋初值，以保证循环能正常地进行工作。循环初始状态包括循环工作部分初态和循环部分初态。

2) 循环体。它是指循环程序重复执行的部分，是循环的主体。循环体包括循环的工作部分和循环的修改部分。循环的工作部分是实现程序功能的程序段，它是循环的主要部分。循环的修改部分是修改参加循环的信息的程序段，循环每次执行时，有关信息能发生信息的相应变化，确保循环程序正常循环。

3) 循环控制。循环能正常进行和结束，循环控制是关键。循环控制条件不合理，循环就无法按正常的预定条件进行，甚至导致死循环。循环控制条件的选择很灵活，如果循环次数是确定的，可以选择循环次数作为循环控制条件；如果循环次数未知，那么可以根据具体情况选择或将其他条件作为控制条件。

循环程序有两种结构形式，一种是先执行循环体，然后根据控制条件进行判断，不满足结束条件则继续循环操作，满足条件则退出循环；另一种是先检查是否满足循环条件，满足循环条件就执行循环体，否则就退出循环。

循环可以嵌套，形成多重循环结构。多重循环程序设计的方法与单循环程序设计大致相同。另外，应该注意的是各种循环的控制条件及循环主体不能混淆、交错，要层次分明。

(4) 子程序。解决实际问题时，通常采用模块化程序设计方法。这种方法是把一个程序分成多个具有任务的程序模块，将程序模块进一步分成独立的子模块，再分别编程、调试，然后链接在一起，形成一个完整的程序。模块化设计的程序易于编程、调试、修改，程序易读性强，而子程序结构是模块化程序设计的重要工具。

子程序在汇编语言中又称为过程，它相当于高级语言的过程、函数或子程序。它具有独立的功能，在程序需要的地方可以调用它。

子程序使用时，要注意寄存器内容的保护。由于 CPU 的寄存器数量有限，子程序使用的寄存器往往会和调用程序所用的寄存器发生冲突，这样破坏了调用程序中寄存器的内容，将影响从寄存器返回后的继续处理。为了避免这种现象的发生，应当在子程序入口把所用寄存器的内容推入堆栈，保存起来，而在退出子程序前恢复寄存器的内容。

子程序使用中，要解决的一个重要问题是参数传送。在调用子程序时，经常要把参数传送给子程序，子程序在运行以后，也常常要送回一些信息给调用程序，报告子程序运行状态及结果等。这种调用程序和子程序之间的信息传送称为参数传送，也称为变量传送或者过程通信。

参数传送可以通过以下几种渠道进行：寄存器、变量、地址表或堆栈等。

6. 常见程序及软中断程序设计

汇编语言程序设计中经常遇到的问题很多，限于篇幅，这里仅做简单介绍。

(1) 常见程序设计。计算机内部以二进制码表示数据，用二进制进行处理。而计算机的输入、输出设备用 ASCII 码表示字符，人们习惯使用十进制数，因此，数据输入和输出时往往要进行码制的转换。

码的转换主要是在 ASCII 码、BCD 码和二进制码之间进行,用软件很容易实现,而有些码的转换也很容易由硬件实现。软件转换一般应用于:输入时 ASCII→BCD 码→二进制码,输出时二进制码→BCD 码→ASCII,或者有时 ASCII 码→二进制码。

(2)软中断程序设计。软中断程序设计除了设计中断子程序以外,在程序中首先需要设定中断类型号,把中断子程序的入口地址填入中断向量表,然后才可以调用这个中断子程序。如果这个中断类型已被操作系统调用,程序中应该先保护原来的中断向量,然后把中断子程序的入口地址填入中断向量表。在程序结束前,应该恢复系统中断向量表,保证恢复系统中断向量,使系统正常运行。

7. 宏汇编和条件汇编

(1)宏汇编。由前所述已知,子程序为模块化设计创造了条件,它便于编程、调试和修改,但也增加了程序的开销,如转子程序及返回、现场的保护及恢复、参数的传送等都需要时间和空间。因此,宏汇编应运而生。在子程序较短、传送参数较多的情况下,使用宏汇编更有利。

宏是源程序中的一段程序代码。宏在源程序中定义以后,就可以通过宏指令语句调用它。

1)宏定义。宏定义的格式为:

宏定义名 MACRO〔形式参数表〕…(宏定义体)ENDM

其中,MACRO 和 ENDM 这对伪操作之间是宏定义体,它是独立的程序代码。宏定义名给出了这个宏的名称,也是调用时所用的宏指令名,它的命名与标识符的命名规定相同。形式参数表是可选项,每个形式参数之间用逗号分隔。

2)宏的调用。宏指令的格式为:

宏定义名〔实参表〕

其中,实参表中的每一项之间要用逗号隔开。通常,实参与形参一一对应,但汇编程序要求并不严格,实参可以多于形参,但多余的实参将被忽略;实参也可以少于形参,但多余的形参会按"空"处理。

汇编程序在展开的指令前加上"+"号,以区别于普通的指令。

宏定义体内允许使用标号,但为了避免多次宏展开时出现标号重复定义的错误,应该使用伪指令 LOCAL,其格式为:

LOCAL 形参表

这样,在宏展开中,汇编程序对 LOCAL 形参表中的每个形参建立一个符号,用于代替宏展开中的每个局部标号。但是,LOCAL 伪指令必须是 MACRO 伪指令后的第一个语句,并且在 MACRO 和 LOCAL 之间不允许有注释和分号标志。

(2)条件汇编。宏汇编还具备根据情况进行汇编的功能,即条件汇编。条件伪操作的格式为:

IF * * 参数 …(参数满足给定条件,汇编此块)

〔ELSE〕…(参数不满足给定条件,汇编此块)

ENDIF

其中,中间的 ELSE 是可选项。

条件伪操作中的条件有以下几种表达式。
- IFexpression：表达式值非 0，则满足条件。
- IFEexpression：表达式值为 0，则满足条件。
- IFDEFsymbol：指定符号已在程序中定义，条件为真。
- IFNDEFsymbol：指定符号未定义，条件为真。
- IFB < argument >：如数为空，则满足条件。
- IFNB < argument >：如数不为空，则满足条件。
- IFIDN < arg1 >，< arg2 >：如字符串 arg1 和字符串 arg2 相同，条件为真。
- IFDIF < arg1 >，< arg2 >：如字符串 arg1 和字符串 arg2 不相同，条件为真。

第十四章

火灾自动报警系统检修

第一节 示波器的使用

TDS1002型数字存储示波器是一种小型、轻便的二通道台式仪器,可以以地电压为参考进行测量,主要用来观察电路能否正常工作,测量波形的有效值、平均值、峰-峰值、上升时间、下降时间、频率、周期、正频宽、负频宽等,在生产、实验和科研工作中广泛使用。

一、面板结构

数字存储示波器面板结构如图14—1所示。按功能可分为显示区、垂直控制区、水平控制区、触发区、功能区五个部分。另有5个菜单按钮,3个输入连接端口。

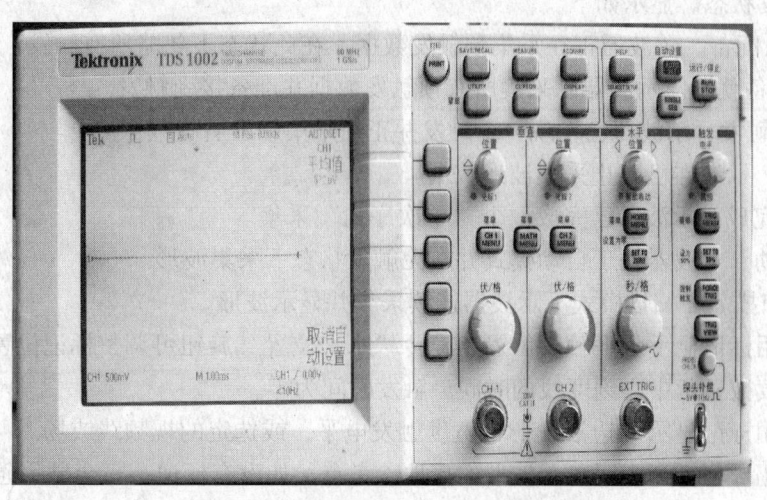

图14—1 数字存储示波器面板结构

1. 显示区

示波器的显示区除了显示波形外，还显示关于波形和示波器控制设置的详细信息。显示区如图 14—2 所示。

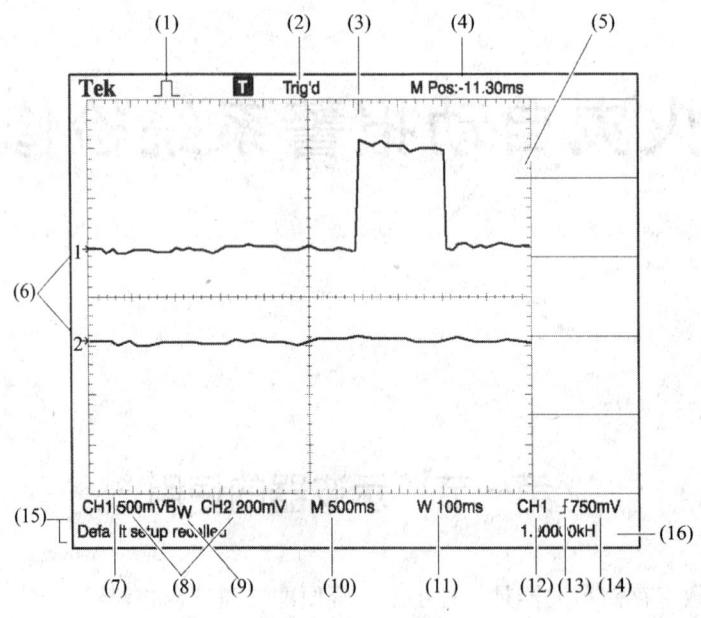

图 14—2　示波器显示区

（1）采集模式。该显示图标表示采集模式，有以下 3 种。

　　⌐⌐⌐——取样模式

　　⌐⌐⌐——峰值检测模式

　　⌐⌐——均值模式

（2）触发状态。显示如下。

□——已配备。示波器正在采集预触发数据。在此状态下忽略所有触发。

R——准备就绪。示波器已采集所有预触发数据并准备接受触发。

T——已触发。示波器已发现一个触发并正在采集触发后的数据。

● 停止。示波器已停止采集波形数据。

● 采集完成。示波器已完成一个"单次序列"采集。

● R 自动。示波器处于自动模式并在无触发状态下采集波形。

□——扫描。在扫描模式下示波器连续采集并显示波形。

（3）使用标记显示水平触发位置。旋转"水平位置"旋钮可调整标记位置。

（4）用读数显示中心刻度线的时间。触发时间为零。

（5）使用标记显示"边沿"脉冲宽度触发电平，或选定的视频线或场。

（6）使用屏幕标记表明显示波形的接地参考点。如没有标记，不会显示通道。

（7）箭头图标表示波形是反相的。

（8）以读数显示通道的垂直刻度系数。

(9) B_W图标表示通道是带宽限制的。
(10) 以读数显示主时基设置。
(11) 如使用窗口时基,则以读数显示窗口时基设置。
(12) 以读数显示触发使用的触发源。
(13) 采用图标显示以下所选定的触发类型,如图14—3所示。

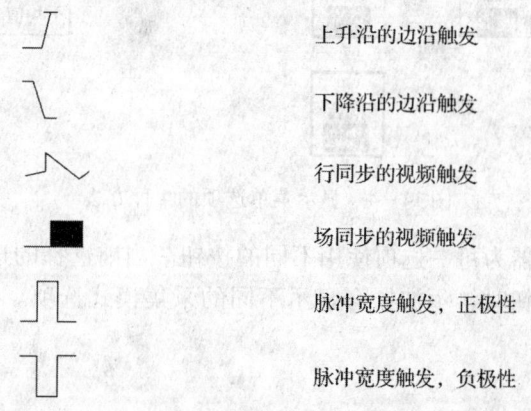

图14—3 通道信号触发类型图示

(14) 用读数表示"边沿"脉冲宽度触发电平。
(15) 显示区显示的有用信息。
(16) 以读数显示触发频率。

2. 信息区域

示波器在显示屏的底部显示"信息区域",提供以下类型的信息。
(1) 访问另一菜单的方法。
(2) 提示可能要进行的下一步操作。
(3) 有关示波器所执行操作的信息。
(4) 波形的有关信息。

3. 菜单系统的使用

TDS1002型示波器的用户界面用于通过菜单方便地访问特殊功能。

按下【前面板】按钮,示波器将在显示屏的右侧显示相应的菜单。示波器使用下列4种方法显示菜单选项,如图14—4所示。

(1) 页面选择(子菜单)。对于某些菜单,可使用顶端的选项按钮来选择两个或三个子菜单。每次按下顶端按钮时,选项都会随之改变。例如,按下"保存/调出"菜单内的顶端按钮,示波器将在"设置"和"波形"子菜单间进行切换。

(2) 循环列表。每次按下选项按钮时,示波器都会将参数设定为不同的值。例如,可按下【CH1菜单】按钮,然后按下顶端的选项按钮在"直流/交流/接地耦合"各选项间切换。

(3) 动作。示波器显示按下【动作选项】按钮时,即发生的动作类型。例如,按下【显示菜单】按钮,然后按下【对比度增加】选项按钮时,示波器会立即改变对比度。

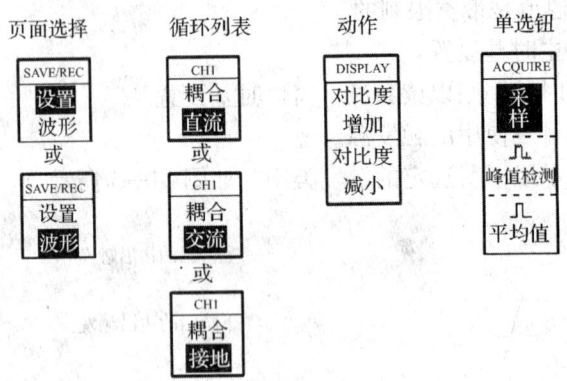

图 14—4 显示菜单选项的 4 种方法

（4）单选钮。示波器为每一选项使用不同的按钮。当前选择的选项被加亮显示。例如，当按下【采集菜单】按钮时，示波器会显示不同的采集模式选项。要选择某个选项，可按下相应的按钮。

4. 垂直控制

垂直控制系统如图 14—5 所示。

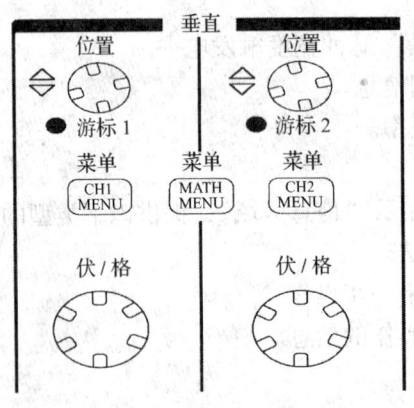

图 14—5 垂直控制系统

（1）CH1、CH2 游标 1 及游标 2 位置。可垂直定位波形。显示和使用游标时，LED 变亮以指示移动光标时按钮的可选功能。

（2）CH1、CH2 菜单。显示垂直菜单选择项并打开或关闭对通道波形的显示。

（3）伏/格（CH1、CH2）。选择标定的刻度系数。

（4）数学计算菜单。显示波形的数学运算，并可用于打开和关闭进行数学运算后的波形。

5. 水平控制

水平控制系统如图 14—6 所示。

（1）位置。调整所有通道和数学波形的水平位置。这一控制的分辨率随时基设置的不同而改变。

第十四章 火灾自动报警系统检修

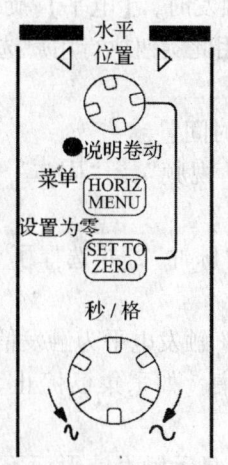
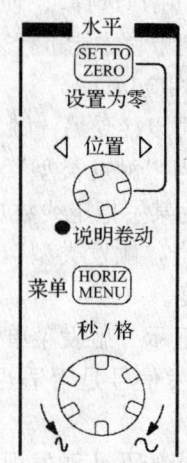

图 14—6 水平控制系统

注意：要对水平位置进行大幅调整，可将秒/格旋钮旋转到较大数值，更改水平位置，然后再将此旋钮转到原来的数值。

当显示帮助主题时，可按【说明卷动】按钮选择链接或索引条目。

（2）水平菜单。显示"水平菜单"。

（3）设置为零。将水平位置设置为零。

（4）秒/格。为主时基或窗口时基选择水平的时间/格（刻度系数）。如"窗口区"被激活，通过更改窗口时基可以改变窗口宽度。

6. 触发控制

触发控制系统如图 14—7 所示。

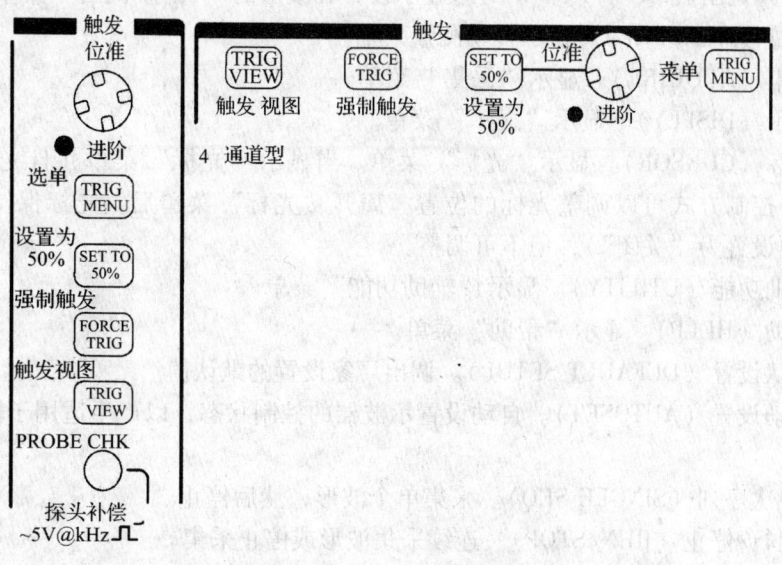

图 14—7 触发控制系统

(1)"电平"和"用户选择"。使用"边沿"触发时,【电平】旋钮的基本功能是设置电平幅度,信号必须高于它才能进行采集。还可使用此旋钮执行用户选择的其他功能。旋钮下的 LED 发亮以指示相应功能。

(2)释抑。设置可以接受另一触发事件之前的时间量。

(3)视频线数。当"触发类型"选项设置为"视频","同步"选项设置为"线数"时,可将示波器设置为某一指定线数。

(4)脉冲宽度。当"触发类型"选项设置为"脉冲",并选择了"设置脉冲宽度"选项时,可设置脉冲宽度。

(5)触发菜单。显示"触发菜单"。设置为 50% 触发电平为触发信号峰值的垂直中点。强制触发不管触发信号是否适当,都完成采集。如采集已停止,则该按钮不产生影响。

(6)触发视图。当按下【触发视图】按钮时,显示触发波形而不显示通道波形。可用此按钮查看诸如触发耦合之类的触发设置对触发信号的影响。

7. 菜单和控制按钮

菜单和控制按钮如图 14—8 所示。

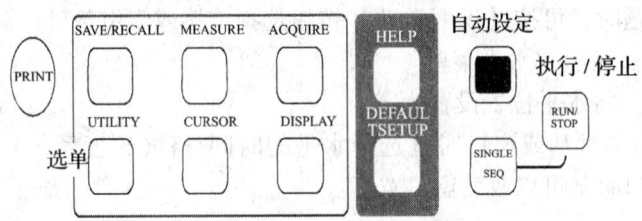

图 14—8 菜单和控制按钮

(1)保存/调出(SAVE/RECALL)。显示设置和波形的"保存/调出"菜单。

(2)测量(MEASURE)。显示自动测量菜单。

(3)采集(ACQUIRE)。显示"采集"菜单。

(4)显示(DISPLY)。显示"显示"菜单。

(5)光标(CURSOR)。显示"光标"菜单。当显示"光标"菜单并且光标被激活时,"垂直位置"控制方式可以调整光标的位置。离开"光标"菜单后,光标保持显示(除非"类型"选项设置为"关闭"),但不可调整。

(6)辅助功能(UTILITY)。显示"辅助功能"菜单。

(7)帮助(HELP)。显示"帮助"菜单。

(8)默认设置(DEFAULT SETUP)。调出厂家设置的默认值。

(9)自动设置(AUTOSET)。自动设置示波器的控制状态,以产生适用于输出信号的显示图形。

(10)单次序列(SINGLE SEQ)。采集单个波形,然后停止。

(11)运行/停止(RUN/STOP)。连续采集波形或停止采集。

(12)打印(PRINT)。打印操作。

二、应用示例

1. 自动设置

需要查看电路中的某个信号时，在不了解该信号的幅值或频率的情况下，希望快速显示该信号，并测量其频率、周期、峰—峰值等，可以使用"自动设置"。

（1）按下 CH1 菜单按钮，将探头选项衰减设置成 10×。

（2）将探头上的开关设定为 10×。

（3）将通道 1 的探头与信号连接。

（4）按下【自动设置】按钮。示波器自动设置垂直、水平和触发控制。若需要优化波形，可手动调整。

2. 自动测量

示波器能自动测量信号并将大多数信号显示出来。要测量信号的频率、周期、峰—峰值、上升时间以及正频宽等，按如下步骤进行。

（1）按下【测量】按钮，查看"测量"菜单。

（2）按下顶部的选项按钮，显示"测量 1"菜单。

（3）按下【类型】选项按钮，选择频率。值读数将显示测量结果及更新信息。

（4）按下【返回】选项按钮。

（5）按下顶部第二个选项按钮，显示"测量 2"菜单。

（6）按下【类型】选项按钮，选择周期。值读数将显示测量结果及更新信息。

（7）按下【返回】选项按钮。

（8）按下顶部中间的【选项】按钮，显示"测量 3"菜单。

（9）按下【类型】选项按钮，选择峰—峰值。值读数将显示测量结果及更新信息。

（10）按下返回选项按钮。

（11）按下第 4 个选项按钮，显示"测量 4"菜单。

（12）按下【类型】选项按钮，选择上升时间。值读数将显示测量结果及更新信息。

（13）按下返回选项按钮。

（14）按下底部的选项按钮，显示"测量 5"菜单。

（15）按下【类型】选项按钮，选择正频宽。值读数将显示测量结果及更新信息。

（16）按下【返回】选项按钮。

3. 测量两个信号

假设正在测试放大器，需要测量放大器的输入和输出信号，可将示波器的两个通道分别与放大器的输入和输出端连接，使用测量结果计算出放大倍数。

要激活并显示连接到通道 1 和通道 2 的信号，按如下步骤进行。

（1）如果未显示通道，可按下 CH1 菜单和 CH2 菜单按钮。

（2）按下【自动设置】按钮。要选择两个通道进行测量，可执行以下步骤。

（3）按下【测量】按钮，查看"测量"菜单。

（4）按下顶部的选项按钮，显示"测量 1"菜单。

（5）按下【信源】选项按钮。选择 CH1。

（6）按下【类型】选项按钮，选择峰—峰值。

（7）按下【返回】选项按钮。

（8）按下顶部第二个选项按钮，显示"测量2"菜单。

（9）按下【信源】选项按钮。选择 CH2。

（10）按下【类型】选项按钮，选择峰—峰值。

（11）按下【返回】选项按钮。

（12）读取两个通道的峰—峰幅值，并计算出放大倍数。

第二节　火灾自动报警系统故障分析

技师应能处理各种故障，并对系统的运行情况进行分析总结，根据故障现象分析故障原因，编写分析报告，提出故障处理办法，并能制定预防和整改措施。下面以具体的案例分析为例进行说明。

一、FAS 脱网故障

1. 故障分析处理经过

调度员在 FAS GCC 显示屏发现××GCC 节点失踪，后全线 FAS 脱网，立即组织机电人员抢修。

15：24，工班接轮值报 FAS 全线脱网，经向调度了解，首先是从××站开始脱网，由此下午分析故障点可能为××站节点。

15：50，工班人员到达××车站，检查 GCC 工作站，发现车站 FAS 设备脱网，检查 FAS4120 主机报网络通信卡通信失败。

15：55，断开主机连接其他车站网络的光电转换器电源，网络由环网结构转换为线性结构，全线其他车站 FAS 恢复正常，由此判断造成 FAS 脱网故障原因是由一号站 FAS 网络通信故障引起的。

16：00，工班检修人员到达××车站。

16：15，工班检修人员到达××车站，并带来从工班材料室取用的新网卡。

16：16，将 FAS4120 主机断电，开始更换网卡。

16：30，将 FAS4120 主机网卡更换后，发现故障仍然存在，分析故障可能是由于 FAS 系统 GCC 与 FAS4120 主机通信故障引起，检查 FAS 工作站 GCC。

16：35，关闭 GCC，更换 GCC 内部的网卡，重新连接网线，启动 GCC 电源。

16：45，经测试，GCC、FAS4120 主机均恢复正常运行，通信正常，连接光电转换器，恢复全线网络连接，消除故障。

19：30，经观察，网络稳定运行，系统恢复正常。

2. 故障原因分析

初步分析造成此次 FAS 脱网故障的原因是由于××站 FAS 工作站 GCC 内部的网卡故障。FAS 系统 GCC 的网卡由于每天 24h 不间断运行，使用时间较长，设备开始逐步老化，故障率开始增加。此次故障中，由于××站 FAS 工作站 GCC 内部的网卡故障，引起××站 FAS 通信网络发生故障。因为 FAS 通信网络为环状网络结构，网络故障导致全线网络不停重组，当重组失败时引起全线网络通信数据拥塞，造成全线 FAS 系统脱网。

3. 采取措施

组织相关人员检查全线 FAS 主机以及 GCC 网络运行情况，排除 FAS 主机网络的发送、接收的错误率，保证系统网络运行的稳定性。

提高网络卡的库存，根据设备使用周期，有条件时进行大批量的更换。

二、感温电缆故障

1. 故障分析处理经过

（1）13:25，FAS 专业人员接到分部调度通知，某站点感温电缆 K11 报火警，值班人员确认无火警，在 FAS 控制盘复位后，火警信息依然存在。

（2）13:40，FAS 专业人员赶到现场。在现场发现 K11 感温电缆控制器报火警，在变电所电缆夹层查看感温电缆敷设场所，现场温度正常，没有发现火灾发生情况，因此，判断为感温电缆控制器误报火警。

（3）在感温电缆控制器端拆下探测线，测量线间阻值为 465 kΩ（设备正常范围是 460~480 kΩ），属正常范围，因此，初步判断故障点不在线缆、补偿盒及终端盒上，而在感温电缆控制器上。

（4）连接感温电缆控制器与终端盒，同时按下【功能】按钮和【确认】按钮，查看控制器设置参数，火警报警温度、感温电缆长度、预警温度、本机地址等参数均正确，传感器特性参数却发生了很大的偏差。正常情况下，此参数标称值为 25±1，但此时显示的数值为 182。当控制器运行性能良好时，此参数只会发生细微的变化，但此时却发生了如此大的变化，因此，可以判断此控制器内部的元件受到损坏，从而导致控制器误报火警。

（5）试图用控制器后边的微调开关调整参数，但开关调整到极限参数时只能降到 178，无法恢复到 25，因此，确定此控制器已经损坏。

（6）更换了新的控制器，进行参数设定，重新接线，火警信息消除，感温电缆控制器上温度显示为 29℃，与现场温度一致。

（7）14:20，故障修复。

2. 故障原因分析

FAS 系统感温电缆火警误报率、故障率较高。通过现场故障处理分析，导致误报率高、故障率高的主要原因有如下两点。

（1）感温电缆控制器性能不稳定，传感器特性参数常常发生波动，导致报故障或报火警。故障发生时，现场处理把特性参数调整到"25"后，第二天参数又发生变化，如此经常反复，就造成了反复报故障。从 2005 年到 2007 年 7 月，共更换了 35 个感温电缆控制器（全线共 159 个）。

（2）感温电缆终端盒内的终端器常常发生偏差。正常状态下，终端器的阻值是 460~480 kΩ，但在发生故障的时候（包括开路、短路故障），检查终端器的阻值低至 350 kΩ，或高至 540 kΩ，因阻值过低或过高，控制器就认为系统短路或开路。

本次故障的发生是因为感温电缆控制器损坏导致，从现场温度、湿度的环境判断，感温电缆控制器的损坏和环境无关，可以判断为设备本身的质量缺陷。

3. 感温电缆工作原理及故障处理方法

(1) 感温电缆工作原理。四号线的感温电缆探测器由控制器、始端盒、终端盒、传感电缆、连接电缆组成。微机调制器通过连接电缆与始端盒连接，始端盒与一定长度的传感电缆（不能大于 200 m）和终端盒连接使用，微机调制器内设信号处理电路，其中包括信号采集、信号放大转换电路、显示电路、环境温度测试电路等。微机调制器对传感电缆及环境温度进行连续的监视，对于异常情况造成的温度升高和断线、短路进行报警。

通常，感温电缆的故障分为三种：开路、短路和误报火警。在感温电缆控制器端松开连接电缆，用万用表的电阻挡测量连接电缆间的电阻值，正常情况下应该在 460~480 kΩ 之间（因为线路电阻值基本可以忽略，主要为终端器的电阻值）。电阻值变化会导致感温电缆控制器报开路（显示 0000）、短路故障（显示 9999），或误报火警。

导致感温电缆控制器报故障的原因可以归结为：传感电缆（即感温电缆）、连接电缆故障；始端盒、终端盒故障；感温电缆控制器故障；因潮湿天气导致线路、元件电阻值变化而导致的故障。

(2) 感温电缆故障处理办法。针对以上故障原因，可以对感温电缆故障进行以下判断处理：

1) 从感温电缆控制器端松开控制器与始端盒间的连接电缆，测量两线间的阻值，可以判定是控制器的原因导致故障还是控制器后边线路的故障。

2) 如果测量的电阻值正常，则需要检查感温电缆控制器，查看控制器设置参数，其显示值应在 25±1 之间，如果超出此范围，则应调整微机调制器印制板上左侧的 100 kΩ 电位器，使之符合要求。如果参数偏移较大，而无法调整到正常状态，则说明电位器或整个控制器损坏，需要更换。

3) 分别用万用表测量连接电缆、感温电缆和终端器，判断具体故障部位。

4) 如果终端盒的终端器两接线端子间的电阻值发生了变化则需要更换。

5) 潮湿天气下，感温电缆的故障率较高，要做好设备防水、防潮工作。

4. 存在的问题与预防措施

(1) 就感温电缆故障率高、误报率高的问题进行详细的数据统计，并与设备生产厂家、建设总部沟通。设备生产厂家多次来到现场，对现场故障的处理也只能是更换设备。因同型号、同批次的设备本身存在质量缺陷，更换故障设备并不能降低故障率、误报率。

(2) 要求厂家就感温电缆故障率高、误报率高进行整改，设备厂家已全面更换新型的感温电缆控制器，并进行全面的调试。

(3) 加强对更换后感温电缆控制器使用情况的跟踪记录，及时将情况向上反映。

(4) 加大专业培训力度，提升维修能力。

(5) 提高故障反应速度，及时处理故障。

第三节 火灾自动报警系统抢修组织

技师应能制订故障抢修方案，并能组织方案演练工作。在故障处理过程中要求树立"先通后复"的理念，接到故障抢修指令后，尽快奔赴现场指挥故障处理。处理完毕后，应能分析故障原因，编写分析报告，并能制定预防和整改措施。下面以具体的案例分析为例进行说明。

一、系统抢修组织预案

1. 适用情况

站级功能部分丧失（一个或多个回路不能正常工作）；站级功能全部丧失。

2. 抢修原则

系统故障抢修应贯彻"先通后复"的原则，即应隔离系统故障部分，恢复系统正常部分工作，同时对系统被隔离部分或丧失功能部分区域应组织人员进行定时巡视。

3. 应急处理流程

（1）维修人员到达现场后，应立即从系统控制盘或现场值班人员那儿了解系统故障情况，并迅速准确地判断故障设备及故障类型。

（2）立即隔离或断开系统故障部分设备。

（3）通知值班人员对系统隔离部分或丧失功能部分区域组织人员进行定时巡视。

（4）向维调、环调、分部主管（若有必要）报告系统故障情况及采取措施。

（5）检查系统故障部分，查找故障源，并对故障源采取必要的应急处理措施。若不能找到故障源时，应仔细分析故障原因，必要时可电话咨询技术人员，采取必要的应急处理措施。

（6）组织有关人员恢复故障部分设备（若人员及备件条件允许或故障源已排除条件下）。

（7）向维调、环调、分部主管（若有必要）报告系统故障情况、原因及最终处理情况。

4. 常见故障处理方法

（1）控制盘电源卡故障引起站级功能丧失

1）断开交流 220V 电源，断开蓄电池。

2）检查交流电源、蓄电池情况。

3）检查各功能板卡及各回路的电气特性，检查控制盘内、外的工作环境，若存在影响设备安全运行的因素，则必须先采取应急措施进行处理。

4）通知站务值班人员，加强对车站各区域的定期巡视。

5）应妥善保存排除故障过程中更换的设备，并做好损坏时间、地点及处理等记录。

6）清理现场，回报维调、环调故障情况、原因及采取措施。

（2）回路短路、开路等引起站级功能丧失

1）断开有故障的回路线。

2）在不影响运营的情况下，马上进行故障处理。

3）在公共区内影响乘客、影响运营的情况下，通知站务值班人员对已丧失 FAS 报警功能的区域加强巡查，并上报维调，待运营结束后再排除故障。必要时，应通知维调，请相关专业人员配合工作。

4）晚上在公共区作业，无论是否完成，都必须在凌晨 5：30 前进行现场复位，清理现场。若未能排除故障，通知站务值班人员加强巡视，上报维调，待运营结束后继续排除故障。

5）抢修工器具及备件配备。工器具包括万用表、电工胶布、接线端子、信号线、系统专用工具（如板卡起拔器、专用旋具）、工班个人工器具（如旋具、尖嘴钳、剥线钳、活扳手等）。

备件包括智能型光电式感烟探测器、输入模块、输出模块、回路卡、网络卡、隔离模块、光电开关、破玻按钮、电源卡等。

第四节 火灾自动报警系统中修、大修

一、系统中修、大修工作内容及要求

FAS 系统中修、大修内容见表 14—1。

表 14—1 FAS 系统中修、大修内容

序号	设备	修程	检修工作内容		周期
1	蓄电池	中修	更换蓄电池（电池使用期限达 5 年或电池容量降低到额定容量的 80%）		每 5 年
2	探测器	中修	所有探测器	委外拆卸、清洗	第一次为投入使用后 2 年，以后每 3 年
			所有探测器底座	清洁探测器底座，检查底座周围环境	必要时
		大修	更换探测器		每 10 年
3	FAS 主机	中修	电路板	1. 清洁电路板	每 3 年
				2. 更换电路板	必要时
			操作站	1. 主机升级	每 5 年
				2. 更换显示器	每 5 年

续表

序号	设备	修程	检修工作内容		周期
4	FAS系统	大修	全部设备	升级系统，更换设备，更换软件	每15年
5	系统网络	大修	光纤网	1. 对系统光纤网络的光纤进行光功率测量	每5年
				2. 若测量光纤功率衰减超过标准，则委托有资质的熔焊接施工单位对损坏光纤进行重新敷设及焊接	

注：表中仅给出FAS系统某些设备的大、中修建议，使用者应根据不同的设备、厂家的建议以及使用地点、环境的不同，而进行调整或补充。

二、中修、大修计划编制

1. 设备中修、大修计划的编制原则

根据设备运行特点，主要采用的检修维护方式为：故障维修＋日常巡检＋计划检修，其中计划检修包括月检、季检、半年检、年检、中大修。不同设备根据其不同状态检修周期略有不同。

技师应根据《火灾自动报警系统检修周期及工作内容》《火灾自动报警系统设计规范》《火灾自动报警系统施工及验收规范》以及相关的消防法规，结合系统的运行时间及运行情况，制定相应的中修、大修计划。

2. 大修计划的内容

（1）大修计划编制依据。根据相关的消防法规及行业规范、设备检修规程以及设备运行寿命，结合系统实际运行情况展开评估，研究分析大修的必要性及可行性，根据论证结果编制大修计划。

（2）大修所需费用。根据大修修程中所需要更换或者修复的系统设备价值、大修所需要的工程量，进行市场调查，结合维修设备、材料及人工的成本，预算大修费用。

（3）大修时间计划。根据大修所需实施的内容，结合系统运行特点以及施工时间要求，考虑系统检修以及运营施工要求，制定科学的大修时间计划。

（4）大修实施方式。根据大修的深度，判断大修所需的技术能力、设备、资质以及人力等成本，对大修的实施方式进行论证，对比自修成本以及委外成本、部门配置人力情况因素等，选择合适的大修实施方式。

第五节　火灾自动报警系统发展方向及新技术应用

一、超早期火灾探测报警技术

针对特殊保护对象的重要性和特殊性，国外已开发出适合洁净空间高灵敏度感烟火灾探测报警系统，如激光式高灵敏度感烟火灾探测器、吸气式高灵敏度感烟火灾探测报警系统和气体火灾探测报警系统。与普通火灾探测报警系统相比,其探测灵敏度提高了2个数量级,甚至更多。这些系统用激光粒子计数、激光散射等原理监视被保护空间,以单位体积内粒子增加的多少来判断是否有可能发生火灾,系统可在火灾发生前几小时或几天内识别潜在的火灾危险性,实现超早期火灾报警。目前,这种技术仅限于对烟粒子的探测,在应用中不同程度地受到应用场所环境的限制,在洁净空间的火灾探测中应用较好;在一些普通环境条件的场所,高灵敏度吸气式火灾探测报警系统的应用还存在问题。

二、网络化及监控技术

火灾探测报警系统的网络化和监控技术成为火灾探测报警领域发展的新方向。使用新技术可进一步缩短火灾探测报警时间,减少火灾发生,及时采取有效防火、灭火措施,为减少火灾损失提供宝贵时间;进一步提高火灾探测报警系统的可靠性、降低误报率,为自动报警与联动控制灭火设备提供可靠运行保障;以及解决特殊场所的火灾探测报警问题。

1. 统一、开放的通信协议标准是火灾自动报警系统发展的方向

由于目前市场上所使用的火灾自动报警系统的产品,基本上通信协议都不尽相同,给系统的操作及升级使用带来诸多不便。火灾自动报警系统是以工业控制计算机网络系统为基础的系统,未来火灾自动报警行业的发展必须顺应计算机网络发展的潮流,使用一个标准统一的通信协议,才能保证信息数据传输的可读性、可执行性及准确性。

智能建筑的楼宇自动化是未来的发展方向,在制定通信协议标准时,应充分考虑让火灾自动报警系统嵌入机电监控系统(BAS、EMCS)中,作为BAS的子系统,与楼宇自动化主流网络技术及其相应协议等兼容,可充分利用机电监控系统的硬件、软件资源实现联网通信,为线网消防调度指挥中心、管理中心共享消防系统的信息。

2. 采用智能化的火灾探测算法技术

采用智能化的火灾探测算法对火灾探测器提供的火灾信号进行技术处理,可让自动报警系统能够对火灾情况智能化地做出判断,从而降低误报和漏报,增强系统的可靠性。

将火灾探测器的判别功能和决定权分离,由具有模糊逻辑、神经网络的软件实现,突出智能判定的作用,判别功能更加细化,实现两级(或多级)判别,大大提高了火灾探测的可靠性。鉴于各种单一传感器提供的火灾信息均混杂非火灾信息,给从传感器提供火灾信息增加了难度,新型探测原理的传感器(如气体气味传感器等)和复合传感器(如对火灾过程的多参数进行监测的复合传感器)将取代单一的火灾探测器。它们对火灾产生的各种参数进行多种信息分析,滤除干扰,识别真假火灾,从而提高了火灾判定的准确性。

目前广泛使用的探测报警技术,只是一种"准"模拟量探测报警技术,它只是将探测信息由开关量的两态信息变为模拟量化后的多态信息,虽然它在报警阈值附近是基本可以信赖的,但要实现探测数据较高层次的分析处理却存在一定困难。真正的模拟量探测报警技术就是要依据科学计算背景的漂移,适时修正已浮动的阈值,以保证原设定的灵敏度基本不变。将大量典型的火灾曲线存储到计算机中,探测到现场出现的异常时,计算机将该探测点的数据曲线与典型曲线进行比较以判断是否报警。实现真正的模拟量探测和报警的首要条件是要有真正的模拟量探测报警器,它必须在确定的精度内提供对应现场火险的参数值。由于该产品使用场所的广泛性，对所有探测器来说，输出值与火险参数的一一对应关系是相同的。真正的模拟量探头要求同一类型的探头具有统一输出信号与相应火灾参量的一一对应性，最好是输出信号值与火灾参量值之间在线性关系上有一致性。如果它们是非线性的关系，则要求出厂的该类型探头具有相同输出，只有这样，控制器才能根据探测器发回的信息查出其所表达的现场火灾参数，从而对应出现场的火险程度。

三、嵌入式产品方式

目前市场上生产和销售的火灾探测报警系统设备多不具备联网通信功能，而嵌入式模块化设计的监控终端，可以直接供给火灾探测报警系统的生产厂家，与其系统融为一体，在使用中不影响原有火灾探测报警系统的结构、功能状态和电气性能，并进一步拓宽延伸其系统功能，实现联网通信，直接向监管中心或消防中心提供详细准确的报警部位、报警类型、系统运行状态、故障信息、工作记录等信息，并可实现设备远程数据维护功能。这种方式还可以避免火灾探测报警系统生产厂家的重复性技术研发投入，进而利于降低产品成本，拓展火灾自动报警监控联网技术产品的应用范围。

四、多信息火灾自动报警监控联网技术

现代媒体及网络技术的发展，为火灾自动报警监控联网提供了更完美的解决方案——多信息火灾自动报警监控联网技术。多信息火灾自动报警监控联网技术可以提供火灾探测报警系统设备的运行，现场情况的图像、音频同步信息，内容详尽，效果直观，可实现全方位消防监控管理，极大地提高了报警效率和监管水平。并且，提供信息的直观性和报警操作交互性可以极大地简化报警环节，缩短报警时间，最终实现早期预警、自动报警，对快速准确扑救火灾起到重要作用。多信息技术是未来火灾自动报警监控联网技术的主要发展方向。

第十五章

气体灭火系统检修

第一节 气体灭火系统故障分析

技师应能处理各种故障,并对系统的运行情况进行分析、总结,根据故障现象分析故障原因,编写分析报告,提出故障处理办法,并能制定预防和整改措施。下面以具体的气体灭火系统误喷故障案例分析为例进行说明。

一、故障情况

某月 14 日检修人员在设备室作业完毕离开设备室后,将该室的气体灭火系统按规定从手动转换回到自动的状态,此时室内突然误喷放了烟烙尽气体,还有部分气体从房门下方缝隙涌出,灭火指示牌亮,蜂鸣器上的闪灯亮,但是蜂鸣器不响。车站的 FAS 接收到火灾信号,消防联动盘启动了火灾模式。

工班及专业人员接报后,于 15:09 赶到现场,发现现场已经被复位,车站的火灾模式正常,照明已经恢复,经向车站值班人员了解,是由车站值班人员操作恢复的。车站值班人员看到车站厅正常照明由消失转换到事故照明状态,检查 FAS 控制盘的记录后汇报环调,同时派人带上烟烙尽灭火系统的专用钥匙和防毒面具赶赴设备室,对现场进行查看发现是误喷,立即对系统进行打手动,系统复位操作,之后在 FAS 控制盘上复位,再从消防联动盘上复位,恢复车站照明。检查气瓶间内的 35 瓶气体,发现 35 瓶气体已经全部误喷放。

二、故障分析处理经过

15:12,技术人员接到事故报告后,立即将情况向领导汇报并通知供货商技术人员,同时立即赶赴事发现场。

15:20,专业人员对 FAS 系统的历史记录进行检查,发现在 14:51~15:19 这一时刻,

FAS系统接收到了该站设备室系统的多个信号,依次记录为二级报警、一级报警、喷气信号、手动信号、防火阀信号SFD1—B601、火阀信号SFD1—B602的故障信号,这种情况是不合理的。

15:30,对系统的外部进行全面检查,检查结果表明设备室烟烙尽灭火系统的手拉启动器和气瓶间内的设备无任何误操作的现象。

16:20,各方人员相继赶到现场。会同检查设备室灭火系统控制盘显示情况,此时显示的状态并不是系统误喷时的状态,控制盘已经被复位。对故障的现象进行了重复操作,发现该控制盘已经被复位过两次以上,已经不能再重现故障的当时状况。检查FAS系统的GCC图形中心上的历史记录也很异常,再检查设备室灭火系统的手拉启动器,发现并没有新的操作痕迹,上面所封的透明胶也没有被撕开的痕迹。

三、故障原因分析

拆卸设备室灭火系统手动/自动转换开关并进行检查,对手动状态切换到自动状态经过反复模拟试验,发现警铃和蜂鸣器有短暂误动作,使控制盘产生输出一级、二级报警信号的现象。

在检查控制盘内的配线时,发现配线的走线和绑扎分布及捆绑没有按设计的规定将220 V的交流电源线与弱电信号线捆绑在一起。当将220 V的交流电源线与弱电信号线分开走向和捆绑,警铃和蜂鸣器短暂误动作,控制盘输出一级、二级报警信号的现象就消失了。经过反复的模拟手动转换到自动状态试验,再也没有发现异常现象。

气瓶间的35瓶气体全部喷放到了设备室,超过了设备室喷放6瓶的设计用量。经对2 in立式单向阀的拆卸检查,发现阀门内边圈有锈迹和铜垢,但密封面没有杂质。而设备供货商方面认为,这是由于单向阀内的一些锈迹导致有杂质,使该单向阀泄漏而引起其他非设计用气误喷放;施工人员却认为,单向止回阀内确实是有锈迹,但是单向止回阀芯的边上也有明显的铸造缺口,同时认为该止回阀在立装时阀芯的轴与固定孔同轴度精度不够,会影响阀门的密封性能。

交流220 V电源线与弱电信号线捆绑在一起的配线方法是不符合施工规范的,但是不能单纯将原因归于这一点,原因分析应该建立在可信的数据事实上,若该原因分析成立的话,该控制盘主板的抗干扰能力就存在问题,还需设备供货商提交详细的抗干扰试验的中文报告。对于单向止回阀的分析,应将单向止回阀送权威机构检查测试,才能最后确定单向止回阀是否存在问题。

四、故障处理

1. 处理措施

由于发生误喷气事件,使35瓶气体全部喷放,在气体灭火系统误喷原因未查清和设备没有恢复正常的情况下,为确保作业人员的人身安全,采取了如下4项临时措施。

(1) 凡是进入有气体灭火系统保护的设备室,进入设备室时将自动状态转换到手动状态需等1 min以后,在没有发现异常的情况下,作业人员才能进入设备室。

(2) 作业人员在进入设备室后,应立即将所有的门打开,以防意外发生。

（3）作业完毕以后，在所有作业人员必须离开设备室后，才能将手动状态转换到自动状态。

（4）要求值班人员每隔1h巡视一遍车站有气体保护的设备室。

2. 还需继续跟进处理的问题

设备室气体灭火系统控制盘内的配线已经重新进行了整理，又将220 V的交流电源线与弱电信号线分开走向。经过反复的模拟手动转换到自动状态测试，再经过两天的观察，该控制盘没有发现异常现象。

（1）要求尽快将现场拆下的止回阀（新旧各一个）交由有资质的权威机构检查测试，并尽快提交检验结果报告。

（2）要求尽快明确事件发生原因，拟出有效的措施和计划，对所有的气体灭火系统控制盘内的配线、止回阀进行检查和整改。

（3）要求供货商、设备安装单位对气体灭火系统中存在防火阀辅助电源箱主板个别端子没有电源输出的情况，应尽快到现场进行调查，并进行彻底的整改。

五、设备恢复及部件损坏情况

瓶装烟烙尽气体已经由供货商负责充装完毕，除了设备室所有气体保护的设备，于15日凌晨恢复了正常使用。设备室的自动/手动转换开关经过4天转换试验和观察，在没有再发生异常的情况下，于19日恢复了正常使用。

第二节　气体灭火系统抢修组织

技师应能制订故障抢修方案，并能组织方案演练工作。在故障处理过程中要求树立"先通后复"的理念，接到故障抢修指令后，尽快奔赴现场指挥故障处理。处理完毕后，应能分析故障原因，编写分析报告，并能制定预防和整改措施。下面以具体的案例分析为例进行说明。

一、适用情况

系统探测功能丧失，系统控制功能丧失，系统喷放导致系统灭火功能丧失。

二、抢修原则

系统故障抢修应贯彻"先通后复"的原则，即先隔离系统故障部分，再恢复系统正常部分工作，同时对于系统被隔离部分或丧失功能部分区域应组织人员进行定时巡视。

三、应急处理流程

人员到达现场后，先对系统进行仔细检查，判断故障类型。

1. 探测器回路故障

具体表现为442R控制盘上显示回路故障，并且保护区里面的探测器的工作灯均熄灭，

第十五章 气体灭火系统检修

应急处理流程如下。

(1) 通知站务或该保护区的值班人员,加强巡视。
(2) 告知维调开始处理故障,并按维调要求做好防护措施。
(3) 检查该回路上的探测器是否正常。
(4) 检查该回路的线路是否正常。
(5) 若存在影响设备正常运行的因素(如车站整流变压室和主变电站的保护区),则必须先采取临时措施,待允许停电后再处理。
(6) 应妥善保存排除故障过程中更换的设备,并做好损坏时间、地点及处理等记录。
(7) 清理现场,及时将情况回报维调。

2. 控制盘主板故障

控制盘主板故障导致控制功能丧失,具体表现为442R控制盘上的主板故障灯(MI-CRO)常亮,应急处理流程如下。

(1) 通知站务或该保护区的值班人员,加强巡视。
(2) 告知维调开始处理故障,并按维调要求做好防护措施。
(3) 切断该控制盘上的交流电源和备用电源。
(4) 断开该控制盘上所有回路线,更换主板。
(5) 恢复好各个回路的连接,先自己检查后再由第二人仔细检查确认。
(6) 送上交流和直流备用电,检查442R控制盘是否恢复正常。
(7) 应妥善保存排除故障过程中更换的设备,并做好损坏时间、地点及处理等记录。
(8) 清理现场,及时将情况回报维调。

晚上在公共区且影响运行的作业,无论是否完成,都必须在凌晨5:30前进行现场复位,清理现场。若未能排除故障,应通知站务加强巡视,上报维调,待运营结束后继续排除故障。

3. 系统喷放导致系统的灭火功能丧失

应急处理流程如下。

(1) 通知站务或该保护区的值班人员对现场进行保护。
(2) 通知站务或该保护区的值班人员,加强巡视。
(3) 联系保养公司技术人员到现场进行调查。
(4) 协助清理喷放现场。
(5) 联系保养公司进行充气恢复。
(6) 更换动作过的电磁阀。
(7) 应妥善保存处理过程中更换的设备,并做好损坏时间、地点及处理等记录。
(8) 清理现场,及时将情况回报维调。

四、抢修工器具及备件配备

1. 工器具

抢修工器具包括:对讲机、探头拆卸工具、梯子、喉钳一套、扳手、万用表、烟感测试烟枪、温感测试烟枪、电工胶布、安全带、专用气压测量表及工班个人所配日常维修的便携工器具。

2. 备件

抢修备件包括：烟感探测器、温感探测器、442R 控制盘、手拉启动器、手动/自动转换开关、止喷按钮、电磁阀、2.2 kΩ 电阻、4.7 kΩ 电阻及电线。

第三节 气体灭火系统大修

一、气体灭火系统大修工作内容及要求

气体灭火系统大修内容见表 15—1。

表 15—1　　　　　　　　气体灭火系统大修内容

序号	设备	修程	检修工作内容	周期
1	报警控制系统	大修	1. 探头清洗。申请立项，送有相关资质单位清洗，并配合清洗和验收测试	投入使用后2年，以后每3年
			2. 拆卸探测器，检查探测器底座，清洁底座并紧固；进行功能测试，确保正常	投入使用后2年，以后每3年
			3. 更换蓄电池（电池使用期限达5年或电池容量降低到额定容量的80%）	每5年
			4. 隐蔽工程的管线检查维修	每5年
			5. 全面更换电气部件（控制盘、辅助电源箱、探测器、手动启动器等）	12～15年
2	管网系统	大修	1. 气瓶定期检验，申请立项，送有相关资质单位检测，并配合检测和验收测试	每3～5年
			2. 隐蔽工程的气体管道检查。若有破损，申请立项，由有消防资质的单位维修或更换，并进行试压、试漏	每5年
			3. 对管网系统进行全面评估及试验，根据评估试验结果视需要对气瓶及输送气体管道进行维护、改造或全面更换。如若发现气瓶及气体输送管道气密性不符要求的情况申请立项，进行改造和更换	每20年

二、大修计划编制

1. 设备大修计划的编制原则

根据设备运行特点，主要采用的检修维护方式为：故障维修 + 日常巡检 + 计划检修，其中计划检修包括月检、季检、半年检、年检、中大修。不同设备根据其不同状态检修周期略有不同。

技师应能根据《气体灭火系统检修周期及工作内容》《火灾自动报警系统检修周期及工作内容》《火灾自动报警系统设计规范》《火灾自动报警系统施工及验收规范》《气体灭火系统设计规范》《气体灭火系统施工及验收规范》以及相关的消防法规，结合系统的运行时间及运行情况制定相应的大修计划。

2. 大修计划的内容

（1）大修计划编制依据。根据相关的消防法规及行业规范、设备检修规程以及设备运行寿命，结合系统实际运行情况展开评估，研究分析大修的必要性及可行性，根据论证结果编制大修计划。

（2）大修所需费用。根据大修修程中所需要更换或者修复的系统设备价值、大修所需要的工程量，进行市场调查，结合维修设备、材料及人工的成本预算大修费用。

（3）大修时间计划。根据大修所需实施的内容，结合系统运行特点以及施工时间要求，考虑系统检修以及运营施工要求，制定科学的大修时间计划。

（4）大修实施方式。根据大修的深度，判断大修所需的技术能力、设备、资质以及人力等成本，对大修的实施方式进行论证，对比自修成本以及委外成本、部门配置人力情况等因素，选择合适的大修实施方式。

第四节 自动灭火系统新技术应用

细水雾灭火系统是自动灭火系统的一项新技术，在国外大型工程项目及地铁中应用较广，目前在国内应用较少。细水雾灭火系统是一种既符合环保要求，又节约投资和水资源的新型灭火系统。

一、细水雾灭火系统概念及灭火原理

细水雾（watermist）是指使用特殊喷嘴，通过高压喷水产生水微粒。细水雾灭火主要是通过高效率的冷却与缺氧窒息的双重作用实现灭火。水微粒子化以后，即使同样体积的水，也可使总表面积增大，而表面积的增大，更容易进行热吸收，冷却燃烧反应。吸收热的水微粒容易汽化，体积约增大1700倍。由于水蒸气的产生，既稀释了火焰附近氧气的浓度，窒息了燃烧反应，又有效地控制了热辐射。

二、细水雾灭火系统与其他气体灭火系统的比较

1. 系统构成比较

细水雾灭火系统是由连接供水部件或同时供水及雾化介质的部件，配备一个或多个喷头组成，喷放细水雾来控火、抑火和灭火的配水系统。它可分为高、中、低压系统，开式、闭式系统，全淹没、分区保护或局部应用系统，泵组式或瓶组式系统。灭火介质为水，对保护对象通过高效吸热作用、窒息作用或阻隔辐射热作用，实施灭火、抑制及控制火灾、控温和降尘的多种方式保护。

气体灭火系统主要由灭火剂储瓶、驱动气瓶、控制阀门、管网和喷嘴等部件组成。烟烙

尽气体（IG541）灭火系统对保护对象是以物理窒息灭火机理实现保护目的。烟烙尽气体（IG541）灭火系统以烟烙尽混合气体为灭火剂，是一种高压气体灭火系统。

2. 灭火效果比较

细水雾灭火系统与七氟丙烷、烟烙尽气体（IG541）灭火系统均能达到较好的灭火效果。相比而言，细水雾灭火系统由于以水为灭火剂，所以取材方便、价格低廉；而其他气体灭火剂需要专业厂家的生产、采购，因此采购费用较高。另外，由于细水雾以冷却为主要灭火机理，灭火后不会复燃，在水源保证充足的情况下，在尽可能短的时间内，可恢复补水，能够达到再次使用的目的；而其他气体灭火系统由于灭火剂都是由气瓶储存的，所以只能要求一次性扑灭火灾。

3. 环境保护方面的影响比较

烟烙尽气体（IG541）与细水雾灭火技术作为哈龙主要替代技术，对人体和环境没有任何危害，因此，相比较而言，在环境保护方面，细水雾和烟烙尽气体灭火系统均符合国际上关于环保方面的有关规定。

三、细水雾灭火系统使用要求

（1）细水雾灭火系统是一项具有较高技术含量的自动灭火系统，选择该系统应考虑到轨道交通工程中需有持续的供水灭火条件，减少设备系统占地面积等因素。系统水源应优先采用城市自来水，而且应对系统进水水质进行处理，以免影响喷头喷雾效果或堵塞喷头。同时还应考虑可能造成误喷的因素，为最大限度降低误喷的可能性，建议选用闭式预作用自动灭火系统。

（2）当高压细水雾自动灭火系统用于封闭空间场所时，应采用全淹没保护方式。同时，细水雾自动灭火系统要求在发出火警至灭火的一段时间内，建筑构件不应受到损坏，以确保防护区的密闭性，不会造成灭火剂流失，影响灭火效果。

（3）细水雾灭火系统要求环境温度一般为 4~50℃，通过轨道交通内的环控通风系统能保证对温度的自动调节。

细水雾灭火系统是继烟烙尽气体（IG541）灭火系统之后的又一种新型高效的灭火系统，是一种既节约投资又环保的灭火系统，目前由于成套设备造价较贵，且国内无成熟的生产厂家，因此在全面推广上存在一定的难度。但是，只要在水质处理和喷头开发上达到一定的标准，实现国产化降低使用成本，就可以在国内进行全面的推广使用。

第十六章

消防自控系统设备维修管理

第一节 检修技术文件的编制

一、检修周期及工作内容的编制

检修周期及工作内容的编制应包括以下内容。

1. 前言

包括标准制定的目的、起草单位、起草人、标准版本号、发布时间、实施时间等。

2. 范围

包括规定的内容、适用的工作范围以及人员等。

3. 定义

主要是对该标准中各种名词的定义。

4. 检修周期及工作内容

包括设备、修程、检修工作内容、周期、适用范围等内容。

（1）设备。应包括本系统所有设备。

（2）修程。包括一级保养（日常巡视）、二级保养（半月检、月检、季度检）、小修（半年检、年检）、中修（视不同设备特性而定，一般为2~5年不等）、大修（根据系统使用情况以及设计寿命而定，一般为5年以上）。

（3）检修工作内容。规定检修的各项工作内容。

（4）周期。规定设备检修的周期。

（5）适用范围。规定适用的地方以及设备。

二、编写设备检修规程

编写检修规程的主要内容如下。

1. 作业名称、作业地点、作业班组、作业负责人

作业名称通常填写系统检修的规程，作业地点为所在车站，作业班组为负责维护的工班，而作业负责人则是负责整个作业的指挥协调及管理工作的负责人。

2. 修程、检修周期、作业时间

修程指修程等级，如二级、三级保养等内容，检修周期为日检、月检、季检、半年检、年检等分类，作业时间指作业当天的日期。

3. 危险源及安全措施

主要根据作业可能发生的危险源制定相应的防护措施，保证作业及系统安全。

4. 主要作业工器具

作业中所需的工器具。

5. 主要作业材料

作业过程中所需要的材料以及消耗品等物资。

6. 检修内容、步骤及要求

(1) 检修项目。它是指根据检修周期及内容要求，作业中所需要完成的检修项目。

(2) 设备数量、型号。检修的设备型号以及数量，可以作为核定工作量的依据。

(3) 检修内容及标准。根据检修项目内容进行检修，对照标准，检查检测设备状态是否正常，是否符合标准。

(4) 检修步骤。根据检修项目以及内容，按照步骤次序严格执行，以保证检修质量。

(5) 存在问题。根据检修过程中的设备状态进行记录，若存在问题进行分析并及时修复。

第二节 消防自控系统联调方案的编制

系统联调是系统验收测试中的一个重要环节，是检查系统与各子系统及接口之间的稳定性以及可靠性的重要调试环节。联调方案的完善直接关系到联调的效果，应包括以下各方面内容：联调目的、开展 EMCS 与环控系统联调工作的前提条件、参与联调人员的工作安排及分工、联调时间安排、联调前的准备工作、联调需要的工具及设备、联调的程序与步骤及安全措施、故障及事故处理、后勤保障、测试总结。下面以 FAS、EMCS、气体灭火系统的联调方案为例进行介绍。

一、联调目的

(1) 通过联调，模拟火灾发生时现场可能发生的各种情况，测试 FAS 系统以及气体灭火系统的接口联动功能，以确保各系统满足设计及消防要求。

(2) 在突发火灾情况下，检验 FAS 系统及气体灭火系统及时检测火警信号，发出声、光报警及执行消防联动控制的功能。

(3) 通过联调，测试在火灾情况下环控设备能否正确执行和反馈信号。

(4) 操作维修人员进行现场培训，确保安全运营。

(5）通过施放烟幕弹试验，抽检车站环控系统排烟能力及车站施工封堵情况。

二、联调前提条件

（1）FAS系统已完成系统内控制盘和车站级计算机的调试，程序联动控制的调试，消防联动柜的调试，系统投入运行并工作正常。

（2）EMCS系统已完成所有点动调试，程序控制的调试，车站级计算机的调试，其他机电设备接口的调试，系统投入运行并工作正常。

（3）气体灭火系统已完成系统内各项调试，系统投入运行并工作正常。

（4）车站机电设备及环控设备已投入运行，工作状况良好。

（5）疏散指示系统调试完成，能正常工作。

（6）所有参与本联调单位及人员均已熟悉本联调组织及实施方案，并已做好各项相关准备工作。

三、联调时间安排

联调的组织安排以及配合要求。

四、人员安排及职责

略。

五、联调需要的工具及设备

略。

六、联调前的准备工作

（1）所有相关人员准时到站，领取相关工具及记录表格，并分组到达工作地点待命。

（2）确认所有相关系统、设备已投入运行，且工作状态正常，具备联调条件，并报告现场总指挥。

（3）由车站营运负责人负责将车站所有设备房门打开，以方便测试。

（4）电控室组及现场环控组人员检查EMCS系统控制的所有设备是否都已打到环控位，并报告现场总指挥。

（5）站控室组及气体消防现场组相关技术人员确认气体消防、FAS、EMCS系统工作正常。

（6）气体消防现场组人员已断开车站所有气瓶瓶头电磁阀回路，并报告现场总指挥。

（7）现场总指挥将各准备就绪情况报告联调总指挥，并下达联调开始命令。

七、联调的程序与步骤

第一部分：现场试验气体灭火系统报警及动作功能，检查并核对FAS接收气体灭火系统相关信号情况；检查EMCS系统接收到FAS传送的气体灭火系统保护房喷气信号后，启动相应模式信号。

对于安全注意事项,此步骤开始前,现场总指挥需确定:

(1) 气体消防现场组人员已断开车站所有气瓶瓶头电磁阀回路。

(2) EMCS 系统控制的所有设备是否都已打到环控位。

第二部分:FAS 通过消防联动柜发送火灾模式指令给 EMCS,检查 EMCS 能否正确执行相应的火灾模式。

第三部分:FAS 通过控制盘,自动发送火灾模式指令给 EMCS,检查 EMCS 能否正确执行相应的火灾模式。

第四部分:模拟 FAS—EMCS 通道故障,测试 EMCS 系统程控状况。

第五部分:模拟烟雾蔓延造成多处火警时,EMCS 系统运行的情况。

第六部分:测试在火灾时,在人工干预情况下系统执行的情况。

第七部分:现场释放烟幕弹试验。

对于安全注意事项,此步骤开始前,现场总指挥需确定:

(1) 气体消防现场组人员已断开车站所有气瓶瓶头电磁阀回路。

(2) EMCS 系统控制的所有设备都已打到车控位并已送电,可正常启动(水系统打为环控位)。

(3) 试验的信息提前一天报告地区公安分局,并及时通知邻近居民。

八、故障及事故处理

(1) 测试过程中,如发现有危及安全的情况时,参与测试的任何人员都可在第一时间采取措施,暂停联调,并向现场总指挥报告。

(2) 因系统等原因造成测试不能正常进行时,由建设总部责成系统供货商、承包商在一定限期内完成整改。

(3) 调试工作组在测试完以后,将以上情况以书面形式向综合联调策划调度工作组汇报。

(4) 在测试时所发生的故障整改完以后,进行确认,检查确实符合测试条件后报告综合联调工作组,再进行测试。

九、后勤保障

由于联调期间车站的交通条件存在一定的不足,后勤保障最重要的一环是为联调人员提供交通工具。

十、测试总结

调试工作组进行测试总结,并进行汇总,报策划调度组。总结要求内容如下。

(1) 联调工作的完成情况。

(2) 系统设备的表现情况。

(3) 联调工作中存在的其他不足之处和整改措施。

(4) 落实系统、车站及环控工艺存在问题的跟踪整改工作。

技师理论知识考核模拟试题

一、填空题（每空格1.5分，共30分）

1. 对应于OSI模型的七层结构，TCP/IP协议组可被大致分为四层，分别是：应用层、_____、_____和_____。
2. 网关是能够连接不同网络的软件和硬件的结合产品。特别的网关可以使用不同的格式、_____或结构连接起两个系统。
3. PLC的CPU采用用户程序的运行方式，即如果一个输出线圈或逻辑线圈被接通或断开，该线圈的所有触点不会立即动作，必须等到该触点_____时才会动作。
4. 完整的磁盘文件名由_____和_____组成。
5. 微型计算机程序设计技术是利用软件方法设计操作控制的一门技术，具有规整性、_____、_____等一系列优点。
6. 一个完善的自动控制系统通常是由_____、比较元件、放大元件、_____、执行元件以及_____等基本环节所组成的。
7. PN结反向偏置时，PN结的内电场被_____。
8. 对于共射放大电路，将I_{EQ}增大，r_{BE}将_____。
9. PLC中存放系统软件的存储器称为_____。
10. 当PLC投入运行后，其工作过程一般分为三个阶段，即输入采样、_____和输出刷新。
11. 微型计算机的系统总线包括_____、数据总线DB和_____组成。
12. 计算机与外界信息交换的手段是_____。为完成此功能，需考虑外部设备接口的编址方式和输入输出的方式问题。一般外部设备接口与外部设备间交换的信息有数据信息、_____、控制信息。

二、单项选择题（将正确答案的代号填入横线空白处；每小题2分，共30分）

1. 10Base 2 和 10Base 5 以太网的区分条件是_____。
   A. 10Base 2 使用同轴电缆，而 10Base 5 使用双绞线
   B. 10Base 2 使用CSMA/CD技术，而 10Base 5 使用需求优先权技术
   C. 10Base 2 使用总线拓扑结构，而 10Base 5 使用环形拓扑结构
   D. 10Base 2 使用细同轴电缆，而 10Base 5 使用粗同轴电缆
2. PLC常用的存储器类型有_____。
   A. RAM   B. EPROM
   C. EEPROM   D. 以上都是
3. 动态RAM的特点是_____。
   A. 工作中需要动态地改变存储单元内容

B. 工作中需要动态地改变访存地址

C. 每隔一定时间需要刷新

D. 每次读出后需要刷新

4. DOS 目录是_____。
   A. 菜单结构　　　B. 网状结构　　　C. 树形结构　　　D. 环状结构

5. 通常 DOS 将常用命令归属于_____。
   A. 外部命令　　　B. 内部命令　　　C. 系统命令　　　D. 配置命令

6. 带有微处理器的设备一般称为_____设备。
   A. 智能化　　　　B. 交互式　　　　C. 远程通信　　　D. 过程控制

7. 以下叙述中描述正确的是_____。
   A. 同一个 CPU 周期中，可以并行执行的微操作叫相容性微操作
   B. 同一个 CPU 周期中，不可以并行执行的微操作叫相容性微操作
   C. 同一个 CPU 周期中，可以并行执行的微操作叫相斥性微操作
   D. 不同的 CPU 周期中，不可以并行执行的微操作叫相斥性微操作

8. 计算机使用总线结构的主要优点是便于实现积木化，同时_____。
   A. 减少了信息传输量　　　　　　B. 提高了信息传输的速度
   C. 减少了信息传输线的条数　　　D. 加重了 CPU 的工作量

9. 要提高放大器的输入电阻及减小输出电阻，应采用_____负反馈放大电路。
   A. 电流并联　　　B. 电压并联　　　C. 电流串联　　　D. 电压串联

10. 测压仪表的标尺上限不宜取得太小，主要考虑到弹性元件有_____。
    A. 刚度　　　　　　　　　　　　B. 滞后效应和弹性疲劳
    C. 灵敏度　　　　　　　　　　　D. 温度特性和弹性疲劳

11. 当前工作盘是 C，将 A 盘中 ZZ\u1 子目录下的文件 W.BAS 复制到 B 盘\u1\u2 下的 DOS 命令是_____。
    A. COPY\u1\W.BAS　B：\u1\u2
    B. COPYA：\u1\W.BAS　B：\u2
    C. COPYA：\u1\W.BAS　B：\u1\u2
    D. COPY\W.BAS　B：\u1\u2

12. 卤代烷灭火剂储存容器内的压力，应不小于设计储存压力的_____。
    A. 90%　　　　　B. 80%　　　　　C. 95%　　　　　D. 85%

13. 设乙类互放功放电路的电源电压为 ±12V，负载电阻 $R_L = 8\ \Omega$，$U_{CES} = 0\ V$，则对每个功率管的要求为_____。
    A. 管耗 $P_{CM} \geq 9\ W$，耐压 $U_{BR(CEO)} \geq 12\ V$
    B. 管耗 $P_{CM} \geq 1.8\ W$，耐压 $U_{BR(CEO)} \geq 12\ V$
    C. 管耗 $P_{CM} \geq 9\ W$，耐压 $U_{BR(CEO)} \geq 24\ V$
    D. 管耗 $P_{CM} \geq 1.8\ W$，耐压 $U_{BR(CEO)} \geq 24\ V$

14. 甲类液体是指_____。
    A. 易燃液体，闪点 <28℃的液体

B. 可燃液体，闪点≥28℃且＜60℃的液体

C. 丙类液体，闪点≥60℃的液体

D. 沸溢性油品，含水率在0.3%～4.0%的原油、渣油、重油等

15. 以下_____ 不是PLC的I/O寻址方式。

A. 固定的I/O寻址方式

B. 开关设定的I/O寻址方式

C. 用软件来设定的I/O寻址方式

D. 通信设置的I/O寻址方式

三、判断题（下列判断正确的填"○"，错误的填"×"；每小题1.5分，共15分）

1. 路由器属于OSI模型中的传输层。（   ）

2. 在用户程序执行过程中，输入点在I/O映像区内的状态和数据，输出点和软设备在I/O映像区或系统RAM存储区内的状态和数据都有可能发生变化。（   ）

3. 仪表在安装和使用前，应进行检查、校准和试验，确认符合设计文件要求及产品技术文件所规定的技术性能。（   ）

4. 控制系统中，偏差值是控制的依据。（   ）

5. 定值控制是过程控制的一种主要控制形式。（   ）

6. 对CMOS与非门的多余输入端可以处理为接正电源。（   ）

7. 集成单稳态触发器的暂稳维持时间取决于触发脉冲宽度。（   ）

8. 构成一个模6的同步计数器最少要3个触发器。（   ）

9. MOS管是电压控制器件，漏极—源极间可作为一个受栅极电压控制的开关使用。（   ）

10. 为了增强PLC的抗干扰能力，提高其可靠性，PLC的每个开关量输入端都采用光电隔离等技术。（   ）

四、问答题（共25分）

1. 简述PLC中央处理单元（CPU）的功能。（5分）

2. 简述FAS系统网络结构并画出网络拓扑图。（10分）

3. 试简化结构图，并计算出系统的传递函数 $C(s)/R(s)$。（10分）

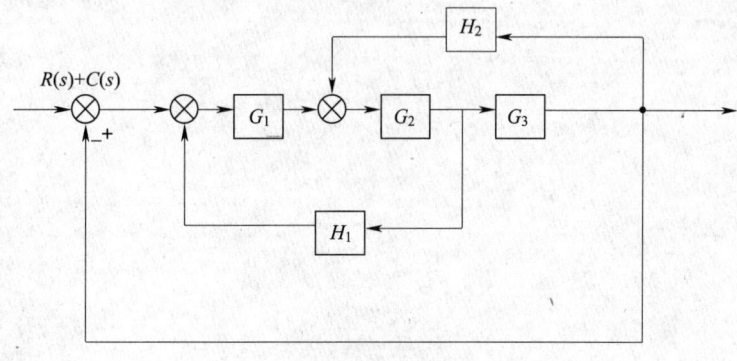

卷图14

技师技能操作考核模拟试题

【题目1】画出西门子 CS11 火灾自动报警控制盘的网卡 E3H020 的接线图。(10分)

【题目2】利用编程软件建立一个"广州东站"的工程,包括建立一台消防控制盘(包含两张回路卡、一张网卡、液晶显示面板及 CPU、一张电源卡),在三回路上增加一个烟感探测器,在六回路上增加一个破玻报警器。(50分)

【题目3】现场提供一张 FAS 系统的回路卡,以及3个烟感探测器、2个破玻报警器、2个输入模块、1个输出模块,试按照以下点表进行设备组装。(40分)

点表:

序 号	地址码	位置说明	备 注
1	1-1	车控室烟感	
2	1-2	车控室外走廊破玻	
3	1-3	站长室烟感	
4	1-5	环控机房防火阀	
5	3-1	站台 B 段走廊烟感	
6	3-2	站台 B 段走廊破玻	
7	3-3~3-4	防火卷帘门信号	
8	3-5	防火卷帘门信号	

技师理论知识考核模拟试题参考答案

一、填空题

1. 传输层　网络层　网络接口层
2. 通信协议
3. 顺序逻辑扫描
4. 文件（主）名　扩展名
5. 可维护性　灵活性
6. 测量反馈元件　校正元件　被控对象
7. 增强
8. 减小
9. 系统程序存储器
10. 用户程序执行
11. 地址总线 AB　控制总线 CB
12. 通信　状态信息

二、单项选择题

1. D　2. D　3. C　4. C　5. B　6. A　7. A　8. C　9. D　10. B
11. C　12. A　13. D　14. A　15. D

三、判断题

1. ×　2. ×　3. ○　4. ○　5. ○　6. ○　7. ×　8. ○　9. ○　10. ○

四、问答题

1. 答：中央处理单元（CPU）是 PLC 的控制中枢。它按照 PLC 系统程序赋予的功能接收并存储从编程器输入的用户程序和数据；检查电源、存储器、I/O 以及警戒定时器的状态，并能诊断用户程序中的语法错误。当 PLC 投入运行时，它首先以扫描的方式接收现场各输入装置的状态和数据，并分别存入 I/O 映像区，然后从用户程序存储器中逐条读取用户程序，经过命令解释后按指令的规定执行逻辑或算术运算，将结果送入 I/O 映像区或数据寄存器内。等所有的用户程序执行完毕之后，最后将 I/O 映像区的各输出状态或输出寄存器内的数据传送到相应的输出装置，如此循环运行，直到停止运行。

为了进一步提高 PLC 的可靠性，近年来对大型 PLC 还采用双 CPU 构成冗余系统，或采用三 CPU 的表决式系统。这样，即使某个 CPU 出现故障，整个系统仍能正常运行。

2. 答：系统网络由系统控制盘内的网络卡、光电转换器和光纤组成。每个网络卡均有两个传输通信口，分别为 A 口和 B 口，它们分别与网络上的前一个节点及后一个节点通信。在城市轨道交通系统中，由于各车站之间的距离较远，因此 FAS 系统网络一般采用光纤通信网络。光纤通信网络具有传输距离远，光传输介质不易受到外界干扰，传输速度快等优点。FAS 系统网络一般采用环形网络，环形网络具有双向通信的能力，即使是网络上的某一点断开或出故障时，网络将变为总线型网络保持各节点之间的通信。

城市轨道交通的线路一般较长,在布置系统网络时,不能完全采用相邻站间连接方式。因为采用相邻站间连接方式,势必会造成轨道线路的头与尾站点之间的连接线路过长(环形轨道线路除外),从而影响通信质量及增加设备成本。因此,在布置系统网络时,一般会采用隔站连接方式连接,这种方式使得网络上的站点之间通信距离大致均等。但是在实际应用中,采用相邻连接还是相隔连接都不是绝对的。若某些站点之间距离较长,可以采用相邻连接;而其他站点还是采用相隔连接,这种混合方式较为常见。总之,在系统网络布置时,要考虑线路长短对光信号衰减的作用。

FAS 系统网络有两种可采用的拓扑结构。一种是环形拓扑网络结构,为最常见的结构。当系统网络上的某一点,例如控制盘 3 和控制盘 1 之间的线路断开时,系统网络就会变为另一种总线拓扑网络结构,这时网络通信还是保持正常的,如卷图 15 所示。

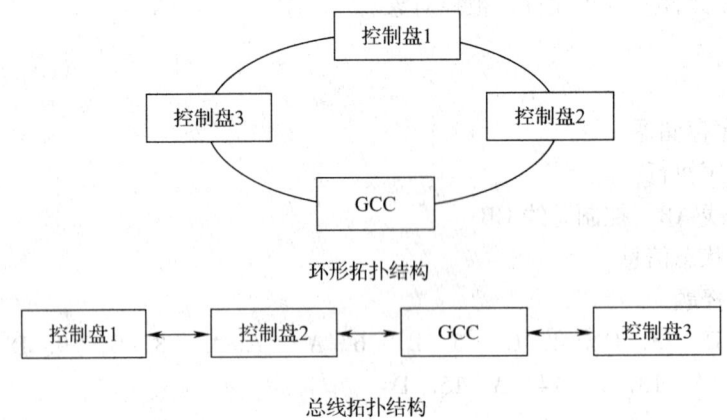

卷图 15　FAS 网络的拓扑结构

3. 解:(1)将 H_2 负反馈回路的相加点前移,得卷图 16。

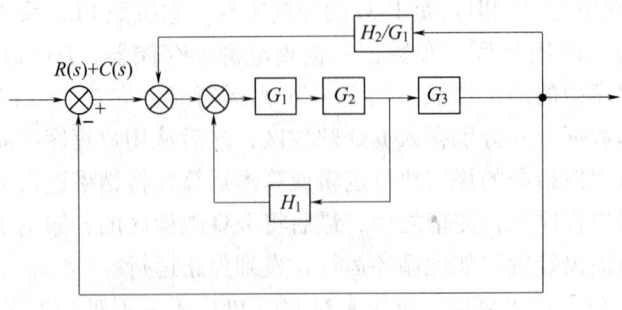

卷图 16　相加点前移

(2)消去 G_1、G_2、H_1 的正反馈回路,得卷图 17。
(3)消去包含 H_2/G_1 的负反馈回路,得卷图 18。
(4)消去主反馈回路,得卷图 19。
所以传递函数为:

$$\Phi(s) = \frac{C(s)}{R(s)} = \frac{G_1 G_2 G_3}{1 - G_1 G_2 H_1 + G_2 G_3 H_2 + G_1 G_2 G_3}$$

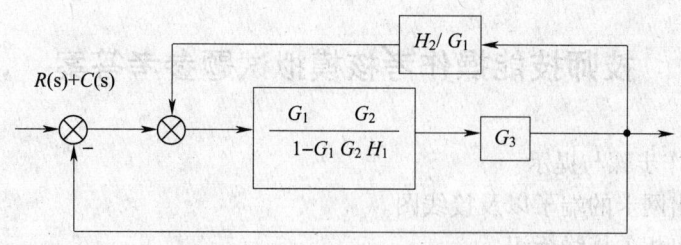

卷图17　消去正反馈回路

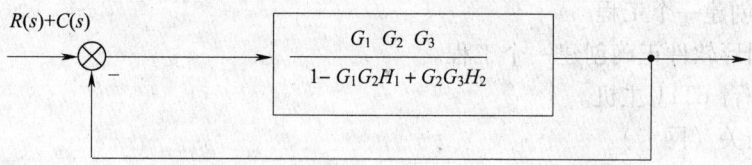

卷图18　消去正反馈回路

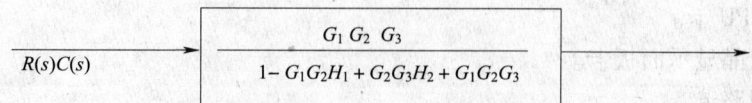

卷图19　消去主反馈回路

技师技能操作考核模拟试题参考答案

【题目1】操作步骤与提示
（1）正确画出网卡的端子以及接线图。
（2）正确画出相关接线标识。

【题目2】操作步骤与提示
（1）正确创建一个工程
1）利用图形软件正确创建一个工程。
2）创建一台 CT11 主机。
3）创建网关（网卡）。
（2）在工程上正确增加功能卡
1）创建电源卡。
2）创建 CPU 卡。
3）创建液晶显示面板卡。
4）创建回路卡。
（3）在对应功能卡（回路卡）上增加现场设备。
（4）保存，退出。

【题目3】操作步骤与提示
（1）正确连接回路卡接线
1）正确连接线1回路进出线。
2）正确连接线3回路进出线。
（2）正确连接1回路设备
1）正确连接烟感探测器。
2）正确连接破玻报警器。
3）正确连接输入模块。
4）确保连接顺序正确，且接线工艺良好。
（3）正确连接3回路设备
1）正确连接烟感探测器。
2）正确连接破玻报警器。
3）正确连接输出模块。
4）正确连接输入模块。
5）确保连接顺序正确，且接线工艺良好。